100배 즐기기

규 슈
KYUSHU

후쿠오카

유후인

나가사키

벳푸

RHK 여행콘텐츠팀 지음

RHK
알에이치코리아

일러두기

이 책에 실린 정보는 2017년 12월까지 수집한 정보를 바탕으로 합니다. 하지만, 여행 정보는 현지 사정에 따라 수시로 변경될 수 있으니 주의하시기 바랍니다. 추후 업데이트되는 내용은 지속적으로 반영하도록 하겠습니다. 참고로, 일본은 모든 물건(음식 포함)에 소비세 8%가 추가로 붙기 때문에 책에 표시한 가격과 실제 비용이 다를 수 있습니다. 예산을 조금 넉넉하게 준비하는 것이 좋습니다.

알에이치코리아 여행출판팀 hjko@rhk.co.kr

규슈 100배 즐기기 활용하기

01 한눈에 보는 규슈의 핵심 명소

규슈 여행을 할 때 놓치지 말아야 할 핵심 명소와 음식, 쇼핑 등 다양한 스폿을 인기 순으로 구성했습니다.

02 규슈 여행을 100배 즐길 수 있는 추천 코스

우리나라 여행자들이 가장 선호하는 지역을 선정하여 5가지 모델 코스를 구성했습니다. 필요한 교통 패스와 구간별 이동 방법, 소요시간을 꼼꼼하게 표시하여 누구나 쉽게 따라할 수 있도록 만들었습니다.

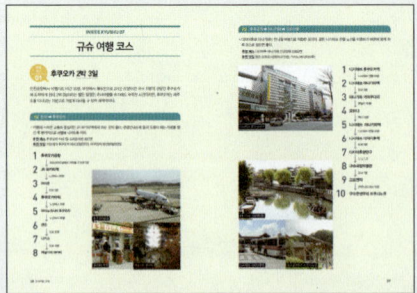

03 쉽고 친절한 교통 안내

초보 여행자들도 쉽게 알 수 있도록 주요 도시로 가는 방법과 시내교통을 자세하고 친절하게 설명했습니다. 보고 따라 하기만 하면 혼자서도 충분히 규슈 여행을 즐길 수 있습니다.

04 한눈에 파악할 수 있는 지역별 여행 방법

추천 코스 명소의 특징을 사진과 함께 정리하고 구간별로 소요시간과 교통편을 소개했습니다.

액세스 지역별 목적지와 가는 방법을 자세하게 설명했습니다.

개념도 추천 코스의 여행 동선을 지도를 통해 파악할 수 있습니다.

05 보기 편한 지역별 여행 정보

각 지역별로 구역을 세분화하여 볼거리, 쇼핑, 음식점을 함께 구성했습니다. 각 타이틀 앞에는 아이콘을 붙여 어떤 스폿인지 명확히 알 수 있도록 했습니다.

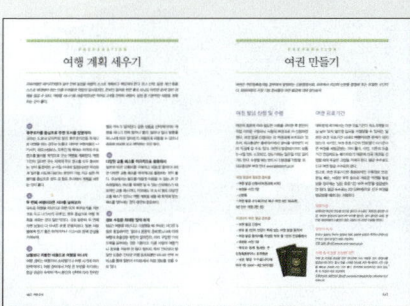

06 상세하고 꼼꼼한 여행 준비

규슈를 처음 방문하는 사람도 쉽게 여행할 수 있도록 여행 준비 과정을 상세하게 다루었습니다.

KYUSHU
CONTENTS

INSIDE KYUSHU
인사이드 규슈

TRANSPORTATION
규슈 교통

MIYAZAKI
미야자키

ACCOMMODATIONS
추천 숙소

PREPARATION
여행 준비

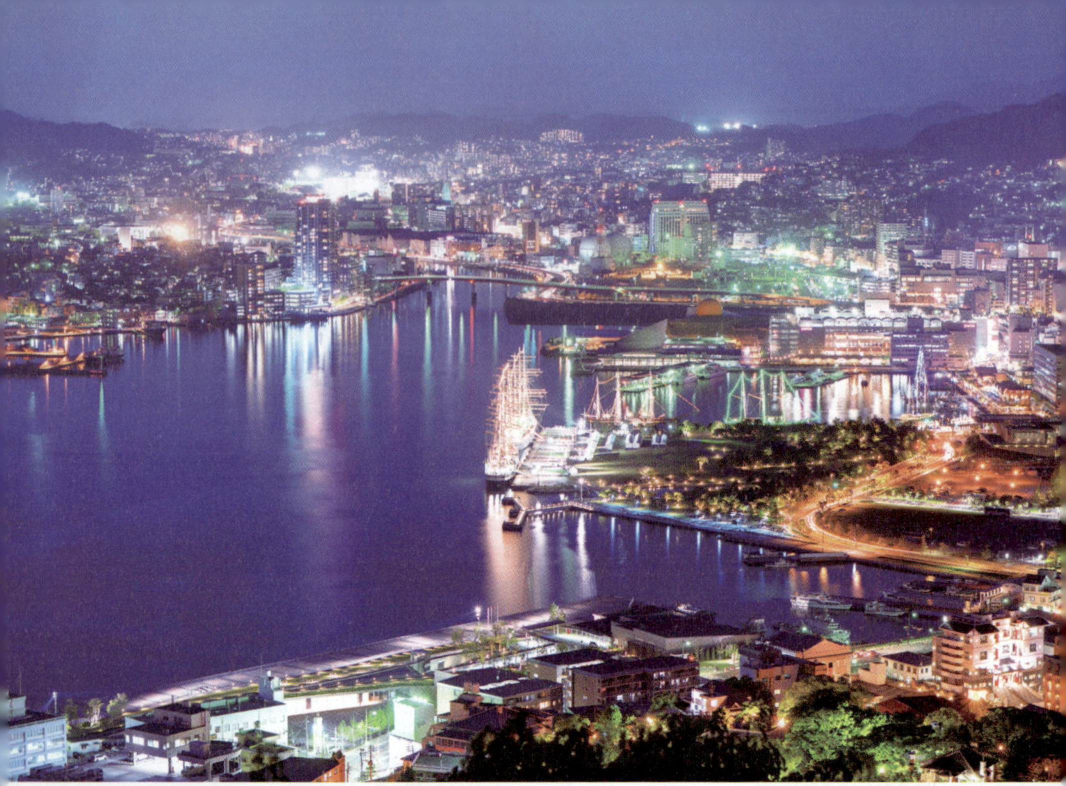
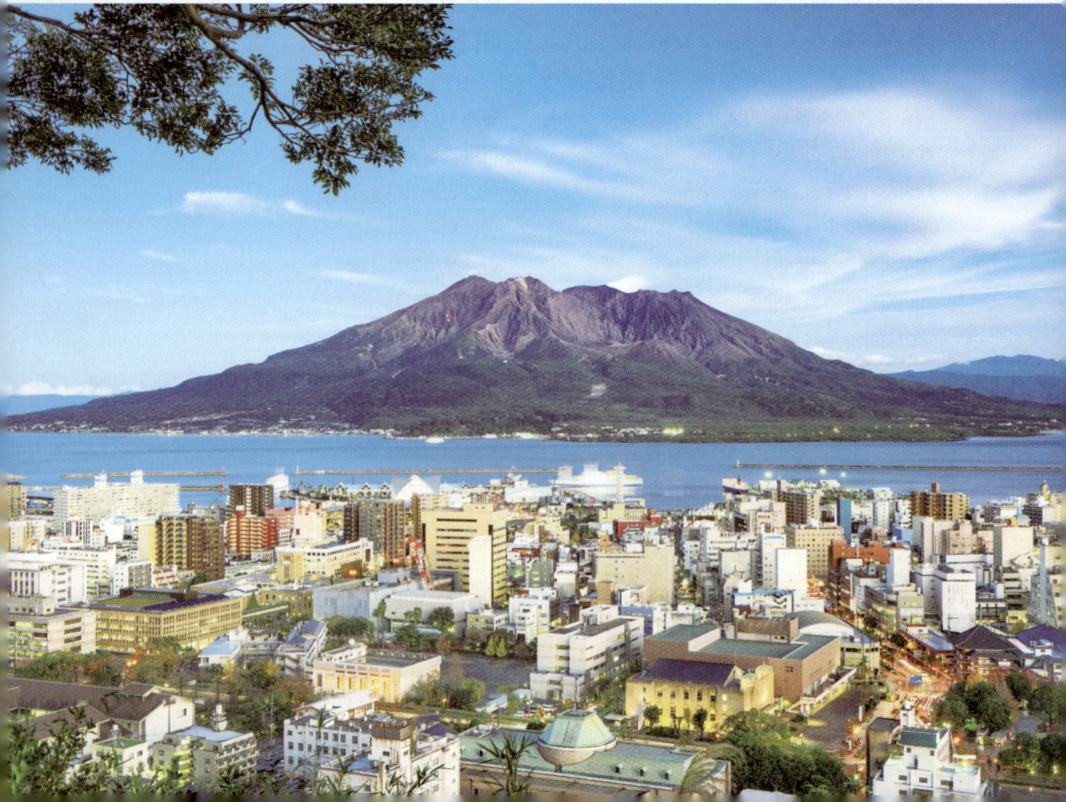

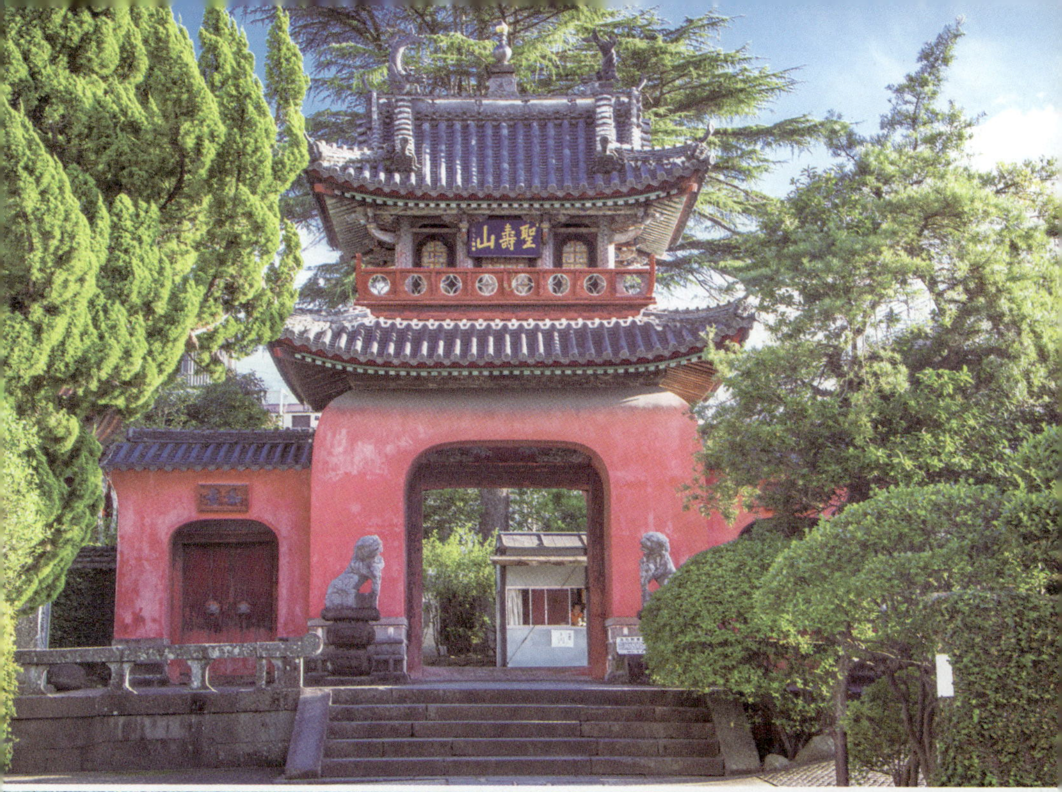
聖壽山

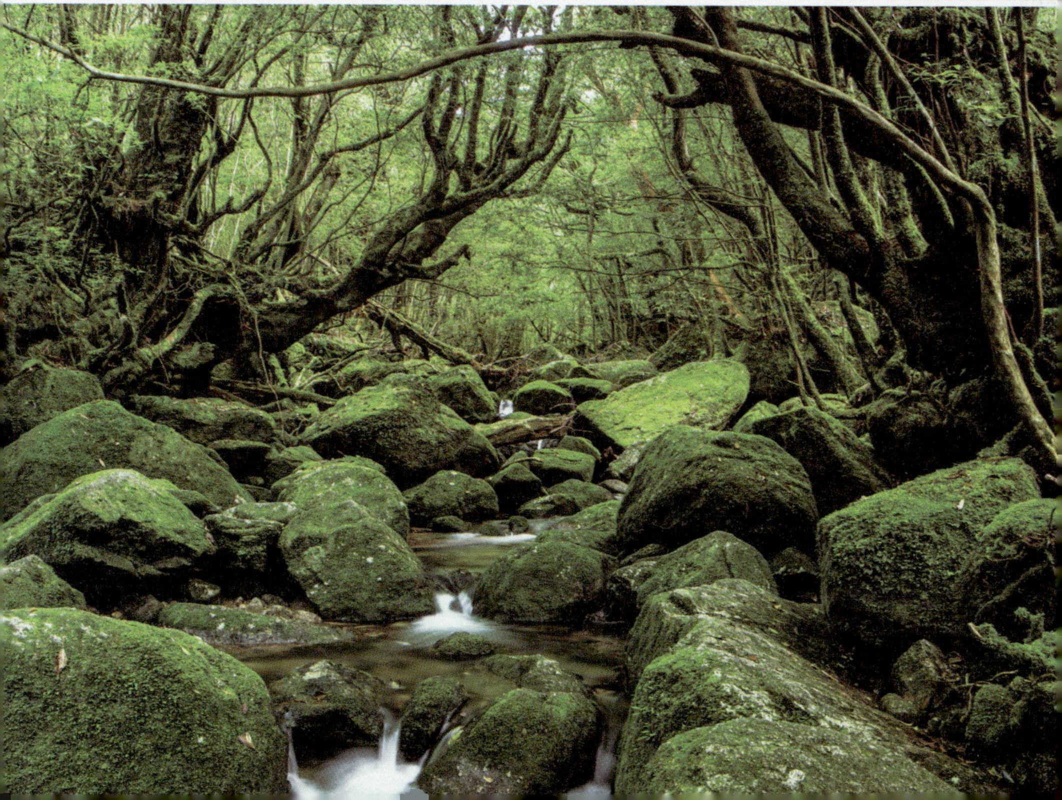

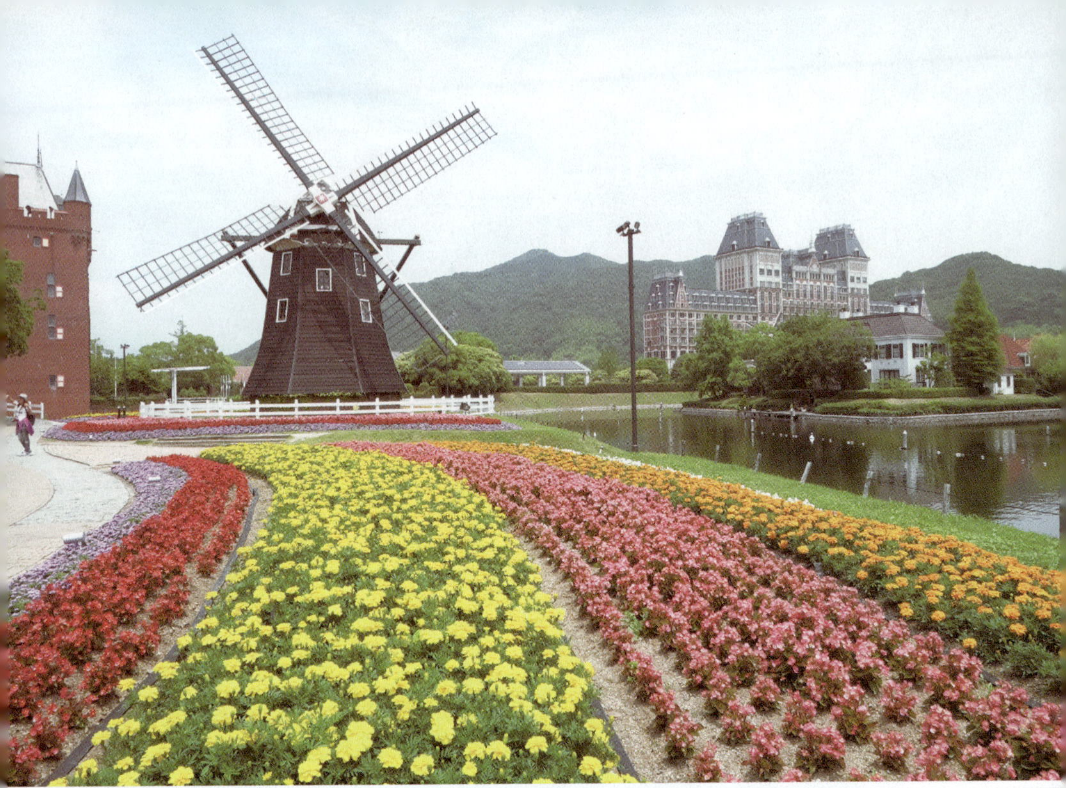

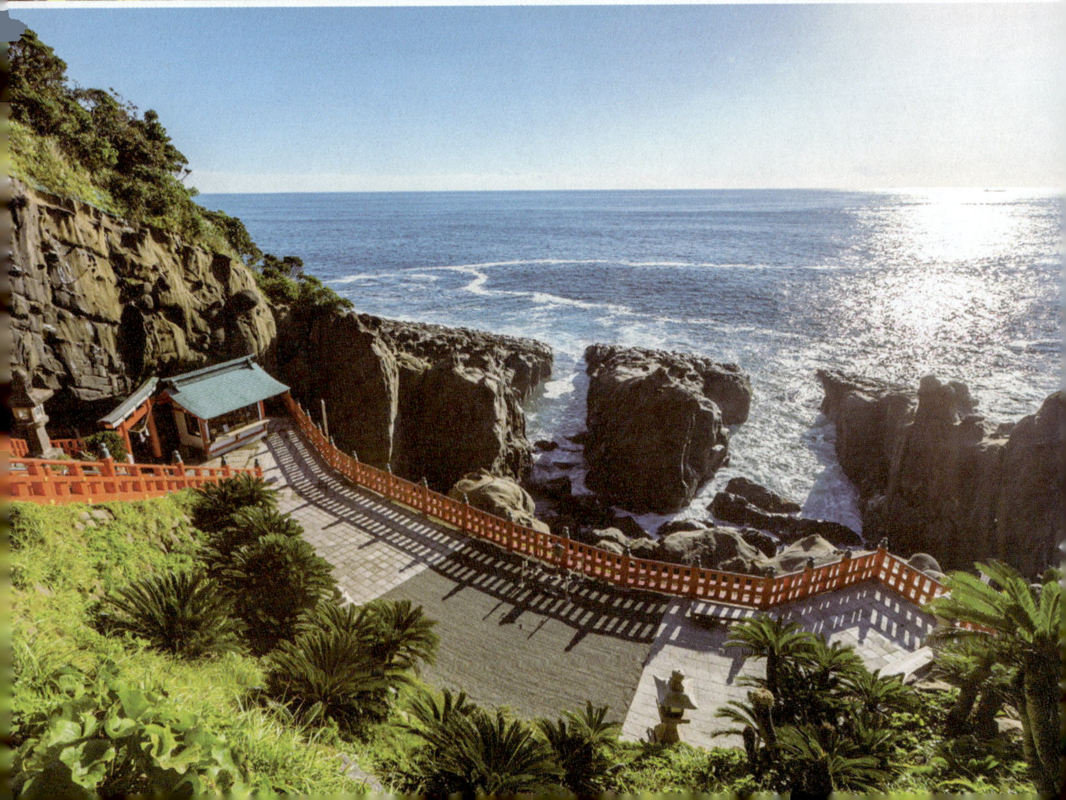

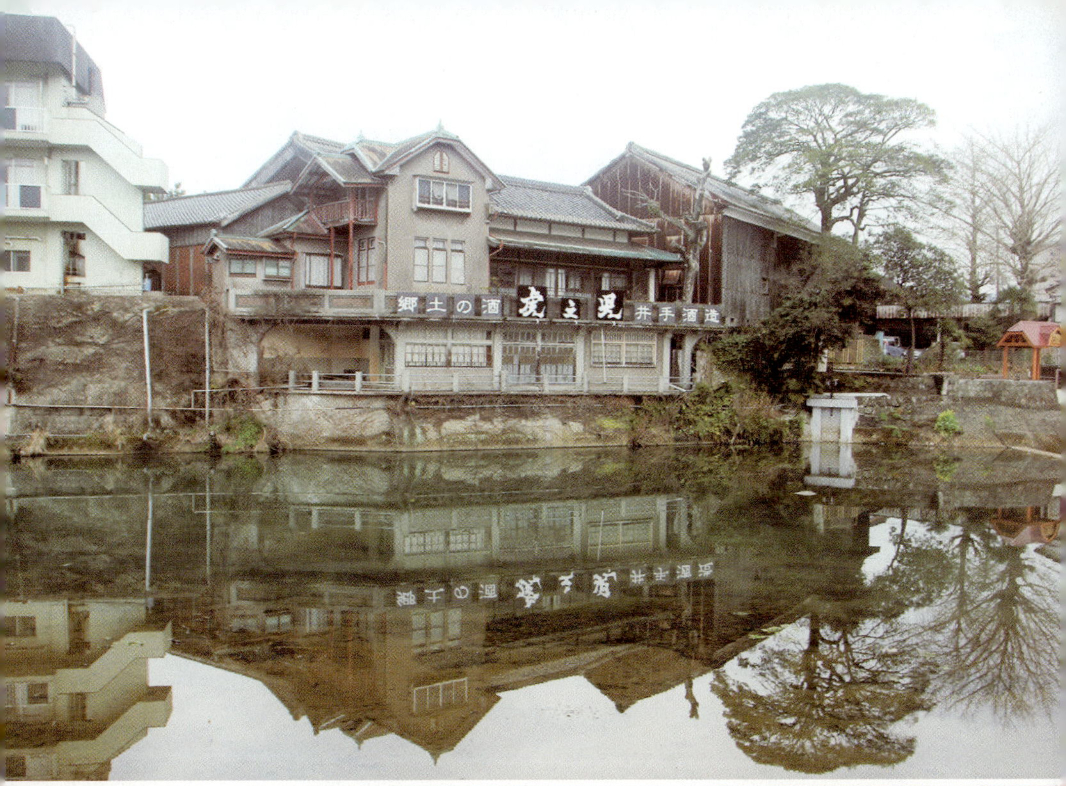
郷土の酒
虎之兒
井手酒造

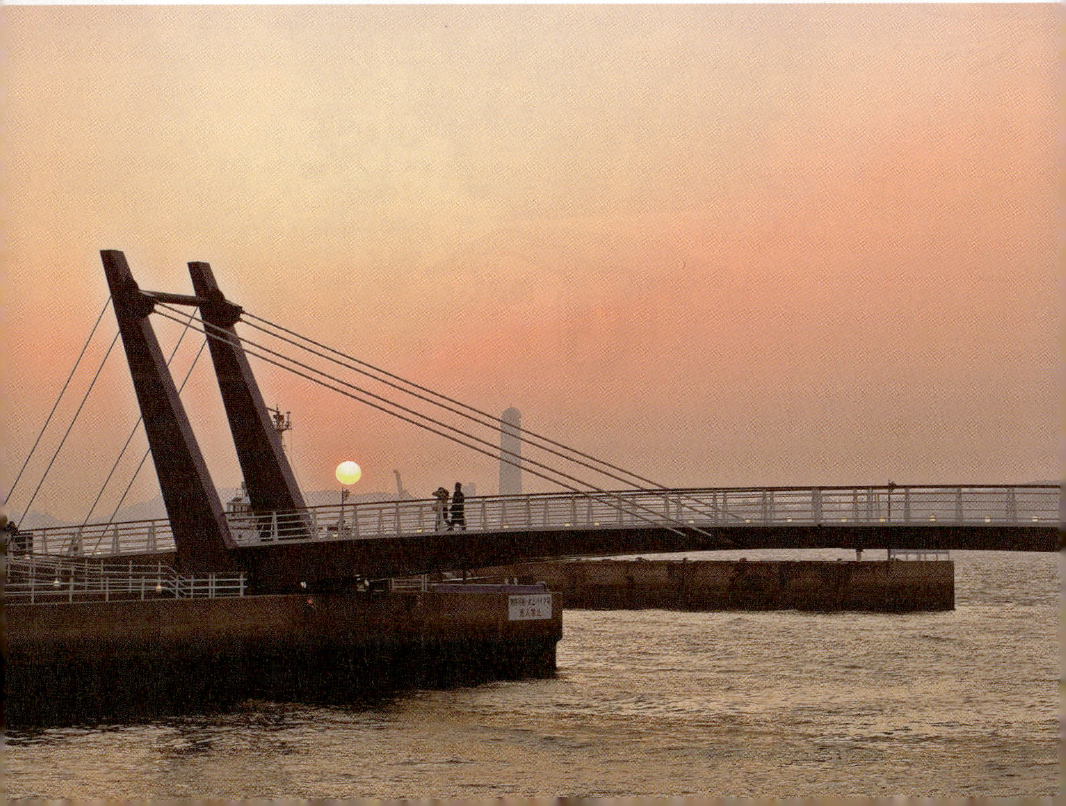

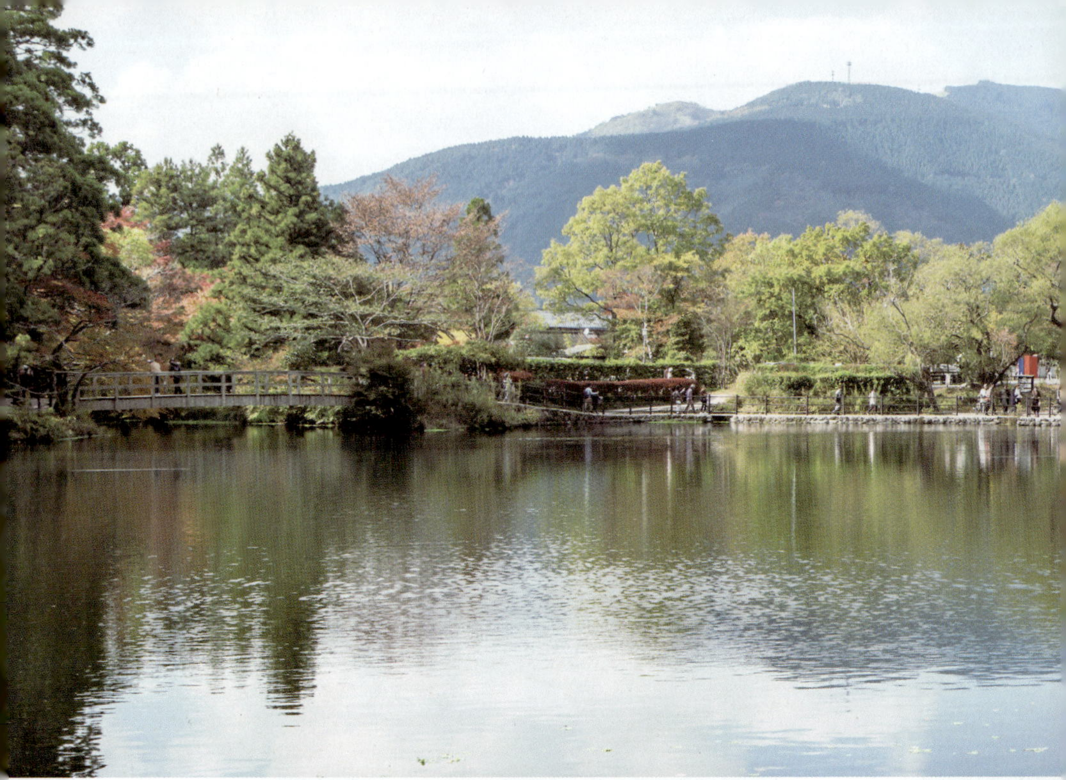

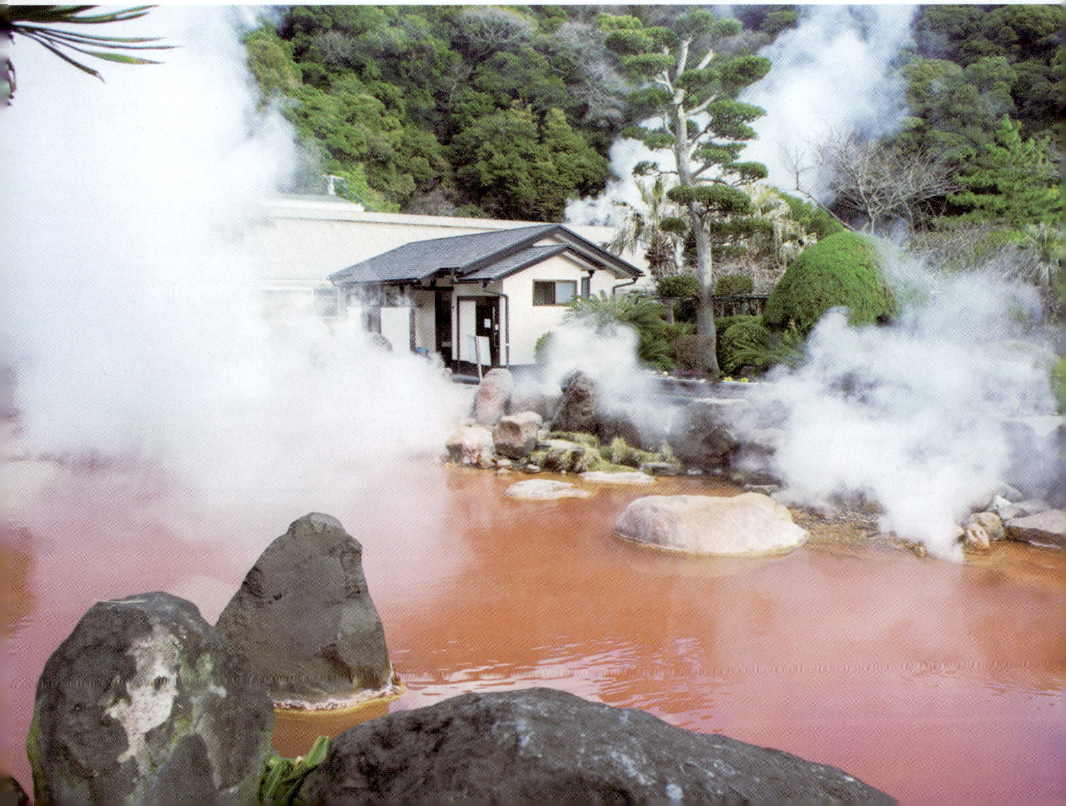

INSIDE KYUSHU

인사이드 규슈

규슈 절경

아소 구사센리 阿蘇草千里
이름 그대로 천리에 걸쳐 넓게 펼쳐져 있는 초원으로 아소를 대표하는 풍경으로 유명하다. 하얀 연기를 내뿜고 있는 나카다케를 배경으로 두 개의 호수 주위에 한가롭게 풀을 뜯고 있는 말과 소떼들이 인상적이다.

유후인 긴린코 湯布院 金鱗湖
호수의 잉어가 수면 위로 튀어오르는 모습이 석양에 비쳐 그 비늘 빛이 금빛으로 보인다 해서 긴린코라는 이름이 붙여졌다. 둘레 약 400m의 호수 서쪽 밑바닥에서는 온천수가, 동쪽에서는 차가운 물이 솟아나고 있어서 새벽 무렵에는 언제나 수면에서 하얀 수증기가 솟아 올라온다.

다이칸보 大観峰

아소를 둘러싼 해발 900m급의 연봉이 이어지는 외륜산 가운데 최고봉으로, 해발 936m의 정상에서 화구안에 위치한 아소 마을의 모습을 한눈에 내려다볼 수 있다. 다이칸보라는 이름은 1936년에 이곳을 방문한 역사가 도쿠토미 소호 徳富蘇峰가 그 웅대한 경관에 감동하여 지은 것이라고 한다.

다카치호 협곡 高千穂峡

V자 형태의 깊은 계곡으로 용암의 침식으로 만들어진 기암괴석과 주상절리의 단애가 약 7km에 걸쳐 이어져 있다. 협곡 하류 부근에는 일본의 100대 폭포로 선정된 마나이노타키 真名井の滝가 있어 다카치호 협곡의 풍경을 한층 더 운치있게 만들어준다.

야쿠시마 조몬스기 屋久島 縄文杉

조몬스기는 높이 25.3m, 둘레 16.4m, 추정 수령 7,200년이나 되는 어마어마한 고목으로 야쿠시마의 상징으로 손꼽히는 야쿠스기 屋久杉를 대표하는 삼나무이다. 가히 상상조차 하기 힘든 유구한 세월을 숲과 함께 지내오면서 신처럼 숭배를 받고 있다.

사세보 구주쿠시마 佐世保九十九島

나가사키현 사세보시의 사이카이 펄 시 리조트에서 출발하는 유람선 펄 퀸을 이용하면 사세보에서 북쪽으로 25km 지점에 있는 히라도 平戸까지 늘어서 있는 208개의 아름다운 섬인 구주쿠시마를 돌아볼 수 있다.

산멧세 니치난 サンメッセ日南

태평양을 바라보고 있는 광대한 언덕에 지형과 조망권을 최대한 살려서 만든 체험형 테마파크. 바다를 등지고 서 있는 7개의 모아이 석상은 이스터 섬 장로회의 특별 허가를 받아 실물 크기 그대로 재현한 것으로 높이가 5.5m 무게는 18t 이나 나간다고 한다.

야나가와 柳川

후쿠오카에서 전철로 한 시간 이내에 갈 수 있는 수려한 물의 마을 야나가와를 찾아가면 베니스 같은 화려함은 찾아보기 어렵지만 왠지 마음을 편안하게 해주는 소박한 아름다움과 서정적인 정서를 느낄 수 있다. 마을 전체를 휘감고 도는 아름다운 수로를 따라 서정적인 풍경을 감상하며 유유자적한 기분을 느낄 수 있는 가와쿠다리 川下り를 즐겨보자.

규슈 테마파크

하우스텐보스 ハウステンボス HUIS TEN BOSCH

나가사키현 사세보시에 위치한 하우스텐보스는 인간과 자연이 공존하는 거리, 자연의 숨결을 피부로 느낄 수 있는 새로운 공간을 목표로 1992년에 문을 열었다. 17세기 네덜란드의 왕궁과 거리를 완벽하게 재현해놓은 리조트형 테마파크 내에는 40만 그루의 나무와 30만 송이의 꽃 그리고 전체 길이 6km에 달하는 운하가 있어 어디를 둘러봐도 그림엽서처럼 예쁜 풍경을 자랑한다.

위치 하카타역에서 JR 특급 하우스텐보스호 이용. 하우스텐보스역 하차 후 도보 5분 **주소** 長崎県佐世保市ハウステンボス町1-1 **오픈** 09:00~21:30(계절에 따라 변동) **요금** 1DAY 패스포트 6,900엔(중·고교생 5,900엔, 4세~초등학생 4,500엔) **휴무** 연중무휴 **전화** 0570-064-110 **홈피** www.huistenbosch.co.jp

요시노가리 역사공원 吉野ヶ里 歴史公園

요시노가리 유적은 규슈 북부 사가현에 위치한 일본 최대의 마을 유적으로 1986년 이후 지금까지도 계속 발굴이 진행되고 있는데, 일본 야요이시대 弥生時代(기원전 5세기~기원후 3세기) 문화의 특징과 한반도와의 교류를 증명하는 수많은 유물이 출토되었다. 특히 야요이시대 전기에는 소규모였다가 야요이시대 후기가 되면 넓이 40만㎡가 넘는 대규모 마을로 발전하는 과정을 볼 수 있어 고대 원시 사회가 일종의 도시국가로 발전하는 과정을 흥미진진하게 만나볼 수 있다.

위치 하카타역에서 JR 특급열차 이용 도스역 하차 후 보통열차로 환승. 요시노가리코엔역 하차 후 도보 12분 **주소** 佐賀県神埼郡吉野ケ里町田手1843 **오픈** 09:00~17:00(계절에 따라 변동) **휴무** 12월 31일, 1월 셋째 주 월요일과 그 다음날 **요금** 420엔(초·중학생 80엔, 만 6세 미만 무료) **전화** 0952-55-9333 **홈피** www.yoshinogari.jp

아프리칸사파리 アフリカンサファリ

일본은 물론 아시아에서 가장 큰 자연 동물원으로 아프리카의 대초원을 그대로 옮겨놓은 듯한 115만 평방미터의 넓은 들판에 아시아 최대 규모인 69종, 1,300여 마리의 각종 동물들이 야생 그대로 살고 있는 동물의 왕국이다. 서식 특성별로 5개의 구역으로 나뉘어져 있으며, 사파리 투어에 소요되는 시간은 약 50분, 총 이동거리는 약 6km 정도이다. 아프리카 동물들의 역동적인 삶의 현장을 직접 관찰할 수 있어 현지뿐만 아니라 전국에서 관광객들이 찾아온다. 사파리 투어의 백미는 정글버스를 타고 야생상태에 가깝게 살고 있는 맹수와 기린 등을 아주 가까운 거리에서 구경하거나 먹이를 줄 수 있다는 것. 입장료와 별도로 사파리 투어 비용으로 1,100엔의 요금을 추가로 지불해야 하지만 본전 생각이 나지 않을 정도로 재미있다.

위치 JR 벳푸역 서쪽 출구에서 가메노이 버스 아프리칸사파리행 버스 이용 50분. 아프리칸사파리마에 정류장 하차 후 도보 1분　**주소** 大分県宇佐市安心院町南畑2-1755-1　**오픈** 09:00~17:00(11~2월 10:00~16:00)　**요금** 2,500엔(만 4세~중학생 1,400엔)　**휴무** 연중무휴　**전화** 0978-48-2331　**홈피** www.africansafari.co.jp

이오월드 가고시마 수족관

いおワールド 鹿児島水族館

가고시마 앞바다에 사는 다양한 생물과 세계에서 수집한 희귀한 물고기와 수중 동물들을 전시하는 수족관이다. 아름다운 은색 비늘을 번뜩이며 헤엄치는 정어리 떼를 볼 수 있는 구로시오 수조가 볼만하며, 엄청난 점프와 여러 가지 기술을 선보이는 귀여운 돌고래 쇼도 인기를 끌고 있다. 그밖에 세계에서 제일 큰 담수어 피라루쿠와 화산 활동과 관련이 있는 어종 등 다양한 해양생물을 만날 수 있다. 이오월드의 이오는 가고시마의 사투리로 물고기를 뜻한다.

위치 JR 가고시마역에서 도보 10분
주소 鹿児島市本港新3-1
오픈 09:30~18:00　**휴무** 12월 첫째 주 월요일부터 4일간
요금 1,500엔(초 · 중학생 750엔, 4세 이상 350엔)
전화 099-226-2233　**홈피** www.ioworld.jp

21

5

아리타 포세린 파크 有田ポーセリンパーク

17세기 이후 유럽 귀족사회에 큰 반향을 일으키며 세계의 도자기에 큰 영감을 준 아리타 도자기의 본고장인 아리타시에 있는 테마파크. 아리타 도자기와 유럽의 도자기 등 전 세계 각지의 명품 도자기를 수집·전시하고 있는데, 화려한 도자기도 볼만 하지만 독일의 드레스덴 DRESDEN에 있는 즈빙가 ZWINGER 궁전을 모방한 건물이 인상적이다. 파크 내에는 도자기 굽기를 체험할 수 있는 아리타야키 공방이나 도자기 전시관인 포세린 히스토리관, 도자기의 역사를 영상으로 설명해주는 VOC 시어터 등 다양한 볼거리를 갖추고 있다. 하우스텐보스와 비교했을 때 규모는 작지만 색다른 매력을 느낄 수 있다.

위치 하카타역에서 JR 특급 이용. 아리타역 하차 후 택시로 8분 **주소** 佐賀県西松浦郡有田町戸矢乙340-28
오픈 09:00~17:00(시설에 따라 변동) **휴무** 연중무휴 **요금** 무료(즈빙가 궁전 500엔) **전화** 0120-55-3956
홈피 www.nonnoko.com

6

하모니랜드 ハーモニーランド

헬로 키티로 우리에게도 잘 알려진 일본 애니메이션 업계의 대표주자 산리오사의 캐릭터를 총동원해서 만든 테마파크이다. 1년 365일 날마다 어린이들이 좋아할 만한 축제와 라이브 공연이 열리고 아이들이 재미있게 즐길 수 있는 각종 놀이 시설을 다양하게 갖추고 있다. 특히, 초등학생 이하의 어린이라면 하모니랜드의 판타스틱한 분위기에 매료될 것이다.

위치 JR 벳푸역에서 보통열차 이용 히지역으로 이동 후 하모니랜드행 버스 이용
주소 大分県速見郡日出町大字藤原5933
오픈 09:00~17:00(계절에 따라 변동)
휴무 매주 목요일(계절에 따라 변동. 홈페이지 확인 필요)
요금 패스포트티켓 2,900엔(4세 이상)
전화 0977-73-1111
홈피 www.harmonyland.jp

7

마린월드 우미노나카미치 マリンワールド海の中道

1989년 4월 우미노나카미치 해변공원의 문화리조트 지역에 개관한 수족관으로 규슈에서 가장 큰 규모를 자랑한다. 한때는 낙후된 시설과 재미없는 이벤트로 호불호가 갈리는 곳이었는데, 시스템을 교체하고 새로운 디자인과 첨단 시설로 바꾸는 전관 리뉴얼 작업을 마치고 2017년 3월에 재개장하면서 후쿠오카의 핫한 가족여행 명소로 변모했다. 새하얀 조개껍질 형태의 관내에는 규슈의 근해와 심해, 외양에 살고 있는 수많은 어종을 1층~3층에 있는 다양한 수족관에 잘 분류하여 전시하고 있다. 실외에서는 돌고래 쇼를 진행하는데, 쇼 구성이 좋고 돌고래들 훈련이 잘되어 있어 재미있게 구경할 수 있다.

위치 JR 우미노나카미치역에서 도보 5분
주소 福岡市東区大字西戸崎18-28
오픈 09:30~17:30(계절에 따라 변동) **휴무** 2월 첫째 주 월·화요일
요금 2,300엔(중학생 1,200엔, 초등학생 1,000엔, 만 4~7세 600엔)
전화 092-603-0400
홈피 www.marine-world.co.jp

우미타마고 うみたまご

90여 종 약 1,500마리의 물고기를 비롯하여 다양한 해양생물을 구경할 수 있는 수족관과 독특하면서도 재미있는 구성의 쇼를 즐길 수 있는 벳푸의 명소. 엄청난 규모의 수족관 안에서 잠수부가 직접 설명해주는 재미있는 물고기 설명, 우미타마고 최고의 예능 동물 해마의 재롱 잔치, 전기장어의 방전 쇼 등 아이들뿐만 아니라 어른들도 즐거운 퍼포먼스를 진행하고 있다. 그중에서도 돌고래 쇼는 놓치지 말아야 할 볼거리. 오전, 오후 하루에 2번밖에 하지 않으므로 가장 먼저 스케줄을 확인하도록 하자.

위치 JR 벳푸역 동쪽 출구에서 오이타 교통버스 이용. 다카사키야마시젠도부쓰엔마에 정류장 하차 후 도보 1분
주소 大分市大字神崎字ウト3078-22 **오픈** 09:00~18:00(11~2월 09:00~17:00) **휴무** 부정기 휴무(연 3회)
요금 2,200엔(초·중학생 1,100엔, 유아 700엔, 만 3세 이하 무료)
전화 097-534-1010 **홈피** www.umitamago.jp

8

규슈 온천

1 구로카와 온천 黒川温泉

시원한 계곡, 울창한 숲 사이로 펼쳐진 고풍스러운 전통 온천료칸들. 구로카와는 아름다운 자연미를 느낄 수 있는 일본 최고의 온천지로 각광받고 있는 곳이다. 온천 료칸마다 다른 수질의 온천과 개성만점의 노천탕을 갖추고 있어 다양한 온천욕을 즐길 수 있다.

대표 온천 료칸

• 구로카와소 黒川荘

정통 일본식 건물의 단아한 분위기와 현대식 건물의 세련된 멋이 어우러진 구로카와 최고의 인기 료칸. 멋진 풍경을 자랑하는 노천탕이 명물이다. P.306

• 산가 료칸 山河旅館

자연 그대로의 모습을 간직하고 있는 전통 료칸. 지친 일상에서 벗어나 대자연의 정기를 만끽하고 싶다면 꼭 들러보자. P.307

• 야마아이노야도 야마미즈키 山あいの宿 山みず木

구로카와의 중심가에서 가장 멀리 떨어져 있는 여관으로 강을 따라 만들어진 노천탕은 계곡 위에서 훤히 내려다보일 정도로 개방적이다. P.307

2 유후인 온천 湯布院温泉

마을 곳곳에 자리 잡고 있는 크고 작은 미술관과 갤러리, 다양한 종류의 잡화점과 공방, 개성 있는 음식점과 카페 등 유후인은 다른 온천마을과 달리 즐거운 시간을 보낼 수 있는 시설이 많다. 한 마디로 젊은 세대의 취향에 딱 맞는 곳이다. 숙박 또한 저렴한 펜션에서 고품격 전통 료칸까지 여행자들의 다양한 입맛을 맞출 수 있다. 유후인은 이처럼 마을 전체가 하나의 테마파크 같은 곳이므로 굳이 특별한 볼거리를 찾기보다는 여유롭게 산책을 하며 마을의 분위기를 있는 그대로 즐기는 것이 가장 좋다.

대표 온천 료칸

• 유후인 다마노유 由布院玉の湯

일본의 숙소 베스트 100에 매년 선정되는 유후인 최고의 료칸. 모든 객실이 별장처럼 떨어져 있어 조용하고 편안한 휴식을 만끽할 수 있다. P.356

• 야마노호텔 무소엔
山のホテル夢想園

녹음이 우거진 산기슭에서 여유로운 온천욕을 만끽할 수 있는 유후인의 인기 료칸. 고품격 서비스를 적당한 가격으로 즐길 수 있는 것이 최고의 장점이다. P.358

• 가메노이 벳소 亀の井別荘

유후인의 상징 긴린코 바로 옆에 있는 최고급 전통 료칸. 가격은 비싸지만 차별화된 서비스와 뛰어난 시설로 숙박 손님에게 특별한 추억을 선사한다. P.356

3 벳푸 온천 別府温泉

일본 최고의 용출량, 일본 최고의 원천수를 자랑하는 온천 도시 벳푸. 몇 년 전만 해도 일본으로 온천여행을 간다면 십중팔구는 벳푸를 추천하곤 했다. 하지만 젊은 세대의 발걸음이 뜸해 지고 구로카와, 유후인이 인기를 끌게 되면서 이제는 예전의 활기찬 분위기는 보기 힘들어졌다. 그렇지만 오랜 전통을 자랑하는 벳푸의 8대 명탕 벳푸핫토 別府八湯와 간나와온센의 지옥온천은 지금도 많은 관광객으로 붐비며 벳푸의 옛 명성을 이어가고 있다. 또한 벳푸만의 아름다운 바다 풍경을 만끽할 수 있는 고품격 온천 료칸도 여전히 인기가 높다.

대표 온천 료칸

• 시오사이노야도 세이카이 潮騒の宿 晴海

호텔의 화려한 분위기와 전통 료칸의 고풍스러운 멋을 함께 만끽할 수 있는 온천 관광호텔. 객실에서 보이는 아름다운 바다 풍경이 매력적이다. P.451

• 료테이 마쓰바야 旅亭 松葉屋

벳푸만의 아름다운 풍경을 즐길 수 있는 고급 온천료칸. 동서양의 조화를 느낄 수 있는 퓨전 감각의 인테리어가 새롭다. P.435

4 우레시노 온천 嬉野温泉

일본 3대 미인탕 중의 하나. 피부에 좋은 나트륨 성분을 다량 함유한 온천 수질 덕분에 여성들에게 특히 인기가 높다. 또한 수백 년 전에 저술한 〈히젠후도키 肥前風土記〉, 〈동서유기 東西遊記〉, 〈서유잡기 西遊雑記〉 등 수많은 일본 고전에도 자주 언급될 정도로 깊은 역사와 전통을 자랑한다.

한편, 우레시노는 규슈에서 최고급품으로 인정받는 일본차를 생산하는 곳으로도 유명하여, 차로 만든 소프트아이스크림, 말차 센베이, 차소바 등 차와 관련된 맛있는 제품도 맛볼 수 있다.

• 와타야벳소 和多屋別莊

우레시노 최대 규모의 온천료칸. 무려 3만 평의 부지에 아름다운 일본정원
과 5개의 숙박동, 131개의 객실을 보유하고 있어 료칸이라기보다는 온천 리
조트에 가깝다. P.267

5 후루유 온천 古湯温泉

능선이 아름다운 산자락 사이로 맑은 개천 가세가와
嘉瀬川가 흐르는 천혜의 자연환경에 둘러싸인 후루유 온천
은 규모가 크지는 않지만 한적하고 차분한 분위기라 여유로
운 휴식을 만끽할 수 있는 사가의 숨은 명소다. 2200년 전
중국 진나라의 시황제가 불로불사의 약을 찾기 위해 보낸 사
신 여복 徐福이 찾아낸 온천이라는 유래가 있는데, 그만큼
오래 전부터 탕치 湯治로 유명한 온천이었다.

• 온크리 おんくり

후루유 온천에서 가장 큰 규모를 자랑하는 온천 호텔. 세련된 현대식 외관과 전통
료칸의 멋스러움을 자연스럽게 연출한 실내 분위기가 조화롭다. P.269

도심 속 당일치기 온천

일본은 온천의 나라라고 해도 과언이 아닐 정도로 일본 전국 어디를 가나 온천을 즐길 수 있다. 굳이 유명한 온천마을까지 찾아가지 않더라도 도심에서도 온천을 즐길 수 있는 입욕시설을 쉽게 만날 수 있어 마음만 먹으면 언제든지 온천을 즐길 수 있다. 특히 일본 경제의 불황이 가속화된 이후로 멀리 떨어져 있는 온천마을까지 여행을 다녀올 만한 경제적인 여유가 없는 사람들을 대상으로 한 대형 온천 시설이 많이 늘어났다.

1
후쿠오카

하카타 유후인 · 다케오온센 만요노유 博多 由布院 · 武雄温泉 万葉の湯

규슈를 대표하는 온천마을인 유후인과 다케오 온천의 천연온천수를 매일 급수차로 운반해 운영하는 초대형 온천시설이다. 관내에는 대형 온천시설을 비롯해 노천탕, 가족탕, 사우나, 레스토랑, 마사지, 에스테틱, PC방, 휴게코너 등의 시설이 충실하고 객실 수 33개의 호텔도 갖추고 있다.
여행기간이 짧아 규슈에서 온천여행을 즐길 시간여유가 없을 때 찾아가면 좋다. 입관료에는 실내복, 수건 및 목욕수건 외에도 관내 시설 이용료와 5시간의 주차요금이 포함되어 있어 언제든지 편리하게 이용할 수

있다. 하카타역, 덴진, 캐널시티 하카타, 리버레인 등에서 만요노유를 왕복하는 무료 셔틀버스가 운행된다.

위치 하카타역 치쿠시 출구 센트라자 호텔 로손 바로 앞에서 무료 셔틀버스(08:00~25:00 매시 정각 출발) 이용 7분, 덴진미나미역 4 · 5번 출구 후쿠오카 시청앞에서 무료 셔틀버스(07:35~24:35 매시 35분 출발) 이용 10분
주소 福岡市博多区豊2-3-66 **오픈** 24시간 **휴무** 연중무휴
요금 1,800엔(어린이 900엔, 유아 700엔, 만 3세 미만 무료)
전화 092-452-4126 **홈피** www.manyo.co.jp/hakata

2 후쿠오카 **천연온천 덴진 유노하나** 天然温泉 天神ゆの華

후쿠오카 최고의 번화가인 덴진의 중심가에서 도보 10분 거리에 있는 천연 온천. 돌로 만든 노천온천과 히노키 노천온천, 사우나 등 다양한 온천욕을 즐길 수 있는데, 지하 500미터에서 솟아나는 원천은 미네랄이 풍부해서 온천을 즐긴 후에는 매끈해진 피부를 바로 확인할 수 있다. 비누와 샴푸, 린스 등 세면구는 내부에 갖춰져 있으므로 수건만 따로 챙겨 가면 된다. 수건을 미처 챙겨가지 못했을 때는 150엔에 구입할 수 있다. 자우오 덴진점 바로 옆에 있다.

위치 지하철 덴진역 1번 출구에서 도보 10분. 하카타 버스터미널 1층에서 68번 버스 이용 나가하마잇초메 정류장 하차 후 도보 1분
주소 福岡市中央区長浜1-4-55
오픈 10:00~다음날 03:00(토·일·휴일 08:00~다음날 03:00)
요금 720엔(어린이 360엔)
전화 092-733-1126
홈피 www.tenjin-yunohana.jp

3 나가사키 **이나사야마온센 후쿠노유** 稲佐山温泉 ふくの湯

나가사키의 야경을 즐길 수 있는 명소인 이나사야마의 산기슭에 자리 잡고 있는 당일치기 온천 시설로 2008년 11월에 오픈했다. 멋진 전망 라운지와 자연식 뷔페를 즐길 수 있는 레스토랑, 규슈 최대 규모라 해도 과언이 아닌 다양한 온천시설을 갖추고 있다. 노천탕은 물론이고 제트 버스, 소금 사우나, 미스트 사우나, 암반욕 등 취향에 따라 다양한 시설을 즐길 수 있어 여유롭게 온천을 즐기기에 부족함이 없다. 이용방법은 여느 온천시설과 마찬가지이다. 입장 후 일단 신발을 신발장에 보관한 후 신발장 키를 뽑아서 프런트에 제출하고 리스트밴드 방식의 키를 받으면 된다. 요금은 시설을 이용한 후 나올 때 계산한다. 세면구를 비롯한 각종 비품은 무료로 제공하지만 타올(100엔 판매)과 목욕타올(150엔 대여)은 별도 요금이 필요하다. 또한 암반욕(700엔)과 가족탕(1시간 4명 이용 기준 2,500엔)도 입욕료와 별도로 요금을 내고 이용해야 된다.

위치 JR 나가사키역에서 무료 셔틀버스 이용 19분 **주소** 長崎市岩見町451-23 **오픈** 09:30~다음날 01:00 **휴무** 연중무휴
요금 어른 800엔, 어린이 400엔 **전화** 095-833-1126 **홈피** www.fukunoyu.com

규슈 쇼핑몰

1 이온몰 후쿠오카 イオンモール福岡

일본 최대 할인점 업체인 이온 Aeon이 운영하는 초대형 쇼핑몰. 쟈스코 JUSCO, 사티 SATY 등의 할인마트를 중심으로 가전, 스포츠, 패션, 생활잡화 등 다양한 브랜드점과 시네마 콤플렉스, 스포츠 시설 등을 한 자리에 모아 선풍적인 인기를 끌고 있다. 일본 대부분의 지역에 점포를 갖추고 있는데, 규슈지역만 해도 후쿠오카와 구마모토, 오이타, 미야자키 등지에 모두 9개의 이온몰이 있다.

위치 하카타 버스터미널 14번 승강장에서 30번 버스 이용. 종점 하차
주소 福岡県糟屋郡粕屋町大字酒殿字老ノ木192-1
오픈 09:00~21:00(매장에 따라 다름) **휴무** 연중무휴
전화 092-938-4700
홈피 fukuoka-aeonmall.com

2 도스 프리미엄 아웃렛 鳥栖プレミアム・アウトレット

일본의 남쪽 현관, 규슈의 후쿠오카에서 가까운 거리에 있는 도스 프리미엄 아웃렛은 미국 캘리포니아주 남부의 아름다운 마을을 본떠 만든 스페니시 콜로니얼 스타일의 시설이 매력적인 곳이다. 신선한 공기와 밝은 햇살이 잘 어울리는 밝고 세련된 분위기 속에서 알마니 Armani, 브룩스 브러더스 Brooks

Brothers, 코치 Coach, 훌라 Furla, 히키 Hickey, 프리맨 Freeman, 나이키 Nike 등 약 120개의 명품 브랜드숍이 한 자리에 모여 있다. 매년 3월 말(3월 20~29일경)에는 도스 프리미엄 아웃렛 탄생일을 기념한 대대적인 세일행사가 개최되며, 세일 기간에는 후쿠오카뿐만 아니라 벳푸, 구마모토, 나가사키 등 규슈의 대도시와 도스 프리미엄 아웃렛을 바로 연결하는 직행버스를 운행한다.

위치 하카타역에서 JR 특급열차 이용. 도스역 하차 후 노선버스 환승
주소 佐賀県鳥栖市弥生が丘8-1
오픈 10:00~20:00
휴무 2월 셋째 주 목요일
전화 0942-87-7370
홈피 www.premiumoutlets.co.jp/tosu

3 캐널시티 하카타 キャナルシティ博多

1996년 4월에 문을 연 캐널시티 하카타는 하나의 건물이 아니라 여러 가지 건물이 모인 '도시 속의 도시, 즐거움이 교차하는 미래 도시형 공간'이라는 디자인 개념이 도입된 대형 복합 쇼핑 시설이다. 도쿄의 록폰기힐스와 가렛타 시오도메, 고쿠라의 리버워크 기타큐슈 등 인기 복합 쇼핑몰을 만든 세계적인 건축가 존 저드의 일본 내 첫 번째 작품이다. 건물들 사이로 180m에 이르는 인공 운하를 만들어 자연 친화적인 건물로 승화시켰다는 평을 듣고 있으며, 야후오크돔, 후쿠오카 타워와 함께 후쿠오카를 대표하는 랜드마크로 자리 잡았다. 13개 상영관을 보유한 일본 최대의 영화관 유나이티드 시네마 캐널시티 13, 다양한 공연을 즐길 수 있는 캐널시티 극장, 그리고 다양한 브랜드숍을 중심으로 수많은 맛집과 엔터테인먼트 공간이 들어서 있어 단순히 구경만 하더라도 2시간 정도는 훌쩍 지나간다.

위치 JR 하카타역 하카타 출구에서 하카타에키마에도리 방면 도보 12분, 하카타역앞 A정류장에서 버스 이용. 커낼시티하카타마에 정류장 하차 후 도보 5분 **주소** 福岡市博多区住吉1-2 **오픈** 10:00~21:00 (레스토랑 11:00~23:00) **휴무** 연중무휴 **전화** 092-282-2525 **홈피** www.canalcity.co.jp

4 아루아루시티 あるあるCity

만화, 애니메이션, 게임 등 서브컬처의 모든 것이 모여 있는 초대형 쇼핑몰. 과거 엄청난 인기를 끌었던 〈은하철도 999〉의 작가 마츠모토 레이지 松本士 씨가 명예 관장으로 있는 만화뮤지엄을 비롯해서, 만다라케, 애니메이트 등 수많은 전문점들이 들어서 있어 제대로 구경하려면 반나절은 잡아야 하는 곳이다. 또한, 연간 500회가 넘는 이벤트를 펼치고 있어 언제 가든 재미있는 볼거리를 만나볼 수 있는데, 특히, 매년 가을에 실시하는 팝 컬처 페스티벌은 방문자가 무려 17만 명에 이를 정도로 엄청난 인기를 끌고 있다.

위치 JR 고쿠라역 신칸센 출구에서 도보 3분 **주소** 北九州市小倉北区浅野2-14-5 **오픈** 11:00~20:00 **휴무** 연중무휴 **전화** 093-512-9566 **홈피** aruarucity.com

5 마리노아시티 후쿠오카 マリノアシティ福岡

2000년 10월에 오픈한 규슈 최초의 본격 아웃렛 몰. 오픈 당시에는 규모가 그리 큰 편이 아니었지만 2004년 7월과 2007년 9월에 시설을 확장해 추가로 아웃렛 II동과 III동을 증설하면서 명실상부한 규슈 최대의 아웃렛몰로 거듭났다. 인근에 있는 요트 선착장을 배경으로 부두의 창고를 이미지화한 외관과 워터 프론트의 입지를 활용한 개방적인 구조가 멋진 곳이다. 전체적인 구성은 전문 아웃렛 매장이 있는 아웃렛동과 대형매

장과 엔터테인먼트 시설이 있는 마리나사이드동으로 구분되며, 아웃렛동은 다시 오픈 연도에 따라 아웃렛 I동, 아웃렛 II동, 아웃렛 III동으로 나뉜다.

위치 하카타역 A정류장에서 303번 버스 이용. 마리노아시티 후쿠오카 정류장 하차 **주소** 福岡市西区小戸2-12-30
오픈 10:00~21:00(레스토랑 11:00~23:00) **휴무** 연중무휴 **전화** 092-892-8700 **홈피** www.marinoacity.com

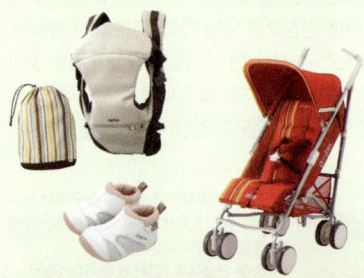

6 아카짱혼포 アカチャンホンポ

아기와 함께 가는 가족여행자나 예비 엄마들을 쇼핑 삼매경에 빠뜨리는 아기용품 전문점. 다양한 쇼핑몰이 들어서 있는 마리나타운의 2층에 자리 잡고 있다. 아이에 관한 모든 것이 있다고 해도 과언이 아닐 정도로 많은 물건이 있으며, 아이디어 상품의 천국답게 아기자기하고 재미있는 물건이 많아 구경하는 내내 충동구매 유혹에 시달려야 한다.

보통 우리나라 판매가와 비교해서 약 30% 정도 저렴한데, 세일 기간에는 반값에 살 수 있는 품목들도 많다. 알뜰 쇼핑을 하려면 미리 홈페이지를 통해 확인하도록 하자. 택배 서비스도 하고 있으므로 물건을 많이 샀을 때는 자기가 숙박하는 호텔로 보내달라고 하면 된다.

위치 지하철 메이노하마역 북쪽출구에서 니시테쓰 버스 노코토센바 행 이용. 아타고하마욘초메 愛宕浜４丁目 정류장 하차 후 도보 7분
주소 福岡市西区豊浜3-1-10 **오픈** 09:00~22:00
전화 092-894-2380 **홈피** www.akachan.jp

규슈 명물 음식

1 후쿠오카

규슈 최고의 도시답게 수많은 맛집이 몰려 있는 후쿠오카. 서민의 음식 라멘에서 고품격 일식까지 그야말로 종합 뷔페와도 같은 다양한 요리를 맛볼 수 있다.

하카타 돈코쓰라멘 博多とんこつラーメン

돈코쓰라멘은 얇은 면발에 진하고 깊은 맛이 일품인 국물이 어우러진 후쿠오카 최고의 명물. 차슈(편육), 파, 생강 등 토핑의 종류에 따라 다양한 맛을 즐길 수 있다.

대표맛집 하카타 잇푸도 다이묘본점 博多一風堂 大名本店 P.125

교자 餃子

어디에서든 흔히 볼 수 있는 교자지만 후쿠오카의 교자는 뭔가 특별한 맛이 있다. 소고기와 야채가 적당하게 혼합된 만두속과 바삭거리는 만두피의 조화가 환상적이다. 한 입에 쏙 들어가는 미니사이즈라 출출할 때 가볍게 먹을 수 있는 간식거리로 안성맞춤이다.

대표맛집 테무진 다이묘점 テムジン大名店 P.126

모쓰나베 もつ鍋

된장 또는 간장 육수를 베이스로 곱창과 각종 채소를 올려내 끓여먹는 일본식 곱창전골. 잡내가 전혀 나지 않는 깔끔한 맛이라 처음 접하는 사람들도 쉽게 먹을 수 있다. 단, 간장 베이스는 우리나라 사람 입맛에는 다소 짤 수 있으니 주의하자.

대표맛집 라쿠텐치 덴진본점 楽天地 天神本店 P.116

2 나가사키

예부터 해외 여러 나라와 적극적인 교역으로 선진 문화를 가장 먼저 받아들인 나가사키. 그런 만큼 식문화도 다른 지역과는 달리 전통요리와 외국요리가 다양하게 조화를 이루고 있다. 햄버거, 짬뽕, 토루코라이스 등 일본 전통 음식은 아니지만, 독특한 맛을 자랑하는 음식들이 많다.

사세보버거 佐世保バーガー
1950년대 미군에게 직접 레시피를 받아 만든 일본 최초의 햄버거. 지금은 전국적으로 유명해지면서 곳곳에 체인점이 우후죽순 들어서 있다.

대표 맛집 히카리 ヒカリ P.219

나가사키짬뽕 長崎ちゃんぽん
야채와 해산물이 가득 들어가 있는 나가사키의 명물. 우리나라 짬뽕과 달리 맵지 않고 시원한 국물 맛이 일품이다. 자매품인 사라우동도 맛있다.

대표 맛집 시카이로 四海楼 P.209

도루코라이스 トルコライス
인기 서양 음식을 한 번에 맛볼 수 있는 나가사키의 명물 음식. 필라프, 스파게티, 포크커틀릿이 기본인데, 기호에 따라 다른 메뉴를 추가할 수 있어 젊은 세대에게 인기가 높다.

대표 맛집 쓰루찬 ツル茶ん P.211

이카노이키즈쿠리 イカの活造り
살아 있는 오징어를 상위에 올린 착각을 불러일으킬 정도로 신선함과 작품성이 뛰어난 오징어회. 산란기인 5월에서 6월 사이가 가장 맛있다.

대표 맛집 가이주우오도코로 만보 海中魚処 萬坊 P.253

3 사가

사가에는 특별한 먹을거리가 없다고 생각하는 경우가 많은데, 현해탄 연안의 항구들을 둘러보면 맛있는 해산물 요리를 즐길 수 있는 맛집이 의외로 많다는 사실에 놀라게 된다. 특히, 일본 최고의 오징어 마을인 요코코에 가면 마치 살아 있는 듯 최고의 신선도를 자랑하는 오징어 요리를 맛볼 수 있다.

유도후 湯どうふ
유도후는 말 그대로 온천 지역의 두부 요리를 뜻한다. 두부를 뜨거운 온천수로 익힌 것인데, 입안에서 사르르 녹는 부드러운 식감이 일품인 요리다.

대표 맛집 유도후 소안 요코초 湯どうふ 宗庵よこ長 P.267

4 구마모토

산과 바다, 천혜의 자연환경에 둘러싸여 있는 구마모토는 식재료의 천국. 다양한 요리가 있을 법도 한데 의외로 말고기에 묻혀 힘을 쓰지 못하고 있다. 그만큼 말고기 요리가 특별하고 다양하기 때문이다. 특히 말고기 육회인 바사시는 담백하면서도 부드러운 육질로 식도락가들의 입맛을 자극한다. 고기가 부담스럽다면 강렬한 국물 맛을 자랑하는 구마모토라멘을 맛보는 것도 좋은 선택.

바사시 馬刺し

구마모토를 대표하는 명물 말고기 육회 요리이다. 우리나라의 육회와 달리 생고기를 간장에 찍어먹는 것이 독특하며, 남성들의 스테미너식으로 인기가 높다.

대표 맛집 바니쿠료리 무쓰고로 馬肉料理むつ五郎 P.287

우마스테키 馬ステーキ

구마모토의 말고기 스테이크를 한 번 맛보면 기존의 소고기 스테이크는 잊게 된다는 우스갯소리가 있을 정도로 최상급 한우에서나 느낄 수 있는 육질을 자랑한다.

대표 맛집 우마료리센몬텐 텐고쿠 馬料理専門店天國 P.287

구마모토라멘 熊本ラーメン

돈코쓰 국물에 짙은 마늘향이 살포시 퍼져 있는 구마모토의 명물 라멘. 후쿠오카의 하카타라멘과 같은 종류이지 만 마늘 때문에 맛은 훨씬 진하다.

대표 맛집 라멘 아카구미 ラーメン 赤組 P.286

5 벳푸

바다와 산으로 둘러싸여 다양한 식재료를 얻을 수 있었던 벳푸는 예부터 이름난 요리들이 많았다. 바다의 명품 세키사바와 세키아지, 입에서 사르르 녹아내리는 명품 소고기 분고규, 소박한 간식요리 야세우마와 단고지루 등 한 번에 나열하기도 힘든 역사와 전통을 자랑하는 명물 요리들이 많다.

세키사바 関さば, 세키아지 関あじ

세토나이카이 瀬戸内海에서 잡아 올린 신선도 최상의 고등어와 전갱이. 회로 먹으면 쫄깃쫄깃하고 기름진 살코기가 최고의 식감을 연출한다.

대표 맛집 도요쓰네 본점 とよ常本店 P.331

분고규 豊後牛

송아지부터 철저한 관리 속에서 키운 규슈 최고의 명품 쇠고기. 고소한 맛과 입에 들어가면 사르르 무너져내리는 부드러운 식감이 매력적이다.

대표맛집 그릴 미쓰바 グリルみつば P.332

단고지루 だんご汁, 야세우마 やせうま

벳푸를 대표하는 향토요리. 우리나라의 된장 수제비와 비슷한 단고지루, 콩고물과 설탕으로 버무린 떡 야세우마는 온천욕과 함께 즐기면 안성맞춤인 별미 간식이다.

대표맛집 분고차야 豊後茶屋 P.331

6 가고시마

천혜의 자연환경으로 둘러싸인 가고시마는 식재료의 보고. 특히 일본 최대의 고구마 생산지로 유명하여, 고구마와 관련된 먹을거리가 많다. 가고시마 명물 사쓰마이모를 먹고 자란 흑돼지, 수백 종류의 고구마 스위트, 고구마 소주 등 달콤하고 맛있는 고구마 요리의 진수를 맛볼 수 있다.

구로부타 黒豚

고구마 사료를 먹고 자라 육질이 뛰어나며, 달콤하면서도 고소한 최고급 품종의 명물 돼지고기. 돈가스, 샤부샤부 등 어떤 요리와 만나도 멋진 궁합을 보여준다.

대표 맛집 구로부타 黒福多 P.386

시로쿠마 白熊

전국적으로 유명한 가고시마의 여름을 대표하는 명물 빙수. 북극곰의 얼굴을 본떠 만든 빙수에 최고급 연유와 다양한 과일 토핑이 들어가 시원하고 달콤한 맛을 낸다.

대표 맛집 덴몬칸 무자키 天文館むじゃき P.386

사쓰마이모 스위트 さつまいもスイト

과자, 케이크, 빵 등 수백 종류의 달콤한 행복을 느낄 수 있는 가고시마의 명물 고구마 디저트. 가고시마 최대의 번화가인 덴몬칸 주변에 스위트 전문점이 많이 있다.

대표 맛집 사쓰마이모노야카타 さつまいもの館 P.386

7 미야자키

미야자키에는 방목 가축이 살기 좋은 초지가 많아 미야자키규나 미야자키 토종닭 등 최상급 육질을 가진 우수한 품종이 많이 있다. 최고의 요리는 최상의 재료를 사용할 때 빛을 발하는 법. 그런 의미에서 미야자키의 일품요리들은 다른 요리보다 높은 기본점수를 따고 시작하는 셈이다.

치킨난반 チキン南蛮

계란을 묻혀 튀겨낸 닭고기에 새콤달콤한 타르타르소스를 발라 먹는 미야자키의 향토요리. 육질이 부드러운 영계만을 사용하여 남녀노소 모두 맛있게 먹을 수 있다.

대표 맛집 오구라 본점 おぐら本店 P.425

지도리스미비야키 地鷄炭火燒

쫄깃쫄깃하고 고소한 맛이 일품인 미야자키 토종닭을 숯불에 구워낸 일품요리. 일반 프라이드치킨과는 차원이 다른 닭고기 구이의 진수를 맛볼 수 있다.

대표 맛집 군케이 가쿠지구라 ぐんけい 隠蔵 P.425

미야자키규 宮崎牛

분고규와 함께 규슈 넘버원을 다투는 미야자키규. 살코기와 지방이 골고루 섞인 환상적인 마블링이 특징이다.

대표 맛집 미야자키규 뎃판스테키 미야치쿠 宮崎牛 鉄板焼ステーキ ミヤチク P.424

규슈 여행 코스

모델 코스 01 후쿠오카 2박 3일

인천공항에서 비행기로 1시간 20분, 부산에서 쾌속선으로 2시간 55분이면 규슈 지방의 관문인 후쿠오카에 도착하게 된다. 2박 3일이라는 짧은 일정은 국내여행을 하기에도 부족한 시간이지만, 후쿠오카는 제주도를 다녀오는 기분으로 가볍게 다녀올 수 있어 매력적이다.

1일 한국 ➡ 후쿠오카

• 여행의 시작은 교통의 중심지인 JR 하카타역에서 하는 것이 좋다. 관광안내소에 들러 도움이 되는 자료를 챙긴 후 본격적으로 여행에 나서도록 하자.

추천 패스 후쿠오카 시내 1일 프리승차권 900엔
추천 맛집 기와미야 후쿠오카 파르코점(덴진), 라쿠텐치 덴진본점(덴진)

1 후쿠오카공항
   ⬇ 국내선터미널에서 지하철 구코센 5분

2 JR 하카타역
   ⬇ 노선버스 30분

3 마리존
   ⬇ 도보 5분

4 후쿠오카타워
   ⬇ 노선버스 15분

5 마리노아시티 후쿠오카
   ⬇ 노선버스 30분

6 덴진
   ⬇ 도보 10분

7 나카스
   ⬇ 도보 10분

8 캐널시티 하카타

후쿠오카공항

JR 하카타역

캐널시티 하카타

- 다자이후와 야나가와는 반나절 여행지로 적합한 곳이다. 같은 니시테쓰 전철 노선을 이용하기 때문에 함께 하루 코스로 잡으면 좋다.

  추천 패스 다자이후 야나가와 간코킷푸 2,930엔
  추천 맛집 원조 모토요시야(야나가와), 가사노야(다자이후)

야나가와 가와쿠다리

니시테쓰 다자이후역 · 규슈온센무라 쓰쿠시노유

니시테쓰 후쿠오카역

1 니시테쓰 후쿠오카역
↓ 니시테쓰 전철 44분
2 니시테쓰 야나가와역
↓ 도보 3분
3 야나가와 가와쿠다리
↓ 뱃놀이 60분
4 오하나
↓ 택시 10분
5 니시테쓰 야나가와역
↓ 니시테쓰 전철 40분
6 니시테쓰 다자이후역
↓ 도보 5분
7 다자이후텐만구
↓ 도보 5분
8 규슈국립박물관
↓ 도보 7분
9 고묘젠지
↓ 커뮤니티 버스 15분
10 규슈온센무라 쓰쿠시노유

• 후쿠오카에서 불과 40여 분만에 갈 수 있는 도스 프리미엄 아웃렛은 후쿠오카 여행의 방점을 찍을 수 있는 쇼핑의 명소이다.

추천 패스 니시테쓰 고속버스 왕복승차권 1,000엔(약 30% 할인)
추천 맛집 이나바우동(덴진)

1 니시테쓰덴진 고속버스터미널
　　↓ 직행 고속버스 40분
2 도스 프리미엄 아웃렛
　　↓ 직행 고속버스 40분
3 니시테쓰덴진 고속버스터미널
　　↓ 도보 5분
4 덴진역
　　↓ 지하철 구코센 11분
5 후쿠오카공항

JR 하카타역

도스 프리미엄 아웃렛

JR 도스역

나가사키 · 하우스텐보스 2박 3일

규슈의 북서쪽에 자리 잡고 있는 나가사키는 일찍이 15세기경부터 네덜란드, 포르투갈 등 서구열강과 활발한 교류를 했던 항구도시로 유명하다. 그 때문에 나가사키 시내에서는 다른 도시에서는 보기 어려운 근대 서양식 건축물이 자주 눈에 띄는 등 이국적인 분위기를 자랑한다. 낭만적인 정서가 가득한 나가사키와 일본 속의 유럽으로 유명한 테마파크 하우스텐보스를 연계한 2박 3일 코스를 소개한다.

1일 한국 ➡ 후쿠오카 ➡ 나가사키

• 나가사키역에 도착하면 먼저 관광안내소를 들러 도움이 되는 자료들을 수집한다. 많이 걷는 것이 부담된다면 노면전차 1일 승차권을 구입하자.
  추천 패스 북큐슈레일패스 3일권 8,500엔, 노면전차 1일 승차권 500엔
  추천 맛집 가이라쿠엔(신치 주카가이), 시카이로(미나미야마테)

1 후쿠오카공항
⤵ 국내선터미널에서 지하철 구코센 5분
2 JR 하카타역
⤵ JR 특급 가모메 1시간 55분
3 JR 나가사키역
⤵ 노면전차 10분
4 오우라텐슈도
⤵ 도보 3분
5 글로버엔
⤵ 도보 15분
6 고시뵤
⤵ 도보 5분
7 오란다자카
⤵ 도보 12분
8 신치 주카가이
⤵ 도보 15분
9 메가네바시
⤵ 도보 15분
10 하마노마치 아케이드

JR 하카티역

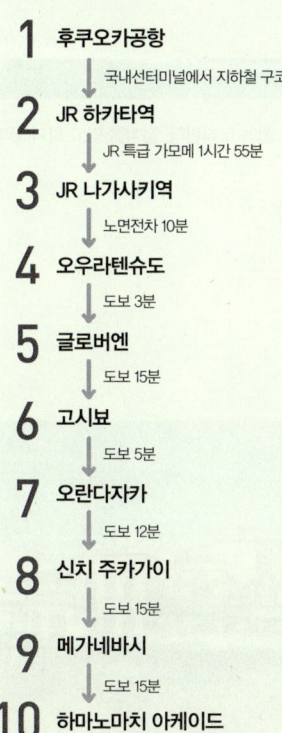
글로버엔

신치 주카가이

• 하우스텐보스에서 숙박을 하는 일정이므로 일찍 하우스텐보스로 갈 필요는 없다. 첫날 둘러보지 못한 나가사키 명소를 오전에 둘러보고 하우스텐보스로 이동하자.

　　추천 패스 북큐슈레일패스 3일권
　　추천 맛집 쓰루찬(시안바시), 고쿠(하우스텐보스)

JR 하우스텐보스역

1 데지마
　　↓ 노면전차 5분
2 JR 나가사키역
　　↓ JR 쾌속 시사이드라이너 1시간 17분
3 JR 하우스텐보스역
　　↓ 도보 5분
4 하우스텐보스

3일 하우스텐보스 ➡ 후쿠오카

• 오전에 하우스텐보스에서 특급 하우스텐보스호를 타면 하카타역에 점심 전에 도착한다. 점심을 먹고 하카타역 주변이나 덴진을 가볍게 둘러보고 공항으로 떠나자.

　　추천 패스 북큐슈레일패스 3일권
　　추천 맛집 우오베이(하카타), 하카타 잇푸도 타오 후쿠오카(덴진)

1 JR 하우스텐보스역
　　↓ JR 특급 하우스텐보스호 1시간 40분
2 JR 하카타역
　　↓ 도보 12분
3 커낼시티 하카타
　　↓ 도보 3분
4 구시다진자
　　↓ 도보 3분
5 나카스가와바타역
　　↓ 지하철 구코센 3분
6 덴진
　　↓ 지하철 구코센 10분
7 후쿠오카공항

후쿠오카

하우스텐보스 · 유후인 3박 4일

모델코스 03

일본 속의 유럽 하우스텐보스와 젊은 여성들이 가장 좋아하는 온천 마을 유후인을 함께 여행하는 코스로 가족여행은 물론 신혼여행이나 커플여행 코스로 인기를 끌고 있다. 유럽의 분위기를 그대로 재현한 하우스텐보스와 일본의 자연미와 전통미를 한껏 즐길 수 있는 유후인의 조화는 묘하게 잘 어울려 누구나 만족스러운 여행을 할 수 있다.

1일 한국 ➡ 후쿠오카 ➡ 하우스텐보스

- 후쿠오카에서 하우스텐보스로 갈 때는 하카타역에서 JR 특급 하우스텐보스호를 이용하는 것이 가장 편리하고 빠르다. 1시간에 1대꼴로 운행하며, 소요시간은 1시간 40분이다.

  추천 패스 북큐슈레일패스 3일권 8,500엔

  추천 맛집 일 포뇨 델 미뇽(하카타), 고쿠(하우스텐보스)

1 후쿠오카공항

↓ 국내선터미널에서 지하철 구코센 5분

2 JR 하카타역

↓ JR 특급 하우스텐보스 1시간 40분

3 하우스텐보스

하우스텐보스

2일 하우스텐보스 ➡ 유후인

- 하우스텐보스역에서 오전 첫출발 특급 하우스텐보스호를 타면 된다. 도스역에서 30분 정도 기다려야 하므로 간단하게 식사를 한 후 특급 유후로 갈아타고 유후인으로 떠나자.

  추천 패스 북큐슈레일패스 3일권

  추천 맛집 다케오(유후인), 이즈미 소바(유후인), 비-스피크(유후인)

JR 특급 하우스텐보스

1 JR 하우스텐보스역

↓ JR 특급 하우스텐보스 1시간 23분

2 JR 도스역

↓ JR 특급 유후 1시간 50분

3 유후인

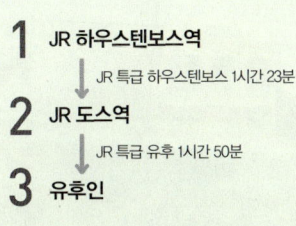

3일 유후인 ➡ 도스 프리미엄 아웃렛 ➡ 후쿠오카

• 오전에 가볍게 유후인 산책을 한 후 도스 프리미엄 아웃렛으로 떠난다. 쇼핑에 중점을 둔다면 후쿠오카로는 다소 늦게 출발해도 좋다.

추천 패스 북큐슈레일패스 3일권
추천 맛집 비-스피크(유후인), 하카타 모쓰나베 야마야(하카타)

1 JR 유후인역
　 ↓ 특급 유후인노모리 1시간 45분
2 JR 도스역
　 ↓ 노선버스 15분
3 도스 프리미엄 아웃렛
　 ↓ 노선버스 15분
4 JR 도스역
　 ↓ 특급 미도리 23분
5 JR 하카타역

JR 도스역

JR 특급 리레쓰바메　캐널시티 하카타

4일 후쿠오카 ➡ 다자이후

• 다자이후는 후쿠오카에서 가깝고 반나절이면 충분히 둘러볼 수 있기 때문에 공항으로 떠나기 전에 가볍게 둘러볼 수 있는 여행지로 적합하다.

추천 패스 필요 없음. 다자이후까지 니시테쓰 전철 이용 시 왕복 800엔
추천 맛집 스시에이(다자이후)

1 니시테쓰 후쿠오카역
　 ↓ 니시테쓰 전철 30분
2 다자이후
　 ↓ 니시테쓰 전철 30분
3 덴진
　 ↓ 지하철 구코센 10분
4 후쿠오카공항

니시테쓰 오무타센 급행　다자이후

유후인 · 구로카와 3박 4일

규슈 최고의 온천마을 유후인과 구로카와를 함께 돌아보는 환상적인 여행코스다. 유후인은 규슈의 대표적인 관광지답게 JR 열차와 고속버스 등 대중교통이 발달되어 있지만, 구로카와는 깊은 산 중에 위치한 온천마을이다 보니 대중교통이 불편한 편이다. 때문에 유후인, 구로카와를 여행할 때는 렌터카를 이용하는 것이 가장 좋지만, 비용이나 운전방법 등이 부담스럽다면 산큐패스를 구입하도록 하자.

1일 한국 ➡ 구로카와

• 후쿠오카공항 국내선 청사 1층 버스정류장에서 구로카와 온천으로 가는 직행 버스를 타면 된다. 하루에 4편밖에 없으므로 시간을 잘 맞춰야 한다.

추천 패스 산큐패스 북부큐슈 3일권 6,000엔(한국에서 구입 시)
추천 맛집 파티스리 로쿠(구로카와)

1 **후쿠오카공항**
    ↓ 니시테쓰 고속버스 2시간 30분
2 **구로카와**

구로카와

2일 구로카와 ➡ 유후인

• 구로카와에서 유후인까지는 버스로 1시간 30분 정도 걸린다. 구로카와에서 오전에 출발하는 규슈횡단버스를 이용해야 유후인에서 오후 산책을 즐길 수 있다.

추천 패스 산큐패스 북부큐슈 3일권
추천 맛집 비-스피크(유후인), 유후마부시 신(유후인)

구로카와

1 **구로카와**
    ↓ 규슈횡단버스 1시간 30분
2 **유후인**

- 후쿠오카까지는 고속버스로 2시간 20분 정도 소요된다. 버스는 시간당 1대 꼴로 운행하고 있으므로 자기 일정에 맞게 출발하면 된다.

  추천 패스 산큐패스 북부큐슈 3일권
  추천 맛집 이나카얀(유후인), 효탄노카이텐즈시(덴진), 덴진 호르몬(덴진)

1 유후인 버스센터
    ↓ 니시테쓰 고속버스 2시간 20분
2 니시테쓰덴진 고속버스터미널
    ↓ 도보 5분
3 덴진
    ↓ 도보 10분
4 나카스

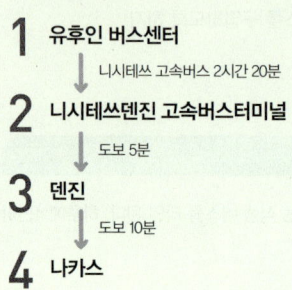

후쿠오카 베이 에어리어

- 다자이후는 후쿠오카에서 가깝고 반나절이면 충분히 둘러볼 수 있기 때문에 공항으로 떠나기 전에 가볍게 둘러볼 수 있는 여행지로 적합하다.

  추천 패스 필요 없음. 다자이후까지 니시테쓰 전철 이용 시 왕복 800엔
  추천 맛집 스시에이(다자이후)

니시테쓰 다자이후역

1 니시테쓰 후쿠오카역
    ↓ 니시테쓰 전철 30분
2 다자이후
    ↓ 니시테쓰 전철 30분
3 덴진
    ↓ 지하철 구코센 10분
4 후쿠오카공항

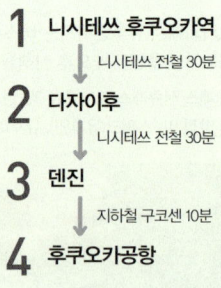

모델 코스 05

북큐슈 일주 4박 5일

JR 북큐슈레일패스 5일권으로 후쿠오카, 벳푸, 구로카와, 아소, 유후인, 구마모토 등 우리나라 여행자들이 즐겨 찾는 북큐슈의 주요 명소를 둘러보는 코스이다. JR 북큐슈레일패스로는 버스를 이용할 수 없기 때문에 구로카와와 아소 지역을 갈 때는 별도 요금이 필요하지만, 그 이상으로 충분히 JR 열차를 이용하므로 경제적이고 알찬 여행을 즐길 수 있다.

1일 한국 ➡ 후쿠오카 ➡ 벳푸

- 첫날은 후쿠오카에서 바로 벳푸로 떠나 지옥 온천으로 유명한 지고쿠메구리를 하고 벳푸 시내를 둘러보는 일정이다. 벳푸역에 도착하면 관광안내소에서 먼저 여행 자료를 챙기자.

추천 패스 JR 북큐슈레일패스 5일권 10,000엔
추천 맛집 일 포뇨 델 미뇽(하카타), 도요쓰네 본점(벳푸)

1 후쿠오카공항
　　↓ 지하철 구코센 5분
2 JR 하카타역
　　↓ JR 특급 소닉 2시간
3 JR 벳푸역
　　↓ 가메노이버스 20분
4 간나와 온천 지고쿠메구리
　　↓ 가메노이버스 10분
5 묘반 온천
　　↓ 가메노이버스 25분
6 벳푸 시내

JR 특급 소닉

묘반 온천

2일 벳푸 ➡ 유후인

• 벳푸역에서 유후인역까지는 직행 열차가 자주 없으므로 오이타역에서 갈아타는 게 일정상 유리하다. 소요 시간은 1시간 20분 정도이므로 벳푸에서 점심을 먹고 출발해도 유후인 료칸 체크인 시간 전에 도착할 수 있다.

추천 패스 JR 북큐슈레일패스 5일권
추천 맛집 그릴 미쓰바(벳푸), 이나카안(유후인), 이즈미 소바(유후인)

1 JR 벳푸역
　　↓ 오이타 경유 JR 열차 1시간 20분
2 JR 유후인역

JR 벳푸역
유후인

3일 유후인 ➡ 구로카와

• 구마모토와 벳푸를 왕복하는 규슈횡단버스를 이용하면 된다. 단, 유후인에서 구로카와로 가는 버스는 하루에 2편(09:00, 14:50)밖에 없으므로 시간을 잘 맞춰야 한다.

추천 패스 없음. 규슈횡단버스 1,750엔
추천 맛집 카페 시엘(구로카와)

1 유후인 버스센터
　　↓ 규슈횡단버스 1시간 35분
2 구로카와

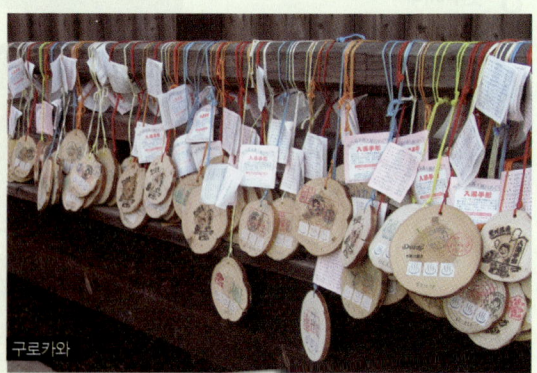

구로카와

• 아소까지는 구로카와에서 10:35에 출발하는 규슈횡단버스를 이용하는 것이 좋다. 아소 여행을 마친 후 아소역에서 17:23에 출발하는 규슈횡단버스를 이용하면 저녁 7시쯤 구마모토에 도착할 수 있다.

추천 패스 없음. 규슈횡단버스 1,250엔
추천 맛집 파티스리 로쿠(구로카와), 라멘 아카구미(구마모토)

1 구로카와
⬇ 규슈횡단버스 1시간
2 아소 · 구사센리 · 나카다케
⬇ 노선 버스 30분
3 JR 아소역
⬇ 규슈횡단버스 1시간 50분
4 구마모토

구사센리

JR 아소역　구마모토성

• 구마모토에서 후쿠오카까지는 신칸센을 타면 50분 만에 갈 수 있기 때문에 오전에 구마모토 시내를 둘러보고 후쿠오카로 떠나도 충분하다.

추천 패스 JR 북큐슈레일패스 5일권
추천 맛집 우마료리센몬텐 텐고쿠(구마모토), 우오베이(하카타)

1 구마모토 성
⬇ 도보 10분
2 구마모토 시내
⬇ 노면전차 10분
3 JR 구마모토역
⬇ JR 신칸센 50분
4 JR 하카타역
⬇ 지하철 구코센 5분
5 후쿠오카공항

도스 프리미엄 아웃렛

후쿠오카 나카스

49

TRANS PORTATION

규슈 교통

우리나라 공항 안내

우리나라에서 규슈로 가는 항공편은 주로 인천국제공항과 김해국제공항에 모여 있다. 다만, 대한항공, 아시아나를 비롯해서 수많은 저가항공사들이 취항하고 있기 때문에 일정에 구애받지 않고 다양한 시간대의 항공편을 이용할 수 있다. 또한, 후쿠오카를 필두로 오이타, 사가, 나가사키, 미야자키 등 규슈의 주요 도시도 직항으로 연결하고 있어 취향에 맞는 여행 일정을 짤 수 있다.

공항으로 출발하기 전에는 마지막으로 다시 한 번 항공권과 여권 등 중요한 물품을 확인하도록 하자. 그리고 해외여행자 증가에 따라 늘어난 체크인 대기 시간, 면세점에서 쇼핑하는 시간 등을 감안한다면 비행기 출발 시간 3시간 전에는 공항에 도착하는 것이 좋다.

▌인천국제공항

인천광역시 중구에 있는 국제공항으로 영종도와 용유도 사이를 매립해 2001년 3월 29일 개항했다. 개항 이후 동북아 허브 공항으로 착실히 성장한 인천국제공항은 2008년 6월 20일 3번째 활주로를 추가하고 30개의 게이트가 있는 탑승동을 신설해 대폭 업그레이드되었다. 하지만, 시간이 지나면서 폭발적으로 늘어나는 탑승자들의 수요를 소화하기는 힘들었다. 그래서 2018년 1월 18일 인천공항 제2여객터미널을 오픈. 일단은 대한항공, 델타항공, 에어프랑스, KLM 네덜란드항공 4개 항공사만 취항하고 있는데, 상황을 보고 늘릴 예정이라고 한다. 두 터미널 사이는 15km로 순환버스를 이용해도 15분 정도 걸리므로, 여행을 떠나기 전에 탑승권을 보고 어떤 터미널로 가야 하는지 꼭 확인해야 한다.

홈피 www.airport.kr

인천국제공항으로 가는 교통편

❶ 버스

일반 리무진버스, 고급 리무진버스, 시내버스, 시외버스 등을 이용해 인천국제공항으로 갈 수 있다. 서울 및 수도권 지역 외에도 강원도, 충청도, 경상도, 전라도 등 지방 주요 도시를 오가는 버스편도 다양하게 운행하고 있어 편리하게 이용할 수 있다.

각 지역별 버스 노선과 요금은 인천국제공항 홈페이지를 참고하면 된다.

홈피 www.airportlimousine.co.kr

❷ 공항철도

서울역에서 인천국제공항을 연결하는 열차. 직통열차와 일반 열차로 나뉜다. 직통 열차는 서울역에서 출발해 중간 정차 없이 공항까지 약 43분이 소요된다. 운행 시간은 서울역 출발 기준 06:00부터 22:20까지다. 일반 열차는 공덕 역, 홍대입구역, 디지털미디어시티 역, 김포공항 역 등 12개 역에 정차하며 공항까지 약 58분이 소요된다. 운행 시간은 05:20부터 23:40까지다. 배차 간격은 10분 전후.

홈피 www.arex.or.kr

❸ 승용차

승용차로 갈 경우 인천국제공항고속도로를 이용하면 된다. 고속도로 통행 요금은 서울 출발 시 경차가 3,300원, 소형이 6,600원, 중형이 11,300원이다(2017년 11월 기준). 공항에 도착한 후 3층 출국장에 잠시 정차하는 것은 별문제가 없지만, 차를 오래 세워둬야 한다면 반드시 주차장을 이용해야 한다. 주차장은 단기와 장기로 구분되는데 며칠간 세워둘 생각이라면 장기 주차장을 이용하는 것이 경제적이다.

요금 단기 주차장 기본 30분 1,200원, 추가 15분마다 600원,
1일 24,000원 / 장기 주차장 1일 소형 9,000원, 대형 12,000원

도심공항터미널

국적기를 이용하는 승객이라면 삼성동 코엑스(대한항공이나 아시아나항공만 가능)나 서울역(제주항공도 가능)에 있는 도심공항터미널에서 미리 탑승수속을 밟을 수 있다. 단 비행기 출발 시간 3시간 10분 전까지 도착해야 이용할 수 있다. 도심공항터미널에서 탑승수속을 마치고 공항에 도착한 여객은 인천국제공항 3층 출국장 측면의 전용통로를 이용해 보안검색을 마친 후 바로 출국심사대를 통과할 수 있다.

이용 절차 출국장 측면 전용 통로로 이용→보안검색 실시 →
도심 승객 전용 출국심사대 통과→탑승구 이동→탑승

삼성동 KCAT 도심공항터미널
이용 안내 02-551-0077~8 **홈피** www.cat.co.kr

김해국제공항

1976년에 처음 문을 연 김해국제공항은 행정구역상으로 경상남도 김해시에 속했지만, 지금은 부산광역시 강서구에 속한다. 2007년 국내선 터미널과 국제선터미널이 분리되었고, 현재 무료 셔틀버스가 두 터미널을 연결한다. 3층 규모의 국제선터미널 1층에는 입국장, 2층에는 출국장, 3층에는 레스토랑이 모여 있다. 도쿄, 나고야, 오사카, 후쿠오카, 삿포로 등의 일본 도시들을 연결한다.

홈피 www.airport.co.kr/gimhae/index.do

김해국제공항으로 가는 교통편

❶ 버스

시내버스 307번을 이용하면 비교적 저렴하게 공항으로 갈 수 있으며, 부산 시내의 주요 지역을 경유하는 리무진버스를 이용해도 된다. 마산, 창원, 진해, 경주, 울산, 양산, 김해 등 경남의 주요 도시에서는 공항을 연결하는 시외버스를 운영하고 있다. 버스를 이용할 경우 국제선 청사 1층에 도착하게 된다.

❷ 지하철

지하철 2호선 사상역에서 경전철로 환승하거나 지하철 3호선 대저역에서 경전철로 갈아타 공항역에서 내리면 된다.

❸ 철도

경부선 KTX, 새마을호, 무궁화호를 이용할 때는 구포역에서 하차하는 것이 좋다. 구포역에서 하차한 후 역 앞에 있는 길 건너편에 위치한 3호선 구포역에서 지하철을 타면 김해국제공항까지 약 35분이 소요된다.

사진으로 보는 출입국 과정

출국

1 공항 도착
비행기 출발 3시간 전

2 항공사 카운터 찾기
이용하는 항공사에 맞는 체크인 카운터를 찾는다.

3 탑승수속
셀프 체크인 카운터를 이용하면 더욱 편리하다.

6 세관신고
귀중품이나 고가 반출품이 있는 경우만 신고한다.

5 출국장 입장
여권과 항공권을 제시해야 한다.

4 수하물 부치기
기내 반입 금지 물품은 수하물로 부치고 귀중품은 휴대하는 것이 좋다.

7 보안 검색
신발까지 벗어야 하는 경우도 종종 있다.

8 출국심사
여권과 항공권을 제시하면 된다.

9 탑승 게이트 확인
항공권에 기재된 게이트를 확인하고 탑승 시간도 미리 체크하자.

12 출발

11 비행기 탑승
안내받은 탑승 시간 전에 게이트에서 대기하는 것이 좋다.

10 면세 구역 쇼핑
시내 면세점을 이용했다면 쇼핑한 물품을 인도받는다.

입국

1 공항 도착

2 비행기에서 내리기
잊고 내리는 물건이 없는지 확인한다.

3 입국심사장으로 이동
도착 Arrival 사인을 따라 이동한다.

6 세관검사
귀중품이나 고가의 반입품이 있는 경우만 신고한다.

5 수하물 찾기
가방이 바뀌지 않도록 주의한다.

4 입국심사
미리 작성한 출입국카드와 여권을 보여준다.

7 후쿠오카 도착

8 1층 여행자 안내소
지도와 각종 팸플릿을 챙긴다.

9 후쿠오카 시내로 이동
어떤 교통편을 이용할지 미리 정해두고 이동하자.

후쿠오카공항

후쿠오카공항은 여느 도시와 달리 후쿠오카 시내에 있어 공항에서 시내로 가는 교통편이 무척 편리하다. 여객 터미널 빌딩은 국내선 터미널 3동과 국제선 터미널 1동 등 모두 4동으로 구성되어 있는데, 이중 국내선 터미널은 활주로의 동쪽에 자리 잡고 있고 국제선 터미널은 활주로의 서쪽에 자리 잡고 있다. 국내선 터미널과 국제선 터미널 간에는 무료순환버스가 연결하고 있다. 버스를 이용해서 하카타역이나 덴진으로 간다면 국제선 터미널에서 곧바로 버스를 타도 되지만, 지하철을 이용하려면 먼저 무료순환버스를 타고 국내선 터미널로 이동해야 한다.

www.fuk-ab.co.jp

일본 입국 카드 · 휴대품 신고서 작성

일본에 입국하려면 입국심사를 받기에 앞서 반드시 출입국카드와 휴대품신고서를 작성해야 한다. 출입국카드와 휴대품신고서는 기내에 비치되어 있는데, 좌석에 없는 경우에는 승무원에게 요청하면 받을 수 있다.

출입국카드와 휴대품신고서는 영어나 일본어로 기재해야 하며, 모든 빈칸은 반드시 채우고 여권에 기재된 것과 동일한 영어 이름 · 사인을 사용해야 한다. 특히 중요한 것은 일본 여행 중의 체류지 주소를 적는 란에 숙소 이름을 정확하게 적어야 한다는 것이다. 호텔의 경우라면 세부 주소까지 모두 적을 필요는 없고 호텔 이름과 전화번호만 정확하게 적으면 된다. 만약 한인 민박을 예약했다거나 일본에 있는 친지 집에서 숙박할 계획이라 호텔 예약을 하지 않았다거나 또는 숙소 예약을 미처 하지 않은 경우에도 체류지 주소는 가이드북에 소개되어 있는 적당한 호텔 이름과 전화번호를 적는 것이 좋다. 체류지가 불분명하면 질문 공세에 시달리고, 운이 없으면 입국을 거절당할 수도 있으니 주의하는 것이 좋다.

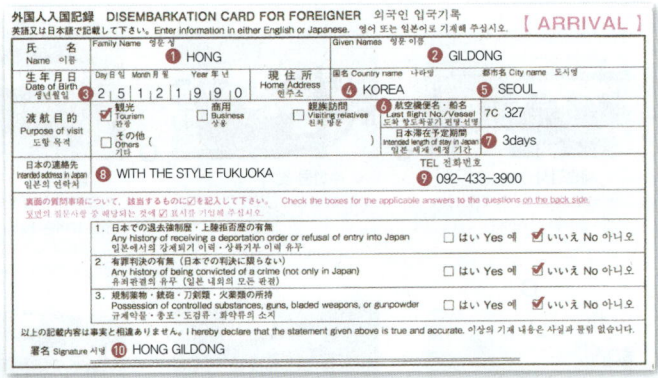

입국 카드 앞면

① 영문 성
② 영문 이름
③ 생년월일
④ 국적
⑤ 도시
⑥ 항공편명
⑦ 일본에서 머무는 기간
⑧ 일본 내 숙소 이름
⑨ 일본 내 숙소 전화번호
⑩ 여권에 기재한 것과 동일한 사인

HTYH 9700972 61

【質問事項】 [Questions] (질문사항)

1 あなたは、日本から退去強制されたこと、出国命令を受けて出国したこと、又は、日本への上陸を拒否されたことがありますか？
Have you ever been deported from Japan, have you ever departed under a departure order, or have you ever been denied entry to Japan?
귀하는, 일본에서 강제 퇴거 당한 일, 출국 명령에 의하여 출국한 일, 또는, 일본에 상륙을 거부 당한 일이 있습니까？

2 あなたは、日本国又は日本国以外の国において、刑事事件で有罪判決を受けたことがありますか？
Have you ever been found guilty for a criminal case in Japan or in another country？
귀하는, 일본이나 또는 일본 이외의 나라에서 형사사건으로 유죄판결을 받은 일이 있습니까？

3 あなたは、麻薬、覚醒、大麻、あへん若しくは向精神薬又は銃砲、刀剣類若しくは火薬類等の規制物質を所持していますか？
Do you presently have in your possession narcotics, marijuana, opium, stimulants, or other controlled substances, swords, explosives or other such items？
귀하는 현재, 마약, 대마, 아편 혹은 각성제 등의 규제약물 또는 총포, 도검류 혹은 화약류를 소지하고 있습니까？

KA6HTYH9700097261

입국 카드 뒷면

입국 카드 뒷면에는 앞면 하단에 있는 질문 사항을 조금 더 구체적으로 설명한 것이다. 따로 기재할 필요가 없으므로 한 번 읽어보기만 하면 된다.

(A면)

일본국세관
세관 양식 C 제 5360-C 호

휴대품·별송품 신고서

하기 및 뒷면의 사항을 기입하여 세관직원에게 제출하여 주시기 바랍니다.
가족이 동시에 검사를 받을 경우에는 대표자가 1장 제출하여 주시기 바랍니다.

| 탑승기편명 (선박명) | | | 출발지 | | |

❶ 입국일자 2 0 1 3 년 0 3 월 0 5 일

❷ 성 명 (영문) 성 (Surname) JEONG　이름 (Given Name) EUNYEONG

❸ 현 주 소 (일본국내 체류지) KANSAI HOTEL
전화번호 0 6 (1 2 4 2) 5 7 2 8

❹ 국 적 KOREA **❺ 직 업** STUDENT

❻ 생년월일 년 1 9 8 4 월 0 3 일 0 5

❼ 여권번호 M 0 1 2 3 4 5 6 7

❽ 동반가족 20세 이상 　명　6세～20세 미만 　명　6세 미만 　명

※아래 질문에 대하여 해당하는 □에 "✓"표시를 하여 주시기 바랍니다.

❾ 1. 다음 물품을 가지고 있습니까?
　　　　　　　　　　　　　　　　　　　있음　없음
① 일본으로 반입이 금지되어 있는 물품 또는
　제한되어 있는 물품 (B면을 참조). □ ☑
② 면세 범위 (B면을 참조)를 초과하는 물품
　등. □ ☑
③ 상업성 화물·상품 견본품. □ ☑
④ 다른사람의 부탁으로 대리 운반하는 물품. □ ☑

* 상기 항목에서 「있음」을 선택한 분은 B면에 입국시에
휴대반입할 물품을 기입하여 주시기 바랍니다.

❿ 2. 100만엔 상당액을 초과하는 현금 또는
　　유가증권 등을 가지고 있습니까?
　　　　　　　　　　　　　　있음　없음
　　　　　　　　　　　　　　□ ☑

* 「있음」을 선택한 분은 별도로 「지불수단 등의 휴대
수출·수입신고서」를 제출하여 주시기 바랍니다.

⓫ 3. 별송품 입국할 때 휴대하지 않고 택배 등의 방법을 이용하여 별도로 보
낸 물품 (이삿짐을 포함)등이 있습니까?
　　　□ 있음 (　　개) ☑ 없음

* 「있음」을 선택한 분은 휴대반입하실 물품을 B면에 기입하신 후
이 신고서를 2부 세관에 제출하여 세관직원의 확인을 받아 주시기
바랍니다. (입국후 6개월이내에 수입할 물품에 한함)
세관에서 확인을 받은 신고서는 별송품을 통관하실때 필요합니다.

《주의사항》
해외에서 구입한 물품, 다른사람의 부탁으로 운반하는 물품 등 일본으로
반입하려고 하는 휴대품·별송품에 대해서는 법률에 의거하여 세관에 신고하여
필요한 검사를 받아야 합니다.
또한 신고 누락, 허위 신고 등 부정한 행위가 있으면 일본 관세법에 따라
처벌을 받을 수 있습니다.

이 신고서 기재내용은 사실과 같습니다.

⓬ 서 명 정은영

휴대품 신고서

❶ 일본 입국일
❷ 영문 이름
❸ 일본 내 숙소명, 전화번호
❹ 국적
❺ 직업
❻ 생년월일
❼ 여권 번호
❽ 동반가족
❾ 다음과 같은 물건을 가지고 있습니까?
　• 일본으로 반입이 금지된 물품
　• 면세 허용 범위를 초과한 물품
　• 판매를 목적으로 하는 물건·샘플
　• 다른 사람에게 부탁 받아 대리 운반하는 물품
❿ 100만엔을 초과하는 현금이나 유가증권을 가지고 있습니까?
⓫ 입국 시 우편 등으로 따로 보낸 물건이 있습니까?
⓬ 서명

배를 이용해서 규슈로 가기

해외여행을 간다고 하면 비행기를 타고 가는 것이 당연한 것 같지만, 규슈까지는 부산에서 출발하는 다양한 배편이 있어서 목적지에 맞게 저렴한 배편을 이용하는 것이 가능하다. 배멀미에 대한 두려움 때문에 배를 꺼려하는 여행자도 있겠지만, 부산~후쿠오카 구간을 2시간 55분 만에 주파하는 고속선이나 카멜리아호 같은 대형 페리호는 의외로 아늑하기 때문에 배를 이용하는 것도 나쁘지 않은 선택이다.

▌국제여객터미널 안내

부산항 국제여객터미널

후쿠오카는 물론, 시모노세키, 오사카, 대마도 등 일본으로 가는 모든 선박이 출발하는 부산의 관문. 부산항이 해양도시의 중심 역할을 수행하고 세계적인 관광 명소로 거듭나기 위해 2015년 8월 31일부터 새롭게 단장을 마치고 운영을 개시했다. 5층 규모의 거대한 빌딩으로 1층은 주차장, 2층에는 입국장과 다양한 편의시설, 그리고 3층에 출국장과 선사 매표소 등이 자리 잡고 있다. 참고로, 출국 시에는 유류할증료, 국제여객터미널 이용료 3,300원과 관광진흥개발기금 1,000원을 별도로 지불해야 한다.

<u>위치</u> 부산역 8번 출구에서 도보 15분
<u>주소</u> 부산광역시 동구 충장대로 206
<u>주차</u> 기본 30분 1,000원, 1시간 2,500원, 1일 1만원
<u>전화</u> 051-400-1200

하카타항 국제여객터미널

부산에서 출발한 후쿠오카행 선박이 도착하는 곳이 바로 이곳 하카타항 국제여객터미널이다.
3층 규모의 건물로 1층에는 종합안내소, 체크인 카운터, 편의점, 신한은행이 있고, 2층에는 면세점, 한국관광안내소, 출입국 게이트가 있다.
그리고 3층에는 터미널홀과 특별 응접실이 있지만 일반 여행자들이 이용할 일은 거의 없다. 후쿠오카 시내에서 가까운 거리에 자리 잡고 있어 하카타역이나 덴진 등 후쿠오카 도심으로 접근성이 뛰어나다.
참고로 출국 시에는 하카타항 국제여객터미널 이용료 500엔과 유류할증료(시기에 따라 변동)를 별도로 지불해야 하므로 미리 준비해 가는 것이 좋다.

위치 하카타역에서 시내버스 이용 20분
주소 福岡県福岡市博多区沖浜町14-1
전화 092-282-4871
홈피 www.hakataport.com

시모노세키항 국제여객터미널

시모노세키는 규슈가 아니라 혼슈지방의 야마구치현에 속하지만 간몬 해협을 사이에 두고 규슈의 모지코와 마주보고 있어 규슈지방이라 해도 될 정도로 가까운 거리에 있다.
부산에서 출발하는 부관훼리(성희호, 하마유)를 이용하면 시모노세키항 1층에 도착하게 된다. 입국 심사를 마친 후에는 국제여객터미널 2층에 연결되어 있는 고가를 따라 10분 정도 걸어가면 JR 시모노세키역이 나온다. 이곳에서 열차를 이용해 가장 가까운 규슈의 철도역인 모지역이나 고쿠라역으로 이동하면 된다. JR 규슈레일패스 여행자라도 시모노세키~고쿠라 구간은 돈을 지불하고 이용해야 한다.

위치 고쿠라역에서 JR 보통열차 이용 15분
주소 山口県下関市東大和町1-10-50
전화 083-231-1390
홈피 www.shimonoseki-port.com

check

국제여객터미널 출입국 과정

최소 1시간 전에 부산항 국제여객터미널 도착 → 승선 수속(1층 각 선사별 카운터) → 2층 출국장 → 출국 심사 → 세관 심사 → 면세구역 쇼핑 → 승선 후 출발 → 하카타항 국제여객터미널 도착 → 여권 및 입국카드 준비 → 일본 입국수속 → 세관검사 → 하카타항 국제여객터미널

규슈로 가는 배편 안내

부산에서 후쿠오카로 가는 배편은 부산 ~ 하카타 구간을 2시간 55분 만에 주파하는 고속선 비틀호·코비호와 초대형 여객선인 뉴카멜리아호가 있다. 이 밖에 시모노세키항으로 가는 부관훼리 성희호·하마유호와 대마도를 연결하는 씨플라워호·드림플라워호가 있다.

 ## 고속선 비틀&코비

미국 보잉사가 개발한 초고속 제트엔진을 장착해 시속 80km의 속도로 부산 ~ 후쿠오카를 2시간 55분 만에 주파한다. 예전에는 일본 JR규슈의 비틀 Beetle과 한국 미래고속의 코비 Kobee가 각각 운행했지만, 2006년 4월 1일부터 미래고속의 주관하에 공동운항하고 있다. 평일 기준 하루 2~3회 왕복 운항하고 있지만, 연휴나 여름 성수기에는 최대 5편까지 증편되기도 한다. 배편 요금은 성수기에는 정상요금이 적용되지만 비수기에는 파격적인 할인요금이 적용되기도 한다.

운항 회사 미래고속(주)
정원 비틀호 215명, 코비호 222명
운항일 매일
출발시간 1일 2~3회 왕복(계절에 따라 변동)
승선수속 출항 1시간 전까지 부산 국제여객터미널 도착 1층 매표소에서 수속
구비서류 여권, 승선권
예약문의 051-247-0255 **홈피** www.kobee.co.kr

• **고속선 비틀호 · 코비호 운임**(2017년 12월 기준)　　　　　　　　　　　(단위 : 원)

구분	대인	학생 · 경로	소인(만 12세 미만)	유아(만 2세 미만)
편도	115,000	92,000	57,500	11,500
왕복	230,000	184,000	115,000	23,000

※ 유아는 좌석을 배정하지 않는다.
※ 승선명부에는 유아 및 무임을 포함한 전원의 명부가 필요하므로 무임승객의 경우에도 반드시 이름을 기입해야 한다.
※ 유류할증료 + 터미널 이용료 별도 준비

🚢 뉴카멜리아

부산~후쿠오카를 연결하는 대형 선박으로 부산항과 하카타항을 주 7회 스케줄로 운항하고 있다. 엄청난 규모의 선체와 격조 높은 인테리어를 자랑하는 뉴카멜리아호는 객실부가 5층으로 높은 편이고, 마스트가 2개로 나뉘어 약간 후반부로 빠지면서 전체적으로 날렵하고 세련된 모습이다. 객실은 2등실부터 특별실까지 6단계로 나뉘며 전망목욕탕, 영화관, 식당, 라운지 등을 이용하면서 바다여행의 낭만을 마음껏 누릴 수 있다. 부산항 출항이 밤 10시 30분이고 하카타항 입항이 아침 7시 30분으로 부산에서 잠이 들었다가 아침에 눈을 뜨면 일본이라는 재미있는 경험을 할 수 있다.

운항 회사 고려훼리(주)
정원 647명
운항일 매일 운항(단, 매월 1회 정기휴항일 있음)
입출국시간 부산항 출항 22:30 → 하카타항 입항 07:30,
　　　　　　하카타항 출항 12:30 → 부산항 입항 18:00
승선수속 부산항 19:00~19:30/하카타항 11:30~12:00
구비서류 여권, 승선권
예약문의 고려훼리 02-775-2323, 1688-7447
홈피 www.koreaferry.co.kr

• 뉴카멜리호 운임(2017년 12월 기준)

(단위 : 원)

구분	특별실	특등실		1등실			2등실
		1인실	2인실	2인 양실	4인 양실	5인 화실	
편도	200,000	160,000	140,000	120,000	120,000	120,000	90,000
왕복	380,000	304,000	266,000	228,000	228,000	228,000	171,000

※ 만 2세 미만의 영아는 성인 1명당 동반 1명에 한해 무임 적용
※ 유류할증료＋터미널 이용료 별도 준비

🚢 부관훼리

1970년 6월에 부산 ~ 시모노세키 구간을 연결하는 항로를 개척해 무려 36년이라는 긴 세월 동안 무사고 운항을 기록하고 있는 전설적인 존재다. 현대 미포조선에서 건조한 호화여객선인 한국 국적의 성희호와 일본 국적의 하마유호가 매일 번갈아 출항한다. 오후 8시경에 출항하여 다음날 아침 8시경 배에서 내리게 되는데, 실제 운항시간은 5~6시간 정도이고 나머지 시간은 출입항 시 부두에서 대기하는 시간으로 대기시간이 꽤 긴 편이다. 초대형 여객선답게 선내에는 다양한 부대시설을 갖추고 있어 지루함을 느낄 새가 없다.

운항 회사 부관훼리(주)
정원 성희호 562명, 하마유호 460명
운항일 매일
입출국시간 부산항 출항 21:00 → 시모노세키항 08:00, 시모노세키항 출항 19:45 → 부산항 입항 07:45
승선수속 부산항 18:10~18:50/시모노세키항 18:30~19:00
구비서류 여권, 승선권
예약문의 051-464-2700
홈피 www.pukwan.co.kr

*** 부관훼리호 운임**(2017년 12월 기준)   (단위 : 원)

구분	스위트(2인)	디럭스	1등실	2등실
편도	251,000	175,000	125,000	95,000
왕복	484,500	332,500	237,500	180,500

※ 만 1세 미만 유아는 동반 보호자 1인에 유아 1인 무임 , 6~12세 소아는 50% 할인, 학생 및 장애자는 20% 할인(단, 스위트는 별도 요금 적용)
※ 스위트, 디럭스, 1등실은 운임 외에 별도의 룸차지를 지불해야 한다.
※ 유류할증료+터미널 이용료 별도 준비

규슈의 교통패스

일본은 세계에서도 물가가 비싼 나라로 유명한데, 그 중에서도 교통비는 여행경비에 큰 비중을 차지할 정도로 악명이 높다. 특히 규슈는 도시 간 이동이 많은 지역이라 제대로 여행하려면 어마어마한 교통비가 들어간다. 한 푼이라도 아쉬운 여행자의 가슴을 졸이게 만드는 살인적인 교통비 부담에서 벗어날 수 있는 가장 좋은 방법은 바로 교통패스를 최대한 활용하는 것이다.

JR 규슈레일패스 VS 산큐패스

규슈 여행자들의 최대 고민은 교통패스 선택. 기차여행을 할지, 버스여행을 할지, 어떤 교통수단을 이용하느냐에 따라 여행 패턴이 완전히 달라지기 때문이다. 규슈 교통패스의 양대 산맥인 JR 규슈레일패스와 산큐패스를 전격적으로 분석해보자.

JR 규슈레일패스
비용이 조금 더 들더라도 기차여행의 낭만을 즐기고 싶다면 JR 규슈레일패스!

장점
1. 정확한 출발, 도착으로 일정을 짜기 좋다.
2. 신칸센 지정석까지 자유롭게 탈 수 있다.
3. 규슈횡단특급열차, 유후인노모리 등 다양한 특급열차를 탈 수 있다.

단점
1. 버스, 지하철을 이용할 수 없어서 시내여행 중심이라면 소용이 없다.
2. 역 근처 여행지만 다닐 게 아니라면 추가로 교통비가 든다.
3. 한국에서 교환권을 구입한 후 일본에 도착한 후 다시 패스로 바꿔야 한다.

산큐패스
기차여행의 낭만 따윈 필요 없다. 비용 절감이 최우선이라면 산큐패스!

장점
1. 교통비 신경 안 쓰고 규슈 전 지역을 구석구석 둘러볼 수 있다.
2. 한국에서 구입해서 교환하지 않고 바로 사용할 수 있다.
3. 버스뿐만 아니라 일부 선박도 이용할 수 있다.

단점
1. 배차 간격이 길어서 시각표를 제대로 확인하지 않으면 일정을 짜기 어렵다.
2. 버스 번호가 복잡하고, 예약이 필요한 구간이 있는 등 시스템이 복잡하다.
3. 도로 사정이 좋지 않을 때는 제시간에 목적지로 갈 수 없다.

JR 규슈레일패스

규슈 전 지역의 JR 특급 및 보통열차를 마음껏 이용할 수 있는 철도패스. 규슈 지역 내에서 운행되고 있는 JR 규슈 신칸센을 비롯해 하우스텐보스, 가모메, 유후인노모리, 소닉, 아소보이 등의 특급열차를 지정된 기한 동안 탑승 횟수에 관계없이 무제한 이용할 수 있다. 가고시마와 미야자키 등 남규슈 지역을 포함한 규슈 전 지역을 일주하는 여행자들에게 유용한 패스이다.

① 구입방법

규슈 지방의 주요 역내에 있는 미도리노마도구치나 국내의 일본전문 여행사에서 구입할 수 있다. 단, 곧바로 패스를 받는 것이 아니라 먼저 교환권을 받은 후 패스를 개시할 때 JR 각역의 미도리노마도구치(티켓 오피스)에서 교환하는 시스템이다. 규슈레일패스는 엔화로 요금이 책정되어 있으므로 국내 여행사를 통해 구입한다 해도 패스를 구입한 당일의 엔화 환율이 적용된다.

② 사용방법

국내에서 미리 교환권을 구입했다면 JR 규슈 각역의 미도리노마도구치에서 JR 패스로 교환해야 한다. 교환 시에는 반드시 여권을 제시해야 하며, 패스의 개시일은 교환하는 당일 외에 특정 날짜를 지정하는 것도 가능하다. 패스로 교환을 한 후에는 지정된 기간동안 JR 열차를 무제한 이용할 수 있는데, 개찰구를 통과할 때는 패스의 날짜 부분을 역무원에게 보여주기만 하면 된다. 지정석 예약을 원하는 경우에는 미도리노마도구치에서 패스를 제시하고 탑승을 원하는 날짜와 열차의 출발 시간을 알려주는 걸로 충분하다.

③ 패스 요금

구분	어른(만 12세 이상)	어린이(만 6세~11세)
3일권	15,000엔	7,500엔
5일권	18,000엔	9,000엔

④ 주의사항

– 침대 열차나 JR 산요 신칸센(하카타–고쿠라), JR 버스는 이용할 수 없다.
– 지정석 이용 가능 횟수는 3일권 10회, 5일권 16회로 한정되어 있다.

북큐슈레일패스

북큐슈 지역에 한해 3일 또는 5일 동안 무제한 열차를 이용할 수 있는 교통패스. JR 규슈레일패스의 반값에 해당하는 비용이지만 후쿠오카, 고쿠라, 나가사키, 하우스텐보스, 구마모토, 아소, 유후인 등 우리나라 여행자들이 즐겨 찾는 여행지는 대부분 이 패스 한 장으로 커버할 수 있다. 구입방법과 사용법은 JR 규슈레일패스와 동일하다.

① 패스 요금

구분	어른(만 12세 이상)	어린이(만 6세~11세)
3일권	8,500엔	4,250엔
5일권	10,000엔	5,000엔

② 주의사항

– 가고시마와 미야자키 지역의 JR 열차와 JR 산요 신칸센(하카타–고쿠라)은 이용할 수 없다.
– 지정석 이용 가능 횟수는 3일권 10회, 5일권 16회로 한정되어 있다.

남큐슈레일패스

가고시마, 미야자키, 히토요시 등 구마모토와 노베오카를 기준으로 남쪽에 있는 도시에 한해 JR 노선을 3일 동안 무제한 탑승할 수 있는 교통패스. 요금은 7,000엔으로, 규슈 남부만 여행하는 사람들에게 유리한 패스다. 이 패스 역시 지정석 이용 가능 횟수는 10회로 정해져 있다.

산큐패스

산큐패스는 규슈 지역은 물론 야마구치현의 시모노세키 지역의 고속버스, 일반 노선버스, 공항버스 등 규슈 지역 거의 모든 버스노선을 자유롭게 승차할 수 있는 자유이용 승차권이다. 이용 가능한 노선의 수가 약 2,400노선에 이를 정도라서 규슈 여행을 할 때 이 패스 한 장만 있으면 어디든 갈 수 있다고 해도 과언이 아니다. 또한 모지코~가라토, 구마모토~시마바라, 가고시마~사쿠라지마 등을 연결하는 배편도 이용할 수 있어 더욱 편리해졌다. 단 버스를 이용한 여행은 기차와 달리 도로 사정에 따라 연착하는 경우가 종종 있는 데다, 태풍이 상륙하는 등의 악천후 시에는 아예 운행하지 않는 등 예상치 못한 변수를 감수해야 한다.

① 구입방법
국내 일본 전문여행사 또는 규슈의 각 공항 여행안내소, 주요 도시의 버스센터에서 구입할 수 있다. 단, 북부큐슈 3일권의 경우 국내에서 미리 구입하는 것이 훨씬 유리하다. 일본 전문여행사나 온라인 마켓을 통해 구입할 수 있는데, 무려 3,000엔 가까운 할인을 받을 수 있다.

② 사용방법
시내버스를 이용하는 경우에는 버스 앞 유리에 붙어있는 산큐패스 스티커를 확인한 후 탑승하고, 내릴 때 운전기사에게 패스를 보여주면 된다. 고속버스의 경우에는 주요 버스센터의 승차권 발매 창구에 산큐패스를 제시하고 좌석권을 받으면 된다. 하지만 만석인 경우에는 승차할 수 없는 경우가 있으므로 사전에 규슈버스 네트워크 포털사이트인 앗토버스(www.atbus-de.com)를 이용해 예약하는 것이 좋다. 일본 사이트지만 한국어 서비스가 제공되므로 부담 없이 예약할 수 있다.

③ 패스 요금
북부큐슈 3일권 : 9,000엔
남부큐슈 3일권 : 8,000엔
전큐슈 3일권 : 11,000엔
전큐슈 4일권 : 14,000엔

④ 주의사항
– 북부큐슈권은 후쿠오카현, 나가사키현, 구마모토현, 사가현, 오이타현에 한해 사용할 수 있고, 전큐슈권은 미야자키현과 가고시마현을 포함한 규슈 전지역에서 사용할 수 있다.
– 일부 구간에서는 이용할 수 없는 버스도 있으므로 탑승 전에 버스 앞 유리에 산큐패스 스티커의 부착유무를 미리 확인해야 한다.
– 패스가 발권된 이후에는 환불을 하거나 이용날짜를 변경할 수 없다.
– 소인용 패스는 별도로 발행되지 않는다.

홈피 www.sunqpass.jp

알아두면 도움이 되는 일본 철도 용어
지하철 : 지카테츠 地下鐵
사철 : 시테츠 私鉄
특급 : 도큐 特急
급행 : 규코 急行
쾌속 : 가이소쿠 快速
보통 : 후쓰 普通 또는 가쿠에키테이샤 各駅停車
1등칸 : 그린샤 グリーン 車
보통칸 : 후쓰샤 普通車
지정석 : 시테이세키 指定席
자유석 : 지유세키 自由席
역 : 에키 駅
티켓 : 깃푸 きっぷ
예약 : 요야쿠 予約
정산소 : 료킨 세이산조 料金 精算所
JR 티켓오피스 : 미도리노마도구치 みどりの窓口

01

FUKUOKA

후쿠오카

후쿠오카는
어떤 곳일까?

인구 약 150만 명의 후쿠오카시는 후쿠오카현의 현청 소재지로 규슈에서 가장 큰 상업도시이자 일본에서 8번째로 인구가 많은 도시이다. 예전에는 도심을 가로질러 흐르는 나카가와 中川를 중심으로 동쪽은 상인들이 거주하던 하카타 博多, 서쪽은 무사들이 거주하던 후쿠오카 福岡로 구분되어 있었지만 1889년 두 도시가 병합되면서 행정구역상 후쿠오카로 명명되었다. 이후 도시의 명칭이나 각 기업·은행의 지점에는 후쿠오카라는 행정명칭이 통용되고 있지만 기차역이나 항구·특산품 등에는 지금도 하카타라는 옛 이름이 널리 사용되고 있다. 일본여행이 처음이거나 후쿠오카를 제대로 본 적이 없는 사람들은 후쿠오카를 별로 볼 것도 없는 시골 도시로 여길지 모르겠지만 사실은 그렇지 않다. 도쿄나 오사카처럼 규모는 크지 않아도 의외로 볼거리가 풍부한 흥미진진한 도시이다.

Data

위치 규슈 후쿠오카현 九州 福岡県
면적 4,986,40km²
인구 5,110,338명(2017년 10월 1일 기준)
홈피 www.city.fukuoka.lg.jp

여행계획 후쿠오카 시내의 주요 명소는 하카타역, 덴진·다이묘, 베이에어리어 등 크게 세 지역으로 구분할 수 있지만, 도시 자체가 그리 크지 않기 때문에 일찍 서두른다면 하루 만에 후쿠오카의 주요 명소를 모두 돌아볼 수 있다. 베이에어리어 지역을 시작으로 하카타역, 덴진·다이묘 순으로 돌아보면 되는데, 이때는 시내버스를 하루 동안 무제한 이용할 수 있는 1일 승차권을 구입하는 것이 좋다. 만약 바쁜 일정 때문에 후쿠오카에서 머무르는 시간이 촉박할 경우에는 베이에어리어를 생략하고 캐널시티 하카타와 덴진을 중심으로 돌아보면 된다. 한편 후쿠오카 근교를 여행일정에 포함하는 경우에는 다자이후와 야나가와를 묶어서 하루, 고쿠라와 모지코를 묶어서 하루 일정으로 계획을 세우면 된다.

후쿠오카
벳푸
나가사키
구마모토
미야자키
가고시마

후쿠오카현

후쿠오카
여행 FAQ

후쿠오카의 명물 음식은?

후쿠오카를 대표하는 음식은 바로 뿌옇고 진한 국물 맛으로 유명한 돈코쓰 豚骨 라멘으로 일명 '하카타 라멘 博多ラーメン'이라는 이름으로 더 유명하다. 또한 항구도시인 만큼 신선하고 맛있는 해산물을 어디에서든지 맛볼 수 있는데 특히 후쿠오카의 가라시멘타이코 辛子明太子(명란젓)는 일본 최고의 품질을 자랑한다. 이 밖에도 후쿠오카에서만 맛볼 수 있는 전통 요리로는 미즈타키 水炊き(백숙)와 모쓰나베 もつ鍋(곱창전골)가 있다.

후쿠오카 최고의 쇼핑가는 어디?

후쿠오카 최대의 쇼핑가는 덴진을 남북으로 가로지르는 와타나베도리 주변이다. 이 거리를 중심으로 다이마루, 미쓰코시, 이와타야 등 대형 백화점과 솔라리아 스테이지, 다이에 쇼파즈, 미나 덴진, 덴진코어, 이무즈, 로프트 등 대형 쇼핑몰이 줄지어 서있다. 그리고 이와타야 백화점 뒤편에 넓게 자리잡고 있는 다이묘 일대는 브랜드점, 음식점, 잡화점 등 개성 넘치는 가게들이 밀집해 있다.

쇼핑은 하고 싶은데 넓은 지역을 돌아다닐 만한 여유가 없을 때는 커낼시티 하카타를 방문하는 것이 좋다.

후쿠오카에서 바다를 즐기고 싶다면?

일본의 대도시가 대부분 그렇듯이 후쿠오카 역시 바다를 끼고 있는 항구도시다. 후쿠오카 여행 중

에 드넓은 바다 풍경을 즐기고 싶다면 야후오크 돔과 마리존이 있는 시사이드모모치를 방문해보자. 도심에서 살짝 벗어났을 뿐인데 기대 이상으로 깔끔하고 쾌적한 리조트 분위기를 만끽할 수 있다. 만약 여행일정 중에 하루를 여유롭게 쉬면서 보내고 싶다면 우미노나카미치 해변공원을 찾아가보자. 조금 사치를 부린다면 루이간즈 호텔에서 숙박하는 것도 고려해볼 만하다.

후쿠오카의 명물 야타이는 뭘까?

야타이 屋台는 포장마차를 의미한다. 흔히 볼 수 있는 우리나라의 포장마차와 달리 일본의 야타이는 축제나 행사가 있을 때만 반짝 등장하는 경우가 일반적이다. 하지만 후쿠오카에서는 예외적으로 나카스, 덴진, 나가하마 등 도심 일대에 야타이가 줄지어 서있는 색다른 풍경을 볼 수 있다. 왁자지껄한 분위기, 이름도 요즘도 알아보기 힘든 메뉴판 등 야타이 특유의 분위기 때문에 초보 여행자들은 쉽게 접근하기 힘들겠지만 후쿠오카에서만 느낄 수 있는 색다른 재미를 원한다면 용기를 내서 도전해보자.

후쿠오카
축제 BEST 6

후쿠오카 시내와 후쿠오카 근교 도시에서 개최되는 축제 중 가장 볼만한 것들만 모았다. 축제기간에 여행지를 방문하면 평소에 볼 수 없는 다양한 볼거리가 있어 여행의 즐거움은 배가 되지만, 한 가지 주의할 점은 축제기간에는 숙소예약이 쉽지 않으므로 여행기간이 축제기간과 겹친다면 숙소예약을 하루라도 빨리 서두르는 것이 좋다. 단, 축제 일정은 상황에 따라 바뀔 수도 있으니 반드시 미리 확인하자.

오니스베 鬼すべ

다자이후텐만구에서 매년 초에 열리는 축제로 한 해의 재앙을 털어내고 복을 부르는 신성한 행사이다. 경내 동쪽에 있는 오니스베도 鬼すべ堂에서 펼쳐지는데, 건장한 남자들이 건물 주위에 쌓아놓은 솔잎, 짚 등에 불을 붙이며 귀신을 쫓아내는 모습이 장관이다.

위치 니시테쓰 다자이후역 하차 후 도보 5분
일시 1월 7일 **장소** 다자이후텐만구
전화 092-922-8225(다자이후텐만구 사무소)
홈피 www.dazaifutenmangu.or.jp

야나가와 히나마쓰리 柳川ひなまつり

히나마쓰리는 일본 어디서든 흔히 볼 수 있는 축제지만, 야나가와는 다른 곳에서 볼 수 없는 독특한 풍습이 있다. 바로 사게몬 さげもん이라 불리는 귀여운 인형을 마을 곳곳에 걸어놓는 것. 축제 기간 동안에는 운하에서 펼쳐지는 수상퍼레이드와 인형을 물에 떠내려 보내는 행사 등 다양한 볼거리도 즐길 수 있다.

위치 니시테쓰 야나가와역 하차
일시 2월 11일~4월 3일 **장소** 야나가와시
전화 0944-74-0891(야나가와시 관광안내소)
홈피 www.yanagawa-net.com

하카타 돈타쿠 博多どんたく

830년 전에 시작한 마쓰바야시 松ばやし 축제가 기원인 후쿠오카 시민의 대축제. 남녀노소 할 것 없이 독특한 자기만의 치장을 하고 샤모지(밥주걱)를 두드리며 거리를 활보하는 모습이 인상적이다. 축제 기간 동안에는 거리에 만들어진 무대, 광장에서 즐겁게 춤을 추는 사람들로 가득하고 온 거리가 돈타쿠 일색으로 북적거린다. 참가하는 단체만 580여 개, 직접 출연하는 사람만도 3만 명이 넘는다고 하니 일본 최고의 봄 축제라 해도 과언이 아니다. 참고로, 돈타쿠라는 이름은 네덜란드어로 휴일이라는 뜻이다.

위치 JR 하카타역 하차 **일시** 5월 3~4일 **장소** 후쿠오카 시내 일대
전화 092-441-1170(후쿠오카 시민의 축제 진흥회) **홈피** www.dontaku.fukunet.or.jp

하카타 기온야마가사 博多祇園山笠

하카타의 여름을 알리는 후쿠오카 최고의 축제. 구시다진자의 제례 행사로 국가 중요 무형 민속문화재로 등록되어 있다. 7월 1일에 후쿠오카 시내 곳곳에서 호화로운 장식의 마차, 야마카사 山笠가 웅장한 모습을 보이며, 15일간 축제의 서막을 알린다. 축제의 백미는 마지막날 새벽에 열리는 오이야마 追い山로 살짝 민망한 훈도시 차림의 건장한 남성들이 가마를 이고 돌진하며 온 거리를 열광의 도가니로 빠져들게 한다.

<u>위치</u> JR 하카타역 하차 <u>일시</u> 7월 1일~15일 <u>장소</u> 후쿠오카 시내 일대
<u>전화</u> 092-291-2951(하카타 기온야마가사 진흥회) <u>홈피</u> www.hakatayamakasa.com

고쿠라 기온다이코 小倉祇園太鼓

전국적으로 유명한 기온 마쓰리의 하나로 고쿠라 최고의 여름 축제이다. 축제는 3일 동안 열리는데, 하이라이트는 고쿠라성내에 있는 가치야마코엔 勝山公園에서 펼쳐지는 북 경연대회. 징소리에 맞추어 수많은 북이 울려 퍼지는 모습은 가히 장관을 이룬다.

<u>위치</u> JR 고쿠라역 하차 <u>일시</u> 7월 중
<u>장소</u> 기타큐슈시 고쿠라성내
<u>전화</u> 093-562-3341
    (고쿠라 기온다이코 보존 진흥회)
<u>홈피</u> kokuragiondaiko.jp

하쿠슈사이 수상퍼레이드 白秋祭水上パレード

야나가와 출신의 유명한 시인 기타하라 하쿠슈 北原白秋를 기리기 위해 만든 축제. 호롱불로 장식한 80여 척의 배에 등불을 든 사람들이 올라타 아름다운 수상퍼레이드를 펼친다. 어두운 밤하늘 아래 호롱불로 반짝반짝 빛나는 배들의 향연은 그야말로 장관이다. 배에 직접 타고 축제를 즐기고 싶다면 미리 예약을 해야 한다.

<u>위치</u> 니시테쓰 야나가와역 하차
<u>일시</u> 11월 1일~3일
<u>장소</u> 야나가와시
<u>전화</u> 0944-74-0891(야나가와시 관광안내소)
<u>홈피</u> www.yanagawa-net.com

후쿠오카
명소 BEST 5

캐널시티 하카타
キャナルシティ博多

아름답게 꾸며진 인공 운하를 중심으로 다양한 건축미를 자랑하는 건물이 모여 있는 거대한 복합 어뮤즈먼트 쇼핑몰. 다양한 브랜드숍을 중심으로 음식점, 영화관, 극장 등 그야말로 없는 것이 없을 정도이다.

나카스 야타이
中洲屋台

네온사인이 아름다운 강가에서 밤 풍경을 즐기며 명물 요리를 맛볼 수 있는 일본식 포장마차 거리. 왁자지껄한 분위기 속에서 술 한 잔 나누며 낭만적인 도시 여행의 마무리를 하기에는 제격인 곳이다.

다자이후텐만구
太宰府天満宮

스가와라 미치자네 菅原道真를 모시는 덴만구의 총본산. 연중 참배객과 관광객의 발걸음이 끊이지 않을 정도로 후쿠오카 주변 여행지 중에서는 가장 유명한 곳이다. 다자이후의 명물 간식 우메가에모치 梅ヶ枝餅도 빼놓을 수 없는 먹을거리.

야나가와
柳川

후쿠오카현 서부에 있는 야나가와는 가와쿠다리(뱃놀이)로 유명한 물의 도시이다. 유유자적 수로를 따라 아름다운 풍경을 바라보는 즐거움은 도시여행과는 또 다른 만족을 준다. 야나가와 명물 장어구이도 꼭 맛볼 것.

모지코
門司港

메이지시대에서 다이쇼시대에 걸쳐 해외무역으로 번성했던 모지코. 거리 곳곳에 화려했던 당시의 모습을 그대로 반영하는 20채 이상의 서양식 건물이 보존, 복원되어 있어 레트로한 분위기를 연출한다.

후쿠오카로
가는 방법

한국에서 비행기나 배를 이용해 후쿠오카에 도착하면 대중교통을 이용해 후쿠오카 시내로 이동해야 한다. 일본의 여느 도시와 달리 후쿠오카국제공항과 후쿠오카 국제여객터미널은 후쿠오카 도심에 자리 잡고 있어서 시내버스나 지하철을 이용하기가 무척 편리하고 교통비 또한 저렴한 편이다.

✈ 후쿠오카공항에서 시내로

후쿠오카공항은 국제선 터미널과 국내선 터미널로 나뉘어져 있는데, 한국에서 출발할 경우 국제선 터미널에 도착하게 된다. 국제선 터미널에 도착하면 일단 1층의 버스 승강장에서 곧바로 하카타나 덴진으로 가는 버스로 이동할지, 무료 셔틀버스를 타고 국내선 터미널로 이동한 후 지하철을 탈지 결정해야 한다. 하카타역까지 가는 요금 기준으로 버스, 지하철 모두 260엔으로 동일하므로 숙소 위치 또는 당일의 일정에 따라 정하면 된다. 단, 아침 일찍 후쿠오카에 도착해서 곧바로 시내 여행에 나설 계획이라면 처음부터 1일 교통패스를 구입하는 것이 좋다. 기존에 여행자들이 애용했던 그린패스와 후쿠오카 도심 1일 자유승차권은 판매 종료되었기 때문에, 후쿠오카 투어리스트 시티패스(820엔)나 뉴 그린패스(900엔)를 이용하면 된다. 두 패스 모두 공항 버스안내소에서 구입할 수 있다.

지하철

국제선 터미널 1층에서 출발하는 무료 셔틀버스를 이용해 국내선 터미널에 도착한 후 조금만 걸어가면 지하철 후쿠오카공항역 입구가 보인다. 후쿠오카공항에서 하카타역까지는 2정거장 거리로 약 5분이 소요되고 요금은 260엔이다. 한편 후쿠오카 최대의 번화가인 덴진까지는 5정거장 거리로 약 12분이 소요되고 요금은 260엔으로 동일하다.

홈피 subway.city.fukuoka.lg.jp

후쿠오카 공항역 ——— 시영지하철 구코센 ——— 하카타역
5분, 260엔

버스

지는 15분 정도 소요되고 요금은 260엔, 덴진역까지는 30분 정도 소요되고 요금은 310엔이다. 정류장 안내판에 버스 시각표가 있으므로 기다렸다가 시간에 맞춰 타면 된다.

홈피 www.nishitetsu.co.jp/bus

국제선 터미널 출구로 나오면 1번부터 4번까지 차례대로 정류장이 있는데, 하카타 또는 덴진으로 가는 버스는 2번 정류장에서 타면 된다. 하카타역까

후쿠오카공항 국제선터미널 1층 ── 니시테쓰 버스 15분, 260엔 ── 하카타역

 ### 하카타항 국제여객터미널에서 시내로

부산에서 출발하는 배를 타면 후쿠오카의 하카타항 국제여객터미널에 도착하게 된다. 비행기를 이용할 때와 마찬가지로 간단한 입국 수속을 마친 후 터미널 출구로 나오면 바로 왼쪽 방향에 버스정류장이 보인다. 버스정류장에는 커다란 번호와 함께 행선지가 한글로 함께 적혀 있는 표지판이 있어 쉽게 알아볼 수 있다. 1번 정류장은 덴진 방면, 2번 정류장은 하카타역 방면이니 원하는 곳에서 기다

리다가 버스가 오는 대로 타면 된다. 버스는 거의 5~10분 간격으로 운행되고 있어 시간에 구애받지 않고 편리하게 이용할 수 있다. 덴진까지 버스 요금은 190엔, 소요시간은 약 15분이고, 하카타역까지의 버스 요금은 230엔, 소요시간은 약 20분이다.

홈피 www.nishitetsu.co.jp/bus

하카타항 국제여객 터미널 ── 니시테쓰 버스 20분, 230엔 ── 하카타역

후쿠오카 주변 도시로 가는 방법

후쿠오카 근교에는 후쿠오카에서 느낄 수 없는 색다른 매력을 가진 관광지가 여럿 있다. 다자이후, 야나가와, 고쿠라, 모지코 등 후쿠오카 근교의 관광도시로 가는 대중교통편에 대해 알아보자.

다자이후 太宰府

후쿠오카에서 다자이후로 가는 가장 편리한 방법은 사철인 니시테쓰 전철을 이용하는 것이다. 단 JR 규슈레일패스의 이용이 불가능한 사철이므로 철도패스 이용자라 해도 별도의 교통비가 필요하다.

니시테쓰 전철

후쿠오카의 번화가인 덴진 중심부에 자리 잡은 니시테쓰 후쿠오카역에서 니시테쓰 오무타센 西鉄天神大牟田線 급행을 이용해 후쓰카이치역 二日市駅까지 이동한 후 니시테쓰 다자이후센 西鉄太宰府線으로 갈아타면 다자이후까지 30분 만에 갈 수 있다. 요금은 400엔. 시간대에 따라 갈아타지 않고 한 번에 가는 직통편도 있지만, 급행으로 운행하는 직통편은 편수가 많지 않고 오전에만 운행한다. 급행 이외의 직통편은 보통열차라 모든 역에

서 정차하기 때문에 도중에 갈아타는 것보다 더 많은 시간이 걸린다.

- 니시테쓰 후쿠오카역 → 니시테쓰 오무타센 급행열차(16분, 400엔) → 니시테쓰 후쓰카이치역 → 니시테쓰 다자이후센 보통열차(5분)→ 니시테쓰 다자이후역

JR

JR 규슈레일패스를 소지한 여행자라면 니시테쓰 후쿠오카역에서 출발하는 니시테쓰오무타센을 이용하지 않고 JR 하카타역에서 출발하는 특급열차를 이용해 JR 후쓰카이치역 二日市駅까지 이동한 후 도보 10분 거리에 있는 니시테쓰 후쓰카이치역까지 걸어간 다음 니시테쓰 다자이후역으로 가는 전철을 이용하면 된다. 니시테쓰 후쓰카이치역에서 니시테쓰 다자이후역까지는 5분 소요되며 요금은 150엔이다. JR 특급열차를 이용해 후쓰카이치역으로 갈 때는 JR 하카타역에서 구마모토, 나가사키, 사세보, 하우스텐보스 방면으로 가는 특급열차를 이용하면 되는데, 특급열차 중에는 후쓰가이치 지역에서 정차하지 않는 열차도 간혹 있으므로 주의해야 한다.

- JR 하카타역 → JR 특급열차(13분) → JR 후쓰카이치역 → 도보 10분 → 니시테쓰 후쓰카이치역 → 니시테쓰 다자이후센(5분, 150엔) → 니시테쓰 다자이후역

🚉 야나가와 柳川

물의 도시 야나가와로 갈 때 역시 사철인 니시테쓰 전철을 이용하는 것이 편리하다. 다자이후와 야나가와는 모두 니시테쓰 오무타센 노선에 해당하므로 다자이후와 야나가와를 연계해서 하루 코스를 계획하는 것이 좋다.

니시테쓰 전철

후쿠오카의 번화가인 덴진에 있는 니시테쓰 후쿠오카역에서 출발하는 니시테쓰 오무타센 西鉄大牟田線 특급전철(48분, 850엔)을 이용하면 도중에 갈아타는 번거로움 없이 니시테쓰 야나가와역으로 갈 수 있다. 참고로 야나가와로 갈 때는 니시테쓰 전철에서 판매하는 교통패스인 다자이후 야나가와 간코깃푸를 구입하는 것이 경제적이다.

• 니시테쓰 후쿠오카역 → 니시테쓰 오무타센 특급(48분, 850엔) → 니시테쓰 야나가와역

JR

사철인 니시테쓰 오무타센을 이용하는 것이 편리하긴 하지만 JR 규슈레일패스를 소지한 여행자라면 교통비 절감차원에서 JR 열차를 이용하는 것도 고려해볼 만하다. JR을 이용하는 경우에는 하카타역에서 JR 가고시마혼센을 타고 세타카역 瀬高駅에서 하차, 역 앞에서 호리카와 堀川 버스를 타고 야나가와로 가면 된다. 단, 버스가 자주 있지 않으므로 많이 불편할 수 있다.

• 하카타역 → JR 가고시마혼센(40분) → 세타카역 → 버스(20분, 380엔) → 야나가와

🚉 고쿠라 小倉

고쿠라는 규슈와 혼슈를 연결하는 교통의 요지인 만큼 JR 열차를 이용하는 것이 편리하다. 특히 하카타역~고쿠라역 구간은 신칸센이 달리고 있어 JR 패스를 소지한 여행자라면 신칸센을 이용하는 것이 좋다. 단, JR 규슈레일패스로는 신칸센 이용이 불가능하다.

JR

기타큐슈의 관문인 고쿠라로 갈 때는 후쿠오카의 하카타역에서 출발하는 JR 열차를 이용하는 것이 가장 편리하다. JR 패스 이용자라면 신칸센을 이용하는 것이 가장 편리하고, JR 규슈레일패스 이용자라면 특급 소닉 ソニック이나 아리아케 有明를 이용하면 된다. 철도패스가 없는 여행자라면 JR 규슈에서 판매하는 할인 승차권인 니마이깃푸나 욘마이깃푸를 구입하는 것이 경제적이다. JR 특급 열차를 이용할 경우 통상 요금은 편도 기준 2,320엔

이지만 2장짜리 회수권인 니마이깃푸는 2,880엔(자유석 기준), 4장짜리 회수권인 욘마이깃푸는 5,360엔(자유석 기준)으로 저렴하다.

- 하카타역 → JR 특급 소닉(41분, 2,320엔) → 고쿠라역

버스

산큐패스 이용자라면 후쿠오카의 니시테쓰 덴진 고속버스터미널에서 출발하는 고속버스를 이용하면 된다. 버스는 중간 경유지에 따라 나카타니 なかたに · 히키노 ひきの · 이토즈 いとうづ 등 3종류로 구분되는데 어떤 버스를 이용하든 소요되는 시간은 같고, 요금도 편도 기준 1,130엔으로 동일하다. 참고로 운행 편수는 적지만 하카타 버스터미널이나 후쿠오카공항 출발편도 있다. 그리고 산큐패스 이용자는 무료로 버스를 이용할 수 있지만, 산큐패스가 없는 경우에는 티켓을 구입해야 하는데 이때 2장을 한 번에 구입하면 약 10% 할인을 받을 수 있다.

- 니시테쓰 덴진 고속버스터미널 → 고속버스(1시간 20분, 1,130엔) → 고쿠라역

🚆 모지코 門司港

- 하카타역 → JR 특급 소닉(41분, 2,320엔) → 고쿠라역 → JR 쾌속열차(13분) → 모지코역
- 하카타역 → JR 가고시마혼센 쾌속(1시간 40분, 1,470엔) → 모지코역

모지코로 갈 때는 일단 하카타역에서 출발하는 JR 특급열차를 이용해 고쿠라역으로 이동한 다음 열차를 갈아타고 가는 것이 가장 편리하다. 고쿠라역에서는 열차로 13분 소요된다.

JR

기타큐슈에서 가장 인기 있는 관광지인 모지코로 가려면 JR 열차를 이용하는 것이 편리하다. 후쿠오카의 하카타역에서 모지코로 가는 열차는 1시간에 2~3편이 운행되고 있지만 정차하는 역이 많고 느린 쾌속이나 보통열차뿐이라서 시간이 많이 걸린다. 따라서 모지코로 갈 때는 고쿠라역까지 JR 특급열차로 이동한 후 고쿠라역에서 모지코역으로 가는 보통열차로 갈아타는 것이 유리하다.

버스

후쿠오카에서 모지코로 바로 가는 버스 노선은 없으므로 산큐패스 이용자라면 니시테쓰 덴진

고속버스터미널에서 출발하는 고속버스를 이용해 일단 고쿠라로 이동한 다음, 고쿠라에서 모지코로 가는 노선버스나 JR 열차를 이용해야 한다. 참고로 고쿠라에서 모지코로 가는 노선버스는 여러 지역을 경유해서 한참 돌아가기 때문에 시간낭비가 너무 많다. 따라서 비용이 조금 들더라도 고쿠라에서 모지코까지는 JR 열차를 이용하길 권한다.

후쿠오카
시내교통

후쿠오카는 규슈를 대표하는 대도시답게 시내의 주요 지역을 연결하는 대중교통망이 잘 발달되어 있다. 대중교통 중 지하철이 가장 빠르고 편리하긴 하지만 노선이 세 개밖에 없어서 갈 수 없는 지역이 일부 있고, 요금이 비싸다는 단점이 있다. 그래서 대부분의 여행자들은 후쿠오카 시내를 여행할 때 지하철보다 시내버스를 더 선호한다.

🚌 버스 バス

니시테쓰 西鉄에서 운영하는 후쿠오카의 시내버스는 시내 구석구석을 거미줄처럼 연결하고 있는 가장 대중적인 교통수단이다. 하지만 노선이 복잡한 데다 하카타역이나 덴진 같은 교통의 요지에는 버스정류장이 너무 많아서 초행자들은 버스 이용에 어려움을 겪는다. 니시테쓰 홈페이지(한국어 지원)에 목적지별 운임 및 시간표 등이 자세히 나와 있으므로 미리 확인하도록 하자.

전화 0570-00-1010 홈피 www.nishitetsu.co.jp/bus

100엔 버스 100円バス

후쿠오카 시내를 달리는 노선버스의 기본요금은 170엔이지만, 하카타역~캐널시티 하카타~덴진~하카타 리버레인을 연결하는 구간에는 100엔 버스가 운행되고 있다. 100엔 버스라고 해서 일반 노선버스와 특별히 구분되는 것은 아니고, 100엔 에어리어 구간을 달리는 노선버스에 한해 버스 차체에 100엔짜리 동전 모양이 그려져 있다. 따라서 하카

타역에서 캐널시티 하카타나 덴진을 오갈 때는 100엔 버스를 적극적으로 활용하는 것이 경제적이다.

노선버스 路線バス

후쿠오카는 규슈에서 유일하게 지하철이 있는 도시지만 노선이 세 개밖에 없기 때문에 지하철보다 노선버스의 활용도가 높은 편이다. 노선버스는 후쿠오카 시내 구석구석을 촘촘하게 연결하고 있어 편리하게 이용할 수 있다. 노선버스의 기본요금은 170엔이고, 승차 구간에 따라 요금이 할증되는 시스템으로 운영된다. 단, 하카타, 덴진역 등 여행자들이 가장 많이 이용하는 구간에서는 기본요금 100엔으로 이용할 수 있으므로 교통비 부담도 덜 수 있다.

시내버스 이용 순서

1. 뒷문으로 탑승한다.
2. 탑승구 옆에 있는 기계에서 세리켄(정리권)을 뽑는다.
3. 세리켄의 숫자를 확인한다.
4. 버스 운전석 위의 전광판에서 세리켄에 적혀 있는 숫자를 찾고 요금을 확인한다.
5. 앞문으로 하차하면서 요금을 지불한다.
※ 잔돈이 없는 경우에는 운전석 옆에 있는 잔돈 교환기에 지폐를 넣고 바꾸면 된다.

지하철 地下鉄

후쿠오카시 교통국에서 운영하는 후쿠오카 지하철은 구코센 空港線, 하코자키센 箱崎線, 나나쿠마센 七隈線의 3개 노선으로 이루어져 있다. 구코센은 후쿠오카공항에서 JR 하카타역, 덴진을 거쳐 메이노하마를 연결하고 하코자키센은 나카스카와바타, 하코자키, 규우다이마에, 가이즈카 사이를 연결하며 나나쿠마센은 덴진미나미역과 하시모토를 연결한다. 기본요금은 200엔이고 거리에 따라 요금이 올라가는 시스템으로 운영하는데, 지하철을 자주 이용할 계획이라면 하루 종일 마음껏 탈 수 있는 1일 승차권(620엔)을 구입하는 것이 좋다. 참고로, 토·일·휴일에 판매하던 1일 승차권 에코치카킷푸(520엔)는 판매 종료되었다.

전화 092-734-7800 홈피 subway.city.fukuoka.lg.jp

택시 タクシー

후쿠오카는 출퇴근 시간을 제외하면 차가 막히는 일이 별로 없기 때문에 짐이 많거나 일행이 3~4명인 경우에는 택시를 이용하는 것도 고려해볼 만하다. 택시 이용법은 우리나라와 거의 같다. 손을 들어 빈 택시를 잡거나 택시 승강장에 대기 중인 빈 택시를 이용하면 된다. 단, 우리와 달리 택시의 뒷문은 자동문이므로 손으로 미리 열지 말고 운전기사가 열어줄 때까지 기다리도록 하자. 내릴 때 역시 문을 닫을 필요 없이 그냥 내리면 된다. 택시요금은 택시 회사마다 차이가 있지만 기본요금은 대략 소형 550엔(1.2km까지), 중형 580엔(1.2km까지)으로 구분된다. 하카타역 내에 있는 여행안내소에 문의하면 후쿠오카의 알짜배기 명소를 편하게 둘러볼 수 있는 관광택시 観光タクシー나 라멘가게 순례를 할 때 편리한 라멘택시 ラーメンタクシー를 소개받을 수 있다.

전화 092-434-5100 홈피 taxi-fukcty.or.jp

파미치카킷푸 ファミちかきっぷ

초등학생 자녀와 함께 가족여행을 할 때 엄청난 이득을 볼 수 있는 지하철 티켓. 티켓 1장으로 어른은 두 명까지 아이는 인원수 제한 없이 하루 동안 지하철을 무제한으로 이용할 수 있다. 요금은 한 가족 당 1,000엔으로, 지하철 1일 승차권을 따로 구입하는 것보다 훨씬 저렴하다.

티켓을 사용하기 위해서는 역무원의 확인 절차를 거치기 때문에 살짝 부담이 될 수도 있지만, 크게 어렵지 않으니 도전해보자. 먼저, 파미치카킷푸를 구입하고 역 창구나 고객 서비스센터에 구비되어 있는 패밀리 카드 ファミリーカード에 가족 모두의 이름을 기입한 후 파미치카킷푸와 함께 역무원에게 보여주면 확인 후 이용할 수 있다. 패밀리 카드는 처음 사용 시 한 번만 보여주면 되고, 두 번째 탑승부터는 파미치카킷푸만 제시하면 된다. 한 번 확인을 거친 패밀리 카드는 언제든지 재사용이 가능하다.

요금 가족 당 1,000엔 대상 어른은 2명까지, 어린이(만 12세 미만)는 인원수 제한 없음
구간 지하철 구코센, 하코자키센, 나나쿠마센 전선
구입 후쿠오카 각역 창구, 고객 서비스센터(정기권 판매처)

후쿠오카
교통패스

가장 큰 대도시인 후쿠오카에서 선택할 수 있는 교통패스는 다양하다. 각 패스마다 이용범위와 특성에 차이가 있으므로 자신의 여행 계획에 맞는 교통패스를 구입해서 이용하면 된다.

후쿠오카 시내 1일 프리승차권 福岡市内1日フリー乗車券

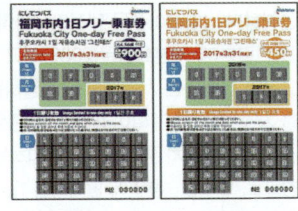

하카타역과 덴진을 중심으로 마리노아시티, 하카타항 국제터미널, 후쿠오카 공항, 아사히 맥주, 오호리코엔 등 후쿠오카 도심의 거의 모든 명소를 둘러볼 수 있는 니시테쓰 버스 자유 패스. 하루 동안 정해진 구역 내를 다니는 니시테쓰 버스를 마음껏 이용할 수 있다. 패스를 구입한 후에 해당 연도와 날짜를 동전으로 긁어낸 후 사용하면 되는데, 내릴 때 정리권을 요금상자에 넣으면서 운전사에게 보여주면 된다.

구간 후쿠오카 시내(이용 구간 홈피 참고) **요금** 어른 900엔(어린이 450엔) **구입** 공항 버스터미널, 하카타 버스터미널, 덴진 버스센터, 하카타역 종합안내소, 관광안내소 등 **전화** 0570-00-1010 **홈피** www.nishitetsu.co.jp/bus

후쿠오카 투어리스트 시티 패스 FUKUOKA TOURIST CITY PASS

후쿠오카 시내를 달리는 니시테쓰 버스와 전철, 쇼와 버스, 지하철과 JR 전철까지 이용할 수 있는 전천후 교통 패스. 하카타역과 덴진역을 중심으로 지하철과 버스를 함께 이용하는 여행자에게는 더할 나위 없는 최고의 패스다. 단, 버스 구간이 후쿠오카 시내 1일 프리승차권보다 좁기 때문에 조금 먼 명소를 갈 때 전철이나 지하철을 이용해야 한다는 점은 살짝 불편할 수 있다. 사용 방법은 후쿠오카 시내 1일 프리승차권과 동일하다.

구간 후쿠오카 시내(이용 구간 홈피 참고) **요금** 어른 820엔(어린이 410엔) **구입** 공항 버스터미널, 하카타 버스터미널, 덴진 버스센터, 하카타역 종합안내소, 관광안내소 등 **전화** 0570-00-1010 **홈피** www.nishitetsu.co.jp/bus

후쿠오카 지하철 1일 승차권 福岡地下鉄1日乗車券

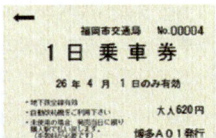

하루 동안 후쿠오카 시영지하철을 무제한 이용할 수 있는 1DAY패스. 후쿠오카 지하철의 기본요금은 200엔이고 이동 구간이 길수록 요금이 비싸진다. 따라서 하루에 4번 이상 지하철을 이용할 계획이라면 이 승차권을 구입하는 것이 유리하다. 아쉬운 점은 기존의 주말, 휴일 할인 혜택이 없어졌다는 것.

구간 후쿠오카 시내 지하철 전 노선 **요금** 어른 620엔(어린이 310엔) **구입** 각역 자동발매기 **전화** 092-734-7800 **홈피** subway.city.fukuoka.lq.in

다자이후산사쿠킷푸 太宰府散策きっぷ

니시테쓰 전철에서 판매하는 교통패스로 니시테쓰 후쿠
오카역~니시테쓰 다자이후역 구간의 전철 왕복 승차권
과 다자이후의 명물 우메가에모치 3개 교환권이 포함되
어 있다. 그리고 덤으로 각종 시설에 대한 입장 할인 혜
택도 받을 수 있다. 패스의 유효기간은 1개월이며 개시일로부터 2일간 사용가능하다. 니시테쓰 후쓰카이
치역, 니시테쓰 고조역, 니시테쓰 다자이후역에서는 언제든지 도중하차가 가능하다.

구간 니시테쓰 전철 후쿠오카~다자이후 구간 **요금** 1,000엔(어린이 680엔) **구입** 니시테쓰 후쿠오카역, 니시테쓰 야쿠인역
전화 0570-00-1010 **홈피** www.nishitetsu.co.jp/train

 ## 다자이후 야나가와 간코킷푸 太宰府柳川観光きっぷ

니시테쓰 전철에서 판매하는 교통패스로 니시테쓰 후
쿠오카역 혹은 야쿠인~다자이후~야나가와 구간 전
철 왕복 승차권과 야나가와 가와쿠다리 승선권이 포
함되어 있다. 그리고 덤으로 각종 시설에 대한 입장 할
인 혜택도 받을 수 있다. 패스의 유효기간은 1개월이며
개시일로부터 2일간 사용가능하다. 도중하차가 가능
한 역은 다자이후역과 야나가와역으로 제한된다. 참고
로 야나가와에는 나룻배를 운영하는 회사가 여러 곳
있으므로 역에 도착하면 반드시 역구내에 있는 야나가와 관광개발 柳川観光開発 안내소에 들러 직원들의
안내에 따라 이동하도록 한다.

구간 니시테쓰 전철 후쿠오카~다자이후~야나가와 구간 **요금** 2,930엔(어린이 1,420엔) **구입** 니시테쓰 후쿠오카역, 니시테쓰 야
쿠인역 **전화** 0570-00-1010 **홈피** www.nishitetsu.co.jp/train

 ## 야나가와 도쿠모리킷푸 柳川特盛きっぷ

니시테쓰 후쿠오카역~니시테쓰 야나가와역 구간 전철 왕
복권과 야나가와 가와쿠다리 승선권, 그리고 명물 장어덮
밥인 우나기세이로무시를 먹을 수 있는 식사권이 포함된
야나가와 여행의 끝판왕 패스. 식사권은 지정된 9개의 음
식점에서 사용할 수 있으니 여행을 떠나기 전에 미리 홈페
이지에서 리스트를 확인하자.

구간 니시테쓰 전철 후쿠오카~야나가와 구간 **요금** 어른 5,150엔(어린
이 할인 없음) **구입** 니시테쓰 후쿠오카역, 니시테쓰 야쿠인역
전화 0570-00-1010 **홈피** www.nishitetsu.co.jp/train

하카타

博多

하카타역 주변에는 별다른 관광지는 없지만, 역을 벗어나 조금만 걸어가면 요도바시 하카타, 커낼시티 하카타, 하카타 리버레인 등 규슈 지역 최대 규모를 자랑하는 복합쇼핑몰이 있어 쇼핑하기에 좋다. 밤에는 나카스에서 여흥을 즐기고, 나카가와를 따라 길게 늘어선 포장마차 야타이에서 낭만적인 분위기를 만끽할 수 있다.

하카타
이렇게
여행하자

JR	JR 하카타역 博多駅
지하철	지하철 구코센 空港線 하카타역 博多駅
버스	하카타역 앞 A정류장 博多駅前 A停留所
	하카타 버스터미널 博多バスターミナル
이동경로	후쿠오카공항 → 지하철 구코센(5분, 260엔)
	→ 하카타역
	하카타 국제여객터미널 → 니시테쓰 버스(20분,
	230엔) → 하카타역

가는 방법

상인들의 거리 하카타 지역 교통의 중심은 바로 JR 하카타역이다. JR 하카타역을 중심으로 지하철 하카타역과 하카타 버스터미널 빌딩이 한데 모여 있어 규슈 각지로 가는 열차나 고속버스는 물론, 후쿠오카의 주요 명소를 연결하는 시내버스나 지하철을 이용할 수 있다. 하카타 지역을 돌아볼 때는 100엔 버스를 이용하는 것이 편리하지만 도보로도 충분히 돌아볼 수 있다.

여행 방법

여행의 시작은 교통의 중심지인 JR 하카타역에서 시작하는 것이 좋다. 우선 하카타역 1층에 있는 관광안내소를 들러 후쿠오카 웰컴 카드와 지도, 팸플릿 등 도움이 되는 자료를 챙긴 후 본격적으로 여행에 나서도록 하자. 캐널시티 하카타, 나카스, 하카타 리버레인 등 이 지역의 대표적인 볼거리는 하카타역을 기준으로 도보 15~20분 거리에 있으므로 산책하는 기분으로 걸어서 돌아보면 된다. 만일 걷는 것이 부담스럽다면 지하철이나 버스 같은 대중교통을 이용하면 되는데, 100엔 버스를 이용하는 것이 가장 편리하고 경제적이다.

추천 코스

1 JR 하카타역
후쿠오카의 관문이자 교통의 중심지

도보 15분

2 캐널시티 하카타
세계적인 건축가 존 저드가 디자인한 후쿠오카 쇼핑 1번가

도보 3분

3 구시다 진자
도요토미 히데요시가 세운 하카타의 수호 신사

도보 3분

6 하카타 리버레인
젊은 여성들에게 인기 있는 고급 쇼핑몰

도보 7분

5 우에가와바타 상점가
후쿠오카 시민들의 일상을 엿볼 수 있는 아케이드 상점가

도보 3분

4 하카타마치야 후루사토칸
후쿠오카의 옛 모습을 엿볼 수 있는 역사박물관

도보 7분

7 나카스
일본의 3대 환락가로 꼽히는 번화가

tip

하카타역 출구 방향 찾기

하카타역에는 서쪽의 하카타 출구 博多口와 동쪽의 치쿠시 출구 筑紫口 2개의 출구가 있다. 이 중 메인 출구는 후쿠오카의 번화가인 덴진, 나카스, 캐널시티 방면으로 갈 때 이용하면 편리한 하카타 출구이다. 치쿠시 출구 주변에는 다양한 비즈니스호텔과 렌터카 사무실이 모여 있고, 출구 오른쪽 100m 거리에 요도바시 하카타가 있다.

하카타역 치쿠시 출구 주변 zoom in 1
博多駅 筑紫口周辺

후쿠오카의 관문인 JR 하카타역 주변에는 대기업의 지점과 호텔 · 은행 · 우체국 등이 밀집한 오피스타운이 형성되어 있어 특별한 관광 명소는 찾아볼 수 없지만, 개성 있는 가게와 맛집이 많아 즐거운 한때를 보내기에 부족함이 없다. 하카타역의 출구는 하카타 출구 博多口와 치쿠시 출구 筑紫口로 구분되는데, 신칸센 탑승구가 있어 치쿠시 출구는 흔히 신칸센 출구라 부르기도 한다.

👁 JR 하카타역

博多駅

지도 p.8ⓓ **위치** 후쿠오카 공항에서 지하철 구코센 이용 하카타역 하차 후 바로 **주소** 福岡市博多区博多駅 **오픈** 04:40~24:10 **전화** 050-3786-1717(JR 규슈 안내센터)

도쿄와 오사카를 연결하는 JR 산요신칸센의 종착역이자, 규슈 각지를 연결하는 JR 열차 · 고속버스의 시발역으로 규슈 지역 교통의 핵심적인 역할을 하고 있다. 이 역을 거점으로 규슈의 주요 도시를 연결하는 특급 열차나 혼슈를 연결하는 침대열차, 후쿠오카 도시권을 달리는 쾌속 · 보통 열차가 발착한다. 재미있는 사실은 재래선은 JR 규슈 九州, 산요신칸센은 JR 니시니혼 西日本의 관할로 이원화되어 있어 하카타 역장이 2명이란 점이다. 지하에는 지하철 하카타역이 있으며, 하카타 출구 바로 오른쪽에 하카타역 교통센터

가 있어 하루 이용객 수만 16만 명에 달할 정도로 유동 인구가 많은 편이다. 또한, 2011년 3월 3일 한큐백화점, 도큐핸즈, 시네마 콤플렉스 등이 입주한 JR 하카타시티가 오픈하고 3월 12일에 규슈 신칸센의 모든 노선이 개통되면서 주변은 더욱 활기를 띠게 되었다.

일 포노 델 미뇽
il FORNO del MIGNON

JR 하카타역 안에 있는 크루아상 가게. 향긋한 크루아상 냄새가 풍겨와 한 번 맛보지 않고는 발걸음을 옮기기 어려울 정도이다. 메뉴는 3종류로 단출하지만 맛이 뛰어나 인기가 많다. 100g 단위로 요금이 부과된다. 가격은 플레인 プレーン 162엔, 초코 チョコ 184엔, 사쓰마이모 さつまいも(고구마) 194엔. 다른 지역으로 여행 갈 때 간식으로 사 가지고 가면 좋다.

위치 JR 하카타역 1F
오픈 07:00~23:00
전화 092-412-3364

우에시마 커피
上島珈琲店

우리에게는 달달한 흑당커피로 더 많이 알려져 있는데, 후쿠오카 여행을 할 때 한 번쯤은 꼭 마셔줘야 하는 맛집 버킷리스트이다. 여행자들이 가장 많이 모이는 JR 하카타역 1층에 있어서 찾아가기도 쉽다. 흑설탕과 우유가 절묘한 배합으로 들어간 고쿠토미루쿠코히 黑糖ミルク珈琲(S사이즈 370엔)는 일 포노 델미뇽의 크루아상과 함께 먹으면 맛이 배가 된다.

위치 JR 하카타역 1F
오픈 07:00~23:00
전화 092-461-0110
홈피 www.ueshima-coffee-ten.jp

마와루스시 하카타우오가시
まわる寿司 博多魚がし

JR 하카타역과 바로 연결되는 지하 상점가 마잉그 マイング 안에 있는 회전 스시 가게. 하카타역을 이용하는 일본인 여행객들 사이에는 꽤 알려진 가게로 120엔부터 470엔까지 접시 색깔마다 가격이 다른 60여 종의 스시를 취향에 따라 골라 먹을 수 있다. 요도바시 하카타 4층에 있는 우오베이와 비교해 사이즈가 훨씬 크고 신선하다는 장점이 있지만, 가격이 꽤 비싸다는 것이 흠이다.

위치 JR 하카타역 B1F
오픈 10:00~21:00
전화 092-431-2082

🏯 요도바시 하카타
ヨドバシ博多

지도 p.8Ⓕ **위치** JR 하카타역 치쿠시 출구에서 오른쪽 방면 **도보** 1분 **주소** 福岡市博多区博多駅中央街6-12 **오픈** 09:30~22:00(레스토랑 11:00~23:00) **전화** 092-471-1010 **홈피** www.yodobashi-hakata.com

2002년 11월에 문을 연 규슈 최대 규모의 전기 · 전자 제품 쇼핑몰. 지하 1층에서는 다양한 잡화를 판매하고, 2~3층은 디지털 카메라를 비롯한 전기 · 전자제품을 취급하고, 4층은 레스토랑가와 패션존이 들어서 있다. 주요 취급 품목인 전기 · 전자 제품 외에도 일본 최대 규모의 모자 전문점 플라바 프리미엄 FLAVA PREMIUM(3F)과 신칸센 및 JR 열차 특급권 등을 비롯해 각종 티켓과 상품권을 할인 판매하는 슈퍼 티켓 スーパーチケット(1F), 재미있는 책과 잡화가 많은 빌리 지뱅가드 ヴィレッジヴァンガード(4F) 등이 있어 다양한 쇼핑을 즐길 수 있다. 4층 레스토랑가에는 일본을 대표하는 음식을 맛볼 수 있는 유명 체인 음식점이 모여 있어 사람들의 발길이 끊이지 않는다.

요도바시 하카타의 추천 맛집

우오베이 魚べい

우리나라 여행자들이 후쿠오카에서 가장 많이 찾는 가게 중 하나인 회전스시 전문점. 한 접시에 105엔이라는 파격적인 가격인데도 재료들이 신선해서 일반 스시 전문점과 비교해도 뒤지지 않는 맛을 자랑한다. 한국어를 지원하는 터치스크린 모니터를 이용해서 주문하면 고속 레인을 통해 스시가 자리 앞으로 도착하는 재미있는 시스템도 갖추고 있다.

위치 요도바시 하카타 4층 **오픈** 11:00~23:00 **전화** 092-477-3151 **홈피** www.genkisushi.co.jp

덴푸라 정식 아게나 てんぷら定食あげな

부담 없이 즐길 수 있는 튀김 정식 전문점. 튀김과 밥이라는 조합이 얼핏 보기에는 어울리지 않을 것 같지만 함께 나오는 장국과 배추 절임까지 곁들이면 제법 근사한 정찬이 된다. 주문을 하면 바로 튀겨내므로 사각거리는 식감이 입맛을 돋운다. 또 하나의 장점은 밥이 무한 리필이라는 것. 한글 메뉴판이 따로 없으므로 입구에 있는 사진 메뉴판을 보고 미리 결정하고 들어가는 것이 좋다. 돼지고기, 닭고기, 새우 등 다양한 튀김 정식이 있으므로 입맛대로 고르면 된다. 가격은 800~1,000엔.

위치 요도바시 하카타 4층 **오픈** 11:00~23:00 **전화** 092-477-5155 **홈피** www.yodobashi-hakata.com/restaurant

🏠 후쿠사야
福さ屋

지도 p.8ⓓ **위치** JR 하카타역 치쿠시 출구에서 도보 2분 **주소** 福岡市博多区博多駅中央街5-14 **오픈** 09:00~17:00 **휴무** 공휴일 **전화** 092-461-2938 **홈피** www.fukusaya.info

한랭기에 북해에서 잡힌 엄선된 명태의 알을 원료로 하여 후쿠사야가 자랑하는 생선간장(생선을 소금에 절여 만든 간장)과 향신채 양념액에 오랜 시간 묵혀 완성한 최고의 매운맛을 지닌 명란젓을 판매한다. 단맛과 매운맛의 조화가 절묘하여 인기를 끌고 있다. 후쿠오카 지방의 특산품인 명란젓을 구입하고 싶을 때 찾아가면 좋은 곳이다. 가라시멘타이코 辛子明太子는 90g에 1,080엔.

🍴 위드 더 스타일 후쿠오카
WITH THE STYLE FUKUOKA

지도 p.8ⓕ **위치** JR 하카타역 치쿠시 출구에서 도보 5분, 다케시타도리를 따라 남쪽으로 걸어가면 오른쪽에 위치 **주소** 福岡市博多区博多駅南 1-9-18 **오픈** 11:30~14:30, 18:00~22:00 **휴무** 연중무휴 **전화** 092-433-3901 **홈피** www.withthestyle.com

세련되고 모던한 스타일로 유명한 위드 더 스타일 호텔 안에 있는 명품 레스토랑. 음식 맛은 물론이고 분위기도 고급스러워 연인들의 데이트 장소로 각광받고 있다. 인기 메뉴는 런치 세트. 파스타 런치 세트와 생선 런치 세트가 있는데, 두 메뉴 모두 맛있다. 단, 파스타 런치 세트는 매달 메뉴가 조금씩 바뀌므로 미리 확인한 후 주문하는 것이 좋다. 저녁 시간에는 본격적으로 일본 요리를 맛볼 수 있지만 가격이 비싼 편이므로 주머니 사정을 미리 고려하자.

🍴 하카타 잇코샤 본점
博多一幸舎 本店

지도 p.8ⓓ **위치** JR 하카타역 하카타 출구에서 도보 5분 **주소** 福岡市博多区博多駅前3-23-12 光和ビル1F **오픈** 11:00~24:00, 일요일 11:00~21:00 **전화** 092-432-1190 **홈피** www.ikkousha.com

60년 전통의 유명한 야타이 돈류가 원류. 일본 국내산 돼지 사골을 기본으로 간장과 각종 해산물로 국물을 내어 깊이가 있으면서도 잡내가 없다. 다만, 처음 돈코쓰 라멘을 접하는 사람이라면 강렬한 맛에 호불호가 갈릴 수도 있을 것이다. 일본 현지에서도 인기가 높아 식사 시간이면 항상 많은 사람들로 붐빈다. 대표 메뉴는 아지타마치슈멘 味玉チャーシューメン(1,000엔). 하카타 명물인 히토구치교자와 멘타이코고향이 함께 나오는 하카타세트 博多セット(1,050엔)도 인기가 높다. 다이묘와 하루요시, 하카타역 2층에도 지점이 있다.

🍴 하카타 모쓰나베 야마야
博多もつ鍋やまや

지도 p.8Ⓕ **위치** JR 하카타역 치쿠시 출구에서 도보 2분
주소 福岡市博多区博多駅中央街1-1 **오픈** 11:00~14:00,
17:00~23:00 **전화** 092-412-0888 **홈피** www.y-shokuk
obo.com

하카타의 명물 요리 모쓰나베 전문점. 평소에는 가격 때문에 쉽게 접하지 못하는 질 좋은 곱창과 대창을 배불리 먹을 수 있다. 뿐만 아니라 명란젓과 타카나(갓) 무침을 무제한으로 먹을 수 있다는 것도 장점. 모쓰나베가 끓기 전에 한 그릇을 후딱 비울 수도 있으니 주의해야 한다. 모쓰나베의 종류는 깊은 맛이 일품인 아고다시쇼유 あごだし醤油, 순하고 부드러운 코쿠미소 こく味噌, 산뜻하고 개운한 카보스폰즈 かぼすぽん酢 세 가지가 있으니 입맛에 맞게 주문하면 된다. 가격은 1인분에 1,490엔(2인분부터).

🍴 하카타 잇소우 본점
博多一双 本店

지도 p.8Ⓓ **위치** JR 하카타역 치쿠시 출구에서 도보 8분 **주소** 福岡市博多区博多駅東3-1-6 **오픈** 11:00~24:00 **전화** 092-472-7739

돈코쓰 라멘으로 유명한 잇코샤에서 라멘 수업을 받은 분이 창업을 한 곳이라 기본적인 맛은 보증하는데, 가볍게 먹을 수 있는 다양한 종류의 라멘을 개발해서

젊은 세대에게 특히 인기가 높다. 대표 메뉴는 양념된 반숙 계란이 들어가는 아지타마라멘 味玉ラーメン(700

엔)으로 돈코쓰 라멘의 느끼함을 확 잡아주는 매콤한 갓김치와 함께 먹으면 금상첨화. 기본적으로 자정까지 영업을 하지만, 재료가 일찍 떨어지면 곧바로 문을 닫으니 너무 늦게 가지 않는 게 좋다.

♨ 하카타 유후인 · 다케오온센 만요노유
博多由院·武雄温泉 万葉の湯

지도 p.3Ⓗ **위치** JR 하카타역 출구 센트라자 호텔 로손 바로 앞에서 무료 셔틀버스(10:00~25:00, 매시 정각 출발) 이용 7분. 지하철 나나쿠마센 덴진미나미역 4·5번 출구 후쿠오카 시청 앞에서 무료 셔틀버스(09:35~24:35, 매시 35분 출발) 이용 10분 **주소** 福岡市博多区豊2-3-66 **오픈** 10:00~다음 날 09:00 **요금** 1,890엔(어린이 940엔, 유아 730엔, 3세 미만 무료) **전화** 092-452-4126 **홈피** www.manyo.co.jp

규슈를 대표하는 온천마을인 유후인과 다케오 온천의 천연 온천수를 매일 급수차로 운반해와 운영하는 초대형 온천시설이다. 관내에는 대형 온천시설을 비롯해 노천탕·가족탕·사우나·레스토랑·마사지·에스테틱·PC방·휴게실 등의 시설이 충실하며, 객실 수 33개의 호텔도 갖추고 있다. 여행 일정이 짧아 규슈에서 온천 여행을 즐길 만한 시간 여유가 없을 때 찾아가면 좋다. 입관료에는 실내복과 수건, 목욕수건 외에도 관내 시설 이용료와 5시간의 주차 요금이 포함되어 있다.

샘질 유후인 온천 나트륨 유산염·염화물천 **다케오 온천** 알칼리성 단순천 **효능** 피로 해소, 만성 소화기병, 만성 부인병, 신경통, 근육통, 관절통, 창상, 화상 등

하카타역 하카타 출구 주변 zoom in 2
博多駅 博多口周辺

커낼시티 하카타, 나카스 우에가와바타 상점가, 하카타 리버레인 등 하카타 지역의 주요 볼거리는 대부분 하카타 출구 방면에 모여 있다. 하카타 출구 방면의 지하에는 후쿠오카 시영 지하철 하카타역이 있고, 하카타 출구 바로 오른쪽에는 하카타 버스터미널가 있어 지하철과 시내버스를 편리하게 이용할 수 있다.

🔵 하카타 버스터미널
博多バスターミナル

지도 p.8ⓒ **위치** JR 하카타역 하카타 출구에서 도보 1분 **주소** 福岡市博多区博多駅中央街2-1 **오픈** 10:00~21:00(시설에 따라 다름) **전화** 092-431-1441 **홈피** www.f-kc.jp

JR 하카타역 하카타 출구로 나오면 바로 오른쪽에 있는 지상 9층, 지하 1층 규모의 버스터미널 빌딩. 1~3층에는 규슈와 혼슈 각 방면을 연결하는 고속버스 터미널과 시내버스 정류장이 자리 잡고 있다. 지하 1층에 하카타역 지하가와 연결된 상점가가 있고, 4~8층에는 100엔 플라자 다이소(5F)·기노쿠니야 서점(6F)·레스토랑가(8F) 등이 들어서 있다. 후쿠오카 시내 중심가를 방문해 쇼핑을 즐길 만한 시간 여유가 없을 때 이용할 만하다.

하카타 버스터미널의 추천 쇼핑

100엔 플라자 다이소
100YEN PLAZA ザ・ダイソー

후쿠오카 최대 규모의 100엔 숍. 생활 잡화, 의류, 식품 등 그야말로 없는 게 없다. 대부분 중국산 제품이지만 가격 대비 품질은 뛰어난 편이다.

위치 하카타 버스터미널 5F **오픈** 10:00~21:00
전화 092-475-0100 **홈피** www.daiso-sangyo.co.jp

기노쿠니야 서점
후쿠오카 본점
紀伊國屋書店 福岡本店

3,300㎡에 달하는 넓은 공간에 전문 서적, 잡지, 만화 등 약 100만 권이 넘는 책을 갖추고 있는 대형 서점이다.

위치 하카타 버스터미널 6F
오픈 10:00~21:00 **전화** 092-434-3100
홈피 www.kinokuniya.co.jp

북오프 하카타구치점

BOOKOFF 博多口店

지도 p.8ⓕ **위치** JR 하카타역 하카타 출구에서 왼쪽 후쿠오카 시티은행 본점 방면 도보 2분 **주소** 福岡市博多区博多駅前3-2-8 住友生命ビル1F **오픈** 10:00~22:00 **전화** 092-436-2285 **홈피** www.bookoff.co.jp

좁고 어두컴컴한 곳이 아닌 편의점 같은 분위기로 단장해 헌책방의 대형화와 현대화를 이끌어 낸 중고 전문 서점. 1990년에 개업한 이후 일본 전역에 840여 개의 지점을 두고 있으며, 헌책 외에 CD와 DVD, 게임 소프트웨어 등을 폭넓게 취급한다. 후쿠오카 시내에만 15개의 지점이 있다.

당나라에서 귀국한 고보 대사가 밀교의 세력을 일본 전역에 확장하던 시기에 세운 절로 건립 당시에는 해변에 있었지만, 후쿠오카의 2대 영주 구로다 다다유키 黒田忠之가 지금의 위치로 옮겼다. 구로다 가문의 보리사(선조 대대로 묘소가 있는 절)로 현재 후쿠오카의 사적으로 지정되어 있다. 절에 소장된 높이 87㎝의 작은 천수관음보살은 헤이안 시대에 한 그루의 나무를 조각한 것으로 일본의 국보이다. 그리고 1988년부터 4년에 걸쳐 완성한 높이 10.8m의 후쿠오카 대불은 목조 좌상으로는 일본에서 가장 큰 대불이다.

도초지

東長寺

지도 p.8ⓑ **위치** JR 하카타역 하카타 출구에서 다이하쿠도리 방면 도보 12분. 지하철 구코센 기온역 1번 출구에서 도보 1분 **주소** 福岡市博多区御供所町2-4 **오픈** 09:00~17:00 **전화** 092-291-4459

기온역 바로 앞에 있는 절. 일본 불교 진언종 규슈 교단의 본산으로 사원의 칭호는 난가쿠산 南岳山이며, 본존은 고보 대사 구카이 空海로 알려져 있다. 806년

스시 야스키치

鮨 安吉

지도 p.8ⓕ **위치** JR 하카타역 하카타 출구에서 스미요시도리 방면 도보 8분 **주소** 福岡市博多区博多駅前4-3-11 **오픈** 18:00~22:00 **휴무** 매주 일요일, 공휴일 **전화** 092-437-8111

하카타역에서 가까운 거리에 있는 인기 초절정의 스시 가게로 삿톤 플레이스 하카타 호텔 바로 맞은편에 자리 잡고 있다. 카운터 형태의 7석과 개별실이 하나 있는 작은 가게이지만 아늑하고 세련된 분위기를 자랑한다. 메뉴는 오마카세 おまかせ 코스만 선택할 수 있어 가격이 무척 비싼 편이다. 스시 13종으로 구성된 세트 메뉴가 1만 5,000엔으로 이곳에 가려면 큰마음 먹고 가는 것이 좋다.

👁 스미요시진자
住吉神社

지도 p.8Ⓔ **위치** JR 하카타역 하카타 출구에서 스미요시도리 방면으로 도보 15분 **주소** 福岡市博多区住吉3-1-51 **오픈** 09:00~17:00 **전화** 092-291-2670 **홈피** chikuzen-sumiyoshi.or.jp

바다의 신, 항해의 신으로 추앙받는 스미요시 住吉의 삼신을 모시는 신사. 일본 전역에 있는 2,000여 개가 넘는 스미요시진자 중 가장 오래된 신사이다. 오사카의 스미요시타이샤 住吉大社와 시모노세키의 스미요시진자와 함께 일본 3대 스미요시진자로 꼽힐 정도로 유명하다. 정확한 창건 연대는 알 수 없지만 《속일본기》 등의 기록에 관련 내용이 남아 있는 것으로 보아 적어도 1,000년 이상의 역사를 가졌으리라 짐작된다. 고대에는 스미요시진자 바로 앞에 바다가 있었던 걸로 추정되며, 1623년에 재건한 현재의 본전은 나라의 중요문화재로 지정되어 있다.

📷 라쿠스이엔
楽水園

지도 p.8Ⓔ **위치** JR 하카타역 하카타 출구에서 스미요시도리 방면 도보 17분 **주소** 福岡市博多区住吉2-10-7 **오픈** 09:00~17:00 **휴무** 매주 수요일, 연말연시 **요금** 100엔(중학생 이하 50엔) **전화** 092-262-6665 **홈피** rakusuien.net

스미요시진자 북쪽에 있는 일본식 정원. 메이지 시대에 지은 하카타 상인의 별장을 다실 건물로 개축해 조성한 정원으로 사계절 내내 푸른 나무와 연못이 아름다운 풍경을 연출한다. 산책을 즐기기엔 정원의 규모가 작은 편이지만 잠시 쉬었다가 가기에는 부족함이 없다. 특히 가을 단풍 시즌에는 꼭 한 번 들러볼 것.

🍴 라멘 TAIZO
ラーメン TAIZO

지도 p.8Ⓔ **위치** 니시테쓰덴진 오무타센 야쿠인역 남쪽 출구로 나와 동쪽으로 도보 10분 **주소** 福岡市博多区住吉4-28-1 **오픈** 월~토요일 12:00~다음 날 03:00, 일요일 12:00~다음 날 01:00 **휴무** 연말연시 **전화** 092-474-8787

독창적인 맛을 자랑하는 라멘 가게. 맛있는 라멘을 발굴하고자 오랜 세월 규슈 전 지역을 돌아다닌 주인이 개발한 라멘을 선보인다. 돼지머리 뼈를 18시간 동안 삶은 진한 수프 맛이 특징으로 비위가 약한 사람은 거부감을 느낄 수도 있다. 가장 인기 있는 메뉴는 자가제 마유 マー油(돈코쓰 라멘에 들어가는 마늘로 만든 기름)가 들어간 곳테리쿠로라멘 こってり黒ラーメン (700엔).

캐널시티 하카타
キャナルシティ博多

지도 p.8ⓒ **위치** JR 하카타역 하카타 출구에서 하카타에키 마에도리 방면 도보 15분. 하카타역 앞 A정류장에서 6·100번 버스(100엔) 이용 캐널시티하카타마에 정류장 하차 후 도보 5분 **주소** 福岡市博多区住吉1-2 **오픈** 10:00~21:00(레스토랑 10:00~23:00) **전화** 092-282-2525 **홈피** www.canalcity.co.jp

1996년 4월에 문을 연 캐널시티 하카타는 하나의 건물이 아니라 여러 가지 건물이 모인 '도시 속의 도시, 즐거움이 교차하는 미래 도시형 공간'이라는 디자인 개념이 도입된 대형 복합 쇼핑 시설이다. 도쿄의 록폰기힐스와 가렛타 시오도메, 고쿠라의 리버워크 기타큐슈 등 인기 복합 쇼핑몰을 만든 세계적인 건축가 존 저드의 일본 내 첫 번째 작품이다. 건물들 사이로 180m에 이르는 인공 운하를 만들어 자연 친화적인 건물로 승화시켰다는 평을 듣고 있으며, 야후오쿠돔, 후쿠오카 타워와 함께 후쿠오카를 대표하는 랜드마크로 자리 잡았다. 13개 상영관을 보유한 일본 최대의 영화관 유나이티드 시네마 캐널시티 13, 다양한 공연을 즐길 수 있는 캐널시티 극장, 그리고 다양한 브랜드숍을 중심으로 수많은 맛집과 엔터테인먼트 공간이 들어와 있어 단순히 구경만 하더라도 2시간 정도는 훌쩍 지나간다.

캐널시티 하카타의 추천 맛집

라멘 스타디움

카페 무지

라멘 스타디움 ラーメンスタジアム

'정말 맛있는 라멘 가게는 어디일까?'를 고민하는 일본 라멘 마니아들의 적극적인 참여로 운영하는 라멘 레스토랑. 8개의 점포가 있는데, 일정 기간까지 제대로 된 평가를 받지 못하면 바로 퇴출당하고 새로운 가게가 들어오는 시스템이므로 언제나 최고의 맛을 자랑한다.

위치 센터워크 5F **오픈** 11:00~23:00
휴무 연중무휴 **전화** 092-282-2525
홈피 www.canalcity.co.jp/ra_sta

카페 무지 Cafe MUJI

시원한 인테리어로 개방감을 느끼며 차 한 잔의 여유를 즐길 수 있는 고품격 카페. 안심하고 먹을 수 있는 먹을거리를 위해 유기농 재료를 쓰며, 최고의 맛을 추구해 디저트도 제철 재료만을 쓴다. 다양한 건강 음료도 있고 빵도 맛있으므로 한 끼 식사 대용으로 가볍게 먹기 좋다.

위치 북관 3F **오픈** 11:00~21:00
휴무 연중무휴 **전화** 092-263-6355
홈피 cafemeal.muji.com

무민 베이커리&카페 MOOMIN BAKERY&CAFE

핀란드에서 건너온 인기 캐릭터 무민을 주제로 만든 카페. 캐널시티 하카타에 가는 이유가 이 카페 때문이라는 사람이 있을 정도로 인기 만점인 곳이다. 맛집이라고 하기에는 다소 저항감이 있지만, 다양한 캐릭터를 보는 즐거움이 그 이상의 가치를 한다.

위치 센터워크 B1F
오픈 10:00~22:00
전화 092-263-2620

베이커리&카페

고고 카레

이치란

난쇼만토텐 후쿠오카

세트레봉

고고 카레
ゴーゴーカレー

삿포로의 수프카레와 어깨를 나란히 하는 가나자와의 명물 블랙카레 전문점. 블랙카레는 비법 카레 스파이스로 채소가 녹을 만큼 푹 끓여내기 때문에 일반 카레보다 풍미가 좋고 농후한 맛을 낸다. 카레만 먹어보면 살짝 짜다고 느낄 수 있지만, 채 썬 양배추와 함께 먹으면 딱 좋은 맛으로 변한다. 고고 카레의 대표 메뉴는 로스카쓰카레(ロースカツカレー, M 723엔). 두툼하고 부드러운 돈가스와 카레가 완벽하게 어울린다.

위치 노스빌딩 B1F
오픈 11:00~23:00
휴무 연중무휴
전화 092-263-5528
홈피 www.gogocurry.com

이치란 캐널시티 하카타점
一蘭 キャナルシティ博多店

우리나라에서도 유명한 라멘 가게. 사각형 그릇과 궁극의 산미 酸味, 직접 맛을 조절할 수 있는 시스템, 독서실 같은 분위기 등 기존 라멘 가게와는 확실하게 차별화된 전략으로 승승장구하면서 이제는 전국적으로 유명한 돈코쓰 라멘 체인점이 되었다. 하카타 돈코쓰 라멘의 맛을 그대로 연출한 맛 또한 일품. 기본 메뉴인 라멘ラーメン은 890엔, 추가할 수 있는 가에다마 替玉 사리가 210엔, 공깃밥인 고항 ごはん은 250엔이다.

위치 노스 빌딩 B1F
오픈 10:00~24:00
휴무 연중무휴
전화 092-263-2201
홈피 www.ichiran.co.jp

난쇼만토텐 후쿠오카
南翔饅頭店 FUKUOKA

중국 상하이의 명물 만두 샤오롱바오 小龍包 전문점. 흔히 생각하는 중국 레스토랑과는 차원이 다른 고급스러운 인테리어에 한 번 놀라고 육즙이 살아 있는 샤오롱바오의 맛에 또 한 번 놀라게 된다. 상하이에 있는 본점과 견줄 수 있을 정도로 뛰어난 맛을 자랑한다. 여행 중에 따끈따끈한 고기만두가 생각난다면 꼭 가보도록 하자. 인기 메뉴는 흑돼지로 만든 소룡포와 라멘, 음료수, 디저트가 함께 나오는 세이세이카런치 靑靑花ランチ(1,340엔).

위치 그랜드빌딩 B1F
오픈 11:00~23:00 **전화** 092-263-3883
홈피 www.nansyou.co.jp

세트레봉 C'est Tres Bon

빵의 본고장 프랑스에서 수업을 하고 돌아온 오니시 카오리 셰프가 창업한 베이커리. 유럽풍과 일본풍을 적절하게 섞은 새로운 스타일의 빵을 만들어내서 호평을 받고 있다. 정통 바게트에 달콤한 연유가 들어가 있는 인기 넘버원 빵인 쁘띠 미루쿠 바게토 プチミルクバゲット는 꼭 먹어봐야 한다.

위치 이스트빌딩 1F
오픈 08:00~20:00
전화 092-283-2650
홈피 www.cest-tresbon.com

나카스·가와바타 주변 [zoom in 3]

中州·川端 周辺

나카스는 원래 강가에 만들어진 모래톱을 뜻하는 말이지만 후쿠오카에서는 나카가와 那珂川와 하카타가와 博多川 사이에 있는 작은 섬을 뜻한다. 동서로 약 250m, 남북으로 약 1,500m 정도 되는 작은 섬에 수많은 다리가 연결되어 있어 섬이라는 사실을 실감하긴 어렵다. 밤이면 네온사인이 화려하게 빛나는 나카스는 강을 따라 하카타의 명물인 포장마차가 즐비하게 늘어서 있고, 오랜 전통과 맛을 자랑하는 가게와 칵테일 바가 밀집한 환락가로 유명하다. 지하철 구코센 나카스카와바타역과 기온역 사이에는 하카타 상인들의 오랜 전통을 고스란히 간직한 우에가와바타 상점가가 자리 잡고 있다.

👁 구시다진자

櫛田神社

지도 p.8ⓒ **위치** JR 하카타역 하카타 출구에서 다이하쿠도리 방면 도보 15분. 지하철 구코센 기온역 2번 출구에서 도보 5분 **주소** 福岡市博多区上川端町1-41 **오픈** 04:00~22:00 **전화** 092-291-2951

'오쿠시다상' お櫛田さん이라는 애칭으로 불리는 신사로 8세기 무렵 하카타 지역의 수호 신사로 세워졌다고 한다. 하지만 지금의 신사는 16세기경 일본을 통일한 도요토미 히데요시의 기부로 세워진 것이다. 후쿠오카의 대표적인 축제인 하카타 돈다쿠 마쓰리 博多どんたく 港まつり와 하카타 기온야마가사 博多祇園山笠가 举가 열리는 곳으로 유명하다.

신사 옆의 하카타역사관(입장료 300엔)에는 축제 때 사용되는 각종 자료들을 전시하고 있다. 경내에서는 수령 천 년이 넘는 천연기념물 은행나무가 볼만하다. 정문 천장에는 그 해의 복이 오는 방향을 가리키는 독특한 회전 원반 모양의 달력이 있다. 원반의 안쪽에는 동서남북 방위를, 바깥쪽에는 12지상을 조각해 복을 부르는 방향을 가리킨다.

🎎 하카타마치야 후루사토칸
博多町屋 ふるさと館

지도 p.8ⓒ **위치** JR 하카타역 하카타 출구에서 다이하쿠도리 방면 도보 15분. 지하철 구코센 기온역 2번 출구에서 도보 5분 **주소** 福岡市博多区冷泉町6-10 **오픈** 10:00~18:00 **휴무** 12월 29~31일 **요금** 200엔(초·중학생 무료) **전화** 092-281-7761 **홈피** www.hakatamachiya.com

메이지·다이쇼·쇼와 시대(1863~1930년대)를 중심으로 하카타 지역의 생활과 문화를 폭넓게 소개하고 있는 민속 자료관. 입구에 들어서면 제일 먼저 후쿠오카를 대표하는 축제인 하카타 기온야마가사 博多祇園山笠에 사용되는 가마와 의상, 도구 등을 볼 수 있다. 또 슬라이드와 비디오 영상 등을 통해 축제를 준비하는 과정과 축제 당일의 열기를 실감할 수 있다. 그 밖에도 낡은 전화기로 후쿠오카의 사투리를 가르치는 강좌가 있으며, 2층에는 쇼와 시대 초기의 하카타를 실물 크기로 재현한 공간이 있어 옛사람들의 생활 모습을 한눈에 볼 수 있다. 하카타 인형, 팽이, 견직물 등 이 지역의 전통 공예를 실제로 보여주는 실연 코너도 마련되어 있다.

🍴 신슈소바 무라타
信州そば むらた

지도 p.8ⓒ **위치** JR 하카타역 하카타 출구에서 다이하쿠도리 방면 도보 17분. 지하철 구코센 기온역 2번 출구에서 도보 2분 **주소** 福岡市博多区冷泉町2-9-1 **오픈** 11:30~21:00 **휴무** 둘째주 일요일 **전화** 092-291-0894

구시다진자 주변에 있는 소바 전문점. 점심시간에는 주변 직장인들과 소문을 듣고 찾아오는 손님들로 장사진을 이룬다. 인기 메뉴는 정통 소바의 맛을 즐길 수 있는 모리소바 もりそば(900엔)와 산뜻한 맛이 일품인 오로시소바 おろしそば(1,100엔). 면 자체도 맛있고 찍어 먹는 소바쓰유 そばつゆ는 가쓰오부시의 고소하면서도 짭짤한 맛이 일품이다.

🍴 가로노우롱
かろのうろん

지도 p.8ⓒ **위치** JR 하카타역 하카타 출구에서 다이하쿠도리 방면 도보 15분. 지하철 구코센 기온역 2번 출구에서 도보 5분 **주소** 福岡市博多区上川端町2-1 **오픈** 11:00~19:00 **휴무** 화요일 **전화** 092-291-6465

메이지 15년(1882)에 창업한 후쿠오카의 명물 우동 가게. 홋카이도에서 공수해오는 라우스 羅臼 다시마, 가쓰오부시로 맛을 낸 국물은 시원하면서도 달지 않아 우리나라 사람들의 입맛에도 잘 맞는다. 인기 메뉴는 맛있는 우엉튀김이 들어 있는 고보텐우롱 ごぼう天うろん(520엔)과 매콤한 명란젓이 들어간 가라시멘타이코우롱 辛子明太子うろん(830엔). 참고로 우롱은 하카타 사투리로 '우동'이라는 뜻이다.

🍴 다이토엔
大東園

지도 p.8ⓒ **위치** JR 하카타역 하카타 출구에서 다이하쿠도리 방면 도보 15분. 지하철 구코센 기온역 2번 출구에서 도보 4분 **주소** 福岡市博多区上川端町1-1-1 **오픈** 11:30~24:00 **전화** 092-282-0055 **홈피** www.daitoen.com

오랜 역사를 자랑하는 한국식 야키니쿠 전문점. 4층 건물에 210석이라는 엄청난 규모를 자랑하는 음식점

답게 패키지 여행객들이 즐겨 찾는 곳이다. 일본 여행 중에 한국 음식을 맛보고 싶을 때 찾아볼 만하다. 하카타 육개장 博多ユッケジャン(1,080엔), 테루스푸 테루스프(꼬리곰탕, 1,080엔) 등 우리나라 사람에게 친근한 메뉴를 즐길 수 있다.

🍴 나카스 젠자이
中洲ぜんざい

지도 p.8ⓒ **위치** JR 하카타역 하카타 출구에서 다이하쿠도리 방면 도보 15분. 지하철 구코센 기온역 2번 출구에서 도보 7분. 캐널시티 하카타마에 버스 정류장에서 도보 1분 **주소** 福岡市博多区上川端町3-15 **오픈** 11:00~18:00 **휴무** 매주 일요일, 공휴일 **전화** 092-291-6350

창업 57년을 자랑하는 일본 전통의 단팥죽 가게. 캐널시티 하카타와 하카타 리버레인, 구시다진자 등 인기 명소 사이에 있어 입이 심심할 때 들르면 좋다. 추천 메뉴는 달콤한 맛이 일품인 젠자이 ぜんざい(500엔). 여름철에는 시원한 팥빙수 스타일의 밀크킨토키 ミルク金時(550엔)가 인기 있다.

🍴 메이게쓰도
明月堂

지도 p.8ⓒ **위치** JR 하카타역 하카타 출구에서 다이하쿠도리 방면 도보 13분. 지하철 구코센 기온역 2번 출구에서 도보 6분. 캐널시티 하카타마에 버스 정류장에서 도보 2분 **주소** 福岡市博多区上川端町5-104 **오픈** 09:30~20:00 **전화** 092-281-1058 **홈피** www.meigetsudo.co.jp

하카타에서 유명한 양과자인 하카타도리몬 博多通りもん의 원조가 바로 이곳이다. 하카타도리몬은 2001년부터 2008년 까지 8년 연속 벨기에의 몽드 셀렉션에서 금상을 수상할 정도로 자타가 공인하는 하카타의 특산품으로 흰 팥소 안에 크림·버터를 사용해 절묘한 맛을 자랑한다. 가격은 5개들이 한 박스에 560엔.

👁 우에가와바타 상점가
上川端商店街

지도 p.8Ⓐ **위치** JR 하카타역 하카타 출구에서 다이하쿠도리 방면 도보 17분. 지하철 구코센 기온역 2번 출구에서 도보 6분 **전화** 092-281-6223 **홈피** www.hakata.or.jp

일본의 대도시 어디를 가든 볼 수 있는 아케이드 상점가는 그 도시가 전통 있는 번화가였다는 사실을 알

려준다. 나카스 지역에서 동쪽으로 조금 걸어가면 나오는 우에가와바타 상점가가 바로 그런 곳이다. 이제는 거대 복합 쇼핑몰인 캐널시티 하카타와 하카타 리버레인에 밀려 지역 주민들이나 이용하는 동네 상점가가 되었지만, 오히려 후쿠오카 서민들의 정겨운 분위기를 느낄 수 있어 가벼운 마음으로 둘러보기 좋다. 매주 토·일요일에는 하카타의 명물인 가와바타 단팥죽을 맛볼 수 있으며, 나름 아기자기한 가게들도 발견할 수 있다.

🔵 하카타 리버레인
博多リバレイン

지도 p.8Ⓐ **위치** JR 하카타역 하카타 출구에서 다이하쿠도리 방면 도보 25분. 지하철 구코센 나카스카와바타역 6번 출구에서 바로 연결 **주소** 福岡市博多区下川端町3-1 **오픈** 10:30~ 20:00(레스토랑 11:00~23:00)(가게에 따라 다름) **전화** 092-282-1300 **홈피** www.riverain.co.jp

1999년 3월에 오픈한 후 후쿠오카의 쇼핑 명소로 자리 잡은 초대형 복합 시설. 지하철 구코센 나카스카와바타역과 지하 2층이 연결되어 있어 접근성이 좋다. 일반적으로 하카타 리버레인은 캐널시티 하카타와 비

교해 쇼핑 명소로 부각되기에는 부족하다는 평가가 있지만, 세련된 디자인과 차별화된 고급 브랜드로 무장하고 있어 30대 이상 여성들 사이에서는 오히려 인기가 더 높은 편이다.

하카타 리버레인은 리버레인 센터빌딩, 호텔 오쿠라 후쿠오카, 하카타자 등 세 개의 건물로 이루어져 있다. 여행자들이 가장 많이 이용하는 곳은 리버레인 센터빌딩. 쇼핑 마니아들의 사랑을 받고 있는 하카타 리버레인몰, 아이들이 좋아하는 호빵맨 뮤지엄, 독특한 기획전이 자주 열리는 후쿠오카 아시아 미술관 등이 있어 다양한 쇼핑·문화 시설을 즐길 수 있다.

🟥 하카타 리버레인의 추천 스폿

후쿠오카 아시아 미술관 福岡アジア美術館

하카타 리버레인에 있는 고품격 미술관. 아시아 각국의 근·현대 미술품을 수집·전시하고 있으며, 가끔 독특한 기획전도 마련한다. 아시아 미술품의 소장 품목 수로 따지면 세계 최고를 자랑하는 곳이므로 이 분야에 관심 있는 사람이라면 한 번 들러볼 만하다.

위치 하카타 리버레인 센터빌딩 7·8F
오픈 10:00~20:00 **휴무** 매주 수요일, 연말연시
요금 상설 전시 200엔 **전화** 092-263-1100
홈피 faam.city.fukuoka.lg.jp

하카타자 博多座

후쿠오카의 대표적인 연극 전용 극장. 일본 전통 연극인 가부키를 비롯해 유명한 연극단인 다카라즈카 宝塚 극단의 가극, 세계적으로 유명한 뮤지컬 등 인기 있는 연극만을 엄선해서 상연한다. 연극에 관심이 있다면 미리 홈페이지에서 공연 일정을 확인하도록 하자.

위치 하카타 리버레인 이스트사이트
요금 공연에 따라 다름 **전화** 092-263-5555
홈피 www.hakataza.co.jp

🟢 이치란 본사 총본점

一蘭 本社総本店

지도 p.8Ⓐ **위치** JR 하카타역 하카타 출구에서 다이하쿠도리 방면 도보 27분. 지하철 구코센 나카스카와바타역 2번 출구에서 도보 1분 **주소** 福岡市博多区中洲5-3-2 **오픈** 24시간 **휴무** 연중무휴 **전화** 092-262-0433 **홈피** www.ichiran.co.jp

토핑을 자기 입맛에 맞춰 자유롭게 선택할 수 있는 라멘 전문점. 전국적으로 수많은 체인점이 있지만, 나카스카와바타에키우에점은 특히 마니아들 사이에서 유명하다. 일명 독서실 라멘집이라고도 하는데, 처음에는 다소 답답할 수도 있지만 독서실에서 몰래 먹던 추억의 라면 맛을 느낄 수 있다. 기본 메뉴인 천연 돈코쓰라멘 天然とんこつラーメン이 890엔.

👁 나카스

中洲

지도 p.8Ⓒ **위치** JR 하카타역 하카타 출구에서 다이하쿠도리 방면 도보 18분. 지하철 구코센 나카스카와바타역 1·4번 출구에서 바로

나카가와 那珂川와 하카타가와 博多川 사이에 있는 작은 섬. 동서 길이 약 250m, 남북 길이 약 1,500m로

모두 18개의 다리가 연결되어 있어 섬이라는 생각은 좀처럼 들지 않지만, 이 작은 섬 안에 무려 2,500여 개나 되는 유흥업소가 모여 있다. 오사카의 뒤를 잇는 서일본 최대의 환락가로 유명한 나카스에 밤이 찾아오면 나카가와 강변을 따라 이어지는 수많은 네온사인과 더불어 이곳은 색다른 활기를 띠기 시작한다. 대부분 풍속업소들은 일본어를 못하는 한국인 여행자들의 출입을 정중히 거절하고 있으므로 그냥 거리 구경을 하는 것으로 만족하자.

유흥업소가 밀집한 거리지만, 비교적 밝은 분위기인 데다 안전하므로 밤 12시 이전에는 자유롭게 돌아봐도 무방하다.

나카스의 풍속업소를 한자리에서 구경하고 싶다면 만조쿠넷 Manzokunet을 찾아보면 된다. 적나라한 일본 풍속업의 현주소를 엿볼 수 있다. 네온사인이 빛나는 강변을 따라 늘어서 있는 포장마차 야타이 屋台는 후쿠오카의 상징으로 이곳에서는 후쿠오카의 명물인 하카타 라멘을 비롯해 간단한 식사와 술, 안주를 즐길 수 있다. 라멘은 500~600엔 정도.

🍴 하카타시오야 가이슈

博多汐や 海舟

지도 p.8ⓒ **위치** JR 하카타역 하카타 출구에서 하카타에키마에도리 방면 도보 15분. 하카타역 앞 A정류장에서 6·100번 버스 이용 미나미신치 정류장 하차 후 도보 2분 **주소** 福岡市博多区中洲2-1-11 플레이스폿 新橋빌딩1F **오픈** 12:00~15:00, 18:00~다음 날 06:00(일요일은 ~다음 날 04:00까지) **전화** 092-282-3637 **홈피** www.shioya-kaishu.jp

후쿠오카에서 하카타 라멘이 아니라 깔끔하고 담백한 시오 라멘을 맛보고 싶을 때 찾아가면 좋은 곳이다. 맑은 국물과 잘 어울리는 부드러운 소금 맛은 조금 느끼한 하카타 라멘과 달리 아주 깔끔한 느낌이다. 후쿠오카의 대표적인 환락가인 나카스에 있어 심야 영업이 메인이지만 점심시간에는 젊은 여성들도 즐겨 찾을 정도로 인기가 있다.

🍴 요시즈카우나기야 본점

吉塚うなぎ屋 本店

지도 p.8ⓒ **위치** JR 하카타역 하카타 출구에서 다이하쿠도리 방면 도보 20분. 지하철 구코센 나카스카와바타역 5번 출구에서 도보 5분 **주소** 福岡市博多区中洲2-8-27 **오픈** 11:00~21:00 **휴무** 수요일 **전화** 092-271-0700 **홈피** www.yoshizukaunagi.com

130년 전통을 자랑하는 장어 요리 전문점. 대대로 전해 내려오는 비법으로 굽기 때문에 향기부터 남다르며, 많이 먹어도 느끼하지 않다. 식사 메뉴를 시키면 스이모노 吸い物(맑은 장국)가 함께 나오는 것도 매력으로 다가온다. 인기 메뉴는 네모난 그릇에 맛있게 구워낸 장어가 담뿍 담겨 나오는 우나주 うな重(2,581엔). 장어구이를 배불리 먹고 싶다면 상·특 우나주를 선택하면 된다.

🍴 다쓰미즈시 본점

たつみ寿司 本店

지도 p.8A **위치** 지하철 나카스카와바타역 7번 출구에서 도보 2분 **주소** 福岡市博多区下川端8-5 **오픈** 11:00~22:00 **휴무** 연중무휴 **전화** 092-263-1661 **홈피** www.tatsumi-sushi.com

후쿠오카에서 손꼽히는 창작 스시 전문점. 깔끔하고 모던한 건물에 어울리는 독특한 스시를 선보이는데, 다른 스시 전문점과 다른 점은 양념된 회를 얹어주기 때문에 따로 간장을 찍어먹지 않아도 된다는 점. 추천 메뉴는 점심시간에 맛볼 수 있는 세 가지 런치 코스 중 타케코스 竹コース(3,900엔). 신선한 샐러드와 계란찜, 스시 9점 그리고 디저트가 함께 나오는데, 후쿠오카를 대표하는 스시 전문점으로 손색이 없는 맛을 보여준다. 주말에는 미리 예약을 해야 기다리지 않고 들어갈 수 있다.

나카스 야타이
中洲屋台

후쿠오카에는 덴진 天神, 나카스 中洲, 나가하마 長浜 등 3대 야타이 屋台(포장마차) 지역이 있다.
이 중에서도 특히 나카스 강변의 야타이는 네온사인이 아름다운 강가에서 밤 풍경을 즐기며 명물
요리를 맛볼 수 있는 곳으로 유명하다. 커낼시티 하카타와 하카타 리버레인 사이의 골목길과 나카
가와 강변을 따라 늘어서 있어 찾기도 어렵지 않다. 늦은 밤 후쿠오카의 밤을 물들이는 야타이에서
낭만적인 시간을 가져보자.

지도 p.8ⓒ **위치** JR 하카타역 하카타 출구에서 하카타에키마에도리 방면 도보 15분. 지하철 구코센 나카스카와바타역 5번 출구
에서 도보 5분 **오픈** 17:00~다음 날 03:00(가게에 따라 다름)

쓰카사 司

튀김과 구이로 유명한 야타이. 강변에 자리 잡고 있어 시원한 강바람을 맞으며 즐거운 시간을 보낼 수 있다. 인기 메뉴는 후쿠오카 명물인 가라시멘타이코 덴푸라 辛子明太子の天ぷら(명란젓 튀김). 주머니 사정이 괜찮다면 육즙이 살아 있는 고쿠조 규탄스테키 極上牛タンステーキ(소혀 스테이크)도 맛보자.

오픈 17:30∼다음 날 01:00
휴무 부정기적 **요금** 1,500엔∼

다케짱 武ちゃん

다른 야타이들과 조금 다르게 나가사키 짬뽕 長崎ちゃんぽん으로 유명한 곳. 간판 메뉴인 후쿠오카 명물 교자 餃子를 비롯, 오뎅, 야키소바 등도 맛있다. 야타이들이 잔뜩 몰려 있는 나카가와도리 那珂川通リ 맞은편에 자리 잡고 있어 상대적으로 한적하게 요리를 즐길 수 있다.

오픈 19:00∼02:30
휴무 부정기 휴무 **요금** 1,000엔∼

시로짱 白ちゃん

다케짱 바로 옆에 있는 야타이. 젊지만 솜씨가 뛰어난 타이쇼 大将(야타이의 주인장)가 다양한 요리를 선보인다. 대표 메뉴는 시로짱 라멘 白ちゃんラーメン으로 진한 돈코츠 국물이 일품이다. 그밖에도 구시야키 串焼き와 오뎅 おでん 등 맛있는 메뉴들이 많다.

오픈 19:00∼02:00 **휴무** 부정기 휴무
요금 1,000엔∼

야타이 100배 즐기기

1 가격표가 있는 야타이를 공략하라!
말도 통하지 않고 메뉴판도 읽을 수 없는 상황에서 가격표까지 없다면 어떻게 뒷감당을 할 것인가? 기분 좋게 먹고 나오려면 예산에 맞추어 주문하는 것이 기본이므로 들어가기 전에 꼭 가격표의 유무를 확인하자.

2 먹고 싶은 메뉴의 한자를 알아두자!
야타이에 가려고 일본어를 체계적으로 공부할 필요는 없지만, 기본적으로 자기가 먹고 싶은 메뉴의 한자와 읽는 방법 정도는 미리 알아두는 것이 좋다.

3 들어가기 전에 화장실은 필수!
당연한 말일지도 모르겠지만 야타이에는 화장실이 없다. 2∼3시간 정도는 충분히 참을 수 있는 근성 여행자가 아니라면 근처 대형 건물이나 지하철역 내 화장실에서 꼭 볼일을 보고 가자.

4 단체 여행이라면 일반 음식점으로 가는 것이 좋다!
일반적으로 야타이의 수용 인원은 10명 정도. 일행이 3∼4명이라면 비집고 들어갈 공간이 있겠지만 그 이상이라면 조금 어렵다고 봐야 한다.

5 여자 손님이 많은 야타이를 노려라!
어떤 일이든 첫 경험은 떨리고 두려운 것이 사실. 설상가상 술 취한 아저씨들이 왁자지껄하게 떠들고 있으면 더더욱 들어가기가 꺼려진다. 그럴 때는 여자 손님이 많은 곳을 찾는 것이 정답.

---

tip

야타이의 인기 메뉴

라멘 ラーメン: 일본식 생라면
오뎅 おでん: 어묵
에다마메 枝豆: 껍질째 삶은 풋콩
덴푸라 天ぷら: 튀김요리
가라아게 唐揚げ: 튀김요리
야키우동 焼きうどん: 볶음 우동
야키소바 焼きそば: 볶음 소바
야키토리 焼き鳥: 닭고기 꼬치구이
구시야키 串焼き: 닭고기 이외의 꼬치구이
야키교자 焼き餃子: 군만두
호르몬야키 ホルモン焼き: 내장 구이
돈소쿠 とんそく: 돼지족발
시오카라 塩辛: 젓갈

덴진·다이묘

天神·大名

대형 쇼핑몰과 백화점 등 수많은 상업 시설이 모여 있는 덴진 다이묘는 규슈 최고의 번화가이다. 메인 스트리트인 와타나베도리를 중심으로 다이마루 · 이와타야 · 미쓰코시 등 유명 백화점과 대형 멀티숍이 늘어서 있다. 또한 뒤편 골목에는 개성 만점 상점이 밀집한 다이묘 거리가 있어 여행자들의 오감을 만족시켜 준다.

덴진·다이묘
이렇게
여행하자

지하철	지하철 구코센 空港線 덴진역 天神駅
	지하철 나나쿠마센 七隈線 덴진미나미역 天神南駅
사철	니시테쓰 후쿠오카역 西鉄福岡駅
버스	덴진솔라리아스테이지마에 天神ソラリアステージ前
이동경로	후쿠오카공항 → 지하철 구코센(11분, 260엔) → 덴진역 / 하카타 국제여객터미널 → 니시테쓰 버스(15분, 190엔) → 덴진 / 하카타역 → 100엔 버스(15분, 100엔) → 덴진

가는 방법

후쿠오카에서 가장 번화한 거리인 덴진·다이묘의 메인 스트리트는 와타나베도리이다. 이 거리에는 지하철 구코센 덴진역과 지하철 나나쿠마센 미나미덴진역, 사철인 니시테쓰 후쿠오카역 등 3개의 역이 있고 수많은 버스정류장이 줄지어 서있다. 이 지역으로 갈 때는 지하철이 편리하지만 100엔 버스를 이용해도 된다. 캐널시티 하카타나 나카스에서는 도보로 갈 수 있는 거리이므로 굳이 대중교통을 이용하지 않아도 된다.

여행 방법

덴진 일대는 도로망이 바둑판처럼 반듯해서 방향 감각만 있다면 길을 헤매지 않고 원하는 목적지까지 찾아갈 수 있다. 덴진의 주요 쇼핑 포인트는 니시테쓰 후쿠오카역을 중심으로 남북으로 이어지는 와타나베도리 渡辺通リ를 따라 양옆으로 나란히 자리하고 있다. 와타나베도리를 중심으로 동서로 교차하는 쇼와도리 昭和通リ와 메이지도리 明治通リ 일대에는 크고 작은 전문 숍이 모여 있으며, 규슈에서 가장 큰 백화점인 이와타야 뒤편에는 아기자기하고 세련된 가게가 많은 다이묘 大名가 있어 쇼핑하는 재미를 더해준다.

이동 경로

도보 1분

1 아크로스 후쿠오카
계단식 정원으로 유명한 문화,
정보 교류의 중심지의 중심지

도보 2분

2 덴진주오코엔
도심 한가운데 자리 잡은 넓은
공원

3 다이마루 후쿠오카 덴진점
2008년 4월에 리뉴얼 오픈한
고급 백화점

도보 3분

6 솔라리아 스테이지
역과 버스센터가 연결되어 있
는 복합 쇼핑몰

도보 2분

5 후쿠오카 미쓰코시
다이마루와 마주 보는 일본의
대표적인 백화점

도보 2분

4 덴진 로프트
2007년 11월 규슈 지역에 처음
등장한 생활 잡화 전문점

도보 3분

7 이무즈
후쿠오카의 패션, 문화, 먹을거
리 정보의 중심지

8 이와타야
창업 250년의 역사를 자랑하
는 규슈 지역 최고의 백화점

tip

덴진 지하상가를 적극 활용하자!
규슈 최대의 번화가인 와타나베도
리 지하를 남북으로 관통하는 지하
상가는 19세기 유럽을 모방해 만든
곳으로 그 자체로도 훌륭한 쇼핑 시
설이지만, 날씨에 구애받지 않고 덴
진의 주요 시설로 이동할 수 있어
편리하다.

와타나베도리 주변 zoom in 1

渡辺通り周辺

상업시설과 오피스 빌딩이 모여 있는 규슈 제1의 번화가인 덴진을 남북으로 가로지르는 메인 스트리트. 이 거리를 중심으로 다이마루, 미쓰코시, 이와타야 등의 대형 백화점과 솔라리아 스테이지, 다이에 쇼파즈, 미나 덴진, 덴진코어, 이무즈, 로프트 등의 대형 쇼핑몰이 들어서 있다. 후쿠오카 근교의 다자이후와 야나가와로 가는 관문인 니시테쓰 후쿠오카역과 니시테쓰 덴진 고속버스터미널도 이곳에 있어 교통의 요지이기도 하다.

🎁 솔라리아 스테이지

ソラリアステージ

지도 p.4Ⓕ **위치** 지하철 구코센 덴진역 또는 나나쿠마센 덴진미나미역에서 지하상가를 통해 바로 연결 **주소** 福岡市中央区天神2-11-3 **오픈** 10:00~22:00(스테이지에 따라 다름) **전화** 092-733-7111 **홈피** www.solariastage.com

와타나베도리의 랜드마크 격인 건물로 철도 재벌인 니시테쓰 西鉄가 니시테쓰 후쿠오카역 주변 재개발 사업을 통해 1999년 3월에 완공했다. 지상 6층 규모의 건물 안에는 니시테쓰 후쿠오카역과 니시테쓰 덴진 고속버스터미널을 비롯해 다양한 쇼핑 시설이 자리 잡고 있다. 지하 2층부터 지상 2층은 각종 레스토랑 및 패션숍이 입점한 솔라리아 스테이지 전문 상점가가 들어서 있고, 3~5층에는 대형 잡화점 인큐브가 있다. 참고로 솔라리아 스테이지 빌딩은 솔라리아 플라자, 미쓰코시 백화점, 니시테쓰 후쿠오카역 빌딩과 한 건물처럼 연결되어 있다는 것도 미리 알아두자.

효탄노카이텐즈시 ひょうたんの回転寿司

언제나 긴 행렬이 늘어설 정도로 인기 있는 회전 스시 전문점. 경력 25년 이상의 베테랑이 근해에서 잡은 싱싱한 재료로 신선하고 맛있는 스시를 제공한다. 가격은 130~620엔으로 일반 회전 스시보다 조금 비싼 편인데도 입소문을 타고 유명해진 가게이다. 주말 점심시간에는 30~50분 이상 대기해야 하므로 혼잡한 시간대를 피해서 가는 것이 좋다. 추천 메뉴는 야키아나고 焼きあなご(구운 붕장어)와 아지 アジ(전갱이).

위치 솔라리아 스테이지 B2F
오픈 11:00~22:00
전화 092-733-7081

이나바우동 因幡うどん

홋카이도 라우스산 천연 다시마, 나가사키 현 고토·시마바라산 해삼과 가다랑어, 아카호의 소금, 히타산 간장 등 최고급 재료를 충분하게 사용해 우려낸 국물과 최고급 밀을 재료로 만든 면발 등 무엇 하나 부족함이 없는 맛있는 우동을 맛볼 수 있다. 맛있는 튀김이 얹어 나오는 고보텐우동 ごぼ天うどん이 480엔, 니쿠 우동 肉うどん은 590엔이다.

위치 솔라리아 스테이지 B2F
오픈 09:00~22:00 **전화** 092-733-7085

덴진 호르몬 天神ホルモン

후쿠오카의 명물 철판구이 전문점. 저렴한 가격으로 양질의 소고기 철판구이를 맛볼 수 있는 덴진 호르몬은 힘든 여행 일정에 새로운 힘을 더해주는 매력적인 맛집이다. 주문을 하면 좌석 앞에 있는 철판에서 바로 구워주기 때문에 육즙이 살아있는 신선한 구이를 먹을 수 있다. 인기 메뉴는 원조 호르몬정식 元祖ホルモン定食(1,280엔), 규사가리 스테키정식 牛さがりステーキ定食(1,380엔). 하카타역 지하 1층에도 지점이 있다.

위치 솔라리아 스테이지 B2F
오픈 11:00~22:00 **전화** 092-733-7080

🚻 니시테쓰 후쿠오카역 빌딩

西鉄福岡駅 ビル

지도 p.4ⓕ **위치** 지하철 구코센 덴진역 7번 출구에서 도보 3분 **주소** 福岡市中央区天神2-11-2 **오픈** 10:00~22:00 **전화** 092-761-6871

명색은 니시테쓰 후쿠오카역 빌딩이지만 정작 니시테쓰 후쿠오카역은 바로 옆 건물인 솔라리아 스테이지에 있다. 다만 니시테쓰 후쿠오카역 빌딩과 솔라리아 스테이지 빌딩의 2층이 서로 연결되어 다른 건물이지만 하나의 건물처럼 이용되고 있다. 지하 1층과 지상 2·3층을 통해 솔라리아 스테이지와 연결되어 있다.

🚇 후쿠오카 미쓰코시
福岡三越

지도 p.4ⓙ **위치** 지하철 구코센 덴진역 7번 출구에서 도보 5분 **주소** 福岡市中央区天神2-1-1 **오픈** 10:00~20:00 **전화** 092-724-3111 **홈피** www.mitsukoshi.co.jp

맛있는 디저트가 많기로 유명한 후쿠오카 3대 대형 백화점 중 하나. 이와타야나 다이마루보다 고급스러운 분위기는 떨어지지만, 니시테쓰 후쿠오카역과 니시테쓰 버스센터와 바로 연결되는 편리한 교통, 뿌리 깊은 역사를 자랑하는 미쓰코시만의 전통, 패션 매장의 차별화 등을 내세우고 있다. 다양한 네트워크를 이용해 국내외에서 모은 수준 높은 상품이 많은 것이 장점이다. 특히 1층에는 다양한 패션용품과 구두, 가방 등 독자적으로 엄선한 상품을 진열하고 있어 인기가 높다. 하지만 후쿠오카 미쓰코시의 가장 큰 매력은 지하 식품 매장에 자리한 디저트 코너로 쇼핑을 끝내고 잠시 쉬면서 주전부리를 즐기기에 좋다.

🍴 기와미야 후쿠오카 파르코점
極味や 福岡パルコ店

지도 p.4ⓕ **위치** 니시테쓰 후쿠오카역에서 바로. 후쿠오카 파르코 지하 1층 **주소** 福岡市中央区天神2-11-1 福岡パルコ B1F **오픈** 11:00~23:00 **전화** 092-235-7124 **홈피** www.kiwamiya.com

최고급 이마리규를 사용하는 명품 햄버거 스테이크 전문점. 한국 여행자들 사이에서 입소문이 나면서 후쿠오카 여행을 할 때 필수 맛집 리스트에 오르게 되었다. 가게 분위기가 어수선하고 기다려서 먹는 경우가 많지만, 육즙이 살아있는 독특한 스타일의 햄버거 스테이크의 맛 덕분에 기다리는 수고를 마다하지 않고 찾는 사람들이 여전히 많다. 주문할 때는 아마다레 甘ダレ, 폰즈 ポン酢, 이와시오 岩塩, 타마고&아마다레 玉子&甘ダレ 4가지 소스 중에서 하나를 선택해야 하는데, 고기 자체의 맛을 즐기려면 이와시오를 추천한다. S사이즈(130g) 단품은 780엔, 밥과 샐러드, 장국, 소프트아이스크림이 함께 나오는 세트는 1,130엔.

🍴 고베야 브레즈
神戸屋ブレッズ

지도 p.4ⓕ **위치** 지하철 덴진역에서 연결. 후쿠오카 파르코 본관 지하 1층 **주소** 福岡市中央区天神2-11-1 **오픈** 07:30~21:00 **휴무** 연중무휴 **전화** 092-235-7133 **홈피** www.breads-studio.com

1918년에 창업. 90년이 넘는 오랜 세월 동안 변하지 않는 맛을 유지하며 일본 최고의 베이커리로 자리매김하고 있는 곳. 덴진에 오면 일단 들러봐야 할 빵집 1호이다. 아담한 규모의 매장에는 크루아상, 멜론빵, 고로케, 애플파이, 크림빵, 버터빵 등등 셀 수 없을 정도로 다양한 빵들이 오감을 자극한다. 인기 넘버원 빵은 명란젓과 버터빵의 절묘한 조화가 일품인 하카타 멘타이코 프랑스 博多明太子フランス.

🏬 이무즈

IMS

지도 p.4Ⓕ **위치** 지하철 구코센 덴진역 7번 출구에서 도보 4분 **주소** 福岡県福岡市中央区天神1-7-11 **오픈** 10:00~20:00(레스토랑 11:00~23:00) **전화** 092-733-2001 **홈피** ims-tenjin.jp

와타나베도리를 사이에 두고 솔라리아 플라자 맞은편에 있는 금색 외관의 상업시설. 이무즈 IMS라는 명칭은 Inter Media Station(정보 발신 기지)의 머리글자를 따온 것으로, 지하 2층에서 지상 14층까지 각 층별로 패션 · 잡화 · 액세서리 · 서적 · CD · 악기 · 카페 · 레스토랑 등 다양한 숍이 입점해 있어 후쿠오카 젊은이들의 코드와 트렌드를 한눈에 알 수 있다. 건물 가운데가 원통형으로 뚫려 있어 이 공간을 활용한 각종 연출을 통해 계절 및 이벤트별로 다양한 볼거리를 제공한다.

🏬 덴진 로프트

天神 LOFT

지도 p.5Ⓞ **위치** 지하철 나나쿠마센 덴진미나미역 1번 출구에서 도보 3분 **주소** 福岡市中央区渡辺通4-9-25 **오픈** 10:00~20:00 **전화** 092-724-6210 **홈피** www.loft.co.jp/shoplist/tenjin

화려하고 편리한 라이프스타일을 모토로 하는 생활 잡화 인테리어 전문점 로프트의 규슈 제1호점. 20~30대 여성을 주 타깃으로 1~7층 규모의 대형 매장에 약 7만 개가 넘는 제품을 갖추고 있다. 1층은 시계 & 액세서리와 여행용품, 2층은 건강 잡화, 3층은 가정용품, 4층은 인테리어, 5층은 버라이어티 잡화와 로프트 키즈, 6 · 7층은 문구를 취급한다. 특히 6 · 7층의 문구 코너는 그 규모와 품목에서 규슈 최대급을 자랑한다.

이무즈의 추천 맛집

쇼쿠사이켄비 노노부도
食彩健美野の葡萄

맛과 영양을 함께 즐길 수 있는 웰빙 레스토랑. 직접 운영하는 농장에서 공수해온 유기농 재료를 사용해 안심하고 먹을 수 있는 건강식을 제공한다. 수십 가지의 맛있는 자연 요리를 90분 동안 마음껏 먹을 수 있는 뷔페 형식이며, 음식뿐 아니라 디저트도 다양해 여성들에게 인기가 높다. 점심 뷔페는 1,700엔, 저녁 뷔페는 2,200엔.

위치 이무즈 13F **오픈** 11:00~15:00, 17:30~21:00 **전화** 092-714-1441

🏬 다이마루 후쿠오카 덴진점

大丸 福岡天神店

지도 p.5ⓚ **위치** 지하철 구코센 덴진역 7번 출구에서 도보 6분 **주소** 福岡市中央区天神1-4-1 **오픈** 10:00~20:00(레스토랑 11:00~22:00) **전화** 092-712-8181 **홈피** www.daimaru.co.jp/fukuoka

감각적인 디플레이와 품격 있는 브랜드를 선별해 구성한 매장 라인업이 돋보이는 대형 백화점. 차분하고 지적인 분위기를 자랑하는 8층 규모의 본관과 직장 여성을 타깃으로 한 6층 규모의 동관 엘가라로 이루어져 있다. 본관과 동관은 1층 파사주 광장과 지하 2층, 지상 3층의 연결 통로를 통해 서로 연결된다. 1층의 파사주 광장에는 유럽식 노천카페가 늘어서 있어 이국적인 분위기를 더한다. 다이마루 역시 지하 2층 식품관에 가볍게 즐길 수 있는 간식류와 달콤한 스위트 매장이 다양해서 인기를 끌고 있다.

🏬 덴진코아

天神コア

지도 p.4ⓕ **위치** 지하철 구코센 덴진역 7번 출구에서 도보 2분 **주소** 福岡市中央区天神1-11-11 **오픈** 10:00~20:00(레스토랑 11:00~22:30) **전화** 092-721-8436 **홈피** www.tenjincore.com

지하 2층과 지상 8층 규모의 패션 쇼핑몰로 시부야 109의 섹시 계통 브랜드 및 일본 전역에서 화제를 불러 모으는 브랜드 숍이 많이 입점해 있다. 10~20대가 타깃인 여성 패션을 중심으로 최신 유행의 속옷·신발·잡화·액세서리 등 청춘 남녀 누구나 폭넓은 쇼핑을 즐길 수 있다. 7층에는 카레우동, 오코노미야키, 스파게티 등 다양한 맛집이 들어선 레스토랑가가 있다.

덴진코아의 추천 맛집

아지노마사후쿠 덴진코아 본점
味の正福 天神コア本店

오랜 역사를 자랑하는 하카타 가정요리 전문점. 고기, 생선, 채소 등 다양한 재료를 이용한 수십 종류의 일본 정식을 맛볼 수 있다. 합리적인 가격과 적당한 양, 뛰어난 맛 덕분에 식사 시간에는 줄을 서서 기다릴 정도로 주변 직장인들에게는 이미 유명한 곳. 인기 메뉴는 맛있는 고등어조림이 나오는 사바미린테이쇼쿠 さばみりん定食(920엔)와 날마다 메뉴가 달라지는 히가와리테이쇼쿠 日替定食(700엔).

위치 덴진코아 B1F **오픈** 11:00~20:00
전화 092-721-0464

기스이테이 와라쿠 喜水亭 和楽

정갈한 분위기에서 다양한 전통 일식을 맛볼 수 있는 음식점. 신선한 해산물 요리가 많아 현지인들도 많이 찾는다. 그런데 정작 기스이테이 와라쿠가 유명해진 것은 기스이동 喜水丼(1,280엔) 덕분. 신선한 제철 생선과 새우, 문어 등 다양한 해산물이 밥 위에 가득 올라가 있는 모습을 보는 것만으로 식욕이 생긴다. 하루에 30명 한정이라는 마케팅 전략도 주효했다. 깔끔한 정식과 돈부리 메뉴도 많아 한 끼 식사를 즐기기에 부족함이 없다.

위치 덴진코아 7층
오픈 11:00~22:30 **전화** 092-716-7401
홈피 www.kisuitei.com/waraku

덴진 비브레

天神 VIVRE

지도 p.4ⓕ 위치 지하철 구코센 덴진역 13번 출구에서 도보 1분 주소 福岡市中央区天神1-11-1 오픈 10:00~20:30 전화 092-711-1021 홈피 www.vivre-shop.jp

신세대의 트렌드를 한눈에 알 수 있는 쇼핑몰. 후쿠오카의 대표적인 패션 빌딩으로 젊은 남녀를 대상으로 한 일본 국내 브랜드를 충실히 갖추고 있다. 지하 2층부터 지상 8층까지 남녀 캐주얼, 패션, 액세서리, 데님 등 최신 트렌드를 선도하는 가게들이 가득하다. 이무즈 바로 옆에 있는 후쿠오카 빌딩을 절반으로 나눠서 덴진코아와 함께 사용하고 있다.

미나 덴진

mina 天神

지도 p.4ⓑ 위치 지하철 구코센 덴진역 11번 출구에서 도보 3분 주소 福岡市中央区天神4-3-8 오픈 10:00~20:00 (B1F · 8F 10:00~21:00) 전화 092-713-3711 홈피 mina-tenjin.com

유니클로 UNIQLO 브랜드로 유명한 일본 패스트리테일링사가 옛 마쓰야 레이디스 マツヤレディス를 인수한 후 리뉴얼을 거쳐 2005년 9월 12일에 오픈한 복합 쇼핑몰. 남녀 캐주얼을 중심으로 지하 1층부터 지상 8층까지 패션 · 액세서리 · 잡화 · 취미 · 스포츠 · 가구 · 인테리어 숍 등이 다양하게 들어서 있다.

곤트란 쉐리에

ゴントランシェリエ

지도 p.4ⓕ 위치 지하철 덴진역에서 연결. 후쿠오카 파르코 신관 1층 주소 福岡市中央区天神2-11-1 오픈 07:30~21:00 전화 092-235-7454 홈피 www.gontran-cherrier.jp

프랑스에서 가장 인기 높은 베이커리 셰프 곤트란 쉐리에가 만든 베이커리. 일본에 있는 곤트란 쉐리에는 프랑스 전통 스타일에 일본 특유의 제조법을 접목시켜 많은 여성들의 지지를 얻고 있다. 친환경적이면서도 고유의 색깔을 유지하고 있는 맛있는 빵들이 많아 빵 마니아들에게도 인기가 높다.

도라노아나 후쿠오카점

とらのあな 福岡店

지도 p.4ⓑ 위치 지하철 구코센 덴진역 4번 출구에서 도보 5분 주소 福岡市中央区天神3-2-22 河村天神荘ビル3F 오픈 11:00~20:00(토 · 일요일 및 공휴일 10:00~20:00) 전화 0800-1004-315 홈피 www.toranoana.jp

동인지를 중심으로 한 만화 관련 상품을 전문적으로 취급하는 가게. 만화 외에 각종 서적, PC 게임, DVD 소프트, 피규어 등을 폭넓게 취급한다. 도라노아나라는 이름은 만화 〈타이거마스크〉에 나오는 프로레슬링 비밀 결사 단체의 이름을 딴 것이다. 건물 3층에 있어서 눈에 잘 띄지 않으므로 주의할 것.

🏬 메론북스 후쿠오카점

メロンブックス福岡店

지도 p.5ⓖ **위치** 지하철 구코센 덴진역 15번 출구에서 도보 2분 **주소** 福岡市中央区天神1-9-1 **오픈** 10:00~21:00 **전화** 092-739-5505 **홈피** www.melonbooks.co.jp

홋카이도의 삿포로에서 처음 문을 열고 요코하마로 거점을 옮긴 후 다시 오타쿠들의 성지인 아키하바라로 진출한 독특한 이력을 가지고 동인지 전문 숍이다. 만다라케가 성인용 동인지를 메인으로 하는데 반해 일반인용 동인지를 주로 취급해 내용은 대체로 소프트한 편이다. 아크로스 후쿠오카 바로 옆에 있는 베스트 덴키 9층에 자리 잡고 있어 쉽게 찾아갈 수 있다.

🏬 만다라케 후쿠오카점

まんだらけ福岡店

지도 p.4ⓔ **위치** 지하철 구코센 아카사카역 3번 출구에서 도보 3분 **주소** 福岡県福岡市中央区大名2-9-5グランドビル **오픈** 12:00~20:00 **전화** 092-716-7774 **홈피** www.mandarake.co.jp

일본을 대표하는 중고 만화, 애니메이션 전문점. 1980년 도쿄 나카노구에 있는 상업시설인 나카노 브로드웨이에 만화가 후루카와 마스조가 중고 만화를 전문적으로 취급하는 2평짜리 고서점을 개점한 것에서 시작되었다. 이후 만화 중고 시장이 확대되면서 고성장

을 거듭해 일본 중고 만화 업계의 전설적인 존재가 되었다. 후쿠오카점은 1~4층 규모로 각 매장은 1층 소년계, 2층 청년계, 3층 여성 및 동인지계, 4층 취미계로 구분되어 있다.

🍜 하카타 다루마

博多 だるま

지도 p.5ⓟ **위치** 지하철 나나쿠마센 와타나베도리역 2번 출구에서 스미요시바시 방면 도보 5분 **주소** 福岡市中央区渡辺通1-8-25 **오픈** 11:30~24:00 **전화** 092-761-1958 **홈피** www.ra-hide.com

1963년에 문을 연 오랜 전통을 자랑하는 라멘 가게. 후쿠오카 히가시구의 하코자키에서 처음 문을 열었지만 선대의 은퇴 후 가업을 이어받은 2대에 의해 현재의 장소로 이전한 후에도 한결같은 맛을 자랑하고 있다. 언제나 긴 행렬이 늘어설 정도로 인기 있는 이 가게의 매력은 다른 곳에서는 맛보기 힘든 걸쭉한 육수 맛에 있다. 또한, 한쪽 벽면을 가득 채우고 있는 스타들의 사인은 역시 TV에도 자주 소개될 정도로 유명한 곳임을 실감 나게 한다. 기본 메뉴인 라멘은 700엔이고 인기인 아부리도로니쿠차슈멘은 1,030엔이다.

👁 덴진주오코엔

天神中央公園

지도 p.5ⓖ **위치** 지하철 구코센 덴진역 16번 출구에서 도보 2분 **주소** 福岡市中央区天神1-1 **홈피** tenjin-central-park.net

총면적 31,000㎡에 달하는 도심 속 공원으로 덴진 일대에 근무하는 직장인들의 휴식처로 많은 사랑을 받고 있다. 원래 후쿠오카 현청이 있던 부지였지만 1981년 후쿠오카 현청이 히가시코엔으로 이전한 후 그 철거지를 공원으로 조성한 것이다. 공원은 아크로스 후쿠오카 앞에 넓게 펼쳐진 넓은 잔디 광장과 50여 그루의 왕벚나무가 있는 벚꽃 광장, 분수광장으로 구분된다.

👁 아크로스 후쿠오카

アクロス福岡

지도 p.5ⓖ **위치** 지하철 구코센 덴진역 16번 출구에서 도보 1분 **주소** 福岡市中央区天神1-1-1 **오픈** 08:00~22:00(시설에 따라 다름) **전화** 092-725-9111 **홈피** www.acros.or.jp

덴진주오코엔과 마주한 계단식 정원 건물. 도심의 오아시스라고도 불리는 이곳은 국제·문화·정보 교류의 중심지이다. 지하 2층에서 지상 12층까지 가운데가 뚫려 있으며 본격적인 심포니 홀, 이벤트 홀, 국제회의장, 현의 패스포트센터, 사무실, 레스토랑, 숍 등 다양한 기능을 갖추고 있다. 메이지도리 방면에서 보면 별다른 특징이 없는 평범한 빌딩이지만 덴진주오코엔 쪽에서 보면 아름다운 계단식 정원인 스텝 가든이 설치되어 있어 그 독특한 건축미에 감탄하게 된다. 폭포가 흘러내리는 스텝 가든을 따라 옥상까지 걸어 올라가면 후쿠오카 도심을 내려다볼 수 있다.

🏬 베스트 덴키 후쿠오카 본점

ベスト電器 福岡本店

지도 p.5ⓖ **위치** 지하철 구코센 덴진역 16번 출구에서 도보 2분 **주소** 福岡市中央区天神1-9-1 **오픈** 10:00~20:00 **전화** 092-752-0001 **홈피** www.bestdenki.ne.jp

아크로스 후쿠오카 바로 옆에 자리한 베스트 덴키는 규슈의 대도시 어디에서든 쉽게 만날 수 있는 대표적인 전기·전자 제품 할인점이다. 규슈 지방을 기반으로 일본 전역에 567개의 점포를 갖고 있는데 이곳이 본점이다. 지하 1층에는 의약품을 중심으로 다양한 생활 잡화를 판매하는 마쓰모토 기요시가 있고, 지상 1~8층에는 휴대폰·가전·카메라·PC·DVD·시계 등 다양한 상품을 폭넓게 취급한다. 특히 9층에는 프라모델이나 모형, 피규어 등 취미 관련 아이템을 취급하는 후쿠야 덴진점이 있어 마니아들의 주목을 받고 있다. 1만 엔 이상 구매 시 여권을 제시하면 소비세 5% 면세 혜택을 받을 수 있고, 포인트 카드를 만들면 추가로 할인 혜택이 있다.

📚 준쿠도 서점 후쿠오카점

ジュンク堂書店 福岡店

지도 p.5ⓖ **위치** 지하철 구코센 덴진역 13번 출구에서 도보 2분 **주소** 福岡市中央区天神1-10-13 **오픈** 10:00~21:00 **휴무** 1/1 **전화** 092-738-3322 **홈피** www.junkudo.co.jp

고베의 산노미야에 본점을 둔 대형 서점 체인 준코도의 후쿠오카점. 후쿠오카 최대의 번화가인 덴진에서

가장 큰 서점으로 2001년 11월에 문을 열었다. 지하 1층부터 4층까지 총 6,800㎡의 넓은 매장에 각 층별로 다양한 서적이 진열되어 있다. 1층에는 스타벅스가 자리한다.

🍜 이치란 덴진점

一蘭 天神店

지도 p.5ⓖ **위치** 지하철 구코센 덴진역 13번 출구에서 도보 2분 **주소** 福岡市中央区天神1-10-15 **오픈** 10:00~24:00 **휴무** 연중무휴 **전화** 092-736-5272 **홈피** www.ichiran.co.jp

전국적으로 유명한 라멘 체인점. 후쿠오카 시내에만 4개의 점포가 있을 정도로 인기가 높다. 기본적으로 라멘의 맛은 비슷하지만 지점에 따라 조금씩 다른 특징이 있으므로 여유가 된다면 이치란 체인점 순례를 한 번 해보는 것도 재미있을 듯. 기본 메뉴인 라멘 ラーメン은 890엔.

🍜 라쿠텐치 덴진 본점

楽天地 天神本店

지도 p.5ⓖ **위치** 지하철 덴진역 15번 출구에서 도보 3분 **주소** 福岡市中央区天神1-10-14 **오픈** 17:00~24:00 **전화** 092-741-2746 **홈피** www.rakutenti.jp

후쿠오카 명물 모쓰나베 전문점. 곱창전골을 좋아하는 사람이라면 꼭 들러봐야 할 맛집이다. 간장 베이스의 육수에 신선한 곱창과 양배추, 부추가 가득 들어가 느끼하지 않고 깔끔한 맛이다. 곱창과 채소를 먹고 난 후에 짬뽕면 사리를 넣어 먹으면 금상첨화. 한글 메뉴판이 있어 주문하기도 쉽고, 모쓰나베 1인분이 990엔, 짬뽕면 사리 260엔으로 가격도 저렴한 편이다.

🍴 하카타 잇푸도 타오 후쿠오카
博多 IPPUDO TAO FUKUOKA

지도 p.5ⓒ **위치** 지하철 구코센 덴진역 12번 출구에서 도보 1분 **주소** 福岡市中央区天神1-13-13 **오픈** 11:00~24:00 **전화** 092-738-7061 **홈피** www.ippudo.com

전국적인 명성을 자랑하는 하카타 잇푸도의 새로운 브랜드로, 2010년 4월 24일 하카타 잇푸도 덴진점을 리뉴얼하여 오픈했다. 그리 멀지 않은 거리에 있는 다이묘 본점 때문에, 상대적으로 인기가 높지 않았던 덴진점을 과감하게 포기하고 새로운 메뉴를 더해 기존의 잇푸도와는 사뭇 다른 맛의 라멘을 선보인 것. 참고로 잇푸도 타오는 후쿠오카 덴진, 도쿄 긴자, 싱가포르 세 곳에만 있는 프리미엄 브랜드이다. 그래서인지 실내 분위기도 본점과 조금 다르다. 메뉴는 강렬한 돈코쓰 라멘 본연의 맛을 연출하는 타오 돈코쓰 タオとんこつ(700엔), 농후한 맛이 일품인 타오 미소 タオ味噌(820엔), 깔끔한 맛을 선보이는 타오 쇼유 タオ醤油(820엔) 세 가지가 있으며, 취향에 따라 편육이나 계란, 채소 등을 넣어 풍성하게 먹을 수 있다. 라멘과 함께 먹을 수 있는 사이드 메뉴로는 하카타 히토구치 교자 博多ひとくち餃子(10개, 420엔)나 타오 마쓰리메시 タオ祭りめし(290엔)가 안성맞춤.

🍴 요시다
よし田

지도 p.5ⓖ **위치** 지하철 구코센 덴진역 12번 출구에서 도보 2분 **주소** 福岡市中央区天神1-14-10 **오픈** 11:30~14:00, 17:00~22:30 **휴무** 일요일, 공휴일 **전화** 092-721-0171

신선한 활어회와 가이세키 요리를 즐길 수 있는 일본 요리 전문점. 저렴하고 맛있는 점심시간의 정식 메뉴가 주변 직장인들에게 큰 인기를 끌고 있다. 그중에서도 신선한 도미회와 맛있는 간장 소스의 조화가 일품인 명물 다이차즈케 鯛茶漬(1,080엔)가 대표 메뉴이다.

🏛 솔라리아 플라자
ソラリアプラザ

지도 p.4③ **위치** 지하철 구코센 덴진역 6번 출구에서 도보 3분 **주소** 福岡市中央区天神2-2-43 **오픈** 10:00~20:30(레스토랑 09:00~22:30) **휴무** 1/1 **전화** 092-733-7777 **홈피** www.solariaplaza.com

최신 트렌드를 추구하는 스타일리시한 패션 관련 아이템과 멀티플렉스 영화관, 젊은이들이 선호하는 맛집이 대거 입점한 상업시설. 젊은 세대에게 가장 많은 사랑을 받고 있는 명소 중 하나로 지하 1층~지상 5층은 패션 관련 전문 숍, 6층은 레스토랑가, 7층은 TOHO 시네마 덴진, 8~17층은 솔라리아 니시테쓰 호텔이 들어서 있다. 1층의 이벤트 광장 제파에서는 다양한 이벤트와 전시회가 수시로 열리고 있어 볼거리를 더해준다.

솔라리아 플라자의 추천 맛집

호시노 커피
星乃珈琲店

일본 커피 마니아들 사이에서 인정받는 핸드드립 커피 전문점. 체인점인데도 변하지 않는 커피 맛으로 인기를 이어가고 있다. 겉은 바삭하고 속은 부드러운 명품 수플레 팬케이크와 함께 마시면 금상첨화.

위치 솔라리아 플라자 6F

⊞ 비오로

VIORO

지도 p.4④ **위치** 지하철 구코센 덴진역 6번 출구에서 도보 3분 **주소** 福岡市中央区天神2-10-3 **오픈** 11:00~21:00(레스토랑 11:00~23:00) **전화** 092-771-1001 **홈피** www.vioro.jp

2006년 9월에 문을 연 패션 빌딩으로 비오로 VIORO는 이탈리아어로 꽃을 의미하는 'fiore'와 진실이란 의미의 'vero'를 조합한 것이다. 'My Private Store'를 콘셉트로 20대 여성들을 타깃으로 한 다양한 브랜드 숍과 셀렉트숍이 들어서 있다.

다른 상업시설보다 1시간 늦은 밤 9시까지 영업하므로 직장 여성들도 마음 편히 쇼핑을 즐길 수 있다. 지하 2층은 기라메키 지하 통로와 바로 연결되어 덴진 지하상가는 물론 다른 대형 상업시설과의 접근성도 뛰어나다. 전체 57개 점포 가운데 약 70%를 규슈에 최초로 입점하는 브랜드로 구성해 젊은 여성들에게 각광받고 있다.

전체 9층 규모로 지하 2층~지상 4층은 패션, 5층은 라이프스타일, 6층은 인테리어, 7층은 레스토랑으로 구분된다. 각 층에는 기라메키도리를 내려다볼 수 있는 전망 좋은 카페가 자리 잡고 있다.

⊞ 이와타야

岩田屋

지도 p.4① **위치** 지하철 구코센 덴진역 6번 출구에서 도보 5분 **주소** 福岡市中央区天神2-5-35 **오픈** 10:00~20:00 **전화** 092-721-1111 **홈피** www.iwataya-mitsukoshi.co.jp

1754년에 창업해 250년이 넘는 역사를 자랑하는 후쿠오카의 원조 백화점이었지만, 오랜 경영 부실로 결국 후쿠오카 증권거래소에서 상장 폐지되고 2010년 10월 1일에 후쿠오카 미쓰코시에 합병된 비운의 쇼핑몰. 하지만 경영진만 바뀌었을 뿐 지금도 영업은 계속 하고 있다. 지하 2층~지상 7층 규모의 본관과 지하 2층~지상 8층 규모의 신관에는 패션에서부터 생활 잡화에 이르기까지 다양한 상품들이 구비되어 있어 쇼핑족들을 유혹하고 있다. 또한 지하 식품 매장은 신선하고 다양한 스위트를 비롯해 규슈 각지의 특산품을 폭넓게 갖추고 있어 여전히 인기를 끌고 있다.

이와타야의 추천 맛집

안즈
あんず

신관 레스토랑가에 있는 돈까스 전문점. 최고급 흑돼지 등심을 사용한 돈까스는 바삭한 튀김옷과 부드러운 살코기의 조화가 뛰어나 현지인들에게도 높은 평가를 받고 있다. 점심시간에 서둘러 가면 가볍게 다양한 메뉴를 즐길 수 있는 1일 30식 한정 런치도 맛볼 수 있다.

위치 이와타야 신관 7층

🍴 효탄 스시
ひょうたん寿司

지도 p.4④ **위치** 니시테츠 후쿠오카역에서 도보 2분 **주소** 福岡市中央区天神2-10-20 2F · 3F **오픈** 11:30~15:00, 17:00~21:30 **전화** 092-722-0010

가성비 좋은 인기 스시 전문점. 주렁주렁 매달린 수많은 메뉴판들과 분주하게 움직이는 요리들, 종업원들의 우렁찬 인사소리에서 느껴지는 왁자지껄한 분위기는 호불호가 갈릴 수 있는데, 정감 넘치는 재래시장을 좋아하는 사람이라면 편안하게 즐길 수 있을 것이다. 특히, 카운터석에 앉으면 셰프와 이런저런 얘기를 나눌 수도 있고, 먹는 속도에 맞춰서 스시를 만들어주기 때문에 천천히 맛을 음미할 수 있다. 한글 메뉴판이 따로 있어서 쉽게 주문을 할 수 있는 것도 장점. 점심에는 효탄정식(ひょうたん定食, 1000엔, 주말 · 휴일 1,100엔), 저녁에는 하나니기리(花にぎり, 1,450엔) 추천.

🍴 덴푸라 히라오 다이묘점
天ぷらひらお 大名店

지도 p.4① **위치** 지하철 구코센 덴진역 2번 출구에서 도보 8분 **주소** 福岡市中央区天神2-6-20 **오픈** 10:30~21:00 **전화** 092-752-7900 **홈피** www.hirao-foods.net

바삭거리는 식감이 입맛을 돋우는 튀김 정식 전문점. 튀김이 느끼하지 않고 정갈한 밑반찬도 있기 때문에 밥과 함께 먹으면 제법 어울리는 조합이 완성된다. 인기 메뉴는 덴푸라정식 天ぷら定食(770엔)과 오코노미정식 お好み定食(880엔). 자판기에서 식권을 뽑아가지고 테이블에 올려두면 알아서 가져다준다. 2017년 6월에 신규 오픈하여 매장이 깔끔하다.

한국어가 통하는 야타이

한글 메뉴판이 있고 한국어도 잘 통하기 때문에 초보 여행자들에게는 안성맞춤인 야타이가 있다. 덴진 다이마루 백화점 앞에 자리 잡고 있는 야타이야 뽕키치 屋台屋ぴょんきち가 바로 그곳. 예능 프로그램 〈짠내투어〉에 나온 이후로 유명해지면서 후쿠오카 여행의 인기 코스가 되었다. 나카스 강변의 야타이 같은 풍정은 없지만, 현지 분위기를 그대로 느낄 수 있어 야타이 문화를 처음 접하는 여행자에게 추천할 만하다.

애플 스토어 후쿠오카 덴진

Apple Store Fukuoka Tenjin

지도 p.4Ⓝ **위치** 지하철 구코센 덴진역 2번 출구에서 도보 8분 **주소** 福岡市中央区天神2-3-24 **오픈** 10:00~21:00 **전화** 092-736-6800 **홈피** www.apple.com/jp/retail/fukuokatenjin

2005년 12월 3일 오픈 당시 수많은 인파가 몰려 화제를 불러일으켰던 애플 스토어는 지금도 여전히 많은 방문객이 붐빌 정도로 인기를 끌고 있다. 일본에서 유일한 1플로어 구성이지만 면적은 오히려 가장 넓은 편으로 쾌적하게 둘러볼 수 있다. 애플의 모든 제품이 진열되어 있으며, 지니어스 바와 키즈 코너, 스튜디오 등 애플이 자랑하는 서비스를 한자리에서 모두 이용할 수 있다.

마구로료리 기분

まぐろ料理紀文

지도 p.4Ⓕ **위치** 지하철 구코센 덴진역 1번 출구에서 도보 1분 **주소** 福岡市中央区天神2-14-8 福岡天神センタービル 地階 1 階 **오픈** 11:00~22:00 **휴무** 매주 일요일, 공휴일 **전화** 092-741-1390 **홈피** www.kibun.net

40년 전통을 자랑하는 참치 요리 전문점. 일본에서 1년 동안 소비하는 참치의 양은 무려 65만 톤. 그만큼 참치의 맛을 잘 알고 또 요리에 대해서 까다로운 비평을 많이 한다. 마구로료리 기분은 전문 요리사들도 인정한 참치 요리의 명가이다. 인기 메뉴는 창업 이래로 변하지 않는 맛을 자랑하는 뎃카동 鉄火丼(750엔). 양이 부족하다면 명물 사시미 名物刺身나 가라아게 から揚げ 같은 일품요리와 함께 먹으면 더욱 맛있다. 후쿠오카 덴진 센터빌딩 지하 1층에 있다.

애니메이트 후쿠오카 덴진점

アニメイト 福岡天神

지도 p.5Ⓖ **위치** 지하철 구코센 덴진역 13번 출구에서 도보 3분 **주소** 福岡市中央区天神1-11-1 天神ビブレ6F **오픈** 10:00~20:30 **전화** 092-732-8070 **홈피** www.animate.co.jp

일본을 대표하는 애니메이션 전문 숍. 1983년 도쿄 이케부쿠로에서 1호점을 오픈한 후 지금은 일본 전역에 109개의 점포를 운영하고 있다. CD, DVD, 게임, 서적, 캐릭터 상품, 동인지 등 규슈에서 가장 폭넓은 라인업을 자랑한다. 덴진니시도리와 교차하는 쇼와도리를 가로질러 올라가면 나오는 오야후코도리의 초입에 있다.

빌리지 뱅가드

VILLAGE VANGUARD

지도 p.4Ⓕ **위치** 지하철 구코센 덴진역에서 바로. 후쿠오카 파르코 본관 7층 **주소** 福岡市中央区天神2-11-1 **오픈** 10:00~20:30 **전화** 092-717-1203 **홈피** www.village-v.co.jp

일본에서 가장 재미있는 서점을 지향하는 빌리지 뱅가드는 이곳 후쿠오카점을 비롯해 전국에 200개가 넘는 점포를 갖추고 있을 정도로 잘나가는 서점이다. 서점이라고 하기엔 취급하는 품목이 너무나 많고 다양해 하나하나 구경하다 보면 시간 가는 줄 모른다. 사진집, 만화, 에세이 등 젊은 층이 좋아하는 서적을 많이 갖추고 있으며, 캐릭터 소품, 청소용품, 생활 잡화, 액세서리, 식품, 자전거 등 최신 트렌드를 반영한 다양한 상품을 쇼핑할 수 있다.

⑪ 키르훼봉 후쿠오카

キルフェボン福岡

지도 p.4N **위치** 지하철 나나쿠마센 덴진미나미역 1번 출구에서 도보 5분 **주소** 福岡市中央区天神2丁目4-11 パシフィーク天神1F **오픈** 11:00~20:00 **전화** 092-738-3370 **홈피** www.quil-fait-bon.com

전국적으로 유명한 타르트 전문점. 아사히 TV에서 기획한 '전국 인기 케이크 베스트 100'에서 1위에 오르면서 널리 알려졌다. 신선한 제철 과일을 사용해서 만들기 때문에 월별로 메뉴가 계속 바뀌는 독특한 시스템으로 운영하고 있다. 원하는 타르트를 먹으려면 미리 홈페이지에서 확인하는 것이 좋다. 조각 타르트가 600~700엔대로 저렴한 편은 아니지만 가격 이상의 맛을 보여주므로 여행 중에 한 번쯤은 가볼 만하다.

⑫ 비쿠카메라 덴진 2호관

ビックカメラ 天神2号館

지도 p.4J **위치** 지하철 나나쿠마센 덴진미나미역 1번 출구에서 도보 4분 **주소** 福岡市中央区天神2-4-5 **오픈** 10:00~21:00 **전화** 092-732-1111 **홈피** www.biccamera.co.jp

일본 유수의 전기·전자 제품 양판점인 비쿠카메라의 덴진 2호관으로 1호관에서 도보 3분 정도 거리에 있다. 게고코엔 警固公園 바로 앞에 자리한 6층 규모의 대형 매장으로 디지털 오디오, 휴대폰, TV, 오디오, PC, 디지털 카메라, 가전, 침구, 조명, 장난감, 게임·DVD 소프트웨어 등 다양한 품목을 취급한다. 1만 엔 이상 구매 시 여권을 제시하면 소비세 5% 면세 혜택을 받을 수 있으며, 포인트 카드를 발급받으면 더 큰 할인 혜택을 누릴 수 있다.

⑬ 게고코엔

警固公園

지도 p.4J **위치** 지하철 나나쿠마센 덴진미나미역 2번 출구에서 도보 3분 **주소** 福岡市中央区天神2-2-6

덴진의 중심인 니시테쓰 후쿠오카역 바로 뒤에 있는 공원. 번화한 도심 한가운데 자리 잡은 공원치고는 키가 큰 나무도 있고 넓은 연못도 있어 후쿠오카 젊은이들의 약속 장소로 인기가 높다. 주말에는 각종 이벤트가 열리기도 하는 등 밤낮을 가리지 않고 젊은이들로 붐빈다. 특히 매년 크리스마스 시즌에는 환상적인 크리스마스 장식이 설치되어 연인들의 데이트코스로 인기가 있다.

🍴 스시도코로 이즈미다

寿司所いずみ田

지도 p.5Ⓚ **위치** 지하철 나나쿠마센 덴진미나미역 1번 출구에서 도보 2분 **주소** 福岡市中央区渡辺通5–24–30 東カンビル B1 **오픈** 11:30~14:00, 17:30~22:30 **휴무** 일요일 **전화** 092–725–6412 **홈피** izumida.info

후쿠오카 나베 요리의 명가 이즈미다가 운영하는 스시 전문점. 손님의 주머니 사정을 고려한 스시 세트가 3종류로 다양하며, 언제나 신선한 재료를 사용하기 때문에 변함없는 맛을 자랑한다. 회정식이나 계절별 특선 일품요리도 괜찮지만, 여행자가 선뜻 먹기에는 부담스러운 가격이다. 저렴한 가격으로 스시의 참맛을 느껴보고 싶다면 점심시간에만 제공하는 다양한 런치 메뉴(880엔~)를 주문하자.

🍴 야마초

やまちょう

지도 p.5Ⓛ **위치** 지하철 나나쿠마센 덴진미나미역 6번 출구에서 도보 3분 **주소** 福岡市中央区春吉3–22–20 **오픈** 11:30~14:00, 18:00~22:00 **휴무** 일요일 **전화** 092–716–0638 **홈피** www.sush-yamachou.jp

역사는 짧지만 최고의 맛을 추구하는 스시 전문점. TV의 맛집 프로그램과 가이드북 등에 자주 소개되면서 현지인은 물론 여행자들의 발걸음도 끊이지 않는 인기 가게이다. 가격은 다소 비싼 편이지만 고급스러운 맛을 느낄 수 있다는 점에서 여유가 된다면 한 번 가볼 만하다. 주머니 사정이 여의치 않다면 11:00~14:00에만 제공하는 런치 세트(2,160엔)를 추천한다.

🍴 호린

鳳凛

지도 p.5Ⓚ **위치** 지하철 나나쿠마센 덴진미나미역 6번 출구에서 도보 1분 **주소** 福岡市中央区春吉3–21–15 **오픈** 11:30~다음 날 05:00(금·토요일·공휴일 전일 11:30~다음 날 06:00) **전화** 092–716–6755 **홈피** www.ramen-hourin.jp

규슈 지역에서 창업해 지금은 전국적으로 유명해진 이치란 라멘의 원조라 할 수 있는 라멘 가게. 이치란의 창업자와 함께 개발한 라멘으로 깔끔하고 담백한 하카타 라멘의 진수를 맛볼 수 있다. 가까운 거리에 하카타를 대표할 정도로 유명해진 이치란 一蘭과 잇푸도 一風堂가 있지만 인근 지역 주민들은 지금도 여전히 호린의 라멘을 최고로 쳐준다. 캐널시티 하카타와 덴진 번화가 사이에  있어 찾아가기도 쉽다. 기본 메뉴인 라멘은 650엔, 차슈 라멘은 800엔, 특제 라멘은 900엔.

다이묘·이마이즈미 주변 `zoom in 2`
大名·今泉

덴진니시도리를 경계로 서쪽 일대에 자리 잡은 쇼핑 구역 다이묘와 고쿠타이도로 남쪽 일대에 펼쳐진 이마이즈미 지역은 브랜드점, 음식점, 잡화점 등 개성 넘치는 가게가 밀집해 있는 곳이다. 특히, 다른 지역에서 보기 힘든 독특한 숍이나 맛집이 많아 색다른 곳을 찾는 사람들의 발길이 끊이지 않는다. 지역 자체가 그리 넓진 않으므로 천천히 산책하는 기분으로 둘러보면 된다.

🍴 하카타 잇푸도 다이묘본점
博多一風堂 大名本店

지도 p.4① **위치** 지하철 구코센 덴진역 2번 출구에서 도보 7분. **주소** 福岡市中央区大名1-13-14 **오픈** 월~목요일 11:00~23:00, 금요일·공휴일 전일 11:00~24:00, 토요일 10:30~24:00, 일요일·공휴일 10:30~23:00 **휴무** 연말연시 **전화** 092-771-0880 **홈피** www.ippudo.com

1985년 후쿠오카의 좁은 골목 안쪽에서 작은 라멘 가게로 시작했지만, 지금은 전국에 30개 이상의 점포와 연간 매상 70억 엔, 종업원 수 1,300명의 거대 기업으로 성장, 이치란과 함께 후쿠오카를 대표하는 라멘 전문점으로 자리 잡은 곳이다. 체인 사업을 하면서 대중적인 맛을 찾아 변화해왔기 때문에 현지인들 사이에서는 진짜 돈코쓰 라멘이 아니라는 평가를 받기도 하지만, 그렇기 때문에 우리나라 사람들 입맛에는 오히려 더 잘 맞는다. 현지에서 가장 인기 있는 메뉴는 아카마루신아지 赤丸新味(중 기준 820엔)이지만, 칼칼하면서도 걸쭉한 국물이 일품인 카라카멘 からか麺(820엔)도 강추.

🍴 테무진 다이묘점

テムジン大名店

지도 p.4① **위치** 지하철 구코센 덴진역 2번 출구에서 도보 8분 **주소** 福岡市中央区大名1-11-2 **오픈** 월~금요일 17:00~다음 날 01:00, 토요일 11:00~다음 날 01:00, 일요일·공휴일 11:00~24:00 **전화** 092-751-5870 **홈피** www.gyouzaya.net

후쿠오카의 명물 교자 餃子 전문점. 한입에 쏙 들어가는 미니사이즈라 많이 먹어도 크게 부담이 되지 않는다. 출출할 때 간식으로 안성맞춤. 인기 메뉴는 역시 야키교자 焼餃子(10개 480엔)로, 일본산과 호주산을 적절하게 혼합한 쇠고기와 푸짐한 채소를 비전 소스로 볶아낸 만두소 맛이 일품이다. 사라우동 皿うどん(750엔)과 함께 먹으면 더 맛있다.

🍴 에그앤띵스

EGGS'N THINGS

지도 p.4① **위치** 지하철 덴진역 2번 출구에서 도보 5분 **주소** 福岡市中央区大名1-12-56 THE SHOPS 1F **오픈** 09:00~22:30 **전화** 092-737-7652 **홈피** www.eggsnthings japan.com

1974년 하와이에서 탄생한 이후 수많은 여행자들의 사랑을 한 몸에 받았던 캐주얼 레스토랑. 일본으로 들어오면서 현지화에 성공, 현재 도쿄, 나고야, 오사카 등지에 체인점을 거느리고 있다. 인기 있는 메뉴는 스트로베리 휘프 크림 마카다미아 넛츠 Strawberry Whip Cream w/Nuts(1,150엔). 휘핑크림과 부드러운 팬케이크의 조화가 뛰어나다.

🍴 하카타소바 스즈키쇼텐

博多そば 鈴木商店

지도 p.4M **위치** 지하철 구코센 아카사카역 2번 출구에서 도보 5분. **주소** 福岡市中央区赤坂1-1-17 **오픈** 11:30~14:00, 17:00~다음 날 02:00(일요일 11:30~15:00, 17:00~22:00) **전화** 092-734-1155

색다른 돈코쓰 라멘을 선보이는 정통 라멘 전문점. 정통 돈코쓰 라멘은 돼지 사골로만 국물을 내지만, 스즈키쇼텐은 여기에 간장을 첨가해 깔끔한 돈코쓰 라멘이라는 새로운 맛을 만들어냈다. 인기 메뉴는 조미료를 전혀 쓰지 않아 깔끔하면서도 시원한 국물 맛이 일품인 하카타소바 博多そば(650엔).

🍴 이와토야

岩戸屋

지도 p.4① **위치** 지하철 구코센 아카사카역 5번 출구에서 도보 5분 **주소** 福岡市中央区大名1-12-38 岩戸屋ビル5F **오픈** 17:30~22:00 **휴무** 매주 일요일, 12/31~1/5 **전화** 092-741-2022

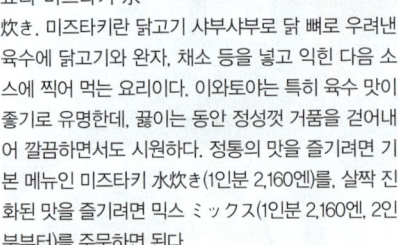

1900년대 초반 다이쇼 시대에 문을 연 일본 요리 전문점. 이 가게의 추천 메뉴는 손님의 90%가 주문을 한다는 하카타 명물 요리 미즈타키 水炊き. 미즈타키란 닭고기 샤부샤부로 닭 뼈로 우려낸 육수에 닭고기와 완자, 채소 등을 넣고 익힌 다음 소스에 찍어 먹는 요리이다. 이와토야는 특히 육수 맛이 좋기로 유명한데, 끓이는 동안 정성껏 거품을 걷어내어 깔끔하면서도 시원하다. 정통의 맛을 즐기려면 기본 메뉴인 미즈타키 水炊き(1인분 2,160엔)를, 살짝 진화한 맛을 즐기려면 믹스 ミックス(1인분 2,160엔, 2인분부터)를 주문하면 된다.

🍴 아이보리쉬

アイボリッシ

지도 p.4① **위치** 지하철 덴진역 2번 출구에서 도보 5분 **주소** 福岡市中央区大名2-1-44 **오픈** 10:00~22:00 **휴무** 화요일 **전화** 092-791-2295 **홈피** http://ivorish.com

시끌벅적한 덴진 쇼핑몰 뒤쪽으로 조금만 걸어가면 작은 골목길에 유유히 서 있는 인기 브런치 카페 아이보릿슈를 만날 수 있다. 주변 여성 직장인들에게 큰

인기를 끌면서 입소문이 나서 지금은 점심시간에 가면 평일에도 줄을 서서 기다려야 한다. 대표 메뉴는 가격대는 높지만, 그만한 가치를 하는 프리미엄 플레인(1,200엔). 살짝 느끼할 수 있어 호불호가 갈리지만, 입에서 살살 녹는 정통 에그베네딕트 프렌치 토스트(1,400엔)도 인기가 높다.

🍴 피쉬맨

フィッシュマン

지도 p.4⑩ **위치** 니시테쓰 후쿠오카역 남쪽 출구에서 도보 12분 **주소** 福岡市中央区今泉1-4-23 **오픈** 11:30~15:00, 17:30~01:00 **전화** 092-717-3571 **홈피** www.m-and-co.net/fishman

이마이즈미에서 가장 핫한 음식점 중 하나. 'No Fish, No Life'라는 슬로건처럼 생선 요리가 주력이긴 하지만 그밖에도 다양한 종류의 퓨전 일본 정식을 맛볼 수 있다. 특히, 양이 많은 사람이라면 조금 일찍 가서 평

디감을 맛보면 충분히 그 정도 수고는 해야 한다는 생각이 들 것이다. 오후 2시 30분 전에 들른다면 샐러드와 팬케이크, 커피가 세트로 나오는 클래식 브런치 クラシックブランチ(1,200엔)를 맛보는 것도 좋은 선택.

일 10개 한정인 엄청난 크기의 돈부리에 도전해보는 것도 좋겠다. 추천 메뉴는 마구로레어 함바그 정식(まぐろのレアトロハンバーグ定食, 1,000엔). 매일 메뉴가 바뀌는 히가와리정식(日替わり定食, 880엔)도 가격 대비 훌륭하다. 참고로 식사메뉴 가격에 100엔만 추가하면 디저트를 먹을 수 있다

🍴 시로가네사보

白金茶房

지도 p.4Ⓝ **위치** 지하철 야쿠인역 2번 출구에서 도보 7분 **주소** 福岡県福岡市中央区白金1-11-7 **오픈** 10:00~23:00(주말, 휴일 08:00~22:00) **전화** 092-534-2200 **홈피** www.s-sabo.com

일명 백금다방이라 불리는 엣지 넘치는 카페. 후쿠오카의 젊은 여성들에게 인기 있는 곳이다. 이마이즈미에서 가장 외곽 지역에 있 는 곳이라 찾아가려면 제법 발품을 팔아야 하지만, 오리지널 브랜드 커피 (500엔)의 훌륭한 풍미와 바

🍴 야마나카 스시 본점

やま中本店

지도 p.4Ⓝ **위치** 지하철 야쿠인역 1번 출구에서 도보 5분 **주소** 福岡市中央区渡辺通2-8-8 **오픈** 11:30~21:30 **전화** 092-731-7771

1972년에 창업한 유서 깊은 스시 전문점. 현대적인 느낌의 건물은 안도 타다오와 함께 일본을 대표하는 건축가 이소자키 아라타 磯崎新의 작품이라고 한다. 실내 역시 모던하면서도 정갈한 분위기인데, 건물 크기에 비해 규모가 크지는 않다. 사람들이 가장 많이 주문하는 메뉴는 특상 오마카세니기리 特上おまかせ握り(5,000엔~)지만, 3종류가 있는 런치 스시 세트 메뉴도 가성비가 정말 훌륭하다. 중간 가격대인 조니기리 上握り(2,500엔)만 해도 야마나카의 명성을 알 수 있을 만큼 깊고 화려한 맛을 보여준다. 좌석수가 많지 않기 때문에 예약은 필수. 특히, 주말에는 최소 2, 3일 전에는 예약을 해야 할 정도로 붐빈다.

나가하마 주변 `zoom in 3`
長浜

덴진, 다이묘의 북쪽에 있는 나가하마 시장을 중심으로 형성된 서민적인 분위기의 마을로 관광지로서의 매력은 찾아보기 어려운 지역이다. 하지만 나가하마 라멘의 발상지답게 하카타 라멘보다 훨씬 더 강렬한 맛을 자랑하는 나가하마 라멘을 맛볼 수 있는 가게가 많고, 또 도심에서 온천을 즐길 수 있는 온천시설과 일본에서 가장 규모가 큰 낚시 횟집인 자우오가 있어 그냥 지나치기엔 아쉬움이 남는 곳이다.

🍴 간소 나가하마야

元祖長浜屋

위치 지하철 구코센 아카사카역 1번 출구에서 도보 10분 **주소** 福岡市中央区長浜2-5-38 トラストパーク長浜 1 **오픈** 04:00~다음 날 01:45 **전화** 092-711-8154

간판 이름에서도 쉽게 알 수 있듯 나가하마 라멘의 원조로 1952년에 문을 열었다. 나가하마 역시 후쿠오카 시내에 있는 동네 이름이지만, 오래 전 행정구역 개편이 이뤄지기 전에는 하카타 지역에 속하지 않았던 탓에 하카타 사람들은 하카타 라멘과 나가하마 라멘을 구분 짓는 경향이 있는데 바로 그 나가하마 라멘의 원조가 나가하마야이다. 돼지 뼈를 오래 끓여 만든 진한 육수는 의외로 산뜻한 맛을 내며 가느다란 면발은 적당히 쫄깃해 식욕을 돋운다. 면을 익히는 정도와 기름의 양은 손님의 주문에 따라 조절해주기도 한다. 메뉴는 500엔짜리 라멘 한 가지뿐이며, 면 사리와 차슈 사리는 각각 100엔씩이다. 가게 입구에 있는 자판기에서 티켓을 뽑은 다음에 주문을 하는 시스템으로 다분히 서민적인 분위기지만 언제나 많은 사람들로 붐비는 명물 가게이다.

🍴 나가하마야타이 야마짱 덴진점

長浜屋台 やまちゃん 天神

위치 지하철 구코센 덴진역 1번 출구에서 도보 12분 **주소** 福岡市中央区舞鶴1-4-31 **오픈** 월~목요일 18:00~다음 날 04:00, 금·토요일·공휴일 전일 18:00~04:30, 일요일·공휴일 18:00~03:30 **휴무** 연말연시 **전화** 092-715-8227 **홈피** nagahama-yamachan.jp

나가하마코엔 서쪽에 자리 잡은 포장마차풍 라멘 가게. 라멘 뿐만 아니라 신선한 해산물 안주와 술을 팔고 있기 때문에 대체로 시끌벅적한 분위기지만 이 가게의 라멘 맛은 현지인들 사이에 정평이 나 있다. 전형적인 하카타 라멘을 선보이는 이 가게의 기본 메뉴인 라멘은 650엔으로 가격도 저렴하다. 술이 당길 때는 바삭거리는 식감이 뛰어난 지도리야키 地鶏焼き나 국물 맛이 일품인 오뎅 おでん을 함께 먹으면 좋다.

🍴 자우오 덴진점
ざうお 天神店

위치 지하철 구코센 덴진역 1번 출구에서 도보 15분 **주소** 福岡市中央区長浜1-4-15 **오픈** 17:00~23:00(토 · 일요일 · 공휴일 11:30~23:00) **휴무** 연중무휴 **전화** 092-716-9988 **홈피** www.zauo.com

독특한 스타일의 엔터테인먼트 주점. 실내에서 직접 낚시를 즐길 수 있는 시스템으로 운영하여 남녀노소 모두 즐겁게 먹고 마실 수 있는 것이 장점이다. 낚시 미끼는 100엔이며, 자기가 잡은 고기를 원래 가격보다 20~30% 정도 싸게 먹을 수 있다. 예를 들어 타이 鯛(도미)는 원래 가격이 3,600엔인데, 낚시로 잡으면 2,750엔이 되고, 히라메 ひらめ(광어)는 4,200엔인데 잡으면 3,390엔에 먹을 수 있다. 잡은 고기는 기호에 따라 회, 조림, 튀김 등 다양하게 조리해준다.

♨ 천연 온천 덴진 유노하나
天然温泉 天神ゆの華

위치 지하철 덴진역 1번 출구에서 도보 15분 **주소** 福岡市中央区長浜1-4-55 **오픈** 10:00~다음 날 03:00(토 · 일요일 · 공휴일 08:00~다음 날 03:00) **요금** 720엔(어린이 360엔) **전화** 092-733-1126 **홈피** www.tenjin-yunohana.jp

후쿠오카 최고의 번화가인 덴진의 중심가에서 도보 10분 거리에 있는 천연 온천 시설. 돌로 만든 노천온천과 히노키 노천온천, 사우나 등 다양한 온천욕을 즐길 수 있는데, 지하 500m에서 솟아나는 원천은 미네랄이 풍부해서 온천을 즐긴 후에는 매끈해진 피부를 바로 확인할 수 있다. 비누와 샴푸, 린스 등 세면 도구는 안에 갖춰져 있으므로 수건만 따로 챙겨 가면 된다. 수건을 미처 챙기지 못했을 때는 150엔에 구입할 수 있다.

샘질 칼슘 · 나트륨 · 염화물천

효능 피로 해소, 만성 피부명, 부인병, 신경통, 근육통, 관절통, 창상, 화상 등

베이에어리어
ベイエリア

하카타 만을 배경으로 한 베이에어리어 지역은 마리존과
후쿠오카 타워가 있는 시사이드 모모치 해변, 아웃렛 매
장과 대형 관람차로 유명한 마리노아시티, 하카타 부두
옆에 자리 잡은 베이사이드 플레이스, 그리고 바다 건너
편에 있는 우미노나카미치 해변공원 등 크게 네 지역으로
구분할 수 있다.

베이에어리어 이렇게 여행하자

버스	야후오크 돔마에 ヤフオクドーム前
	후쿠오카 타워 미나미구치 福岡タワー南口
이동경로	하카타 버스터미널 → 니시테쓰 버스(30분, 230엔) → 후쿠오카 타워 미나미구치 덴진 버스센터마에 → 니시테쓰 버스(20분, 230엔) → 야후오크 돔마에

가는 방법

해변을 끼고 있는 후쿠오카의 베이에어리어 일대는 시사이드 모모치 해변공원, 마리노아시티, 우미노나카미치 해변공원, 베이사이드플레이스 등 크게 네 지역으로 구분할 수 있다. 이중 시사이드 모모치 해변공원 일대에 대부분의 볼거리가 집중되어 있으므로 시간여유가 없다면 시사이드 모모치 해변공원 위주로 둘러보면 되는데, 100엔 버스 노선을 벗어나는 지역이라 이곳으로 갈 때는 노선버스를 이용해야 한다.

여행 방법

시사이드 모모치 해변 일대의 주요 볼거리는 태평양에 면한 해변을 따라 걸어서 돌아보는 것이 정석이다. 주요 관광지를 연결하는 노선버스가 있지만 불과 한두 정류장 거리이므로 버스보다는 산책하는 기분으로 걸어다니는 것이 좋다. 시원한 풍경과 쇼핑, 다양한 엔터테인먼트 시설을 여유 있게 즐기려면 대략 4~5시간이 소요된다. 만일 시간 여유가 있다면 아웃렛 쇼핑을 즐길 수 있는 마리노아시티로 이동하거나, 수상버스를 이용해 바다 건너편에 있는 우미노나카미치 해변공원도 함께 방문해보자.

이동 경로

1 야후오크 돔
소프트뱅크 호크스의 홈구장

도보 10분

2 시사이드 모모치 해변공원
시원한 해변을 산책하며 알찬 시간을 보낼 수 있는 공원

도보 2분

3 마리존
인공 섬 위에 지은 해변 리조트

도보 3분

6 세계의 건축가 거리
세계의 유명 건축가가 만든 주거 타운

도보 5분

5 후쿠오카 시 박물관
후쿠오카의 역사를 소개하는 체험형 박물관

도보 5분

4 후쿠오카 타워
멋진 해변 풍경을 감상할 수 있는 전망 타워

303번 버스 15분

7 마리노아시티 후쿠오카
야경이 아름다운 후쿠오카 근교의 아웃렛 몰

tip

이 지역은 버스가 편리하다!

지하철 도진마치역은 야후오크 돔에서 도보 12분 거리, 니시진역은 후쿠오카 시 박물관에서 도보 15분 거리로 꽤 많이 걸어야 하기 때문에 이 지역을 여행할 때는 시내버스를 이용하는 것이 편리하다.

시사이드 모모치 해변공원 주변 zoom in 1

シーサイドももち 海浜公園周辺

후쿠오카 타워 북쪽에 펼쳐진 인공 해변공원으로 1989년에 열린 아시아 태평양 박람회를 계기로 개발된 지역이다. 후쿠오카 시 박물관, 후쿠오카 시 종합도서관, 야후오크 돔, JAL 리조트 시호크 호텔 등의 대형 시설이 들어서 있고, 인공 해변의 중앙에는 다양한 시설을 한데 모은 마리죤이 있다. 해마다 여름철에는 해수욕을 즐기는 사람들과 비치발리볼, 비치사커, 제트스키 등의 해변 스포츠를 즐기는 사람들로 넘쳐난다.

🔵 야후오크 돔

ヤフオク!ドーム

지도 p.7ⓒ **위치** 하카타 버스터미널 앞에서 303번 버스 이용. 야후오크 돔마에 정류장 하차 후 도보 5분 **주소** 福岡市中央区地行浜2-2-2 **오픈** 10:00~16:00(투어는 매시간 정시 출발) **전화** 092-847-1006 **홈피** www.softbankhawks.co.jp

1993년 4월 2일 문을 연 일본 최초의 개폐식 지붕 시설을 갖춘 돔 구장으로 콜로세움을 모방한 외형이 인상적이다. 다이에 호크스 시절에는 정식 명칭이 후쿠오카 돔 福岡ドーム이었지만, 2005년 2월 다이에의 경영 악화로 소프트뱅크 호크스로 구단이 바뀌면서 돔 구장의 이름도 '후쿠오카 Yahoo! JAPAN 돔'으로 변경했다. 이후 2013년 2월 1일 후쿠오카 야후오크 돔으로 다시 바뀌었다. 평소에는 야구장으로 사용하지만 야구 경기가 없는 날에는 인기 아티스트의 콘서트나 각종 이벤트 등으로 이용하기도 한다.

야후오크 돔 투어

평상시 선수나 선수 관계자 외에는 접근할 수 없는 필드, 더그아웃, 불펜, 라커룸 등 일반인들은 좀처럼 보기 어려운 돔 구장 내의 각종 시설을 약 50분 동안 견학할 수 있다. 12명 이상의 단체는 사전 예약이 가능하지만 개인은 돔 구장 7 · 8번 게이트 사이에 있는 종합 안내소에서 당일 예약만 가능하다. 날짜에 따라 투어가 없는 날도 있으므로 미리 홈페이지를 통해 일정을 확인하는 것이 좋다. 투어 가격은 어른 1,500엔, 어린이 800엔.

전화 092-847-1699
홈피 www.softbankhawks.co.jp

시사이드 모모치 해변공원

シーサイドももち海浜公園

<u>지도</u> p.7ⓒ <u>위치</u> 하카타 버스터미널 앞에서 306번 버스 이용. 후쿠오카 타워 미나미구치 정류장 하차 후 도보 5분 <u>전화</u> 092-822-8141

아름다운 바다를 바라보며 산책을 즐길 수 있는 인공 해변. 야후오크 돔에서 서쪽으로 걸어가면 길이 약 250m에 달하는 인공 해변이 길게 펼쳐진다. 바다를 메워 만든 인공 지반 위에 후쿠오카 타워, 해상 리조트 시설 마리존, 후쿠오카 시립도서관, 후쿠오카 시 박물관 등이 자리 잡고 있다. 이 일대는 원래 1989년 3월 17일부터 9월 3일까지 후쿠오카 시 제정 100주년을 기념해서 개최한 '아시아 태평양 박람회'를 위해 바다를 메운 후 개발한 곳으로 후쿠오카 타워와 후쿠오카 시립박물관이 이때 건설되었다. 박람회 폐막 이후 후쿠오카 시는 이 일대를 시사이드 모모치라 이름 붙이고 현재의 형태로 개발을 진행해 오늘에 이르고 있다. 여름 해수욕 시즌에는 비치발리볼, 비치사커, 제트스키, 서핑 등 해변 스포츠를 즐기는 인파로 넘쳐난다.

고메다커피 후쿠오카모모치점

コメダ珈琲 福岡ももち店

<u>지도</u> p.7ⓕ <u>위치</u> 후쿠오카 타워 미나미구치 버스정류장에서 도보 5분 <u>주소</u> 福岡市早良区百道浜2-1-22 <u>오픈</u> 07:00~23:00 <u>휴무</u> 연중무휴 <u>전화</u> 092-836-8164

1968년 나고야에서 시작한 인기 커피 전문점. 맛있는 커피로 유명세를 떨치면서 2000년부터 본격적으로 체인 사업을 시작, 이제는 전국에 680개의 점포를 가진 거대 기업이 되었다. 게다가 여전히 변함없는 커피 맛으로 인기몰이를 하여 호시노커피, 우에시마커피와 함께 일본 3대 커피 체인점으로 자리를 굳건히 지키고 있다. 시사이드모모치 해변 주변에는 특별한 맛집이나 카페가 드물기 때문에 산책을 하다가 커피, 홍차 400엔~, 디저트 390엔~ 정도로 가격도 합리적이다.

🔵 마리존

マリゾン

지도 p.7ⓑ **위치** 후쿠오카 타워 미나미구치 버스정류장
에서 도보 5분 **주소** 福岡市早良区百道浜2-902-1 **오픈**
11:00~23:00(시설에 따라 다름) **전화** 092-845-1400 **홈피**
www.marizon.co.jp

일본 최초로 인공 지반 위에 세워진 리조트 시설로,
사이드모모치 해변공원의 한가운데에 흰 모래사장
과 푸른 바다로 둘러싸여 있다. 바다 한가운데 자리
잡은 예쁜 교회는 실제 교회가 아니라 규슈 최대급
의 스테인드글라스 장식을 자랑하는 예식장 웨딩 아
일랜드로, 마치 지중해 연안의 작은 도시에라도 온 듯
한 착각을 불러일으킨다. 그 밖에도 바다가 연출하는
파노라마 풍경을 감상하며 식사를 할 수 있는 맘마미
아 등의 카페테리어, 애견과 함께 이용할 수 있는 BIG
DOGS 카페 등 세련된 시설들이 들어서 있다. 여름철
에는 해수욕이나 수상스포츠를 즐길 수 있으며, 선착
장에서 수상버스를 타고 바다 건너편의 우미노나카미
치 해변공원으로 갈 수도 있다.

🔵 후쿠오카 타워

福岡タワー

지도 p.7ⓔ **위치** 하카타 버스터미널 앞에서 306번 버스 이
용, 후쿠오카 타워 미나미구치 정류장 하차 후 도보 1분 **주소**
福岡市早良区百道浜2-3-26 **오픈** 09:30~22:00(10~3월
09:30~21:00) **요금** 800엔(초·중학생 500엔, 유아 200엔)
홈피 www.fukuokatower.co.jp

전체 높이 234m인 일본에서 가장 높은 해변 타워로
시사이드 모모치 해변공원의 랜드마크 역할을 한다.
1989년에 열린 아시아 태평양 박람회를 위해 건설한
것이다. 전망 엘리베이터를 이용해 높이 123m의 최상
층 전망대에 올라가면 후쿠오카 시내가 한눈에 내려
다보인다. 전망대 엘리베이터를 타면 철골과 유리로
이루어진 웅장한 건물 내부를 구경할 수 있으며, 최상
층의 전망대까지 올라가려면 약 70초가 소요된다. 해
마다 골든위크(4월 말~5월 초)와 체육의 날(10월 둘
째 주 월요일)에는 후쿠오카 타워의 비상계단을 뛰어
올라가는 행사가 열린다.

👁 세계의 건축가 거리

世界の建築家通り

지도 p.7Ⓔ **위치** 모모치하마 버스 정류장 하차 후 도보 3분.
지하철 구코센 후지사키역 藤崎駅에서 도보 10분 **주소** 福岡
市早良区百道浜4丁目

마이클 그레이브스 Michael Graves, 스탠리 타이거
맨 Stanley Tigerman, 구로카와 기쇼 黑川紀章, 이즈
에 히로시 出江寛 등 세계의 유명 건축가 7명이 자신
의 상상력을 마음껏 펼쳐 만든 주거 타운이다. 시사이
드 모모치 베르데코트, 넥서스 모모치 M동, 넥서스 모
모치 S동, 시사이드 모모치 아르티코트 A관, 시사이드
모모치 아르티코트 B관으로 이루어져 있으며, 각 건
물의 개성이 신기할 만큼 조화를 이뤄 아름다운 도시
경관을 만들고 있다.

👁 후쿠오카 시 박물관

福岡市博物館

지도 p.7Ⓔ **위치** 후쿠오카 타워 미나미구치 버스정류장
하차 후 도보 3분 **주소** 福岡市早良区百道浜3-1-1 **오픈**
09:30~17:30 **휴무** 매주 월요일, 연말연시 **요금** 200엔(고
교 및 대학생 150엔, 중학생 이하 무료) **홈피** museum.city.
fukuoka.jp

1989년에 열린 아시아 태평양 박람
회 당시 박람회장 내 테마관으로 처
음 문을 연 후 박물관으로 변신했다.
후쿠오카의 역사와 사람들의 생활을
주제로 1층에는 정보 서비스센터와
뮤지엄 숍이 있으며, 2층에는 상설
전시실과 특별전시실, 전망 로비 등
이 자리한다. 오래전부터 대륙 문
화의 창구였던 후쿠오카의 역사를
최신 시스템을 이용한 영상과 음
향으로 재미있게 소개하고 있다.

마리노아시티 후쿠오카 주변 `zoom in 2`

マリノアシティ福岡周辺

규슈에서 가장 큰 규모를 자랑하는 아웃렛 몰인 마리노아시티 후쿠오카를 중심으로 높이 60m의 스카이 휠이 있는 리조트풍 복합 쇼핑 시설이다. 명품 브랜드는 찾아보기 어렵고 대중적인 중저가 브랜드가 대부분이라서 부담 없이 쇼핑을 즐기기에 좋은 곳이다.

🏬 마리노아시티 후쿠오카

マリノアシティ福岡

지도 p.6Ⓐ **위치** 하카타 버스터미널 앞에서 303번 버스 이용. 마리노아시티 후쿠오카 정류장 하차. 덴진, 야후오크 돔 경유 **주소** 福岡市西区小戸2-12-30 **오픈** 10:00~21:00(레스토랑 11:00~23:00) **전화** 092-892-8700 **홈피** www.marinoacity. com

2000년 10월에 문을 연 규슈 최초의 아웃렛 몰. 오픈 당시에는 규모가 그리 큰 편이 아니었지만 2004년 7월과 2007년 9월에 시설을 확장해 추가로 아웃렛 II 동과 III동을 증설하면서 명실상부 규슈에서 가장 큰 규모의 아웃렛 몰로 거듭났다. 인근에 있는 요트 선착장을 배경으로 외관은 부두의 창고를 이미지화해 시설 전체가 수변의 입지를 활용한 개방적인 구조로 만들어져 있다.

전체적인 구성은 전문 아웃렛 매장이 있는 아웃렛동과 대형 매장 및 엔터테인먼트 시설이 들어선 마리나사이드동으로 구분되며, 아웃렛동은 다시 오픈 연도에 따라 I~III의 3개 동으로 나뉜다. 여성복, 남성복, 아웃도어에 이르기까지 130여 개의 전문 아웃렛 매장이 모인 아웃렛동에서는 즐거운 쇼핑 여행을 할 수 있다. 마리나사이드동에는 자동차용품과 종합 스포츠용품 등을 취급하는 매장과 함께 마리노아시티의 상징인 대형 관람차 스카이 휠이 있어 쇼핑은 물론 관람차를 타고 아름다운 전망도 즐길 수 있다.

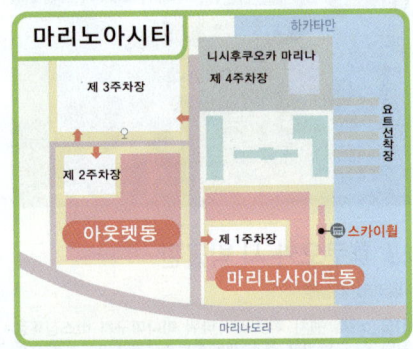

마리노아시티

하카타만

니시후쿠오카 마리나
제 4주차장

제 3주차장

요트선착장

제 2주차장

아웃렛동

제 1주차장

🎡 스카이휠

마리나사이드동

마리나도리

프랑프랑 바자
Franc Franc BAZAR

'캐주얼 스타일리시'를 콘셉트로 멋진 공간을 연출할 수 있는 제품을 판매하는 생활 잡화 숍으로 프랑프랑의 아웃렛 규슈 1호점이다. 저렴한 가격에 프랑프랑의 제품을 구입할 수 있다.

위치 아웃렛 II동 1F **전화** 092-892-8680
홈피 www.francfranc.com

빔스 아웃렛
BEAMS OUTLET

최신 유행에 민감한 패션 리더들에게 최근 가장 많은 주목을 받는 셀렉트 브랜드 숍. 국내외 4,000여 개의 브랜드를 빔스만의 독자적인 시각으로 선별한 아이템이 카테고리별로 가득하다.

위치 아웃렛 III동 1F **전화** 092-894-2100
홈피 www.beams.co.jp

유나이티드 애로스 아웃렛
UNITED ARROWS Outlet

일본에서 가장 인기 있는 패션 브랜드 1, 2위를 다투는 유나이티드 애로스의 전 라벨을 할인된 가격으로 만날 수 있는 아웃렛 매장이다. 모던하고 깔끔한 스타일의 상품이 많아 인기를 끌고 있다.

위치 아웃렛 II동 1F **전화** 092-892-8721
홈피 www.united-arrows.co.jp

레고 클릭브릭
LEGO clickbrick

아이들의 선물용으로 인기가 높은 레고 블록을 저렴하게 구입할 수 있다. 다른 매장에서 구하기 어려운 레어 제품에서부터 시계, 어패럴 등 레고와 관련한 잡화도 함께 취급한다. 2009년 2월 6일 리뉴얼 오픈 후 취급 제품이 한층 더 다양해졌다.

위치 아웃렛 III동 2F **전화** 092-892-1805
홈피 www.clickbrick.jp

우미노나카미치 해변공원 주변 `zoom in 3`

海の中道海浜公園周辺

JR 하카타역에서 전철로 35분, 시사이드 모모치 해변공원의 마리존 선착장에서 수상버스로 15분 거리에 있는 해상공원이다. 약 450㏊에 달하는 넓은 부지에 '마린월드 우미노나카미치' 수족관과 리조트 호텔 '더 루이간즈'를 비롯해 광활한 공원이 펼쳐져 있다. 봄에는 끝없이 펼쳐진 아름다운 꽃을 즐길 수 있는 '플라워 피크닉', 여름에는 서일본 최대급의 리조트 수영장인 '선샤인 풀', 가을에는 '코스모스 축제' 등 다양한 볼거리를 제공한다.

👁 우미노나카미치 해변공원

海の中道海浜公園

위치 JR 하카타역에서 가고시마혼센(11분) 이용 JR 가시이 역으로 이동 후 가시이센(20분)으로 갈아타고 JR 우미노나 카미치역 하차. 베이사이드 플레이스 또는 시사이드 모모치 의 마리존에서 수상버스 우미나카 라인(15분, 1,030엔) 이용 우미노나카미치 선착장 하차 **주소** 福岡市西区大字西戸崎 18-25 **오픈** 09:30～17:30(11월 1일～2월 말 09:30～17:00) **휴무** 12/31, 1/1, 2월 첫째 주 월·화요일 **요금** 410엔(초·중 학생 80엔, 초등학생 미만 무료) **전화** 092-892-6611 **홈피** uminaka-park.jp

후쿠오카 시내에서 가까운 거리에 있는 광활한 해상 공원으로 꽃의 에어리어, 잔디의 에어리어, 자연 체험 에어리어, 놀이의 에어리어, 하카타 만의 에어리어, 겐카이나다 에어리어, 리조트 에어리어 등 크게 7 개의 테마 지역으로 구분된다. 각 지역의 특징을 살린 시설을 배치해 스포츠나 레저, 자연환경 학습 등 목적에 따라 이용할 수 있도록 만들어졌는데, 리조트 에어리어를 제외한 모든 시설은 입장료를 내야 이용 할 수 있다.

❶ 꽃의 에어리어
花のエリア

아름다운 연못을 배경으로 계절마다 각기 다른 색을 뽐내는 화사한 꽃과 허브가 피어나는 프랑스식 정원이 넓게 펼쳐져 있다.

❷ 잔디의 에어리어
芝生のエリア

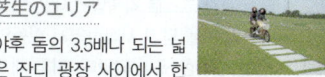

야후 돔의 3.5배나 되는 넓은 잔디 광장 사이에서 한가롭게 피크닉을 즐기거나 퍼터 골프를 즐길 수 있다. 어린이들이 좋아하는 놀이터와 동물의 숲, 꽃 박물관 등 놀거리도 다양하다.

❸ 자연 체험 에어리어 自然体験エリア

울창한 숲 사이사이에 자리 잡은 자연 체험 시설을 이용하다 보면 어느새 자연의 소중함을 깨닫게 된다. 특히 들새를 관찰할 수 있는 연못과 캥거루가 있는 동물의 숲이 인기 있다.

❹ 놀이의 에어리어
遊びのエリア

제트코스트, 대형 관람차 등 테마파크에서 흔히 볼 수 있는 놀이기구가 가득하다.

❺ 하카타 만 에어리어 博多湾エリア

우미노나카미치 해변공원의 동쪽에 있는 바닷가에는 빛과 바람의 광장을 중심으로 바비큐 파티가 가능한 캠프장과 보트가 떠 있는 연못, 그리고 지진 학습 전시장이 있다.

❻ 겐카이나다 에어리어
玄界灘エリア

우미노나카미치의 숨은 명소로 아름다운 해안 풍경이 한눈에 바라보이는 멋진 산책로와 시오미다이 전망대가 있다.

❼ 리조트 에어리어 リゾートエリア

고급스러운 분위기의 리조트 호텔 '더 루이간즈'와 규슈에서 가장 큰 수족관인 '마린월드 우미노나카미치'가 있다. 하카타 항의 베이사이드 플레이스와 시사이드 모모치의 마리존을 연결하는 수상버스 '우미나카라인'의 선착장도 이 지역에 있다.

공원이 워낙 넓다 보니 걸어서 돌아보는 것은 무리이므로 렌털 자전거를 이용하거나 공원 내를 순환하는 파크 트레인을 이용하는 것이 좋다.

❶ 렌털 자전거

렌털 자전거는 3시간 기준 400엔이며, 이후 30분마다 70엔의 요금이 추가된다. 만일 15세 미만의 청소년이라면 3시간 기준 250엔으로 할인되며 이후 30분마다 30엔의 요금이 추가된다.

❷ 셔틀버스

공원 내를 순환하는 셔틀버스의 이용 요금은 1회 탑승 기준 200엔이다. 하지만 온종일 자유롭게 이용할 수 있는 1일 프리패스권이 500엔이므로 프리패스권을 구입하는 것이 경제적이다.

🔘 마린월드 우미노나카미치

海の中道海浜公園

위치 JR 우미노나카미치역에서 도보 5분 주소 福岡市東区大字西戸崎18-28 오픈 09:30~17:30(계절에 따라 변동) 휴무 2월 첫째 주 월·화요일 요금 2,300엔(중학생 1,200엔, 초등학생 1,000엔, 만 4~6세 600엔) 전화 092-603-0400 홈피 www.marine-world.co.jp

1989년 4월 우미노나카미치 해변공원의 문화리조트 지역에 개관한 수족관으로 규슈에서 가장 큰 규모를 자랑한다. 한때는 낙후된 시설과 재미없는 이벤트로 호불호가 갈리는 곳이었는데, 시스템을 교체하고 새로운 디자인과 첨단 시설로 바꾸는 전관 리뉴얼 작업을 마치고 2017년 3월에 재개장하면서 후쿠오카의 핫한 가족여행 명소로 변모했다. 새하얀 조개껍질 형태의 관내에는 규슈의 근해와 심해, 외양에 살고 있는 수많은 어종을 1층~3층에 있는 다양한 수족관에 잘 분류하여 전시하고 있다. 실외에서는 돌고래 쇼를 진행하는데, 쇼 구성이 좋고 돌고래들 훈련이 잘되어 있어 재미있게 구경할 수 있다.

베이사이드 플레이스 주변 `zoom in 4`
マリノアシティ福岡周辺

부산에서 배를 타고 후쿠오카로 들어올 때 만나게 되는 하카타 부두 여객터미널과 일체화된 복합 상업시설 지역. 대대적인 리뉴얼 공사를 마치고 레스토랑과 카페, 편의점, 잡화점 등 다양한 시설을 갖추었지만 예전처럼 후쿠오카의 명소로 거듭나기에는 쉽지 않아 보인다.

📷 베이사이드 플레이스 하카타
ベイサイドプレイス博多

지도 p.3ⓖ **위치** 하카타역 앞 E 버스 정류장에서 99번 버스 이용. 하카타후토 정류장 하차 후 도보 1분. 덴진 솔라리아 스테이지마에 정류장에서 90번 버스 이용. 하카타후토 정류장 하차 후 도보 1분 **주소** 福岡市博多区築港本町13-6 **오픈** 11:00~21:00(시설에 따라 다름) **전화** 092-281-7701 **홈피** www.baysideplace.jp

하카타 부두 여객터미널이 있는 항만 지역. 한때는 후쿠오카 필수 관광 코스로 각광받았지만, 오래된 시설들이 하나둘씩 문을 닫기 시작하면서 한동안 사람들이 찾지 않는 썰렁한 곳이 되었다. 이후 새로운 주인을 만나 대대적인 리뉴얼 공사를 끝내고 쇼핑센터, 음식점 등 다양한 시설을 다시 오픈했지만 떠나간 여행자들을 다시 불러들이기에는 부족해 보인다. 베이사이드 플레이스 건너편에 있는 우미노나카미치 해변공원이나 시카노시마, 쓰시마, 히라도 등으로 가는 선박을 이용할 계획이라면 가는 길에 잠시 들러보는 것으로 충분하다.

하카타 만 크루징 마리에라

하카타 만 크루징 마리에라 博多湾クルージングマリエラ

니시테쓰 시티 호텔이 운영하는 하카타 만의 호화 크루징선으로 베이사이드 플레이스 하카타 부두를 출발해 하카타 만을 돌아보며 정통 프랑스 요리로 점심 또는 저녁식사를 즐길 수 있다. 런치 크루징은 매일 낮 12시부터 약 90분 코스로 이뤄지며 요리 종류에 따라 가격이 달라진다. 그리고 하카타 만의 멋진 야경을 즐길 수 있는 디너 크루징은 매일 19시부터 약 110분 코스로 이뤄지며 요리 가격에 따라 여러 코스로 구분된다. 만 6~12세의 어린이는 어른 요금의 80%가 적용된다. 베이사이드 플레이스 하카타 부두에서 출발하며, 미리 예약하는 것이 좋다.

시간 런치 크루징 12:00, 디너 크루징 19:00 **요금** 런치 크루징 5,400엔~, 디너 크루징 7,020엔~ **전화** 092-751-7171 **홈피** www.mariera.jp

♨ 미나토온센 나미하노유
みなと温泉 波葉の湯

<u>지도</u> p.3ⓖ <u>위치</u> 하카타후토 정류장에서 도보 1분 <u>주소</u> 福岡市博多区築港本町13-1 <u>오픈</u> 09:00~다음 날 01:00 <u>요금</u> 800엔(어린이 450엔), 가족탕 1실 기준 3,500엔(정원 4명, 60분 기준) <u>전화</u> 092-271-4126 <u>홈피</u> www.namiha.jp

하카타 이치방부로 온천을 리뉴얼해 간판을 바꿔 달고 2008년 11월 28일 새롭게 문을 연 당일치기 온천시설. 이전보다 한층 더 업그레이드된 시설과 가족탕도 완비해 후쿠오카의 새로운 온천 명소로 주목받고 있다. 2층 규모의 시설 내에는 4층의 노천탕과 5개의 가족탕, 필링 사우나, 일본식 레스토랑, 보디 케어 시설, 드링크 카운터를 갖추고 있다. 세면도구는 잘 갖춰져 있지만 수건은 별도로 준비하는 것이 좋다.

샘질 칼슘·나트륨 염화물천 효능 피로 해소, 만성 피부병, 부인병, 신경통, 근육통, 관절통, 창상, 화상 등

⊙ 하카타 포트타워
博多ポートタワー

<u>지도</u> p.3ⓖ <u>위치</u> 하카타후토 정류장에서 도보 1분 <u>주소</u> 福岡市博多区築港本町14-1 <u>오픈</u> 10:00~22:00 <u>요금</u> 무료 <u>전화</u> 092-291-0573

부산국제여객터미널에서 배를 타고 하카타 항으로 들어설 때 가장 먼저 눈에 들어오는 높이 100m의 붉은색 전망 타워. 어딘가 불균형한 느낌의 이 타워는 1964년에 처음 세워진 후 반세기에 걸쳐 하카타 항을 출입하는 선박의 안전 운항을 책임지고 있다. 높이 70m에 있는 무료 전망실에서 바라보는 항만의 풍경이 볼만하다. 지금의 포트타워는 2005~2006년에 걸쳐 리뉴얼 공사를 마친 상태로, 2007년 9월 30일에는 타워 1층 부분에 하카타 항 베이사이드 박물관이 이전해 오픈했다.

후쿠오카 3대 공원
100배 즐기기

오호리코엔을 중심으로 니시코엔, 마이즈루코엔 등 자연을 느낄 수 있는 멋진 공원들과 아이들을
동반한 가족여행을 할 때 가면 좋은 미나미코엔 주변의 후쿠오카시 동식물원, 멋진 야경을 즐길 수
있는 니시전망대 등 후쿠오카에는 쇼핑, 엔터테인먼트 시설을 둘러보는 전형적인 도심 여행에 지쳤
을 때 가보면 좋은 숨은 쉼터가 많다. 특히, 벚꽃이 만발하는 봄과 아름다운 불꽃놀이를 구경할 수
있는 여름에는 더 멋진 볼거리를 즐길 수 있다.

오호리코엔 주변

大濠公園周辺

둘레 2㎞의 호수를 둘러싸고 산책로가 조성되어 있는 물의 공원인 오호리코엔을 중심으로 일본 정원, 마이즈루코엔, 후쿠오카 성터, 후쿠오카 시 미술관, NHK 후쿠오카 방송국, 헤이와다이 육상경기장, 니시코엔 등이 모여 있다. 주변 환경이 좋아서인지 공원 주변의 주택가는 후쿠오카의 대표적인 고급 주거지역으로 유명하다. 특별한 볼거리가 있는 것은 아니지만 하나미 시즌과 하나비 시즌에는 한 번 가볼 만하다.

👁 오호리코엔

大濠公園

<u>지도</u> p.2④ <u>위치</u> 지하철 구코센 오호리코엔역 3번 출구에서 도보 1분. 하카타 버스터미널 앞에서 2·3·32번 버스 이용. 아라토1초메 정류장 하차 후 도보 1분 <u>주소</u> 福岡市中央区大濠公園 <u>전화</u> 092-741-2004 <u>홈피</u> www.ohorikouen.jp

후쿠오카 시 주오구에 있는 약 40만㎡ 넓이의 오호리코엔은 일본에서 손꼽히는 물의 공원으로, 여름에는 불꽃놀이 대회가 열리는 것으로도 유명하다. 드넓은 호수 한가운데 다리로 연결된 섬이 있다. 원래 후쿠오카의 영주였던 구로다 나가마사 黒田長政가 후쿠오카 성을 축성할 당시 성을 보호할 목적으로 하카타 만 후미 일부였던 이 지역을 메워 후쿠오카 성벽 밖의 해자로 이용한 것이 시초로 알려져 있다. 이후 후쿠오카 현이 중국의 서호를 모방해 공원을 조성, 1929년에 개장한 것이 현재의 오호리코엔이다. 공원 내에는 연못을 끼고 조성된 산책로, 들새의 숲, 아동 유원지, 일본 정원 등이 있다. 일본 정원의 입장료는 240엔으로 매일 오전 9시부터 오후 5시(여름에는 6시)까지 개방하고 있다. 매주 월요일 휴원.

👁 니시코엔

西公園

<u>지도</u> p.2③ <u>위치</u> 지하철 구코센 오호리코엔역 1번 출구에서 도보 10분. 하카타 버스터미널 앞에서 2·3·32번 버스 이용. 니시코엔 정류장 하차 후 도보 10분 <u>주소</u> 福岡市中央区西公園 <u>전화</u> 092-741-2004

아주 오랜 옛날에 아라쓰야마 산이라 불렸던 경승지가 현재의 니시코엔이다. 구로다 요시타카 黒田孝高와 그 아들 나가마사 長政를 모신 데루모진자 光雲神社와 모리 다헤에 母里太兵衛와 막부 말기의 지사인 히라노 구니오미 平野国臣의 동상, 가토 시쇼 加藤司書의 기념비, 도쿠토미 소호 徳富蘇峰의 기념비, 만요 기념비 등 많은 선인의 기념비가 있다. 가파른 계단을 따라 올라가면 전망대가 나온다. 동으로는 후쿠오카 시가지가, 북으로는 하카타 만과 우미노나카미치, 시카노시마 등이 한눈에 내려다보인다. 공원 내에는 1,300여 그루의 벚나무가 심어져 있어 봄에는 하나미 花見를 즐기는 사람들로 넘쳐난다.

후쿠오카 성터

福岡城跡

지도 p.3Ⓚ **위치** 지하철 구코센 오호리코엔역 5번 출구에서 도보 13분. 하카타 버스터미널 앞에서 1·3·13번 버스 이용. 오테몬 정류장 하차 후 도보 3분 **주소** 福岡市中央区城内 **전화** 092-711-4666

후쿠오카의 초대 영주인 구로다 나가마사가 1601년부터 7년에 걸쳐 축성했다고 한다. 평야부에 있는 구릉을 이용해 본당을 세우고 그 위에 외곽을 설치한 성으로, 천수각이 없는 대신 대·중·소로 된 각각의 천수대와 47곳의 망루가 있다. 천수각이 없는 이유는 성 안에 있는 언덕에 오르면 후쿠오카 시내가 다 보여 굳이 천수각을 지을 필요가 없었기 때문이라고 한다. 현재는 다몬야구라 망루, 시오미야구라 망루, 오테몬(본당을 둘러싼 성곽의 문), 기넨야구라 망루, 모리 다헤에 저택의 문, 나지마 문 등이 보존되어 있으며, 대천수대는 전망대로 사용되고 있다. 해자에는 현 지정 천연기념물인 쓰쿠시오오가야쓰리 Cyperus ohwii K˙˙uk가 자생하며, 성 내에는 만요시조비 万葉歌碑도 있다. 국가 지정 사적으로 별칭인 마이즈루 성이라고도 불린다.

마이즈루코엔

舞鶴公園

지도 p.3Ⓚ **위치** 지하철 구코센 오호리코엔역 5번 출구에서 도보 8분 **주소** 福岡市中央区城内 **전화** 092-781-2153

후쿠오카 성터가 자리한 한적한 공원으로 후쿠오카 시의 최대 번화가인 덴진에서 도보 약 15분 거리에 있다. 공원 대부분을 후쿠오카 성터가 차지하고 있어 사실 공원이라기보다는 유적지에 가깝다. 사계절 자연의 변화를 만끽할 수 있는 이곳은 벚꽃의 명소로 유명해 봄철 벚꽃이 필 무렵에는 벚꽃놀이를 즐기는 인파로 꽤 붐빈다. 공원 내에는 헤이와다이 육상경기장 등의 스포츠 시설이 정비되어 있고, 오호리코엔 및 후쿠오카 시 미술관 등과 인접해 있다. 공원 동쪽에 있는 고로칸 유적 전시관은 8세기 초에서 12세기 말에 외국 사신들이 숙소로 사용했던 영빈관 터로, 후쿠오카 성터 발굴 과정에서 출토된 중국 도자기와 유리잔 등을 전시하고 있다.

미나미코엔 주변
南公園周辺

고급 주택가 사이에 넓게 펼쳐진 구릉지가 바로 미나미코엔이다. 오래전에는 히라오 정수장이 있던 부지였지만 지금은 후쿠오카 동식물원과 후쿠오카 시내를 한눈에 내려다볼 수 있는 전망대가 있다. 평소에는 별 볼일 없는 곳이지만 벚꽃이 피는 시즌에는 자녀와 함께 벚꽃놀이를 즐기려고 찾아오는 사람들로 북적거린다.

🔶 후쿠오카 시 동식물원
福岡市動植物園

지도 p.3◎ **위치** 지하철 구코센 아카사카역 2번 출구에서 도보 10분. 하카타역 앞 A정류장에서 58번 버스 이용. 도부쓰엔마에 정류장 하차 후 도보 1분 **주소** 福岡市中央区南公園1-1 **오픈** 09:00~17:00 **휴무** 매주 월요일, 연말연시 **요금** 600엔 (고등학생 300엔, 중학생 이하 무료) **전화** 092-531-1968 **홈피** zoo.city.fukuoka.lg.jp

지하철 야쿠인오도리역에서 세련된 가게가 즐비한 조스이도리 淨水通를 따라 15분 정도 걸어가면 푸른 숲이 우거진 미나미코엔이 나타난다. 공원 안에는 후쿠오카 시민들의 휴식처로 사랑받는 60년 전통의 동물원이 자리 잡고 있다. 규모가 그렇게 크지 않아 사자, 호랑이, 코끼리, 오랑우탄 등 다양한 동물들을 구경하면서 가볍게 1~2시간 산책하기에 안성맞춤이다. 아이들과 함께 간다면 어린이 동물원 구역에서 직접 동물들을 만져보거나 먹이를 주는 체험을 즐기는 것도 좋다. 다만, 오랜 세월 동안 리뉴얼 공사를 하고 2012년 10월 30일에 새롭게 오픈했는데, 여전히 재미있는 동물 이벤트나 예쁜 산책로 등이 부족한 부분은 아쉬운 점이다.

🔶 니시전망대
西展望台

지도 p.3◎ **위치** 지하철 구코센 아카사카역 2번 출구에서 도보 15분. 하카타역 앞 A정류장에서 58번 버스 이용. 다이세이코코마에 정류장 하차 후 도보 5분 **주소** 福岡市中央区南公園 **오픈** 24시간 **전화** 092-522-3210

후쿠오카의 멋진 야경을 감상할 수 있는 무료 전망대. 미나미코엔의 서쪽에 있는 후쿠오카 야마노우에 호텔 福岡山の上ホテル 근처의 작은 산 위에 자리 잡고 있다. 시내 중심부에 위치해 후쿠오카 시내는 물론 시사이드모모치 해변을 비롯한 하카타 만 일대가 한눈에 들어온다.

히가시코엔 주변

東公園周辺

1274년과 1281년 두 차례에 걸친 여몽 연합군의 일본 정벌 당시 격전이 있었던 전쟁터가 바로 이곳 히가시코엔이다. 지금은 그 터를 정비해 공원이 되었지만, 공원 내에는 당시 역사와 깊은 관련이 있는 가메야마 상황 과 니치렌 日蓮 승려의 동상이 세워져 있다. 또 복의 신으로 유명한 에비스 恵比須를 모신 도카에비스진자와 겐코 역사관도 있다.

👁 히가시코엔

東公園

지도 p.3ⓗ 위치 JR 요시즈카역에서 도보 2분. 지하철 하코자키센 치요다켄초구치역 6번 출구에서 도보 5분 주소 福岡市中央区東公園 오픈 24시간 전화 092-409-0597 홈피 higashikoen.net

하카타역의 북쪽에 있는 후쿠오카 현청 바로 앞에 자리 잡은 공원으로, 후쿠오카 시 동식물원이 있는 니시코엔 西公園과 반대 방향인 동쪽에 위치한다고 해서 히가시코엔이라는 이름이 붙여졌다. 약 7만㎡의 넓은 공원으로 공원 한가운데 있는 가메야마 상황의 동상을 중심으로 매화나무와 철쭉이 가득한 푸른 숲이 잘 가꿔져 있다. 여몽 연합군의 일본 정벌과 관련한 사료를 전시한 겐코 역사관 元寇史料館(입관료 300엔) 앞에는 원의 침공을 미리 예언한 것으로 유명한 니치렌 승려의 동상이 서 있다. 높이 10.6m의 니치렌 동상을 받치고 있는 대좌에는 여몽 연합군의 일본 정벌 당시의 상황을 부조로 표현한 조각이 새겨져 있어 흥미롭다.

👁 도카에비스진자

十日恵比須神社

지도 p.3ⓗ 위치 JR 요시즈카역에서 도보 5분. 지하철 하코자키센 치요다켄초구치역 6번 출구에서 도보 7분 주소 福岡市中央区東公園7-1 오픈 24시간 전화 092-651-1563 홈피 www.tooka-ebisu.or.jp

히가시코엔 안에 있는 신사. 약 400년 전 하카타의 신사에서 대대로 신관직을 물려받은 다케노우치 집안의 고에몬이 분가해 하카타에서 장사하던 시절 가시이 궁과 하코자키 궁으로 참배 가는 도중에 해변에서 부부 에비스 조각상을 주워 신사를 세운 것이 그 시초로 전해진다. 당연히 제신으로는 '에비스 신'을 의미하는 고토시로 주대신과 '다이코쿠신'을 의미하는 오쿠니 주대신을 모시고 있다. 평소에는 한적하고 조용한 신사지만 1월 8일부터 11일까지 '도카에비스 정월대제'가 열릴 때는 백만 명이 넘는 인파가 몰려든다. 도카에비스 마쓰리 중에서도 1월 9일 오후 3시경부터 시작되는 가치마이리 徒歩詣リ가 특히 볼만하며, 하카타의 게이샤들이 신사에 참배하기 위해 모여든다.

📷 하코자키구
箱崎宮

지도 p.3ⓗ **위치** JR 하카타역에서 가고시마혼센 이용, 하코자키역 하차 후 도보 5분. 지하철 하코자키센 하코자키마에역 1번 출구에서 도보 3분. 하카타 버스터미널 1층에서 9·29번 버스 이용, 하코자키 정류장 하차 후 도보 3분 **주소** 福岡市東区箱崎1-22-1 **오픈** 24시간 **전화** 092-641-7431 **홈피** www.hakozakigu.or.jp

이와시미즈 石清水, 우사 宇佐와 함께 일본의 3대 하치만 궁의 하나로 오진 応神 일왕과 신공 神功 왕후, 다마요리히메노 미코토 玉依姬命를 제신으로 모신다. 923년에 호나미군의 다이부하치만 궁 大分八幡宮에서 옮겨온 것이 시초로 알려져 있다. 이 지역은 고로칸 무역이 쇠퇴한 12세기부터 대외 교역의 기지로 번성했으며, 그 후에도 여몽 연합군의 일본 정벌 당시 전쟁터가 되는 등 다양한 역사의 발자취가 묻어나는 곳이다. 본전, 참배전, 누문, 경내 첫 번째 도리이, 석등용 등 많은 국가 지정 중요문화재가 있다. 매년 1월 3일에 열리는 다마세세리 玉取祭와 여름 축제인 7월 말의 나고시사이 夏越祭, 9월 12〜18일에 열리는 방생회대제 放生会大祭 등의 축제 기간에는 수많은 인파가 몰려든다. 축제 기간이 아니더라도 110여 종의 수국이 활짝 꽃을 피우는 6월경에도 방문할 만하다.

아사히맥주 하카타 공장

아사히맥주 하카타 공장 アサヒビール博多工場

JR 하카타역에서 가고시마혼센을 이용해 한 정거장 거리인 다케시타역 竹下駅에서 도보 3분 거리에 아사히맥주 공장이 있다. 후쿠오카에서 유일한 맥주 공장으로 맥주 제조 과정 견학은 물론 갓 만들어낸 신선한 생맥주를 그 자리에서 바로 맛볼 수 있어 인기를 끌고 있다. 공장 견학은 무료지만 사전 예약제로 운영하므로 전화 또는 인터넷 예약은 필수다. 예약은 견학 희망일 6개월 전부터 일주일 전까지 해야 하며 견학 희망 일시와 인원수, 연락처, 교통수단을 알려줘야 한다. 견학 인원은 최소 2명부터 150명까지 가능하다. 참고로 토·일요일 및 공휴일은 공장이 휴일인 관계로 실제 맥주 제조 과정은 모니터를 통해서만 견학할 수 있다.

지도 p.5ⓟ **위치** JR 하카타역에서 가고시마혼센 이용, 다케시타역 하차 후 도보 3분 **주소** 福岡市博多区竹下3-1-1 **오픈** 09:30〜15:00 (견학 약 60분) **휴무** 연말연시 **전화** 092-431-2701 **홈피** www.asahibeer.co.jp/brewery/hakata

도스 프리미엄 아웃렛
Tosu Premium Outlets

일본의 남쪽 현관, 규슈의 후쿠오카에서 가까운 거리에 있는 도스 프리미엄 아웃렛은 미국 캘리포니아 주 남부의 아름다운 마을을 이미지로 하여 조성한 스페니시 콜로니얼 스타일의 시설이 매력적인 곳이다. 신선한 공기와 밝은 햇살이 잘 어울리는 밝고 세련된 분위기 속에 아르마니 Armani, 브룩스 브라더스 Brooks Brothers, 코치 Coach, 훌라 Furla, 히키 Hickey, 프리맨 Freeman, 나이키 Nike 등 약 120개의 명품 브랜드 숍이 자리한다.

가는 방법

도스 프리미엄 아웃렛이 있는 도스 시 鳥栖市는 행정구역상으로 사가 현에 속하지만 후쿠오카의 JR 하카타역에서 특급열차로 불과 30분 거리이고, 후쿠오카 시내의 니시테쓰 덴진 고속버스터미널에서 직행버스를 타면 약 45분이 소요된다. 한 번에 바로 가는 버스가 더 편한데, 평일에는 하루 1편, 토·일요일 및 공휴일에는 하루 4편 왕복한다. 참고로 JR패스 소지자라면 도스로 가는 JR 특급열차를, 산큐패스 이용자라면 직행 고속버스를 무료로 이용할 수 있다.

<u>철도</u>   JR 하카타역에서 가고시마혼센 쾌속열차(30분, 560엔) 이용 JR 도스역 하차 후 노선버스(15분, 210엔) 환승

※ 도스역과 도스 프리미엄 아웃렛을 연결하는 노선버스는 평일 30~60분 간격, 토·일요일 및 공휴일은 30분 간격으로 운행한다.

<u>버스</u>   니시테쓰 덴진 고속버스터미널에서 직행 고속버스(45분, 750엔) 이용

※ 휴일 기준 니시테쓰 덴진 고속버스터미널 출발 09:00, 10:00, 11:00, 12:00
　도스 프리미엄 아웃렛 출발 14:30, 15:30, 16:30, 17:30

<u>이동경로</u>   하카타 → JR 가고시마혼센(30분, 560엔) → 도스역 → 노선버스(15분, 210엔) → 도스 프리미엄 아웃렛

니시테쓰 덴진 고속버스터미널 → 직행 고속버스(45분, 750엔) → 도스 프리미엄 아웃렛

프리미엄 아웃렛은 미국에서 만들어진 고급 아웃렛이다. 세계 각국의 유명 브랜드가 직접 입점하는 새로운 유통 스타일로 이국적인 공간에서 거리를 산책하듯이 하루 종일 쇼핑을 즐길 수 있는 것이 특징이다. 1981년에 미국의 첼시 Chelsea에 의해 처음 탄생한 후 뉴욕 교외나 로스앤젤레스 등 미국 대도시 교외를 비롯해 멕시코, 일본 등 해외에도 진출해 수많은 매장을 운영하고 있다. 일본 내에서는 시즈오카 현의 고텐바 御殿場를 시작으로 오카사의 린쿠 りんくう, 도치기 현의 사노 佐野, 사가 현의 도스 鳥栖, 기후 현의 도키 土岐, 효고 현의 고베산다 神戸三田, 미야기 현의 센다이 이즈미 仙台泉 등 7개의 매장이 있으며, 우리나라에도 지난 2007년 6월 1일 첼시 그룹과 신세계가 합작한 여주 프리미엄 아웃렛이 오픈한 바 있다. 매년 3월 말(3월 20~29일경)에는 도스 프리미엄 아웃렛 탄생일을 기념하는 대대적인 세일 행사가 있으며, 세일 기간에는 후쿠오카뿐만 아니라 벳푸 · 구마모토 · 나가

사키 등 규슈의 대도시와 도스 프리미엄 아웃렛을 바로 연결하는 직행버스가 운행된다.

위치 佐賀県鳥栖市弥生が丘8-1 **오픈** 10:00~20:00
휴무 2월 셋째 주 목요일 **전화** 0942-87-7370 **홈피** www.premiumoutlets.co.jp/tosu/

프리미엄 아웃렛 FAQ

1. 신용카드 사용이 가능한지?
비자 VISA, 마스터 Master, 아메리칸 익스프레스 American Express, 다이너스 Dainers 카드 등을 사용할 수 있다.
단. 일부 매장은 카드 이용이 불가능한 곳도 있다.

2. 외화 환전은 가능한지?
프리미엄 아웃렛 내에서는 외화 환전은 불가능하다. 미리 공항이나 은행에서 환전을 해가는 것이 좋다.

3. 여행자수표는 사용 가능한지?
매장 내에서 여행자수표는 사용할 수 없으므로 미리 은행이나 우체국에서 현금으로 환전해야 한다.

4. 면세 혜택을 받을 수 있는지?
대부분의 숍에서는 면세 혜택을 받을 수 없지만 브룩스 브라더스 Brooks Brothers와 태그 호이어 Tag Heuer에서는 면세 혜택이 있다. 단, 한 가게에서 상품을 1만 엔 이상 구입해야 하며 반드시 여권을 제시해야 한다.

5. 여행용 가방을 맡길 수 있는지?
아웃렛 내에 있는 코인로커를 이용하면 된다. 참고로 도스 프리미엄 아웃렛의 경우 로커 사이즈는 50.5×32×42cm이다.

6. 아웃렛 내에서 택배 서비스를 이용할 수 있는지?
해외로 보낼 수는 없지만 일본 국내라면 얼마든지 가능하다.

7. 렌터카를 이용할 경우 주차장을 사용해야 하는데 주차비는 얼마인지?
도스 프리미엄 아웃렛의 주차비는 무료이므로 얼마든지 자유롭게 이용할 수 있다.

다자이후
大宰府

후쿠오카 교외에 위치한 다자이후에는 중요한 유적지가 많아 일본의 고대문화를 접할 수 있는 곳이다. 다자이후 시내에는 1,300년 전 규슈 전체를 관할하는 다자이후라는 큰 관공서가 있었는데 무려 500년 동안이나 그 역할을 했다고 한다. 그런 만큼 지금도 미즈키 유적 水城跡, 오노조 유적 大野城跡, 간제온지 観世音寺, 고묘젠지 光明禅寺, 다자이후텐만구 太宰府天満宮 등 수많은 사적이 남아 있다. 이 중에서 다자이후텐만구와 고묘젠지는 꼭 한 번 가볼 만하다.

다자이후
이렇게 여행하자

사철	니시테쓰 다자이후역 西鉄 太宰府駅
이동경로	니시테쓰 후쿠오카역 → 니시테쓰오무타센 급행(16분, 400엔) → 니시테쓰 후쓰가이치역 → 니시테쓰다자이후센 보통열차(5분) → 니시테스 다자이후역

가는 방법

다자이후로 가려면 사철인 니시테쓰 전철을 이용하는 것이 가장 편리하다. 후쿠오카의 번화가인 덴진 중심부에 자리 잡은 니시테쓰 후쿠오카역에서 니시테쓰 오무타센 급행을 이용해서 후쓰가이치역 二日市駅까지 이동한 후 니시테쓰 다자이후센으로 갈아타면 다자이후에 28분 만에 도착할 수 있다.

여행 방법

다자이후는 역사가 오래된 만큼 마을 곳곳에 유적지들이 흩어져 있지만 모두 둘러봐야 할 정도로 대단한 볼거리는 아니다. 반나절 정도 투자해서 다자이후텐만구와 규슈국립박물관, 그리고 신사 앞의 전통 상점들만 둘러보아도 충분하다.

추천 코스

도보 5분

에스컬레이터 & 무빙워크 5분

1 니시테쓰 다자이후역
다자이후 여행의 시작

2 다자이후텐만구
100년의 오랜 역사를 자랑하는 일본 전역 텐만구의 본산

3 규슈국립박물관
일본과 아시아 각국의 문화유산을 전시 중인 국립박물관

도보 7분

커뮤니티 버스 15분

도보 3분

6 규슈온센무라 쓰쿠시노유
다자이후의 명물 당일치기 온천시설

5 가사노야
다자이후의 명물 우메가에모치 가게

4 고묘젠지
석남화와 단풍, 가레산스이 정원으로 유명한 선종 사원

다자이후
大宰府

🔍 다자이후텐만구
太宰府天満宮

지도 p.9상Ⓐ **위치** 니시테쓰 다자이후역에서 도보 5분 **주소** 太宰府市宰府4-7-1 **오픈** 06:30~19:00(6/1~8/31 ~20:00, 12/31~1/3 24시간 개방) **전화** 092-922-8225 **홈피** www. dazaifutenmangu.or.jp

학문이 뛰어난 스가와라 집안의 대표적인 학자인 스가와라 미치자네 菅原道真(845~903)를 기리고자 세운 신사로, 1591년에 지어진 본전은 일본의 중요문화재로 지정되어 있다. 입구로 들어서면 울창한 매화나무와 신지이케 心字池라는 연못이 제일 먼저 눈에 들어온다. 다자이후텐만구는 신사 중에서도 규모가 꽤 큰 편이라 건물 자체도 웅장하지만 무엇보다 신사 안에 있는 수령이 오래된 여러 그루의 매화나무가 인상적이다. 특히 이른 봄 6,000그루의 매화나무에 흰색과 붉은색의 매화꽃이 활짝 피면 신사 안은 꽃구경을 하러 온 참배객들로 붐빈다. 또 학문의 신을 모시는 신사의 본산답게 해마다 입시철에는 합격 기원 부적을 사려고 일본 전역에서 200만 명 이상의 인파가 몰려들기도 한다.

다자이후역에서 신사로 가는 산도 参道에는 일본의 전통 공예품과 음식을 파는 가게들이 즐비하게 늘어서 있어 또 다른 볼거리를 제공한다. 이 중 많은 가게에서 다자이후의 명물인 우메가에모치 梅ヶ枝餅을 팔고 있다.

다자이후텐만구의 주요 볼거리

세키조토리이 石造鳥居

산도를 따라 계속 걸어가면 왼쪽으로 보이는 돌로 만든 도리이. 무로마치 시대(1336~1573) 초기의 작품으로 후쿠오카 현에서 가장 오래된 것이라고 알려졌다.

다이코바시 · 히라바시 太鼓橋·平橋

신지케 연못으로 이어지는 3개의 다리. 제일 앞에서부터 다이코바시 · 히라바시 · 다이코바시라고 하며, 각각 과거 · 현재 · 미래를 상징한다. 이는 불교 사상에 기인한 것으로 이 다리를 건넘으로써 속세의 죄를 씻어내고 심신을 맑게 한다는 의미가 담겨 있다.

신지이케 心字池

다리에 올라서면 바로 보이는 아름다운 연못. 한자 마음 심 心의 형상을 본떠 만들었다고 한다. 다자이후텐만구 최고의 절경.

호모쓰덴 宝物殿

로몬의 오른쪽에 있는 건물로 다자이후텐만구의 보물관이다. 스가와라 미치자네가 쓴 서적과 7세기 동아시아의 지지 地誌를 본따 만든 국보 간엔 幹苑 등 다자이후의 역사와 관련된 보물급 자료 5만여 점을 전시하고 있다. 입관료 400엔이 필요하다.
오픈 09:00~16:30 휴무 매주 월요일(공휴일 · 대체휴일일 경우 개관) 요금 일반 400엔, 대학생 · 고등학생 200엔, 중학생 · 초등학생 100엔

로몬 楼門

히와다부키 檜皮葺 지붕과 선명한 자주색 기둥이 멋진 다자이후텐만구의 대표적인 볼거리. 본전 입구에 있으며, 바로 앞에는 스가와라 미치자네의 동상과 고신규가 있다. 비

록 1919년에 재건된 것이지만 화려했던 옛날의 위용은 그대로 살아 있다.

고신규 御神牛

악한 기운을 쫓아내 주는 영험한 황소 동상. 몸이 아픈 사람이 소 동상의 똑같은 부위를 쓰다듬으면 악한 기운이 빠져나가면서 병이 낫는다고 알려져 오가는 사람들이 만지는 바람에 반질반질하니 빛이 난다.

혼덴 本殿

905년에 처음 지은 본전이 소실된 후 1591년에 새롭게 재건한 것이다. 화려하고 웅장한 모모야마 시대의 건축 양식을 띠며, 나라의 중요문화재로 지정되어 있다. 원형 그대로 잘 보존된 건물이지만 본전의 지붕은 지난 1990년에 새로 교체한 것이다.

👁 규슈국립박물관

九州国立博物館

지도 p.9상ⓐ **위치** 니시테쓰 다자이후역에서 도보 10분 **오픈** 09:30~17:00 **휴무** 매주 월요일, 연말 **요금** 430엔(대학생 130엔, 고등학생 이하 무료) **전화** 050-5542-8600 **홈피** www.kyuhaku.jp

2005년 10월 16일 도쿄, 교토, 나라에 이어 일본에서 4번째로 설립된 국립박물관. 지상 5층 지하 2층 규모로 산의 구릉을 본떠 지은 독특한 외관이 눈에 띈다. 구석기 시대부터 개국 당시까지 시대별로 일본 문화의 형성 과정을 보여주는 유물과 자료들이 전시되어 있으며, 3개의 국보급 유물과 수십 개의 중요문화재 등 볼거리가 다양하다. 평소에는 4층에 있는 문화 교류 전시실만 개방하며, 시기에 따라 전시 주제가 달라

지는 3층의 특별전시실은 별도의 요금을 내고 입장해야 한다. 1층에는 무료로 입장이 가능한 아짓파 등의 체험형 시설이 있어 아시아의 민족의상과 전통악기 등을 실제로 만져보거나 체험할 수 있으며, 티 라운지에서는 간단하게 요기를 할 수도 있다. 관내에서는 플래시만 사용하지 않는다면 사진 촬영도 가능하다. 그리고 일요일 오후 2시부터 시작하는 백야드 투어(무료)는 가이드의 설명을 들으며 평소에는 볼 수 없는 박물관의 이면을 엿볼 수 있어 큰 인기를 얻고 있다.

👁 고묘젠지

光明禅寺

지도 p.9상ⓐ **위치** 니시테쓰 다자이후역에서 도보 8분 **주소** 太宰府市宰府2-16-1 **오픈** 08:00~17:00 **요금** 200엔 **전화** 092-922-4053

1273년에 스가와라 菅原 가문 출신의 승려 데쓰규 엔신 鉄牛円心 화상이 창건한 선종 사원으로 석남화와 단풍이 유명하다. 특히 규슈에서 유일하게 가레산스이 枯山水(물을 사용하지 않고 돌과 모래로만 산수의 풍경을 표현한 정원) 양식의 정원으로 유명한 석정이 있어 단풍 시즌에는 수많은 여행객이 찾는다. 뒤뜰은 이끼로 육지를 흰 모래로 바다를 표현했으며, 앞뜰에는 돌을 배치해 '빛 광 光'이라는 글자를 표현했다. 아름다운 이끼 정원 때문에 고케데라 苔寺라는 별칭을 갖고 있다.

tip

규슈국립박물관으로 가는 방법

1 규슈국립박물관을 찾아갈 때는 다자이후텐만구의 보물관 뒤쪽에 있는 연결 통로를 이용하는 것이 좋다. 이 연결 통로를

이용하면 에스컬레이터와 무빙워크를 통해 언덕 위에 자리 잡은 박물관까지 편안하게 갈 수 있다.
2 렌터카로 다자이후를 방문한 여행객은 비싼 사설 주차장 대신 규슈국립박물관의 주차장을 이용하는 것이 좋다. 시간 제한 없이 1회 500엔으로 주차할 수 있어 경제적이다.

🍴 가사노야

かさの家

지도 p.9상Ⓐ **위치** 니시테쓰 다자이후역에서 도보 4분 **주소**
太宰府市宰府2-7-24 **오픈** 10:00~17:30 **전화** 092-922-
1010 **홈피** www.kasanoya.com

다자이후텐만구의 산도
에 있는 맛집으로 명물
우메가에모치 梅ヶ枝餅
로 유명하다. 우리나라의
전병과 비슷한 우메가에모치는 찹쌀로 만들어 쫀득쫀
득하고 안에 팥소가 들어 있어 달콤한 맛이 일품이다.
1개에 120엔으로 부담 없이 즐길 수 있다. 모치 외에
도 소바와 정식, 도시락 등 다양한 식사 메뉴를 갖추
고 있다. 니시테쓰 전철에서 후쿠오카~다자이후 왕
복 승차권인 다자이후산사쿠킷푸 太宰府散策きっぷ
를 구입하면 이곳에서 판매하는 우메가에모치 3개를
맛보는 혜택을 누릴 수 있다.

🍴 야스타케

やす武

지도 p.9상Ⓐ **위치** 니시테쓰 다자이후에서 도보 1분 **주소**
太宰府市天満宮参道 **오픈** 10:00~18:00 **전화** 092-922-
5079 **홈피** www.umegaemochi.com

현지 농가에서 만든 자가제 소바 분말과 지하 청정수
를 사용해 만든 맛있는 소바와 우동을 판매한다. 수타
면이라 그런지 쫄깃쫄깃한 면발이 일품이다. 자루소
바 ざるそば가 800엔, 오로시소바 おろしそば는 950
엔, 야마가케소바 山かけそば는 950엔, 오야코소바
親子とじそば는 950엔이다. 취향에 따라 소바 대신
우동을 선택할 수도 있다. 이곳에서도 다자이후의 명
물인 우메가에모치(1개 120엔)와 전통 디저트로 인기
높은 명물 안미쓰 あんみつ(600엔)를 맛볼 수 있다.
다자이후텐만구로 향하는 산도의 첫 번째 도리이와
두 번째 도리이 사이에 있다.

🍴 사카도야

酒殿屋

지도 p.9상Ⓐ **위치** 니시테쓰 다자이후역에서 도보 5분 **주소**
太宰府市宰府3-2-40 **오픈** 09:00~17:00 **전화** 092-922-
5992 **홈피** www.sakadoya.jp

일본식 정원이 아름다운 다자이후의 음식점. 식당에
있는 창밖으로 잘 관리한 미니 정원이 있어 멋진 경
관을 바라보며 식사를 즐길 수 있다. 대표 메뉴는 양
념이 잘 어우러진 돈가스가 덮여 있는 가쓰동 カツ丼
(960엔)이다. 일본어 カツ는 '승리하다'라는 뜻으로 수험
생들에게 특히 인기가 높다. 그밖에 오야코동 親子丼
(870엔)과 다자이후의 명물 디저트 우메가에모치 梅
ヶ枝餅(120엔) 등 다양한 메뉴가 있다.

🍴 치쿠시안
筑紫庵

지도 p.9상Ⓐ **위치** 니시테쓰 다자이후역에서 도보 3분 **주소** 太宰府市宰府3-2-2 **오픈** 11:00~18:00 **전화** 092-921-8781

언뜻 동네 커피 전문점처럼 보이지만, 햄버거와 우리나라의 닭강정과 비슷한 튀김요리인 가라아게가 맛있는 숨은 맛집이다. 가라아게는 소스에 따라 모두 6종류가 있는데 그중에서 인기 넘버원 메뉴는 달달한 소스를 뿌린 치쿠시안 가라아게 筑紫庵のからあげ(500엔). 바삭거리는 가라아게를 패티로 쓴 다자이후 버거 大宰府バーガー(500엔)도 맛있다.

🍴 스시에이
寿し栄

지도 p.9상Ⓐ **위치** 니시테쓰 다자이후역에서 도보 5분 **주소** 太宰府市宰府3-3-15 **오픈** 09:00~21:30 **휴무** 매주 수요일 **전화** 092-922-3089 **홈피** sushiei.net

다자이후의 명물 스시 전문점. 11시부터 오후 2시까지 판매하는 스시런치 寿しランチ(1,400엔)가 인기다. 관광지에서 흔히 볼 수 있는 런치세트가 아니라, 종류별로 10개의 스시와 3개의 규리마키(오이말이 초밥) 그리고 부드러운 일본식 계란찜인 차완무시 茶碗蒸し가 함께 나오는 제법 근사한 정찬이다. 신선한 참치와 쌀밥의 조화가 매력적인 마구로동 まぐろ丼(1,080엔)도 수준이 높은 편.

♨ 규슈온센무라 쓰쿠시노유
九州温泉村 都久志の湯

지도 p.9상Ⓑ **위치** 니시테쓰 다자이후역에서 가라우치잔행 커뮤니티 버스 이용. 택시를 이용하는 것이 좋음(약 1,200엔) **주소** 太宰府市大字内山1128 **오픈** 16:00~24:00(토·일·휴일 11:00~24:00) **요금** 500엔, 가족탕 대절 1실 1시간 기준 입장료 1,000엔 **전화** 092-918-1177 **홈피** tsukushinoyu.com

다자이후 시 북동쪽을 에워싸는 호만잔 宝満山 기슭에 있는 온천시설로, 온천의 불모지였던 다자이후에 온천 열풍을 일으킨 곳이다. 높은 산중에 자리 잡아 찾아가기는 조금 불편하지만 자연 속에서 온천을 즐길 수 있어 인기가 높다. 니시테쓰 다자이후역에서 커뮤니티 버스로 8분 거리에 있으므로 다자이후텐만구를 먼저 둘러본 후 가는 것이 좋다. 500엔의 입욕료만 내면 남탕 3개, 여탕 4개 등 남녀 별도로 마련된 온천시설을 자유롭게 이용할 수 있지만 가족탕은 1실 1시간 대절 기준으로 1,000엔의 추가 요금을 내야 한다. 비누나 샴푸, 린스 등의 세면도구는 충실히 갖춰져 있지만 수건은 제공되지 않으므로 미리 준비해가는 것이 좋다.

야나가와
柳川

마을 전체를 휘감고 도는 아름다운 수로를 따라 서정적인 풍경을 감상하며 유유자적한 기분을 느낄 수 있는 가와쿠다리 川下リ가 유명한 곳 야나가와. 베네치아 같은 화려함은 찾아보기 어렵지만 왠지 마음을 편안하게 해주는 소박한 아름다움과 서정적인 정서를 흠뻑 머금고 있기에 야나가와로 가는 여행은 즐거운 소풍놀이임이 틀림없다.

야나가와
이렇게 여행하자

사철	니시테쓰 야나가와역 西鉄柳川駅
이동경로	니시테쓰 후쿠오카역 → 니시테쓰 오무타센 특급(48분, 850엔) → 니시테쓰 야나가와역

가는 방법

후쿠오카 근교의 물의 도시 야나가와로 가려면 사철인 니시테쓰 전철을 이용하는 것이 가장 편리하다. 후쿠오카의 번화가인 덴진 중심부에 자리 잡은 니시테쓰 후쿠오카 역에서 출발하는 니시테쓰 오무타센 특급(48분, 850엔)을 이용해 니시테쓰 야나가와역으로 가면 된다.

여행 방법

일단 니시테쓰 야나가와역에 도착하면 가와쿠다리 승선장으로 가서 돈코부네 どんこ船(나룻배)를 타고 수로 양옆으로 펼쳐진 멋진 풍경을 즐기자. 대략 1시간이 소요되는 선상 여행을 마치고 배에서 내리면 주변에 있는 오하나, 기타하라하쿠슈 생가기념관 등의 명소를 둘러보면 된다.

추천 코스

1 니시테쓰 야나가와역
야나가와 여행의 시작

도보 3분

2 야나가와 가와쿠다리
서정적이고 아름다운 풍경을 즐길 수 있는 선상 여행

야나가와 가와쿠다리 60분

3 오하나
아름다운 정원이 인상적인 다치바나 가문의 오래된 저택

도보 7분

버스 10분

4 원조 모토요시야
전통 장어 요리를 맛볼 수 있는 야나가와의 명물 음식점

4 기타하라 하쿠슈 기념관
일본의 유명 문학가 기타하라 하쿠슈의 유품을 전시한 기념관

tip

야나가와 여행은 주요 명소를 모두 둘러본다고 해도 반나절이면 충분하므로 같은 니시테쓰 전철 노선인 다자이후와 함께 하루 일정으로 잡는 것이 좋다.

야나가와

柳川

🚃 야나가와 가와쿠다리

柳川川下り

지도 p.9하Ⓑ **위치** 니시테쓰 야나가와역에서 도보 3분 **오픈** 09:00~17:00(시기에 따라 변동가능성 있음) **요금** 1,600엔(어린이 800엔) **전화** 0944-72-6177 **홈피** www.yanagawakk.co.jp

야나가와의 풍경은 가와쿠다리를 경험해보지 않고서는 제대로 느낄 수 없다. 마을을 가로질러 흐르는 수로를 따라 돈코부네 ドンコ船라는 길이 8m가량 되는 나룻배를 타고 유유자적 주변 경치를 감상하는 여행 코스로, 뱃사공 아저씨의 정감 어린 가이드에 귀 기울이다 보면 온갖 근심과 걱정이 사라진다. 일본어를 몰라도 전혀 상관없다. 멋진 자연 풍경과 뱃사공의 정겨운 노랫가락만으로도 충분히 야나가와의 정취를 느낄 수 있으니까. 배를 타는 시간은 60분 정도며, 수로를 따라 사계절 내내 활짝 피어 있는 꽃과 이색적인 분위기의 창고, 오하나의 나마코 벽 등 진풍경을 볼 수 있다. 단, 배를 타는 시간이 꽤 길어서 여름철에는 따가운 햇볕에 살이 타기 십상이므로 여성 여행자라면 선크림이나 양산을 챙겨가는 것이 좋다. 겨울철에는 난로와 담요가 제공된다. 참고로 가와쿠다리는 편도만 운행하기 때문에 야나가와역으로 돌아올 때는 택시(약 1,000엔) 또는 노선버스를 이용해야 한다.

👁 오하나

御花

지도 p.9하Ⓐ **위치** 니시테쓰 야나가와역에서 오키바타 오하나마에 沖端 御花前행 버스 이용 오하나마에 정류장에서 하차 후 도보 1분 **주소** 柳川市新外町1 **오픈** 09:00~18:00 **요금** 500엔(고등학생 300엔, 초·중학생 200엔) **전화** 0944-73-2189 **홈피** www.ohana.co.jp

야나가와의 번주였던 다치바나 立花藩 가문이 1697년에 세운 저택으로, 당시 이 지역의 이름이 하나바타케 花畠였던 것에서 오하나라는 이름이 지어졌다고 한다. 약 23,140㎡에 달하는 넓은 공간에 역대 번주들의 생활상을 엿볼 수 있는 각종 유물이 전시되어 있다.

오하나의 주요 볼거리는 국가 명승지로 지정될 만큼 아름다운 정원 쇼토엔 松濤園과 세이요칸 西洋館, 오하나 자료관 御花史料館 등으로, 특히 쇼토엔에는 가운데 있는 연못을 중심으로 수령 200~300년이 넘는 소나무 280여 그루가 조화롭게 배치되어 있어 감탄을 자아낸다. 쇼토엔 바로 옆에는 오랜 전통을 자랑하는 여관 쇼토칸 松濤館이 있다. 모두 19실의 화양실을 갖추고 있다.

👁 기타하라 하쿠슈 기념관

北原白秋 記念館

지도 p.9하Ⓐ **위치** 니시테쓰 야나가와역에서 오키바타 오하나마에행 버스 이용 오하나마에 정류장에서 하차 후 도보 3분 **주소** 柳川市大字沖端町55-1 **오픈** 09:00~17:00 **휴무** 12월 29일~1월 1일 **요금** 500엔(대학생·고등학생 450엔, 초·중학생 250엔) **전화** 0944-72-6773 **홈피** www.hakushu.or.jp

오하나를 관람한 후 조금만 걸어가면 오하나의 서양식 건물과는 사뭇 다른 일본식 가옥인 기타하라 하쿠슈 기념관이 보인다. 이 기념관은 야나가와 출신의 유명 시인인 기타하라 하쿠슈北原白秋(1885~1942)의 생가를 개축한 것으로 관내에는 그의 저서와 유품 등이 진열되어 있다. 하지만 기타하라 하쿠슈라는 인물에 대해 아는 바가 없는 우리로서는 당시의 생활상을 엿볼 수 있다는 점 외에 별다른 매력을 느끼기 어려운 곳이다.

🟢 원조 모토요시야

元祖本吉屋

지도 p.9하Ⓐ **위치** 니시테쓰 야나가와역에서 교마치도리 京町通り를 따라 도보 15분 **주소** 福柳川市旭町69 **오픈** 10:30~21:00 **휴무** 매월 둘째·넷째 주 월요일 **전화** 0944-72-6155 **홈피** www.motoyoshiya.jp

규슈 사람들에게 야나가와 하면 떠오르는 이미지에 대해 물어보면 누구나 가와쿠다리 뱃놀이와 장어구이라고 대답한다. 그만큼 유명한 야나가와의 명물 장어구이를 맛볼 수 있는 가게가 바로 이곳 모토요시야다. 매콤한 소스가 밴 밥과 향기로운 장어구이, 그 위에 달걀을 살짝 덮고 증기에 푹 찌면 야나가와의 명물 우나기세이로무시 うなぎせいろむし가

탄생한다. 이 독특한 장어 요리법을 창안하고 300년 동안 지켜온 전통 음식점이 바로 이곳이다. 인기 메뉴는 역시 가게를 대표하는 음식인 세이로무시 せいろ蒸し(3,500엔)이며 본점 외에도 야나가와 시내에 오키하타점 沖端店과 오가와점 大川店 등 2곳의 분점이 있다.

명물 장어구이 맛집

와카마쓰야 若松屋

야나가와의 명물 장어 요리 전문점. 창업 당시의 전통을 그대로 이어온 독자적인 소스로 구워 다른 가게와 차별화된 맛을 보여준다. 밥과 어우러진 장어구이 위에 얇게 썬 달걀지단이 얹어져 풍미를 더하고, 여기에 시원하고 맑은 스이모노 吸い物가 함께 나와 강한 장어의 맛을 개운하게 바꿔준다. 인기 메뉴는 가게의 간판 음식인 우나기세이로무시 鰻せいろ蒸し(2,215엔~). 양에 따라 가격이 달라진다.

지도 p.9하 **위치** 니시테쓰 야나가와역에서 노선버스 이용 오하나마에 정류장에서 하차 후 도보 5분 **주소** 柳川市沖端町26 **오픈** 11:00~19:30 **휴무** 수요일 **전화** 0944-72-3163

롯큐 六騎

1971년에 창업한 향토 요리 전문점. 예전 그대로의 조리법을 그대로 살려 전통의 맛을 지키고 있다. 대표 메뉴는 역시 우나기메시(세이로무시) うなぎめし(せいろ蒸し, 1,850엔~). 니시테쓰에서 판매하는 다자이후 야나가와 간코킷푸를 구입한 손님에게는 100엔 할인 혜택이 있다.

지도 p.9하Ⓐ **위치** 니시테쓰 야나가와역에서 노선버스 이용 오하나마에 정류장에서 하차 후 도보 3분 **주소** 柳川市沖端町28 **오픈** 10:30~17:00 **휴무** 화요일 **전화** 0944-72-0069

후쿠류 福柳

8대째 주인이 야나가와가 낳은 일본 문학계 거장 기타하라 하쿠슈와 동급생이어서 그가 고향에 올 때마다 들렀다는 것으로 유명한 향토 요리점이다. 야나가와의 명물 나베 요리와 장어 요리는 물론이고 신선한 해물 요리도 맛볼 수 있다. 인기 메뉴는 맛있는 명물 장어 요리 우나기 세이로무시 うなぎせいろ蒸し(2,300엔).

지도 p.9하Ⓐ **위치** 니시테쓰 야나가와역에서 노선버스 이용 오하나마에 정류장에서 하차 후 도보 5분 **주소** 柳川市沖端町29-1 **오픈** 11:30~16:00 **휴무** 목요일 **전화** 0944-72-2404

기타큐슈

北九州

1963년 고쿠라, 모지, 도바타, 야하타, 와카마쓰 등 인접한 5개 도시의 행정구역이 통합되면서 기타큐슈라는 하나의 도시로 재탄생했다. 시의 명칭은 기타큐슈이지만 실제 기타큐슈라는 이름을 가진 역은 없고 고쿠라 역과 모지코역 주변이 기타큐슈 관광의 핵심이라 할 수 있다. 고쿠라의 주요 볼거리로는 고쿠라역에서 도보 가능한 거리에 고쿠라 성과 초대형 복합 쇼핑몰 리버워크가 있고, 고쿠라역에서 열차로 15분만 가면 아름다운 항구도시 모지코에 도착한다.

기타큐슈
이렇게
여행하자

JR	JR 고쿠라역 小倉駅 / JR 모지코역 門司駅
버스	고쿠라역 버스정류장 小倉駅前 バス停 모지코역 버스 정류장 門司港駅前 バス停
이동 경로	JR 하카타역 → JR 특급 소닉(41분, 2,320엔) → JR 고쿠라역 → 쾌속열차(13분) → JR 모지코역/덴진 고속버스터미널 → 고속버스(80분, 1,130엔) → 고쿠라역 버스정류장

가는 방법

규슈레일패스 이용자라면 특급 소닉 ソニック이나 아리아케 有明를 이용하면 된다. 한편, 모지코역으로 갈 때는 일단 JR 고쿠라역까지 이동한 다음 쾌속열차로 갈아타야 한다. 산큐패스가 있어서 버스를 타고 갈 거라면 니시테쓰 덴진 고속버스터미널에서 고쿠라로 가는 고속버스를 이용하면 된다.

여행 방법

기타큐슈의 주요 볼거리는 크게 두 지역으로 구분된다. 우선 JR 고쿠라역에서 도보 거리에 있는 고쿠라 성과 복합 쇼핑몰 리버파크를 둘러보고 JR 열차를 이용해 모지코역으로 이동한 후 모지코 레트로 일대를 도보로 돌아보면 된다. 각각 반나절 정도로 계획을 세우면 여유 있게 두 지역을 모두 둘러볼 수 있다.

추천 코스

1 JR 고쿠라역
고쿠라 여행의 출발점

도보 15분

2 고쿠라 성
아기자기한 볼거리가 많은 고쿠라의 상징

도보 3분

3 고쿠라조테이엔
아름다운 일본 정원이 있는 고즈넉한 공원

도보 10분

4 리버워크 기타큐슈
사계절 내내 화려한 이벤트가 펼쳐지는 복합 쇼핑타운

도보 10분 + 기차 15분

5 JR 모지코역
규슈에서 가장 오래된 목조 건축물

도보 3분

6 모지코 레트로
개항기의 화려했던 흔적이 남아 있는 아름다운 항구 도시

고쿠라역 주변 `zoom in 1`
小倉駅周辺

고쿠라역은 JR 규슈 九州와 JR 니시니혼 西日本, 그리고 기타큐슈 모노레일의 역으로 행정구역상 후쿠오카 현 기타큐슈 시 고쿠라 북구에 해당한다. 역 주변은 기타큐슈에서 가장 번화한 도심 지역으로 오피스 빌딩과 상업시설이 집중되어 있다. 역에서 도보 거리에 고쿠라 성과 대형 복합 쇼핑몰 리버워크, 각종 전문점이 밀집한 아케이드 상점가가 모여 있어 반나절 정도 관광과 쇼핑을 즐기기에 부족함이 없다.

🛍 아뮤 플라자
AMU PLAZA

<u>지도</u> p.10상 <u>위치</u> JR 고쿠라역에서 바로 연결 <u>주소</u> 北九州市小倉北区浅野1-1-1 <u>오픈</u> 10:00~21:00(레스토랑 11:00~23:00) <u>전화</u> 093-512-1281 <u>홈피</u> www.amuplaza.jp

JR 규슈가 고쿠라역을 재개발하면서 역사 빌딩 내에 오픈한 복합 쇼핑몰로 고쿠라역의 남쪽 출구 쪽에 입구가 있다. 지하 1층과 지상 6층 규모로 지하에는 대형 슈퍼마켓과 약국 등이, 1~5층에는 주로 여성 취향의 패션 잡화점이 입점해 있다. 6층에는 11개의 레스토랑이 자리해 일식·중식·양식은 물론이고 한국 음식도 즐길 수 있다. 참고로 JR 나가사키역과 JR 가고시마역에도 JR 규슈에서 운영하는 아뮤 플라자가 있다.

🍴 시로야

<u>지도</u> p.10상 <u>위치</u> JR 고쿠라역에서 도보 2분 <u>주소</u> 福岡県北九州市小倉北区京町2-6-14 <u>오픈</u> 07:00~20:00 <u>전화</u> 093-521-4688

50년 전통을 자랑하는 고쿠라의 명물 베이커리. 오픈된 형태의 가게에는 팥도넛, 카레빵, 크림빵, 치즈빵, 프랑스빵 등 여느 동네 빵집에서 볼 수 있는 정겨운 빵들이 진열되어 있어 지나가는 사람들의 발걸음을 멈추게 한다. 그중에서 시로야를 대표하는 빵은 사니빵 サニーパン(90엔). 프랑스빵 안에 연유가 들어 있어 달콤한 맛이 일품이다. 빵 가격이 저렴한 편이라 여행을 시작하기 전에 부담 없이 간식거리로 구입하면 좋다.

🍴 샌드위치 팩토리 OCM
Sandwich Factory OCM

지도 p.10상 **위치** JR 고쿠라역에서 도보 10분 **주소** 北九州市小倉北区船場町3-6 近藤別館 2 F **오픈** 10:00~21:00 **전화** 093-522-5973

고쿠라의 명물 샌드위치 전문점. 주문을 하면 즉석에서 만들어주는데, 부드러운 식빵에 신선한 재료를 듬뿍 담은 샌드위치는 양이 적은 사람에게는 충분한 한 끼 식사로도 손색이 없다. 샌드위치와 함께 샐러드나 수프를 주문해도 좋다. 사람들이 많이 찾는 메뉴는 치킨 샌드위치(500엔), 가격도 저렴하고 맛있는 소스와 치킨이 들어가 있는 샌드위치 팩토리의 대표 메뉴다. 고쿠라역에서 고쿠라성으로 가는 길목에 있어 날씨가 좋은 날에는 포장한 후 근처 정원에서 피크닉을 즐기는 것도 좋은 방법.

🏯 고쿠라 성
小倉城

지도 p.10상 **위치** JR 고쿠라역에서 도보 15분 **주소** 北九州市小倉北区城内2-1 **오픈** 09:00~18:00(11~3월 09:00~17:00) **요금** 350엔(중고생 200엔, 초등학생 100엔) **전화** 093-561-1210 **홈피** www.kokura-castle.jp

1600년 10월 21일에 일어난 세키가하라 전투에서 공

을 세운 후 논공행상을 통해 고쿠라 지역을 접수한 호소카와 다다오키 細川忠興가 1609년에 축성한 성이다. 이후 1866년 제2차 조슈 정벌 당시 전란으로 소실되었고, 메이지 유신 이후에는 일본 육군의 포병부대 기지로 사용되다 1959년 고쿠라 시민들의 노력에 힘입어 철근 콘크리트 구조로 천수각을 복원해 오늘에 이르고 있다. 현재 역사 자료관으로 사용되는 덴슈카쿠의 1층은 첨단기술을 이용한 미니어처로 고쿠라 성과 옛 마을의 모습을 재현하고 있으며, 2층에서는 에도 시대의 무사들이 회의하는 모습 등 당시 무사들의 생활을 엿볼 수 있다. 3층은 메이지 시대에 유행했던 가라쿠리 인형에 대한 설명과 함께 당시 서민들의 생활 모습을 전시하고 있다. 자료관 내에 일본에서 인기 있는 미야모토 무사시와 관련한 전시물이 많은 것이 특징이다. 입구에는 야사카 八坂 신사가 자리 잡고 있다.

🏯 고쿠라조테이엔
小倉城庭園

지도 p.10상 **위치** JR 고쿠라역에서 도보 15분 **주소** 北九州市小倉北区城内1-2 **오픈** 09:00~18:00(11~3월 09:00~17:00) **요금** 300엔(중고생 150엔, 초등학생 100엔) **전화** 093-582-2747 **홈피** www.kcjg.jp

아름다운 정원과 품격 있는 건축물로 유명한 고쿠라조테이엔은 일본식 정원에 관심이 있는 사람이라면 놓칠 수 없는 볼거리다. 특히 일본의 전통적인 건축양식으로 지은 목조 건물인 서원동 書院棟이 가장 유명하다. 다도, 꽃꽂이 등 자국의 전통문화를 후대에 계승하고자 오가사와라류 예법 원조인 오가사하라번의 시모야시키 下屋敷(에도 시대 다이묘의 별장)를 재현한 것으로, 이곳에서 일본식 전통 녹차와 요리 등을 맛볼 수 있다. 그 밖에 다양한 전통 건물과 아름다운 산책로가 있어 한가로이 시간을 보내기에 좋다. 일본어가 가능하다면 일본의 문화와 전통 예법 등을 체험하는 것도 추천한다.

👁 마쓰모토 세이초 기념관

松本清張記念館

지도 p.10상 **위치** JR 고쿠라역에서 도보 15분 **주소** 北九州市小倉北区城内2-3 **오픈** 09:30~18:00 **요금** 500엔(중고생 300엔, 초등학생 200엔) **전화** 093-582-2761 **홈피** www.kid.ne.jp/seicho/html

기타큐슈 출신의 소설가 마쓰모토 세이초 松本清張를 기리고자 세운 기념관이다. 불우한 소년 시절을 보낸 마쓰모토 세이초는 1941년에 아사히신문사의 사원으로 사회에 첫발을 내디딘 후 1950년 주간 아사히 현상소설에 응모한 《사이고사쓰 西郷札》가 입선하면서 소설가로 문단에 데뷔했다. 주로 추리소설을 쓰면서 유명해졌는데, 단편 〈기억 記憶〉과 〈고쿠라일기전 小倉日記傳〉으로 일본 최고의 문학상인 아쿠타가와상 芥川賞을 받기도 했다. 관내에 사색과 창작의 장소였던 그의 일터가 그대로 재현되어 있으며, 서재에는 무려 3만 권에 달하는 장서가 보관되어 있다. 그 밖에 그의 작품과 생애를 영상과 패널로 소개한 전시실도 있다. 마쓰모토 세이초의 작품은 국내에도 여러 권 번역된 바 있으므로 작가를 기억하는 이라면 한 번쯤 가볼 만하다.

🏢 리버워크 기타큐슈

RIVERWALK KITAKYUHU

지도 p.10상 **위치** JR 고쿠라역에서 도보 10분 **주소** 北九州市小倉北区室町1-1-1 **오픈** 10:00~21:00(레스토랑 11:00~23:00) **전화** 093-573-1500 **홈피** www.riverwalk.co.jp

도심 재개발 사업의 하나로 기타큐슈 시가 주도해 2003년 4월 19일에 문을 연 대형 복합 상업시설. 고쿠라의 중심가를 가로지르는 강을 끼고 JR 고쿠라역에서 도보 10분 거리에 있다. 후쿠오카의 커낼시티 하카타를 설계한 존 저드 Jon Jerde의 작품으로 곡선과 원형을 과감하게 채용한 독특한 디자인이 특징이다. 건물 내부는 미디어 Media, 시네마 Cinema, 컬처 Culture, 에듀케이션 Education, 패션 Fashion, 구르메 Gourmet 등 5개의 존으로 구분되어 효율적인 공간 구성이 돋보인다. 바로 앞의 강에서 봄부터 가을까지 보트놀이를 즐길 수 있고, 강 건너편에는 아주 큰 규모의 중국 요리점이 불야성을 이루고 있어 야경 또한 볼만하다.

> ### tip
>
> **공통 입장권**
>
> 고쿠라 성과 고쿠라조테이엔의 입장료는 각각 350엔, 300엔이고, 마쓰모토 세이초 기념관의 입장료는 500엔으로 3곳 모두 방문하면 입장료의 총액은 1,150엔이다. 하지만, 세 시설 공통 입장권을 구입하면 700엔(중·고생 400엔, 초등학생 250엔)에 모두 이용할 수 있다. 공통 입장권은 3곳 매표소에서 구입하면 된다.

🍽 탄가시장 다이가쿠도

旦過市場 大學堂

지도 p.10상 **위치** JR 고쿠라역에서 도보 10분 **주소** 福岡県北九州市小倉北区魚町4-4-20 旦過市場 **오픈** 10:00~17:00(시장 영업시간에 따라 변경될 수 있음, 수요일, 일요일 휴무) **전화** 080-6458-1184 **홈피** www.daigakudo.net/daigaku/don.html

고쿠라의 재래시장인 탄가시장의 명물 식당. 단 식사를 할 수 있는 공간은 있지만, 다이가쿠도에서는 밥만 판매한다. 밥을 가지고 시장으로 나가서 원하는 반찬들을 구입한 후 가져와서 덮밥처럼 먹는 독특한 시스템으로 운영하기 때문. 밥 가격은 소 100엔, 중 150엔, 대 200엔이고 차와 간장 등은 다이가쿠도 안에 준비되어 있다. 자기가 좋아하는 반찬으로 식사를 할 수 있고 재래시장을 둘러보는 재미도 있어 많은 여행자들이 찾고 있다.

모지코역 주변 `zoom in 2`
門司港駅周辺

1889년에 개항한 모지코는 기타큐슈 지역의 3대 항구 중 하나로 일본 굴지의 공업 지역인 기타큐슈에서 생산한 제품을 수출하던 대륙 무역의 기지로 번성한 역사를 갖고 있다. 한 달에 200척이 넘는 외항선이 입항하고, 일본 국내 항로를 포함 연간 600만 명이 이용할 정도로 번성했지만, 제2차 세계대전 이후에는 점차 그 기능이 퇴색했다. 지금은 국제 무역항으로 번영했던 메이지 시대 당시의 향수를 불러일으키는 관광지로 인기를 끌고 있다. 모지코 레트로로 대표되는 모지코 일대의 주요 볼거리는 모두 JR 모지코역에서 도보 거리에 모여 있다.

모지코 레트로
門司港レトロ

지도 p.10하

모지코 레트로는 특정 건물을 지칭하는 것이 아니라 JR 모지코역을 중심으로 한 모지코 일대의 경관지구 전체를 가리킨다. '회고적'이라는 뜻을 지닌 영어 단어 'Retrospective'의 약자인 레트로 Retro에서 알 수 있듯 모지코 일대에는 국제 무역항으로 번영했던 시절에 지은 20채 이상의 서양식 건물이 잘 보존되어 있어 과거와 현재가 공존하는 묘한 분위기가 느껴진다. 2003년에는 NHK에서 방영한 대하드라마 〈무사시 MUSASHI〉의 인기를 업고 연간 255만 명의 여행객이 다녀가기도 했다. 특별한 볼거리는 없지만 영화 속 세트장 같은 복고풍 건물을 배경으로 멋진 사진을 찍을 수 있고, 바다를 배경으로 산책을 즐기기에 좋다. 특히 12월에서 3월 중순까지는 대부분 건물에 멋진 조명이 설치되어 로맨틱한 분위기를 자아낸다.

모지코 레트로 산책 코스

JR 모지코역 → (도보 5분) → 규슈철도기념관 → (도보 7분) → 옛 모지미쓰이쿠라부 → (도보 1분) → 옛 오사카쇼센 → (도보 2분) → 블루윙 모지 → (도보 2분) → 옛 모지세관 → 국제우호기념도서관 → (도보 1분) → 모지코 레트로 전망실

JR 모지코역
JR 門司港駅

지도 p.10하 **위치** JR 고쿠라역에서 JR 쾌속열차로 12분 **주소** 北九州市門司区西海岸1-5-31

1914년에 지어진 규슈에서 가장 오래된 네오르네상스 양식의 목조 건축물로 철도 역사로는 보기 드물게 중요문화재로 지정되어 있다. 고풍스러운 역사 자체도 볼만하지만 역 구내 곳곳에 아기자기한 볼거리가 숨어 있다. 특히 태평양 전쟁 당시 모지코를 통해 돌아온 병사들이 눈물을 흘리면서 마셨다고 전해지는 가에리미즈 帰り水나 지름 1m의 청동 세숫대야인 고운노초우즈바치 幸運の手水鉢 등이 100년이 지난 지금도 같은 자리에 있는 모습은 경외감마저 느끼게 한다. 다만, 현재 유지보수공사 중이라 2019년 3월까지는 멋진 모습을 볼 수 없다.

규슈철도기념관

九州鉄道記念館

지도 p.10하 **위치** JR 모지코역에서 도보 5분 **주소** 北九州市 門司区清滝2-3-29 **오픈** 09:00~17:00 **휴무** 매주 수요일(단 7월은 둘째 주 수·목요일, 8월은 무휴) **요금** 300엔(중학생 이하 150엔, 4세 미만 무료) **전화** 093-322-1006 **홈피** www. k-rhm.jp

2003년에 문을 연 철도 박물관으로 기타큐슈 시에 서 운영하며, 본관과 미니 철도 공원, 야외 차량 전시 관으로 구성되어 있다. 붉은 벽돌로 지어진 본관은 원 래 규슈 철도의 본사로 사용하던 건물을 실내 전시관 으로 재정비한 것이다. 관내에는 규슈에서 처음 제작 했던 목조 객차를 비롯해 JR 규슈의 각 노선을 달리는 실물 차량이 전시되어 있다. 또한 첨단 기술을 이용한 열차 운전 시뮬레이션, 규슈 철도 대파노라마 등 다양 한 체험 시설을 즐길 수 있다. 규슈 각 지역에서 활약 했던 역대 차량도 볼만하지만 미니 열차를 직접 운전 해 선로를 달릴 수 있는 미니 철도 공원(1회 300엔)이 특히 재미있다. 평소 철도에 관심이 있거나 아이를 동 반한 가족 여행이라면 꼭 한 번 들러보자.

구 모지미쓰이쿠라부

旧門司三井倶楽部

지도 p.10하 **위치** JR 모지코역에서 도보 3분 **주소** 北九州市 門司区港町7-1 **오픈** 09:00~17:00 **휴무** 연말연시 **요금** 무 료(2층 자료실은 100엔) **전화** 093-321-4151 **홈피** www. mitsui-club.com

1921년에 미쓰이물산이 귀빈들을 영접하려고 지은 사 교 클럽으로 원래 다른 장소에 있던 건물을 이곳으로 이전 복원한 것이다. 2층 목조 건물로 1층에는 레스토 랑이, 2층에는 아인슈타인 부부의 메모리얼 룸과 소설 가 하야시 후미코 林芙美子의 자료실이 있다. 내부는 자유롭게 둘러볼 수 있지만 2층은 요금을 내야 한다. 이곳에 아인슈타인 부부의 메모리얼 룸이 있는 이유는 1922년 11월 17일 강연차 일본을 방문한 아인슈타인 부 부가 바로 이곳에서 숙박을 한 적이 있기 때문이다.

레스토랑

미쓰이쿠라부 レストラン三井倶楽部

옛 모지미쓰이쿠라부 1층에 있는 레스토랑. 화려 하면서도 독특한 현대적 감각의 실내장식이 눈 에 띈다. 인기 메뉴는 오므라이스와 수프, 샐러드, 디저트 등이 함께 나오는 요후런치 洋風ランチ (1,350엔)와 시모노세키의 복어로 만든 명물 후쿠 노스테키 세트 ふくステーキセット(1,590엔).

오픈 11:00~15:00, 17:00~21:00

🍴 히노아타루바쇼

陽のあたる場所

<u>지도</u> p.10하 <u>위치</u> JR 모지코역에서 도보 2분 <u>주소</u> 北九州市門司区西海岸1-4-3 <u>오픈</u> 11:00~23:00 <u>전화</u> 093-321-6363 <u>홈피</u> www.hinoatarubasho.com

간몬 해협이 한눈에 바라보이는 분위기 있는 레스토랑. 장르에 구애받지 않고 자신만의 비법으로 승부를 건다는 오너의 자신감이 요리에 그대로 반영되어 독특하면서도 맛깔스러운 것이 특징이다. 모지코에서 실시한 야키카레 페스타에서 우승을 하기도 했다. 인기 메뉴는 뎃판야키카레 도리아 鉄板焼きカレードリア (1,080엔).

👁 구 오사카쇼센

旧大阪商船

<u>지도</u> p.10하 <u>위치</u> JR 모지코역에서 도보 3분 <u>주소</u> 北九州市門司区港町7-18 <u>오픈</u> 09:00~17:00 <u>휴무</u> 연중무휴 <u>요금</u> 무료(2층 자료실은 100엔) <u>전화</u> 093-321-4151

1917년에 오사카 상선의 모지 지점으로 지은 서양식 2층 건물로, 멋진 팔각형 첨탑과 오렌지색 타일을 사용한 외벽이 눈길을 끈다. 당시에는 대륙 항로의 대합실로 많은 여행객이 붐볐던 곳이지만, 지금은 1층은 다목적 홀, 2층은 바다와 항구, 배를 주제로 한 자료실로 사용되고 있다.

👁 블루윙 모지

ブルーウィングもじ

<u>지도</u> p.10하 <u>위치</u> JR 모지코역에서 도보 5분 <u>주소</u> 北九州市門司区港町 4-1 <u>오픈</u> 개교 시간 10:00, 11:00, 13:00, 14:00, 15:00, 16:00 <u>전화</u> 093-321-4151(기타큐슈 시 관광협회)

선명한 바이올렛 블루로 채색된 개폐식 다리는 하얀색 건물과의 색감 대비가 인상적이다. 일본에서 유일한 개폐식 인도교로 낮에 보아도 아름답지만 해가 진 후 난간에 설치된 조명에 불이 켜지면 더욱 멋지다. 매일 정해진 시각에 음악에 맞춰 길이 24m와 14m의 다리가 60도 각도로 열리는데, 다리를 여는 데 4분, 닫는 데 8분이 걸린다. 그리고 다리가 열리기 시작해서 완전히 닫힐 때까지 총 30분이 소요된다.

👁 구 모지세관

旧門司税関

<u>지도</u> p.10하 <u>위치</u> JR 모지코역에서 도보 5분 <u>주소</u> 北九州市門司区東港町1-24 <u>오픈</u> 09:00~17:00 <u>휴무</u> 연중무휴 <u>요금</u> 무료 <u>전화</u> 093-321-6111

1909년 모지 세관 발족을 계기로 1912년에 지은 조적식 건축물로, 쇼와 시대 초기까지 세관 청사로 사용되었다. 1층에는 엔트런스 홀과 휴게실, 레트로 카페, 전시실이 있고, 2층에는 모지코 시가지나 바다를 조망할 수 있는 전망대가 있다.

👁 국제우호기념도서관

国際友好記念図書館

지도 p.10하 **위치** JR 모지코역에서 도보 7분 **주소** 北九州市
門司区東港町1-12 **오픈** 09:30~18:00 **휴무** 도서관 매주 월
요일 **요금** 무료 **전화** 093-331-5446

기타큐슈 시와 중국 다롄 시의 우호 도시 체결 15주년
을 기념해 1994년에 설립한 도서관. 1층은 다롄 요리
전문 레스토랑이, 2층은 동아시아의 국제 우호와 관련
된 도서를 중심으로 한 도서관이 자리하며, 3층은 다
롄 시 관련 자료를 전시하고 있다. 날카로운 삼각 지
붕의 첨탑이 인상적인 건물은 독일의 전통 목조 건축
양식이라고 한다.

👁 모지코 레트로 전망실

門司港レトロ展望室

지도 p.10하 **위치** JR 모지코역에서 도보 7분 **주소** 北九州市
門司区東港町1-32 **오픈** 10:00~21:30 **요금** 300엔(초·중학
생 150엔) **전화** 093-331-3103

JR 모지코역에 도착해 모지코 레트로를 산책하다 보
면 이 일대에서 가장 높은 건물이 눈에 들어온다.

구로카와 기쇼의 설계로 지은 고층 맨션으로 높이
103m의 31층 최상층에는 모지코 레트로 일대를 조망
할 수 있는 전망대가 있다. 날씨가 궂은 날에는 올라
갈 필요 없지만 맑은 날이라면 한 번쯤 올라가볼 만하
다. 특히 밤늦게까지 문을 열기 때문에 모지코 레트로
일대의 멋진 야경도 감상할 수 있다.

🍴 고가네무시

こがねむし

지도 p.10하 **위치** JR 모지코역에서 도보 10분 **주소** 北九州市
門司区東本町1-1-24 **오픈** 11:45~15:00, 17:00~21:00 **전화**
093-332-2585

모지코 레트로의 분
위기와 가장 잘 어
울리는 야키카레 전
문점. 정감 넘치는
주인아주머니, 시대
를 거스르는 복고
풍 인테리어는 부드
러우면서도 고소한
야키카레(焼きカレ
ー, 650엔)와 조화
를 이루며 추억의 맛 여행을 즐
길 수 있도록 도와준다. 모지코역
에서 조금 떨어진 곳에 있지만, 가볼
만한 가치가 있는 곳.

🏢 가이쿄플라자

海峡プラザ

지도 p.10하 **위치** JR 모지코역에서 도보 5분 **주소** 北九州市
門司区港町5-1 **오픈** 10:00~20:00(레스토랑 11:00~22:00)
전화 093-332-3121 **홈피** www.kaikyo-plaza.com

'잃었던 안락함을 불러일으키는 곳, 낭만이 넘쳐나는 마켓'을 콘셉트로 1999년에 문을 연 복합 상업시설. 1층에는 선물과 잡화, 식품 등을 판매하는 아기자기한 가게가 즐비하고, 2층에는 오르골 뮤지엄과 유리 공예품 미술관, 전망 좋은 레스토랑이 있다.

🏛 미나토하우스
港ハウス

지도 p.10하 위치 JR 모지코역에서 도보 5분 주소 北九州市門司区東港町6-72 오픈 10:00~18:00(가게에 따라 다름) 전화 093-321-4151

1998년 7월에 문을 연 관광센터로 1층에는 기타큐슈와 시모노세키 앞바다에서 잡은 신선한 해산물과 아오모리·하코다테 등 일본 각지의 주요 해협 도시에서 나는 특산물을 판매하는 관광 시장이 들어서 있다. 또 기타큐슈 지역의 특산품을 한자리에 모은 선물 코너와 규슈 각지의 여행 정보를 얻을 수 있는 관광 정보 코너, 튀김 요리나 생맥주 등을 맛볼 수 있는 테이크아웃 코너, 전망 좋기로 유명한 가이쿄 다이닝 레스토랑도 있다.

👁 가이쿄 드라마십
海峡ドラマシップ

지도 p.10하 위치 JR 모지코역에서 도보 5분 주소 北九州市門司区西海岸1-3-3 오픈 09:00~17:00 요금 500엔(초·중학생 200엔) 전화 093-331-6700 홈피 www.dramaship.jp

간몬 해협의 과거와 현재를 오감으로 체험할 수 있게 한 획기적인 역사 엔터테인먼트 공간이다. 개항 당시의 모지코를 그대로 재현한 해협 레트로 거리는 자유롭게 이용할 수 있지만, 일본 역사의 중요한 장면을 밀랍 인형으로 재현한 해협 역사회랑, 전망대 겸 간몬

해협의 역사와 자료 등을 살펴보고 직접 선박을 운항해볼 수 있는 리얼타임 간몬 해협 등은 유료 시설이다. 한국어로 친절한 해설을 들을 수 있는 리시버가 무료 제공된다.

🍴 비어 프루츠
ベアーフルーツ

지도 p.10하 위치 JR 모지코역에서 도보 2분 주소 北九州市門司区西海岸1-4-7 門司港センタービル 1F 오픈 11:00~23:00 전화 093-321-3729

모지코 레트로에서 가장 인기 있는 야키카레 레스토랑. 가게 앞 입간판에는 '야키카레 유명점'이란 글이 쓰여 있는데, 밥 위에 카레와 달걀, 치즈가 절묘하게 어우러진 야키카레의 맛은 정말 명불허전이다. 여기에 시원한 맥주한 잔을 곁들이면 금상첨화. 인기 메뉴는 매콤한 카레와 고소한 치즈의 조화가 뛰어난 슈퍼야키카레(スーパー焼きカレー, 850엔, 세트 1,050엔~).

02

NAGASAKI

나가사키

나가사키는
어떤 곳일까?

나가사키는 바다를 사이에 두고 중국 대륙, 한반도와 마주하고 있기 때문에 오래전부터 대륙으로 통하는 교통의 요충지였다. 17세기에 이미 포르투갈·네덜란드 등 서구 열강과 교류하는 무역항이 설치되었고, 한때는 천주교 포교의 중심지였기 때문에 나가사키 시내 곳곳에는 이국적인 분위기가 물씬 풍기는 사적과 건물이 남아 있다. 제2차 세계대전 당시에는 원폭으로 인해 큰 상처를 남기기도 했지만, 오늘날의 나가사키는 전쟁의 아픔을 딛고 일어나 규슈 제일의 관광지로 거듭났다. 아름다운 야경으로 유명한 나가사키시를 중심으로 근교에는 시마바라, 운젠, 사세보, 하우스텐보스 등 매력 넘치는 관광 도시가 자리 잡고 있어 일 년 내내 관광객들이 끊이지 않는다.

Data

위치 규슈 나가사키현 九州 長崎県
면적 4,132,09km²
인구 1,353,550명(2017년 10월 1일 기준)
홈피 www.city.nagasaki.lg.jp

여행계획

나가사키 시내의 주요 명소는 글로버엔이 있는 야마테 지역과 차이나타운이 있는 시내 중심가, 헤이와코엔이 있는 우라카미 지역, 멋진 야경을 즐길 수 있는 이나사야마코엔 등 크게 네 지역으로 구분할 수 있다. 도시가 그리 크지 않기 때문에 아침 일찍부터 서두른다면 하루 만에 나가사키의 주요 명소를 모두 돌아볼 수 있다. 아침 일찍 헤이와코엔이 있는 우라카미 지역을 시작으로 시내 중심가, 야마테, 이나사야마코엔 순으로 돌아보면 되는데 이때 이동수단은 노면전차가 좋다. 하루 종일 나가사키 시내 여행에 나설 계획이라면 노면전차 1일 승차권을 구입하는 것이 유리하다. 만약 하루나 이틀 정도 시간 여유가 더 있다면 나가사키시를 벗어나 사세보나 하우스텐보스 등 근교까지 범위를 넓혀보는 것도 좋은 선택이다.

나가사키
여행 FAQ

나가사키의 명물 음식은?

나가사키를 대표하는 음식은 바로 나가사키 짬뽕 ちゃんぽん이다. 10종류 이상의 해산물이 듬뿍 담겨 나와 맛은 물론 영양 또한 만점이다. 이외에 나가사키 카스텔라 カステラ와 싯포쿠요리 卓袱料理도 유명한데 이 세 가지 음식이 바로 나가사키의 3대 명물이다. 한편 나가사키 근교에 있는 사세보는 일본에서 가장 사이즈가 큰 햄버거인 사세보 버거로 유명하다.

나가사키의 노면전차에는 뭔가 특별한 게 있다는데?

세계 약 50개국의 400여개 도시에서 노면전차 路面電車 트램이 달리고 있다. 일본의 경우에는 1895년 교토에 노면전차가 처음 도입된 것을 시작으로 1930년대에는 65개 도시에서 노면전차가 달릴 정도로 전성기를 누렸다. 하지만 1960년대를 전후해 고도성장 시대로 접어들면서 자동차 보급률이 증가하였고, 이에 따라 노면전차는 교통 정체의 원흉이라는 비난이 쇄도해 1970년대 말부터 각 도시의 노면전차가 급격히 사라지게 되었다. 이렇게 다른 지역에서 할 일이 없어진 노면전차가 나가사키로 하나둘 모여들면서 나가사키는 살아있는

노면전차 박물관이 되었다. 현재 일본에서는 나가사키를 비롯해 구마모토, 가고시마 등 20개 도시에서 노면전차를 운행하고 있다. 각 노면전차의 1회 승차 시 기본요금은 가고시마 170엔, 구마모토 170엔, 나가사키 120엔이며 이동 거리에 상관없는 균일 요금으로 운영하고 있다. 도시 낭만 여행의 중심 노면전차를 타고 나가사키를 즐겁게 둘러보자.

일본 3대 야경 중 하나가 나가사키라는데?

야경이 아름답지 않은 도시가 있을까마는 일본 각 도시 중에서도 특히 야경이 아름다운 3개의 도시를 일본 3대 야경이라 부른다. 일본 3대 야경이라고 하면 나가사키 이나사야마 稲佐山, 하코다테 하코다테야마 函館山, 고베의 마야산 摩耶山의 전망을 뜻하는데 하나같이 바다를 끼고 있으면서 높은 산이 있는 도시라는 공통점이 있다. 참고로 최근에는 기타큐슈의 사라쿠라산 皿倉山, 나라의 와카쿠사야마 若草山, 야마나시의 후에후키가와코엔 笛吹川フルーツ公園의 야경을 신일본 3대 야경으로 손꼽기도 한다.

하우스텐보스는 과연 볼만한 가치가 있을까?

네덜란드어로 '숲속의 집'이라는 뜻을 가진 하우스텐보스는 40만 그루의 나무와 30만 송이의 꽃으로 가꿔진 거대한 부지 위에 박물관, 미술관, 극장, 오리지널 네덜란드 풍차, 특급 호텔, 레스토랑, 쇼핑가 등을 갖춘 세계 최대 규모의 유럽형 리조트 테마파크이다. 에버랜드나 롯데월드 같은 놀이공원이 아니라 특급 호텔과 고급 레스토랑을 기반으로 한 리조트 시설이므로 당일치기로 방문하는 것보다는 호텔에 숙박을 하면서 리조트 시설을 즐기는 기분으로 느긋하게 휴식을 취해야 하우스텐보스의 매력을 제대로 느낄 수 있다.

나가사키
축제 BEST 6

나가사키 시내와 나가사키 근교 도시에서 개최되는 축제 중 가장 볼만한 것들만 모았다. 축제기간에 여행지를 방문하면 평소에 볼 수 없는 다양한 볼거리가 있어 여행의 즐거움은 배가 된다. 주의할 점은 축제기간이 상황에 따라 바뀔 수도 있으므로 반드시 미리 확인을 해야 한다는 것.

시마바라 윈터나이트 판타지아
島原ウィンターナイト・ファンタジア

시마바라시 일대에서 펼쳐지는 아름다운 일루미네이션의 향연이 볼만하다. 시마바라성에서 시마바라 상고에 이르는 길이 260m의 가로수 길에 무려 6,400개의 일루미네이션이 설치되어 환상적인 분위기를 연출한다. 그 밖에 시마바라 가이코로쿠치코엔 島原外港緑地公園의 거대한 크리스마스트리와 일루미네이션 동물원도 한겨울 시마바라를 빛내주는 멋진 풍물시다.

위치 시마테쓰 시마바라역 하차
일시 12월
장소 시마바라시
전화 0957-62-3621
홈피 www.shimabaraonsen.com/event

나가사키 랜턴페스티벌
長崎ランタンフェスティバル

매년 겨울 나가사키를 환하게 불 밝히는 명물 축제. 원래 중국의 구정(춘절)을 축하하기 위해 중국인들이 많이 모여 사는 신치주카가이 新地中華街의 축제였지만, 1994년부터 규모를 확대해 나가사키 시내 전체를 수놓은 화려한 축제로 탈바꿈했다. 축제 기간 동안에는 시내 중심부에 1만 5,000개의 중국 등불을 장식하고 아름다운 색채를 뽐내며 갖가지 조형물들의 행진이 펼쳐진다.

위치 노면전차 쓰키마치역 하차 일시 2월~3월
장소 나가사키 주카가이, 시내 중심가
전화 095-829-1314
홈피 www.at-nagasaki.jp/festival/lantern

나가사키 하타아게대회 長崎ハタ揚げ大会

나가사키 군치, 쇼로나가시와 함께 나가사키의 3대 축제로 유명한 연날리기 대회. 단순히 연을 날리는 행사가 아니라 상대방의 연과 싸워 연실을 먼저 끊는 쪽이 이기는 연싸움 대회라는 것이 특징이다. 개최 장소는 나가사키를 둘러싸고 있는 후토잔 風頭山, 도핫케이 唐八景, 이나사야마 稲佐山 등인데, 그중에서 도핫케이코엔 唐八景公園에서 열리는 행사가 가장 볼만하다.

위치 JR 나가사키역에서 도핫케이행 버스 이용 20분 종점 하차 후 도보 10분 일시 4월~5월
장소 나가사키시 도핫케이코엔 唐八景公園 전화 095-823-7423 홈피 www.at-nagasaki.jp/event

쇼로나가시 精靈流し

나가사키의 여름밤을 수놓는 화려한 축제. 가문을 상징하는 문양 등을 넣고 등불과 꽃으로 아름답게 장식한 정령의 배를 들고 거리를 행진하는데, 여기에는 조상의 혼이 극락정토로 갈 수 있도록 공양하는 의미가 있다고 한다. 반짝거리는 수많은 배들이 일시에 지나가는 모습이 장관을 이룬다. 또 어마어마한 양의 폭죽을 터뜨려 시내 일대가 시끌벅적해진다.

<u>위치</u> 노면전차 데지마역 하차 <u>일시</u> 8월 15일 <u>장소</u> 나가사키 현청 앞 <u>전화</u> 095-829-1314

나가사키 군치 長崎くんち

나가사키를 대표하는 축제로 스와진자 諏訪神社의 제례 행사이다. 3일 동안 열리는 이 축제는 현재 일본의 중요무형 민속문화재로 지정되어 있다. 나가사키시의 59개 마치 町에서 매년 7개의 오도리초 踊町가 지정되며, 각 마을은 축제를 대표하는 멋진 행진을 보여준다. 나가사키 군치에서 또 하나 빼놓을 수 없는 즐거움은 거리 곳곳에 줄지어 있는 노점상들. 다양한 먹을거리와 재미있는 물품을 판매하는 상점들을 구경하는 것만으로도 축제 분위기를 마음껏 즐길 수 있다.

<u>위치</u> 노면전차 스와진자마에역 하차
<u>일시</u> 10월 7일~9일
<u>장소</u> 나가사키시 스와진자, 고카이도마에 광장, 야사카진자 등
<u>전화</u> 095-824-0445
<u>홈피</u> www.nagasaki-kunchi.com

기라키라 페스티벌
きらきらフェスティバル

사세보의 겨울밤을 아름답게 장식하는 일루미네이션 축제. 1996년 도시 중흥을 위해 시내 상점가들이 중심이 되어 시작했는데, 이제는 사세보를 대표하는 겨울 축제가 되었다. 축제 기간에는 사세보 최대 규모의 아케이드 상점가인 사루크시티 403 さるくシティ403와 바로 옆에 있는 시마노세코엔 島瀬公園을 중심으로 약 100만 개의 전등이 화려하게 도시를 장식한다.

<u>위치</u> JR 사세보역 하차
<u>일시</u> 11월 중순~12월 25일
<u>장소</u> 사세보시 일대 <u>전화</u> 0956-24-4411
<u>홈피</u> www.yonkacho.com/kirafes

나가사키
명소 BEST 5

글로버엔
グラバー園

막부 말기에서 메이지시대에 걸쳐 건설한 9개의 서양관으로 나가사키 시내 관광에서 빼놓을 수 없는 볼거리다. 고풍스러운 건물들을 구경하는 것도 재미있지만, 구 미쓰비시 제2 도크하우스 2층 베란다에서 내려다보이는 나가사키항의 멋진 풍경은 절대 놓치지 말자.

하우스텐보스
ハウステンボス

나가사키 여행의 하이라이트. 넓은 부지에 고풍스러운 건물들, 꽃밭과 숲, 운하가 어우러져 멋진 풍경을 보여준다. 계절에 따라 다양한 이벤트가 열리며 특히 봄 튤립 축제 때는 온통 꽃향기로 뒤덮인다.

구주쿠시마
九十九島

사세보에서 히라도에 걸쳐 있는 드넓은 바다에 그림처럼 아름답게 자리 잡고 있는 208개의 작은 섬. 멋진 풍경과 신비로운 자태를 뽐내는 크고 작은 섬을 제대로 즐길 수 있는 낭만적인 유람선이 있어 여행의 즐거움을 더해준다.

운젠다케
雲仙岳

일본에서 가장 먼저 국립공원으로 지정된 곳으로 주변에는 니타토게 仁田峠를 시작으로 웅장한 산악지대를 볼 수 있는 멋진 전망대가 많이 있다. 봄에는 산 전체를 붉게 물들이는 영산홍을 볼 수 있고, 가을에는 멋진 단풍을 볼 수 있다.

시마바라성
島原城

시마바라 최고의 명소로 축성술의 귀재로 알려진 마쓰쿠라 시게마사 松倉重政가 7년 세월에 걸쳐 만든 모모야마 양식의 성이다. 소박한 규모지만 인근에 있는 무사마을과 함께 멋진 산책 코스로 손색이 없다.

나가사키로
가는 방법

한국에서 비행기를 이용해 나가사키 공항에 도착할 수도 있지만, 대부분의 여행자들은 후쿠오카를 통해 나가사키에 도착하게 된다. 후쿠오카에서 나가사키까지는 JR 열차나 고속버스를 이용하면 되는데 기차나 고속버스는 1시간에 2~3편이 운행되고 있어 언제라도 편리하게 이용할 수 있다.

✈ 나가사키공항에서 시내로

나가사키 공항에서 시내로 이동할 때는 공항버스를 이용하는 것이 편리하다. 나가사키 시내 방면으로 가는 버스는 나가사키신치 長崎新地 · 나가사키역 長崎駅을 경유하는 노선과 쇼와마치 昭和町 · 우라카미 浦上를 경유하는 노선 두 가지가 있으므로 자신의 목적지에 따라 선택하면 된다. 운행편수는 시간당 4대 정도로 자주 있는 편이며, 소요 시간은 데지마 도로를 경유하게 되면서 40분으로 단축되었다. 편도 요금은 900엔으로 일행이 여러

명이라면 2장짜리 회수권인 니마이깃푸 二枚きっぷ(1,600엔)를 구입하는 것이 경제적이다.

홈피 www.nagasaki-airport.jp

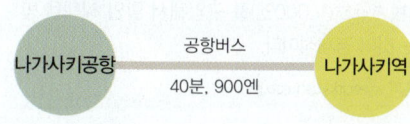

나가사키공항 —— 공항버스 —— 나가사키역
40분, 900엔

179

후쿠오카에서 나가사키로

JR

후쿠오카에서 출발한다면 하카타역에서 JR 특급 가모메 かもめ를 이용하면 환승 없이 한 번에 갈 수 있다. 운행 편수는 시간당 2대 정도로 자주 있는 편이며, 요금은 지정석 이용 시 4,710엔이다. 단, JR 규슈레일패스, 북큐슈레일패스를 소지한 여행자라면 열차티켓은 따로 구입하지 않아도 된다. 지정석을 이용하고 싶다면 JR 하카타역에 있는 미도리노마도구치에 들러 패스를 제시하고 예약하면 되고 추가요금은 필요없다. JR 패스 없이 기차여행을 할 경우에는 2장짜리 회수권인 니마이깃푸 2枚 きっぷ(6,180엔)나 4장짜리 회수권인 욘마이깃푸 4枚きっぷ(11,000엔)를 구입해서 할인 혜택을 받는 것이 경제적이다.

홈피 www.jrkyushu.co.jp

버스

후쿠오카에서 나가사키로 가는 고속 버스 규슈호는 하카타 버스터미널에서 출발해 니시테쓰 덴진 고속버스 터미널과 후쿠오카

공항 국제선터미널을 경유해 나가사키역에 도착한다. 버스는 시간당 3~4대 정도로 자주 있는 편이며 요금은 편도 기준 2,570엔이다. 산큐패스가 있으면 무료로 이용할 수 있지만, 패스가 없는 경우에는 왕복 승차권을 구입하거나 여러 명이 함께 이용할 수 있는 4장짜리 회수권인 욘마이깃푸 (8,230엔)를 구입하는 것이 경제적이다.

홈피 www.nishitetsu.ne.jp/kyushugo

하카타역	JR 특급 가모메 2시간, 4,710엔	나가사키역

하카타 버스터미널	니시테쓰 고속버스 규슈호 2시간 20분, 2,570엔	나가사키역

나가사키 주변 도시로
가는 방법

나가사키 근교의 주요 관광지로는 사세보, 하우스텐보스, 시마바라, 운젠 등이 있다. 규슈의 관문인 후쿠오카와 나가사키 여행의 중심인 나가사키를 기점으로 주변도시로 가는 방법을 알아보자.

사세보 佐世保

후쿠오카에서 사세보로 갈 때는 JR 열차나 고속버스 모두 직행편이 있어서 편리하게 이용할 수 있다. 그리고 나가사키와 하우스텐보스, 사세보 구간은 JR 오무라센 大村線이 연결하고 있어서 JR 쾌속 시사이드라이너를 이용하면 된다. 또 이 구간은 고속버스도 다양하게 운행되고 있어 산큐패스 이용자들도 별다른 불편 없이 여행을 즐길 수 있다.

JR

후쿠오카의 하카타역에서 출발하는 JR 특급 미도리 みどり를 이용하면 중간에 갈아타지 않고 곧바로 사세보역에 도착할 수 있다. JR 규슈레일패스, 북큐슈레일패스가 있다면 무료로 이용할 수 있고, 패스가 없다면 2장짜리 회수권인 니마이깃푸(4,620엔)나 4장짜리 회수권인 욘마이깃푸(8,840엔)를 이용하는 것이 유리하다.
한편 나가사키나 하우스텐보스에서 사세보로 갈 때는 JR 쾌속 시사이드라이너 快速シーサイドライナー를 이용하면 되고, JR 패스가 없다면 역시 니마이깃푸나 욘마이깃푸를 구입하는 것이 경제적이다.

- 하카타역 → JR 특급 미도리(1시간 50분, 3,880엔) → 사세보역
- 나가사키역 → JR 쾌속 시사이드라이너(1시간 50분, 1,650엔) → 사세보역

버스

후쿠오카공항 국제선터미널이나 하카타 버스터미널, 니시테쓰 덴진 고속버스터미널에서 출발하는 사세보행 고속버스를 이용하면 된다. 버스는 약 30분 간격으로 출발하므로 시간에 구애받지 않고 이용할 수 있어 편리하다. 버스 요금은 편도 기준 2,260엔이지만 왕복·페어 승차권을 구입하면 2장에 4,110엔으로 10% 할인 혜택을 받을 수 있다. 그리고 4장짜리 회수권을 구입하면 7,200엔으로 20% 할인 혜택을 받을 수 있다.

- 하카타 버스터미널 → 고속버스(2시간, 2,260엔) → 사세보 버스센터
- 나가사키역 → 고속버스(1시간 30분, 1,500엔) → 사세보 버스센터
- 나가사키공항 → 공항버스(1시간 20분, 1,400엔) → 사세보역

🚃 하우스텐보스 ハウステンボス

후쿠오카에서 하우스텐보스까지는 JR과 고속버스 모두 직행편이 있기 때문에 자기 일정과 구입한 교통패스에 따라 선택적으로 이용하면 된다. 단, 직행 고속버스는 운행편수가 많지 않으므로 시간이 맞지 않으면 JR을 이용하는 것이 좋다.

JR

후쿠오카의 하카타역에서 출발하는 JR 특급 하우스텐보스호를 이용하는 것이 가장 빠르고 편리하다.

대략 1시간 간격으로 운행되고 있는데, JR 규슈레일패스나 북큐슈레일패스가 있다면 무료로 이용할 수 있다. 패스가 없는 경우에는 2장짜리 회수권인 니마이깃푸(5,040엔)를 이용하는 것이 유리하다. 열차시간이 맞지 않는 경우에는 사세보행 JR 특급 미도리를 이용해 하이키역으로 간 다음 열차를 갈아타면 된다. 나가사키나 사세보에서도 역시 JR 쾌속 시사이드라이너를 이용하면 하우스텐보스역으로 바로 갈 수 있다.

- 하카타역 → JR 특급 하우스텐보스(1시간 40분, 3,880엔) → 하우스텐보스역
- 나가사키역 → JR 쾌속 시사이드라이너(1시간 30분, 1,470엔) → 하우스텐보스역

버스

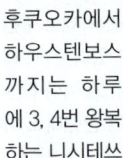

후쿠오카에서 하우스텐보스까지는 하루에 3, 4번 왕복하는 니시테쓰 고속버스를 이용하면 한 번에 갈 수 있다. 니시테쓰 덴진 고속버스터미널에서 출발한 고속버스는 하카타 버스터미널과 후쿠오카공항 국제선 청사를 경유해 하우스텐보스에 도착하게 된다.

- 하카타 버스터미널 → 고속버스(2시간 10분, 2,260엔) → 하우스텐보스

🚃 시마바라 島原

시마바라는 JR 열차가 운행하지 않는 지역이므로 후쿠오카에서 시마바라로 바로 가고 싶다면 고속버스를 이용해야 한다. JR 패스 이용자라면 일단 이사하야역까지 이동한 다음 버스나 시마바라 철도로 갈아타야 한다.

※ 시마바라 철도 : www.shimatetsu.co.jp

JR

시마바라까지 바로 가는 JR 열차는 없다. 따라서 철도를 이용하는 경우에는 일단 시마바라에서 가장 가까운 역인 JR 이사하야역으로 이동한 다음 시마테쓰 버스나 시마바라 철도를 이용해 시마바라로 가면 된다. 참고로 이사하야~시마바라를 연결하는 시마바라 철도는 사철이기 때문에 JR 패스나 JR 규슈레일패스가 있다 해도 별도의 교통비를 지불해야 한다.

나가사키나 사세보, 하우스텐보스에서 시마바라로 갈 때 역시 바로 가는 기차편은 없으므로 이사하야역을 경유해서 시마바라 철도나 버스로 갈아타고 가야 한다.

- 하카타역 → JR 특급 가모메(1시간 35분, 4,230엔) → 이사
  하야역 → 시마바라 철도 (1시간 15분, 1,430엔) → 시마바라
  역
- 나가사키역 → JR 특급 가모메(17분, 1,280엔) → 이사하야
  역 → 시마바라 철도 (1시간 15분, 1,430엔) → 시마바라역

버스

후쿠오카에서
출발한다면 하
카타 버스터미
널에서 하루 3
번 출발하는 고
속버스를 이용하는 것이 편리하다. 니시테쓰 덴진
고속버스터미널을 경유하기 때문에 숙소가 덴진
주변이라면 굳이 하카타역까지 갈 필요 없이 덴진
에서 출발하면 된다. 버스요금은 편도 2,980엔이
지만 왕복으로 구입하면 4,730엔이다. 한편 시마
바라와 운젠 구간은 시마테쓰에서 운영하는 노선

버스를 이용하면 된다. 노선버스는 하루 11편이 운
행하고 있다.

- 하카타 버스터미널 → 고속버스(3시간 10분, 2,980엔) →
  시마바라역
- 시마테쓰 운젠 버스센터 → 노선버스(50분, 830엔) → 시마
  바라역

배

구마모토에서 시마
바라로 갈 때는 구
마모토항에서 출발
하는 배를 타고 가
는 것이 편리하다. 구마모토 페리에서 운영하는 고
속선 오션애로우호를 타면 되는데, 시마바라항까
지 30분 만에 갈 수 있다.

- 구마모토항 → 구마모토 페리 오션애로우호(30분, 1,000엔)
  → 시마바라항

🚃 운젠 雲仙

운젠은 교통편이 조금 애매하다. 후쿠오카에서 운
젠으로 바로 가는 고속버스나 열차편이 없기 때문
에 열차로 가는 경우에는 가장 가까운 역인 JR 이
사하야역까지 간 다음 버스를 갈아타야 하고, 고속
버스를 이용하는 경우에도 역시 이사하야나 시마
바라로 간 다음 버스를 갈아타고 가야 한다.

JR

JR 열차를 이용하는 경우에는 후쿠오카의 하카타
역에서 JR 특급 가모메를 이용해 이사하야역으로
이동한 후 운젠으로 가는 시마테쓰 버스로 갈아타

야 한다. 나가사키나 사세보, 하우스텐보스 등에서
운젠으로 가는 경우에도 일단 JR 열차를 이용해서
이사하야역으로 이동한 후 버스로 갈아타야 한다.

- 하카타역 → JR 특급 가모메(1시간 35분, 4,230엔) → 이사
  하야역 → 시마테쓰 버스(1시간 20분, 1,350엔) → 시마테쓰
  운젠 버스터미널
- 나가사키역 → JR 특급 가모메(17분, 1,280엔) → 이사하야
  역→ 시마테쓰 버스(1시간 20분, 1,350엔) → 시마테쓰 운젠
  버스터미널

버스

후쿠오카에서
운젠으로 바로
가는 고속버스
는 없고, 이사하
야역에서 운젠
방면 시마테쓰 버스로 갈아타야 한다. 버스가 자주
없는 구간이라 미리 시간을 잘 확인해야 한다.

- 하카타 버스터미널 → 고속버스(2시간 15분, 2,570엔) → 이
  사하야역 → 시마테쓰 버스(1시간 20분, 1,350엔) → 시마테
  쓰 운젠 버스터미널

나가사키
시내교통

나가사키 시내의 대중교통수단으로는 노면전차와 버스, 택시 등이 있는데 이중 노면전차를 이용하는 것이 가장 편리하다. 나가사키 시내 전체를 돌아볼 계획이라면 노면전차 1일 승차권을 구입하는 것이 유리하지만, 나가사키 시내 번화가 위주로 돌아본다면 도보로도 충분하므로 굳이 1일 승차권을 구입할 필요는 없다.

 ### 노면전차 路面電車

나가사키를 대표하는 교통수단으로 가격이 저렴하고 여행지와 연계성이 좋아 여행자들에게 인기가 높다. 현재 4개의 노선을 운영하고 있으며, 운행 간격은 5~8분으로 자주 있는 편이다. 요금은 거리와 상관없이 1회 승차 기준 120엔(어린이 60엔)이며, 뒷문으로 타고 앞문으로 내리면 된다. 요금은 하차할 때 운전석 옆에 있는 요금함에 넣으면 된다. 하루에 5번 이상 노면전차를 이용한다면 1일 승차권(어른 500엔, 어린이 250엔)을 구입하는 것이 좋다.

전화 095-845-4111 홈피 www.naga-den.com

버스

나가사키에서는 대부분의 명소를 노면전차로 갈 수 있기 때문에 버스를 이용하는 일은 거의 없다. 물론 버스를 무료로 탈 수 있는 산큐패스를 가지고 있고 노면전차에 대한 로망이 없다면 시내버스는 좋은 교통수단으로 활용할 수 있다. 버스 정류장마다 한눈에 볼 수 있는 노선도가 한글로 표시되어 있어 어려움 없이 이용할 수 있다. 또한, 최고의 야경을 볼 수 있는 이나사야마 전망대까지는 노면전차가 가지 않기 때문에 시내버스를 이용해야 한다.

전화 095-826-1112 홈피 www.nagasaki-bus.co.jp/bus

---

tip

나가사키에서 전차 갈아타기

나가사키 시내를 달리는 노면전차는 노선이나 이용구간에 상관없이 120엔 균일 요금이 적용되지만, 노선을 갈아타는 경우에는 다시 추가로 요금을 지불해야 한다. 그러나 예외적으로 쓰키마치역에서 전차를 갈아타는 경우에는 추가요금을 내지 않아도 된다. JR 나가사키역 앞에 있는 나가사키 에키마에 전차 정거장에서 전차 1호선을 이용해 쓰키마치역으로 이동한 다음 내릴 때 120엔을 내면서 운전기사에게 '노리쓰기켄'을 달라고 하면 갈아탈 때 이용하는 환승용 티켓을 받을 수 있다. 이것을 받아서 챙긴 후에 다시 오우라텐슈도시타 전차 정거장으로 가는 5호선 전차로 갈아타면 된다. 오우라텐슈도시타 전차 정거장에서 내릴 때는 다시 돈을 내지 않고 미리 챙겨둔 '노리쓰기켄'을 내고 내리면 된다. 오우라테슈도시타역에서 나가사키역으로 갈 때도 역시 마찬가지다.

🚋 나가사키 교통 안내도

범례

———	JR
——— (1번계통)	
——— (3번계통)	노면전차
——— (4번계통)	
——— (5번계통)	
———	버스
———	로프웨이

니시우라카미역

아카사코
스미요시
쇼와마치도리
치토세마치
와카바마치
나가사키다이가쿠마에
이와야바시
우라카미샤코마에
오바시
마쓰야마치
하마구치마치
다이가쿠뵤인마에
우라카미에키마에
모리마치
젠자마치
다카라마치
야치요마치
나가사키에키마에

JR 나가사키혼센

이사하야 방면   도기쓰 방면   이사하야 방면   나가사키 하이패스 방면

206
34

헤이와코엔 · 우라카미텐슈도

우라카미역

이나사야마
이나사다케역
나가사키버스
이나사야마

로프웨이마에
후치지역
로프웨이
나가사키역

소토메 방면
202

나가사키항 터미널

유람선

나가사키항

노모자키 방면

나가사키에키마에
사쿠라마치
고카이도마치
고카이도마치
고토마치
니기와이바시
니시하마노마치
오하토
데지마
니시하마노마치
쓰키마치
시민뵤인마에
오우라카이간도리
오우라텐슈도시타
이소바시

499

스와진자
스와진자마에
신다이쿠마치
신카가마치
혼부라야
34
기린도시 방면

하마마치 · 시안바시 · 마루야마

가자카시라코엔
가자카시라코엔
소카쿠시타
시안바시
간코도리
데지마
신치주카가이
미나미야마테 · 히가시야마테
나가사키버스

나가사키
데지마도로
324

나가사키IC 방면   모테기 방면

AREA 1

나가사키
長崎

에도시대 당시 일본에서 유일하게 막부가 공인한 국제 무
역항이 있었던 항구도시로, 일찍이 외국에 문호를 개방한
덕분에 도심 곳곳에서 아름다운 서양식 건축물을 만날 수
있다. 또한, 가톨릭교회, 차이나타운, 도심을 가로지르는
노면전차 등 나가사키에서만 볼 수 있는 독특한 풍경 덕
분에 낭만적인 정서가 가득한 여행지로 인기가 높다.

나가사키
이렇게
여행하자

JR	JR 나가사키혼센 나가사키역 長崎駅
버스	나가사키역 버스정류장 長崎駅前停
이동경로	하카타역 → JR 특급 가모메(2시간, 4,710엔) → 나가사키역 / 하우스텐보스역 → JR 쾌속 시사이드라이너(1시간 30분, 1,470엔) → 나가사키역 / 하카타 버스터미널 → 니시테쓰 고속버스 (2시간 20분, 2,570엔) → 나가사키역

가는 방법

나가사키로 가려면 JR 열차를 이용하는 것이 가장 편리하다. 후쿠오카의 하카타역에서 JR 특급 가모메를 이용하면 2시간, 하우스텐보스역에서는 JR 쾌속 시사이드라이너를 이용해 1시간 30분이 걸린다. 산큐패스 이용자는 후쿠오카 공항이나 하카타 버스터미널에서 출발하는 고속버스 규슈호를 이용하면 2시간 20분 만에 나가사키역 버스정류장에 도착할 수 있다.

여행 방법

나가사키의 주요 볼거리는 차이나타운이 있는 시내 중심가와 글로버엔이 있는 야마테 지역, 헤이와코엔이 있는 우라카미 지역, 그리고 나가사키의 멋진 야경을 감상할 수 있는 이나사야마코엔 등 크게 네 지역으로 구분할 수 있다. 나가사키 시내의 주요 명소를 모두 돌아보려면 꼬박 하루를 투자해야 하지만, 나가사키의 핵심적인 볼거리인 글로버엔과 차이나타운, 헤이와코엔만 돌아본다면 반나절 정도 투자해도 충분하다.

추천 코스

1 JR 나가사키역
나가사키 여행의 출발점

노면전차 5분

2 데지마
하루가 다르게 옛 모습을 되찾아가는 관광 명소

도보 3분

3 신치주카가이
나가사키 짬뽕을 맛볼 수 있는 차이나타운

도보 8분

4 오란다자카
나가사키를 상징하는 낭만적인 언덕길

도보 6분

5 히가시야마테 12번관
개항시대의 자취를 느낄 수 있는 오래된 건축물

도보 10분

6 글로버엔
나가사키에 온 이상 꼭 봐야 할 관광 명소

도보 1분

7 오우라텐슈도
현존하는 가장 오래된 목조 고딕 양식 교회

노면전차 22분

8 헤이와코엔
원폭의 상처를 딛고 평화를 염원하는 공원

도보 3분

9 우라카미텐슈도
원폭의 흔적이 남아 있는 로마네스크 양식 교회

나가사키역 주변 `zoom in 1`

長崎駅 周辺

나가사키의 관문인 JR 나가사키역 주변에는 일본 26성인 순교지 외에는 이렇다 할 볼거리는 없다. 하지만 2000년 9월에 리뉴얼한 나가사키 역사 빌딩 내에 JR 규슈가 운영하는 복합 쇼핑몰인 아뮤 플라자 나가사키가 있어 쇼핑과 식도락을 즐길 수 있다. 나가사키역 주변에서 많은 시간을 보내다 보면 정작 나가사키 시내를 돌아볼 시간이 빠듯하므로, 나가사키역에 도착하면 노면전차를 타고 곧바로 데지마 방면이나 헤이와코엔 방면으로 이동하도록 한다. 단, 나가사키의 역사와 문화유산에 관심이 있다면 나가사키 역사문화박물관 정도는 들러보면 좋다.

🚉 JR 나가사키역

長崎駅

지도 p.11ⓖ 위치 JR 하카타역에서 특급 가모메 열차로 1시간 58분 홈피 www.jrkyushu.co.jp/nagasaki/

교회를 이미지로 한 경사진 초록 지붕에 스테인드글라스가 돋보이는 목조 역사였던 나가사키역은 재개발을 통해 개방적인 구조를 가진 역사와 복합 쇼핑몰 아뮤 플라자, JR 규슈호텔 나가사키가 들어선 현대적이고 세련된 역으로 거듭났다. 나가사키 역 개찰구를 나오면 바로 왼쪽에 여행자를 위한 관광 안내소가 자리한다. 이곳에서 한글로 된 나가사키 지도와 각종 팸플릿을 무료로 얻을 수 있으며, 노면전차 1일 승차권(500엔)도 구입할 수 있다. 또한 여행자의 수화물을 택배를 이용해서 호텔로 부쳐주는 서비스를 저렴한 비용에 제공하고 있다.

나가사키역 바로 앞에는 나가사키 시내의 주요 대중교통 수단인 노면전차 정거장이 있으며, 그 건너편에는 나가사키와 규슈 지역의 각 도시를 연결하는 고속버스 터미널이 있다.

🛍 아뮤 플라자 나가사키

AMU PLAZA NAGASAKI

지도 p.11ⓖ 위치 JR 나가사키역에서 도보 1분 주소 長崎市尾上町1-1 오픈 10:00~21:00(시설에 따라 다름) 전화 095-808-2500 홈피 www.amu-n.co.jp

1998년 3월 고쿠라 역사를 신축하면서 새롭게 탄생한 복합 쇼핑 시설로 현재 고쿠라역, 나가사키역, 가고시마주오역에서 만날 수 있다. JR 규슈에서 직영하는 쇼핑몰로 나가사키 역사와 바로 연결된 지상 10층 규모의 빌딩 중 1~5층에 들어가 있다. 1층에는 편의점을 비롯해 롯데리아, KFC, 미스터 도넛, 분메이도 등의 패스트푸드점과 선물가게가 입점해 있다. 2층에는 갭 GAP, 로열 호스트 Royal Host, 무지루시료힌 無印良品, 유나이티드 애로스 United Arrows 등 여성 취향의 패션 & 잡화 숍이, 3층에는 ABC 마트, 그라니프 graniph 등 남성 취향의 패션 & 집화 숍이 모여 있다. 그리고 4층에는 유나이티드 시네마 극장과 타워레코드, 시마무라 악기 등의 엔터테인먼트 관련 숍이 있

코조코 皇上皇

광동, 타이완 요리 전문점. 35년 경력의 베테랑 요리장이 직접 선보이는 다양한 메뉴를 맛볼 수 있다. 특히 나가사키 명물로 널리 알려진 나가사키 짬뽕 長崎ちゃんぽん(830엔), 사라 우동 長崎皿うどん (830엔)이 수준급이다. JR 나가사키역 바로 옆에 있어 나가사키 여행을 시작하기 전에 든든하게 배를 채우기에 안성맞춤.

위치 아뮤 플라자 나가사키 5F
오픈 11:00~23:00
전화 095-808-1502

포무노키 ポムの樹

창작 오므라이스의 원조로서 다양한 소스와 토핑, 선택의 폭이 넓은 사이즈로 인기를 끄는 레스토랑. 오므라이스를 메인으로 햄버거, 필라프, 파스타 등 오리지널 메뉴가 다양하다.

위치 아뮤 플라자 나가사키 5F
오픈 11:00~23:00
전화 095-895-8896

👁 일본 26성인 순교지

日本二十六聖人殉教地

지도 p.11⑥ 위치 JR 나가사키역에서 도보 5분 주소 長崎市西坂町7-8 오픈 24시간(기념관 09:00~17:00) 요금 무료(기념관 500엔) 전화 095-822-6000 홈피 www.26martyrs.com

1597년 2월 5일 도요토미 히데요시의 금교령에 따라 스페인 선교사와 12세의 소년을 포함한 26명의 가톨릭 신도가 처형된 장소이다. 이후 세월이 한참 지난 뒤인 1862년 로마 교황 비오 9세에 의해 당시의 희생자들은 성인으로 추대되었고, 100주년이 되던 해인 1962년에는 이들을 추모하고자 26성인 기념관과 니시자카 교회가 세워졌다. 26성인 기념관에서는 자료 전시를 통해 일본의 가톨릭 신도들이 걸어온 고난의 역사를 소개하고 있으며, 기념관에 높이 솟은 2개의

탑은 천사의 날개를 상징한다.

👁 나가사키 역사문화박물관

長崎歴史文化博物館

지도 p.11⑥ 위치 JR 나가사키역에서 도보 17분. 노면전차 3호선 이용 사쿠라마치역 하차 후 도보 7분 주소 長崎市立山1丁目1-1 오픈 08:30~19:00 요금 600엔(초·중·고등학생 300엔) 전화 095-818-8366 홈피 www.nmhc.jp

2005년 11월 국제도시 나가사키의 해외 교류사를 테마로 문을 연 박물관. 쇄국시대 당시 해외와 활발한 교류 거점이었던 나가사키의 역사와 문화를 재미있게 전시하고 있으며, 역사적인 건물인 나가사키후교쇼 長崎奉行所(사법, 입법, 경찰, 소방, 물가 대책 등 시정에 관한 폭넓은 업무를 하던 정부 기관)를 예전 모습 그대로 복원해 실제로 당시 생활을 체험할 수 있도록 했다.

그 밖에 중요문화재, 전통 공예품, 고문서 등 4만 8,000여 점을 전시한 전시장도 볼만하다. 동아시아 역사의 흐름을 배우는 학습의 장으로 어린 자녀들과 함께 가면 좋은 곳이다.

메가네바시·데라마치 주변 zoom in 2
眼鏡橋·寺町 周辺

쇄국시대 당시 해외 무역의 수상 운송로로 이용되었던 나카지마가와 中島川에는 중국에서 전해진 기술로 만든 돌다리 30여 개가 놓여 있다. 각기 다른 모양을 가진 다리 중에서도 다리와 강 표면에 반사되는 다리 그림자가 안경처럼 보이는 메가네바시는 나가사키의 상징으로 유명하다. 또 나카지마가와 주변은 오랜 세월 동안 대를 이어온 전통 공예점과 세련된 카페가 있어 산책을 즐기기에도 좋은 곳이다. 강의 동쪽 편에는 2개의 신사와 14개의 절이 모여 있는 데라마치가 있고, 에도 시대 말기의 풍운아 사카모토 료마와 인연이 깊은 비탈길과 공원이 있어 산책을 즐기기에 더없이 좋다.

🏯 스와진자
諏訪神社

지도 p.11ⓗ 위치 노면전차 3·4·5호선 이용 스와진자마에역 하차 후 도보 3분 주소 長崎市上西山町18-15 오픈 24시간 전화 095-824-0445 홈피 www.osuwasan.jp

나가사키 시민들이 오스와상 お諏訪さん이라는 친숙한 이름으로 부르는 나가사키의 대표적인 신사로 매년 10월 7~9일 3일 동안 열리는 나가사키 군치 長崎くんち 마쓰리의 무대로 유명한 곳이다. 나가사키 군치는 하카타 군치, 가라츠 군치와 더불어 일본의 3대 군치 마쓰리로 꼽히는데, 축제 기간이 되면 신사에 봉납하는 춤의 향연이 대단한 볼거리를 제공한다. 노면전차 스와진자마에역에 하차한 후 바로 옆에 있는 5개의 거대한 석조 도리이를 지나 70개의 돌계단을 오르면 정면에 스와진자가 보인다. 본당 왼쪽의 달리는 신마상은 헤이와코엔의 평화기념상을 조각한 기타무라 세이보 北村西望의 작품이다. 스와진자 바로 옆으로는 나가사키 시민들의 휴식처인 나가사키코엔이 있으며, 이곳에 작은 어린이 동물원과 현립미술박물관이 자리 잡고 있다.

🏯 나가사키코엔
長崎公園

지도 p.11ⓗ 위치 노면전차 3·4·5호선 이용 스와진자마에역 하차 후 도보 5분 주소 長崎市上西山町 오픈 24시간 전화 095-829-1171

스와진자 뒤편 전망 좋은 언덕 위에 넓게 자리 잡은, 일본에서 가장 오래된 장식용 분수가 있는 공원으로 유명하다. 잘 가꿔진 나무 숲 사이로 산책길이 조성되어 있으며, 공원 곳곳에 나가사키의 역사를 이야기하는 문학비가 세워져 있다. 공원 안쪽에는 오랜 전통을 자랑하는 찻집 돈코차야 香港茶屋가 있다.

🔵 메가네바시

眼鏡橋

<u>지도</u> p.11⒣ <u>위치</u> 노면전차 4·5호선 이용 니기와이바시역
또는 3호선 고카이도마에역 하차 후 도보 3분

1634년 고후쿠지 興福寺의 2대 주지인 묵자선사 黙
子禪師가 포르투갈 사람들이 전한 돌다리 제작 기술
을 기초로 가설한 일본 최초의 아치형 돌다리로 유명
하다. 길이는 22m, 폭은 3.65m, 강 수면까지의 높이는
5.46m에 달한다. 2개의 아치가 강 수면에 비친 그림
자가 쌍 원을 이루기 때문에 안경다리라는 이름이 붙
었다고 전해지는데, 도쿄의 니혼바시 日本橋, 야마구
치 현의 긴타이바시 錦帶橋와 더불어 일본의 3대 다
리로 꼽힌다. 1982년 7월 23일 나가사키 대홍수로 나
카시마 강가의 다리 중 메가네바시를 비롯해 3개의
다리가 유실되었지만, 1983년 10월에 유실된 조각들
을 모아 원형대로 복구해서 오늘에 이르고 있다.

🔴 고로케

コロッケ

<u>지도</u> p.11⒣ <u>위치</u> 노면전차 4·5
호선 이용 니기와이바시역 하차
후 도보 3분 <u>주소</u> 長崎市東古川町3-23 <u>오픈</u> 12:00~16:00
휴무 화요일 전화 095-826-1220

부드럽고 바삭한 식감의 크로켓을 중심으로 2~3가지
음식을 한 번에 맛볼 수 있는 대중음식점. 일반적으
로 볶음밥과 스파게티가 함께 나오며, 그 위에 크로켓
을 얹는 독특한 스타일이다. 이것이 바로 나가사키의
명물 음식 중 하나인 도루코라이스 トルコライス(인
기 서양 요리 2~3가지를 한데 모아놓은 나가사키의
명물 요리)이다. 인기 메뉴는 바삭거리는 식감이 식욕
을 자극하는 도루코 고로케 トルココロッケ(1,050엔).
가게 이름이 왜 고로케인지 알 수 있는 매력적인 맛을
보여준다.

🔴 히후미테이

一二三亭

<u>지도</u> p.11⒣ <u>위치</u> 노면전차 4·5호선 이용 니기와이바시역 하
차 후 도보 3분 <u>주소</u> 長崎市古川町3-2 <u>오픈</u> 11:30~14:00,
17:00~23:00 전화 095-825-0831

나가사키의 명물
오지야 おじや(쌀
을 세 번 쪄내고 육
수와 달걀을 가미
해 잘 섞은 뒤 마지
막으로 참깨, 파 등
을 듬뿍 올리는 요
리)를 맛볼 수 있는 향토 요리 전문점. 1896년에 창업
한 전통 있는 가게로 색다른 일본 요리를 맛보고 싶다
면 한 번 가볼 만하다. 추천 메뉴는 다시마와 가쓰오
부시 다시의 구수한 맛이 일품인 오지야 세트(700엔).
메가네바시 바로 옆에 있다.

🔵 데라마치

寺町

<u>지도</u> p.11⒣ <u>위치</u> 노면전차 4·5호선 고카이도마에역 하차
후 도보 5분

고후쿠지에서 소후쿠지에 이르는 1km 남짓한 거리에
저마다 다른 개성을 지닌 고즈넉한 사찰들이 줄지어
있어 산책하는 기분으로 둘러보면 좋다. 대부분 사찰
이 골목 구석구석에 자리 잡고 있어 찾아가
기는 쉽지 않지만, 고후쿠지
를 기점으로 데라마치도리
寺町通り를 따라 이동하면
비교적 편하게 돌아볼 수
있다. 모든 절을 다 볼 필요는 없고 나가사키
에서 가장 유명한 고후쿠지와 소후쿠지 정도
만 들르면 된다.

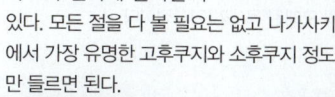

👁 고후쿠지
興福寺

지도 p.11ⓗ 위치 노면전차 4·5호선 이용 고카이도마에역 하차 후 도보 8분 주소 長崎市寺町4-32 오픈 08:00~17:00 요금 300엔(중고생 200엔, 초등학생 100엔) 전화 095-822-1076 홈피 www.kofukuji.com

나가사키에 거주하던 중국 난징 사람들의 요청으로 중국에서 건너온 승려 진원 真円이 1623년에 창건한 절로 일본의 국가 중요문화재로 지정되어 있다. 당시 일본은 그리스도교에 대한 박해가 극심하던 때로 나가사키에 건너온 중국 사람들의 종교에 대해서도 엄중한 조사가 행해졌다고 한다. 이에 중국인들은 자신들이 크리스천이 아니라 불교 신자임을 증명하기 위해 십시일반 돈을 모아 여러 곳에 절을 세웠는데 그중하나가 바로 이곳 고후쿠지다. 고후쿠지의 제2대 주지인 묵자는 메가네바시를 세운 것으로 유명하고, 제3대 주지인 일연은 남종화라 부르는 나가사키 한화의 창시자로 유명하다. 절의 본당인 다이요우호텐 大雄宝殿과 독특한 형태의 건축미를 자랑하는 쇼우코로 鐘鼓楼, 공자를 제사 지낸 사당인 나카지마 세이도 中島聖堂 등 다양한 볼거리가 있다. 특히 대웅전 처마에 걸린 2개의 오래된 목어가 인상적이다.

👁 료마도리
龍馬通り

지도 p.11ⓗ 위치 노면전차 4·5호선 이용 고카이도마에역 하차 후 도보 10분 주소 長崎市風頭町 오픈 24시간

에도 시대 말기의 풍운아로 일본 전역을 동분서주하며 메이지 유신의 초석을 놓은 것으로 유명한 사카모토 료마 坂本龍馬의 이름을 딴 골목길이다. 료마가 1864년 그의 나이 30세 때 나가사키에 정착해 일

본 최초의 무역상사 가메야 마샤추 亀山社中를 설립해서로 대립 관계에 있던 사쓰마번과 조슈번의 동맹을 이끌어낸 이야기는 일본 근대사의 중요한 한 장면으로 일본 사람이라면 누구나 다 알고 있을 정도로 유명하다. 데라마치도리 寺町通リ의 진소지 深崇寺와 젠린지 禅林寺 사이에 있는 좁고 가파른 골목길인 료마도리를 따라 걸어 올라가면 료마의 동상이 있는 전망 좋은 가자가시라코엔 風頭公園이 나온다. 길게 이어지는 비탈길 곳곳에 가메야 마샤추와 료마 동상으로 가는 길을 알려주는 표지판이 있어 어렵지 않게 찾아갈 수 있다.

👁 가자가시라코엔
風頭公園

지도 p.11ⓛ 위치 노면전차 4·5호선 이용 고카이도마에역 하차 후 도보 25분. 나가사키역 앞 동쪽 버스 정류장에서 가자가시라야마행 시내버스 이용 종점인 가자가시라야마 정류장 하차 후 도보 5분 주소 長崎市風頭町 오픈 24시간

료마도리를 따라 가파른 비탈길을 15분 정도 걸어 올라가면 발 아래로 나가사키 시가지와 나가사키 항이 한눈에 들어오는 가자가시라코엔이 나온다. 높이 151.9m의 가자가시라산 정상에 조성된 공원에는 370여 그루의 벚나무가 있어 봄철에는 벚꽃놀이를 즐기는 사람들로 활기를 넘친다. 사카모토 료마의 동상과 일본의 유명 작가인 시바 료타로 司馬遼太郎의 베스트셀러 소설인 《료마가 간다 竜馬がく》문학비가 공원 안에 있다. 이곳의 전망대는 이나사야마코엔과 함께 나가사키의 야경을 감상할 수 있는 명소로도 유명하다.

🔵 와카미야이나리진자

若宮稲荷神社

지도 p.11ⓗ 위치 노면전차 3·4·5호선 이용 신다이쿠마치역 하차 후 도보 10분 주소 長崎市伊良林2-10-2 오픈 24시간 전화 095-822-5270

곡물과 농업을 관장하는 신으로 추앙받는 이나리신 稲荷神을 모신 신사로 일본 전역의 여느 이나리진자와 마찬가지로 신사 입구에는 선홍색 도리이와 여우상이 서 있다. 가메야마샤추와 가까운 거리에 있어 료마는 물론 가메야마샤추의 젊은 지사들도 자주 이곳을 찾은 것으로 알려진다. 신사 내에는 가메야마샤츄 자료 전시장과 료마의 부츠상 龍馬のぶーつ像이 있다. 료마의 부츠상에서 내려다보는 나가사키의 시내 풍경은 나가사키 도시경관상을 수상할 정도로 아름다운 풍광을 자랑한다. 한편 해마다 10월 14~15일에는 남자 여우와 여자 여우 가면을 쓴 두 사람이 높이 10m 남짓한 대나무 위에 올라타고 놀라운 곡예를 펼치는 다켄게이 竹ん芸 대제가 이곳에서 펼쳐진다.

🔵 가메야마샤추아토

亀山社中跡

지도 p.11ⓗ 위치 노면전차 3·4·5호선 이용 신다이쿠마치역 하차 후 도보 15분 주소 長崎市伊良林町2-7-24 오픈 09:00~17:00 휴무 연중무휴 요금 300엔(고등학생 200엔, 초·중학생 150엔) 전화 095-828-1454 홈피 www.city.nagasaki.lg.jp/kameyama/index.html

가메야마샤추는 1865년 9월 사카모토 료마가 사쓰마번의 도움을 받아 설립한 일본 최초의 무역상사로, 사쓰마번과 조슈번을 위해 서양식 무기와 선박, 각종 물자의 수입을 담당했다. 일본 최초의 주식회사란 평가도 있지만, 실상은 단순한 무역상사라기보다 에도 시대 말기에 토사번을 벗어나 떠돌이 무사를 자처한 사카모토 료마와 그를 따르는 젊은 무사들이 뭉친 일종의 결사체로 1866년의 제2차 조슈 정벌 때는 조슈번의 군함에 동승해 시모노세키 해전에 종군하는 등 사설 군사 단체의 역할을 하기도 했다. 특시 메이지 유신의 주역인 사쓰마번의 사이고 다카모리 西鄕隆盛와 조슈번의 기도 다카요시 木戸孝允를 대표로 하는 사초동맹의 체결에 큰 역할을 한 것으로 유명하다. 도보 2분 거리에 있는 가메야마샤추 기념관을 방문하면 가메야마샤추와 관련한 다양한 자료와 유물을 관람할 수 있다.

🔵 소후쿠지

崇福寺

지도 p.11ⓛ 위치 노면전차 1·4호선 이용 쇼가쿠지시타역 하차 후 도보 3분 주소 長崎市鍛冶屋町7-5 오픈 08:00~17:30(12월 1일~2월 말 08:00~17:00) 휴무 연중무휴 요금 300엔(중고생 200엔, 초등학생 100엔 전화 095-823-2645

중국풍의 붉은색 산몬 三門이 있어 나가사키 시민들이 흔히 아카몬산 赤門さん이라 부르는 절이다. 1629년 나가사키에 살던 중국 푸젠 성 福建省 출신의 중국 사람들이 항해의 안전을 기원하며 세운 절로 고후쿠지, 후쿠사이지와 함께 나가사키를 대표하는 중국 양식의 절이다. 붉은색 산몬을 통과해 경내에 들어서면 바로 보이는 다이이포몬 第一峰門과 다이유호덴 大雄宝殿 등 2개의 국보를 비롯해 20개 이상의 문화재를 만날 수 있다. 소후쿠지 경내에 있는 거대한 가마솥은 1682년 나가사키 지방의 대기근 당시 굶주림에 시달리는 사람들에게 식사를 제공하기 위해 시주를 받아 만든 것으로, 한 번에 630kg의 밥을 해서 약 3,000명에게 나눠줬다는 훈훈한 사연이 전하는 물건이다.

하마마치·신치·마루야마 주변 zoom in 3

浜町·新地·丸山 周辺

나가사키에서 제일가는 번화가인 하마노마치 아케이드 상점가가 있는 하마마치 지역을 중심으로 중국 음식점이 밀집한 신치 주카가이와 스낵과 선술집이 즐비한 나가사키 제일의 환락가인 도자, 지금도 노포 요정과 여관이 늘어서 있어 에도 시대 당시 유곽이 자리하던 지역임을 한눈에 알 수 있는 마루야마 등이 도보 거리에 모여 있다. 당시의 남편들이 마루야마의 유곽에 갈까 말까 고민하며 서성댔다는 시안바시도 이 지역의 볼거리 중 하나다.

🎫 하마노마치 아케이드

浜の町アーケード

지도 p.11Ⓚ 위치 노면전차 1·4호선 이용 시안바시역 또는 간코도리역 하차 후 도보 2분

나가사키 시내 중심부에는 하루사메도리와 나란히 있는 하마이치 浜市 아케이드, 그리고 하마이치 아케이드와 십자 형태로 교차하는 또 하나의 아케이드인 베르나드 간코도리 ベルナード観光通リ가 있는데 나가사키에서 가장 번화한 이 일대를 통칭해 하마노마치 아케이드라 부른다. 다이마루 백화점을 비롯한 나가사키의 주요 쇼핑 명소가 이곳에 모두 모여 있어 쇼핑을 즐기기에 좋다.

한편 하마이치 아케이드의 끝쪽에는 옛날부터 유곽촌으로 유명한 마루야마로 이어지는 시안바시가 있으며, 그 반대편으로는 신치 주카가이가 있다. 평일에는 조금 한산한 모습이지만 주말에는 수많은 인파로 활력이 넘치는 나가사키 중심가의 진면모를 볼 수 있다.

1866년에 창업한 나가사키의 전통 요리점. 조금 낡기는 했지만 고풍스러운 목조 건물이 시대의 흐름을 느끼게 해준다. 6대째 가업을 잇는 요시다 사장이 한결같은 정성과 노력으로 창업 당시의 맛을 그대로 지키고 있어 일본 매스컴에도 자주 소개된 유명한 가게이다. 대표 메뉴는 다양한 해산물과 채소가 들어간 달걀찜 요리 차완무시 茶碗蒸し(756엔)와 생선과 초밥을 쪄낸 독특한 초밥 무시스시 蒸し寿司(594엔). 넉넉하게 먹으려면 두 가지 메뉴가 함께 나오는 고이치닌마에 御一人前(1,350엔)를 주문하면 된다.

🍴 욧소 본점

吉宗 本店

지도 p.11Ⓚ 위치 노면전차 1·4호선 이용 간코도리역 하차 후 도보 2분 주소 長崎市浜町8-9 오픈 11:00~21:00 휴무 정월 및 오봉 기간 전화 095-821-0001 홈피 www.yossou.co.jp

👁 도진야시키

唐人屋敷跡

지도 p.11Ⓚ 위치 노면전차 1·5호선 이용 쓰키마치역 하차 후 도보 8분 전화 095-829-1271

1635년부터 중국과의 무역을 독점하고 있던 나가사키 항에는 중국인 상인들이 드나들기 시작하면서 나가사키에 정착하는 중국인들도 하나 둘 늘어나게

되었다. 이에 따라 막부의 통제를 피해 밀무역도 점차 증가하는 부작용이 생기면서 결국 1689년에 이르러 나가사키 시내 곳곳에 흩어져 거주하던 중국인들을 한데 모아 수용하는 중국인 거주지를 건설하게 되었다. 한창 때는 2,000명이 넘는 중국인들이 거주했던 곳이지만 오랜 세월이 지나면서 당시의 주택은 대부분 사라지고 지금은 4개의 건물만이 복원되어 있다. 중국 베이징의 어느 뒷골목을 걷는 듯한 미로 같은 골목길은 나가사키 여행이 주는 또 다른 묘미이다.

👁 신치주카가이
新地中華街

지도 p.11ⓚ 위치 노면전차 1·5호선 이용 쓰키마치역 하차 후 도보 2분 홈피 www.nagasaki-chinatown.com

신치라는 이름 그대로 1702년 바다를 매립해 만든 인공 섬으로, 에도 시대 말기에 중국과 무역하면서 물건을 보관하기 위해 세운 창고가 있던 지역이다. 넓이는 데지마와 거의 비슷한 동서 130m, 남북 90m의 직사

각형 형태로 면적은 약 1157.03㎡에 달한다. 차이나타운 중앙의 십자로에 메이지 유신 이후 중국인 저택과 함께 철거된 신치 하적장의 존재를 알리는 비석이 하나 서 있는 것 외에는 예전 모습은 찾아볼 수 없다. 지금은 나가사키의 명물 음식인 짬뽕이나 싯포쿠 요리 등을 맛볼 수 있는 중국 음식점과 중국산 잡화나 식료품을 판매하는 가게들이 즐비하게 들어서 있다. 규모가 그리 큰 편이 아니라서 요코하마 차이나타운과 같은 번화함은 느끼기 어렵지만 매년 구정 연휴 시기에 맞춰서 열리는 랜턴 축제 때는 일본 전역에서 축제를 즐기기 위해 수많은 여행객이 몰려든다.

신치주카가이의 추천 맛집

가이라쿠엔 会楽園

푸젠 성 출신의 선대가 만든 맛을 일본 사람들의 입맛에 맞게 개량해 인기를 끌고 있는 중국 음식점. 중국 음식 특유의 느끼함이 없어서 우리 입맛에도 잘 맞는다. 인기 메뉴는 살짝 단맛이 나지만, 구수한 국물이 일품인 짬뽕 ちゃんぽん(850엔)과 신선한 해물과 우동을 맛있게 볶아낸 사라우동 皿うどん(850엔).

주소 長崎市新地町10-16
오픈 11:00~15:30, 17:00~20:15
휴무 월 2회 부정기적
전화 095-822-4261

코우잔로 江山楼

나가사키 차이나타운 하면 가장 먼저 추천하는 맛집. 워낙 많은 사람이 몰리는 곳이다 보니 취향에 따라 호불호가 갈리기는 하지만, 나가사키에서는 수준급 중국집으로 유명하다. 인기 메뉴인 짬뽕 チャンポン과 사라우동 皿うどん은 800엔. 실패 없는 절대 메뉴인 볶음밥 차항 チャーハン(800엔)과 함께 먹으면 근사한 한 끼를 경험할 수 있다.

주소 長崎市新地町12-2
오픈 11:00~21:00
전화 095-821-3735

🎦 시안바시

思案橋

지도 p.11ⓛ 위치 노면전차 1·4호선 이용 시안바시역 하차 후 도보 1분

노면전차 시안바시역 앞에는 도로를 사이에 두고 양쪽 다리 난간만 남아 있는 독특한 조형물이 있다. 바로 에도 막부 시절 나가사키 최대의 환락가인 마루야마와 연결되던 시안바시 다리의 흔적이다. 그 시절에는 나가사키 시내에서 하루 일과를 마친 남편들이 이 다리 앞에 서서 집으로 갈까 마루야마에 들러 놀다 갈까 고민을 했다는 이야기가 전해 내려온다. 지금도 시안바시 옆의 도자 銅座 일대는 나가사키 최대의 환락가로 그 명맥을 이어오고 있다.

🍴 요정 아오야기

料亭 靑柳

지도 p.11ⓛ 위치 노면전차 1·4호선 이용 시안바시역 하차 후 도보 5분 주소 長崎市丸山町7-21 오픈 12:00~15:00, 18:00~22:00 전화 095-823-2281 홈피 www.maruyama-aoyagi.jp

나가사키 3대 명물 요리 중 하나인 싯포쿠 요리 卓袱料理로 유명한 고급 음식점이다. 요정이라는 이름을 지금도 고집할 정도로 정갈하고 다양한 고급 요리를 맛볼 수 있지만, 일반 여행자가 가기에는 가격이 부담

스러운 편이다. 저녁 시간에는 예약제로 운영하고 비싼 코스 요리밖에 없으므로, 꼭 전통 요리를 맛보고 싶다면 점심시간을 이용해 미니 싯포쿠 요리라고 할 수 있는 아오야기벤토 靑柳弁当(4,320엔)를 주문하도록 하자.

🎦 우메조노미가와리덴만구

梅園身代り天満宮

지도 p.11ⓛ 위치 노면전차 1·4호선 이용 쇼카쿠지시타역 하차 후 도보 13분 주소 長崎市丸山町2 오픈 24시간 전화 095-829-1314(나가사키 관광과)

1700년에 창건한 신사로 예로부터 미가와리텐진 身代り天神이라는 별칭으로 사랑받아 왔다. '남을 대신한다'는 미가와리 身代り라는 별칭이 붙은 이유는 신사의 창건자인 야스다 야스이에몬 安田屋晴右衛門이 어느 날 밤 누군가에게 왼쪽 옆구리를 창에 찔려 쓰러졌는데 정신을 차려보니 어디에도 상처는 없고, 대신 집에서 모시던 덴진상의 왼쪽 옆구리에서 피가 흐르고 있었다는 전설 때문이다. 지금도 자신의 고민을 대신 도와준다는 믿음이 남아 있어 많은 사람들이 찾는다. 한편 마루야마 일대의 유곽에서 일하는 유녀들이 즐겨 찾던 신사로도 유명하다. 이른 봄 경내에 매화나무가 만개할 때가 가장 아름답다.

데지마 주변 `zoom in 4`
出島 周辺

나가사키 시내에서 근래 가장 많은 변화가 있는 지역이 바로 이곳 데지마 주변이다. 쇄국시대 당시 일본에서 유일하게 외국과 교류하는 창구 역할을 한 곳으로 나가사키 시의 주도로 1996년부터 시작된 복원 사업에 따라 하루가 다르게 옛 모습을 되찾아가고 있다. 또한 나가사키 만을 끼고 있는 수변 지역에 조성된 데지마와프는 세련된 가게와 음식점이 줄지어 들어서 나가사키 시민들의 새로운 휴식처로 사랑받고 있다.

👁 데지마
出島

지도 p.11Ⓚ 위치 노면전차 1호선 이용 데지마역 하차 후 도보 2분 주소 長崎市出島町6-1 오픈 08:00~18:00 요금 자료관 510엔(고등학생 200엔, 초·중학생 100엔) 전화 095-829-1194 홈피 http://nagasakidejima.jp/ko

에도 막부가 1634년부터 2년 동안 쇄국정책의 일환으로 그리스도교의 포교를 막기 위해 포르투갈 사람들을 격리하고자 나가사키 항 인근에 축조한 부채꼴 모양의 인공 섬으로 그 면적은 약 15,000㎡에 달한다. 1639년 시마바라의 난을 계기로 포르투갈인들을 추방한 후에는 히라도에 있던 네덜란드 동인도회사의 상관을 이곳으로 옮겨와 약 220년간 네덜란드와의 무역 및 교류 장소로 이용했다. 1855년에는 일본과 네덜란드의 화친 조약 체결로 네덜란드인의 나가사키 시내 출입이 자유로워지며 데지마의 존재 의미가 유명무실해져 1859년에 폐쇄되었다. 이후 1904년에 진행된 항만 개량 공사를 통해 매립되면서 역사 속으로 사라졌으나, 데지마의 역사적 의미가 새롭게 부각된 1996년부터 나가사키 시의 주도 아래 단계적으로 복원 사업이 추진되고 있다. 1877년 일본 최초의 신학교로 지어진 데지마 신학교를 복원한 목조 2층 건축물을 활용해 개항시대 당시의 문화와 무역을 소개하는 자료관으로 사용하고 있다.

👁 데지마와프
出島ワーフ

지도 p.11Ⓚ 위치 노면전차 1호선 이용 데지마역 하차 후 도보 2분 주소 長崎市出島町1-1-109 오픈 10:00~22:00 전화 095-828-3939 홈피 http://dejimawharf.com

나가사키 데지마와프는 나가사키 항 주변에 조성된 수변 지역으로 약 150m에 달하는 나무 테라스를 따라 다양한 레스토랑과 아이스크림 가게, 카페, 아웃도어 쇼핑몰, 바, 타이 마사지 숍 등 개성 있는 가게들이 들어서 있다. 시시각각으로 변하는 나가사키 항의 아름다운 풍경을 감상하면서 식사를 하거나 휴식을 취하기에 좋은 곳으로 주말에는 다양한 이벤트가 펼쳐진다.

👁 미즈베노모리코엔
水辺の森公園

지도 p.11Ⓚ 위치 노면전차 5호선 이용 시민뵤인마에역 하차 후 도보 2분 주소 長崎市常盤町1-60 오픈 24시간 전화 095-818-8550 홈피 www.mizubenomori.jp

2003년 나가사키 항에 인접한 내항 주변에 새롭게 조성된 공원으로 아쿠아 가든, 랜드 플라자, 커널 프롬나드의 세 구역으로 구분되어 있다. 공원을 가로질러 흐르는 운하에는 가제마치바시 風待橋(바람을 맞이하는 다리), 요이마치바시 宵待橋(새벽을 기다리는 다리), 아지사이바시 あじさい橋(수국 다리), 오란다자카바시 オランダ坂橋(네덜란드 언덕 다리) 등 나가사키다운 이름을 가진 멋진 다리가 걸쳐 있어 멋진 분위기를 연출한다.

히가시야마테 주변 zoom in 5

東山手 周辺

개항시대 당시 나가사키에 체류했던 외국인들의 거류지가 옛 모습 그대로 보존되어 있어 이국적인 정서가 느껴지는 지역이다. 노면전차 시민보인마에역으로 이동한 후 오란다자카를 시작으로 히가시야마테 12번관, 히가시야마테 서양식 주택군, 고시뵤 순으로 산책을 즐기듯 둘러보면 된다. 가파른 언덕길을 따라 걸어 다녀야 해서 조금 숨이 찰 수도 있지만 이국적인 분위기와 언덕 아래로 내려다보이는 나가사키 항의 아름다운 풍경을 즐기다 보면 나가사키의 매력에 푹 빠져들게 된다.

👁 옛 영국영사관

旧英国領事館

지도 p.11Ⓚ 위치 노면전차 5호선 이용 오우라카이간도리역 하차 후 도보 2분 주소 長崎市大浦町1-37 전화 095-829-1193

👁 오란다자카

オランダ坂

지도 p.11Ⓚ 위치 노면전차 5호선 이용 시민보인마에역 하차 후 도보 4분 주소 長崎市東山手町

1908년에 붉은색 벽돌로 지어진 2층 건물로 미즈베노모리코엔에서 오우라카이간도리를 건너면 바로 보인다. 건축 당시에는 영국 영사관으로 사용됐지만, 최근까지 일본 근대 서양화의 발전에 훌륭한 업적을 남긴 노구치 야타로 野口彌太郎의 작품 300여 점을 수장한 개인 미술관으로 이용되었다. 그러나 시설의 노후화로 개보수에 들어가면서 미술관은 다른 곳으로 임시 이전해 지금은 외관만 보는 걸로 만족해야 한다.

이국적이고 고풍스러운 정취가 풍기는 언덕길로 직사각형 모양의 길고 납작한 돌이 촘촘히 깔려 있다. 19세기 후반에는 이 일대에 서양인이 경영하는 은행과 호텔, 영사관 및 임대용 서양식 주택이 들어서 있어 외국인 거류지의 모든 언덕길을 오란다자카라 불렀다. 하지만 지금은 갓스이 活水 여자대학에서 고시뵤 孔子廟로 이어지는 약 600m 길이의 갓스이자카 活水를 가리킨다. 네덜란드와 200년 넘게 교류했던 나가사키에서는 서양인을 보면 국적과 상관없이 오란다상 オランダさん이라고 불렀는데, 오란다상이 자주 오르내리는 언덕이라는 의미에서 모두 오란다자카라는 이름이 붙여졌다고 한다. 노면전차 시민보인마에역에서 오란다자카를 따라 걸어 올라가면 히가시야마테 12번관과 서양식 주택군이 나온다.

👁 히가시야마테 12번관

東山手十二番館

지도 p.14⑧ 위치 노면전차 5호선 이용 시민뵤인마에역 하차 후 도보 8분 주소 長崎市東山手町3-7 오픈 09:00~17:00 휴무 연말연시 요금 무료 전화 095-829-1193

1912년 건축 당시에는 러시아 영사관으로 이용된 서양식 목조 건축물로 이후 미국 영사관, 선교사 주택 등 다양한 용도로 사용된 독특한 이력을 갖고 있다. 지금은 히가시야마테 지역에 창설된 미션 스쿨의 역사를 소개하는 자료관으로 쓰이고 있다. 나가사키 항이 내려다보이는 전망 좋은 구조가 특징이며, 바로 앞에는 오랜 전통을 자랑하는 사립 여자대학교가 있다.

👁 히가시야마테 서양식 주택군

東山手洋風住宅群

지도 p.14⑩ 위치 노면전차 5호선 시민뵤인마에역에서 도보 5분 주소 長崎市東山手町6-25 오픈 09:00~17:00 휴무 월요일, 연말연시 요금 자료관 공통권 100엔 전화 095-820-3386

히가시야마테를 상징하는 언덕길인 오란다자카에 줄지어 서 있는 7동의 서양식 주택을 가리킨다. 메이지 시대 당시 서양인들이 거주하는 사택이나 임대주택 용도로 건설한 것으로, 7동의 주택 중

6동의 집을 견학할 수 있다. 기와지붕과 맨틀피스라는 독특한 스타일로 지어진 서양식 주택은 모든 집이 비슷한 소재를 이용해 만들어졌고 구조도 대동소이하다. 각 주택은 히가시야마테 지구 보존센터와 역사적인 인물을 사진으로 전시하는 고사진 자료관 등의 전시관으로 활용되고 있다.

👁 고시뵤

孔子廟

지도 p.14⑩ 위치 노면전차 5호선 이용 시바시역 또는 오우라텐슈도시타역 하차 후 도보 3분 주소 長崎市大浦町10-36 오픈 08:30~17:00 요금 600엔(고등학생 400엔, 초·중학생 300엔) 전화 095-824-4022 홈피 nagasaki-koushibyou.com

고시뵤는 중국 춘추전국 시대의 사상가이자 유교의 창시자인 공자를 모신 사당으로 도쿠가와 막부 시대부터 일본 곳곳에 세워지기 시작했다. 나가사키의 고시뵤는 1893년 당시 나가사키에 살던 화교들이 중국 청나라 정부의 도움을 받아 세운 것이 시초이다. 화려한 중국풍 건축 양식이 도입된 건물도 볼만하지만, 사당을 중심으로 좌우에 도열한 72명의 제자상과 공자묘를 둘러싼 대리석 벽에 새겨진 《논어》의 전문 1만 6,018자가 인상적이다. 공자묘 뒤편에는 1983년에 설립한 중국역대박물관 中国歷代博物館이 있다. 중국의 2대 박물관으로 꼽히는 베이징의 고궁박물원과 중국국가박물관의 도움을 받아 중국의 역사 유품을 연대별로 알기 쉽게 전시하고 있다.

미나미야마테 주변 `zoom in 6`

南山手 周辺

나가사키 항과 시가지가 내려다보이는 전망 좋은 언덕 위에는 나가사키에서 가장 인기 있는 볼거리인 글로버엔과 오우라텐슈도가 자리 잡고 있다. 새로운 비즈니스 기회를 잡기 위해 일본으로 이주해온 네덜란드와 포르투갈 출신의 상인들이 거주했던 흔적이 잘 보존되어 있어 나가사키에서 가장 이국적인 풍경을 볼 수 있다.

글로버엔

- 옛 스틸기념학교
- 옛 링거 저택
- 나가사키 전통예능관
- 화장실
- 글로버가든숍
- 옛 알트 저택
- 화장실
- 미우라 다마키 동상
- 옛 글로버 저택
- 일본정원
- 출구
- 옛 워커 저택
- 글로버 동상
- 전망대
- 레트로 사진관
- 제2게이트
- 입구
- 옛 미쓰비시 제2 도크하우스
- 무빙워크
- 옛 나가사키 지방재판소장관사
- 무빙워크
- 화장실
- 제1게이트
- 오우라텐슈도
- 입구

글로버엔

グラバー園

지도 p.11Ⓚ 위치 노면전차 5호선 이용 오우라텐슈도시타역 하차 후 도보 5분 주소 長崎市南山手町8-1 오픈 개원 08:00~18:00(하절기 야간 개장 08:00~21:30) 요금 610엔 (고등학생 300엔, 초·중학생 180엔) 전화 095-822-8223 홈피 www.glover-garden.jp

사계절 내내 아름다운 꽃이 피어나는 전망 좋은 언덕 위에 자리 잡은 나가사키 최고의 명소로 서양관을 모아놓은 정원이다. 옛 글로버 주택, 옛 링거 주택, 옛 알트 주택을 중심으로 나가사키 시내 곳곳에 흩어져 있던 서양식 주택 6채를 이전·복원해 공개하고 있다. 1800년대 후반 나가사키에서 살았던 서양 사람들의 생활을 엿볼 수 있고, 나가사키 항의 아름다운 전망도 즐길 수 있어 인기를 끌고 있다. 가장 아름다운 건물은 1863년에 세운 스코틀랜드 출신 상인 토머스 글로버의 저택이다. 일본에서 가장 오래된 목조 서양식 건축물로 오페라 〈나비부인〉의 배경이 된 곳으로 유명하다. 건물 사이의 광장에는 〈나비부인〉의 작곡가인 푸치니를 비롯해 〈나비부인〉의 주인공을 맡았던 일본 출신 오페라 가수 미우라 다마키 三浦環와 토머스 글로버의 동상이 있다.

오우라텐슈도

大浦天主堂

지도 p.11Ⓚ 위치 노면전차 5호선 이용 오우라텐슈도시타역 하차 후 도보 4분 주소 長崎市南山手5-3 오픈 08:00~18:00 요금 1000엔 전화 095-823-2628 홈피 www1.bbiq.jp/oourahp

일본에서 현존하는 가장 오래된 목조 고딕 양식 교회로 서양식 건축물 중 일본의 국보로 지정된 유일한 건축물이다. 정식 명칭은 일본 26성인 순교성당. 건축 당시에는 3개의 탑을 가진 고딕 양식과 정면 중앙 벽면의 바로크 양식이 공존했으나 태풍의 피해를 입은 후 1879년에 증축하는 과정에서 외벽을 벽돌로 바꾸면서 완전한 고딕풍의 건물로 변모했다.

글로버엔의 추천 스폿

옛 미쓰비시 제2 도크하우스
旧三菱第2ドックハウス

글로버엔 정상에 있는 서양식 건축물. 원래 미쓰비시 중공업 나가사키 조선소의 제2 도크 옆에 있던 조선소 직원의 휴식 및 숙박 시설이었는데, 이후 글로버엔을 조성하면서 이곳으로 이축했다. 2층 베란다에 서면 나가사키 항의 전경이 한눈에 들어온다.

옛 링거 저택 旧リンガー住宅

남미풍으로 만든 방갈로식 외벽이 인상적인 건물. 글로버 상회에서 근무한 적이 있는 프레더릭 링거의 저택이다. 베란다를 삼면에 배치한 저택 내부에는 1890년대에 독일에서 제작된 오르골이 있다.

옛 알트 저택 旧オルト住宅

알트 상회를 설립한 영국인 윌리엄 알트의 집으로 1865년경에 지은 것으로 추정된다. 오우라텐슈도를 설계한 고야마 히데노신의 작품으로 빼어난 외관을 자랑한다.

옛 워커 저택 旧ウォーカー住宅

1800년대 후반 메이지 시대 당시 나가사키에서 무역과 제조업으로 명성을 떨친 로버트 넬 워커의 저택. 일본 최초의 청량음료인 사이다를 만든 사람으로도 유명한데, 음료수 이름에 반자이 バンザイ(만세)라는 이름을 붙일 정도로 일본을 사랑했던 인물이다.

옛 글로버 저택 旧グラバー住宅

1863년에 지어진 일본에서 가장 오래된 목조 서양식 건축물로 국가 중요문화재로 지정되어 있다. 글로버가 직접 설계한 것으로 알려진 저택 앞뜰에는 아름다운 정원이 잘 가꿔져 있다.

👁 글로버 스카이로드

グラバースカイロード

지도 p.11Ⓚ 위치 노면전차 5호선 이용 이시바시역 하차 후 도보 2분 오픈 06:00~23:30 요금 무료

경사각 31°, 높이 50m, 길이 100m의 무료 에스컬레이터로 2002년에 등장했다. 대부분의 시가지가 언덕 위에 자리 잡고 있어 보행이 불편한 노약자들을 위해 나가사키 시에서 만든 새로운 교통수단이지만 여행객들에게도 인기를 끌고 있다. 길게 이어지는 에스컬레이터 중간에는 나선형 전망대도 있어서 도중에 멋진 전망을 즐길 수도 있다. 정상에 도착하면 글로버엔 입구로 바로 연결되는 엘리베이터가 있어 편리하다. 글로버엔으로 이어지는 언덕길을 걸어가기 귀찮을 때 이용하면 좋다.

👁 미나미야마테 레스트하우스

南山手レストハウス

지도 p.11Ⓚ 위치 노면전차 5호선 이용 이시바시역 하차후 글로버 스카이로드 이용 도보 5분 주소 長崎市南山手町7-5 오픈 09:00~17:00 휴무 12월 29일~1월 3일 요금 무료 전화 095-829-2896

글로버 스카이로드를 이용해 올라가면 석조로 만든 외벽이 인상적인 단아한 서양식 저택이 눈에 들어온다. 미나미야마테 27번관에 해당하는 이 저택은 나가사키의 옛 풍경을 소개하는 전시관으로 활용되고 있다. 누구나 이용할 수 있는 무료 휴게시설이므로 부담 없이 둘러봐도 좋다.

👁 옛 홍콩상하이은행 나가사키지점 기념관

旧香港上海銀行長崎支店記念館

지도 p.11Ⓚ 위치 노면전차 5호선 이용 오우라텐슈도시타역 하차 후 도보 3분 주소 長崎市松が枝町4-27 오픈 09:00~17:00 휴무 셋째 주 월요일 요금 300엔(초·중학생 150엔) 전화 095-827-8746

1892년 나가사키에 지점을 개설한 홍콩상하이은행이 1904년에 건축한 은행 건물이다. 그리스 고전 건축 양식인 코린트식으로 지은 건물은 나가사키 시내의 석조 서양관 중 제일 큰 규모를 자랑한다. 1층 입구에 들어서면 예전 모습을 그대로 복원한 은행 카운터가 있고, 2층에는 나가사키에서 활약한 구보타 가오루 久保田馨의 돈친칸인형 トンチンカン人形을 모아둔 인형 갤러리가 있다. 그리고 3층에는 나가사키의 무역과 역사에 관련된 여러 가지 자료를 모아둔 전시관이 있다.

🍴 파베

バヴェ

지도 p.11Ⓚ 위치 노면전차 5호선 이용 오우라텐슈도시타역 하차 후 도보 2분 주소 長崎市南山手町1-18 오픈 11:30~14:30, 17:30~20:30 전화 095-818-8012 홈피 www.anacrowneplaza-nagasaki.jp

미나미야마테의 초입에 자리 잡은 ANA 크라운 플라자 호텔 나가사키 글로버힐 2층에 있는 호텔 레스토랑. 고급스러운 분위기에서 우아한 호텔 런치를 맛볼 수 있다. 평일 점심시간에는 적당한 가격으로 맛있는 요리를 마음껏 즐길 수 있는 뷔페(1,900엔) 형식으로, 주말과 휴일 런치에는 기본 요리에 15종류의 스위트를 마음껏 먹을 수 있는 스위트 뷔페(2,500엔) 형식으로 운영된다.

헤이와코엔·우라카미 주변 `zoom in 7`

平和公園·浦上 周辺

나가사키의 역사를 돌이켜볼 때 빼놓을 수 없는 키워드는 바로 '원폭과 평화'라 할 수 있다. 제2차 세계대전 당시 미 해군의 B29 폭격기에서 투하된 길이 3.25m, 지름 1.52m, 무게 4,545㎏의 원자폭탄 팻 맨에 의해 우라카미 지역은 초토화되다시피 했다. 지금도 이 지역에는 원폭 투하로 무너진 건축물의 잔재가 일부 보존되어 있고, 원폭낙하중심지공원 내에는 원폭이 떨어진 지점을 알려주는 원폭낙하 중심지비와 당시의 참상을 전하는 원폭자료관이 있다. 헤이와코엔에서 도보 거리에는 오우라텐슈도와 함께 나가사키를 대표하는 가톨릭 교회인 우라카미텐슈도가 있다.

👁 원폭낙하중심지공원

原爆落下中心地公園

지도 p.13Ⓐ 위치 노면전차 1·3호선 이용 하마구치마치역 하차 후 도보 10분 주소 長崎市松山町 오픈 24시간 요금 무료 전화 095-829-1314

1945년 8월 9일 오전 11시 2분, 일본에서 남쪽으로 2,500㎞ 지점에 위치한 작은 섬 티니안에서 날아온 미국의 B29 폭격기 6기가 나가사키 상공 고도 9,000m에서 원자폭탄 마크 3 Mark 3(일명 팻 맨 Fat man)를 수동 투하했다. 나가사키에 투하된 원자폭탄은 8월 6일 히로시마에 투하한 원자폭탄 마크 1 Mark 1(일명 리틀보이 Little Boy)에 이어 세계에서 두 번째이자 마지막으로 실전에 사용된 핵폭탄으로 플루토늄 239의 핵분열을 이용한 폭탄의 위력은 TNT 22,000t에 해당한다. 폭탄은 나가사키 시 마쓰야마초 171번지의 상공 약 500m에서 폭발해 당시 나가사키 인구 24만 명 중 7만 4,000명이 그 자리에서 희생되었으며 나가사키 시가지의 약 34%가 전소 혹은 파괴되었다. 폭탄이 떨어진 지역은 현재 원폭 피해자들을 추모하는 공원으로 조성되어 원폭 낙하 중심지에는 비석이 세워져 있고, 공원 내 원폭자료관은 당시의 참상을 기록으로 전하고 있다.

👁 나가사키 원폭자료관

長崎原爆資料館

지도 p.13Ⓑ 위치 노면전차 1·3호선 이용 하마구치마치역 하차 후 도보 8분 주소 長崎市平野町7-8 오픈 08:30~17:30(계절에 따라 변동) 휴무 12월 29~31일 요금 200엔(초·중고생 100엔) 전화 095-844-1231 홈피 www.nagasakipeace.jp

원폭낙하중심지공원 안에 있는 자료관으로 '1945년 8월 9일', '원폭에 의한 피해의 실상', '핵병기가 없는 세계를 목표로 하며'라는 3개의 테마로 구분된 전시실을 갖추고 있다. 나가사키와 히로시마에 투하된 핵폭탄의 모형, 원폭에 의해 휘어진 공장의 철골을 비롯해 당시의 참상을 알려주는 부서진 건물 잔해, 원폭 투하 시간인 오전 11시 2분에 멈춘 시계 등 다양한 볼거리를 전시하고 있어 당시의 참상을 생생하게 느낄 수 있다. 특히 나가사키 시내 지형을 그대로 재현한 모형을 보면 당시 원폭 투하로 피해를 입은 지역을 한눈에 알 수 있다.

🔘 헤이와코엔

平和公園

지도 p.13Ⓐ **위치** 노면전차 1·3호선 이용 마쓰야마초역 하차 후 도보 6분 **주소** 長崎市松山町 **오픈** 24시간 **요금** 무료

두 번 다시 전쟁의 비극을 되풀이하지 않겠다는 맹세와 함께 세계 평화를 염원하며 원폭낙하중심지공원의 북쪽에 조성한 공원이다. 공원 한가운데에는 나가사키 출신의 조각가 기타무라 세이보 北村西望가 5년의 작업 기간을 거쳐 1955년 8월에 완성한 높이 9.7m의 평화기념상이 있다. 하늘을 향해 뻗은 오른손은 핵무기의 위협을, 옆으로 뻗은 왼손은 평화를, 지그시 감은 눈은 희생자의 명복을 기원하는 것이라고 한다. 평화기념상 앞에는 원폭 투하 당시 타는 갈증에 괴로워하며 숨진 사람들을 위로하기 위해 만든 지름 15m의 평화의 샘 平和の泉이 있다. 그 주변에는 세계 각국에서 보내온 평화를 상징하는 15개의 조각상과 함께 원폭 투하 당시 이곳에 있었던 우라카미 형무소의 흔적이 남아 있다. 매년 8월 9일 나가사키 원폭의 날에는 원폭으로 희생된 사람들의 넋을 위로하는 위령제가 열린다.

🔘 우라카미텐슈도

浦上天主堂

지도 p.13Ⓑ **위치** 노면전차 1·3호선 이용 마쓰야마초역 하차 후 도보 10분 **주소** 長崎市本尾町1~79 **오픈** 09:00~17:00 **요금** 무료 **전화** 095-844-1777 **홈피** www1.odn.ne.jp/uracathe

1873년 그리스도교 금지령이 해제된 후 신앙의 자유

를 얻은 나가사키의 가톨릭 신도들이 프랑스 선교사 프레노 신부의 지휘 아래 1895년부터 기원의 성 祈りの城이라는 이름으로 붉은 벽돌을 하나하나 손으로 쌓아올리며 30년이란 세월에 걸쳐 완성한 성당이다. 1925년 완공 당시에는 동양 최대의 로마네스크 양식 성당이었지만 원폭으로 대부분 파괴된 후 1959년에 재건했다. 성당 오른쪽의 신도 회관 2층에는 당시에 파괴된 성상 등이 남아 있으며, 성당 내부에는 예수 그리스도의 일생을 표현한 24장의 스테인드글라스가 있다. 가까스로 전화를 면한 안젤라스의 종은 나가사키의 종이라 불리며 지금도 평화를 기원하는 맑은 소리를 내고 있다.

🔘 산노진자

山王神社

지도 p.13Ⓓ **위치** 노면전차 1·3호선 이용 다이가쿠뵤인마에역에서 하차 후 도보 6분 **주소** 長崎市坂本町2-6-56 **오픈** 24시간 **전화** 095-844-1415 **홈피** www.sannou-jinjya.jp

1638년 시마바라의 난을 진압하기 위해 나가사키에 온 마쓰다이라 노부쓰나 松平 信綱가 이곳의 경치가 교토의 히에이잔 比叡山과 비슷하다는 데서 착안해 신사 건립을 명령, 창건한 것으로 알려진다. 일본의 대도시 어디에서나 볼 수 있는 평범한 신사지만, 이곳이 유명해진 것은 바로 신사 입구에 있는 도리이 鳥居와 아름드리 녹나무 때문이다. 원자폭탄의 폭발로 기둥 하나가 통째로 날아가 버렸지만 꼿꼿하게 하나의 기둥만으로 오랜 세월을 견뎌온 도리이와 엄청난 피폭을 입었음에도 푸름을 잃지 않은 거대한 녹나무가 이곳을 찾는 사람들에게 인기를 끌고 있다.

이나사야마코엔 주변 `zoom in 8`

稲佐山公園 周辺

나가사키역 서쪽 방면에 위치한 해발 333m의 이나사야마 정상에 오르면 나가사키 시가지가 한눈에 들어온다. 맑은 날에는 멀리 운젠 雲仙, 아마쿠사 天草과 고토 五島 열도까지 손에 잡힐 듯 가까이 보인다. 360도 파노라마로 펼쳐지는 전망을 즐길 수 있는 원형의 무료 전망 돔 '뷰타워'에서 바라보는 나가사키의 야경은 그야말로 1,000만 달러의 야경으로 칭송받을 정도로 아름다워서 일본 3대 야경 중 하나로 꼽힌다. 전망대에는 야경을 감상하며 식사를 할 수 있는 레스토랑, 기념품 숍 등이 있어 데이트 장소로 인기를 끌고 있다.

👁 이나사야마 전망대

稲佐山展望台

지도 p.10ⓔ 위치 시내버스 이용 후치진자 로프웨이마에 정류장 하차, 후치진자역에서 로프웨이 이용 5분 주소 長崎市大浜町1200-8 오픈 09:00~22:00 휴무 정기 점검이 있는 12월 초순 요금 무료 전화 095-861-6321

도쿄타워와 같은 높이인 해발 333m의 이나사야마 정상에 있는 전망대에 오르면 1,000만 달러 야경이라 일컫는 나가사키 야경을 제대로 감상할 수 있다. 이나사야마 전망대에서 바라보는 나가사키의 야경은 하코다테, 고베와 함께 일본 3대 야경으로 유명하다. 나가사키의 야경을 제대로 사진에 담고 싶다면 일몰 직전에 이나사야마에 올라가서 완전히 어두워지기 전에 사진을 찍는 것이 좋다. 그리고 사진 촬영은 전망대 옥상을 이용하는 것이 좋다.

이나사야마코엔으로 가는 법

나가사키 로프웨이 長崎ロープウェイ

나가사키역 앞 버스 정류장에서 나가사키 시내버스 3·4번을 타고 후치진자 淵神社 로프웨이마에 로프웨이前 버스 정류장에서 하차해 로프웨이를 이용하면 된다.

지도 p.10ⓔ 위치 버스 후치진자 로프웨이마에 정류장 하차, 로프웨이로 갈아타고 5분
오픈 09:00~22:00(12월 초 정기검사로 운휴)
요금 왕복 1,230엔
전화 095-861-6321
홈피 www.nagasaki-ropeway.jp

후치진자행 무료 셔틀버스

빨간색과 파란색 2대의 셔틀버스가 나가사키역을 기점으로 나가사키 시내에 있는 5개의 호텔을 경유해 나가사키 로프웨이 후치진자역까지 무료 운행하고 있다. 단, 이 셔틀버스는 누구나 이용할 수 있는 것이 아니라 나가사키 시내의 지정된 5개 호텔 숙박객에 한해 이용이 가능하다. 연중 매일 운행하지만 매년 8월 15일과 12월 초순, 악천후 시에는 운행하지 않으니 주의하자. 프런트에서 무료 승차권을 배부하는 5개의 호텔은 호텔 벨뷰 나가사키, 호텔 몬테레이 나가사키, ANA 크라운 플라자 호텔 나가사키 글로버힐, 호텔 뉴 나가사키, 베스트 웨스턴 프리미어 호텔 나가사키 등이다.

홈피 www.nagasaki-ropeway.jp/bus

나가사키의 명물 음식

예로부터 여러 나라와 활발한 교역을 했던 나가사키에는 다양하면서도 이국적인 식문화가 뿌리를 내리고 있다. 중국 요리를 일본인의 입맛에 맞게 변화시킨 싯포쿠 요리, 독특한 나가사키 짬뽕과 사라우동, 다양한 음식을 함께 맛볼 수 있는 도루코라이스 등 중국·일본·서양 음식의 특징이 한데 섞인 독특한 요리는 나가사키 여행을 한층 더 즐겁게 해준다. 나가사키를 여행한다면 나가사키에서만 맛볼 수 있는 명물 요리에 꼭 도전해보자!

나가사키 짬뽕 & 사라우동 長崎チャンポン&皿うどん

나가사키 짬뽕

짬뽕은 나가사키에서 탄생한 향토 요리로 메이지 시대 초기 시카이로 四海楼의 창업자인 진평순 陳平順이 중국 푸젠 성의 가정 요리인 탕육사면 湯肉絲麵에서 힌트를 얻어 만든 것이다. 나가사키 짬뽕은 국물이 맛있기로 유명한데, 일반적으로 닭고기와 돼지 사골을 배합해서 만든다. 그 때문에 오리지널 국물은 뽀얗고 걸쭉한데, 최근에는 닭고기만 사용해 산뜻한 맛을 내는 국물도 차츰 인기를 끌고 있다. 면발은 독특한 도아쿠멘 唐灰汁麵을 사용해 쫄깃함을 배가시켰다. 짬뽕 면에 빠지지 않고 들어가는 것이 천연 방부제인 도아쿠 唐灰汁. 도아쿠를 사용한 면은 살짝 노란색을 띠며 풍미와 식감이 독특하다. 건더기는 채소, 고기, 어패류 등 산해진미가 어우러져 있다. 게다가 겨울에는 굴, 여름에는 조개, 봄에는 죽순 등 계절을 대표하는 재료의 맛이 더해져 새로운 맛이 탄생한다.

사라우동

사라우동은 말 그대로 사라 皿(접시)에 담아내는 우동을 말한다. 다만, 일반적으로 생각하는 시원한 국물과 쫄깃한 면이 아니라 걸쭉한 소스 같은 안카케 あんかけ와 바삭바삭한 튀김 면이 들어가는 것이 일반 우동과의 차이점이다. 튀김 면은 크게 두꺼운 면과 얇은 면 2종류가 있는데, 가게마다 조금씩 맛이 다르므로 여유가 된다면 여러 곳을 다니며 비교해봐도 재미있을 것이다. 참고로, 나가사키 사람들은 사라우동의 맛을 결정하는 필수 재료가 우스터소스라고 말한다. 우스터소스의 진한 맛이 달콤한 안카케와 의외로 잘 어울리므로, 미식가라면 한 번 도전해볼 것.

추천 맛집

시카이로 四海楼

나가사키 젠닛쿠 호텔 맞은편에 있는 유명한 중국 음식점. 나가사키의 명물인 짬뽕과 사라우동의 원조답게 건물 2층에는 나가사키 짬뽕의 역사를 한눈에 보여주는 짬뽕 뮤지엄(입장 무료)이 있다. 엘리베이터를 이용해 5층에 오르면 멋진 전망을 자랑하는 고급스러운 분위기에서 맛있는 짬뽕(1,080엔)을 맛볼 수 있다. 100년이 넘는 역사와 전통을 자랑하는 음식점답게 맛도 일품이다.

지도 p.14ⓓ
위치 노면전차 5호선 오우라텐슈도시타역에서 도보 2분
주소 長崎市松が枝町4-5
오픈 11:30~15:00, 17:00~20:00
전화 095-822-1296 홈피 www.shikairou.com

BEST 2

싯포쿠 요리 卓袱料理

싯포쿠

나가사키가 자랑하는 명물 향토 요리. 커다란 자주색 원반 테이블에 풍성한 요리들이 나오는데, 하나씩 맛을 음미하며 골라 먹는 재미가 있다. 17세기 말 나가사키에 살던 중국인이 자국의 향토 요리를 일본인들에게 대접한 것이 시작이라고 하는데, 세월이 흐르면서 일본인의 입맛에 맞게 변화해 나가사키만의 독특한 향토 요리가 되었다. 보통 서양 요리와 일본 요리, 중국 요리가 혼합된 형태로 나오지만, 가게에 따라 조금씩 다르다.

싯포쿠 요리는 지위가 높은 사람들이 먹었던 고급 요리이기 때문에 격식을 많이 따지는 편이며, 요리가 한상 가득 나오기 때문에 처음 접하면 어떤 음식을 먼저 먹어야 할지, 어떻게 먹어야 할지 고민이 될 것이다. 하지만 크게 걱정할 필요는 없다. 음식점 여주인이 와서 "오히레오 도조 お鰭をどうぞ(오히레를 드세요)"라는 말을 하면 그때부터 식사를 시작한다는 사실만 알고 있으면 만사오케이. 그다음부터는 입맛대로 골라먹으면 된다. 여기서 오히레란 물고기 지느러미가 들어간 맑은 국을 말한다. 식사 도중에는 건배를 하거나 시끄럽게 떠드는 행동은 하지 말아야 하며, 정좌를 하고 먹는 것이 기본이다. 물론 지금은 그렇게까지 격식을 따지지 않지만 상식적으로 너무 예의에 어긋나는 행동을 삼가는 것이 좋다.

료테이 이치리키 料亭一力

에도 시대 말기 오무라 번사 大村藩士였던 야마모토 호스케 山本保助가 1813년에 개업한 전통 있는 요정. 현재 나가사키에 있는 요정 중에서 역사가 가장 오래된 곳이다. 막부의 고관대작들이 자주 찾았을 정도로 맛이 뛰어나며, 지금도 예전의 맛을 그대로 지키고 있어 인기가 높다. 제대로 된 싯포쿠 요리는 1인당 1만엔 이상으로 너무 비싸기 때문에, 일반 여행자들에게는 점심시간에 판매하는 미니 싯포쿠 요리인 히메주싯포쿠 姫重卓袱(3,240엔)가 안성맞춤(예약 필요).

지도 p.12Ⓑ **위치** 노면전차 3호선 고카이도마에역에서 도보 5분 **주소** 長崎市諏訪町8-20 **오픈** 런치 12:00~14:00, 디너 17:00~21:30(예약 필수) **전화** 095-824-0226 **홈피** www.ichiriki.jp

BEST 3

도루코 라이스 トルコライス

도루코 라이스

짬뽕만큼 유명하진 않지만 나가사키의 명물 요리로 굳건히 입지를 다지고 있는 도루코 라이스는 동서양의 식문화가 어우러진 음식이다. 언제 어디에서 시작되었는지는 정확히 알려져 있지 않지만, 1950년대에 도리코롤 トリコロール이라는 카페 레스토랑에서 처음으로 여러 가지 음식을 한 접시에 담아낸 것이 시초로 전해진다. 카레 필라프, 나폴리탄 스파게티, 데미글라스 소스를 뿌린 포크커틀릿이 기본적인 조합이지만, 사람들의 다양한 입맛에 맞춰 한두 가지 다른 메뉴가 추가되기도 한다. 언뜻 다소 조잡해 보일 수도 있는데, 인기 있는 서양 음식들을 함께 맛볼 수 있다는 점에서 점심 식사로는 정말 최고의 메뉴라 할 수 있다. 게다가 남자들도 배불리 먹을 수 있을 정도로 푸짐한 양 또한 매력적이다.

쓰루찬 ツル茶ん

1925년에 개업한 규슈에서 가장 오래된 카페 레스토랑. 창업 당시부터 지금까지 변하지 않는 맛으로 승부를 겨루는 유명한 곳이라 일본 잡지나 여행 가이드북에 단골로 소개되곤 한다. 실내 분위기도 차분하고 주인장의 넉넉한 인상도 좋아 혼자 들어가도 전혀 어색하지 않다. 대표 메뉴는 해산물, 비프커틀릿 등 다양한 종류의 음식이 푸짐하게 들어간 다양한 종류의 도루코 라이스 トルコライス(1,280엔~). 대대로 전해 내려오는 전통 방식으로 만든 원조 나가사키풍 밀크쉐이크(680엔) 또한 디저트 메뉴로 많은 사랑을 받고 있다.

<u>지도</u> p.12ⓓ <u>위치</u> 노면전차 1호선 시안바시역에서 도보 2분
<u>주소</u> 長崎市油屋町2-47 <u>오픈</u> 09:00~22:00 <u>전화</u> 095-824-2679

카스텔라 カステラ

BEST 4

카스텔라

이국적인 문화가 도시 곳곳에 스며들어 있는 도시 나가사키는 카스텔라가 맛있기로도 유명하다. 나가사키 카스텔라는 1600년대 포르투갈 선교사가 전수해 주었는데, 몇 대를 거치며 일본 특유의 맛으로 승화시켜 이제는 나가사키의 명물이 되었다.

덕분에 나가사키 시내 곳곳에 카스텔라 전문점이 쉽게 눈에 띈다. 하지만 오랜 전통을 가진 명물 카스테라의 진수를 맛볼 수 있는 곳은 그리 흔하지 않다.

입맛 까다로운 나가사키에서 인정받는 곳은 후쿠사야, 분메이도, 쇼오켄 등 세 곳으로, 가격은 제일 작은 사이즈가 800~900엔 정도로 조금 비싼 편이지만 오리지널 나가사키 카스텔라를 맛볼 수 있다.

후쿠사야 福砂屋

박쥐 모양의 상표로 유명한 후쿠사야는 일본을 대표하는 가장 오래된 카스텔라 전문점으로 1624년에 창업했다.

<u>지도</u> p.12ⓓ <u>위치</u> 노면전차 4·5호선 시안바시역에서 도보 3분 <u>주소</u> 長崎市船大工町 3-1 <u>오픈</u> 08:30~20:00 <u>전화</u> 095-821-2938 <u>홈피</u> www.castella.co.jp

분메이도 文明堂

나가사키를 대표하는 카스텔라 전문점으로 1900년에 창업했다. 전통 카스텔라에 약간의 변화를 주어 독자적인 맛을 만들어내는 데 성공하면서 나가사키뿐만 아니라 일본 전역에 수많은 지점을 운영할 정도로 높은 인지도를 자랑한다.

<u>지도</u> p.11ⓚ <u>위치</u> 노면전차 1호선 오하토역에서 도보 1분 <u>주소</u> 長崎市江戸町 1-1 <u>오픈</u> 08:30~19:30 <u>전화</u> 095-824-0002 <u>홈피</u> www.bunmeido.ne.jp

쇼오켄 松翁軒

후쿠사야보다 창업일은 늦지만 카스텔라의 원조임을 자신 있게 표방하는 쇼오켄. 1681년에 창업한 이후 328년 이상 계승해온 전통의 제조법을 지금도 고집하고 있다.

<u>지도</u> p.12ⓑ <u>위치</u> 노면전차 3·4·5호선 고카이도마에역에서 도보 1분 <u>주소</u> 長崎市魚の町 3-19 <u>오픈</u> 09:00~20:00 <u>전화</u> 095-822-0410 <u>홈피</u> www.shooken.com

AREA 2

사세보

佐世保

군항이라는 이미지 때문에 여행지로 적합하지 않다고 생
각하는 사람들도 있지만, 사실 사세보는 자연 풍경을 좋
아하는 여행자들에게 매력적인 도시이다. 앞으로 시원
한 바다가 펼쳐지고 뒤로는 멋진 전망을 자랑하는 해발
364m의 유미하리다케 弓張岳와 서일본의 다도해로 불리
는 구주쿠시마 九十九島가 있어 여행객들을 유혹한다.

사세보
이렇게
여행하자

<u>JR</u>	JR 사세보센 사세보역 佐世保駅
<u>고속버스</u>	사세보역 버스정류장 佐世保駅前停
<u>이동 경로</u>	JR 하카타역 → JR 특급 미도리(1시간 50분, 3,880엔) → JR 사세보역
	JR 나가사키역 → JR 쾌속 시사이드라이너 (1시간 50분, 1,650엔) → JR 사세보역
	하카타 버스터미널 → 고속버스(2시간, 2,260엔) → JR 사세보역

가는 방법

사세보로 가려면 JR 열차를 이용하는 것이 가장 편리하다. 후쿠오카의 하카타역에서 사세보까지는 JR 특급 미도리를 이용해 1시간 50분, 나가사키역에서는 JR 쾌속 시사이드라이너를 이용해 1시간 50분이 소요된다. 산큐패스 이용자는 후쿠오카 공항이나 하카타 버스터미널에서 출발하는 고속버스 사세보호를 이용하면 약 2시간이면 사세보역에 도착할 수 있다.

여행 방법

사세보는 군항으로 발전한 도시라서 볼만한 관광 명소가 많지 않은 편이다. 그러나 미국 문화의 영향으로 동서양의 문화가 어우러진 독특한 분위기를 느낄 수 있다. 잠시 들렀다 가는 일정이라면 가볍게 역 주변 명소를 둘러보고 사세보의 명물인 햄버거를 맛보는 것으로도 충분하지만, 여유가 있다면 전망이 뛰어난 유미하리다케 弓張岳 전망대나 천혜의 절경을 자랑하는 구주쿠시마 九十九島를 일정에 포함하는 것이 좋다. 도시의 규모는 그리 크지 않으므로 반나절 정도면 여유 있게 둘러볼 수 있다.

추천 코스

1 JR 사세보역
사세보 여행의 출발점

도보 1분

2 에키마치 잇초메
JR 규슈가 운영하는 복합 쇼핑몰

셔틀버스 25분

4 구주쿠시마 유람선 펄 퀸
경치가 아름다운 사세보 만을 유람할 수 있는 사세보의 명물

도보 1분

3 사이카이 펄 시 리조트
바다를 테마로 한 체험형 리조트 시설

시영버스 20분

5 사루쿠시티 403
다양한 상점이 모여 있는 아케이드 상점가

tip

셔틀버스를 적극 활용하자
사세보역에서는 JR 특급 미도리호의 도착 시각에 맞춰 사세보의 명소인 사이카이 펄 시 리조트와 사세보 시 아열대 동식물원, 사세보역을 연결하는 셔틀버스(1일 6왕복)를 운행하고 있다.

사세보
佐世保

🚪 에키마치 잇초메
えきマチ一丁目

지도 p.15상⑧ 위치 JR 사세보역에서 도보 1분 주소 佐世保市三浦町21-1 오픈 10:00~21:00 전화 0956-24-6523 홈피 www.ekimachi1.com/sasebo

JR 규슈가 운영하는 복합 상업시설로 2002년 11월 1일에 문을 열었다. 원래 명칭은 프레스타 사세보였는데, 역 주변 상업시설 명칭 통일 사업의 일환으로 2014년 11월 1일 조금 더 친근한 이미지인 '에키마치 잇초메'로 이름을 바꾸었다. 음식점, 카페, 슈퍼마켓, 약국, 빵집, 편의점, 서점, 악기점, 패션 숍, 생활 잡화점 등 다양한 숍이 한자리에 모여 있는데, 나가사키 카스텔라의 대명사인 분메이도 文明堂와 일본의 유명한 프랜차이즈 제과점인 트란도르도 이곳에 입점해 있다. 사세보역 바로 옆에 있어 여행을 시작하기 전후에 잠시 들러 쇼핑을 즐기면 좋다.

👁 미우라마치 교회
三浦町教会

지도 p.15상⑧ 위치 JR 사세보역에서 도보 3분 주소 佐世保市三浦町4-25 오픈 09:00~17:00 전화 0956-22-6630

JR 사세보역에서 가까운 거리에 있는 교회로 높은 언덕 위에 자리 잡고 있다. 하얀 첨탑이 인상적인 고딕 양식의 교회는 1930년에 세워졌다. 지금은 일반적인 교회 분위기가 나지만, 제2차 세계대전 중에는 공습을 피하기 위해 외벽을 온통 검은색으로 칠했다고 한다. 그 덕분인지 수차례의 공습에도 별다른 피해를 입지 않아 당시의 아름다운 모습을 그대로 유지하고 있다.

👁 사세보 시사이드파크
させぼシーサイドパーク

지도 p.15상⑧ 위치 JR 사세보역에서 도보 15분 주소 佐世保市新港町8-23 전화 0956-22-6630

항구도시 사세보의 풍경을 감상하며 여유 있게 산책을 즐길 수 있는 해변 공원. JR 사세보역에서 도보 거리에 있어 부담 없이 다녀올 수 있다. 근처에 사세보 주변의 섬을 연결하는 여객선이 발착하는 부두가 있어 여행객과 바다낚시를 온 사람들로 늘 북적거린다. 사세보항은 미국의 태평양 7함대가 진주하는 군항인 만큼 일대에서 미 해군과 일본 자위대의 이지스함이나 구축함 등이 정

박해 있는 풍경을 쉽게 접할 수 있어 여느 해변과는 색다른 느낌을 준다.

🏯 사세보 아사이치

佐世保 朝市

지도 p.15상⑧ 위치 JR 사세보역에서 도보 15분 주소 佐世保市万津町 오픈 24:00~09:00 휴무 일요일 전화 0956-22-9890 홈피 sasebo-asaichi.com

이른 아침부터 싱싱한 제철 식재료가 넘쳐나는 사세보 새벽시장은 새벽 3시부터 오전 9시까지 시사이드파크 주변 요로즈초 万津町에 있는 공영주차장에서 열린다. 생선, 채소, 과일, 건어물, 생화부터 의류품, 과자류, 도기 등의 일용 잡화에 이르기까지 온갖 물건들을 파는데 시가보다 20~30%나 싼 가격에 살 수 있다. 아사이치의 또 다른 즐거움은 손님들이 주체가 되어 이뤄지는 경매시장이다. 매월 둘째·넷째 주 토요일에 열리는 경매시장은 누구나 참가할 수 있다. 가장 높은 가격을 제시한 손님에게 생선이나 채소, 쌀 등 경매에 나온 물건을 파는 시스템이라 구경하는 것만으로도 재미있다. 연례 행사로 매년 7월 20일에는 꼬마수박깨기대회가, 1월 10일에는 오전 6시부터 약 2,000명분의 젠자이 善哉(단팥죽)와 다루자케 樽酒(술)를 대접하는 젠자이카이가 열린다.

👁 구주쿠시마 펄 시 리조트

九十九島パールシーリゾート

지도 p.15상④ 위치 JR 사세보역 앞에서 셔틀버스(230엔) 이용 25분 주소 佐世保市鹿子前町1008 오픈 09:00~18:00(11~2월 09:00~17:00) 요금 수족관 1,440엔(어린이 및 초·중학생 720엔) 전화 0956-28-4187 홈피 www.pearlsea.jp

곳은 사이카이 펄 시 센터 내에 있는 수족관으로, 구주쿠시마 일대에 서식하는 해양 생물을 다수 전시하고 있다. 수족관에서 가장 인기 있는 코너는 돌고래의 다양한 모습을 볼 수 있는 체험 코너와 거대한 수조에서 물고기들이 먹이를 먹는 모습을 볼 수 있는 파쿠파쿠 와칭 코너이다. 그밖에 모형과 영상으로 인류가 만든 배의 역사를 소개하는 배 전시관도 볼만하며, 구주쿠시마 바다에서 양식한 진주조개에서 직접 진주를 꺼내보는 체험을 할 수 있는 코너도 재미있으니 여유가 되면 함께 둘러보자. 4~10월 시즌에는 요트를 타면서 구주쿠시마 유람을 즐길 수도 있다.

🚢 구주쿠시마 유람선 펄 퀸

九十九島 遊覧船 パールクイーン

지도 p.15상④ 위치 JR 사세보역 앞에서 셔틀버스(230엔) 이용 25분 오픈 10:00, 11:00, 13:00, 14:00, 15:00(계절 및 요일에 따라 임시편 운항) 소요 약 50분 요금 1,400엔(중학생 이하 700엔) 전화 0956-28-1999

사이카이 펄 시 리조트를 출발해 북쪽으로 25km 지점에 위치한 히라도 平戸까지 늘어서 있는 208개의 아름다운 섬인 구주쿠시마를 순회하는 유람선이다. 하얀 선체에 목조 구조의 깔끔한 인테리어가 돋보이는 유람선을 타고 구주쿠시마를 일주하는 데 약 50분이 소요된다. 7~10월 시즌에는 선상에서 저무는 석양을 감상할 수 있는 선셋 크루즈를 운항하기도 한다.

🏛 사루크시티 403

さるくシティ403

지도 p.15상Ⓐ **위치** JR 사세보역 앞에서 시영버스 이용 5분, 시마노세초 島瀬町 정류장 하차 후 도보 1분 **전화** 0956-24-4411

JR 사세보역 앞에서 시영버스를 이용하거나 걸어서 시마노세초 島瀬町로 가면 사세보 욘카초 させぼ四ヶ町라는 간판이 붙은 아케이드 상점가가 시작된다. 가쿄우초, 조코우초, 혼시마초, 시마세초의 4개 마을에 걸쳐 있어 욘카초라고도 불리는 이 상점가는 원래 전통적인 재래시장이었으나 지금은 7개 마을을 관통하는 아케이드 상점가를 형성하고 있다. 그 길이만 무려 1㎞에 달할 정도로 나름 규모 있는 쇼핑타운이다. 매년 1월 2일에는 이른 아침부터 하쓰우리 初売リ라는 대바겐세일을 실시해 수많은 사람들이 찾아온다.

👁 유미하리다케 전망대

弓張岳展望台

지도 지도범위 밖 **위치** JR 사세보역 앞에서 유미하리다케행 시영버스 또는 유미하리노오카 호텔의 무료 셔틀버스 이용 25분 **주소** 佐世保市鵜渡越町510 **전화** 0956-22-6630

사세보 시 서쪽에 우뚝 솟은 해발 364m의 유미하리다케 정상에 있는 전망대. 구주쿠시마의 아름다운 섬들과 사세보 시가지를 한눈에 내려다볼 수 있다. 전망대로 가는 산책로에는 유명 시인들의 시가 새겨진 비석이 곳곳에 서 있고, 이곳이 제2차 세계대전 당시 격전지였음을 증명하듯 미군의 공습에 대항하기 위해 만든 방공포 터도 수풀 사이로 자주 눈에 띈다.

🍴 레스토랑 몬

レストラン門

지도 p.15상Ⓑ **위치** JR 사세보역에서 도보 10분 **주소** 佐世保市本島町3-9 石飛ビル1階 **오픈** 11:30~13:30, 17:30~21:00 **전화** 0956-23-5117

상큼한 레몬 향이 솔솔 나는 최고급 와규 和牛를 맛볼 수 있는 스테이크 전문점. 주인 부부가 유럽에서 오랜 기간 머물며 연마한 요리 비법으로 조리한 환상적인 맛의 스테이크를 선보인다. 추천 메뉴는 돌판 위에서 지글지글거리는 고기와 상큼한 레몬 향이 입맛을 자극하는 레몬스테이크세트 レモンステーキセット(2,835엔, 런치 메뉴). 스테이크가 부담스럽다면 가볍게 먹을 수 있는 스페셜 비프카레 세트 スペシャルビーフカレーセット(1260엔)도 괜찮다.

🍴 와 · 이카이세키 엔

和·伊懐石 縁

지도 p.15상Ⓑ **위치** JR 사세보역에서 도보 10분 **주소** 佐世保市下京町9-3 **오픈** 12:00~15:00, 18:00~23:00 **전화** 0956-25-8378

사세보 아케이드 상점가 주변에 있는 현대적인 분위기의 퓨전 일본 요리 전문점. 이탈리아에서 요리 수업을 한 주인과 2명의 일본 전통 요리사가 만들어내는 다양한 음식은 요리가 아니라 예술 작품에 가깝다. 술과 함께 먹을 수 있는 요리부터 가벼운 식사까지 다양한 메뉴가 준비되어 있다. 추천 메뉴는 날마다 메뉴 구성에 변화를 주는 히가와리런치 日替わりランチ.

히카리 ヒカリ

사세보에서 가장 유명한 햄버거 가게. 사세보 시민이라면 누구나 알고 있고 잡지나 방송에 소개가 많이 되어 사세보를 여행하는 사람이라면 꼭 들러보는 명소이다. 인기 메뉴는 거대한 사이즈에 직접 만든 마요네즈와 독특한 맛을 자랑하는 치킨, 신선한 채소를 곁들인 점보 치킨 스페셜 버거 잔보치킨스페샬버거로 가격은 630엔.

지도 p.15상Ⓐ 위치 JR 사세보역에서 택시로 10분
주소 佐世保市矢岳町1-1
오픈 10:00~21:00(일요일 10:00~20:00)
휴무 첫째 · 셋째 주 수요일, 12월 31일~1월 4일, 8월 15일~16일
전화 0956-25-6685 홈피 hikari-burger.com

빅맨 ビッグマン

독특하고 신선한 재료로 승부를 겨루는 햄버거 전문점. 특히 주인이 가장 열정을 쏟는 것은 직접 만든 베이컨. 엄선한 돼지고기를 벚나무 원목으로 일주일 동안 반복해서 훈제해 뛰어난 맛을 자랑한다. 대표 메뉴는 역시 앞에서 말한 베이컨과 달걀프라이가 들어간 베이컨 에그 버거 베-콘에그버-거-(650엔). 그 밖에 유명 산지에서 공수한 흑돼지로 만든 구로부타 버거 黒豚バーガー(750엔)도 인기가 높다.

지도 p.15상Ⓑ
위치 JR 사세보역에서 도보 7분
주소 佐世保市上京町7-10
오픈 11:00~22:00
전화 0956-24-6382 홈피 www.sasebo-bigman.jp

로그킷 사세보 본점 LOG KIT 佐世保本店

커다란 햄버거에 한 번 놀라고, 뛰어난 맛에 또 한 번 놀라게 되는 사세보 햄버거의 명소. 매장은 아메리칸 스타일의 인테리어로 활기가 넘치는데, 인기 메뉴는 지름 15㎝, 무게 500g의 거대한 사이즈를 자랑하는 스페셜 버거 스페샬버-거-로 가격은 880엔. 히카리 바로 옆에 있다.

지도 p.15상Ⓐ 위치 JR 사세보역에서 택시로 10분
주소 佐世保市矢岳町1-1 2F
오픈 10:00~21:00(일요일 10:00~20:00)
휴무 둘째 · 넷째 주 화요일
전화 0956-24-5034 홈피 www.logkit.jp

미사 롯소 ミサロッソ

역사는 길지 않지만 독창적인 레시피로 다른 곳과 차별화된 햄버거를 선보인다. 사세보 시내에서 좀 떨어져 있어 찾아가기는 불편하지만 사세보 햄버거 중 최고라고 평가받는 살짝 구운 햄버거 번즈와 블랙페퍼의 알싸한 맛이 일품이다. 인기 메뉴는 과연 다 먹을 수 있을까 걱정될 정도로 빅 사이즈를 자랑하는 미사 몬스터점보 ミサモンスタージャンボ(1,360엔).

지도 p.15상Ⓐ 위치 JR 사세보역에서 택시로 10분
주소 佐世保市万徳町2-15
오픈 10:00~20:00 휴무 월요일
전화 0956-24-6737 홈피 www.misarosso.com

AREA 3
시마바라
島原

17세기에 축성된 시마바라 성을 중심으로 발달한 작은 도시로 특별한 볼거리는 없지만 도쿠가와 막부 시절 탄압받던 크리스천들이 농민 봉기를 일으켰던 역사의 흔적이 남아 있는 유적이 도시 곳곳에 흩어져 있다. 바닷물을 이용한 해수 노천온천이 유명하며, 구마모토와 마주 보고 있어 배를 이용하면 30분 만에 구마모토 항에 도착한다.

시마바라
이렇게
여행하자

사철	시마바라 철도 시마바라역 島鉄 島原駅
버스	시마바라 역전 버스정류장 島原駅前停
	시마바라가이코역 버스정류장 島原外港前停
이동경로	하카타역 → JR 특급 가모메(1시간 35분, 4,230 엔) → 이사하야역 → 시마바라 철도(1시간 15 분, 1,430엔) → 시마바라역
	하카타 버스터미널 → 고속버스(3시간 10분, 2,980엔) → 시마바라역

가는 방법

JR 노선이 없는 지역이므로 시마바라로 가려면 일단 나가사키행 JR 특급 가모메를 이용해 이사하야역 諫早駅으로 간 다음 이사하야역에서 다시 사철인 시마바라 철도나 버스로 갈아타고 가야 한다. 시마바라 철도는 사철이므로 JR 규슈레일패스는 사용할 수 없다. 산큐패스 이용자라면 하카타 버스터미널에서 시마바라로 바로 가는 고속버스 시마바라호를 이용하면 된다. 버스는 3시간 10분이 소요된다. 한편 구마모토항에서 배를 타고 시마바라로 갈 수도 있다.

시마바라의 주요 볼거리는 반나절 정도면 충분히 돌아볼 수 있기 때문에 가까이에 있는 운젠과 연계해서 하루 코스로 돌아보는 것이 좋다. 시마바라의 자랑인 시마바라 성, 부케야시키, 고이노오요구마치 등은 모두 시마바라역을 중심으로 도보로 둘러볼 수 있다.

추천 코스

1 시마바라역
시마바라 여행의 출발점

도보 5분

2 시마바라 성
멋진 전망을 자랑하는 최고의 명소

도보 5분

3 부케야시키
무사들의 생활을 엿볼 수 있는 역사 공간

도보 7분

5 시라치코
멋진 산책로가 있는 시민들의 쉼터

도보 6분

4 고이노오요구마치
1,500마리의 잉어가 헤엄치는 마을

---

tip

시마바라 철도 島原鉄道

시마바라의 관문인 이사하야역 諫早駅과 시마바라가이코역 島原外港駅 구간의 43.2㎞를 연결하는 사철 私鉄이다. 아리아케 해변을 끼고 모두 24개의 역을 연결하는 이 노선을 이용하면 시마바라 반도의 아름다운 풍경을 감상하면서 시마바라로 갈 수 있다. 열차는 20분 간격으로 출발하는데, 주요 역만 정차하는 쾌속열차도 있으니 미리 시각표를 확인해보자. 참고로 JR에서 운영하는 노선이 아니므로 JR 패스나 규슈레일패스는 사용할 수 없다.

홈피 www.shimatetsu.co.jp

시마바라
島原

 시마바라 성
島原城

지도 p.15하 위치 시마바라 철도 시마바라역에서 도보 5분 주소 島原市城内1-1183-1 오픈 09:00~17:30 휴무 12월 29~30일 요금 무료(덴슈카쿠 및 기념관 공통 입장권 540엔, 초·중고생 270엔) 전화 0957-62-4766 홈피 shimabarajou. com

1618년 축성술의 귀재로 유명한 마쓰쿠라 시게마사 松倉重政가 7년에 걸쳐 아즈치모모야마 安土桃山 양식으로 쌓은 성. 이후 253년간 이 지역을 통치하는 번주가 사용했으나 1874년에 폐성이 된 후 1876년 덴슈카쿠 天守閣를 비롯한 대부분의 건물이 파괴되었다. 지금의 시마바라 성은 1964년에 복원한 것으로 현재 박물관으로 사용되고 있다. 1층은 가톨릭교 전래의 역사를 소개하는 크리스천 사료관, 2층은 당시의 생활상을 전해주는 향토 자료관, 3층은 민속 자료실, 4층은 휴게소, 5층은 전망대로 구성되어 있다. 전망대에서는 시마바라 시가지는 물론 후겐다케 普賢岳까지 조망할 수 있다.

부케야시키
武家屋敷

지도 p.15하 위치 시마바라 철도 시마바라역에서 도보 10분 주소 長崎県島原市下の丁 오픈 09:00~17:00 전화 0957-63-1111

시마바라 성 축성 당시 하급 무사들의 주거지로 조성된 저택이 있는 지역으로, 현지에서는 뎃포초 鉄砲町라고도 한다. 뎃포초라는 말은 조성 당시 집과 집 사이에 담장이 없어서 무사들의 저택 내부가 마치 총구 속을 들여다보듯이 훤히 다 보인다는 뜻에서 유래한 지명이다. 처음 부케야시키를 조성할 당시에는 7개의 거리를 바둑판처럼 나누고 그 위에 690채의 가옥이 있었지만, 지금은 길이 약 400m, 폭 5,6m 남짓한 거주지에 야마모토 저택 山本邸, 시노즈카 저택 篠塚邸,, 도리타 저택 鳥田邸 등 3곳만 옛 모습 그대로 보존된 채 무료 개방하고 있다. 자원봉사로 마을 주민들이 지키고 있는 무사 저택 내부에는 당시 하급 무사의 생활 모습을 재현한 마네킹이 전시되어 있다. 부케야시키 돌담 사이의 좁은 길 한가운데를 흐르는 너비 약 50cm의 수로는 예전에 생활 식수로 이용하던 것으로, 지금도 변함없이 맑은 물이 흐르고 있다.

🍴 히메마쓰야 본점
姫松屋本店

지도 p.15하 위치 시마바라 철도 시마바라역에서 도보 7분 주소 長崎県島原市城内一丁目1208 오픈 10:00~20:00 휴무 둘째 주 화요일, 1월 1일 전화 0957-63-7272 홈피 www. himematsuya.jp

다양한 일본 정식을 즐길 수 있는 시마바라의 대표 맛집. 그중에서도 명물 구조니는 시마바라 여행에서 빼놓을 수 없는 먹을거리이다. 1637년 시마바라의 난 島原の乱 때 봉기군 지도자였던 아마쿠사 시로 天草四郎가 성에서 함께 농성하던 주민 3만 7,000명을 먹이기 위해 산과 바다에서 나는 다양한 재료와 남은 떡을 이용해 만든 것이 시초이다. 이후 1813년에 히메마쓰야의 초대 사장이 떡과 지역 특산품인 배추, 우엉 등 13종류의 식재료를 사용하며 국물 맛 연구에 전념해 시마바라를 대표하는 향토 요리로 만들어냈다. 대표 메뉴는 구조니 具雑煮(보통 980엔, 곱빼기 1,180엔)이며, 그 밖에 덴푸라 정식 天ぷら定食(1,200엔)과 돈가스 정식 とんかつ定食(900엔)도 맛있다.

🔵 고이노오요구마치

鯉の泳ぐまち

지도 p.15하 **위치** 시마바라 철도 시마바라역에서 도보 10분 **주소** 島原市新町 **전화** 0957-63-1111(시마바라 시 상공관광과)

이름 그대로 잉어가 헤엄치는 마을이다. 하루에 1만ℓ씩 솟아날 정도로 수량이 풍부해 1978년 일본의 100대 명수로 선정된 시마바라 용수 島原湧水를 관광 자원으로 활용하기 위해 마을을 새롭게 단장하고 수로를 만들어 비단잉어를 방류했는데, 이제는 시마바라에서 빼놓을 수 없는 명소가 되었다. 마을을 따라 이어지는 수로의 맑은 물에는 무려 1,500마리의 비단잉어가 헤엄쳐 다닌다. 돌아다니다가 지치면 민가를 리모델링한 시마바라 용수관(09:00~17:00)에서 잠시 쉬었다 가도 된다.

🔵 시라치코

白土湖

지도 p.15하 **위치** 시마바라 철도 시마바라역에서 도보 20분 **주소** 長崎県島原市白土町 **전화** 0957-63-1111(시마바라 시 상공관광과)

1792년 4월 1일에 일어난 대지진으로 성시 시마바라의 뒤쪽에 우뚝 솟아 있던 비잔 眉山이 붕괴하면서 엄청난 토사가 인가와 논밭을 삼키고 시마바라 앞바다인 아리아케해로 흘러들었다. 이로 인해 하루아침에 시마바라 앞바다에는 구주쿠시마 九十九島가 생겨났

고, 이와는 반대로 초원 지대였던 육지 일부가 침하되면서 물이 분출해 생긴 남북 1㎞, 동서 200m 크기의 호수가 바로 시라치코이다.

당시 지진으로 인한 사망자 수가 약 1만 5,000명에 달할 정도로 엄청난 재해를 겪었던 마쓰히라번 松平藩에서는 호수의 물이 얼마나 계속 불어날지 알 수 없었기에, 민심을 안정시킨 후 약 1만 명을 동원해서 강을 파 호수의 물을 아리아케해로 흘려보냈다. 이때 만들어진 강이 시마바라 시가지를 따라 흐르는 오토나시가와 音無川이다. 시라치코는 현재 시마바라 시민들의 휴식처로 호반에는 아기자기한 산책로와 공원이 있다. 호수가 생겨난 유래는 꽤 흥미롭지만 호수 자체는 평범하다.

🔵 운젠다케 재해기념관

雲仙岳災害記念館

지도 p.15하 **위치** 시마바라 철도 시마바라역 앞에서 시마바라 가이코 경유 시마바라 버스 이용 20분 **주소** 長崎県島原市平成町1-1 **오픈** 09:00~18:00 **요금** 1,000엔(중고생 700엔, 초등학생 500엔) **전화** 0957-65-5555 **홈피** www.udmh.or.jp

나가사키 현이 43억 엔을 들여 2002년 시마바라 시에 건립한 재해 관련 기념관으로, 1990년 11월에 분화를 시작해 1995년 6월 분화 종식을 선언할 때까지 이 땅에서 어떤 일이 일어나고 무엇이 남았는지 등 자연재해의 공포와 교훈을 일깨우고자 조성되었다. 화산의 원리, 재해의 무서움, 방재 학습, 화산과의 공생 등 조금은 딱딱해 보이는 다양한 주제들을 첨단 장비를 통해 쉽고 재미있게 설명해주고 있어 어린이를 동반한 가족 여행객들에게 큰 인기를 모으고 있다. 애칭으로 가마다스 돔 Gamadas Dome이라고도 부르며 유료 구역인 메모리얼 뮤지엄과 무료 구역인 전망대, 레스토랑, 매점, 기념 가든, 미디어 라이브러리 등으로 구성되어 있다.

🍴 가호 시마다

菓舗しまだ

지도 p.15하 위치 시마바라 철도 시마바라역에서 도보 10분 주소 長崎県島原市萩原1-1012-7 오픈 09:00~19:30(일요일 09:00~16:30) 휴무 첫째 주 일요일(부정기적) 전화 0957-62-4740 홈피 kahoshimada.com

시마바라의 명물 후겐다케 훈카만 주 普賢岳噴火まんじゅう를 맛볼 수 있는 원조 가게. 시마바라 시의 주요 관광지에 있는 기념품 가게에 서도 구입할 수 있지만, 이곳에 들르면 방금 나온 신선한 만주를 맛볼 수 있다. 만주가 들어 있는 박스에 달린 하얀 끈을 잡아당기면 뜨거운 증기가 뿜어져 나와 순식간에 따끈한 만주로 변신한다. 12개들이 세트가 950엔이다.

🍴 시마바라 미즈야시키

しまばら水屋敷

지도 p.15하 위치 시마바라 철도 시마바라역에서 도보 10분 주소 島原市万町513-1 오픈 11:00~17:00 전화 0957-62-8555 홈피 www.mizuyashiki.com

1872년에 지어진 일본식과 서양식이 절충된 독특한 분위기의 민가를 활용한 전통 찻집. 뜰에는 잉어가 헤엄치는 연못과 잘 꾸며진 일본 정원이 있어 잠시 쉬었다 가기에 좋은 곳이다. 시마바라의 명물 간식인 간자라시 寒ざらし(324엔)와 워터드립 방식으로 10시간에 걸쳐 추출한 미즈다시 커피 水出し珈琲(486엔)가 유명하다. 2층에는 일본 전역에서 수집한 고양이 관련 액세서리가 1,200종 이상 전시되어 있어 색다른 볼거리를 제공한다.

역사의 고장 아마쿠사 산책

아마쿠사 天草

120여 개의 섬으로 이루어진 아마쿠사 제도는 규슈 중서부 남서해안에 자리 잡고 있는 아름다운 명승지로 북쪽의 시마바라 반도와 함께 운젠아마쿠사 국립공원으로 지정되어 있다. 오야노시마 大矢野島, 가미시마 上島, 시모시마 下島, 마쓰시마 松島 등 크고 작은 섬들이 모여 있으며, 5개의 다리로 연결되어 규슈 본토와 이어져 있다. 산악지형이 많아 해안선을 따라 도로가 발달했는데, 덕분에 뛰어난 풍경을 자랑하는 도로를 따라 드라이브를 즐길 수 있다. 특히 기암괴석과 푸르른 바다가 어우러진 멋진 풍경을 볼 수 있는 아마쿠사 펄라인 天草パールライン은 놓칠 수 없는 볼거리로 최고의 드라이브 코스를 자랑한다. 한편, 아마쿠사는 시마바라의 난에서 중심적인 역할을 했던 아마쿠사 시로의 기념관이나 기독교 탄압의 역사를 느낄 수 있는 유적지가 곳곳에 자리 잡고 있어 역사 기행지로서도 훌륭한 역할을 하고 있다.

• 구마모토 교통센터 → 쾌속 아마쿠사호(2시간 10분, 2,180엔) → 혼도 버스센터

아마쿠사시로 뮤지엄

天草四郎ミュージアム

16세의 어린 나이로 시마바라 난의 지휘자가 되어 막부군과 싸운 아마쿠사 시로의 기념관. 기독교 탄압에 반대하며 신도들을 이끌었던 아마쿠사의 모든 것을 알 수 있다. 특히, 최신 영상기술을 사용한 전시 공간과 박력 넘치는 3D 극장이 있어 쉽게 역사 공부를 할 수 있다. 밖에는 풍경이 멋진 광장과 매점 등이 있어 잠시 쉬어가기에도 좋다.

위치 미스미역에서 산코버스로 17분, 아마쿠사시로코엔마에 天草四郎公園前정류장 하차 후 도보 3분 오픈 9:00~17:00 휴무 12월 20일~1월 1일, 1월·6월 둘째 주 수요일 요금 600엔 전화 0964-56-5311

다시 보는 역사의 한 장면 '시마바라의 난'

도쿠가와 이에야스가 세키가하라 전투에서 승리해 일본 열도를 완전히 장악한 지 37년이 지난 후, 3대 쇼군 도쿠가와 이에미쓰는 스스로 '진정한 쇼군'임을 자처하며 그 말에 이의를 제기하는 상대를 무력으로 제거했는데 '시마바라의 난'은 그가 통치하던 시기에 일어난 일본 역사의 대사건이다.

1630년대 중반 시마바라 반도와 아마쿠사 제도에 살던 주민들은 그들의 영주인 마쓰쿠라 가문과 데라자와 가문이 부과한 가혹한 세금에 시달리던 중 설상가상으로 기근까지 겪게 된다. 이런 상황에서 임진왜란과 세키가하라 전투가 끝난 후 주인을 잃은 사무라이들의 불만이 가세하며 마침내 도쿠가와 막부에 대한 봉기를 계획하기에 이른다. 1637년 10월 25일, 어느덧 조직화된 주인 잃은 사무라이들이 세금을 거두러 온 대관 하야시 효우자에몬을 살해하고 아마쿠사 제도와 시마바라 반도 남부 지역(운젠 화산 이남 지역)의 백성들을 선동해 봉기에 가담시키는 데 성공한다. 이들은 당시 나이 16세의 '카리스마 넘치는 소년'이자, 옛 영주 고니시 가문의 가신 마쓰다 진베이의 아들인 아마쿠사 시로 天草四郎를 지도자로 추대했다.

봉기를 개시했을 무렵, 이들은 먼저 데라자와 가문의 아마쿠의 지배 거점이었던 도미오카 성과 혼도 성을 포위 공격해 거의 함락 직전까지 갔다. 하지만 타 지역 영주들이 이끌고 온 군대가 도착하자 성을 포기하고 후퇴할 수밖에 없었다. 후퇴하던 봉기군은 바다를 건너 시마바라 반도에 도착해 마쓰쿠라 가쓰이에가 세운 시마바라 성을 공격했지만, 이곳에서도 격퇴되고 만다. 봉기군은 결국 하라 성으로 몰려들었는데, 이곳은 아리마 가문이 이 지역을 다스리던 시절의 거점으로서 당시에는 이미 폐성이 된 상태였다. 봉기군은 아마쿠사 제도에서 건너올 때 사용했던 배를 부숴 그 목재로 성을 수리하고, 마쓰쿠라 가문의 창고들을 털어 상당한 양의 무기와 탄약, 식량 등을 확보했다.

그러나 시간이 갈수록 보급품이 부족해지면서 마침내 1638년 4월 15일 봉기군이 완전히 섬멸되면서 시마바라의 난은 막을 내렸다.

이후 도쿠가와 막부는 봉기군의 남녀노소를 모두 살육하고 봉기군을 이끌던 아마쿠사 시로의 목을 베어 나가사키에 보내 효수했다. 그리고 하라 성과 봉기군의 시체는 모조리 불태우거나 파묻고 다시는 하라 성 같은 폐성들을 반란을 일으킨 자들이 사용할 수 없게끔 철저히 파괴했다.

또한 가톨릭교 신자들을 더욱 엄격히 탄압하는 한편 가톨릭교도인 포르투갈인들을 완전히 추방하고 서양에 대한 쇄국정책을 강화한다. 이로써 19세기 중반에 개국이 이뤄질 때까지 일본 가톨릭교 신자들은 자신들의 신앙을 비밀리에 유지할 수밖에 없었다.

운 젠
雲仙

1934년 3월 16일 일본 최초의 국립공원으로 지정된 운젠은
운젠다케 雲仙岳 남서쪽 기슭 해발 700m의 고원지대에
형성된 온천 마을이다. 사계절 내내 아름다운 자연 풍경과
탕치 효과가 뛰어난 유황 온천 덕분에 해마다 운젠을 찾아
오는 여행객은 무려 35만 명에 달한다. 특히, 보기만 해도
무시무시한 운젠 지옥은 놓치지 말아야 할 볼거리다.

운젠
이렇게
여행하자

버스   시마테쓰 운젠 버스터미널 島鉄 雲仙 バス
ターミナル

이동경로   하카타역 → JR 특급 가모메(1시간 35분,
4,230엔) → 이사하야역 → 시마테쓰 버스
(1시간 20분, 1,350엔) → 시마테쓰 운젠 버
스터미널
시마바라역 → 노선버스(50분, 830엔) →
시마테쓰 운젠 버스터미널

가는 방법

JR 노선이 없는 지역이므로 시마바라로 가려면 일단 나가사키행 JR 특급 가모메를 이용해 이사하야역
諫早駅으로 가야 한다. 그리고 이사하야역에서 운젠으로 갈 때는 시마바라 철도에서 운영하는 시마테쓰
버스를 이용하면 되는데, 버스는 오전 7시 20분부터 오후 7시 10분까지 약 1시간 간격으로 운행하고 있
다. 산큐패스 이용자라면 후쿠오카에서 고속버스를 타고 시마바라로 간 다음, 시마바라에서 운젠으로 가
는 버스로 갈아타고 가야 한다.

운젠은 지옥 온천과 운젠다케를 제외하면 특별한 볼거리가 없는 데다, 규모도 작은 마을인 만큼 온천을 즐기는 시간까지 포함해도 반나절 정도만 투자하면 충분히 둘러볼 수 있다. 규슈의 다른 지역에서는 보기 어려운 유황 온천인 만큼 당일치기 온천을 즐긴 후 가볍게 산책하는 기분으로 편하게 관광에 나서는 것이 좋다. 여유가 된다면 운젠 로프웨이를 타고 니타토게 仁田峠의 아름다운 풍경을 즐기는 것도 추천할 만하다.

추천 코스

도보 5분 · 도보 1분

1 시마테쓰 운젠 버스터미널
운젠 여행의 출발점

2 운젠 오야마노조호칸
운젠에 대한 다양한 정보를 제공해주는 관광 정보센터

3 운젠 비도로 미술관
멋진 유리공예와 도자기가 있는 미술관

도보 5분

버스 20분 · 도보 1분

6 운젠 로프웨이
니타토게의 멋진 풍경을 볼 수 있는 하늘 산책

5 운젠 지옥
화산의 웅장한 풍경을 보여주는 유황 온천 지역

4 운젠 미야자키 료칸
운젠 최고의 명성을 자랑하는 온천 여관

로프웨이 3분

도보 5분

7 묘켄다케역
뛰어난 전망을 자랑하는 로프웨이역

8 묘켄다케 전망소
아름다운 자연을 만끽할 수 있는 전망대

tip

운젠의 버스터미널은 두 곳!
운젠에는 시마바라 철도에서 운영하는 시마테쓰 버스터미널과 나가사키 현에서 운영하는 겐에이 버스터미널 2곳이 별도로 운영되고 있으므로 이용 시 주의가 필요하다.

운젠
雲仙

🔵 운젠 오야마노조호칸
雲仙お山の情報館

지도 p.16 위치 시마테쓰 운젠 버스터미널에서 도보 5분 주소
雲仙市小浜町雲仙 320 오픈 09:00~17:00 휴무 목요일　전
화 0957-73-3636 홈피 unzenvc.com

운젠을 방문하는 여행객들에게 폭넓은 정보를 제공해
주는 관광 정보센터 시설이다. 1991년 화산 폭발 당시
운젠의 모습과 국립공원 내 야생 조류와 식물을 담은
자료를 전시하고 있으며, 운젠 일대 등산로와 산책로
등의 트레킹 정보와 온천 정보, 이벤트 정보 등도 알
수 있다. 잠시 쉬며 여행으로 지친 심신의 피로를 풀
수 있는 공간도 갖춰 자유롭게 이용할 수 있다.

🔵 운젠 비도로 미술관
雲仙ビードロ美術館

지도 p.16 위치 시마테쓰 운젠 버스터미널에서 도보 6분 주소
雲仙市小浜町雲仙320 오픈 09:00~18:00 휴무 부정기 휴무
요금 700엔 전화 0957-73-3133 홈피 unzenvidro.weebly.
com

세계 여러 나라의
유리 공예와 도자
기 등의 미술품을
전시하는 미술관.
19세기의 보헤미안
유리, 유럽의 오일
램프를 중심으로 일본의 전통 유리, 나베시마 등의 도
자기 컬렉션을 갖추고 있어 유리 공예를 좋아하는 여
행자라면 둘러볼 만하다. 계절에 따라 다양한 기획전
도 하고 있으니 관심이 있다면 미리 홈페이지를 통해

일정을 확인하도록 하자. 관내에는 유리 체험 공방이
있으며, 병설 숍에서 유리잔과 액세서리 등 다양한 유
리 제품을 구입할 수도 있다.

🏠 운젠 미야자키료칸
雲仙宮崎旅館

지도 p.16 위치 시마테쓰 운젠 버스터미널에서 도보 7분 주
소 雲仙市小浜町雲仙320 전화 0957-73-3331 홈피 www.
miyazaki-ryokan.co.jp

잘 꾸며놓은 아름다운 일본 정원과 하얀 연기가 쉴 새
없이 뿜어 나오는 지옥 온천에 둘러싸인 운젠 최고의
온천 여관이다. 온천의 수질은 백색 유황천으로 류머
티즘·관절염·신경통 등 다양한 질환에 효과가 있으
며, 메다케이산(온천수에 함유된 보습 성분)이 103.8
mg이나 함유되어 있어 피부 미용에도 좋다. 기본 욕탕
은 남녀 모두 넓이가 같으며, 옥내 목욕탕과 노천탕,
사우나 외에 대절 노천탕과 가족탕(무료)도 있어 연인
이나 가족 여행객에게 큰 호응을 얻고 있다. 모든 욕

탕은 운젠 지옥 온천
의 원천을 이용하므로
언제나 깨끗하고 뜨거
운 온천수의 효능을
체험할 수 있다.

👁 운젠 지옥

雲仙地獄

<u>지도</u> p.16 <u>위치</u> 시마테쓰 운젠 버스터미널에서 도보 1분 <u>주</u>
<u>소</u> 長崎県雲仙市小浜町雲仙 <u>전화</u> 0957-73-3434(운젠 관
광협회)

운젠 버스터미널에서 내려 마을길을 따라
걸어 올라가면 운젠을 대표하는 온천 호텔
이 줄지어 늘어서 있는 온천가가 나온다. 그
길을 따라 걸어가다 규슈호텔을 끼고 왼쪽
언덕길로 올라가면 땅에서 하얀 수증기가 구름처
럼 솟아나는 운젠 지옥이 보인다. 산 중턱에 조성된
약 300m에 이르는 산책로를 올라가다 보면 온천수가
끓어오르는 다양한 모습을 지옥에 비유한 달 표면 지
옥, 팔방지옥, 아비규환 지옥, 참새지옥, 여인지옥 등
저마다 구구절절한 사연이 있는 30여 곳의 지옥을 차
례대로 만날 수 있다. 벳푸에도 지옥 온천 순례가 있
지만 대부분 인공적으로 만들어놓은 것이라 감흥이
다소 떨어지는데, 운젠 지옥은 자연 그대로 보존되어
있어 자연의 신비함과 웅장함을 몸으로 느낄 수 있다.
또한 유황 냄새가 진동하는 지옥 온천 산책 코스의 정
상에 오르면 이곳에서 희생된 크리스천들을 기리는
십자가도 볼 수 있다.

운젠 지옥에서는 땅에서 솟아나는 온천수와 지열을
이용해서 삶은 달걀과 이곳에서 채취한 유노하나 湯
の花 등을 파는 할머니들을 쉽게 만날 수 있다. 유황
냄새가 가득한 지옥 온천에서 건강에 좋다는 삶은 달
걀과 라무네 ラムネ를 맛보는 것도 운젠 여행이 주는
작은 즐거움이다. 참고로 라무네는 메이지 시대 초기
영국에서 전해진 레모네이드가 일본에 정착하는 과정
에서 변형된 것으로 물에 설탕과 레
몬 향을 첨가한 일종의 탄산음료다.
병 속에 구슬이 들어 있는 독특한
라무네 병 또한 영국에서 함께 건너
온 것.

👁 운젠 로프웨이

雲仙ロープウェイ

<u>지도</u> p.16 <u>위치</u> 겐에이 버스터미널에서 버스(20분, 410엔) 이
용 니타토게 정류장 하차 후 도보 3분 <u>주소</u> 雲仙市小浜町雲
仙551 <u>오픈</u> 08:51~17:43(11월 1일~3월 31일 08:51~17:23)
<u>요금</u> 편도 630엔, 왕복 1,260엔(어린이 편도 320엔, 왕복
630엔) <u>전화</u> 0957-73-3572 <u>홈피</u> unzen-ropeway.com

1957년에 설치된 로프웨이를
이용하면 아름다운 운젠의 자
연 풍경을 만끽하며 3분 동안
하늘 산책을 즐길 수 있다. 5
월 말~6월 초에 걸쳐 산 전
체를 붉게 물들이는 철쭉을
볼 수 있는 해발 1,080m의 니
타토게 仁田峠 역에서 해발

1,300m의 묘켄다케 妙見岳 역까지 500m의 거리를 3
분 만에 연결한다. 초여름의 철쭉, 가을의 단풍, 겨울
의 설산과 유빙 등 사계절 내내 아름다운 경치를 볼
수 있는 로프웨이는 운젠 여행에서 빼놓을 수 없는 관
광 코스이다. 특히 묘켄다케역의 옥상 전망대에서 바
라보는 경치가 가장 근사하다. 니타토게역 주변에 후
겐다케 신사가 있으며, 역내에는 기념품과 특산품을
파는 매점이 있다.

👁 묘켄다케 전망소

妙見岳 展望所

<u>지도</u> p.16 <u>위치</u> 운젠 로프웨이를 타고 묘켄다케역에
서 하차 후 도보 5분 <u>주소</u> 雲仙市小浜町雲仙 <u>오픈</u>
08:00~18:00(11~3월 08:00~17:00) <u>전화</u> 0957-73-
3572(운젠 로프웨이)

니타토게역에서
운젠 로프웨이를
타고 묘켄다케역
에 내려 옥상으로
올라가면 나오는
전망대에서도 하
얀 수증기를 내뿜

는 운젠 온천가뿐 아니라 멀리 아리아케 有明까지 조
망할 수 있다. 하지만 여기까지 온 이상 산길을 따라 5
분 정도 더 올라가 묘켄다케 산봉우리에 마련된 전망
소까지 들러보자. 묘켄다케역 옥상에서는 보이지 않
던 후겐다케 普賢岳와 헤세이신잔 平成新山까지 한
눈에 들어올 것이다.

♨ 유노사토 공동욕장

湯の里共同浴場

지도 p.16 위치 시마테쓰 운젠 버스터미널에서 도보 5분
주소 雲仙市小浜町雲仙 오픈 09:00~23:00(12월~2월
08:30~22:30) 요금 200엔(어린이 100엔) 전화 0957-73-
2576

운젠에 있는 3개의 공동욕장 중 하나로 운젠에서 가
장 오래된 목욕탕이다. 원천을 사용하는 곳으로 유명
한데, 산성을 띤 원천수에는 알루미늄과 철이 많이 함
유되어 있어 탕치 효과도 뛰어나다. 비록 시설은 보잘
것없지만 수질은 하룻밤에 수십만 원하는 고급 온천
여관과 차이가 없을 정도. 여행객들보다는 현지인들
이나 운젠의 호텔과 여관에서 일하는 사람들이 많이
찾는다. 일본 시골 온천의 정겨운 분위기를 느끼고 싶
다면 한 번 가볼 만하다.

♨ 고지고쿠 온센칸

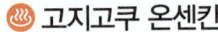
小地獄温泉館

지도 p.16 위치 운젠니시이리구치 버스 정류장에서 도보 10
분 주소 雲仙市小浜町雲仙500-1 오픈 09:00~21:00 요금
420엔(어린이 210엔) 전화 0957-73-3273

에도 시대 중기에 개장한 역사 깊은 온천. 매일 약
440t의 원천수가 나오는 운젠 최대 규모의 용출량을
자랑하며, 또 미인탕으로도 인기가 높아 주민들뿐 아
니라 여행객들의 발길이 끊이지 않는다. 시원한 노천
탕을 즐길 수 있고, 일본 목욕탕의 독특한 시스템인
반다이 폿台(표를 받는 곳. 남녀 탈의실의 중간에 자
리 잡고 있어 처음 경험하는 사람들은 살짝 민망할 수
있다)를 볼 수 있는 것도 인기의 비결.

🍴 운젠 후쿠다야

雲仙 福田屋

지도 p.16 위치 운젠니시이리구치 버스 정류장에서 도
보 2분 주소 雲仙市小浜町雲仙380 雲仙福田屋内 오픈
11:00~15:00, 18:00~22:00 전화 0957-73-2151 홈피 www.
fukudaya.co.jp

운젠 후쿠다야 호텔에서 직영하는 맛집으로 지역에서
생산하는 신선한 식재료가 가득 들어간 용암석 요리
로 유명하다. 자타가 공인하는 인기 메뉴는 용암 소바
溶岩そば(2인분, 1,900엔)로 뜨겁게 달군 용암석 위에

향긋한 차소바 茶そば와 운젠 와규 雲仙牛, 고소한 달걀 고명 등이 푸짐히 담겨 나오는데, 적당히 섞어 소스에 찍어 먹으면 환상적인 맛을 느낄 수 있다. 그 밖에 간단하게 먹을 수 있는 식사로 용암 햄버거 溶岩ハンバーグ와 용암 카레 溶岩カレー도 맛있다.

🔵 가톨릭 운젠교회
カトリック雲仙教会

지도 p.16 위치 겐에이 버스터미널에서 도보 30분 주소 雲仙市小浜町雲仙札の原442-2 오픈 주일 미사 매주 일요일 11:00(셋째 주 일요일 제외) 전화 0957-73-2561

1627년부터 1632년에 걸친 크리스천 탄압 당시 운젠 지옥에서 순교한 안토니오 이시다를 추모해 세운 교회. 현재는 신자가 10명도 채 안 될 정도로 쇠퇴한 상태지만 국립공원 안에 교회가 있는 데다가, 일본 크리스천 역사에서 큰 획을 그은 순교지로 널리 알려져 성지 순례자나 여행객들이 자주 찾는 명소이다. 최근에는 이곳에서 결혼하기를 희망하는 커플이 많아, 백마가 끄는 빨간 마차가 신랑 신부를 태우고 뿌연 안개가 낀 온천 마을 사이로 달리는 풍경은 운젠의 새로운 볼거리로 각광받고 있다.

운젠의 역사

운젠에 사람이 살기 시작한 것은 서기 701년 나라 시대의 고승 교키 다이조인 行基 大乘院이 이곳에 만묘지 滿明寺를 건립하면서부터라고 전해진다. 만묘지는 나중에 서쪽의 고야 산 高野山(와카야마 현에 있는 명산으로 일본 밀교의 성지)으로 불릴 정도로 그 세력을 떨치며 전성기에는 무려 1,000명이 넘는 승려가 수행을 하기도 했다. 당시 산의 명칭은 운젠 산 溫泉山이라 불렸는데, 그 무렵부터 국립공원 지정 전까지 '溫泉'이라는 한자를 운젠이라고 읽었다. 이후 1637년경에 16세 소년인 아마쿠사 시로 天草四郎가 이끌었던 시마바라의 난으로 만묘지는 소실되었지만, 2년 후 재건되어 오늘날에 이르고 있다. 운젠의 온천은 1653년에 가토 센자에몬 加藤善左衛門이 문을 연 엔라쿠유 延曆湯가 그 시초로 알려져 있다. 1693년 시마바라의 영주가 된 마쓰다이라 다다후사 松平忠房가 운젠 산의 보호에 나서면서 조수류의 살생과 철쭉 채집이 금지되었다. 지금의 운젠 산 일대가 철쭉 명소로 각광받는 것도 따지고 보면 300년 전부터 환경을 보호해왔기 때문이라 할 수 있다. 일본의 근대 국가 여명기인 메이지 시대에는 캠페르나 지볼트의 저서에 운젠이 소개되면서 많은 외국인이 방문했으며, 이후 유럽과 상하이 사람들의 피서지로 번창했던 역사를 갖고 있다.

하우스텐보스
Tosu Premium Outlets

나가사키 현 사세보 시에 위치한 하우스텐보스는 인간과 자연이 공존하는 거리, 자연의 숨결을 피부로 느낄 수 있는 새로운 공간을 목표로 1992년 3월 25일에 문을 열었다. '일본 속의 네덜란드'라 불릴 정도로 17세기 네덜란드의 왕궁과 거리를 완벽하게 재현한 리조트형 테마파크 내에는 40만 그루의 나무와 30만 송이의 꽃이 자라고, 전체 길이 6㎞에 달하는 운하가 있어 어디를 둘러봐도 그림엽서처럼 예쁜 풍경을 자랑한다.

가는 방법

후쿠오카에서 하우스텐보스로 갈 때는 하카타역에서 JR 특급 하우스텐보스호를 이용하는 것이 가장 편리하고 빠르다. 07:29 첫차를 시작으로 1시간에 1대꼴로 운행하며, 소요시간은 1시간 40분이다. 직행 고속버스는 하카타 버스터미널에서 하루에 2번 출발하기 때문에 일정이 맞지 않으면 나가사키나 사세보를 거쳐서 가야 한다. 나가사키나 사세보에서는 열차를 이용해서 가는 것이 좋다.

<u>철도</u>	JR 하카타역에서 JR 특급 하우스텐보스호(1시간 40분, 3,880엔) 이용
	JR 나가사키역에서 JR 쾌속 시사이드라이너(1시간 30분, 1,470엔) 이용
	JR 사세보역에서 JR 보통열차(20분, 280엔) 이용
<u>버스</u>	하카타 버스터미널에서 고속버스(2시간 10분, 2,260엔) 이용

이용 요금 · 영업시간

입장권 종류	대인(18세 이상)	중고생	4세~초등학생	내용
입장 티켓	4,500엔	3,500엔	2,200엔	입장 및 무료 시설 이용 가능
1일 패스포트	7,000엔	6,000엔	4,600엔	입장 및 무료 시설, 패스포트 대상 시설 이용가능
애프터 5 패스포트	4,900엔	4,100엔	3,200엔	17시 이후 입장, 패스포트 대상 시설 이용 가능

※매년 12월 31일에는 입장 티켓을 이용할 수 없으니 주의할 것!

오픈 09:00~21:00(날짜에 따라 영업시간이 계속 변경되므로 홈페이지에서 반드시 확인하도록 한다)
홈피 www.huistenbosch.co.jp

장내 교통수단

❶ 파크 버스

브뢰켈렌~뉴스터드~돔투른~스파켄뷔르흐 간을 순환하는 노선버스. 장내에 버스 정류장이  5곳 있으며, 하우스텐보스 내에서 가장 편리한 이동 수단이다. 패스포트가 있으면 무료로 이용할 수 있다.

요금 패스포트나 입장 티켓으로 무료 이용

❷ 카트 택시

하우스텐보스 내에서 목적지까지 자유롭게 이동할 수 있는 미니 택시. 성인 4명까지 탑승할 수 있다.

요금 목적지까지 1인 300엔

❸ 대여 자전거

플라워 로드와 하버타운에 자전거 숍 핏츠가 있다. 일반 자전거는 물론 2인승 및 4인승 등 다  양한 자전거를 대여할 수 있다. 자전거를 빌릴 때는 보증금 500엔이 필요하며, 패스포트가 있더라도 별도 요금을 내야 한다.

요금 1인용 500엔

❹ 커낼 크루저

하우스텐보스에서 가장 인기 있는 교통수단으로 운하를 따라 하우스텐보스 내의 킨데르데이크,  위트레흐트를 10~15분 만에 연결한다.

요금 600엔(패스포트 소지자는 무료)

하우스텐보스 추천 스폿

하우스텐보스는 놀이공원이 아니라 17세기 네덜란드의 거리를 재현한 체류형 리조트 공원이기 때문에 화끈한 놀이기구를 기대하고 가면 실망할 수 있다. 하나라도 더 보기 위해 바쁘게 돌아다니기보다는 느긋한 마음으로 산책하듯 여유 있게 시간을 보내야 더 좋은 추억을 남기게 된다는 사실을 명심하자. 입구에 하우스텐보스 구석구석을 소개하는 한글 브로셔가 비치되어 있으니 입장할 때 꼭 챙겨두자.

슈퍼트릭아트 スーパートリックアート

불가사의한 재미를 주는 착각의 세계. 벽에 걸려 있는 그림, 바닥에 떨어져 있는 돈, 이상한 조형물 등 관내에 있는 모든 것이 눈속임이다. 재미있는 촬영 스폿도 많으므로 카메라는 필수.

위치 어트랙션 타운 오픈 일~목요일 09:00~20:00, 금·토요일·공휴일 전일 09:00~21:00

돔투른 전망대 ドムトールン＆貸切展望室

네덜란드의 교회 종탑을 모델로 만든 하우스텐보스의 상징. 높이 105m의 전망대에서 아름다운 하우스텐보스의 풍경을 즐길 수 있다.

위치 타워 시티 오픈 일~목요일 09:00~21:00, 금·토요일·공휴일 전일 09:00~22:00

호라이즌 어드벤처 ホライゾンアドベンチャー

실제로 네덜란드에서 발생했던 대홍수를 체험할 수 있는 가상 극장. 800ℓ의 물이 객석을 향해 한꺼번에 쏟아지는 광경은 스릴 만점이다.

위치 어트랙션 타운 오픈 일~목요일 09:00~20:00, 금·토요일·공휴일 전일 09:00~21:00(소요시간 약 20분)

뮤지엄 몰렌 ミュージアムモーレン

꽃밭에 있는 아름다운 풍차박물관. 하우스텐보스를 소개하는 가이드북에 단골로 등장하는 사진의 명소이기도 하다. 3개의 풍차 중에서 가운데 있는 것이 박물관으로, 내부에서는 실제로 물을 끌어올리는 시스템을 견학할 수 있다.

위치 플라워 로드 오픈 일~목요일 09:00~21:00, 금·토요일·공휴일 전일 09:00~22:00

쓰리 어드벤처 釣りアドベンチャー

세계 최대 규모의 거대한 스크린 속에서 헤엄치는 물고기들을 잡을 수 있는 낚시 체험 어트랙션. 디지털 낚시인데도 물고기를 잡았을 때 부르르 떨리는 손맛이 일품이다. 아이들도 쉽게 할 수 있는 게임이라 가족 여행이라면 꼭 들러볼 것.

위치 암스테르담 시티 **오픈** 09:00~22:00

테디베어 킹덤 テディベアキングダム

테디베어 박물관으로 세계 각국에서 수집한 컬렉션을 모아 전시하고 있다. 입구에는 앉은키 3.6m, 체중 500kg인 세계에서 가장 큰 테디베어가 전시되어 있다.

위치 웰컴 게이트 **오픈** 일~목요일 09:00~20:00, 금·토요일·공휴일 전일 09:00~21:00

한국 가정요리 최고야 家庭料理チェゴヤ

우리나라 한식집에서 먹는 맛과 똑같은 맛을 자랑한다. 된장찌개, 비빔밥은 물론이고 본격적인 궁정 요리까지 폭넓은 메뉴를 갖추고 있다. 추천 메뉴는 채소 수프가 함께 나오는 돌솥비빔밥 石焼きビビンバ(1,500엔).

위치 타워 시티 **오픈** 일~목요일 11:00~21:00, 금·토요일 11:00~22:00(브레이크 타임 14:00~17:00)

고쿠 悟空

나가사키의 명물 짬뽕을 맛볼 수 있는 나가사키 짬뽕 전문점. 우리나라 짬뽕처럼 얼큰하진 않지만, 신선한 해산물과 채소가 가득 들어 있어 시원한 국물 맛이 일품이다. 오리지널 나가사키 짬뽕 ちゃんぽん(1,050엔)과 사라우동 皿うどん(1,050엔)이 인기 있다.

위치 타워 시티 **오픈** 일~목요일 11:00~21:00, 금·토요일 11:00~22:00

피노키오 ピノキオ

이탈리아 나폴리풍의 고풍스러운 피자 전문점을 모델로 한 피자 가게로 아리타야키 有田焼의 가마 기술을 전승한, 세계에서 단 하나뿐인 특수 가마에서 구워낸 피자가 특징. 인기 메뉴는 피노키오 특제 포테이토와 베이컨 피자 ピノキオ特製 ポテトとベーコンのピザ(1,300엔).

위치 타워 시티 **오픈** 일~목요일 11:00~21:00, 금·토요일 11:00~22:00

03

SAGA

사가

사가는
어떤 곳일까?

한때 36만 석의 융성한 조카마치 城下町였던 사가시를 중심으로 해산물의 고장 가라쓰와 요부코, 도자기의 명가 아리타와 이마리, 온천지로 유명한 우레시노와 다케오 등 특색 있는 도시들로 구성되어 있는 관광 지역이다. 특히, 아리타는 우리나라의 도공 이삼평이 일본 최초로 가마를 만들어 도자기를 굽기 시작하여, 일본 도자기 산업의 중흥을 일구어 낸 곳으로 유명하다. 교통편이 불편한 지역이지만 도자기나 온천, 음식 등 특정 테마에 관심이 있다면 다른 곳에서는 볼 수 없는 사가현만의 색다른 매력을 발견할 수 있을 것이다.

Data

위치 규슈 사가현 九州 佐賀県
면적 2,440.68km²
인구 823,620명(2017년 10월 1일 기준)
홈피 www.pref.saga.lg.jp

여행계획

저가항공 직항편이 생기면서 더욱 가까워진 사가현은 색다른 먹을거리, 매력적인 온천, 유유자적 전원 풍경을 즐길 수 있는 규슈의 숨은 인기 여행지다. 분위기가 다른 명소들이 넓은 지역에 흩어져 있기 때문에 모두 다 둘러보기는 힘들지만, 취향대로 한두 곳을 묶어서 여행한다면 도시 여행에서는 느낄 수 없는 즐거움을 맛볼 수 있을 것이다. 사가현의 주요 명소는 후쿠오카 근교에 자리 잡고 있어 당일치기 여행이 가능한 가라쓰·요부코와 도자기로 유명한 아리타·이마리, 그리고 온천으로 유명한 다케오·우레시노·후루유 등 크게 세 지역으로 구분할 수 있다. 이중에서도 특히 후쿠오카 시내에서 지하철을 이용해 다녀올 수 있는 가라쓰와 요부코는 일본의 전통적인 풍경과 신선한 명물 오징어회를 즐길 수 있어 매력적이다. 또한, 우레시노 온천이나 다케오 온천, 후루유 온천에는 오랜 전통을 자랑하는 멋진 온천 료칸이 있어서, 여유로운 힐링 여행을 즐기기에 안성맞춤이다.

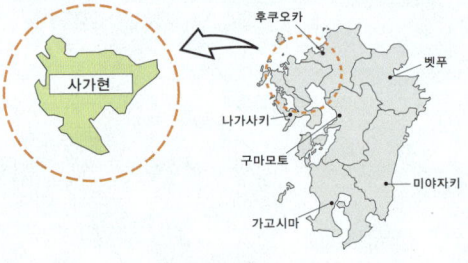

사가현

후쿠오카
벳푸
나가사키
구마모토
미야자키
가고시마

사가
여행 FAQ

사가의 명물 음식은?

사가에서 유명한 음식이라 하면 오징어의 산지로 유명한 요부코의 오징어회를 첫 손가락에 꼽을 수 있다. 투명한 오징어회 특유의 쫄깃한 식감이 입맛을 자극하고 씹으면 씹을수록 고소하면서도 달콤한 맛이 입안을 휘감는다. 그 밖에 전국적으로 유명한 브랜드로 자리 잡은 사가규 佐賀牛, 우레시노 온천의 명물 온센유도후 溫泉湯豆腐도 빼놓으면 섭섭한 명물 음식이다.

사가에도 온천이 있을까?

규슈 어디를 가나 온천이 있듯이, 사가에도 유명한 온천이 있다. 우레시노와 다케오, 후루유가 그 주인공으로 모두 오랜 역사와 전통을 자랑하는 온천 마을이다. 특유의 미끈미끈한 감촉으로 호평받는 미인 온천 우레시노와 1,200년의 역사를 자랑하는 부드러운 감촉의 다케오 그리고 청정 자연을 만끽할 수 있는 후루유 온천에는 최고의 서비스를 자랑하는 온천 료칸이 산재해 있다.

사가의 인기 명소는?

사가는 규슈를 대표하는 도자기 산지로 알려져 있다. 아리타, 이마리, 가라쓰에는 오랜 전통을 자랑하는 명물 도자기 공장이 모여 있고 또 저렴한 가격으로 쇼핑을 즐길 수 있다. 도자기에 남다른 관심이 있는 여행자들이라면 여행 일정에 포함시켜 보자.

사가의 유명한 이벤트는?

가라쓰진자의 가을 제례 행사로 400년의 역사를 자랑하는 축제인 가라쓰 군치가 볼만하다. 건장한 청년들이 독특한 모양을 한 거대한 수레를 끄는 장면은 관중들을 열광케 한다. 또 매년 10월 말~11월 초에 개최되는 사가 인터내셔널 벌룬 페스티벌은 세계에서 가장 규모가 큰 열기구 축제로 유명하다.

사가
명소 BEST 5

사가
FAQ

우레시노온천
嬉野温泉

일본 3대 미인탕으로 유명하며 특히 여성들에게 인기가 높다. 나트륨 성분이 많아 온천을 하고 나오면 온몸이 매끈매끈해지기 때문. 또한 713년에 저술된 고서 《肥前風土記》에 기록이 남아 있을 정도로 역사와 전통을 자랑한다.

요부코
呼子

사가현 북서부에 있는 요부코 마을은 오징어회로 유명한 어촌이다. 마을에는 15개 정도의 오징어회 전문점이 있는데, 오징어 원래 모습을 그대로 보존한 채로 회를 뜨기 때문에 마치 살아 있는 것 같은 느낌이 들 정도로 신선한 맛을 즐길 수 있다.

가라쓰성
唐津城

가라쓰시의 상징. 학의 우아한 자태를 닮았다고 해서 마이즈루성 舞鶴城이라는 별칭도 있다. 5층 규모의 천수각 내부는 다양한 유물과 미술품을 전시한 박물관으로 이용하고 있으며, 꼭대기의 전망대에서 바라보는 풍경이 압권이다.

다케오온천
武雄温泉

무려 1200년에 이르는 오랜 역사를 자랑하는 사가의 명물 온천. 일본 전국에서도 손으로 꼽힐 만큼 오래된 온천마을로, 공중욕탕인 다케오온센 앞에는 붉은 색으로 칠한 로몬 桜門이 멋들어지게 서 있다.

후루유 온천
古湯温泉

우레시노, 다케오 온천과 함께 사가현의 3대 온천 지역 중 하나. 2200년 전 중국 진나라의 시황제가 불로불사의 약을 찾기 위해 보낸 사신 여복 徐福이 찾아낸 온천이라는 유래가 있는데, 그만큼 오래 전부터 탕치 湯治로 유명한 온천이었다.

사가로
가는 방법

사가현은 후쿠오카에서 비교적 가까운 거리에 있고 특급 열차나 고속버스로 밀접하게 연결되어 있어 여행하는 데 큰 불편은 없다. JR 규슈레일패스나 산큐패스가 있다면 사가 지역을 더욱 편하게 둘러볼 수 있다. 후쿠오카에서 사가 지역으로 가는 특급 열차나 고속버스를 모두 무료로 이용할 수 있기 때문이다. 한편, 사가현의 중심 도시는 사가시이고 후쿠오카와 연결성도 좋지만 사가시는 관광도시가 아니므로 여행자들이 많이 가는 가라쓰, 아리타, 우레시노, 다케오 등 각 도시별로 가는 방법을 알아둬야 한다. 각 도시별 액세스는 지역별 정보를 참고하자.

🚆 사가로 가는 교통편 한눈에 보기

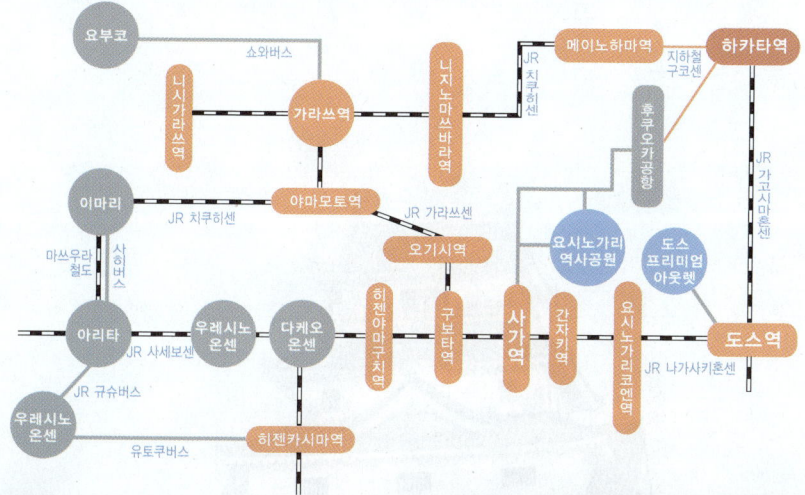

가라쓰·요부코
唐津·呼子

아름다운 해안, 맛있는 해물요리, 멋진 풍경 등 가라쓰성을 중심으로 이루어진 작은 도시 가라쓰. 일본 3대 아침시장 요부코아사이치, 오징어회, 요부코오하시 등 볼거리가 제법 풍성한 요부코. 우리나라 여행자들에게는 잘 알려져 있지 않지만 규슈에서는 인기 있는 여행지로 손꼽히는 곳이다. 두 도시는 버스로 30분 거리라 함께 여행하기에 좋다.

가라쓰·요부코
이렇게
여행하자

JR	가라쓰역 唐津駅
버스	가라쓰 버스센터 唐津バスセンター → 요부코 정류소 呼子停留所
이동 경로	하카타역 →지하철 구코센 (1시간 20분, 1,140엔) → 가라쓰역
	하카타 버스터미널 → 고속버스 (1시간 30분, 1,030엔) → 가라쓰 버스센터

가는 방법

후쿠오카에서 가라쓰까지는 지하철 구코센을 이용하면 한 번에 갈 수 있다. 지하철 구코센은 메이노하마역 姪浜駅에서 JR 치쿠히센과 연결 운행되므로 환승할 필요는 없다. 단 탑승하기 전에 반드시 가라쓰행 지하철인지 확인은 필수다. 버스를 이용할 때는 하카타 버스터미널에서 하루 왕복 36회 운행하는 고속버스를 타면 편하게 갈 수 있다. 한편, 가라쓰에서 요부코로 갈 때는 가라쓰 시내여행의 기점인 가라쓰 버스센터에서 쇼와버스 昭和バス를 이용하면 된다. 요부코까지 30분 정도 소요되고 요금은 750엔이다.

미즈노 료칸

❸ 가라쓰성 唐津城

마이즈루코엔

료칸 요요카쿠

❹ 하키야마 전시장

료칸 와타야

가라쓰 시청

❺ 요부코

가라

마쓰우라가와

❶ JR 가라쓰역   ❷ 가라쓰시 후루사토카이칸 아르피노

니지노

가라쓰 시티호텔

가라쓰 다이이치호텔

사가역 방면

이마리 방면

여행 방법

가라쓰는 사가현에 위치하지만 후쿠오카에서 1시간 20분 정도의 가까운 거리에 있어 후쿠오카 시내여행이 지겨울 때 가벼운 마음으로 다녀올 수 있는 주변 관광지로 생각하는 것이 좋다. JR 가라쓰역에 내리면 일단 관광안내소에 들러 지도와 관광 팸플릿을 얻도록 하자. 가라쓰는 큰 도시가 아니고 명소도 많지 않기 때문에 기본적으로 튼튼한 두 다리만 있으면 쉽게 둘러볼 수 있다. 단, 가라쓰 근교의 니지노마쓰바라와 요부코는 걸어서 찾아가기 힘든 지역이므로 열차나 버스를 이용해야 한다.

추천 코스

1 JR 가라쓰역

JR 열차가 정차하는 가라쓰 여행의 관문

도보 1분

2 가라쓰시 후루사토카이칸 아르피노

가라쓰 도자기의 역사를 볼 수 있는 복합 시설

도보 10분

4 히키야마 전시장

가라쓰 군치에 사용하는 화려한 예술품을 볼 수 있는 전시장

도보 15분

3 가라쓰성

아름다운 풍경을 자랑하는 가라쓰 최고의 명소

쇼와버스 30분

5 요부코

최고의 오징어 요리를 맛볼 수 있는 항구

tip

가라쓰 버스센터에서 요부코까지 운행하는 버스는 시간당 2~3대 정도로 자주 있는 편이다. 정확한 시각표는 쇼와버스 홈페이지에서 확인하면 된다.

홈피 www.showa-bus.jp

가라쓰 zoom in 1

唐津

사가현 북서부에 자리 잡고 있는 항구 도시 가라쓰는 일찍이 중국이나 우리나라와 활발한 무역을 통해 국제항으로 이름난 곳이다. 도시 규모는 작지만 가라쓰성을 중심으로 발달한 마을인 조카마치 城下町의 아기자기한 볼거리들이 모여 있어 산책하듯 둘러보기에 좋다. 여유가 된다면 푸르른 소나무 숲과 백사장이 어우러진 니지노마쓰바라 虹の松原까지 둘러보자. 100만 그루의 소나무 숲이 연출하는 멋진 풍경을 감상할 수 있다.

👁 가라쓰시 후루사토카이칸 아르피노

唐津市ふるさと会館アルピノ

지도 p.17상Ⓐ **위치** JR 가라쓰역에서 도보 1분 **주소** 佐賀県唐津市新興町2881-1 **오픈** 09:00~19:00 **전화** 0955-75-5155 **홈피** www.karatsu-arpino.com

JR 가라쓰역 앞에 있는 복합 쇼핑시설. 1층에는 가라쓰의 명물을 소개하는 토산품 코너, 2층에는 다양한 가라쓰 도자기를 관람하면서 구매도 할 수 있는 전시장, 3층에는 명물 오징어요리를 맛볼 수 있는 음식점이 있다. 가라쓰 여행의 출발점으로 여행안내 자료를 얻을 수 있고 자전거 대여(무료/이용시간 9~18시)도 해주고 있으므로 가라쓰역에 도착하면 일단 들러 보는 것이 좋다. 참고로, 아르피노는 스페인어 Arcoiris(虹, 무지개)와 Pino(松, 소나무) 2개의 단어로 이루어진 합성어이다. 가라쓰의 유명한 명소인 니지노마쓰바라 虹の松原를 표현한 것.

👁 가라쓰성

唐津城

지도 p.17상Ⓐ **위치** JR 가라쓰역에서 시내순환버스 이용 가라쓰조이리구치 정류장에서 하차 후 도보 3분 **주소** 佐賀県唐津市東城内8-1 **오픈** 09:00~17:00 **휴무** 12월 29~31일 **요금** 천수각 500엔(초·중학생 250엔) **전화** 0955-72-5697

가라쓰의 초대 번주 데라자와 히로타카 寺沢広高가 1602년부터 7년에 걸쳐 축성한 성. 현재의 천수각은 1966년에 완성한 것으로 최상층에 올라서면 아름다운 해안 니지노마쓰바라 虹の松原와 겐카이나다 玄界灘(현해탄)가 한눈에 들어오는 멋진 풍경을 볼 수 있다. 천수각 정상까지는 계단으로 걸어갈 수도 있고 엘리베이터를 이용해서 올라갈 수도 있다. 한편, 성 주변에 있는 마이즈루코엔은 벚꽃과 등나무꽃 등 수많은 꽃이 피어 있는 꽃의 명소로 유명하여, 성 관광을 마치고 잠시 산책을 즐기고 가기에 좋다.

히키야마 전시장

曳山展示場

지도 p.17상④ **위치** JR 가라쓰역에서 도보 15분 **주소** 佐賀県
唐津市西城内6-33 **오픈** 09:00~17:00 **휴무** 11월 3 · 4일, 12
월 첫째주 화 · 수요일, 12월 29~31일 **요금** 300엔(초 · 중학
생 150엔) **전화** 0955-73-4361

가라쓰의 가을이라 하면 매년 11월에 개최하는 지역
최고의 축제인 가라쓰 군치 唐津くんち를 빼놓을 수
없다. 그 주역인 히키야마 曳山(축제 때 사용하는 가
마)를 전시하고 있는 곳이 가라쓰진자 옆에 있는 히키
야마 전시장이다. 히키야마는 1819년 교토의 기온야마
가사 祇園山笠 축제를 보고 힌트를 얻어 제작하기 시
작했는데, 무려 57년이 지나서야 15개를 만들었다고
한다. 아쉽게도 그중 1대는 메이지시대에 없어졌고 현
재는 14대의 히키야마가 남아 있다.

가라쓰 버거

からつバーガー

지도 p.17상⑧ **위치** JR 히가시카라쓰역에서 도보 20분 **주소**
佐賀県唐津市虹ノ松原 **오픈** 10:00~20:00 **전화** 0955-70-
6446

아름다운 소나무 숲 속에
자리 잡은 인기 수제 햄
버거 전문점. 니지노마쓰
바라 한가운데에 있는 주
차장에 미니버스를 세워
놓고 영업을 하기 때문에
별 것 아닌 가게처럼 보이지만, 사실은 가라쓰에 오면
꼭 먹어봐야 한다는 명물 맛집이다. 추천 메뉴는 수제
패티에 치즈, 햄, 계란이 함께 들어간 스페셜 햄버거
スペシャルバーガー(490엔). 바삭한 햄버거 빵에 입
에서 사르르 녹는 수제 패티와 고소한 계란의 조화가
매력적이다. 다만, 소스 맛이 진해서 저염식을 즐기는
사람에게는 살짝 짜게 느껴질 수도 있다.

니지노마쓰바라

虹の松原

지도 p.17상⑧ **위치** JR 니지노마쓰노바라역에서 도보 3분 **전
화** 0955-74-3355(가라쓰 관광협회)

가라쓰만의 해안에 있는 니지노마쓰바라는 국가의 특
별 명승지로, 미호노마쓰바라 三保の松原, 기이노마
쓰바라 気比の松原와 함께 일본의 3대 소나무 숲으로
명성이 자자한 곳이다. 또한 NHK에서 선정한 일본 5
대 풍경에도 이름을 올려놓을 정도로 멋진 경관을 자
랑한다.

처음에는 가라쓰성을 건설할 때 방풍방조림으로 심었
다고 하는데, 세월이 지나면서 규모가 점점 커져 지금
은 해안선을 따라 이어지는 숲의 길이는 무려 5km에
달한다. 약 100만 그루의 소나무가 푸른 바다와 어우
러져 멋진 풍경을 연출하고 있어 현지에서는 드라이
브 코스로 유명한데, 체력이 뒷받침된다면 천천히 여
유를 가지고 산책이나 자전거 하이킹을 즐기는 것도
추천할 만하다.

요부코

zoom in 2

呼子

가라쓰의 북서부에 자리 잡고 있는 작은 마을 요부코. 우리에게는 다소 생소한 마을이지만 일본에서는 최고의 오징어 요리를 맛볼 수 있는 항구로 유명하다. 주말이 되면 이카노이키즈쿠리 イカの活造リ라는 별미 오징어회를 먹기 위해 몰려드는 관광객들로 북새통을 이룬다. 이카노이키즈쿠리는 주문하면 수조에서 오징어를 망으로 꺼내 바로 조리를 한다. 속이 들여다보일 정도로 투명한 오징어회는 회를 거의 예술의 경지로 끌어올린 작품과도 같다. 게다가 신선함이 살아 있어 마치 바다 속에서 헤엄치는 오징어를 산 채로 먹는 듯한 느낌이 든다. 하지만 너무 맛있다고 회를 다 먹으면 안 된다. 남은 부분으로 바삭바삭하고 고소한 오징어튀김을 해주기 때문이다.

🔍 요부코 아사이치

呼子朝市

지도 p.17중Ⓐ **위치** 요부코 정류장에서 도보 3분 **주소** 佐賀県唐津市呼子町呼子朝市通リ **오픈** 07:30~11:00 **휴무** 1월 1일 **전화** 0955-82-3426(요부코 관광 안내소)

다이쇼시대에 처음으로 열었다는 90년 전통의 요부코 아사이치는 이시카와현의 와지마 輪島, 기후현의 다카야마 高山와 함께 일본 3대 아침시장의 하나이다. 요부코항의 동쪽에 있는 아사이치도리 朝市通リ에서 매일 아침 7시 30분부터 12시까지 열리는데, 약 200m의 아사이치도리에는 50개 정도의 노점이 들어서서 갓 잡은 해산물에서 가공품, 야채와 꽃 등 잡화까지 다양한 물건을 판매한다. 요부코에서만 느낄 수 있는 아침의 명물로, 우렁찬 목소리를 자랑하는 아주머니들의 장사하는 모습, 왁자지껄하게 떠드는 행인들, 큰소리로 흥정을 하는 사람들을 구경하는 것만으로도 즐거워진다.

다만, 지금까지는 불편한 교통편 때문에 요부코를 찾는 우리나라 여행자가 많지 않았다. 그런데, 최근 들어 규슈 렌터카 여행이 활성화되면서 진짜배기 오징어요리를 먹기 위해 달려오는 사람들이 점차 늘어나고 있다. 운전에 자신이 있다면 한 번 도전해보는 것도 좋겠다. 한편, 시장을 둘러보다가 배가 출출해지면 요부코의 명물 오징어 만두 이카슈마이 いかしゅうまい나 신선한 왕소라, 어묵 등 주전부리하기 좋은 해산물 간식을 맛보도록 하자.

tip

요부코 오징어는 언제 먹는 게 좋을까?

요부코에서 잡히는 오징어는 겐사키이카 ケンサキイカ(창오징어), 아오리이카 アオリイカ(흰오징어) 등 계절에 따라 종류가 다르기 때문에 연중내내 신선한 오징어를 맛볼 수 있다. 그러나 요부코 사람들은 오징어의 산란기인 5~6월에 먹는 오징어가 가장 맛있다고 한다.

👁 마린펄 요부코

マリンパル呼子

지도 p.17중Ⓐ **위치** 요부코 정류장에서 도보 5분 **주소** 佐賀県唐津市呼子町呼子 4185-27 **오픈** 09:00~17:00(계절에 따라 변동) **요금** 이카마루 1,600엔, 지라 2,100엔 **전화** 0955-82-3001 **홈피** www.marinepal-yobuko.co.jp

천혜의 자연 경관을 자랑하는 요부코 앞바다를 일주하는 관광 유람선. 자연의 신비를 만끽할 수 있는 주상절리와 해상 동굴을 볼 수 있는 오징어 모양의 유람선 이카마루 イカ丸와 아름다운 바닷속을 창 너머로 볼 수 있는 고래 모양의 반잠수형 유람선 지라 ジーラ, 두 가지 유형의 유람선이 있다. 두 유람선 모두 1시간 간격으로 운항을 하며 소요시간은 약 40분이다. 양쪽 다 재미있고 멋진 체험을 할 수 있으니 취향대로 선택하면 되는데, 오징어회만 먹고 가기 아쉬운 여행자들을 위한 특별한 관광코스로도 손색이 없다.

🍴 가이주우오도코로 만보

海中魚処 萬坊

지도 p.17중Ⓐ **위치** 요부코 경유 가베시마 加部島행 쇼와버스 이용. 요부코오하시 정류장에서 하차 후 바로 **주소** 佐賀県唐津市呼子町殿ノ浦1946-1 **오픈** 11:00~18:00(토·일요일 및 공휴일 10:30~20:00) **전화** 0955-82-5333 **홈피** www.manbou.co.jp

가라쓰 중심부에서 자동차로 30분을 달리면 요부코오하시가 나오는데, 만보는 그 다리 옆에 있는 음식점이다. 가게 이름처럼 바다에 떠 있는 것이 특징이며, 명물 오징어로 만든 일본식 딤섬 이카슈마이 いかしゅうまい가 유명하다. 탁 트인 전경이 아름다우며 요부코오하시의 멋진 모습을 한눈에 볼 수 있다. 인기 메뉴는 요부코 명물 오징어회와 튀김, 이카슈마이가 세트로 나오는 이카코스 いかコース(2,860엔). 그 밖에 간식거리로 안성맞춤인 만보의 효자메뉴 이카슈마이(5개 648엔)도 추천할 만하다.

AREA 2
아리타
有田

사가현 서쪽에 있는 마을로 일본의 대표적인 전통공예품인 아리타야키 有田燒(아리타 도자기)의 산지로 유명하다. 아리타야키는 원래 정유재란 당시 일본으로 끌려간 조선의 천재 도공 이삼평 李参平이 1616년 도자기를 굽기 시작하면서 생겨난 것이다. 지금도 아리타에서는 그를 도조 陶祖라고 칭송하며 매년 도조마쓰리 陶祖祭를 개최한다.

아리타
이렇게
여행하자

JR 이동경로	아리타역 有田駅 / 가미아리타역 上有田駅 JR 하카타역 → JR 특급 미도리, 하우스 텐보스호(1시간 20분, 3,270엔) → JR 아 리타역 JR 하카타역 → JR 특급 가모메(45분, 3,160엔) → 히젠야마구치역 → JR 사세보 센(35분) → JR 가미아리타역

가는 방법

후쿠오카를 비롯한 규슈 지역의 각 도시에서 아리타로 갈 때는 JR 특급열차를 이용하는 것이 가장 편리하다. 열차는 오전 7시 30분 첫차를 시작으로 1시간에 한 대꼴로 운행하고 있기 때문에 미리 열차시각표를 확인한 후 이용해야 시간낭비를 줄일 수 있다. 주요 명소가 몰려 있는 가미아리타역으로 바로 가고 싶다면 JR 특급 미도리나 특급 하우스텐보스호를 이용해 히젠야마구치역으로 일단 이동한 다음 JR 사세보센 열차로 갈아타면 된다.

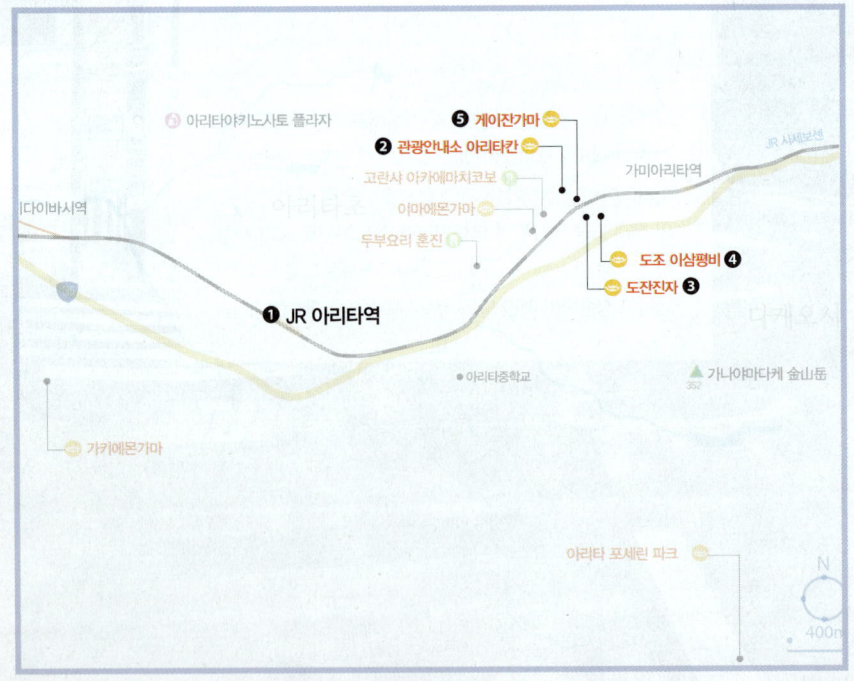

아리타야키노사토 플라자

❺ 게이잔가마

❷ 관광안내소 아리타칸

JR 사세보센

고란샤 아카에몬치코보

가미아리타역

이마에몬가마

다이바시역

두부요리 혼진

도조 이삼평비 ❹

도잔진자 ❸

❶ JR 아리타역

아리타중학교

가나야마다케 金山岳

가키에몬가마

아리타 포세린 파크

N

400m

여행 방법

아리타역에서 가미아리타역에 이르는 약 4km의 거리가 아리타의 메인 스트리트로 도자기 상점과 공방이 가득 늘어서 있다. 그런데 유명한 도자기 공방과 도조 이삼평비, 도잔진자 등 아리타의 명소 대부분은 가미아리타역 주변에 집중되어 있어 걸어서 다 돌아본 후 아리타역으로 되돌아오려면 체력소모가 만만치 않다. 걷기에 자신이 있다면 상관없겠지만, 조금이라도 편안하게 여행을 편하게 즐기고 싶다면 아리타역 앞에서 버스시각표를 미리 확인하고 커뮤니티버스(1회 200엔, 1일 프리패스 500엔)를 이용하자.

추천 코스

1 JR 아리타역
아리타 여행의 시작

커뮤니티버스 5분

2 관광안내소 아리타칸
아리타 도자기의 모든 것을 알 수 있는 정보관

도보 10분

4 도조 이삼평비
아리타야키의 시조 이삼평 도공의 비석

도보 5분

3 도잔진자
도자기로 만든 조형물이 인상적인 신사

도보 15분

5 게이잔가마
아리타야키의 진수를 맛볼 수 있는 공방

tip

아리타 최대의 도자기축제
아리타토키이치 有田陶器市

일본 최대 규모를 자랑하는 도자기축제 아리타토키이치는 매년 4월 29일에서 5월 5일까지 100만 명에 이르는 도자기 마니아들이 모이는 일본 최대 규모의 도자기 시장이다. 아리타역에서 가미아리타역까지 4km에 이르는 길에는 약 600여 개의 도자기 상점이 늘어서 수많은 사람들로 북적거린다.

전화 0955-42-4111(아리타 상공회의소)

👁 전통문화교류 플라자 아리타칸
伝統文化の交流プラザ 有田館

지도 p.17하⑧ 위치 JR 아리타역에서 커뮤니티버스 도자이센, 도호센으로 5분. 후다노쓰지 札の辻 정류장에서 하차 후 바로. JR 아리타역에서 도보 25분 주소 西松浦郡有田町幸平1-1-1 오픈 09:30~17:00(인형극 09:30~16:30) 휴무 연말연시 요금 무료. 인형극 200엔(초·중학생 150엔) 전화 0955-41-1300

아리타 관광에 대한 다양한 정보를 얻을 수 있는 곳. 도자기 명인들의 작품들을 비롯하여 아리타야키에 대한 이야기, 명소 안내 등 여러 가지 정보를 얻을 수 있다. 볼만한 것은 도자기로 만든 인형으로 펼치는 인형극. 아리타 지방에 전해내려오는 민화 〈구로카미야마의 뱀 퇴치 黒髪山の大蛇退治〉를 재미있게 구성하여 아이들과 함께 보면 좋다. 상연시간은 약 8분 정도.

👁 도조 이삼평비
陶祖李参平碑

지도 p.17하⑧ 위치 JR 아리타역에서 커뮤니티버스 도자이센, 도호센으로 5분. 후다노쓰지 札の辻 정류장에서 하차 후 도보 15분. JR 아리타역에서 도보 35분 주소 佐賀県西松浦郡有田町大樽2 전화 0955-46-2500(아리타초 상공관광과)

조선시대 정유재란 때 일본으로 끌려온 아리타야키의 시조 이삼평의 비석. 다이쇼 6년, 아리타야키 창업 300년을 기념하여 건립한 것이다. 도잔진자 경내에서 옆으로 빠지는 산길을 따라 10분 정도 올라가면 나오는데, 작은 산이긴 하지만 비석이 정상 부근에 있어 아리타 마을이 한눈에 들어오는 멋진 경관을 즐길 수 있다. 한편, 도잔진자에서 1분 거리에는 도조 이삼평 선생의 14대 후손인 가나가에 산페에 선생이 운영하는 공방과 갤러리(www.toso-lesanpei.com)가 있다. 일본 도자기 문화를 부흥시킨 이삼평 선생의 혼을 이어받은 아리타 도자기의 진수를 접할 수 있는 곳이니 여유가 되면 함께 둘러보자.

🔵 도잔진자

陶山神社

지도 p.17하ⓑ **위치** JR 아리타역에서 커뮤니티버스 도자이센, 도호센으로 5분. 후다노쓰지 札の辻 정류장에서 하차 후 도보 10분. JR 아리타역에서 도보 30분 **주소** 佐賀県西松浦郡有田町大樽二丁目5-1 **오픈** 24시간 **전화** 0955-42-3310

아리타야키의 신 이삼평을 모시는 신사로 에도시대인 1656년에 건립했다. 겉보기에는 일반적인 신사와 크게 다를 게 없지만 구석구석 자세히 둘러보면 아리타에서만 볼 수 있는 독특한 정취를 느낄 수 있다. 여기저기에서 봉납한 조형물들이 아름다운 도자기로 만들어져 있기 때문이다. 주변 풍경과 동떨어진 구도로 흩어져 있어 다소 난잡해 보이긴 하지만 하나하나 정성껏 만든 도자기들은 나름대로 독특한 풍경을 연출한다. 특히 볼만한 것은 백자로 만든 도리이와 현판인데, 주변의 오래된 목조 도리이와 어울려져 재미있는 모습을 보여준다.

🔵 게이잔가마

渓山窯

지도 p.17하ⓑ **위치** JR 아리타역에서 커뮤니티버스 도자이센, 도호센으로 5분. 후다노쓰지 札の辻 정류장에서 하차 후 도보 5분. JR 아리타역에서 도보 25분 **주소** 佐賀県西松浦郡有田町大樽2-3-12 **오픈** 09:00~17:00 **휴무** 화요일(공휴일인 경우 수요일), 연말연시 **전화** 0955-42-2947 **홈피** www.arita-keizan.com

멋진 도자기를 고르는 즐거움을 맛볼 수 있는 곳. 가게에는 갓 구운 멋진 도자기들이 늘어 서 있어 즐겁게 구경할 수 있다. 또 아리타야키가 만들어지는 공정을 직접 체험할 수 있는 공간이 있어, 시간 여유가 되면

한 번 참가해보는 것도 좋다. 일본어로 진행하지만 방법 자체는 비교적 간단하기 때문에 큰 어려움이 없다. 요금은 1,050엔부터인데 그릇의 종류에 따라 조금씩 다르다.

🔵 가키에몬가마

柿右衛門窯

지도 p.17하ⓐ **위치** JR 아리타역에서 자동차로 5분 **주소** 佐賀県西松浦郡有田町南山丁352 **오픈** 09:00~17:00 **휴무** 연말연시 **전화** 0955-43-2267 **홈피** www.kakiemon.co.jp

1643년 일본에서 최초로 아카에 赤絵(한 번 구운 백자의 위부터 붉은색과 금색 등 도료를 바르고 문양을 그려 넣는 기법)를 완성한 초대 가키에몬 柿右衛門의 전통을 계승한 가마 공방. 현재 16대째 그 전통을 이어받고 있는데, 가키에몬 양식이라 불리며 명성을 떨치고 있다. 여백의 미를 최대한 살려 모란이나 철쭉 등 자연 화초를 그린 가키에몬 양식은 해외에서도 널리 알려져 있을 정도로 유명하다. 역대 가키에몬의 작품을 전시한 가키에몬 고대도자기참고관 柿右衛門古陶磁参考館과 일상생활에서 사용하는 식기를 구경할 수 있는 전시판매관이 있다.

👁 이마에몬가마
今右衛門窯

지도 p.17하ⓑ **위치** JR 아리타역에서 커뮤니티버스로 4분. 유빈쿄쿠마에 郵便局前 정류장에서 하차 후 바로. JR 아리타역에서 도보 20분 **주소** 佐賀県西松浦郡有田町赤絵町2-1-15 **오픈** 08:00~17:00 **휴무** 첫째주 일요일, 8월 15·16일, 12월 30일~1월 5일 **전화** 0955-42-3101 **홈피** www.imaemon.co.jp

에도시대부터 나베시마 번주 鍋島藩가 고용한 아카에 공방으로 이로나베시마 色鍋島(표면에 유약처리와 적·녹·황의 삼색을 기초로 하여 아름다운 그림을 그려 넣은 도자기)의 그림을 그려온 곳이다. 메이지시대 이후에는 생산 가마를 늘리면서 10대, 11대, 12대 계승자에 걸쳐 최고의 이로나베시마 부흥기를 이끌었다. 그리고 13대 계승자는 전통 기법을 그대로 살리면서 새로운 기법 개발도 게을리 하지 않아 현대의 나베시마 청자를 만들었다는 평가를 받고 있다. 13대 계승자는 1993년에 중요무형문화재로 지정되었다.

🍴 두부요리 혼진
お食事所 本陣

지도 p.17하ⓑ **위치** JR 아리타역에서 커뮤니티버스로 4분. 유빈쿄쿠마에 郵便局前 정류장에서 하차 후 도보 2분. JR 아리타역에서 도보 20분 **주소** 佐賀県西松浦郡有田町中の原1-1-12 **오픈** 11:30~15:30, 오후 예약제 **휴무** 수요일, 연말연시 **전화** 0955-42-6433

아리타의 명물 두부요리 전문점. 전통 가옥을 살짝 리뉴얼한 실내는 고급스러우면서도 기품이 넘친다. 대표 메뉴는 두부 기본정식인 고도후고젠 ごどうふ御膳

(1,575엔). 간수를 사용하지 않고 구즈키리 くずきリ(일본 과자의 하나. 칡가루를 반죽해 익혀서, 우동처럼 잘라 설탕 시럽에 찍어 먹는 것)와 전분을 넣고 굳힌 두부가 나오는데, 양갱처럼 단단하면서도 부드러운 식감이다. 거기에 참깨소스와 된장소스를 함께 찍어 먹으면 정말 맛있다. 그 밖에도 차완무시 茶碗蒸し, 뜨거운 미소시루 味噌汁, 다양한 계절 디저트도 같이 나와 입맛을 당긴다. 게다가 아리타에서 생산된 멋진 식기에 담겨 있는 음식들은 더욱 입맛을 돋운다. 참고로 이곳은 에도시대에 아리타야키를 보호하기 위해 사람들의 출입을 감시하던 혼진이 있던 장소라고 한다.

🍴 고란샤 아카에마치코보
香蘭社赤絵町工房

지도 p.17하ⓑ **위치** JR 아리타역에서 커뮤니티버스 도자이센, 도호센으로 5분. 후다노쓰지 札の辻 정류장에서 하차 후 바로. JR 아리타역에서 도보 25분 **주소** 西松浦郡有田町幸平2-3-2 **오픈** 08:00~17:00(토·일요일 및 공휴일 09:30~17:30) **전화** 0955-42-6425

아리타야키의 제조 공정을 견학하면서 차 한 잔의 여유를 맛볼 수 있는 카페. 1층에 있는 공방에서 도자기를 제조하는 도공들을 2층 카페에서 유리 창문을 통해 견학할 수 있다. 커피나 말차 末茶가 주 메뉴이며 간단한 기념품도 구입할 수 있다. 아리타 여행을 즐기다 잠시 쉬어가고 싶을 때 방문하면 좋은 곳이다.

아름다운 도자기마을
이마리 伊万里

규슈 북서부에 자리 잡고 있는 이마리시는 원래 천연의 양항 良港으로 발전해온 항구도시다. 한때 석탄 산업으로 번영한 적도 있지만 아리타야키 有田焼의 영향을 받아 에도시대부터 공방이 하나둘 늘어나면서 도자기를 유통하는 항구로 거듭나게 되었다. 이후 아리타야키를 비롯하여 이마리의 공방에서 출하된 도자기는 모두 이마리야키 伊万里焼로 불리기도 했다. 그러나 실제로 이마리야키는 이마리시 교외에 있는 오카와치야마에서 구운 도자기를 의미한다. 특별한 볼거리나 놀이시설은 없지만 산속에 자리 잡고 있는 아름다운 도자기 마을을 구경하는 것만으로도 가치가 있다. 여유가 된다면 유유자적 편하게 둘러보자.

위치 JR 아리타역에서 마쓰우라 철도 니시큐슈센(25분, 460엔) 이용. 이마리역 하차 **주소** 佐賀県伊万里市大川内町乙1806
전화 0955-23-7293 **홈피** www.imari-ookawachiyama.com

이마리진자 伊万里神社

이마리가와 伊万里川의 아름다운 풍경이 한눈에 들어오는 신사. 모시고 있는 신은 다치바나노모로에 橘諸兄로, 매년 10월 22일부터 24일까지 3일에 걸쳐 열리는 돈텐톤마쓰리 トンテントン祭의 주인공이다. 재미있는 것은 경내에 있는 나카시마진자 中嶋神社에서 다른 신사에서는 좀처럼 보기 힘든 과자의 신 다지마모리 田道間守를 모시고 있다는 점. 그래서 이마리진자의 경내에는 이마리 출신의 과자왕 모리나가 다이치로 森永太一郎의 동상도 서 있다.

위치 이마리역에서 도보 10분
주소 佐賀県伊万里市立花町83
오픈 06:00~17:00
전화 0955-23-2093

초슈세이지가마 長春青磁陶窯

마을 근처에서 출토되는 원석으로 만드는 천연 나베시마 청자 鍋島青磁로 유명한 공방·판매점. 나베시마 청자는 오카와치야마에서만 생산되는 원석을 유약에 사용하는 옛날 방식을 그대로 고수하고 있어서 그런지 요즘 청자와는 분위기가 다른 아름다움을 느낄 수 있다. 청자 외에 다른 자기들도 많이 보유하고 있는데, 가격은 비싼 편이다.

위치 오카와치야마 정류장에서 도보 5분
주소 佐賀県伊万里市大川内町乙大川内山
오픈 09:30~17:30
전화 0955-22-2039

나베시마오니와야키 鍋島御庭焼

천황 가문, 장군 가문에 대한 헌상품, 다이묘 가문에 대한 증정품으로 이용되었던 나베시마 鍋島. 이로나베시마 色鍋島를 만들던 가마. 붉은색, 엷은 청색, 황색의 기본 3색에 고스 呉須나 청자 青磁를 사용한 그림이 특색이며 격조 높은 작품들이 늘어서 있다. 원래 31명이나 되었던 나베시마의 도공 중에서 유일하게 나베시마 번주의 인정을 받은 가마였던 만큼 민가풍 전시장에는 아름다운 이로나베시마 작품들이 멋진 색조를 뽐내고 있다. 단, 공방 견학을 할 수 없다는 점은 아쉽다.

위치 오카와치야마 정류장에서 도보 3분
주소 伊万里市大川内町乙1822-1
오픈 09:00~17:00
전화 0955-23-2786

나베시마한요코엔 鍋島藩窯公園

공방이 모여 있는 오카와치야마의 역사 문화유산을 보호하고 널리 알리기 위해 만든 공원. 도자기와 관련된 여러 가지 조형물을 유기적으로 배치하여 도자기마을 공원다운 특색이 있다. 도석 陶石을 연마하던 곳인 가라우스 唐臼를 그대로 재현한 도공의 니와와 가라우스 陶工の庭と唐臼와 도자기 기법을 지키기 위해 설치했던 오카와치야마의 상징 세키쇼 関所 등이 볼만한데, 특히 도공의 니와에 있는 도자기로 만든 종은 〈일본의 소리 풍경 100선〉에 들어 있을 정도로 아름다운 소리를 낸다.

위치 오카와치야마 정류장에서 도보 5분
주소 佐賀県伊万里市大川内町丙26
오픈 24시간 **전화** 0955-23-7293

다케오 온천
武雄温泉

1300년 전부터 규슈의 요지로 번영했던 다케오에는역사적으로 유명했던 인물들이 입욕했다는 전통 온천이 있다. 온천 입구에는 용궁을 연상시키는 붉은색 로몬 楼門이 다케오온센의 상징적인 존재로 자리 잡고 있고, 주변에는 30~40여 채의 온천 료칸이 줄지어 서 있다. 수질은 약알칼리성 단순천으로 무색무취로 촉감이 좋고 특히 라듐 성분이 풍부해 피로회복, 위장병, 신경통 등에 탁월하다.

가는 방법

후쿠오카를 비롯한 규슈 지역의 각 도시에서 다케오온센으로 갈 때는 JR 열차를 이용하는 것이 가장 편리하다. 하카타역에서 1시간에 1대꼴로 운행하고 있는 JR 특급 미도리를 이용하면 다케오온센역까지 갈아타지 않고 1시간 만에 갈 수 있다. 산큐패스 이용자라면 일단 하카타 버스터미널에서 고속버스 이마리호를 이용해서 이마리까지 간다음 쇼와버스에서 운행하는 노선버스로 갈아타야 한다. 고속버스 요금은 1,850엔이고 약 2시간 정도 소요되며, 노선버스는 45분 정도 소요된다.

여행 방법

다케오온센역에서 온천마을까지는 10분 정도 걸어가면 나온다. 북쪽 출구인 로몬구치 楼門口로 나가 2차선 도로(현도 330호)를 따라 왼쪽으로 7, 8분 정도 걸어가면 오른쪽으로 온천 료칸들이 보이기 시작하는데, 이곳이 바로 다케오 온천마을이다. 다케오 온천의 상징인 로몬은 안쪽으로 조금 더 들어가면 나온다. 마을 규모는 별로 크지 않아 30분이면 둘러볼 수 있지만 다케오진자와 3,000년 수령의 녹나무 등 주변 명소까지 함께 보려면 3시간 정도 여유를 가지고 도보여행을 해야 한다.

<u>철도</u>	다케오온센역 武雄温泉駅.
<u>버스</u>	다케오온센역 정류장 武雄温泉駅 停留所
<u>이동경로</u>	하카타역 → JR 특급 미도리(1시간 5분, 지정석 3,100엔) → 다케오온센역
	하카타 버스터미널 → 고속버스 이마리호(2시간, 1,850엔) → 이마리 버스정류장(쇼와버스, 45분) → 다케오온센역
	※ 이마리에서 다케오로 가는 쇼와버스가 평일 4대, 토·일·공휴일 3대 이므로 시간표 확인 필수!
	(07:30), 09:00, 12:30, 16:50

♨ 다케오온센 공동욕장

武雄温泉共同浴場

위치 JR 다케오온센역에서 도보 10분 **주소** 佐賀県武雄市武雄町大字武雄7425 **오픈** 06:30~23:00(탕마다 다름) **요금** 모토유 元湯 400엔, 호라이유 蓬萊湯 400엔, 가족탕·도노사마유 家族湯·殿様湯 2,500엔~3,800엔 **전화** 0954-23-2001

1,200년의 역사를 자랑하는 유서 깊은 온천. 천황, 도요토미 히데요시 豊臣秀吉, 미야모토 무사시 宮本武蔵 등 이름만 들어도 알 수 있는 유명인들이 이곳에서 온천욕을 즐겼다고 한다. 다케오온센의 상징인 붉은색 로몬 楼門 (2층으로 된 문)이 입구에 우뚝 서 있어 찾기는 어렵지 않다. 로몬은 못을 전혀 사용하지 않고 만든 것이 특징인데, 도쿄역을 설계한 다쓰노 긴고 辰野金吾가 다이쇼 3년에 만들었다고 한다.

로몬을 통과하면 도노사마유, 모토유 등의 공동욕탕이 나온다. 도노사마유는 마을의 영주였던 나베시마가 사용했던 욕탕으로 욕조가 대리석으로 만들어진 것이 특징이다. 하지만 도노사마유는 대절욕탕으로 1실을 1시간 대여하는 데 3,800엔의 요금을 내야 한다. 가볍게 온천만 하고 갈 거라면 입욕료가 저렴한 모토유를 이용하는 것이 좋다. 공동욕장 바로 옆에 있는 다케오온센 신관은 1973년까지 온천시설로 운영했는데, 2003년에 개축 공사를 하면서 자료관으로 거듭났다.

👁 다케오진자

武雄神社

위치 JR 다케오온센역에서 도보 15분 **주소** 佐賀県武雄市武雄町大字武雄5335 **오픈** 24시간 **전화** 0954-22-2976 **홈피** takeo-jinya.jp

735년에 건립한 유서 깊은 신사. 주아이 천황 仲哀天皇과 진구 황후 神功皇后를 모시고 있다. 경내는 다른 신사와 비슷한데, 독특한 형태의 히젠 도리이 肥前鳥居는 다케오의 명물로 알려져 있는 만큼 눈여겨보도록 하자. 현재 국가 중요문화재로 지정되어 있다. 다케오진자 자체는 사실 큰 볼거리가 아니지만, 이곳을 반드시 가봐야 하는 이유는 수령 3,000년이 넘은 녹나무 오쿠스 大楠가 있기 때문이다. 신사 뒤편으로 이

어지는 산책로를 따라 조금만 걸어 올라가면 나오는데, 높이 30m, 둘레 20m의 거대한 위용을 보면 감탄사와 함께 절로 고개가 숙여지는 감동을 느낄 수 있다.

🏠 교토야
京都屋

위치 JR 다케오온센역에서 도보 8분 **주소** 佐賀県武雄市武雄町大字武雄7266-7 **요금** 1박 2식 기준 1인당 8,500엔~ **전화** 0954-23-2171 **홈피** www.saga-kyotoya.jp

창업 100년의 전통을 자랑하는 온천 료칸. 푸근함이 느껴지는 소박한 인테리어의 객실과 피부가 매끈해지는 온천수, 깔끔한 맛의 가이세키 요리까지 료칸의 기본을 잘 갖추고 있어 다케오 온천을 찾는 여행자들에게 인기가 높다. 실내로 들어가면 바로 눈에 들어오는 고풍스러운 서양 가구들도 매력적. 미리 예약을 하면 JR 다케오온센역에서 옛날 분위기가 물씬 풍기는 클래식카로 무료 송영을 해준다.

🏠 유모토소 도요칸
湯元荘 東洋館

위치 JR 다케오온센역에서 도보 10분 **주소** 佐賀県武雄市武雄町武雄7408 **요금** 1박 2식 기준 1인당 13,000엔~ **전화** 0954-22-2191 **홈피** http://takeo-toyokan.jp

다케오 온천의 상징인 로몬 바로 앞에 있는 창업 400년의 전통 료칸. 오래된 역사만큼이나 유서 깊은 역사와 문화를 간직한 료칸으로, 일본의 검성 미야모토 무사시가 시마바라의 난 이후 《오륜서 五輪の書》를 구상한 곳이기도 하다. 세월의 흔적이 느껴지는 정갈한 객실 과 맛있는 가이세키 요리도 괜찮지만, 도요칸 최고의 자랑거리는 온천수. 알칼리성 단순온천으로 특히 피부, 피로회복, 심신안정 등에 좋다고 한다.

🏠 가이세키야도 오우기야
懐石宿 扇屋

위치 JR 다케오온센역에서 도보 12분 **주소** 佐賀県武雄市武雄町大字武雄7399 **요금** 1박 2식 기준 1인당 15,000엔~ **전화** 0954-22-3188 **홈피** www.ougiya.com

1905년에 창업한 다케오온센의 인기 온천 료칸. 가이세키요리가 워낙 유명하여 료칸 이름에까지 붙였을 정도. 1993년, 1994년에 2년 연속 일본온천여관 대상 그랑프리를 수상한 멋진 서비스, 뛰어난 수질, 맛있는 식사를 자랑한다. 4대 주인은 가이세키요리의 달인으로서 1999년 후지TV의 인기 프로그램 〈요리의 철인 料理の鉄人〉에 출연하기도 했다.

우레시노 온천
嬉野温泉

일본 3대 미인탕으로 유명한 우레시노온센은 여성들에게 특히 인기가 높은 곳이다. 나트륨 성분이 많아 온천을 하고 나오면 온몸이 매끈매끈해지기 때문이다. 전설에 따르면 먼 옛날 진구 황후 神功皇后가 전쟁이 끝나고 돌아오던 길에 강에서 피로한 날개를 담그고 있던 백조가 힘을 회복하고 날아가는 모습을 보았다고 한다. 그래서 상처 입은 병사들을 그 강물에 들어가라고 했는데 상처가 금방 나았다고 한다. 그런데 사실은 그곳은 강물이 아니라 온천이었던 것이다. 그것을 본 황후가 "아나, 우레시이노 あな、うれしいの (정말 기쁘도다)"라고 말한 데서 마을 지명이 우레시노가 되었다고 전해진다.

가는 방법

우레시노 온천으로 바로 가는 열차편은 없기 때문에 규슈레일패스 여행자라면 일단 사세보행 JR 특급 미도리를 이용해 다케오온센역까지 이동한 다음, 노선버스로 갈아타고 우레시노로 가야 한다. 반면 산큐패스 이용자라면 후쿠오카에서 출발하는 고속버스를 이용하면 환승 없이 편하게 갈 수 있다. 하지만 하루에 4편만 운행하므로 버스시각표 확인은 필수다.

여행 방법

우레시노 버스센터에 내리면 버스센터 내에 있는 우레시노 온천관광협회를 가서 관광지도나 할인티켓 등 필요한 여행정보를 얻는다. 그런데 온천으로 유명한 곳이라 찾아가볼 만한 명소는 많지 않다. 예약한 숙소에 가서 편하게 쉬면서 온천욕을 즐기는 것이 최고의 여행 방법. 여유가 있다면 역사체험 테마파크인 히젠유메카이도나 아름다운 화원 부겐하우스 우레시노 정도를 둘러보면 되겠다.

버스	우레시노 버스센터 嬉野バスセンター
이동경로	하카타 버스터미널 → 고속버스 규슈호(2시간, 1,900엔) → 우레시노 버스센터
	나가사키에키마에 → 고속버스 규슈호(1시간 10분 1,600엔) → 우레시노 버스센터

🏠 와타야벳소

和多屋別荘

위치 우레시노 버스센터에서 도보 10분 **주소** 嬉野町大字下宿乙738 **요금** 1박 2식 1인 기준 15,900엔~ **전화** 0954-42-0210 **홈피** www.wataya.co.jp

다양한 즐거움이 있는 우레시노 최대 규모의 온천 료칸. 무려 3만 평의 부지에 넓은 일본정원과 5개의 숙박동, 131개의 객실을 보유하고 있다. 아름다운 정원 속에 있는 3개의 노천탕, 고품격 대욕탕 미카게덴 御影殿, 사치스러운 온천 문화를 즐길 수 있는 신쇼 心晶 등 다양한 온천탕을 둘러보면 와타야벳소가 왜 우레시노 최고의 온천인지를 알 수 있게 된다. 그 밖에 레스토랑, 빵집, 에스테, 마사지룸, 가라오케, 테니스장 등 다양한 부대시설이 있고 족탕 찻집, 족탕 이자카야 등 독특한 형태의 시설도 있어 하루 종일 즐거운 시간을 보낼 수 있다.

🍴 유도후 소안 요코초

湯どうふ 宗庵 よこ長

위치 우레시노 버스센터에서 **도보** 5분 **주소** 佐賀縣嬉野町下宿乙2190 **오픈** 10:00~21:00 **휴무** 수요일 **전화** 0954-42-0563 **홈피** www.yococho.com

우레시노에서 가장 유명한 온천두부 유도후 요리를 맛볼 수 있는 음식점. 유도후는 두부를 뜨거운 온천수로 익힌 것인데, 입안에서 사르르 녹는 부드러운 식감이 일품인 요리다. 인기 메뉴는 유도후 정식 湯どうふ定食(850엔). 고소한 유도후와 다양한 밑반찬이 함께 나오는데 깔끔하면서도 건강한 맛이다. 조금 더 푸짐하게 먹으려면 특선 유도후 정식(1,080엔)을 주문하면 된다.

🏠 와라쿠엔

和楽園

위치 우레시노 버스센터에서 도보 10분 **주소** 佐賀縣嬉野市嬉野町下野甲33 **요금** 1박 2식 기준 1인당 13,000엔~ **전화** 0954-43-3181 **홈피** www.warakuen.co.jp

와타야벳소와 함께 우레시노 온천 료칸의 양대 산맥. 와라쿠엔은 특히 녹차 온천이 좋은 료칸으로 알려져 있는데, 일본 3대 미인탕으로 손꼽힐 만큼 좋은 온천수에 최상품 우레시노 녹차를 더해 피부 미용과 피로 회복에 그만이다. 또한, 석식으로 나오는 가이세키 요리가 맛있기로도 유명하다. 우레시노의 명물 온천두부 유도후와 육즙이 살아있는 명품 소고기 사가규, 신선한 회 등 맛있는 일품요리들이 함께 나온다.

👁 부겐하우스 우레시노

ブーゲンハウス 嬉野

위치 우레시노 버스센터에서 도보 7분 **주소** 佐賀縣嬉野市嬉野町岩屋川内甲103-5 **오픈** 09:00~17:30 **요금** 700엔 **전화** 0954-43-7544 **홈피** http://bougain.co.jp

일본 최대 규모의 부겐빌레아 화원. 250평 규모의 화원에 눈부시도록 화려한 색깔의 꽃들이 만발한 경이로운 풍경을 즐길 수 있는 곳이다. 입구로 들어서자마자 싱그러운 꽃향기가 퍼지는데, 산책로를 따라 천천히 구경하면 30분 남짓이면 둘러볼 수 있다. 온천 거리에서 멀지 않은 곳에 있기 때문에 유카타를 입고 산책하듯 걸어가서 멋진 사진으로 추억을 남겨보는 것도 추천할 만하다.

후루유 온천
古湯温泉

우레시노, 다케오 온천과 함께 사가현의 3대 온천지 중 하나. 2200년 전 중국 진나라의 시황제가 불로불사의 약을 찾기 위해 보낸 사신 여복 徐福이 찾아낸 온천이라는 유래가 있는데, 그만큼 오래 전부터 탕치湯治로 유명한 온천이었다. 일본 3대 미인탕이라는 우레시노, 다케오 온천의 그늘에 가려 그동안 우리나라에는 잘 알려지지 않았지만, 능선이 아름다운 산자락에 맑은 개천 가세가와 嘉瀬川가 흐르는 천혜의 자연환경에 둘러싸인 온천 지역이다. 규모가 크지는 않지만 한적하고 차분한 분위기라 여유로운 휴식을 만끽할 수 있다.

가는 방법	여행 방법

후쿠오카에서 직접 갈 수 있는 열차나 버스편은 없기 때문에 일단 사가역으로 가서 현지 노선버스를 이용해야 한다. 사가역 바로 앞에 있는 사가역 버스센터에서 후루유 온천행 쇼와버스를 타고 후루유온센마에 古湯温泉前 정류장에서 내리면 된다. 단, 버스가 평균 1시간에 한 대꼴로 있기 때문에 미리 버스시각표를 확인해야 시간을 허비하지 않는다.

후루유 온천 지역은 오로지 힐링에 집중된 곳이다. 한적하고 편안한 분위기의 온천 거리에서 산책을 하고 료칸에서 시원하게 온천욕을 즐기고 맛있는 가이세키 요리를 먹으며 편안하고 느긋하게 쉬면 된다. 온천 료칸에서 시작해서 온천 료칸에서 하루를 마치는 곳인 만큼 자신의 취향에 잘 맞는 료칸을 예약하는 것이 관건이다.

버스	후루유온센마에 정류장
이동경로	하카타역 → 나가사키혼센(45분) → 사가역 → 후루유 온천행 버스(40분) → 후루유온센마에 정류장

🏨 온크리
おんくり

위치 후루유온센마에 버스정류장에서 도보 10분 주소 佐賀県 佐賀市富士町古湯556 요금 1박 2식 기준 1인당 15,000엔~ 전화 0952-51-8111 홈피 www.oncri.com

후루유 온천에서 가장 큰 규모를 자랑하는 온천 호텔. 건물 외관은 주변의 아름다운 자연과 다소 괴리감이 있지만, 실내 분위기는 전통 료칸의 멋스러움을 자연스럽게 연출하고 있다. 온크리 호텔의 가장 큰 장점 중 하나는 일반 온천 료칸에 비해 월등하게 큰 방. 2인실에도 욕실, 화장실 등이 붙어 있고 성인 4인이 묵어도 충분할 정도로 방이 넓다. 또한, 저녁으로 나오는 가이세키 요리는 전채부터 메인까지 어느 것 하나 버릴 게 없을 만큼 맛과 정성으로 가득하다. 특히, 갓 잡아올린 듯 싱싱함이 살아있는 갯방어와 참치회, 그리고 화로에 구워먹는 명품 소고기 사가규 구이는 식사가 끝난 후에도 계속 생각나는 맛이다. 마지막에 나오는 미니 가마솥밥도 별미. 뚜껑을 열자마자 생강 향이 코를 찌르지만, 생강을 싫어하는 사람도 충분히 먹을 수 있을 정도로 다양한 풍미가 있다. 밥을 지을 때 백합 뿌리를 함께 넣었는데, 마치 단팥과 같은 달콤함과 부드러운 식감을 느낄 수 있다.

🏨 료칸 스기노야
旅館杉乃家

위치 후루유온센마에 버스정류장에서 도보 15분 주소 佐賀県佐賀市富士町大字小副川2635 요금 1박 2식 기준 1인당 13,000엔~ 전화 0952-58-2216 홈피 www.furuyu-suginoya.com

후루유 온천에서 가장 멋진 조망권을 가지고 있는 전통 료칸. 온천 거리가 한눈에 들어오는 산자락에 위치하고 있어 조용히 머물며 평화로운 온천 라이프를 즐길 수 있다. 아쉬운 점은 처음에 찾아갈 때 언덕길을 한참 걸어 올라가야 한다는 것.

세월의 흔적은 있지만 깨끗하게 정돈한 객실은 기본적으로 료칸의 풍정을 느낄 수 있는 전통 다다미방인데, 침대가 있는 화양실도 준비되어 있다. 총 11개의 객실뿐이라 한적하게 지낼 수 있어 좋다. 맛깔스럽게 나오는 가이세키 요리도 매력적이다. 먹기가 아까울 정도로 예쁘게 세팅한 전채요리, 쫀득쫀득하고 고소한 회와 짭조름한 생선구이, 명품 소고기 사가규가 나오는 메인요리는 특급호텔 코스요리에 견주어도 손색이 없다. 하지만 뭐니 뭐니 해도 스기노야의 가장 큰 자랑거리는 온천탕. 알칼리성 단순천으로 부드럽고 자극이 없는 것이 특징이다. 시간제로 남녀별 입욕시간이 정해져 있는 노천탕이 특히 인기가 높은데, 노천탕에서 바라보는 풍경이 일품이라 몸과 눈이 함께 따뜻해진다.

04

KUMAMOTO

구마모토

구마모토는
어떤 곳일까?

구마모토는 구마모토현의 중심부에 자리 잡고 있는 현청 소재지로 구마모토현의 행정과 경제의 중심도시이다. 17세기 초부터 19세기 말까지는 호소카와 가문이 통치한 성곽도시로 번창했던 역사를 갖고 있다. 시내에는 나라의 특별사적으로 지정되어 있는 구마모토성이 있는데 1877년에 일어난 세이난 전쟁으로 인해 성의 대부분이 소실되어 현재의 천수각은 약 40년 전에 재건한 것이다.

Data

위치 규슈 구마모토현 九州 熊本県
면적 7,409,35km²
인구 1,765,518명(2017년 10월 1일 기준)
홈피 www.pref.kumamoto.jp

여행계획 대부분의 여행자들이 구마모토를 방문하는 목적은 바로 일본 3대 명성 중의 하나인 구마모토성과 활화산인 아소산을 방문하기 위해서일 것이다. 그런데 구마모토 시내만 둘러볼 계획이라면 상관없지만, JR 규슈레일패스를 이용해서 구마모토와 아소를 함께 여행하는 일정을 생각하고 있다면 조금 복잡해진다. 2016년 4월에 일어난 구마모토 지진 때문에 구마모토에서 아소까지는 추가비용을 부담하고 산코버스에서 운영하는 규슈횡단버스를 이용해야 한다. 규슈횡단버스는 하루 2회 운행하므로 시각표 확인은 필수다. 또한, 대표 명소인 구마모토성은 피해를 많이 받아 입장할 수 없는 상황이고, 최근 잦은 화산 분출로 인해 아소산도 때에 따라 입장이 불가능할 수도 있기 때문에 이 지역을 여행할 때는 다른 일정을 염두에 두고 가는 것이 좋겠다.

후쿠오카
벳푸
나가사키
구마모토현
구마모토
미야자키
가고시마

구마모토
여행 FAQ

구마모토의 명물 음식은?

구마모토하면 첫 번째로 떠오르는 음식은 바로 말요리이다. 특히 바사시 馬刺し(말고기 육회)는 다른 지역에서는 맛볼 수 없는 독특한 풍미로 미식가들 사이에 큰 인기를 끌고 있다. 그 밖에 아소의 대자연에서 방목하는 아카우시 あか牛(한우)와 건강식으로 유명한 다카나메시 高菜めし(갓나물밥)는 아소의 명물 음식으로 유명하다.

구마모토 최고의 인기 명소는?

아소는 구마모토뿐만 아니라 규슈 전체에서도 으뜸으로 꼽히는 인기 관광명소이다. 특히 다이칸보 大観峰에서 보는 전경은 그야말로 압권이다. 그 밖에 아름다운 초원지대에서 여유롭게 산책을 즐길 수 있는 구사센리가하마 草千里ヶ浜와 인기 온천지인 구로카와 黒川 등 구마모토에는 자연을 만끽할 수 있는 명소가 많다.

구마모토의 유명한 온천은?

유후인과 함께 규슈 온천 1, 2위를 다투는 구로카와는 구마모토의 대표적인 온천이다. 자연 속에서 전통 일본 온천을 즐길 수 있는 고품격 료칸이 많으므로 여유가 되면 구로카와에서 꿈같은 하룻밤을 지내보자. 만약 시간이 없다면 구로카와 온천여관조합에서 판매하는 뉴토테가타 入湯手形(1,300엔)를 구입해서 당일치기 온천을 즐겨보자.

구마모토 시내에도 볼거리가 있을까?

구마모토의 명소하면 구마모토성과 스이젠지코엔만 생각하는 경우가 많은데, 시내 중심가의 아케이드 상점가를 둘러보면 의외로 재미있는 볼거리를 많이 찾을 수 있다. 여유가 된다면 구마모토의 명물인 말요리와 구마모토라멘도 맛보자.

구마모토
명소 BEST 5

구로카와 온천
黒川温泉

일본에서 세 손가락에 들 정도로 인기 있는 온천마을이다. 마을 한가운데를 가로지르는 계곡을 따라 전통미 넘치는 온천 료칸이 줄지어서 있다. 료칸에는 저마다의 개성을 자랑하는 자연미 넘치는 노천탕이 있어 남녀노소 모두 즐겁게 온천욕을 즐길 수 있다.

구사센리
草千里

아소를 대표하는 명소로 초원지대의 아름다운 풍경을 즐길 수 있다. 희뿌연 연기를 내뿜는 나카다케와 푸른 호수 주변에서 여유롭게 산책을 하는 것도 좋고 풀숲에 주저앉아 소와 말이 한가롭게 풀을 뜯는 목가적인 풍경을 즐기는 것도 좋다.

구마모토성
熊本城

일본 3대 명성으로 유명한 구마모토의 상징. 축성술의 대가로 유명한 가토 기요마사 加藤淸正가 7년에 걸친 대공사 끝에 완공했다. 다만, 복구 작업이 끝날 때까지는 입장할 수 없는 상황이라 당분간은 먼발치에서 바라볼 수밖에 없다.

다이칸보
大観峰

웅대한 자연 풍경을 즐길 수 있는 아소 최고의 명소. 아소를 둘러싸고 있는 아소 오악과 외륜산의 멋진 모습을 감상할 수 있으며, 정상까지 올라가면 화구 안에 자리 잡고 있는 아소 시내를 한눈에 내려다볼 수 있다.

아소팜랜드
阿蘇ファームランド

아소산의 대자연을 활용한 재미있는 놀이시설과 규슈 최대 규모를 자랑하는 아소건강화석온천, 아이들의 감성을 자극하는 체험 동물원 후레아이 동물왕국 등 자연친화적인 시설을 두루 갖추고 있어 가족여행자에게 안성맞춤인 곳이다.

구마모토로
가는 방법

한국에서 비행기를 이용해 구마모토 공항으로 바로 갈 수도 있지만, 대부분의 여행자들은 후쿠오카를 통해 구마모토로 가는 방법을 선호한다. 후쿠오카에서 구마모토까지는 JR 열차나 고속버스를 이용하면 되고 기차나 고속버스는 1시간에 2~3편이 운행되고 있어 언제라도 편리하게 이용할 수 있다.

후쿠오카에서 구마모토로

JR

하카타역에서 신칸센을 이용하면 한 번에 갈 수 있다. 운행 편수는 시간당 1~2대 정도로 자주 있는 편이며, 요금은 4,930엔이다. 단, JR 규슈

레일패스나 JR 북큐슈레일패스를 소지한 여행자라면 하카타역에 있는 미도리노마도구치에 들러 패스를 제시하고 예약하면 되고 추가 요금은 없다.

홈피 www.jrkyushu.co.jp

> 하카타역 ── 신칸센 ── 구마모토역
> 40분, 4,930엔

구마모토공항에서 시내로

구마모토 공항에서 시내로 이동할 때는 공항버스를 이용하는 것이 편리하다. 10~20분 간격으로 운행하고 있고 비행기 발착 시간과 연동해서 출발을 하므로 편리하게 이용할 수 있다. 승차권은 도착 로비 정문 옆에 있는 자동판매기에서 구입하면 된다.

홈피 www.kmj-ab.co.jp

> 구마모토공항 ── 공항버스 ── 구마모토역
> 1시간, 800엔

> 구마모토공항 ── 공항버스 ── 구마모토 교통센터
> 50분, 730엔

버스

후쿠오카에서 구마모토로 가는 고속버스 히노쿠니호는 하카타 버스터미널에서 출발해 니시테쓰 덴진 고속버스터미널과 후쿠오카공항 국제선터미널을 경유해 구마모토

교통센터에 도착한다. 버스는 시간당 4대 정도로 자주 있는 편이며 요금은 편도 기준 2,060엔이다. 산큐패스가 있으면 무료로 이용할 수 있다.

홈피 www.nishitetsu.co.jp/bus

> 하카타 버스터미널 ── 니시테쓰 고속버스 히노쿠니호 ── 구마모토 교통센터
> 2시간 20분, 2,060엔

구마모토 주변 도시로
가는 방법

구마모토 근교의 주요 관광지로는 아소와 구로카와 온천이 있다. 구마모토 여행의 중심인 구마모토를 기점으로 주변 도시로 가는 방법을 알아보자.

 ## 아소 阿蘇

규슈 여행일정에 아소산을 포함하는 경우에는 JR 규슈레일패스나 산큐패스 같은 교통패스를 구입하는 것이 유리하다. JR 규슈레일패스를 이용하는 경우에는 교통비에 대한 부담 없이 규슈지역의 특급열차를 마음껏 이용할 수 있다는 장점이 있는 반면 아소역에서 아소산으로 올라갈 때 이용하게 되는 등산버스 요금은 별도로 지출해야 한다. 한편 산큐패스를 이용하는 경우에는 구마모토에서 아소산과 구  로카와 · 유후인을 거쳐 벳푸로 가는 규슈횡단버스를 무료로 이용할 수 있어 추가되는 교통비 없이 아소산을 비롯한 북규슈 지역의 명소를 모두 둘러볼 수 있다는 장점이 있다.

JR

JR 규슈레일패나 북큐슈레일패스를 구입한 여행자들이 아소 여행을 즐기려면 일단 구마모토로 가야 한다. 오이타나 벳푸를 통해 돌아가는 것도 가능하지만 열차가 많지 않고, 직통편도 없어 시간 낭비가 많으므로 아소 여행의 출발은 구마모토에서 시작하는 것이 좋다. 하지만, 구마모토 지진의 여파로 최소 2017년까지는 구마모토와 아소를 이어주던 규슈횡단특급의 운행이 힘든 상황이다. 현재로서는 규슈횡단특급을 대체해서 구마모토, 아소 구간을 다니는 규슈횡단버스를 이용하는 것이 가장 좋은데, 출발시간이나 요금 등을 미리 확인해야 일정에 차질이 생기지 않을 것이다.

버스

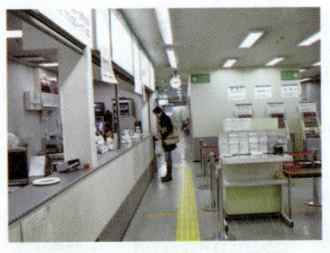

산큐패스 이용자라면 하카타 버스터미널에서 출발하는 고속버스를 이용해 일단 구마모토로 가야 한다. 그리고 구마모토에서 아소까지는 하루에 2회 출발하는 규슈횡단버스를 이용하면 된다. 원래는 4회 출발이었는데, 구마모토 지진 여파로 운행 편수를 줄인 것이다. 규슈횡단버스를 이용할 때는 도로 사정이 좋지 않아 막히는 경우도 제법 있기 때문에 미리 최신 시각표를 확인하고 여유 있게 준비해야 일정에 차질 없이 여행을 즐길 수 있다.

※ 규슈횡단버스 www.kyusanko.co.jp/sankobus/kyushu_odan

구로카와 黒川

구로카와는 깊은 산 속에 자리 잡고 있는 그야말로 작은 온천 마을이다. 따라서 교통이 불편해서 찾아가기가 쉽지 않았는데 구로카와 온천의 인기가 높아지면서 후쿠오카~구로카와 직행 고속버스를 비롯한 다양한 교통편이 생겨나 지금은 어렵지 않게 찾아갈 수 있게 되었다.

버스

1 후쿠오카 – 구로카와 직행버스

구로카와까지는 직행버스를 이용하는 것이 가장 편리하다. 후쿠오카에서 구로카와까지 매일 4편의 고속버스가 운행되며 소요시간은 약 3시간이다. 좌석 지정제이므로 예약은 필수이다. 산큐패스를 구입했다면 구로카와로 가는 버스를 추가 요금 없이 이용할 수 있다.

요금 3,090엔(어린이 50% 할인, 산큐패스 무료)
전화 0120-489-939(08:00~19:00, 규슈고속버스 예약센터)
인터넷 예약 www.atbus-de.com

후쿠오카 → 구로카와 버스 시각표(2017년 12월 기준)

니시테쓰덴진 고속버스터미널	09:13	10:08	12:40	13:40
하카타 버스터미널	09:36	10:31	13:03	14:03
후쿠오카공항 국제선터미널	09:56	10:51	13:23	14:23
구로카와	12:12	13:07	15:39	16:39

구로카와 → 후쿠오카 버스 시각표(2017년 12월 기준)

구로카와	09:30	11:00	14:00	16:00
후쿠오카공항 국제선터미널	11:44	13:14	16:14	18:14
하카타 버스터미널	12:04	13:34	16:34	18:34
니시테쓰덴진 고속버스터미널	12:22	13:52	16:52	18:52

2 규슈횡단버스 九州横断バス

구마모토와 벳푸를 왕복하는 규슈횡단버스는 대자연의 박력을 느낄 수 있는 아소산, 규슈에서 가장 인기 있는 온천 마을인 유후인과 구로카와 온천을 연결해주는 아주 편리한 교통수단이다. 다만, 하루에 2회만 왕복운행을 하고 있기 때문에 시간을 미리 확인해두어야 일정에 맞게 이용할 수 있다. 또한, 모든 좌석이 지정석이라 예약이 필수이다.

요금 구마모토-구로카와 구간 2,500엔(산큐패스 무료)
전화 096-354-4845(08:00~19:00)
인터넷 예약 secure.j-bus.co.jp

구마모토
시내교통

구마모토는 그다지 큰 도시가 아닌데, 구마모토역에서 도보로 20~30분 거리에 구마모토성이 있고 성을 중심으로 구마모토의 번화가가 자리 잡고 있다. 따라서 시내 교통은 도보로 이동하거나, 시내 중심가를 연결하는 노면전차를 이용하는 것으로 충분하다.

🚃 노면전차 路面電車

구마모토의 노면전차는 A와 B 두 개의 노선이 운행되고 있는데 A노선이 배차 시간도 짧고 시내 주요 관광지를 대부분 연결하고 있으므로 시내 여행을 할 때는 A노선을 주로 이용하면 된다. 전차를 타는 요령은 탈 때 탑승구 옆에 있는 기계에서 티켓(정리권, 세이리켄)을 한 장 가져간 다음 내릴 때 전차 앞쪽에 붙은 게시판이 가리키는 요금을 티켓번호와 비교하여 내면 된다.

> **와쿠와쿠 1day 패스 わくわく1day パス**
>
> 하루 동안 노면전차와 시버스를 마음껏 이용할 수 있는 승차권(구마모토성, 옛 호소카와교부테이 등 관광시설 20% 할인). 전선권과 두 가지 구간지정권이 있는데, 대부분의 명소가 구간 내에 있으므로 굳이 전선권을 이용할 필요는 없다.
>
> **요금** 전선권 2000엔 / 구간지정권 700 · 900엔
> **구입** 구마모토시 관광안내소(구마모토역), 구마모토 교통센터, 차량 내 등
> **문의** 096-352-3743(구마모토시 관광안내소)

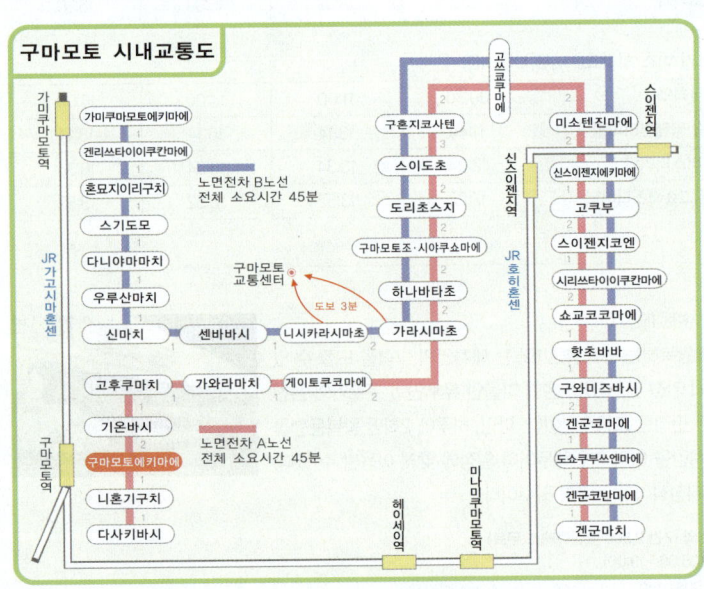

구마모토 시내교통도

아소
시내교통

아소는 시골의 소도시라서 도시 자체는 볼거리가 없다. JR 아소역에 도착하면 역 바로 앞에 있는 버스터미널에서 아소산으로 가는 등산버스를 이용해 아소산으로 올라가면 된다. 다이칸보 전망대로 가는 버스와 규슈횡단버스 등도 모두 아소 역전 버스터미널에 정차한다.

버스

아소산을 제대로 돌아보려면 렌터카를 이용하는 것이 제일 좋은 방법이지만 렌터카 이용이 여의치 않을 때는 선택의 여지없이 아소역 바로 옆에 있는 버스터미널에서 출발하는 등산버스를 이용해야 한다. 등산버스를 이용하면 아소산의 주요 명소인 구사센리 草千里와 나카다케 中岳 분화구를 둘러볼 수 있다.

등산버스로 아소산을 여행할 때는 구사센리와 나카다케 분화구를 둘러보는 것만으로 하루가 짧기 때문에 다이칸보 전망대까지 구경하기 쉽지 않지만, 조금 욕심을 낸다면 다이칸보 전망대도 여행일정에 포함할 수 있다.

렌터카

아소산을 제대로 여행하려면 렌터카로 나카다케 中岳 분화구는 물론이고 다이칸보 大観峰, 구사센리 草千里, 고메즈카 米塚 등 화산 폭발로 생긴 천혜의 자연 풍경, 아소산의 맑은 수질을 자랑하는 시라카와스이겐 白川水源과 이케야마스이겐 池山水源, 구로카와 온천이나 아소팜랜드 등을 모두 둘러보는 것이 좋다.

아소역을 나와 오른편에 있는 ASO 전원공간 박물관 안내소(종합안내소) 내에 영업소가 있으며 요금은 소형 기준으로 12시간까지 약 5,250엔이다.

JR 에키렌터카 아소 영업소
전화 0967-34-1120 홈피 www.ekiren.co.jp

구마모토
熊本

구마모토는 푸른 숲과 아름다운 정원, 풍부한 물로 인해 몇 세기 동안 영주가 자리한 성하도시로 번창했다. 특히 은행나무 성이라 불리는 구마모토 성과 아름다운 일본식 정원인 스이젠지코엔은 빼놓을 수 없는 명소이다. 그 밖에 백화점, 부티크, 레스토랑, 악기점 등 다양한 전문점이 늘어서 있는 시내 번화가도 둘러볼 만하다.

구마모토
이렇게
여행하자

JR	JR 가고시마혼센 구마모토역 熊本駅
버스	구마모토 교통센터 熊本交通センター
이동경로	하카타역 → 신칸센 (40분, 4,930엔) → 구마모토역
	하카타 버스터미널 → 니시테쓰 고속버스(2시간 20분, 2,060엔) → 구마모토 교통센터

가는 방법

구마모토로 가려면 JR 열차를 이용하는 것이 가장 편리하다. 후쿠오카의 하카타역에서 신칸센을 이용하면 50분 만에 구마모토역에 도착할 수 있다. 아소나 벳푸에서 구마모토까지는 규슈횡단특급을 타면 되는데, 현재는 구마모토 지진의 여파로 운행하지 않으므로 버스를 이용해야 한다. 산큐패스 이용자는 후쿠오카 공항이나 하카타 버스터미널에서 출발하는 고속버스 히노쿠니호를 이용하면 2시간 20분 만에 구마모토 교통센터에 도착할 수 있다. 구마모토 교통센터는 JR 구마모토역에서 노면전차로 5정거장 거리로 가라시마초역 앞에 있다.

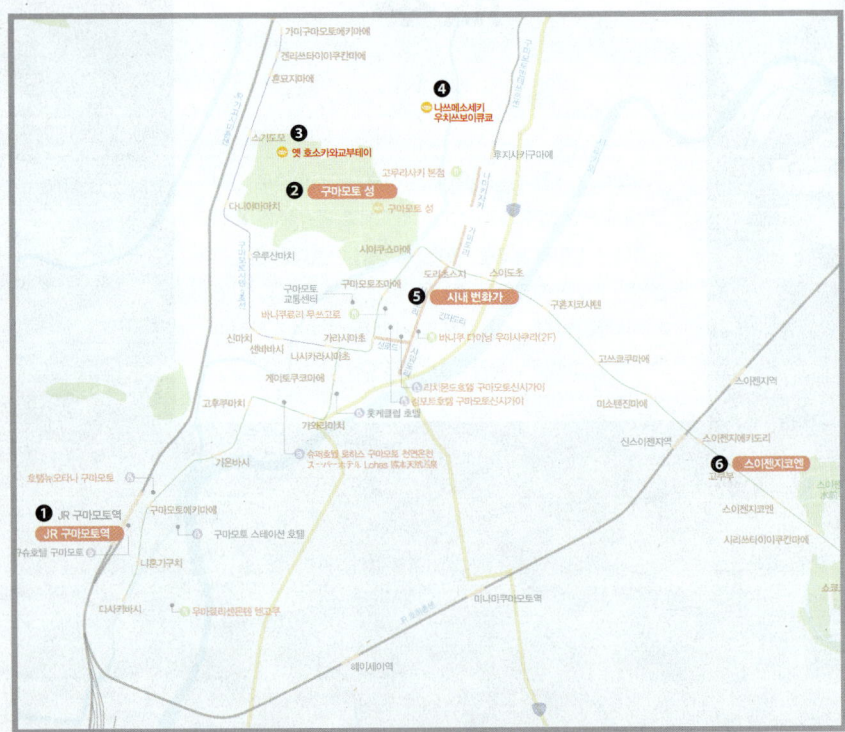

여행 방법

구마모토의 주요 볼거리는 구마모토 성과 스이젠지코엔이 대표적이므로 이 두 곳을 중심으로 여행 계획을 세우도록 한다. 하지만 현재 구마모토 성은 지진의 여파로 관람이 불가능한 상황이다. 언제 복구가 될지 모르므로 당분간은 아쉽게도 먼발치에서 구경하는 것으로 끝내야 한다. 구마모토에서 숙박하며 느긋하게 하루를 보내고 싶을 때는 구마모토 성과 스이젠지코엔을 중심으로 둘러본 뒤 번화한 구마모토의 시내 중심가를 구경하고 구마모토의 명물 음식인 바사시나 구마모토 라멘 같은 먹을거리를 즐기면 된다.

추천 코스

노면전차 10분

1 JR 구마모토역
구마모토 여행의 출발점

2 구마모토 성
일본을 대표하는 3대 성 중 하나

도보 5분

도보 7분

4 나쓰메소세키 우치쓰보이큐쿄
나쓰메 소세키가 머물렀던 저택

3 옛 호소카와교부테이
무사의 생활을 알 수 있는 고저택

시영버스 6분

노면전차 10분

5 구마모토 시내 번화가
구마모토의 4대 쇼핑 거리가 있는 번화가

6 스이젠지코엔
구마모토를 대표하는 일본식 정원

구마모토 성

휴관 중

熊本城

지도 p.18Ⓕ **위치** 구마모토역 앞에서 노면전차 A노선 이용 구마모토조 · 시야쿠쇼마에역 하차 후 도보 5분 **주소** 熊本市本丸1-1 **오픈** 08:30~18:00(12~2월 08:30~17:00) **휴무** 12월 29~31일 **요금** 500엔(초 · 중학생 200엔) **전화** 096-352-5900 **홈피** kumamoto-guide.jp/kumamoto-castle

오사카 성, 나고야 성과 더불어 일본 3대 명성 중 하나로 꼽히는 구마모토 성은 일명 은행나무성으로 불린다. 원래 구축되었던 작은 성들을 토대로 임진왜란 당시 조선 침략의 선봉장이었던 가토 기요마사 加藤清正가 1601년부터 7년에 걸친 대공사 끝에 완공한 성이다. 축성 당시 성곽의 넓이는 98만㎡에 달했으며, 그 둘레만 약 9㎞에 이를 정도로 웅대한 규모를 자랑했다. 그리고 성 안에는 천수각 天守閣이 2개, 성루가 49개, 성문이 29개, 누문이 18개, 우물이 120개에 달할 정도로 엄청난 규모였다.

가토 기요마사는 돌담 쌓기의 명인으로 자연의 지형을 이용한 돌담과 아름다운 곡선의 돌쌓기 등 그가 창

안한 많은 건축 기술이 지금까지도 전해 내려오고 있다. 또한 그는 치산, 치수와 가로의 정비, 산업의 진흥 등에 힘을 쏟아 현재의 구마모토 기틀을 다졌다. 그러나 지금의 구마모토 성을 있게 한 가토 가문의 통치는 도쿠가와 막부의 정책에 의해 2대(44년간)밖에 계속되지 못하고, 그 후 고쿠라 성의 영주인 호소카와 다다토시 細川忠利가 구마모토로 옮겨와서 11대(239년간)를 통치했다.

1877년에는 메이지 신정부에 반대하는 사이고 다카모리 西郷隆盛가 이끄는 사쓰마군 薩摩軍이 세이난 전쟁 西南戰爭을 일으켜 구마모토 성을 공격했지만, 수비군이 50여 일을 농성하면서 버텨 난공불락 구마모토 성의 명성을 증명했다. 하지만 세이난 전쟁 당시 사쓰마군의 총공격 이틀 전인 1877년 2월 19일 오전 11시 40분부터 오후 3시 사이에 일어난 원인불명의 화재로 천수각이 불에 타 소실되는 등 큰 피해를 입게 되었다.

이때 소실된 높이 50m의 천수각는 1960년에 다시 옛 모양 그대로 복원되어 에도 시대의 다이묘(상류층 무사)가 사용한 무사 도구와 일상생활 도구 외에도 구마모토의 역사를 보여주는 자료를 전시한 전시관으로 사용되고 있다.

천수각 맞은편에 있는 우토야구라 宇土櫓는 1877년 세이난 전쟁 당시 화재를 면해 원형 그대로 보존된 유일한 건축물이므로 구마모토 성의 원형을 보고 싶다면 우토야구라 내부를 놓치지 말고 관람하는 것이 좋다.

옛 호소카와교부테이

휴관 중

旧細川刑部邸

지도 p.18Ⓐ **위치** 구마모토 성에서 도보 10분 **주소** 熊本市古京町3-1 **오픈** 08:30~17:30(11~3월 08:30~16:30) **휴무** 12월 29~31일 **요금** 300엔(초·중학생 100엔) **전화** 096-352-6522

구마모토 성 서쪽 외곽에 있는 사무라이 저택으로 구마모토 현 지정 중요문화재로 등록되어 있다. 구마모토의 영주였던 호소카와의 동생이 1646년에 지은 당나라 양식 저택으로, 격식 있는 무사의 생활을 엿볼 수 있는 다양한 유품과 옛 모습을 그럴듯하게 복원한 서재와 침실이 볼만하다.

나쓰메소세키 우치쓰보이큐쿄

夏目漱石内坪井旧居

지도 p.18Ⓑ **위치** JR 구마모토역 앞에서 노면전차 A노선 이용 구마모토조·시야쿠쇼마에역 하차 후 도보 10분 **휴무** 12월 29~31일 **주소** 熊本市内坪井町4-22 **오픈** 09:30~16:30 **요금** 무료 **전화** 096-325-9127

부분
공개 일본의 대문호 나쓰메 소세키가 실제로 살면서 작업했던 저택을 보존해 자료관으로 사용하고 있다. 1896년 구마모토 대학에 영어 교사로 부임해 이후 1년 8개월 동안 이곳에 머물렀다고 한다.

도쿄나 마쓰야마에도 나쓰메 소세키의 저택이 있지만, 이곳만큼 예전 분위기를 그대로 느낄 수 있는 곳은 드물다. 저택 내부에는 소세키의 원고 사본이나 서간, 초판본 등 귀중한 자료가 전시되어 있다.

구마모토 시내 번화가

구마모토 시내를 가로지르는 노면전차 2호선을 이용해서 가라시마초역 辛島町駅이나 구마모토조마에역 熊本城前駅, 도리초스지역 通町筋駅에 내리면 4개의 아케이드 상점가가 길게 뻗어 있는 구마모토 최고의 번화가가 나온다.

시모도리 下通リ 구마모토에서 가장 번화한 쇼핑 아케이드. 계속해서 새로운 가게들이 들어서면서 명실상부한 구마모토의 패션 문화 발신지 역할을 톡톡히 하고 있다. 다양한 종류의 가게가 밀집해 있어 쇼핑에서 음식까지 모두 해결할 수 있다.

가미도리 上通リ 파리의 오르세 미술관을 이미지로 하여 만든 370m 길이의 쇼핑 아케이드. 노면전차 도리초스지 정류장을 사이에 두고 시모도리의 반대편에 위치한다. 미술관과 백화점, 유명 브랜드 숍, 카페와 레스토랑 등 고품격 숍이 많다.

선로드 신시가이 サンロード新市街 구마모토 시 중심부에 위치해 가미도리, 시모도리와 연결되는 아케이드 상점가로 영화관과 음식점이 많다.

샤워도리 シャワー通リ 녹음이 우거진 가로수가 늘어서 있는 화려한 거리. 짧은 거리지만 아기자기한 셀렉트숍에서 유명 브랜드 매장까지 다양한 가게가 즐비해 젊은이들에게 인기가 높다. 샤워도리는 구마모토의 쇼핑가 중 유일하게 지붕이 없는 상점가라서 붙여진 이름이다.

나미키자카 並木坂 50~60년 이상 된 전통 있는 가게와 새로 생겨난 신흥 가게가 어우러진 독특한 분위기의 거리. 완만한 언덕이 이어지는 메인 스트리트에는 개성 넘치는 가게가 많아 눈이 즐겁다.

🍴 라멘 아카구미
ラーメン 赤組

지도 p.18Ⓕ **위치** JR 구마모토역 앞에서 노면전차 A노선 이용, 도리초스지역 하차 후 도보 7분 **주소** 熊本市中央区上通町7-29 **오픈** 11:30~01:00 **휴무** 연중무휴 **전화** 096-325-8766 **홈피** www.akagumi.jp

저렴한 가격으로 구마모토 라멘의 진수를 맛볼 수 있는 합리적인 맛집. 돼지 사골을 푹 익혀낸 구수한 국물에 비법 양념인 구로마유 黒マー油가 더해지면서 일반 돈쓰 라멘과는 다른 풍미를 보여준다. 대표 메뉴는 구마모토 라멘 熊本ラーメン(480엔), 교자 餃子(5개, 250엔)와 함께 먹으면 양도 맛도 안성맞춤.

👁 스이젠지코엔
水前寺公園

지도 p.19Ⓚ **위치** JR 구마모토역 앞에서 노면전차 A노선 이용 스이젠지코엔역 하차 후 도보 5분. JR 신스이젠지역에서 도보 12분 **주소** 熊本市水前寺公園8-1 **오픈** 07:30~18:00(11~2월 08:30~17:00) **요금** 400엔(초·중학생 200엔) **전화** 096-383-0074 **홈피** www.suizenji.or.jp

스이젠지조주엔 水前寺成趣園이라고도 불리는 스이젠지코엔은 구마모토 성과 더불어 구마모토를 대표하는 볼거리이다. 규슈에서 가장 아름다운 정원으로 손꼽히는 곳으로 1632년 당시 이곳의 영주였던 호소카

와 다다토시 細川忠利로부터 미쓰히사 쓰나토시 光尚綱利에 이르기까지 3대에 걸쳐서 만들어졌다.
에도 시대의 주요 도로였던 도카이도 東海道 길목의 53개 역참을 모방해 만들었다는 스이젠지코엔은 15~16세기 무렵의 호화찬란했던 모모야마 시대 桃山時代의 정원 곳곳에서 그 흔적을 발견할 수 있다. 특히 인공미가 넘치는 전형적인 일본식 정원의 넓게 깔린 잔디 위로 정원석과 소나무 등이 교묘하게 배치되어 차분한 분위기를 느낄 수 있다. 공원의 연못에는 아소산에서 흘러 들어온 맑은 물이 일 년 내내 그치지 않고 솟아나며, 그 속에 아름다운 비단잉어들이 헤엄치고 있다. 한편, 공원의 북쪽에 자리 잡은 시바야마는 후지산의 형태를 그대로 본떠 만든 것으로 여행객들의 발길을 불러 모으고 있다. 정원의 북쪽에는 호소카와 가문의 역대 영주들의 위패를 모신 이즈미 신사가 있다.

🍴 가츠레츠테이 신시가이 본점
勝烈亭 新市街本店

지도 p.18Ⓕ **위치** 노면전차 가라시마초역에서 도보 3분. 선로드에 위치 **주소** 熊本市中央区新市街8-18 林ビル **오픈** 11:30~22:00 **휴무** 연말연시 **전화** 096-322-8771 **홈피** hayashi-sangyo.jp

구마모토 최고의 돈까스 맛집. 돈까스라 하면 일본 어디에서든 흔하게 먹을 수 있는 메뉴지만, 가츠레츠테이의 돈까스는 차원이 다른 맛을 보여준다. 대표 메뉴는 육즙 가득한 흑돼지 등심으로 만든 구로부타 로스카츠 정식 黒豚ロースかつ定食(140g, 1,600엔). 다만, 비계도 살짝 섞여 있어 조금 느끼하다고 생각할 수 있다. 산뜻하고 부드러운 맛을 원한다면 안심을 맛있게 튀겨낸 히레카츠 정식 ひれかつ定食(120g, 1,100엔) 추천. 참고로 정식 메뉴는 평일 오후 4시까지만 있고 이후에는 가격이 살짝 올라간다.

구마모토 향토 요리

바사시
馬刺し

바사시 馬刺し는 말고기 육회로 구마모토를 대표하는 명물 음식이다. 일설에 따르면 1592년부터 1598년까지 2차에 걸쳐 조선 침략에 나섰던 구마모토의 영주 가토 기요마사 加藤清正가 울산 전투에서 고립되어 죽음의 위기에 놓이자 어쩔 수 없이 군마를 잡아 병사들의 배를 채운 것이 말고기를 먹게 된 시초라고 한다. 우리의 쇠고기 육회와 비슷하지만 그 담백함이나 육질의 부드러움은 바사시가 한 수 위라 할 수 있다. 생고기에 참기름과 소금, 배즙 등으로 미리 간을 하여 먹는 쇠고기 육회와 달리 구마모토의 바사시는 갓 썰어낸 생고기를 마늘과 생강을 갈아 넣은 간장에 찍어 먹는 것이 기본. 혀끝에서 녹는 맛이 일품이며, 지방이 없어 남성들의 스태미너식과 여성들의 웰빙 메뉴로 인기가 높다. 회로 즐기는 일반적인 바사시 외에도 초밥 위에 얹어 먹거나 샤부샤부로 즐기는 등 바사시를 응용한 다양한 요리를 맛볼 수 있다.

🍴 바니쿠료리 무쓰고로
馬肉料理むつ五郎

지도 p.18Ⓕ **위치** JR 구마모토역 앞에서 노면전차 A노선 이용 하나바타초역 하차 후 도보 2분 **주소** 熊本市花畑町12-11 **오픈** 17:00~24:00 **휴무** 일요일 **전화** 096-356-6256 **홈피** www.mutugoro.co.jp

구마모토의 유명한 말 요리 전문점. 구마모토 그린호텔의 지하 1층에 있어 다소 어두워 보이지만 안으로 들어서면 점원이 밝은 미소를 지으며 반갑게 맞는다. 다양한 말 요리 중에서도 꼭 먹어봐야 하는 추천 메뉴는 바사시 馬刺し(말고기회, 2,100엔). 한 입 베어 물면 육즙이 퍼지는 분홍빛 고기가 입맛을 자극한다. 회를 좋아하지 않는다면 우마히레 스테키 馬ヒレステーキ(3,000엔)도 좋다. 항상 손님이

많으므로 가능하면 미리 예약을 하는 것이 좋다.

🍴 바니쿠 다이닝 우마사쿠라
馬肉 Dining 馬桜

지도 p.18Ⓕ **위치** JR 구마모토역 앞에서 노면전차 A노선 이용 하나바타역 하차 후 도보 10분 **주소** 熊本市下通リ1-12-1 光園ビル2F **오픈** 17:00~24:00 **전화** 096-355-8388 **홈피** www.umasakura.com

구마모토 시내 어디서나 볼 수 있는 말 요리 전문점이지만 세련된 인테리어 덕분에 젊은 층에 특히 인기가 높다. 가게 이름 우마사쿠라는 말고기가 다른 동물보다 철분을 많이 함유하고 있어 공기와 반응하면 벚꽃처럼 핑크색으로 변하는 데서 착안했다고 한다. 보기 좋은 음식이 맛도 좋다는 말이 있듯 핑크빛 고기 사이로 퍼져 있는 마블링은 입맛을 자극한다. 인기 메뉴는 말고기 본래의 맛을 즐길 수 있는 바사시(1,700엔~)와 우리나라 사람들 입맛에 맞는 말고기 육회 덮밥 바니쿠고마다레동 馬肉ゴマダレ丼(1,100엔).

🍴 우마료리센몬텐 텐고쿠
馬料理専門店天國

지도 p.18① **위치** JR 구마모토역 앞에서 노면전차 A노선 이용 다사키바시역 하차 후 도보 5분 **주소** 熊本市二本木2-13-12 **오픈** 11:30~14:30(화요일 휴무), 17:00~23:00 **전화** 096-326-4522 **홈피** www.umaryouri.jp

구마모토의 명물 말 요리 전문점. TV의 맛집 프로그램과 잡지 취재로 유명해지면서 구마모토 시민은 물론 여행자들에게도 인기 있는 음식점이 되었다. 저칼로리 고단백질인 말고기는 맛과 건강을 동시에 챙길 수 있는 식재료이다. 추천 메뉴는 점심시간에 판매하는 히레스테키 정식 ヒレステーキ定食(1,500엔). 부드러우면서도 육즙이 살아있는 최고의 말고기 스테이크를 맛볼 수 있다.

AREA 2

아소
阿蘇

규슈의 상징이자 구마모토의 얼굴이라 할 수 있는 아소 산은 세계 최대 규모의 칼데라가 만들어낸 대자연의 작품 이다. 쉴 새 없이 흰 연기를 내뿜는 활화산과 웅대한 외륜 산에 둘러싸여 있어 멋진 자연 풍경과 온천을 즐길 수 있 다. 단, 화산 활동이 심할 때는 출입을 통제하기 때문에 여 행을 떠나기 전에 꼭 확인을 해야 한다.

아소
이렇게
여행하자

JR	JR 아소고겐센 아소역 阿蘇駅
버스	아소에키마에 버스센터 阿蘇駅前 バスセンター
이동경로	하카타역 → 신칸센(40분, 4,930엔) → 구마모토역 → 규슈횡단버스(1시간 50분, 1,250엔) → 아소역

가는 방법

후쿠오카에서 아소로 가는 직통 열차는 없기 때문에 일단 신칸센을 이용해 구마모토역으로 이동한 다음 아소역으로 가야 한다. 다만, 구마모토 지진의 여파로 구마모토역과 아소역을 이어주던 규슈횡단특급이 운행을 하지 않고 있는 상황이므로, 열차 대신 산코버스에서 운영하는 규슈횡단버스를 이용해야 한다. 산큐패스 이용자는 구마모토나 벳푸, 유후인에서 출발하는 규슈횡단버스를 이용하면 아소역으로 바로 갈 수 있다. 이 버스는 전석 지정석이므로 사전예약은 필수다.

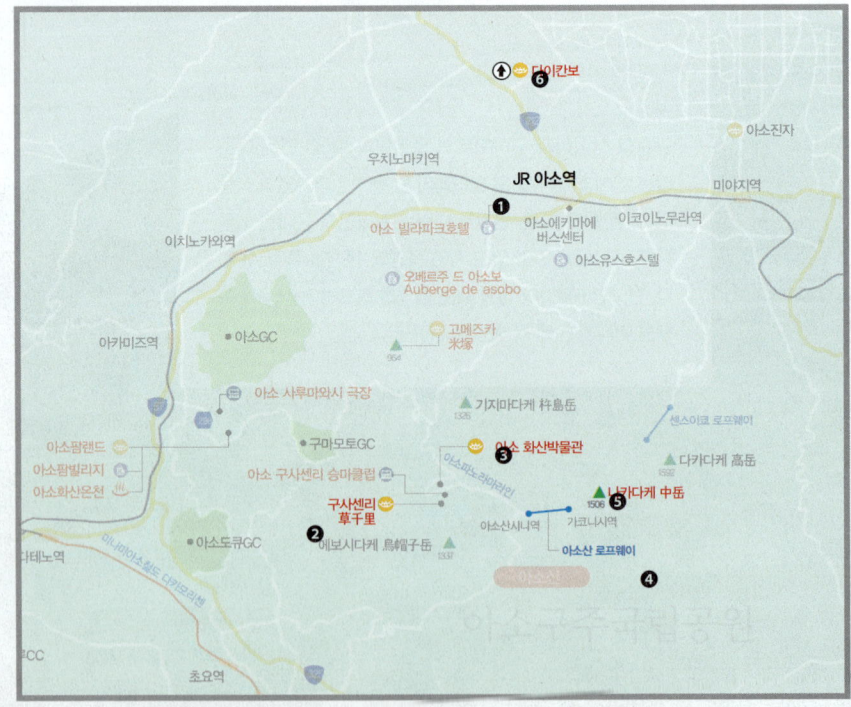

여행 방법

아소 주변은 대중교통이 불편하기 때문에 렌터카를 이용하는 것이 좋은데, 사정이 여의치 않으면 JR 아소역에서 출발하는 버스(하루 3회 운행)를 이용해서 구사센리와 나카다케 등을 둘러봐야 한다. 단, 아소산 로프웨이는 현재 운행을 하지 않으므로 나카다케 화구 견학을 하려면 아소산니시역에서 도보로 이동하거나 셔틀버스를 이용해야 한다. 걸어가면 30분 정도 걸리기 때문에 가능하면 셔틀버스를 타는 것이 좋다. 1시간에 3~4대 운행을 하며, 요금은 편도 750엔, 왕복 1,200엔이다.

추천 코스

1 **JR 아소역**
아소 여행의 출발점

등산버스 35분

2 **구사센리**
끝없이 펼쳐진 드넓은 초원

도보 3분

운영
중단

4 **아소산 로프웨이**
웅장한 자연의 신비로움을 만끽할 수 있는 하늘 산책

등산버스 5분

3 **아소 화산박물관**
화산에 대한 모든 것을 알 수 있는 박물관

로프웨이 4분

5 **나카다케**
쉴 새 없이 하얀 연기를 내뿜는 화산 분화구

등산버스 30분 –
JR 아소역 –
산코버스 30분 이용 후
도보 30분

6 **다이칸보**
아소 최고의 풍경을 감상할 수 있는 자연 전망대

👁 고메즈카

米塚

지도 p.20Ⓕ **위치** JR 아소역에서 아소산니시역행 등산버스 이용 25분 **주소** 阿蘇市永草 **전화** 0967-32-1960(아소관광협회)

천 리에 걸쳐 펼쳐진 초원 너머로 조그맣게 솟아 있는 특이한 모양의 언덕. 작은 원뿔형의 사화산으로, 그 모양이 마치 쌀 알갱이를 쌓아 올려 만든 무덤과 닮았다고 해서 붙은 이름이다. 옛 전설에 따르면 아소의 신이 수확한 쌀을 쌓아 만든 무덤으로 정상에 있는 구덩이는 가난한 마을 사람에게 신이 한 줌을 주셨기 때문이라고 한다. 고메즈카를 둘러싼 녹색 빛이 너무나 아름다워서 아소의 보조개라 부르기도 한다. 렌터카를 이용하지 않는 이상 가까이 접근하는 것은 불가능하며 버스 창밖으로 독특한 모양의 고메즈카를 구경할 수 있다.

👁 구사센리

草千里

지도 p.21Ⓚ **위치** JR 아소역에서 아소산니시역행 등산버스 이용 30분, 구사센리화산박물관 정류장 하차 후 바로 **주소** 阿蘇市草千里 **전화** 0967-32-1960(아소관광협회)

아소역에서 등산버스를 이용해 아소산니시역으로 가는 도중에 만나게 되는 구사센리는 이름 그대로 천 리에 걸쳐 넓게 펼쳐져 있는 초원으로 아소를 대표하는 풍경으로 유명하다. 하얀 연기를 내뿜는 나카다케를 배경으로 2개의 호수 주위에서 한가롭게 풀을 뜯는 말과 소떼들이 인상적이다. 시간 여유가 있다면 이곳에서 말을 타거나 초원에 누워 한가로운 시간을 보내길 권한다.

구사센리 주변에는 화산박물관과 레스토랑 및 선물가게가 모여 있는 전망 휴게소가 있다. 참고로 11~2월 겨울에는 호수의 물이 마르고 기온이 아주 낮아지므로 멋진 전망을 기대하기는 어렵다.

🏛 아소 구사센리 승마클럽

阿蘇草千里乗馬クラブ

지도 p.21Ⓚ **위치** JR 아소역에서 아소산니시역행 등산버스 이용 30분, 구사센리화산박물관 정류장 하차 후 도보 3분 **오픈** 09:00~16:00 **휴무** 12~2월 **요금** 5분 코스 1인 1,300엔, 2인 2,000엔/20분 코스 1인 4,000엔, 2인 6,000엔 **전화** 0967-34-1765

구사센리의 명물 말타기 체험장. 전문 직원이 말을 이끌어주기 때문에 아이들이나 승마가 처음인 사람도 쉽고 재미나게 즐길 수 있다. 말을 탈 때는 허리를 곧게 펴는 것이 좋으며, 말을 놀라게 하는 장난은 삼가야 한다. 혼자서 탈 수도 있고 아이들끼리 또는 어른과 아이가 함께 타기도 한다. 평소에는 접하기 어려운 말을 구사센리의 대초원 지대에서 타보는 것은 새로운 추억을 선사할 것이나.

🔵 아소 화산박물관

阿蘇火山博物館

지도 p.21Ⓚ **위치** JR 아소역에서 아소산니시역행 등산버스 이용 30분, 구사센리화산박물관 정류장 하차 후 도보 3분 **주소** 阿蘇市赤水1930-1 **오픈** 09:00~17:00 **요금** 860엔(어린이 430엔) **전화** 0967-34-2111 **홈피** www.asomuse.jp

대형 스크린과 다양한 비디오 자료 등을 이용해 약 30만 년 전부터 형성되기 시작한 아소산의 역사를 소개하는 박물관. 그 밖에 세계의 여러 화산을 소개하는 코너와 이 지역에 살았던 옛날 사람들의 생활 풍습을 엿볼 수 있는 전시실도 함께 운영하고 있다. 박물관을 모두 둘러보는 데 걸리는 시간은 40분 정도. 다양한 볼거리를 제공하고 있긴 하지만, 화산에 별로 관심이 없다면 굳이 비싼 요금을 내고 들어갈 필요는 없다.

🏛️ 아소산 로프웨이

운영 중단

阿蘇山ロープウェイ

지도 p.21Ⓚ **위치** 등산버스 아소산니시역 정류장 하차 후 도보 1분 **요금** 편도 750엔, 왕복 1,200엔(어린이 편도 370엔, 왕복 600엔) **오픈** 3월 20일~10월 08:30~18:00, 11월 08:30~17:00, 12월~3월 19일 09:00~17:00(악천후 시 운행하지 않음) **전화** 0967-34-0411 **홈피** www.kyusanko.co.jp/aso

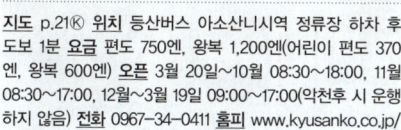

1958년 세계 최초로 활화산을 관광할 수 있도록 만든 로프웨이로, 등산버스 종점에 있는 아소산니시역 阿蘇山西駅에서 가코니역 火口西駅까지 108m 높이를 4분 만에 연결한다. 로프웨이의 최대 탑승 인원은 91명으로 생각보다 훨씬 큰 규모를 자랑한다. 보통 15~20분 간격으로 운행하는데, 성수기에는 6~15분 간격으로 운행하기도 한다. 넓은 창문으로 아소산 특유의 황량한 대지와 웅대한 칼데라가 내려다보인다. 참고로 로프웨이를 이용하지 않고 나카다케 분화구까지 걸어서 올라갈 수도 있다.

🔵 나카다케

中岳

지도 p.21Ⓚ **위치** 아소산니시역에서 셔틀버스 이용 10분 **전화** 0964-34-0411(로프웨이 사무소)

높이 1,323m의 나카다케에 올라서면 동서 400m, 남북 1,100m, 둘레 약 4km, 깊이 약 150m에 달하는 거대한 분화구에서 부글부글 끓어오르는 마그마와 새하얀 분연을 볼 수 있다. 하지만 날씨가 흐리거나 화산 활동이 심한 날에는 구름처럼 피어오르는 하얀 연기 속에 독한 유황가스가 분출되므로, 이때는 관람이 금지된다. 따라서 나카다케에 오르기 전 미리 아소역에 있는 관광안내소를 들러 나카다케 분화구를 볼 수 있는지 확인하는 것이 좋다.

🔵 다이칸보

大観峰

지도 p.21Ⓒ **위치** JR 아소역에서 스에다테행 산코버스 이용 30분 다이칸보이리구치 정류장 하차 후 도보 30분 **전화** 0967-22-3174(아소 상공관광과)

아소를 둘러싼 해발 900m급의 연봉이 이어지는 외륜산 가운데 최고봉으로, 해발 936m의 정상에 올라서면 화구 안에 자리 잡은 아소 마을이 한눈에 내려다보인다. 다이칸보라는 이름은 1936년에 이곳을 방문한 역사가 도쿠토미 소호 徳富蘇峰가 그 웅대한 경관에 감동해서 지은 것이라고 한다. 실제로 이곳에서 바라보는 아소 오악이나 외륜산의 풍경은 그야말로 압권으로, 웅대한 자연의 대파노라마를 눈으로 직접 확인할 수 있다. 대중교통을 이용해서 찾아가기에는 다소 불편하지만 렌터카 여행자라면 꼭 한 번 가볼 것.

293

👁 이케야마스이겐
池山水源

지도 p.21ⓓ **위치** JR 미야지역에서 택시로 30분 **주소** 熊本県阿蘇郡産山村田尻 **전화** 0967-25-2211(우부야마무라 경제건설과)

일본의 명수 名水 100선으로 선정된 샘물. 구주연산에 내린 비가 오랜 세월을 거쳐서 맑은 수원이 되어 언제나 맑은 물을 분출하고 있다. 수원 주변에는 수령 200년 이상 된 거목들로 이루어진 울창한 숲이 우거져 있어 수면에 비친 풍경이 신비로울 정도로 아름답다. 이곳에서 분출되는 물은 맛있기로 유명해서 물을 떠가려고 물통을 들고 찾아온 사람들을 쉽게 만날 수 있다. 대중교통을 이용해서 찾아가기에는 교통편이 여의치 않으므로 렌터카 여행자들에게 권할 만한 곳이다.

👁 시라카와스이겐
白川水源

지도 p.21ⓒ **위치** 미나미아소철도 아소시라카와역에서 도보 15분 **주소** 熊本県阿蘇郡南阿蘇村白川 **요금** 100엔(환경보전협력금) **전화** 0967-67-1111(미나미아소무라 상공관광과)

물이 깨끗하기로 유명한 아소에서 둘째가라면 서러울 정도로 맑은 수질을 자랑하는 곳. 이케야마스이겐과 함께 일본 환경성에서 주관하는 명수 100선에 들어 있다. 숲이 우거져 있어 뜨거운 여름에도 수온 14℃를 유지하며, 용출량도 무려 분당 60t이나 되어 주변 도시의 수원으로 큰 역할을 하고 있다. 구마모토 시내의 중앙을 흐르는 강 시라카와의 원류도 바로 시라카와스이겐이다. 수원의 물은 그대로 마실 수 있을 만큼 깨끗하기 때문에 물병에 담아가도 된다.

🏛 아소 사루마와시 극장
阿蘇猿まわし劇場

지도 p.20ⓙ **위치** JR 아카미즈역에서 도보 20분 또는 택시로 5분 **오픈** 10:30~15:30(매월 공연 시각표가 달라지므로 홈페이지에서 스케줄 확인 필수) **요금** 1,080엔(중고생 850엔, 어린이 600엔) **전화** 0967-35-1341 **홈피** www.aso-osaru.com

사루마와시는 원숭이와 사람이 짝을 이뤄 각종 묘기를 부리고 촌극을 펼치는 것으로 그 역사는 지금으로부터 1,000년 전인 나라 시대까지 거슬러 올라간다. 중국에서 전해진 것으로 알려진 원숭이 공연은 처음에는 종교적인 의미로 발전했으나 무로마치 시대 이후 종교적인 의미는 퇴색하고 대중적인 거리 공연으로 발전해온 역사를 지니고 있다.

아소 산 기슭에 자리 잡은 사루마와시 극장은 전통적으로 내려오는 공연 방식을 그대로 계승해 사람과 원숭이가 한 조를 이뤄 함께 각종 묘기를 부리고 쇼를 보여준다. 약 40분간의 공연이 끝나면 원숭이와 기념 촬영을 할 수 있으며, 극장 밖에는 원숭이 공원과 원숭이 캐릭터 숍이 있다. 아소 산이 포함된 패키지 여행 상품의 필수 방문 코스로, 어린이를 동반한 가족 여행자라면 한 번쯤 들러볼 만하다. 홈페이지에서 할인 쿠폰을 프린트할 수 있다.

👁 아소팜랜드

阿蘇ファームランド

지도 p.20③ **위치** JR 아카미즈역에서 버스로 15분 **주소** 熊本県阿蘇郡南阿蘇村河陽5579-3 **오픈** 07:00~22:00(시즌에 따라 변동) **요금** 무료(개별 시설 이용료는 별도) **전화** 0967-67-0001 **홈피** www.asofarmland.co.jp

국립공원 아소 산의 중턱 해발 550m에 자리 잡은 대규모 온천 테마파크. 약 100만㎡의 광활한 대지에 '사람, 건강, 자연'을 테마로 조성한 아소팜랜드는 여느 테마파크와 달리 아소 산의 대자연을 활용한 여러 가지 재미있는 시설로 구성된 전천후 리조트이다. 아소의 사계를 온몸으로 느낄 수 있는 아소팜랜드에는 아소밀크팜, 건강의 숲, 후 레아이 동물왕국, 아소건강화산온천 등 다양한 체험 시설이 있으며 독특한 돔 형태의 호텔은 일명 스머프 마을로 불리며 아이들에게 인기가 많다. 아소팜랜드를 제대로 즐기려면 숙박하는 것이 제일 좋은 방법이지만, 여의치 않을 때는 당일치기로 들렀다 가도 된다.

아소팜랜드의 추천 스폿

아소건강화산온천 阿蘇健康火山温泉

일본 최대 규모의 온천 테마파크로 아소의 대자연을 즐기며 편안하게 쉴 수 있는 공간. 건강 미네랄 대욕탕, 암반탕, 전망탕 등 무려 25종류 이상의 탕이 있어 취향대로 온천욕을 즐길 수 있다. 숙박객은 무료 이용

오픈 11:00~23:00
요금 어른 1600엔, 어린이 800엔

후레아이 동물왕국 ふれあい動物王国

아이들의 감성을 자극하는 체험 동물원. 토끼, 양, 비버, 카피바라, 미어캣 등 30종류의 귀여운 동물들을 어루만지고 먹이도 주면서 즐거운 시간을 보낼 수 있다. 아이들과 함께 온 가족여행이라면 필수 코스.

오픈 10:00~17:00
요금 어른 900엔, 어린이 600엔

돔형 호텔 ドーム型ホテル

동화 속에서 볼 수 있는 아기자기한 형태의 호텔로 아소팜랜드의 진정한 매력을 느낄 수 있는 숙박 공간. 벽과 천장의 구분이 없는 둥근 모양의 실내는 마치 엄마 뱃속처럼 편안하고 따스한 느낌을 준다.

오픈 체크인 16:00, 체크아웃 10:00
요금 1박 2식 기준 1인당 9,900엔~

오아소 레스토랑 大阿蘇レストラン

아소팜랜드에서 운영하는 농원에서 재배한 채소와 고기 등 건강한 식재료로 만든 풍성한 요리를 맛볼 수 있는 뷔페 레스토랑. 특히, 몸에 좋은 다양한 채소들로 만든 요리들이 많아 건강을 생각하는 여행자들에게 인기가 높다.

오픈 11:30~15:00
요금 어른 1,800엔, 어린이 1,250엔, 유아 900엔

구로카와

黒川

해발 700m의 산속을 굽이쳐 흐르는 계곡을 따라 개성 만점 료칸들이 줄지어 있는 구로카와 온천의 인기 비결은 환락적인 요소나 경관을 헤치는 요란한 간판 등을 일절 배제하고 소박하고 아름다운 자연미를 최대한 살렸다는 데 있다. 그래서 새소리, 시냇물 소리, 바람 소리 등 자연의 소리에 귀 기울이면서 유유자적한 시간을 보낼 수 있다.

구로카와
이렇게
여행하자

버스	구로카와 온천 버스정류장 黒川温泉 バス停
이동경로	후쿠오카공항 국제선 → 니시테쓰 고속버스(2시간 20분, 3,090엔) → 구로카와 온천
	하카타 버스터미널 → 니시테쓰 고속버스(3시간, 3,090엔) → 구로카와 온천
	구마모토역 → 규슈횡단버스 2시간 50분, 2,500엔) → 구로카와 온천
	유후인역 버스센터 → 규슈횡단버스(1시간 35분, 2,000엔) → 구로카와 온천

가는 방법

후쿠오카 공항이나 하카타 버스터미널에서 하루 4편의 고속버스가 출발한다. 이동시간은 약 3시간, 요금은 3,090엔이고, 산큐패스 이용자라면 무료로 이용할 수 있다. JR 규슈레일패스 이용자는 구로카와로 갈 수 있는 무료 교통편이 없으므로, 구마모토역이나 벳푸역, 유후인역 버스센터에서 규슈횡단버스를 유료로 이용해야 한다. 구로카와로 가는 고속버스와 규슈횡단버스는 모두 지정석이므로 사전예약이 필수다.

여행 방법

구로카와는 28개의 온천 여관이 모여 있는 그야말로 작은 온천 마을이라서 특별한 볼거리를 찾아보기 어려울 뿐 아니라 마을 내의 대중교통 수단도 전무하다. 구로카와에 도착하면 제일 먼저 온천여관조합 가제노야 風の솝에 들러 뉴토테가타(1,300엔)을 구입하고 구로카와 온천 순례를 시작하면 되는데, 무작정 길을 나서기보다는 가제노야에서 무료로 나눠주는 가이드 맵과 온천 여관 팸플릿 등을 얻은 후 노천탕의 특징과 위치를 미리 확인하고 출발하도록 한다. 거추장스러운 배낭이나 짐은 가제노야 앞에 있는 코인라커에 보관하면 된다. 만일 구로카와를 방문하긴 했지만 3곳 이상의 온천을 즐길 만한 시간 여유가 없는 경우에는 뉴토테가타를 구입하지 말고 그냥 온천 여관 중 한두 곳을 선택해서 당일치기 입욕료를 지불하면 된다. 비누나 샴푸, 린스 등의 세면도구는 기본적으로 구비되어 있지만 수건은 유료이므로 미리 준비해가는 것이 좋다.

1 구로카와소
정통 일본식 건물의 단아한 분위기와 현대 건물의 세련된 멋을 조화시킨 인기 온천 여관

★ ★ ★
추천료칸 BEST 5

2 야마비코 료칸
구로카와 온천에서 제일 규모가 큰 노천탕 센닌노유 仙人の湯로 유명한 고급 온천 여관

3 산가 료칸
깊은 산속에 자리 잡고 있어 멋진 풍경과 자연의 맑은 기운을 느낄 수 있는 조용한 온천 여관

4 이코이 료칸
미백효과가 있어 여성에게 인기가 높은 온천 여관

5 야마아이노야도 야마미즈키
구로카와 최고의 개방감을 느낄 수 있는 산속의 온천 여관

구로카와의 추천 스폿 `zoom in 1`

黒川

구로카와는 작은 온천 마을이라 특별한 볼거리는 없지만, 소소한 맛집과 간단한 선물용품을 구입할 수 있는 숍은 몇 군데 있다. 뉴토테가타를 구입해서 온천 산책을 하면서 가벼운 마음으로 둘러보자.

🏠 가제노야

風の舎

지도 p.22ⓑ **위치** 구로카와 온천 버스정류장에서 도보 3분 **주소** 阿蘇郡南小国町満願寺6594-3 **오픈** 09:00~18:00(토·일요일 및 공휴일 09:00~19:00) **전화** 0967-44-0076 **홈피** www.kurokawaonsen.or.jp

구로카와 온천에 대한 모든 정보는 마을 입구에 위치한 구로카와 온천 여관조합 사무실인 가제노야에서 얻을 수 있다. 이곳에서 구로카와 온천 여관의 빈방 및 예약 가능 여부를 확인할 수 있다. 또 숙소에 대한 조언도 구할 수 있으며 예약도 가능하다. 구로카와의 온천 여관에 대한 정보뿐만 아니라 교통편, 음식점이나 선물가게에 대한 추천, 위치 등 구로카와를 찾은 여행객들이 궁금해하는 모든 것을 해결해준다. 그 밖에 구로카와의 명물인 뉴토테가타나 구로카와 온천 전관에서 사용하는 쑥 샴푸, 린스, 목욕 비누, 수건 등도 판매하고 있다.

🍴 카페 에레모

かふぇ EREMO

지도 p.23ⓒ **위치** 가제노야에서 도보 1분 **주소** 阿蘇郡南小国町大字満願寺北6592-2 **오픈** 10:00~17:00 **휴무** 화요일 **전화** 0967-44-0214

젤라토 전문점으로 사시사철 맛있는 아이스크림(12종, 싱글 350엔)을 맛볼 수 있다. 추운 겨울에 아이스크림을 먹기 부담스럽다면 따뜻한 커피나 라테를 주문해도 된다. 기본 메뉴 외에 단팥죽이나 식혜 세트도 선택할 수 있다.

온천 여행의 필수 아이템

뉴토테가타 入湯手形

구로카와 온천의 명물 뉴토데가타는 구로카와에서 처음 탄생한 독특한 온천 순례 방식으로 마을여관조합인 가제노야에서 판매한다. 뉴토테가타를 구입하면 노천탕이 있는 24개의 온천 여관 중 마음에 드는 3곳을 선택해서 여관 내 온천(내탕 및 노천탕 포함)을 자유롭게 이용할 수 있다.

요금 1,300엔 **유효기간** 6개월간 유효(구입 시에 개시 일자를 스탬프로 찍어준다) **이용 시간** 08:30~21:00(여관에 따라 변경될 수 있으므로 사전 확인 필요) **구입처** 구로카와 온천여관조합 가제노야 **문의** 0967-44-0076

🍴 쓰케모노야노 오쓰케모노
つけものやのおつけもの

지도 p.23ⓒ **위치** 가제노야에서 도보 1분 **주소** 阿蘇郡南小
国町大字満願寺北6592-2 **오픈** 09:00~17:00 **전화** 0967-
44-0214

선물용으로 인기를 끄
는 쓰케모노(채소
절임) 전문점으로
아소의 대자연에서
자란 신선한 채소를
재료로 만든 다양한 반찬
을 포장 판매한다. 특히 채소절임을 기본 반찬으로 한
오차즈케 정식(530~630엔)을 맛볼 수 있어 간단하
게 한 끼 식사를 해결하기에 좋다. 카페 에레모 바로
옆에 있다.

🏠 고토사케텐
後藤酒店

지도 p.22Ⓑ **위치** 가제노야에서 도보 2분 **주소** 阿蘇郡南小
国町満願寺6991-1 **오픈** 08:40~22:00 **휴무** 첫째 · 둘째 주
수요일 **전화** 0967-44-0027

가제노야 인근에 있는
주류 판매점으로 구로카
와 온천 한정 향토 맥주
유아가리비징 湯上り美
人을 비롯해 구로카와 소주, 사케, 와인 등 다양한 주
류를 판매한다. 맑은 지하수를 이용해 만든 술은 맛도
맛이지만 보기에도 너무 예뻐서 선물용으로 인기를
끌고 있다. 주류 외에 아기자기한 액세서리나 선물용
품도 다양하게 갖추고 있다.

🍴 테라코야혼포
寺子屋本舗

지도 p.22Ⓑ **위치** 가제노야에서 도보 3분 **주소** 阿蘇郡南小
国町大字満願寺6694-1 **오픈** 09:30~17:30 **전화** 0967-44-
0412 **홈피** www.terakoyahonpo.jp

중국에서 건너와 일본에 정착한 전통 과자인 센베이
煎餅를 판매하는 가게로 구로카와를 방문한 여행자
들에게 사시사철 맛있는 간식거리를 제공하고 있다.
한국에서도 많이 먹는 전병과 달리 다양한 맛과 모양
을 자랑하는 30여 종의 센베이를 맛볼 수 있고, 가격
도 120~200엔 정도로 저렴해서 부담 없이 즐기기에
좋다.

🏠 후쿠로쿠
ふくろく

지도 p.22Ⓑ **위치** 가제노야에서 도보 3분 **주소** 阿蘇郡南小
国町黒川いご坂 **오픈** 09:00~18:00 **전화** 0967-44-0296

고토사케텐 바로 옆에는 구로카와 온천가로 내려가는
작은 비탈길인 이고자카 いご坂가 있다. 비탈길 초입
에는 독특한 간판을 내건 작은 가게가 있는데 이곳이
바로 후쿠로쿠이다. 각양각색의 무늬를 지닌 다양한
사이즈의 타월과 천연 비누 등을 판매하는 전문점으
로 구로카와를 방문하는 여행객들에
게 인기를 끌고 있다.

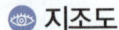 지조도

地蔵堂

지도 p.22Ⓑ **위치** 가제노야에서 도보 5분

가제노야에서 이고자카를 따라 구로카와의 온천가로 걸어 내려가면 왼쪽으로 작은 절이 하나 보인다. 얼굴 만 있는 지장보살을 모신 이 절에는 예로부터 전해 내 려오는 전설이 있는데 줄거리는 대략 이렇다. '옛날 옛 적 분고국(지금의 오이타 현)에 병이 깊은 아버지를 모시고 사는 효자가 있었는데, 어느 날 아버지가 오이 를 먹고 싶어 하자 지장보살은 효심이 가득한 아들을 대신해 오이 서리를 하다가 그만 주인에게 발각되어 목이 잘리게 되었다. 이후 호소카와번(지금의 구마모 토 현) 출신의 승려가 지장보살의 목을 거둬 구마모토 로 향했는데, 구로카와에 도착했을 무렵 지장보살이 이곳에 머물게 해달라고 요구하자 승려는 그의 목을 이곳에 안치하고 제사를 지내게 되었다.' 전설에 따르 면 이때부터 구로카와에 온천이 솟아나기 시작했다고 하는데, 그 말이 사실이기라도 한 듯 지조도 바로 옆 에는 구로카와 온천의 원천인 지조유 地蔵湯가 있다. 구로카와 온천 마을의 탄생 신화를 간직하고 있는 이 절에는 여느 절이나 신사에서 볼 수 있는 에마 えま와 달리 여행객들이 사용한 뉴토데가타 入湯手形에 이 런저런 소원을 담아 내걸고 있어 구로카와 여행의 재 미를 더해준다.

🍴 우후후

うふふ

지도 p.22Ⓑ **위치** 가제노야에서 도보 5분 **주소** 阿蘇郡南小国 町満願寺6606 **오픈** 12:00~14:00, 18:30~20:00 **휴무** 목요 일 **전화** 0964-44-0651

구로카와 온천 여관 중 하나인 오야도 구로카 와 お宿 玄河에서 직영 하는 레스토랑. 대표 메뉴는 일등급 쌀로 만든 고슬고 슬한 밥 위에 구마모토의 명물 말고기 요리를 듬뿍 담 은 우마동 馬丼(1,350엔). 그밖에 우리나라의 수제비 와 비슷한 향토요리인 다고지루 세트(1,100엔)도 맛있 다. 오후 2시부터 4시까지는 카페로 영업한다.

🍰 파티스리 로쿠

パティスリー麓

지도 p.22Ⓑ **위치** 가제노야에서 도보 5분 **주소** 阿蘇郡南小国 町黒川温泉川端通り6610 **오픈** 09:00~18:00 **휴무** 화요일 **전화** 0967-48-8101 **홈피** www.kurokawa-roku.jp

구로카와 온천 순례를 즐기는 여행자들 사이에 입소 문이 자자한 스위트 전문점. 전통적인 분위기를 고수 하는 구로카와 온천 마을에서 이렇게 맛있는 스위트 가게를 발견할 수 있다는 것도 구로카와 여행이 주는 색다른 매력이다. 후모토 료칸에서 직접 운영하는 가

수 있는 아부리야키테이쇼쿠 야마히사 焙り焼き定食 山久(2,730엔)로 차가운 맥주와 함께 먹으면 더 맛있다. 런치타임에는 20식 한정으로 야마노유 도시락 정식을 맛볼 수 있다. 정식 메뉴에는 반찬으로 구마모토의 명물인 바사시와 가라시렌콘이 곁들여 나온다. 단, 계절에 따라 메뉴가 바뀌기도 하므로 미리 확인해보는 것이 좋다.

🍴 구로카와온센 시라타맛코
黒川温泉 白玉っ子

지도 p.22Ⓕ 위치 가제노야에서 도보 5분 주소 阿蘇郡南小国町大字満願寺6600-2 오픈 09:30~18:00 전화 0967-48-8228 홈피 kurokawa.siratamattko.com

게로 맛있는 슈크림과 푸딩, 롤 케이크, 치즈케이크 등을 입맛대로 골라 먹을 수 있다. 선물용으로도 인기가 높지만 유효기간이 3일 정도라는 사실을 고려하는 것이 좋다.

🍴 야마히사
山久

지도 p.22Ⓕ 위치 가제노야에서 도보 5분 주소 阿蘇郡南小国町満願寺6601-4 오픈 11:00~19:00 휴무 화요일 전화 0967-44-0017 홈피 www.yamanoyu.net

구로카와 온천의 전통 여관 중 하나인 야마노유에서 직영하는 레스토랑. 야마노유 여관의 1층에 자리 잡고 있다. 인기 메뉴는 숯불에 구운 다양한 요리를 맛볼

찹쌀을 맷돌에 갈아 만든 경단에 다양한 맛을 입힌 일본 전통의 스위트 30여 종을 맛볼 수 있는 가게로 유아가리시라타마 湯あがり白玉(918엔)와 시라타마 젠자이 白玉ぜんざい(810엔)가 인기 있다. 두 메뉴 모두 차갑게 먹을 수도 있다. 이 밖에도 단팥죽과 아이스 시라타마, 말차 파르페 등 다양한 메뉴를 맛볼 수 있다.

🍴 아지도코로 나카

味処なか

지도 p.22Ⓕ **위치** 가제노야에서 도보 5분 **주소** 阿蘇郡南小国町大字満願寺6600-2 **오픈** 11:00~22:00 **전화** 0967-44-0706

갖은 재료를 넣어 지은 토종 닭 양념밥인 지도리메시와 된장국 세트인 다고지루토지도리메시 だご汁と地鶏めし를 1,250엔이라는 비교적 저렴한 가격에 맛볼 수 있는 향토 요리 전문점. 기본 메뉴 외에 에비텐 우동이나 돈가스 정식도 주문할 수 있다. 비싼 가이세키 요리가 많아 간단하게 점심을 해결하기 난감할 때 부담 없이 찾아갈 만한 곳이다. 저녁 시간에는 구마모토의 명물 요리인 바사시나 사시미, 호르몬 구이 등을 안주 삼아 술 한잔할 수 있는 이자카야로 변신한다.

🍴 카페 시엘

Cafe Ciel

지도 p.22Ⓕ **위치** 가제노야에서 도보 20분 **주소** 阿蘇郡南小国町満願寺小葉瀬7008 **오픈** 10:30~17:30(토·일요일 및 공휴일 10:00~18:00) **전화** 0967-44-0205 **홈피** ciel-cafe.com

차를 타고 구로카와 온천 입구를 지나면 왼쪽으로 'Ciel'이란 검은 간판이 눈에 띄는 카페가 나온다. 비

탈진 언덕 위에 자리 잡은 하얀색 단층 건물은 구로카와 온천 마을의 풍경과 잘 어울린다. 러시아의 가정 요리로 유명한 붉은색 보르시치 수프를 기본으로 보기에도 예쁜 프랑스풍 케이크와 카스텔라, 샐러드 등을 맛볼 수 있다. 매일 11:00~15:00는 런치타임으로 1,250~1,750엔 범위에서 풍성한 세트 메뉴를 선택할 수 있다.

♨ 고키치

耕きち

지도 p.23Ⓞ **위치** 가제노야에서 자동차로 3분 **주소** 熊本県阿蘇郡南小国町大字満願寺6363-1 **오픈** 11:00~18:00 **휴무** 매주 수요일 **전화** 0967-44-0840 **홈피** koukichi.ftw.jp

가제노야에서 멀리 떨어진 거리에 있어 렌터카 여행자가 아니라면 찾아가기 다소 부담스러운 곳이지만 온천과 식사를 한자리에서 해결하고 싶을 때 가면 좋은 곳이다. 전통적인 분위기의 민가에서 가정 요리 정식으로 식사를 한 후 당일치기 온천(400엔)이나 가족탕(2인 기준 1,400엔, 3인 기준 1,800엔)을 대여해 1시간 동안 온천을 즐길 수 있다. 특히 넓은 가족탕은 모두 노천탕으로 개방감이 탁월해 인기를 끌고 있다. 간판 메뉴로는 보리밥 정식(1,600엔)과 소바 세트(1,300엔)가 있고 커피는 370엔이다.

구로카와 온천 마을에는 현재 28개의 온천 여관과 호텔이 있는데 이 중 24개 여관은 저마다 개성을 자랑하는 노천탕을 갖추고 있다. 온천 여관의 요금은 평일 2인 1실, 조·석식 포함 1박 기준으로 1인당 1,5000~3만 엔 정도로 비싼 편이다. 하지만 비싼 만큼 식사의 질이나 온천의 만족도는 일본 내 어떤 곳과 비교해도 뒤지지 않을 만큼 대단히 높으므로 한 번쯤 사치를 부려보길 권한다.

단, 구로카와는 일본 내국인들에게 아주 인기 있는 온천 마을이라서 주말이나 휴일에는 숙소 예약이 무척 힘든데다 숙박 요금도 대폭 인상되므로 가능하면 평일에 숙박할 수 있도록 여행 스케줄을 잡는 것이 유리하다.

여관 예약은 일본 전문 여행사의 도움을 받거나 자란이나 라쿠텐 같은 일본의 숙소 예약 사이트 또는 해당 여관의 홈페이지를 이용하면 된다.

만일 원하는 여관에 몇 번 전화를 해봤지만 빈방이 없어서 예약이 안 되는 경우에는 구로카와 온천여관조합 (0967-44-0076 / FAX 0967-44-0819)에 전화해서 예약 가능한 여관을 찾아보는 것이 편리하다. 한 가지 주의할 점은 전통 여관 중에는 신용카드 결제가 불가능한 곳이 많아서 현금을 미리 준비해야 한다는 것.

구로카와 온천 순례(붉은색 표시 추천)

여관명	대표 욕탕	전화번호
야마비코 료칸 やまびこ旅館	仙人の湯	0967-44-0311
구로카와소 黒川荘	びょうぶ岩風呂	0967-44-0211
산가 료칸 山河 旅館	もやいの湯	0967-44-0906
이코이 료칸 いこい旅館	美人湯	0967-44-0552
야마노야도 신메이칸 山の宿新明館	岩戸風呂	0967-44-0916
후모토 료칸 ふもと旅館	洞窟風呂	0967-44-0918
야마아이노야도 야마미즈키 山あいの宿山みず木	もみじの湯	0967-44-0336
사토노유 와라쿠 里の湯 和らく	森の湯	0967-44-0690
오야도 노시유 お宿のし湯	奥のせせらぎ	0967-44-0308
유쿄노히비키 유사이 湯峡の響き 優彩	のし湯	0967-44-0111
오야도 노노하나 お宿 野の花	樹彩の湯	0967-44-0595
유모토소 湯本荘	湯滝の湯	0967-44-0216
오카쿠야 료칸 御客屋旅館	ぎんねずの湯	0967-44-0454
료칸 이치노이 旅館壱の井	あじさいの湯かじかの湯	0967-44-0881
료칸 야마노유 旅館 やまの湯	代官の湯	0967-44-0017
난조엔 南城苑	木立の湯	0967-44-0553
료칸 고노유 旅館こうの湯	木霊の湯	0967-48-8700
료칸 와카바 旅館わかば	星の湯	0967-44-0500
오쿠노유 奥の湯	森の湯	0967-44-0021
이야시노사토 기야시키 いやしの里 樹やしき	化粧の湯	0967-44-0326
료칸 니시무라 旅館にしむら	奥の湯	0967-44-0753
유메린도 夢龍胆	満天の湯 地獄湯	0967-44-0321
산아이코겐 호텔 三愛高原ホテル	絶景の湯	0967-44-0121
호잔테이 帆山亭	天狗の湯	0967-44-0059
료칸 후지야 旅館ふじ屋	千尋の湯	0967-48-8117
와후료칸 미사토 旅館美里	美郷の湯	0967-44-0331

구로카와의 료칸 zoom in 2

黒川

몸과 마음이 자연과 하나가 되는 온천 여행의 백미는 료칸 체험. 구로카와에는 개성만점의 료칸들이 자연과 함께 들어서 있다. 맛있는 요리를 먹고 따스한 온천욕을 즐길 수 있는 구로카와 료칸은 명실상부 힐링 여행의 최고봉이다.

※ 료칸 요금은 플랜별로 차이가 많이 나므로 사전에 반드시 확인할 것

🏠 야마비코 료칸

やまびこ旅館

지도 p.22ⓑ **위치** 가제노야에서 도보 10분 **주소** 阿蘇郡南小国町大字満願寺6704 **오픈** 체크인 15:00, 체크아웃 11:00 **요금** 당일치기 온천 입욕료 500엔(08:30~21:00) / 숙박료 1박 2식 기준 1인당 1만 7,280엔~ / **신용카드: 사용 가능 전화** 0967-44-0311 / FAX 0967-44-0313 **홈피** www.yamabiko-ryokan.com

구로카와 온천에서 규모가 가장 큰 노천탕 센닌노유 仙人の湯로 유명한 야마비코 료칸은 마을 중심부를 흐르는 다노하루가 田の原川 옆에 있는 고급 온천 여관이다. 가야부키 지붕이 멋들어진 산몬 山門을 비롯해 오모야 母屋, 숙박동 등 모든 건물이 고풍스러운 느낌을 준다. 객실은 기존의 화실에 침대가 있는 양실 타입을 추가해 선택의 폭이 넓다. 현관에서 본관으로 향하는 통로 쪽에 있는 찻집(08:00~21:00)은 오래된 전통 창고를 개조해서 분위기가 색다르다. 2003년 4월에 전관 리뉴얼을 마치고 더욱 매력적인 온천으로 탈바꿈한 센닌노유 仙人の湯는 대온천과 소온천 2개가 있으며, 시간대에 따라 남녀가 교대로 이용한다. 바위를 절묘하게 배치해 계곡 같은 분위기에서 온천욕을 즐길 수 있다.

🏠 구로카와소

黒川荘

지도 p.22ⓐ **위치** 가제노야에서 도보 17분 **주소** 阿蘇郡南小国町満願寺6755 **오픈** 체크인 15:00, 체크아웃 11:00 **요금** 당일치기 온천 입욕료 500엔(08:30~21:00) / 숙박료 1박 2식 기준 1인당 1만 6,000엔~ / **신용카드: 사용 가능 전화** 0967-44-0211 / FAX 0967-44-0517 **홈피** www.kurokawaso.com

마을 중심가에 있는 온천 여관 구로카와소는 정통 일본식 건물의 단아한 분위기와 현대 건물의 세련된 멋이 조화를 이루는 곳이다. 온천 입구에 들어서면 고즈넉한 분위기의 가야부키 산몬 山門이 보이는데, '도쿠쇼나리와타라즈 獨掌不鳴渡'라는 글이 쓰인 액자가 멋들어지게 걸려 있다. 객실은 오모야 母屋에 화실 21실과 별채 1동이 있고, 별관에는 별채만 4동이 있다. 별채 객실은 모두 객실 내탕과 노천탕이 붙어 있어 언제든지 여유롭게 온천욕을 즐길 수 있다. 대부분의 객실은 10조 이상의 화실로 넓어서 편하게 휴식을 취할 수 있다. 노천 온천은 환상적인 간온 노천탕과 폭포 노천탕 등 남녀 각 2개씩 있는데, 압권은 대나무 숲과 거대한 자연석이 어우러진 보부이와 屛風岩 노천탕이다. 눈앞에 자연석이 병풍처럼 펼쳐져 이와 같은 이름을 붙였다고 하는데, 그 모습은 정말 장관이다. 남녀 교대로 이용할 수 있으므로 미리 이용 시간을 확인해 두는 것이 좋다.

🏠 산가 료칸
山河旅館

지도 p.23◎ **위치** 가제노야에서 도보 30분 **주소** 阿蘇郡南小国町大字満願寺6961-1 **오픈** 체크인 15:00, 체크아웃 10:00 **요금** 당일치기 온천 입욕료 500엔(08:30~21:00) / 숙박료 1박 2식 기준 1인당 1만 8,000엔~ / **신용카드: 사용 가능 전화** 0967-44-0906 / FAX 0967-44-0570 **홈피** www.sanga-ryokan.com

구로카와에서 가장 안쪽에 자리 잡은 이곳은 인공미라고 찾아볼 수 없을 만큼 자연과 조화를 이루고 있는 멋진 여관이다. 일본 비탕을 지키는 회 日本秘湯を守る会의 회원 숙소로 남녀 혼탕인 모야이노유 もやいの湯와 여성 전용 노천탕인 시키노유 四季の湯가 있다. '약사의 탕'이라는 별칭처럼 산가의 온천수를 마시면 위궤양에 효험이 있다고 한다. 일상에서 벗어나 기분전환을 하기에 가장 좋은 여관이다.

🏠 이코이 료칸
いこい旅館

지도 p.23© **위치** 가제노야에서 도보 6분 **주소** 阿蘇郡南小国町黒川温泉川端通り **오픈** 체크인 15:00, 체크아웃 10:00 **요금** 당일치기 온천 입욕료 500엔(08:30~21:00) / 숙박료 1박 2식 기준 1인당 1만 7,430엔~ / **신용카드: 사용 불가 전화** 0967-44-0552 / FAX 0967-44-0807 **홈피** www.ikoi-ryokan.com

구로카와의 노천온천 중에서 특히 여성에게 인기가 많은 곳이다. 그 이유는 이곳의 미인탕에 함유된 성분이 미백 효과가 있기 때문이라고. 특히 혼욕 노천탕인 다케노유는 ≪요미우리신문≫에서 선정하는 일본의 명탕 100선에 뽑힌 것으로도 유명하다.

🏠 야마아이노야도 야마미즈키
山あいの宿 山みず木

지도 p.23◎ **위치** 가제노야에서 도보 30분. 또는 무료 셔틀버스로 5분 **주소** 阿蘇郡南小国町満願寺6392-2 **오픈** 체크인 14:00, 체크아웃 11:00 **요금** 당일치기 온천 입욕료 500엔(08:30~21:00) / 숙박료 1박 2식 기준 1인당 1만 8,510엔~ / **신용카드: 사용 가능 전화** 0967-44-0336 / FAX 0967-44-0750 **홈피** www.yamamizuki.com

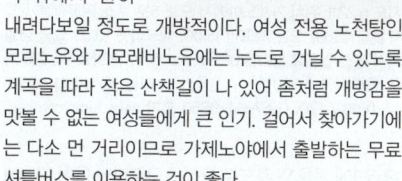

구로카와 중심가에서 가장 멀리 떨어져 있는 여관으로 강을 따라 만든 노천탕은 계곡 위에서 훤히 내려다보일 정도로 개방적이다. 여성 전용 노천탕인 모리노유와 기모래비노유에는 누드로 거닐 수 있도록 계곡을 따라 작은 산책길이 나 있어 좀처럼 개방감을 맛볼 수 없는 여성들에게 큰 인기. 걸어서 찾아가기에는 다소 먼 거리이므로 가제노야에서 출발하는 무료 셔틀버스를 이용하는 것이 좋다.

🏠 야마노야도 신메이칸

山の宿 新明館

지도 p.22ⓕ **위치** 가제노야에서 도보 5분 **주소** 阿蘇郡南小国町大字満願寺6608 **오픈** 체크인 15:00, 체크아웃 10:00 **요금** 당일치기 온천 입욕료 500엔(08:30~21:00) / 숙박료 1박 2식 기준 1인당 1만 5,000엔~ / 신용카드: 사용 가능 **전화** 0967-44-0916 / FAX 0967-44-0532 **홈피** www.sinmeikan.jp

구로카와 온천에서 제법 큰 규모를 자랑하는 신메이칸의 매력은 전체 길이가 30m에 이르는 동굴 온천이라는 점이다. 남녀가 함께 이용하는 혼탕과 여성 전용 탕으로 구분되어 있는데, 일본의 한 언론사가 선정한 일본의 유명 온천·비탕 100선에서 6위를 차지했을 정도로 유명하다. 여관 곳곳에서 주인의 따뜻한 마음을 느낄 수 있어 내 집 같은 편안함을 준다.

🏠 후모토 료칸

ふもと旅館

지도 p.22ⓑ **위치** 가제노야에서 도보 5분 **주소** 阿蘇郡南小国町満願寺6697 **오픈** 체크인 15:00, 체크아웃 10:00 **요금** 당일치기 온천 입욕료 500엔(08:30 ~21:00) / 숙박료 1박 2식 기준 1인당 1만 3,000엔~ / 신용카드: 사용 불가 **전화** 0967-44-0918 / FAX 0967-44-0850 **홈피** www.fumotoryokan.com

1955년에 문을 연 후모토 료칸은 구로카와 온천 마을에

서 가장 풍부한 용출량을 자랑하는 온천 여관이다. 노천탕 천국이라는 명성에 걸맞게 12종 14개의 다양한 노천탕이 있어서 다른 여관을 돌아다닐 필요 없이 이곳에서만 온천 삼매경에 빠질 수도 있다.

🏠 사토노유 와라쿠

里の湯 和らく

지도 p.23◎ **위치** 가제노야에서 자동차로 5분 **주소** 阿蘇郡南小国町大字満願寺6351-1 **오픈** 체크인 15:00, 체크아웃 11:00 **요금** 당일치기 온천 입욕료 500엔(08:00~21:00) / 숙박료 1박 2식 기준 1인당 1만 8,000엔~ / 신용카드: 사용 가능 **전화** 0967-44-0690 / FAX 0967-44-0853 **홈피** www.satonoyu-waraku.jp

구로카와 온천가의 중심에 있는 유서 깊은 여관 오야도 구로카와의 신관으로 1999년 8월에 문을 열었다. 마을 중심부에서 약 2㎞ 떨어진 곳에 자리 잡고 있어 조용한 분위기에서 한가롭게 온천을 즐길 수 있다. 모든 객실은 전통 다다미방이며 바닥에는 이로리가 있어 운치를 더한다. 총 11개의 객실 중 2실에는 내탕이, 9실에는 작고 아담한 노천탕이 붙어 있다.

오야도 노시유
お宿のし湯

지도 p.23ⓒ **위치** 가제노야에서 도보 7분 **주소** 阿蘇郡南小国町6591-1 **오픈** 체크인 15:00, 체크아웃 11:00 **요금** 당일치기 온천 입욕료 500엔(08:30~21:00) / 숙박료 1박 2식 기준 1인당 1만 8,000엔 / **신용카드** : 사용 가능 **전화** 0967-44-0308 / FAX 0967-44-0306 **홈피** www.ryokan-fujiya.jp/nosiyu/index.html

아소의 자연에 둘러싸여 사방팔방으로 푸른 녹음을 느낄 수 있는 품격 높은 여관. 문을 열고 작은 길을 따라 오른쪽으로 가면 숲에 둘러싸인 노천탕이 나온다. 노천온천을 즐기고 난 뒤에는 새로 단장한 휴게실 기베에 木べえ에서 우동이나 소바로 간단하게 요기도 할 수 있다. 객실은 모두 11개가 있는데, 그중 6개의 객실에 욕탕이 붙어 있어 조용하게 온천욕을 즐길 수 있다.

유쿄노히비키 유사이
湯峡の響き 優彩

지도 p.23ⓒ **위치** 가제노야에서 도보 5분 **주소** 阿蘇郡南小国町北黒川6554 **오픈** 체크인 15:00, 체크아웃 10:00 **요금** 당일치기 온천 입욕료 500엔(08:30~21:00) / 숙박료 1박 2식 기준 1인당 1만 6,950엔~ / **신용카드**: 사용 가능 **전화** 0967-44-0111 / FAX 0967-44-0115 **홈피** www.yusai.com

2000년 8월에 리뉴얼 오픈한 여관 유사이는 구로카와에서 가장 규모가 큰 현대식 온천 여관이다. 개인 여행자들보다는 단체 패키지 여행자들이 주로 이용

하는 숙소로 규모가 큰 만큼 다양한 온천을 경험할 수 있다. 아소유후고겐버스가 바로 앞에서 정차한다.

오야도 노노하나
お宿 野の花

지도 p.23ⓒ **위치** 가제노야에서 자동차로 5분 **주소** 阿蘇郡南小国町満願寺6375-2 **오픈** 체크인 15:00, 체크아웃 11:00 **요금** 당일치기 온천 입욕료 500엔(08:30~21:00) / 숙박료 1박 2식 기준 1인당 2만 2,830엔~ / **신용카드** : 사용 가능 **전화** 0967-44-0595 / FAX 0967-44-0596 **홈피** www.oyado-nonohana.com

마을 중심부에서 2km 정도 떨어진 산속에 있어 조용하고 아늑한 분위기가 느껴지는 온천 여관이다. 객실은 모두 따로 떨어진 별채이며, 상수리나무 숲속에 있어 자연을 만끽하며 온천욕을 할 수 있다. 남녀 별도의 내탕은 5~6명이 한 번에 들어갈 수 있는 오케부로와 이시부로 石風呂가 있으며, 시간대에 따라 남녀가 교대로 입욕하는 시스템으로 운영한다. 가장 인기 있는 곳은 시원하게 흐르는 시냇물을 바라볼 수 있는 노천탕 긴네즈노유 ぎんねずの湯. 피부를 부드럽게 하는 단순 온천으로 신경통과 어깨 결림에도 효능이 있다고 한다.

🏠 유모토소

湯本荘

지도 p.23Ⓑ **위치** 가제노야에서 도보 5분 **주소** 阿蘇郡南小国町大字満願寺6700 **오픈** 체크인 14:00, 체크아웃 10:00 **요금** 당일치기 온천 입욕료 500엔(08:30~21:00) / 숙박료 1박 2식 기준 1인당 1만 3,000엔~ / 신용카드: 사용 불가 **전화** 0967-44-0216 / FAX 0967-44-0809 **홈피** www.yumotoso.jp

구로카와 온천 마을의 중심부에 있는 자그마한 규모의 전통 일본식 여관이다. 벽과 처마에 매달린 노란 옥수수가 인상적인 외관과 달리 내부는 아주 세련되게 꾸며져 있다. 당일치기 온천으로 방문하기에는 이렇다 할 매력은 없지만 하룻밤 숙박을 하기엔 괜찮은 편이다.

🏠 오캬쿠야 료칸

御客屋旅館

지도 p.23Ⓒ **위치** 가제노야에서 도보 5분 **주소** 阿蘇郡南小国町大字満願寺6546 **오픈** 체크인 15:00, 체크아웃 10:00 **요금** 당일치기 온천 입욕료 500엔(08:30~21:00) / 숙박료 1박 2식 기준 1인당 1만 4,000엔~ / 신용카드: 사용 불가 **전화** 0967-44-0454 / FAX 0967-44-0551 **홈피** www.okyakuya.jp

에도 시대 말기에 창업해 구로카와에서 가장 오랜 역사를 자랑하는 전통 여관으로 메이지 시대 이전에는 히고 肥後 호소카와번 細川藩의 관사로 사용된 역사를 갖고 있다. 소박한 분위기의 여관으로 노천탕과 옥내 목욕탕, 대절 목욕탕을 갖추고 있다.

🏠 료칸 이치노이

旅館 壱の井

지도 p.23Ⓚ **위치** 가제노야에서 도보 5분 **주소** 阿蘇郡南小国町満願寺6630-1 **오픈** 체크인 15:00, 체크아웃 10:00 **요금** 당일치기 온천 입욕료 500엔(08:30~21:00) / 숙박료 1박 2식 기준 1인당 1만 1,000엔~ / 신용카드: 사용 가능 **전화** 0967-44-0881 / FAX 0967-44-0896 **홈피** www.ichinoi.jp

가제노야에서 북쪽으로 나 있는 언덕길 위에 위치하는 이치노이는 구로카와에서 보기 드문 퓨전식 온천 여관이다. 일본적인 전통미에 서구적인 세련미가 적절히 가미되어 세련되면서도 쾌적한 분위기를 자랑한다. 규모는 작지만 유황 냄새가 물씬 풍기는 노천탕에서 온천을 즐기다 보면 피부가 금방 매끈해지는 것을 느낄 수 있다.

🏠 료칸 야마노유
旅館 やまの湯

지도 p.22ⓕ **위치** 가제노야에서 도보 3분 **주소** 阿蘇郡南小国町満願寺6601-4 **오픈** 체크인 15:00, 체크아웃 10:00 **요금** 당일치기 온천 입욕료 500엔(08:30~21:00) / 숙박료 1박 2식 기준 1인당 1만 2,000엔~ / 신용카드: 사용 불가 **전화** 0967-44-0017 / FAX 0967-44-0526 **홈피** www.yamanoyu.net

노천탕으로 유명한 여관이다. 지하 60m에서 솟아오르는 75℃의 원천을 100% 이용하기 때문에 고혈압, 동맥경화, 신경통, 류머티즘 등에 좋다고 한다. 탕치 효과를 보기 위해 일부러 찾는 사람들도 있을 정도. 또 하나의 특징은 온센간무시키 温泉顔蒸し器. 원천이 흐르는 상자 안에 얼굴을 넣고 레버를 누르면 온천 증기가 나오는 시스템으로, 깊게 숨을 들이마시면 신진대사가 활발해지고 입과 코, 피부로 온천수를 직접 흡수하는 효과가 있어 몸에 좋다고 한다.

료칸 야마노유는 구로카와 온천 마을의 중심부에 있으면서도 북적거리는 바깥 소음이 거의 들리지 않아 조용하게 휴식을 취할 수 있는 곳이다. 4층 건물이라 전망이 좋은 편이며, 객실에서 정겨운 마을 풍경을 내다볼 수 있다. 온천은 최상층에 있는 노천탕 고다마노유가 유명한데, 마을 중심가에 있는 온천이라는 생각이 들지 않을 정도로 전망이 훌륭하다. 노천탕은 여관 주인이 직접 설계한 것으로, 중앙에 있는 거대한 자연석이 주변 경관과 멋진 조화를 이룬다.

🏠 난조엔
南城苑

지도 p.23ⓑ **위치** 가제노야에서 도보 2분 **주소** 阿蘇郡南小国町満願寺6612-1 **오픈** 체크인 14:00, 체크아웃 10:00 **요금** 당일치기 온천 입욕료 500엔(08:30~21:00) / 숙박료 1박 2식 기준 1인당 1만 3,000엔~ / 신용카드: 사용 가능 **전화** 0967-44-0553 / FAX 0967-44-0804 **홈피** www.nanjoen.com

자연의 바람을 느끼며 느긋하게 온천을 즐길 수 있는

🏠 료칸 고노유
旅館こうの湯

지도 p.23ⓚ **위치** 가제노야에서 도보 25분 **주소** 阿蘇郡南小国町満願寺6789 **오픈** 체크인 15:00, 체크아웃 10:00 **요금** 당일치기 온천 입욕료 500엔(08:30~21:00) / 숙박료 1박 2식 기준 1인당 2만 1,750엔~ / 신용카드: 사용 가능 **전화** 0967-48-8700 / FAX 0967-48-8701 **홈피** www.kounoyu.jp

고지대에 있어 전경이 뛰어난 료칸 고노유는 2002년에 문을 연 온천 여관으로, 구로카와의 오래된 숙소에 비해 풍격은 떨어지지만 전통과 최신 시설의 조화, 뛰어난 서비스로 인기를 얻고 있다. 객실은 총 6실로 단층 건물과 2층 건물의 2가지 타입이 있는데, 모두 별채로 이루어져 있어 프라이버시가 보장된다. 각 방에 각기 다른 취향을 살린 노천탕이 붙어 있는 것 또한 매력적이다.

🏠 료칸 와카바
旅館わかば

지도 p.23ⓖ **위치** 가제노야에서 도보 10분 **주소** 阿蘇郡南小
国町満願寺6431 **오픈** 체크인 15:00, 체크아웃 11:00 **요금** 당
일치기 온천 입욕료 500엔, 가족탕 2,000엔(08:30 ~21:00)
/ 숙박료 1박 2식 기준 1인당 1만 2,000엔~ / **신용카드:** 사
용 가능 **전화** 0967-44-0500 / FAX 0967-44-0464 **홈피**
www.ryokanwakaba.com

시간이 멈춘 듯 조용한 산속에 있는 료칸 와카바는 여
성을 타깃으로 한 독특한 숙소이다. 낭만적인 분위기
의 옥내 목욕탕이나 미백 효과가 뛰어난 노천탕, 그리
고 전통 여관과는 어울리지 않을 것 같은 에스테틱 살
롱이 묘한 조화를 이룬다. 여자들끼리 여행할 때 이용
하면 좋은 곳이다.

🏠 오쿠노유
奥の湯

지도 p.23ⓓ **위치** 가제노
야에서 도보 15분 **주소** 阿
蘇郡南小国町満願寺黒川
6567 **오픈** 체크인 15:00,
체크아웃 10:00 **요금** 당
일치기 온천 입욕료 500
엔(08:30~21:00) / 숙박
료 1박 2식 기준 1인당 1
만 6,200엔~ / **신용카드**
: 사용 가능 **전화** 0967-
44-0021 / FAX 0967-
23-8006 **홈피** www.
okunoyu.com

계곡을 따라 본관과 신관, 별채가 배치되어 있으며, 다
양한 노천온천과 동굴온천을 한자리에서 즐길 수 있
다. 여러 가지 타입의 방이 있어서 예산에 따라 다양
한 선택이 가능하다. 특히 노천탕이 딸려 있는 별채는
가족 여행자들에게 인기.

🏠 이야시노사토 기야시키
いやしの里 樹やしき

지도 p.23ⓒ **위치** 가제노야에서 도보 25분 **주소** 阿蘇郡南小
国町満願寺6403-1 **오픈** 체크인 15:00, 체크아웃 10:00 **요
금** 당일치기 온천 입욕료 500엔(08:30~21:00) / 숙박료 1박
2식 기준 1인당 1만 2,000엔~ / **신용카드:** 사용 가능 **전화**
0967-44-0326 / FAX 0967-44-0327 **홈피** www.kiyashiki.
com

구로카와 온천의 중심가에서 조금 벗어나 경치 좋은 산중턱에 위치한 온천 여관이다. 46,000㎡에 달하는 넓은 부지에 본관, 가족탕, 노천탕이 널찍하니 자리 잡고 있다. 별채의 객실에는 사치스러울 정도로 멋진 전용 노천탕이 딸려 있다. 옛 마쓰노이 료칸이 리뉴얼을 거치면서 기야시키로 이름을 바꾸었다.

🏯 료칸 니시무라
旅館にしむら

지도 p.23ⓒ **위치** 가제노야에서 도보 25분 **주소** 阿蘇郡南小国町大字満願寺6561−1 **오픈** 체크인 15:00, 체크아웃 10:00 **요금** 당일치기 온천 입욕료 500엔(08:30~21:00) / 숙박료 1박 2식 기준 1인당 1만 3,000엔~ / 신용카드 : 사용 불가 **전화** 0967-44-0753 / FAX 0967-44-0103 **홈피** www.ryokan-nishimura.co.jp

구로카와 온천 마을의 입구에 있는 3층 목조 건물의 온천 여관이다. 오래되어 조금 낡아 보이지만 그만큼 기풍이 느껴진다. 객실은 노천탕이 딸린 객실, 이로리가 있는 객실 등을 포함해 모두 16실이 있다. 세련된 맛은 떨어지지만 가정적인 분위기가 정감을 주며, 전통을 중시하는 인테리어가 눈에 띈다.

🏯 유메린도
夢龍胆

지도 p.23ⓖ **위치** 가제노야에서 도보 10분 **주소** 阿蘇郡南小国町満願寺6564−1 **오픈** 체크인 15:00, 체크아웃 11:00 **요금** 당일치기 온천 입욕료 500엔(08:30~21:00) / 숙박료 1박 2식 기준 1인당 1만 4,000엔~ / 신용카드 : 사용 가능 **전화** 0967-44-0321 / FAX 0967-44-0323 **홈피** www.yumerindo.com

로비에서 바라볼 수 있는 일본식 정원이 아름다운 유메린도는 노천탕 역시 일본 정원풍으로 꾸며져 있다. 넓은 부지에 넉넉하게 자리 잡고 있는 여관은 산가 여관과 어깨를 나란히 할 만큼 세련된 전통미를 자랑한다. 본관과 별관으로 나뉘어 있다.

🏠 료칸 후지야
旅館 ふじ屋

지도 p.23ⓖ **위치** 가제노야에서 도보 5분 **주소** 阿蘇郡南小
国町黒川6541 **오픈** 체크인 15:00, 체크아웃 11:00 **요금** 당일
치기 온천 입욕료 500엔, 가족탕 40분 800엔(08:30~21:00)
/ 숙박료 1박 2식 기준 1인당 1만 2,000엔~ / 신용카드: 사용
불가 **전화** 0967-48-8117 / FAX 0967-48-8116 **홈피** www.
ryokan-fujiya.jp

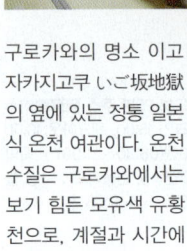

구로카와의 명소 이고
자카지고쿠 いご坂地獄
의 옆에 있는 정통 일본
식 온천 여관이다. 온천
수질은 구로카와에서는
보기 힘든 모유색 유황
천으로, 계절과 시간에
따라 투명해지기도 하
고 푸른색으로 변하기도 하여 색다른 분위기를 보여
준다. 또한 온천욕을 하고 나면 피부가 부드러워지는
효과가 있다고 하여 여성들에게 특히 인기가 높다.

단아한 형태의 목조 3층 건물은 일본의 옛 민가를 그
대로 재현한 듯해 편안함이 느껴진다.
객실 7개의 작은 여관인 만큼 본관에 작은 온천이 6개
밖에 없지만 각기 다 개성이 달라 조용히 휴식을 취하
기에 그만이다. 도보 5분 거리에 있는 온천 노시유도
함께 이용할 수 있는 것이 장점.

🏠 오야도 구로카와
お宿 玄河

지도 p.23ⓑ **위치** 가제노야에서 도보 2분 **주소** 阿蘇郡南
小国町満願寺6606 **오픈** 체크인 15:00, 체크아웃 10:00 **요
금** 당일치기 온천 입욕료 500엔(10:00~21:00) / 숙박료 1
박 2식 기준 1인당 1만 5,750엔~ / 신용카드: 사용 불가 **전
화** 0964-44-0651 / FAX 0967-44-0563 **홈피** www.
oyadokurokawa.com

구로카와 온천 마을의 중심가에 있어 구로카와 여행
에 안성맞춤인 숙소로 객실이 4개뿐인 작은 여관이
만 대절이 가능한 가족탕을 무려 5개나 가지고 있다.
객실은 모두 화양실 구조로 침실과 차실로 구분되어
있는 4인실과 침실만 있는 2인실 등 2종류가 있다.

🏠 와후료칸 미사토
和風旅館 美里

지도 p.23ⓑ **위치** 가제노야에서 도보 5분 **주소** 熊本県阿蘇郡
南小国町満願寺6690 **오픈** 체크인 15:00, 체크아웃 10:00 **요
금** 당일치기 온천 입욕료 500엔(08:30~21:00) / 숙박료 1박
2식 기준 1인당 1만 엔~ / 신용카드: 사용 불가 **전화** 0967-
44-0331 / FAX 0967-44-0335 **홈피** www.kurokawa-
misato.jp

🏠 산아이코겐 호텔
三愛高原ホテル

지도 p.23Ⓟ **위치** 가제노야에서 자동차로 10분 **주소** 阿蘇郡南小国町大字満願寺5644 **오픈** 체크인 15:00, 체크아웃 10:00 **요금** 당일치기 온천 입욕료 500엔(08:30~20:00) / 숙박료 1박 2식 기준 1인당 1만 5,900엔~ / 신용카드: 사용 가능 **전화** 0967-44-0121 **홈피** san-aihotel.gr.jp

🏠 호잔테이
帆山亭

지도 p.23Ⓟ **위치** 가제노야에서 자동차로 5분 **주소** 阿蘇郡南小国町黒川6346 **오픈** 체크인 14:00, 체크아웃 10:00 **요금** 당일치기 온천 입욕료 500엔(09:00~21:00) / 숙박료 1박 2식 기준 1인당 1만 3,000엔~ / 신용카드: 사용 불가 **전화** 0964-44-0059 / FAX 0967-44-0095 **홈피** www.hozantei.com

당일치기 온천을 목적으로 방문하기에는 구로카와 온천 중심가에서 너무 멀리 떨어져 있지만 자연을 느끼며 온천욕을 즐기고 싶다면 한 번 가볼 만하다. 계곡을 따라 넓게 자리 잡고 있는 객실에는 모두 전용 노천탕이 딸려 있어 조용하면서도 사치스러운 휴식을 원하는 여행자들에게 인기가 높다.

해발 1,000m의 고지대 세노모토코겐에 있는 호텔로 수려한 주변 풍경이 장점이다. 265,000m²에 달하는 넓은 부지에는 온천뿐 아니라 그라운드 골프장, 수영장, 테니스코트 등 다양한 시설이 있어 즐거운 시간을 보낼 수 있는 곳이다. 고원 지대에 있어 시원한 바람을 느끼며 휴식을 취할 수 있으며, 특히 저녁에는 하늘 가득 밝게 빛나는 별을 감상할 수 있다. 구로카와 온천 중심가에서 멀리 떨어져 있어 렌터카 여행자들만 이용 가능하다.

05

BEPPU

벳푸

벳푸는
어떤 곳일까?

벳푸는 규슈의 북동부에 자리 잡고 있는 오이타현에 속해 있는 일본을 대표하는 온천 마을이다. 벳푸 시내에는 온천수가 뿜어져 나오는 원천이 무려 2,800개 이상 있어 도시 곳곳에서 하얀 수증기가 피어오르는데, 이는 일본 전체 원천 수의 약 10%에 해당한다. 매일 용출되는 온천의 수량도 137,000㎘에 달해 일본에서 가장 많은 양을 자랑한다. 덕분에 벳푸는 오래

전부터 국제적인 관광도시로 명성이 높아 매년 1,000만 명 이상의 관광객이 방문한다. 하지만 벳푸 근교에 있는 작은 온천 마을인 유후인의 인기가 높아지면서 벳푸를 찾던 관광객들의 발걸음은 점차 감소하는 추세에 있다.

Data

위치 규슈 오이타현 九州 大分県
면적 6,340.71km²
인구 1,151,853명(2017년 10월 1일 기준)
홈피 www.city.beppu.oita.jp

여행계획 일본에서 가장 유명한 온천 휴양지 벳푸에서 할 일은 크게 두 가지로 나눌 수 있다. 벳푸 핫토 別府八湯라 부르는 8개 온천을 찾아다니는 온천 순례를 즐기는 것이 한가지이고, 또 다른 하나는 지고쿠메구리 地獄めぐ리로 유명한 벳푸의 지옥 온천을 관광하거나 벳푸 외곽에 있는 수족관, 동물원, 원숭이 공원 등을 둘러보는 것이다. 벳푸를 잠시 들렀다 지나가는 경우에는 벳푸역에서 도보거리에 있는 다케가와라 온천에서 온천욕을 즐긴 후 버스를 타고 간나와 온천 지역으로 이동해서 지옥온천 한두 곳을 구경하는 것으로 만족하면 되고, 하루를 꼬박 벳푸에 머물 계획이라면 취향에 따라 다양한 선택이 가능하므로 미리 구체적인 일정을 잡아보는 것이 좋다. 벳푸 시내에서의 이동은 가메노이 버스를 이용하면 되고, 시 외곽으로 나갈 때는 오이타 교통버스를 이용하면 된다. 그리고 경우에 따라서는 버스 1일 승차권을 구입하는 것이 경제적이다.

후쿠오카
벳푸
오이타현
나가사키
구마모토
미야자키
가고시마

벳푸
여행 FAQ

벳푸의 명물 음식은?

바다와 접해 있는 오이타의 음식은 회를 빼놓고는 얘기가 안 된다. 그중에서도 최고의 명물로 알려진 회는 세키사바 関さば(고등어), 세키아지 関あじ(전갱이). 회가 조금 부담스럽다면 오이타를 대표하는 향토요리 단고지루 だんご汁나 야세우마 やせうま를 맛볼 것. 가볍게 먹을 수 있는 간식으로 그만이다.

자연 경관을 즐길 수 있는 명소가 있을까?

고원지대의 푸르른 녹음과 화려한 색을 자랑하는 꽃들이 만발하는 구주 くじゅう는 멋진 자연 풍경을 즐길 수 있는 곳이다. 특히 야마나미 하이웨이를 따라가는 길에 있는 구주하나코엔 くじゅう花公園, 구주라벤다엔 九重ラベンダー園, 고코노에유메오하쓰리바시 九重夢大吊橋 같은 곳은 한번쯤 가볼만한 가치가 있다. 하지만 아쉽게도 대중교통편이 불편하기 때문에 렌터카를 이용하는 경우에만 들르는 것이 좋다.

규슈 최고의 드라이브 코스가 있다던데?

웅장한 대자연의 향연을 즐길 수 있는 구주의 야마나미하이웨이 やまなみハイウェイ는 규슈를 대표하는 드라이브 코스이다. 벳푸에서 시작해 구마모토현의 이치노미야 一のみや까지 연결하는 현도 11호의 별칭으로, 산과 들, 강이 어우러진 멋진 고원지대를 시원하게 질주할 수 있다. 렌터카를 이용하면 환상적인 드라이브를 즐길 수 있지만, 렌터카 이용이 어렵다면 대신 규슈횡단버스를 이용해 야마나미 하이웨이를 달려보자.

벳푸와 그 주변 지역에서 가장 인기 있는 온천은?

일본 최고의 인기 온천 자리를 놓고 수위를 다투는 유후인이 바로 벳푸 근교에 자리 잡고 있다. 맑고 투명한 온천수, 품격 높은 전통 료칸은 기본이고 다양한 먹을거리와 명물 쇼핑거리까지 갖추고 있어 마을 전체가 세련된 테마파크 같은 느낌을 받게 된다. 역사와 전통을 자랑하는 온천의 명가 벳푸핫토 중에서는 벳푸역에서 도보거리에 있는 다케가와라 온천과 유노하나로 유명한 묘반 온천이 가볼만 하다.

벳푸 명소
BEST 5

유후인
湯布院

오이타현 중앙부에 자리 잡고 있는 규슈 최고의 온천 명소. 뒤로
는 웅장한 유후다케가 우뚝 솟아 있고, 마을 중심에는 아름다운
호수 긴린코가 있어 멋진 휴식 공간을 제공한다. 일본 전통 온천
의 매력을 제대로 즐기고 싶다면 꼭 들러봐야 할 곳이다.

벳푸 핫토
別府八湯

벳푸 시내에 있는 8개의 대표적인 온천. 다양한 수질과 일본
최대 규모의 용출량을 자랑하는 벳푸의 명소이다. 각 온천마
다 독특한 개성을 가지고 있어 어디를 가든 기억에 오래 남을
온천욕을 즐길 수 있다.

지고쿠메구리
地獄めぐり

벳푸 최고의 명소로 알려진 지옥 온천 순례. 벳푸 핫토 중 하나
인 간나와 온천 주변에 자리 잡고 있으며, 모두 9개의 독특한
지옥 온천이 있다. 9개 모두 돌아봐도 되지만 시간 여유가 없
다면 가장 규모가 큰 우미지고쿠 海地獄만 방문해보자.

아프리칸 사파리
アフリカンサファリ

아시아에서 가장 큰 규모를 자랑하는 자연 동물원. 정글버스
를 타고 떠나는 사파리 투어는 남녀노소 할 것 없이 누구나 즐
길 수 있는 멋진 아이템이다.

야마나미 하이웨이
やまなみハイウェイ

벳푸에서 시작해 구주를 거쳐 유후인, 아소산을 경유해 구마모토로 이어지는 야마나미 하이웨이는 그야말로 환상적인 드라이브 코스다. 심
심할 겨를이 없을 정도로 멋진 대자연의 풍광을 즐길 수 있다. 특히 봄~가을에 이 길을 달리는 수많은 라이더와 오픈카를 만날 수 있다

벳푸로
가는 방법

한국에서 비행기를 이용해 오이타공항으로 갈 수도 있지만, 대부분의 여행자들은 후쿠오카를 통해 벳푸에 도착하게 된다. 후쿠오카에서 벳푸까지는 JR 열차나 고속버스를 이용하면 되는데 기차나 고속버스는 1시간에 2~3편이 운행되고 있어 언제라도 편리하게 이용할 수 있다.

오이타공항에서 벳푸 시내로

오이타공항에서 벳푸 시내로 이동하려면 공항특급버스를 이용하면 된다. 벳푸 교통센터 방면으로는 매일 25편 이상의 버스가 운행되고 있어 언제든지 편리하게 이용할 수 있고, 벳푸역으로 가는 버스는 매일 5편이 운행되고 있다. 버스 티켓을 구입할 때 왕복권(2,600엔)으로 구입하면 400엔을 할인받을 수 있다.

홈피 www.oita-airport.jp

```
오이타공항 ──── 공항특급버스 에어라이너 ──── 벳푸역
              50분, 1,500엔
```

후쿠오카에서 벳푸로

JR

후쿠오카에서 출발한다면 하카타역에서 특급 소닉 特急ソニック을 이용하면 약 2시간 만에 벳푸까지 편하게 갈 수 있다. 매 시간마다 2~3편이 운행하고 있어 편리하며, 요금은 지정석 이용 시 5,560엔이다. 단, JR 규슈레일패스, 북큐슈레일패스를 소지한 여행자라면 열차티켓은 따로 구입하지 않아도 된다. 지정석을 이용하고 싶다면 JR 하카타역에 있는 미도리노마도구치에 들러 패스를 제시하고 예약하면 되고 추가요금은 없다.

홈피 www.jrkyushu.co.jp

```
하카타역 ──── JR 특급 소닉 ──── 벳푸역
          2시간, 5,570엔
```

버스

후쿠오카에서 벳푸로 가는 고속버스 도요노쿠니호는 하카타 버스터미널에서 출발해 니시테쓰 덴진 고속버스터미널과 후쿠오카공항 국제선터미널을 경유해 벳푸 기타하마 버스정류장에 도착한다. 버스는 시간당 2대 정도로 자주 있는 편이며 요금은 편도 기준 3,190엔이다. 산큐패스가 있으면 무료로 이용할 수 있지만, 패스가 없는 경우에는 왕복 승차권을 구입하거나 여러 명이 함께 이용할 수 있는 4장짜리 회수권인 도요노쿠니깃푸(8,220엔, 1장당 2,055엔)를 구입하는 것이 경제적이다.

홈피 www.nishitetsu.co.jp/bus/highway

```
하카타          니시테쓰 고속버스 도요노쿠니호      벳푸 기타하마
버스터미널 ──── 2시간 20분, 3,190엔 ──── 버스정류장
```

유후인으로
가는 방법

한국에서 비행기를 이용해 오이타공항으로 갈 수도 있지만, 대부분의 여행자들은 후쿠오카나 벳푸를 통해 유후인에 도착하게 된다. 후쿠오카에서 유후인까지는 JR 열차나 고속버스를 이용하면 되는데 직행 열차는 매일 6편, 고속버스는 11편이 왕복 운행되고 있어 언제라도 편리하게 이용할 수 있다.

✈ 오이타공항에서 유후인으로

오이타공항에서 유후인까지는 하루 6편의 공항버스가 운행되고 있다. 버스 출발시각은 항공기의 연착 상황에 따라 유동적으로 변할 수 있으므로 공항에 도착하자마자 안내소에서 정확한 시간을 확인하는 것이 좋다. 그리고 유후인에서 출발할 때는 교통체증 등으로 공항에 늦게 도착할 수도 있으니 여유 있게 출발하는 것이 좋다. 편도 1,550엔이지만 왕복권을 구입하면 500엔을 할인받을 수 있다.

| 오이타공항 | 공항버스 55분, 1,550엔 | 유후인 버스센터 |

🚌 벳푸에서 유후인으로

벳푸에서 유후인으로 갈 때는 JR 특급 유후를 타면 한 번에 갈 수 있다. 단, 열차가 자주 없기 때문

에 미리 시각표를 확인해야 한다. 시간에 구애받지 않고 가려면 먼저 오이타역까지 이동한 후 유후인으로 가는 열차로 갈아타면 된다. 한편, 벳푸역 서쪽 출구에서 출발하는 유후인행 노선버스를 이용하면 유후인 버스센터까지 한 번에 갈 수 있다.

| 벳푸역 | JR 특급 유후 1시간, 2,450엔 | 유후인역 |

| 벳푸역 서쪽 출구 | 가메노이 버스 55분, 900엔 | 유휴인 버스센터 |

🚆 후쿠오카에서 유후인으로

JR

후쿠오카의 하카타역에서 출발하는 JR 특급 유후인노모리 ゆふいんの森를 이용하면 중간에 갈아타지 않고 곧바로 유후인역에 도착할 수 있다. 관광을 위해 만든 특급 열차라 일반 열차에 비해 창문이 크고 열차 내부도 독특하게 꾸며져 있어 기차 여행의 즐거움을 더해준다. 단, 유후인이 워낙 인기 있는 명소이고 고속버스보다는 기차를 이용해서 가는 경우가 많기 때문에 반드시 미리 예약을 해야 한다. 그리고 모든 좌석이 지정석이기 때문에 JR 규슈레일패스를 소지한 경우라 해도 반드시 예약을 할 때 지정석 티켓을 미리 받아둬야 한다. 참고로, 같은 노선으로 특급 유후 特急ゆふ도 함께 운행하는데, 관광 열차가 아니라서 유후인노모리와는 분위기가 많이 다르다.

홈피 www.jrkyushu.co.jp

버스

후쿠오카공항 국제선터미널이나 하카타 버스터미널, 니시테쓰 덴진 고속버스터미널에서 출발하는 유후인행 고속버스를 이용하면 된다. 버스는 약 45분 간격으로 출발하므로 시간에 구애받지 않고 이용할 수 있어 편리하다. 버스 요금은 편도 기준 2,880엔이지만 왕복·페어 승차권을 구입하면 2장에 5,140엔으로 10% 할인 혜택을 받을 수 있다. 그리고 4장짜리 회수권인 유후인깃푸를 구입하면 4장에 8,220엔으로 29% 할인 혜택을 받을 수 있다.

홈피 www.nishitetsu.co.jp/bus

○ 하카타역 —— JR 특급 유후인노모리 —— ● 유후인역
2시간 10분, 4,560엔

○ 하카타 버스터미널 —— 고속버스 —— ● 유후인 버스센터
2시간 20분, 2,880엔

🚆 유후인 벳푸로 가는 교통편 한눈에 보기

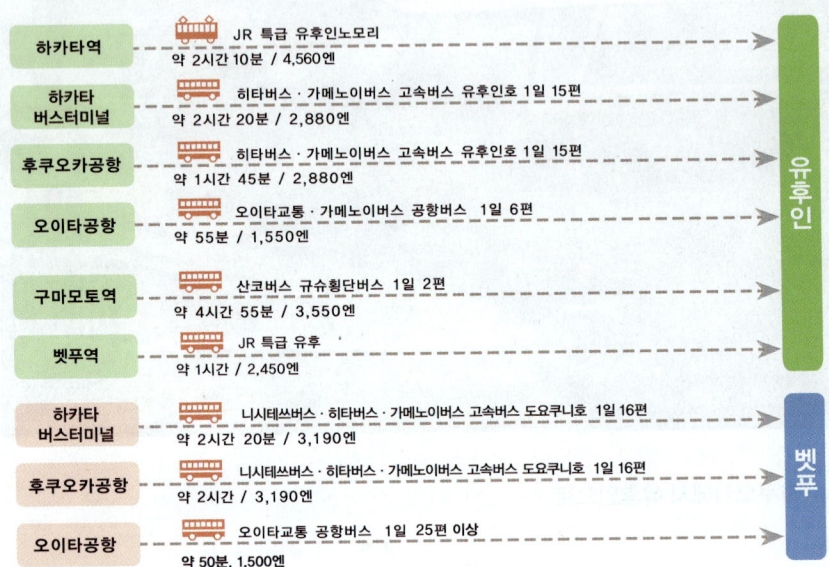

하카타역 — 🚃 JR 특급 유후인노모리
약 2시간 10분 / 4,560엔 →

하카타 버스터미널 — 🚌 히타버스 · 가메노이버스 고속버스 유후인호 1일 15편
약 2시간 20분 / 2,880엔 →

후쿠오카공항 — 🚌 히타버스 · 가메노이버스 고속버스 유후인호 1일 15편
약 1시간 45분 / 2,880엔 →

오이타공항 — 🚌 오이타교통 · 가메노이버스 공항버스 1일 6편
약 55분 / 1,550엔 →

구마모토역 — 🚌 산코버스 규슈횡단버스 1일 2편
약 4시간 55분 / 3,550엔 →

벳푸역 — 🚌 JR 특급 유후
약 1시간 / 2,450엔 →

유후인

하카타 버스터미널 — 🚌 니시테쓰버스 · 히타버스 · 가메노이버스 고속버스 도요쿠니호 1일 16편
약 2시간 20분 / 3,190엔 →

후쿠오카공항 — 🚌 니시테쓰버스 · 히타버스 · 가메노이버스 고속버스 도요쿠니호 1일 16편
약 2시간 / 3,190엔 →

오이타공항 — 🚌 오이타교통 공항버스 1일 25편 이상
약 50분, 1,500엔 →

벳푸

🚆 유후인 주변 교통도

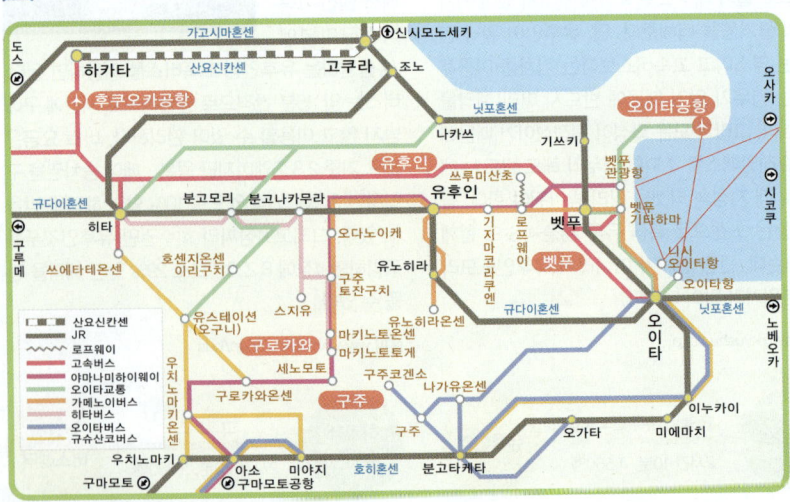

벳푸
시내교통

벳푸는 시내버스 교통망이 잘 정비되어 있으므로 시내관광을 할 때는 버스를 이용하는 것이 편리하다. 버스 이용방법은 후쿠오카를 비롯한 여느 도시와 마찬가지로 뒷문으로 탑승하고 앞문으로 하차하면 된다. 버스에 탑승할 때는 정리권을 뽑아야 한다는 것 역시 마찬가지다.

🚌 버스

벳푸의 버스 노선은 가메노이 버스 亀の井バス와 오이타교통버스 大分交通バス가 양분하고 있다. 벳푸역 주변과 간나와 온천, 묘반온천 등 벳푸 시내는 대부분 가메노이 버스가 연결하고 행선지에 따라 노선번호가 표시되어 있다. 하지만 다카사키야마 자연동물원이나 오이타행 버스의 경우에는 노선번호가 없는 오이타 교통버스 大分交通バス를 이용해야 한다. 한편 가메노이 버스를 하루 동안 무제한 이용할 수 있는 마이벳푸프리 승차권을 이용하면 벳푸 시내와 벳푸 주변의 지옥 순례를 비롯하여 여러 곳을 자유롭게 이동할 수 있다.

홈피 가메노이 버스 www.kamenoibus.com, 오이타 교통 www.oitakotsu.co.jp

이득이 되는 교통패스

❶ 마이벳푸프리 미니프리 승차권
MyべっぷFree ミニフリー乗車券

가메노이 버스에서 발행하는 1일 자유승차권. 벳푸 역에서 출발해서 간나와 지역의 지옥온천만 보고 온다 해도 편도 330엔, 왕복할 경우 660엔의 버스비가 필요하므로 최소한 3번 이상 버스를 이용할 생각이라면 이 패스를 구입하는 것이 경제적이다. 패스를 구입하면 벳푸 관광의 핵심인 8개의 지옥온천 공동 입장권을 구입할 때 10% 할인 혜택을 받을 수 있다.

요금 어른 900엔, 학생 700엔 **구입** JR 벳푸역 종합관광안내소, 기타하마 버스센터, 벳푸 교통센터, 유후인 버스센터 등 **전화** 0977-23-0141(가메노이 버스)

❷ 마이벳푸프리 와이드프리 승차권
MyべっぷFree ワイドフリー乗車券

기본적으로 마이벳푸프리 미니패스와 같지만, 유효구간이 훨씬 넓다. 지옥온천을 보고 아프리칸 사파리 등 벳푸 외곽지역까지 둘러보고자 할 때 유리하다.

요금 어른 1,600엔 , 어린이 800엔 **구입** JR 벳푸역 종합관광안내소, 기타하마 버스센터, 벳푸 교통센터, 유후인 버스센터 등 **전화** 0977-23-0141(가메노이 버스)

❸ 아프리칸 사파리킷푸
アフリカンサファリきっぷ

벳푸역에서 아프리칸사파리까지의 왕복 버스티켓과 아프리칸사파리 입장료, 그리고 정글버스 승차요금까지 포함한 할인 티켓. 통상 요금이 5,120엔이므로 무려 1,420엔을 절약할 수 있다. 아프리칸사파리를 갈 계획이라면 무조건 득이 되는 티켓이다.

요금 3,700엔 **구입** JR 벳푸역 종합관광안내소 **전화** 0977-24-2838(종합관광안내소)

AREA 1

벳푸
別府

일본 최고의 용출량을 자랑하는 온천도시답게 거리 곳곳에서 온천수가 뿜어져 나오는데, 그 종류와 성분이 너무도 다양해서 세계적인 온천 휴양지로 각광받고 있다. 유후인 온천과 구로카와 온천이 인기를 끌면서 예전과 같은 명성은 찾기 힘들지만, 오랜 전통을 자랑하는 벳푸 팔탕과 지옥 온천이 있어 여행지로서의 매력은 여전하다.

벳푸
이렇게
여행하자

JR	JR 닛포혼센 벳푸역 別府駅
버스	벳푸 기타하마 버스정류장 別府北浜停
이동경로	하카타역 → JR 특급 소닉(2시간, 5,570엔) → 벳푸역
	하카타 버스터미널 → 니시테쓰 고속버스(2시간 20분, 3,190엔) → 벳푸 기타하마 버스정류장 / 유후인역 → 가메노이 버스(55분, 900엔) → 벳푸역

가는 방법

벳푸로 가려면 JR 열차를 이용하는 것이 가장 편리하다. 후쿠오카의 하카타역에서 JR 특급 소닉을 이용하면 2시간, 오이타역에서는 JR 특급 소닉을 이용해 8분, 미야자키역에서는 JR 특급 니치린을 이용해 3시간 15분이 소요된다. 산큐패스 이용자라면 후쿠오카 공항이나 하카타 버스터미널에서 출발하는 니시테쓰 고속버스를 이용하면 2시간 20분 만에 벳푸 기타마하 버스정류장에 도착할 수 있다. 그리고 유후인에서 벳푸로 갈 때는 가메노이 버스를 이용하면 편리하다.

여행 방법

벳푸를 잠시 거쳐 가는 여행자라면 JR 벳푸역을 중심으로 도보로 벳푸 시내를 한 번 둘러보고 다케가와라 온천에서 잠깐 온천욕을 즐기는 정도로 만족하면 된다. 하지만 하루 정도의 여유가 있다면 버스를 타고 간나와 온천 지역으로 이동한 후 지옥 온천을 둘러보는 코스를 일정에 추가하는 것이 좋다. 만일 아이를 동반한 가족 여행이라면 다카사키야마 자연동물원이나 우미타마고 수족관, 아프리칸 사파리 등 근교에 있는 테마파크도 일정에 포함시키자.

추천 코스

1 JR 벳푸역
벳푸 여행의 출발점

도보 5분

2 다케가와라 온천
오랜 전통을 자랑하는 벳푸의
대표적인 온천 시설

버스 30분

버스 30분 → JR 벳푸역
→ 버스 10분

4 우미타마고
다양한 해양 생물을 구경할 수
있는 수족관

3 지고쿠메구리
1,200년의 역사를 자랑하는
지옥 온천 순례

도보 10분

5 다카사키야마 자연동물원
야생 원숭이들을 만날 수 있는
자연동물원

tip

벳푸역에는 동쪽 출구와 서쪽 출구 2개의
출구가 있다. 이 중 메인 출구는 벳푸 시내
중심가를 거쳐 다케가와라 온천과 벳푸 만
으로 이어지는 동쪽 출구이다. 따라서 벳푸
시내 관광을 나설 때는 반드시 동쪽 출구로
나가야 한다. 동쪽 출구와 서쪽 출구 앞에는

각기 다른 버스 정류장이 있어 헷갈리기 쉬우므로 주의가 필요한데, 간나와
온천이나 스기노이 호텔로 가는 버스는 양쪽 출구에서 모두 출발한다.

벳푸역 주변 `zoom in 1`

別府駅 周辺

JR 벳푸역 주변은 교통의 요지답게 버스 터미널과 정기 관광버스 승강장, 노선버스 정류장 등이 모여 있다. 그리고 역 주변에는 오랜 전통을 자랑하는 낡은 온천 시설과 기념품을 살 수 있는 쇼핑가, 저렴한 호텔 등이 모여 있어 잠시 머물다 가기에 불편함이 없다. 하지만 여행자들이 특별히 관심 가질 만한 볼거리나 명소는 거의 없으므로 이 지역을 여행하는 데 많은 시간을 투자할 필요는 없다. 벳푸에서 가장 오랜 전통을 자랑하는 다케가와라 온천에서 온천욕을 즐기는 것으로 충분하니 서둘러 다른 지역으로 이동하는 것이 좋다.

🔵 비콘 플라자

ビーコンプラザ

지도 p.24Ⓓ **위치** JR 벳푸역 서쪽 출구에서 도보 15분 **주소** 別府市山の手町12-1 **오픈** 글로벌 타워 09:00~21:00 **요금** 글로벌 타워 300엔(어린이 200엔) **전화** 0977-26-7111 **홈피** www.b-conplaza.jp

오이타 현 출신의 세계적인 건축가인 이소자키 신 磯崎新이 설계한 복합 문화시설로 1995년에 준공되었다. 최대 좌석 수 1,190석의 공연 홀인 벳푸 시민홀과 서일본 최대급의 압도적인 스케일을 자랑하는 오이타 현립 벳푸 컨벤션센터를 중심으로 전망탑, 운동공원 등 다양한 부대시설이 들어서 있다. 일명 글로벌 타워라 부르는 높이 125m의 전망탑 위에 있는 지상 100m의 전망대에 올라서면 벳푸 만 일대의 파노라마 풍경을 감상할 수 있어 데이트 코스로 인기를 끌고 있다.

🟠 에키마에고토 온천

駅前高等温泉

지도 p.25상Ⓐ **위치** JR 벳푸역 동쪽 출구에서 도보 2분 **주소** 別府市駅前町13-14 **오픈** 06:00~24:00 **요금** 나미유·고토유 각 200엔 **전화** 0977-21-0541

JR 벳푸역 앞에서 벳푸 만으로 이어지는 에키마에도리 駅前通リ에 접해 있는 당일치기 온천시설. 다이쇼 시대에 지은 건물답게 고풍스러운 서양식 건물이 인상적이다. 24시간 영업을 하는 데다 요금도 저렴해서 부담 없이 들러볼 만한 곳이지만 내부 시설은 평범한 동네 목욕탕 분위기이므로 큰 기대는 금물이다. 약알칼리성 단순천인 나미유 並湯와 중성 단순천인 고토유 高等湯 2종류의 온천으로 구분된다. 한편 건물 2층에는 넓은 휴게실이 있어 숙박도 가능한데, 1박 기준 다인실은 1,600엔, 1인실은 2,600엔에 이용할 수 있다.

🔥 다케가와라 온천

竹瓦温泉

지도 p.25상Ⓑ **위치** JR 벳푸역 동쪽 출구에서 도보 10분 **주소**
別府市元町16-23 **오픈** 06:30~22:30(스나유 08:00~21:30)
휴무 셋째 주 수요일 **요금** 100엔(스나유 1,030엔) **전화**
0977-23-1585

메뉴는 도리텐동정식
とり天丼定食(930엔).
고슬고슬한 밥 위에 부드
러운 닭고기 튀김을 얹고 채소와 마요네즈로 장식한
덮밥이다. 함께 나오는 향토요리 단고지루도 우리나
라 사람의 입맛에 잘 맞는다.

1879년에 문을 열
어 100년이 넘는 역
사를 자랑하는 온천
시설로 벳푸 온천의
상징적인 존재이다.
다케가와라 竹瓦라
는 이름은 창업 당시 대나무로 만든 지붕을, 이후 개
축할 때 기와지붕으로 바꾼 데서 유래한 것이라고 한
다. 단돈 100엔으로 전통적인 분위기에서 온천을 즐
길 수 있어 내국인뿐 아니라 벳푸를 찾아온 수많은 해
외 여행객의 필수 방문 코스로 명성이 높아 다양한 나
라의 사람들이 함께 목욕을 즐기는 색다른 풍경을 접
할 수 있다. 다케가와라의 명물인 스나유 砂湯는 유카
타 차림으로 모래찜질을 즐기는 것으로, 직원의 안내
에 따라 모래찜질을 하다 보면 불과 몇 분 만에 온몸
에 땀이 비 오듯 흐르며 몸속의 노폐물이 다 빠져나가
는 것 같은 상쾌함을 느낄 수 있다. 온천의 수질은 탄
산수소염천으로 피부 질환에 뛰어난 효과가 있다.

🍴 도요쓰네 본점

とよ常 本店

지도 p.25상Ⓑ **위치** JR 벳푸역 동쪽 출구에서 도보 10분 **주
소** 別府市北浜2-13-11ホテル雄飛1F **오픈** 11:00~14:00,
17:00~22:00 **휴무** 수요일 **전화** 0977-22-3274 **홈피** www.
toyotsune.com

벳푸 앞바다에서 막 잡아 올린 신
선한 해산물을 재료로 다양한 요
리를 선보이는 활어 요리 전문점
으로 현지 주민들이 인정하는 맛
집이다. 특히 오이타의 명물 세키
사바 関さば(고등어)와 세키아지 関あ
じ(전갱이) 회는 최고의 맛을 자랑한다. 값비싼 회 요
리가 부담스럽다면 도요쓰네의 인기 메뉴인 덴동 天
丼(750엔)을 주문할 것. 커다란 새우튀김과 채소튀김
이 그릇에 한가득 담겨 있어 보기만 해도 배가 부르
다. 가메노이 버스센터 맞은편의 유희 雄飛 호텔 1층
에 있다.

🍴 분고차야

豊後茶屋

지도 p.25상Ⓐ **위치** JR 벳푸역 구내 **주소** 別府市駅前町12-
13 **오픈** 10:00~22:00 **전화** 0977-25-1800

벳푸의 명물 일본 가정식 백반 전문점. 입구에는 항상
웨이팅북이 준비되어 있을 정도로 인기가 높다. 대표

🍴 도모나가 팡야

友永パン屋

지도 p.25상Ⓐ **위치** JR 벳푸역 동쪽 출구에서 도보 13분 **주소** 別府市千代町2-29 **오픈** 08:30~17:30 **휴무** 일 · 휴일 **전화** 0977-23-0969

100년의 역사를 자랑하는 벳푸 최고의 빵집. 사진을 부르는 복고풍 외관, 수많은 빵들이 옹기종기 진열되어 있는 소박한 실내를 둘러보면 곧바로 맛집의 풍모를 느낄 수 있다. 대표 메뉴는 과하지 않은 소박한 단맛의 앙금과 버터향이 살짝 풍기는 빵이 환상적인 조화를 이루는 팥빵 코시앙팡 こしあんぱん. 시대가 바뀌며 수많은 종류의 빵이 생겨났지만, 역시 기본에 충실한 빵이 맛있다는 진리는 변함이 없다. 가격도 90엔으로 저렴하다. 그밖에 크림빵, 버터롤, 버터프랑스, 식빵 등도 인기 메뉴.

🍴 그릴 미쓰바

グリルみつば

지도 p.25상Ⓑ **위치** JR 벳푸역 동쪽 출구에서 도보 8분 **주소** 別府市北浜1-4-31 **오픈** 11:30~14:00, 18:00~21:00 **휴무** 화요일 **전화** 0977-23-2887 **홈피** mituba.info

1953년에 개업한 전통 있는 레스토랑. 창업 당시부터

첨가물을 철저하게 배제하고 손맛을 중시하는 요리를 만들어 벳푸는 물론 다른 지역에서도 단골손님들이 찾아올 정도로 유명하다. 2005년에 현재의 위치로 가게를 옮겼지만 맛은 여전하다. 특히 햄버거와 돈가스에 사용하는 데미글라스소스는 60년 전통의 깊은 맛을 보여준다. 인기 메뉴는 오이타 명물 순살 닭고기 튀김이 나오는 도리텐 정식 とり天 定食(1,150엔). 한입에 쏙 들어갈 정도의 크기라 남녀노소 누구나 맛있게 먹을 수 있다. 여유가 된다면 규슈 최고의 품질을 자랑하는 쇠고기 분고규 豊後牛로 만든 스테이크(4,100엔~)를 맛볼 것.

🍴 타타미제

タタミゼ

지도 p.25상Ⓑ **위치** JR 벳푸역 동쪽 출구에서 도보 7분 **주소** 別府市元町5-26 エクシーズマンション1F **오픈** 11:30~14:00, 17:00~22:30 **전화** 0977-21-2882 **홈피** www.tatamiser.jp

동서양의 요리가 어우러진 퓨전 레스토랑. 복고적인 분위기의 거리에 자리 잡은 심플한 외관의 레스토랑 안으로 들어가면 가게 이름이 왜 타타미제 tatamiser(일본식으로 생활하는 사람이라는 뜻의 프랑스어)인지 알 수 있다. 화려하면서도 정숙한 실내 장식에 마음까지 차분해진다. 인기 메뉴는 셰프노오스스메런치 シェフのおすすめランチ(2,100엔). 전채 요리, 수프, 생선 요리, 고기 요리, 디저트, 음료수로 이어지는 거의 풀코스의 정찬으로 요리 하나하나에 정성이 깃들어 있다. 다양한 일품요리도 선보이고 있으므로 저녁에 간다면 와인 한 잔과 함께 여유로운 시간을 가져보자.

간나와 온천 주변 `zoom in 1`

鉄輪温泉 周辺

온천가 분위기를 좀처럼 느끼기 어려운 JR 벳푸역 주변과 달리 간나와 온천 주변은 한눈에 보기에도 온천 가임을 알 수 있다. 곳곳에서 하얀 수증기가 끊임없이 피어오르고 어디를 가나 역한 유황 냄새가 코를 찌른다. 이 지역의 볼거리는 바로 지고쿠메구리 地獄めぐ리로 유명한 9개의 지옥온천으로 시간 여유가 없다면 우미지고쿠 海地獄만 구경해도 되지만, 특별히 관심이 있다면 공통 입장권(2,000엔)을 구입해서 모두 둘러봐도 좋다. 벳푸역에서 간나와 온천으로 가는 버스는 동쪽 출구와 서쪽 출구 양쪽에 다 있지만 서쪽 출구에서 출발하는 버스를 이용하는 것이 노선도 많고 이동 시간도 절약할 수 있어 편리하다.

👁 지고쿠메구리

地獄めぐり

지도 p.25하Ⓐ **위치** JR 벳푸역 서쪽 출구에서 가메노이버스 2 · 5 · 41번 버스 이용 20분 우미지고쿠마에 정류장 또는 간나와 정류장 하차 후 도보 1~5분 **오픈** 08:00~17:00 **요금** 8개 지옥 공통 입장권 2,000엔(고등학생 1,350엔, 중학생 1,000엔, 초등학생 900엔) **전화** 0977-66-1577 **홈피** www.beppu-jigoku.com

1,200년의 역사를 자랑하는 벳푸 최고의 명소로, 지고쿠메구리 地獄めぐ리는 우리말로 지옥 순례라는 뜻이다. 여기서 지옥이란 지하 250~300m 깊이에서 100℃ 전후의 열탕과 분연이 분출되는 모습이 마치 지옥을 연상하게 한다고 해서 붙은 이름이다. 지옥은 모두 9개로 대부분 간나와 온천 주변에 집중되어 있

다. 9개의 지옥 중에서 가장 규모가 큰 지옥 온천은 우미지고쿠 海地獄(바다 지옥)로 98℃의 온도에 무려 120m의 깊이를 자랑한다. 지고쿠메구리가 우리나라에서 볼 수 없는 이색적인 풍경인 것은 틀림없지만, 9개의 지옥을 모두 둘러봐야 할 정도로 대단한 볼거리는 아니다. 따라서 간나와 온천 지역을 방문했다면 이 중 규모가 가장 큰 우미지고쿠를 먼저 보고 시간이 되면 한두 곳 정도만 더 돌아본다.

지고쿠메구리 공통 입장권을 구입해서 8개 지옥을 모두 돌아보는 것도 괜찮은 선택이지만 다쓰마키지고쿠와 지노이케지고쿠는 멀리 떨어져 있어서 모두 둘러보려면 반나절 정도의 시간을 투자해야 한다. 만일 시간 여유가 없다면 우미지고쿠와 오니이시보즈지고쿠 2곳만 방문하도록 하자. 특히 오니이시보즈지고쿠에는 예쁜 정원과 멋진 온천시설이 있어 즐거운 시간을 보내기에 부족함이 없다.

우미지고쿠 海地獄 (바다 지옥)

예쁜 코발트빛의 바다 같은 연못이다. 이 연못의 깊이는 120m에 달하고 수온은 무려 98℃! 달걀을 넣으면 5분 만에 삶아질 정도로 뜨겁다. 실제로 이곳에서는 연못의 뜨거운 열기를 이용해 삶은 달걀을 판매하고 있다. 약 1,200년 전 벳푸를 둘러싸고 있는 산인 쓰루미다케가 폭발해서 생겨난 것으로 연못 자체가 당시 폭발한 분화구라고 한다.

지도 p.25하Ⓐ **위치** 가메노이 버스 이용 우미지고쿠마에 버스 정류장 하차 후 도보 2분 **오픈** 08:00~17:00 **요금** 400엔(고등학생 300엔, 중학생 250엔, 초등학생 200엔) **전화** 0977-66-0121 **홈피** www.umijigoku.co.jp

오니이시보즈지고쿠
鬼石坊主地獄 (도깨비대머리 지옥)

100℃에 가까운 뜨거운 진흙탕이 쉴 새 없이 부글부글 끓어오르는 모습이 스님의 머리를 닮았다고 해서 오랜 세월 동안 혼보즈지고쿠 坊主地獄(대머리지옥)로 불렸지만, 새 단장을 마치고 다시 문을 열면서 이름이 바뀌었다. 입장객은 추가 요금 없이 누구나 족욕을 즐길 수 있도록 아시유 足湯가 준비되어 있다. 남녀 별도의 온천탕(620엔)과 가족탕(4인 1실, 1시간 기준 2,000엔)도 있어 느긋하게 온천욕을 즐길 수 있다. 세면도구는 모두 구비되어 있지만 수건은 유료이므로 미리 챙겨가는 것이 좋다.

지도 p.25하Ⓐ **위치** 가메노이 버스 이용 우미지고쿠마에 버스 정류장 하차 후 도보 3분 **오픈** 08:00~17:00(온천 08:00~21:00) **요금** 400엔(고등학생 300엔, 중학생 250엔, 초등학생 200엔) **휴무** 화요일 **전화** 0977-66-1577

야마지고쿠 山地獄 (산 지옥)

지하에서 솟구친 진흙이 높은 온도의 열 때문에 녹아 내려 퇴적한 모습이 산을 닮았다 해서 붙은 이름이다. 온천의 온도는 80℃로 곳곳에서 뿜어져 나오는 하얀 수증기가 장관을 이룬다. 플라밍고와 하마, 코끼리 등 20여 종의 동물을 만날 수 있는 미니 동물원이 있어 어린이들에게 인기가 좋은 편이다.

지도 p.25하Ⓐ **위치** 가메노이 버스 이용 우미지고쿠마에 버스 정류장 하차 후 도보 1분 **오픈** 08:00~17:00 **요금** 400엔(고등학생 300엔, 중학생 250엔, 초등학생 200엔) **전화** 0977-66-0647

가마도지고쿠 かまど地獄 (부뚜막 지옥)

돌 사이에서 뿜어 나오는 증기가 마치 땅속의 도깨비가 뜨거운 입김을 내뿜는 것 같은 느낌이다. 옛날에는 이 증기를 물을 데우거나 삶는 데 이용했기 때문에 이런 이름이 붙었다고 한다. 이곳은 6개의 크고 작은 연못으로 이루어져 있는데 온도에 따라 물의 색깔이 다른 것이 특징이다. 온도가 낮을수록 황색이 강해지고, 온도가 높을수록 하늘색이 강하다. 이곳 역시 족욕을 즐길 수 있는 작은 아시유 足湯가 있고, 커다란 밥주걱을 든 빨간 도깨비상이 인상적이다.

지도 p.25하Ⓐ **위치** 가메노이 버스 이용 우미지고쿠마에 버스 정류장 하차 후 도보 2분 **오픈** 08:00~17:00 **요금** 400엔(고등학생 300엔, 중학생 250엔, 초등학생 200엔) **전화** 0977-66-0178 **홈피** kamadojigoku.com

오니야마지고쿠 鬼山地獄 (도깨비산 지옥)

온천에서 뿜어져 나오는 열을 이용해 100마리가 넘는 악어를 기르고 있어서 악어지옥이라 부르기도 한다. 크고 작은 악어들이 한자리에 있기 때문에 동물원에 가지 않고도 악어 구경은 지겨울 정도로 할 수 있다. 몸길이 4.5m, 몸무게 500kg에 달하는 초대형 악어도 있다. 이곳의 특징은 다른 지옥 온천과 비교해 수증기의 압력이 엄청나다는 점! 온천에서 뿜어져 나오는 수증기의 압력은 증기기관차의 압력과 맞먹을 정도라고 한다.

지도 p.25하Ⓐ **위치** 가메노이 버스 이용 우미지고쿠마에 버스 정류장 하차 후 도보 5분 **오픈** 08:00~17:00 **요금** 400엔(고등학생 300엔, 중학생 250엔, 초등학생 200엔) **전화** 0977-67-1500 **홈피** www.oniyama.net

시라이케지고쿠 白池地獄 (흰연못 지옥)

푸른 기운을 띤 흰색의 연못을 볼 수 있다. 얼핏 보기엔 그리 뜨거워 보이지 않지만 연못의 온도는 무려 95℃로 9개의 지옥 중 긴류지고쿠 다음으로 높다. 이곳에서는 온도와 압력의 미묘한 작용에 의해 처음 분출 시에는 무색투명한 온천수

가 치솟아 올라오지만, 연못에 떨어지고 나면 자연스럽게 청백색으로 변하는 신기한 현상을 관찰할 수 있다. 일본식 정원으로 꾸며놓은 지옥 주변은 산책 코스로도 손색이 없다.

지도 p.25하Ⓐ **위치** 가메노이 버스 이용 우미지고쿠마에 버스 정류장 하차 후 도보 5분 **오픈** 08:00~17:00 **요금** 400엔(고등학생 300엔, 중학생 250엔, 초등학생 200엔) **전화** 0977-66-0530

지노이케지고쿠 血ノ池地獄 (피연못 지옥)

지하의 고온, 고압에서 자연스럽게 화학 반응을 일으켜 생성된 산화철과 산화마그네슘을 함유한 붉은색의 진흙이 지층

으로부터 분출되어 쌓이면서 마치 피로 물든 연못처럼 짙은 붉은색을 띠고 있다. 얼핏 끔찍해 보이는 풍경과 달리 이곳에서 나오는 진흙은 피부 질환 치료에 꽤 효험이 있어 연고로 제조되어 판매되고 있다. 이곳에도 역시 족욕을 즐길 수 있는 아시유 足湯가 있다.

지도 p.24Ⓐ **위치** 간나와 온천에서 16번 버스 이용 5분 지노이케지고쿠마에시타 정류장 하차 후 도보 3분 **오픈** 08:00~17:00 **요금** 400엔(고등학생 300엔, 중학생 250엔, 초등학생 200엔) **전화** 0120-459-554 **홈피** www. chinoike.com

다쓰마키 지고쿠 龍巻地獄 (소용돌이 지옥)

조용히 끓어오르던 열탕이 약 30~40분 간격으로 50m 이상 높이 치솟아 오르는 간헐천을 볼 수 있다. 물이 치솟아 오르는 모습이 마치 용이 승천하는 것처럼 보인다고 해서 다쓰마키 龍巻라는 이름이 붙었다. 폭발하듯 뿜어져 나오는 온천수의 온도는 무려 150℃나 되며, 벳푸 시의 천연기념물로 지정되어 있다.

지도 p.24Ⓐ **위치** 간나와 온천에서 16번 버스 이용 5분 지노이케지고쿠마에시타 정류장 하차 후 도보 3분 **오픈** 08:00~17:00 **요금** 400엔(고등학생 300엔, 중학생 250엔, 초등학생 200엔) **전화** 0977-66-1854

가메노이 정기 관광버스를 이용한 지옥 온천 투어

경비가 좀 들더라도 편안하게 지옥 온천을 모두 둘러보고 싶을 때는 JR 벳푸역 앞에서 출발하는 벳푸지고쿠메구리 別府地獄めぐり 관광버스를 이용하면 된다.

예약 JR 벳푸역 구내 관광안내소 **문의** 0977-23-5170

벳푸역 출발	기타하마 버스센터 출발	소요시간	요금(8개 지옥 입장료 포함)			
			일반	고등학생	중학생	어린이
08:35 11:40 14:40	08:40 11:45 14:45	2시간 30~40분	3,650엔	3,060엔	2,750엔	1,740엔

벳푸 교외 zoom in 3
別府 郊外

오랜 세월 동안 온천 휴양지로 사랑받아 온 벳푸의 교외에는 자녀를 동반한 가족 여행자들이 한 번쯤 가볼 만한 아기자기한 테마파크가 다양하게 자리 잡고 있다. 그중에서도 특히 2,000마리가 넘는 야생 원숭이를 만날 수 있는 다카사키야마 자연동물원과 해달 쇼로 인기가 높은 우미타마고 수족관, 정글버스를 타고 야생 동물을 구경할 수 있는 아프리칸 사파리는 어린이들에게 많은 사랑을 받고 있다.

🐾 우미타마고
うみたまご

지도 p.24Ⓕ **위치** JR 벳푸역 동쪽 출구에서 오이타 교통버스 이용 15분 다카사키야마시젠도부쓰엔마에 정류장 하차 후 도보 1분 **주소** 大分市大字神崎字ウ卜3078-22 **오픈** 09:00~18:00(11~2월 09:00~17:00) **요금** 2,200엔(초·중학생 1,100엔, 유아 700엔, 만 4세 미만 무료) **전화** 097-534-1010 **홈피** www.umitamago.jp

90여 종 약 1,500마리의 물고기를 비롯하여 다양한 해양생물을 구경할 수 있는 수족관과 독특하면서도 재미있는 구성의 쇼를 즐길 수 있는 벳푸의 명소. 엄청난 규모의 수족관 안에서 잠수부가 직접 설명해주는 재미있는 물고기 설명, 우미타마고 최고의 예능 동물 해마의 재롱 잔치, 전기장어의 방전 쇼 등 아이들뿐만 아니라 어른들도 즐거운 퍼포먼스를 진행하고 있다. 그중에서도 돌고래 쇼는 놓치지 말아야 할 볼거리. 오전, 오후 하루에 2번밖에 하지 않으므로 가장 먼저 스케줄을 확인하도록 하자.

🐾 다카사키야마 자연동물원
高崎山自然動物園

지도 p.24Ⓕ **위치** JR 벳푸역 동쪽 출구에서 오이타 교통버스 이용 15분 다카사키야마시젠도부쓰엔마에 정류장 하차 후 도보 5분 **주소** 大分市神崎3098-1 **오픈** 08:30~17:00 **요금** 510엔(초·중학생 250엔, 만 7세 미만 무료) **전화** 097-532-5010 **홈피** www.takasakiyama.jp

높이 628m의 다카사키야마 高崎山에 꾸며놓은 자연 동물원으로, 무려 2,000여 마리의 야생 원숭이들

이 집단 거주하고 있다. 에도 시대부터 이곳 다카사키야마에는 야생 원숭이가 살았다고 전해지는데, 1952년 11월 당시 벳푸 인접 도시인 오이타 시의 시장이 처음으로 원숭이 공원을 기획한 후 이듬해 3월에 자연 동물원으로 개장했다. 다카사키야마의 원숭이들은 사람들에게 약간의 먹이를 제공받고 있긴 하지만, 사육당하는 원숭이들과는 비교가 되지 않는 야생 상태의 거친 원숭이들인 만큼 이들의 생태를 직접 관찰해보는 재미가 꽤 쏠쏠하다. 입구에서 동물원까지는 제법 거리가 있어 사룻코레일 さるっこレール(편도·왕복 모두 100엔)이라는 모노레일을 운행하고 있다. 두 칸짜리의 귀여운 열차로 제법 멋진 풍경을 보면서 편하게 올라갈 수 있다. 하지만 시간이 있다면 산책로를 따라 원숭이들을 구경하며 올라가는 것이 더 좋다. 우미타마고 수족관에서 가깝다.

🔍 아프리칸 사파리
アフリカンサファリ

지도 지도범위 밖 **위치** JR 벳푸역 서쪽 출구에서 가메노이 버스 아프리칸사파리행 버스 이용 1시간 아프리칸사파리마에 정류장 하차 후 도보 1분 **주소** 大分県宇佐市安心院町南畑2-1755-1 **오픈** 09:00~17:00(11~2월 10:00~16:00) **요금** 2,500엔(만 4세~중학생 1,400엔) **전화** 0978-48-2331 **홈피** www.africansafari.co.jp

일본은 물론 아시아에서 가장 큰 자연 동물원으로 아프리카의 대초원을 그대로 옮겨놓은 듯한 115만㎡의 넓은 들판에 아시아 최대 규모인 69종, 1,300여 마리의 각종 동물들이 야생 그대로 살고 있는 동물의 왕국이다. 서식 특성별로 5개 구역으로 나뉘어 있으며, 사파리 투어에 소요되는 시간은 약 50분, 총 이동 거리는 6㎞ 정도이다. 아프리카 동물들의 역동적인 삶의 현장을 직접 관찰할 수 있어 현지뿐 아니라 전국에서 여행객들이 찾아온다. 사파리 투어의 백미는 정글 버스를 타고 야생 상태에 가깝게 살고 있는 맹수와 기린 등을 아주 가까운 거리에서 구경하거나 먹이를 줄 수 있다는 것. 정글버스는 하루 4대를 운행한다. 입장료와 별도로 사파리 투어 비용 1,100엔을 추가로 내야 하지만 본전 생각이 나지 않을 정도로 재미있다. 또 원내의 아프리카 마을에는 아프리카의 생활 양상과 민예품이 전시되어 있어 마치 아프리카를 여행하고 있는 것 같은 기분을 낼 수 있다. 그 밖에 원숭이와 물개가 펼치는 쇼도 관람할 수 있는 등 다양한 볼거리가 있다. 홈페이지에서 입장권 할인 쿠폰을 프린트할 수 있다.

👁 하모니랜드
ハーモニーランド

지도 지도범위 밖 **위치** JR 벳푸역에서 보통열차 이용 히지역으로 이동 후 하모니랜드행 버스 이용 **주소** 大分県速見郡日出町大字藤原5933 **오픈** 10:00~17:00(계절에 따라 변동) **휴무** 목요일 **요금** 패스포트티켓 2,900엔(4세 이상) **전화** 0977-73-1111 **홈피** www.harmonyland.jp

헬로 키티로 우리에게도 잘 알려진 일본 애니메이션 업계의 대표주자 산리오사의 캐릭터를 총동원해서 만든 테마파크이다. 1년 365일 어린이들이 좋아할 만한 축제와 라이브 공연이 열리고, 아이들이 재미있게 즐길 수 있는 다양한 놀이시설을 갖추고 있다. 특히 초등학생 이하의 어린이라면 하모니랜드의 판타스틱한 분위기에 매료될 것이다.

♨ 스파리조트 사마사마
スパリゾート サマサマ

지도 지도범위 밖 **위치** 벳푸 기타하마 정류장에서 오이타역 방면 오이타교통버스 이용 신카와 정류장 하차 후 도보 1분 **주소** 大分県大分市大字勢家1137 **오픈** 10:00~다음 날 01:00 (매월 둘째 주 수요일만 17:00~다음 날 01:00) **요금** 500엔(초등학생 230엔, 만 4~6세 100엔) **전화** 097-514-3030 **홈피** www.spa-samasama.com

온천의 명소 오이타의 명물로 인기를 끌고 있는 온천 리조트. 지하 700m에서 솟아나는 온천수는 비옥한 땅의 성분과 바다의 미네랄이 가득한 알칼리성으로 피부에 매우 좋다고 한다. 천연 온천 이외의 여러 탕은 지하수를 이용해 호박색을 띠며, 식물성 물질을 다양하게 함유하고 있어 혈액 순환과 요통, 신경통 등에 효과가 있다고 한다. 현대식 리조트인 만큼 인테리어에도 신경을 많이 썼는데, 인도네시아 발리 섬의 리조트를 모델로 삼았다고 한다. 초록빛 자연에 둘러싸인 남국 리조트의 정취를 온몸으로 느껴보자.

Special

벳푸 핫토
別府八湯

벳푸에는 매우 다양한 온천이 산재하는데, 그중에서 가장 유명한 여덟 온천을 일컬어 벳푸 핫토 別府八湯라 부른다. 벳푸 핫토는 특정한 온천시설을 의미하는 것이 아니라 성분이 조금씩 다른 8개의 온천 지역을 뜻한다. 벳푸 핫토의 면면을 살펴보면, 일본 정서가 물씬 풍기는 건물과 모래찜질로 유명한 다케가와라 온천으로 대표되는 벳푸 온천, 산골짜기 계곡 사이에 있는 시바세키 온천, 도시 계획에 의해 거대한 빌딩으로 변모한 유토피아 하와마키 온천, 해발 159m에 자리 잡고 있어 벳푸 만을 한눈에 내려다볼 수 있는 간카이지 온천, 유노하나로 유명한 묘반 온천, 유아미 축제로 유명한 간나와 온천, 나라 시대부터 번성한 호리타 온천, 소박하고 서민적인 분위기의 가메가와 온천 등이 바로 그것이다. 여유가 있다면 벳푸 핫토를 모두 경험해보는 것도 좋지만, 그렇지 않다면 벳푸 온천과 묘반 온천을 추천한다.

❶ 벳푸 온천 別府温泉

JR 벳푸역을 중심으로 벳푸 시내 번화가에 자리 잡은 온천 지역. 상점가와 음식점이 늘어서 있는 에키마에도리 駅前通リ 주변에 다케가와라 온천을 비롯한 다양한 공동 욕탕이 들어서 있어 부담 없이 온천을 즐길 수 있다.

대표 온천 다케가와라 온천 竹瓦温泉

1879년에 문을 연 온천으로 벳푸 시에서 직영하는 공동욕탕 중에 가장 오랜 전통을 자랑한다. 입욕료는 단돈 100엔이며, 세면도구는 비치되어 있으므로 수건만 따로 준비해가면 된다. 노천탕은 없고 남녀별 일반 욕탕과 남녀 공용의 스나유 砂湯(모래찜질)가 있다.

지도 p.25상⑧ **위치** JR 벳푸역 동쪽 출구에서 도보 10분 **주소** 別府市元町16-23 **오픈** 06:30~22:30(스나유 08:00~21:30) **휴무** 셋째 주 수요일 **요금** 100엔(스나유 1,030엔) **전화** 0977-23-1585

❷ 묘반 온천 明礬温泉

벳푸 시내에서 조금 떨어진 산자락에 자리 잡은 온천 지역으로 유노하나 湯の花 재배지로 유명하다. 유황 성분을 함유하고 있어 신경통, 류머티즘, 피부병 등에 효과가 탁월하다는 평을 듣고 있다. 묘반 온천 지역에서는 벳푸온천호코랜드 別府温泉保養ランド가 유명하지만 단체 여행객이 많아 다소 번잡하기 때문에, 개별 여행자라면 오붓하게 온천을 즐길 수 있는 데다 주변 풍경도 좋은 유노사토 湯の里를 추천한다.

대표 온천 유노사토 湯の里

해발 350m로 벳푸에서 제일가는 고지대에 자리 잡고 있어 노천탕에서 바라보는 다카사키야마의 멋진 절경을 감상할 수 있다. 관광버스가 쉴 새 없이 드나드는 유노하나 재배지를 벗어나 산 위로 조금 더 걸어가면 나온다. 남녀 별도의 전망 좋은 노천탕과 1시간 단위로 대절할 수 있는 4동의 가족탕이 있다.

지도 p.24④ **위치** JR 벳푸역 서쪽 출구에서 5·9·41번 버스 이용 25분 지조유마에 정류장 하차 후 도보 3분. 간나와 버스정류장에서 5·9·24·41번 버스 이용 10분 지조유마에 정류장 하차 후 도보 3분 **주소** 大分県別府市明礬温泉6 **오픈** 10:00~21:00(가족탕 09:00~21:00) **요금** 600엔(가족탕 1시간 기준 2,000~2,500엔) **전화** 0977-66-8166 **홈피** www.yuno-hana.jp

❸ 간카이지 온천 観海寺温泉

해발 150m의 고지대에 자리 잡고 있어 뛰어난 전망을 자랑하는 온천 지역으로 수영장처럼 넓은 노천탕에서 벳푸만 일대의 아름다운 풍경을 감상할 수 있어 더할 나위 없는 개방감을 즐길 수 있다. 단점은 대중교통이 불편해 렌터카를 이용하는 여행자가 아니라면 찾아가기가 만만치 않다.

대표 온천 이치노이데카이칸 いちのいで会館

도시락을 비롯한 다양한 식사를 할 수 있는 음식점으로 식사를 한 손님에 한해 무료로 온천을 개방하고 있다. 벳푸 시내를 한눈에 볼 수 있는 넓은 노천탕이 유명하며, 원천을 계속해서 흘러내리는 방식이라 언제나 맑고 깨끗한 온천을 즐길 수 있다. 길이 복잡하기 때문에 찾아갈 때는 렌터카나 택시를 이용해야 한다.

지도 p.24ⓒ **위치** JR 벳푸역에서 자동차로 5분 **주소** 別府市上原町14-2 **오픈** 11:00~17:00(토·일요일 및 공휴일 10:00~17:00) **요금** 식사를 한 경우에만 무료 입욕 가능, 식사는 1,470엔~ **전화** 0977-21-4728

❹ 간나와 온천 鉄輪温泉

벳푸에서 가장 유명한 지고쿠메구리의 중심에 있는 온천 지역으로 탕치 湯治를 전문으로 하는 온천 시설이 많다. 수질도 단순천, 식염천, 탄산천 등 벳푸에서 가장 다양하기로 유명하다.

대표 온천 효탄 온천 ひょうたん温泉

창업 80년의 역사를 자랑하는 간나와 온천의 명물로 다키유 滝湯(폭포탕), 스나유 砂湯(모래찜질), 무시유 蒸し湯(증기탕), 이와부로 岩風呂(암석탕), 노천탕 등 한 손으로 셀 수 없을 만큼 다양한 탕이 있다. 3m 높이에서 온천수가 폭포처럼 떨어지는 폭포탕이 가장 인기 있다. 무료 휴게소에서는 저렴한 비용으로 식사도 즐길 수 있다.

지도 p.25하⑧ 위치 JR 벳푸역 서쪽 출구에서 가메노이 버스 2·5·41번 이용 간나와 정류장 하차 후 도보 6분 주소 別府市鉄輪159-2 오픈 09:00~다음 날 01:00 휴무 연중무휴 요금 750엔(18시 이후 560엔), 가족탕 3명 1시간 기준 2,150엔 전화 0977-66-0527 홈피 www.hyotan-onsen.com

⑤ 하마와키 온천 浜脇温泉

JR 벳푸역에서 남쪽으로 약 1㎞ 떨어진 해변에 자리 잡고 있는 온천 지역으로 하마와키라는 지명은 해변에서 온천수가 솟아난 데서 유래한 것이다. 규모가 작은 공동욕탕이 많으며, 수질은 탄산수소천과 염화물천이 대부분이다.

`대표 온천` 유토피아 하마와키 湯都ピア浜脇

유럽의 쿠어 하우스를 모델로 온천의학이나 운동생리학에 근거해 이용자의 체력과 건강 상태에 딱 맞는 온천 입욕과 운동을 실천하는 건강 증진 시설이다. 시설 내에는 운동욕탕·폭포탕·침탕 등 9종의 다양한 온천탕이 있고, 일본어가 가능하다면 전문 지도원에게 건강 증진을 위한 온천 입욕 방법을 무료로 전수받을 수 있다.

지도 p.24ⓕ 위치 JR 히가시벳푸역에서 도보 5분 주소 別府市浜脇1-8-20 오픈 10:00~22:00 휴무 화요일 요금 510엔 전화 0977-25-8118

⑥ 호리타 온천 堀田温泉

에도 시대 당시에 이미 유명했던 오래된 온천 지역이다. 쓰루미다케의 산속 청정 지역에 자리 잡고 있어 초여름에는 노천탕에서 반딧불을 보며 온천을 즐길 수 있다. 수질은 약산성의 유황천으로 신경통, 류머티즘, 피부병 등에 효과가 있다.

`대표 온천` 사쿠라유 桜湯

벳푸 IC 출구에서 가까워 렌터카를 이용할 때 편하게 갈 수 있는 온천 시설이다. 지역 자체가 워낙 깨끗하고 계곡에 자리 잡고 있어 삼림욕과 온천을 동시에 즐길 수 있다. 버스를 이용해서 찾아갈 수도 있지만 길을 헤맬 수 있으므로 택시를 이용하는 것이 편하다.

지도 p.24ⓒ 위치 JR 벳푸역에서 자동차로 20분 주소 別府市堀田4-2 오픈 11:00~24:00(토·일요일·공휴일 10:00~다음 날 01:00) 요금 500엔 전화 0977-25-8431 홈피 www.sakurayu.net

⑦ 시바세키 온천 柴石温泉

간나와 온천의 북쪽 지역에 있는 온천 지역으로 895년과 1044년에 천황이 치료를 목적으로 찾아왔다는 기록이 남아 있을 정도로 유서 깊은 전통을 가지고 있다. 수질은 나트륨, 류산염천, 염화물천 등으로 다양하다.

`대표 온천` 시바세키 온천 柴石温泉

국민 보양지로 지정된 시바세키 온천 지역에 있는 유일한 공동욕탕으로 옥외의 노천탕과 증기탕, 내탕 등에는 뜨거운 열탕과 미지근한 탕이 있어 체질에 맞게 선택할 수 있다.

지도 p.24ⓐ 위치 JR 벳푸역 동쪽 출구에서 가메노이 버스 16·26번 이용 20분 시바세키 정류장 하차 후 도보 5분 주소 別府市野田4 오픈 07:00~20:00(가족탕 09:00~20:00) 휴무 둘째 주 수요일 요금 210엔(가족탕 1시간 기준 1,620엔) 전화 0977-67-4100

⑧ 가메가와 온천 亀川温泉

JR 가메가와역 바로 옆 해변에 있는 서민적인 분위기의 온천 지역. 건강에 좋은 나트륨, 염화물천이 많아 온천을 이용한 보양시설과 병원이 주변에 몰려 있다. 가메가와 온천의 명물은 스나유 砂湯로 가고시마의 이부스키처럼 해변에서 온천수를 함유한 모래찜질을 즐길 수 있다.

`대표 온천` 벳푸카이힌스나유 別府海浜砂湯

이름 그대로 벳푸 국제관광항 인근의 해변에 있는 폭 6m, 길이 20m의 모래사장 아래로 흐르는 온천의 열기로 데워진 모래를 이용해 모래찜질을 즐길 수 있는 온천시설이다.

지도 p.24ⓑ 위치 JR 벳푸역 동쪽 출구에서 가메노이 버스 16·20·26번 이용 15분 로쿠쇼엔 정류장 하차 후 도보 5분 주소 別府市上人ケ浜 오픈 08:30~18:00(12~2월 09:00~17:00) 휴무 넷째 주 수요일 요금 스나유 780엔 전화 0977-66-5737

AREA 2

유후인
湯布院

유후인은 오이타 현의 거의 중앙부에 자리 잡고 있는 동서 8㎞, 남북 22㎞의 작은 온천 마을이다. 아름다운 호수 긴린코를 중심으로 마을 곳곳에 자리 잡은 크고 작은 미술관과 갤러리, 다양한 종류의 잡화점과 공방, 개성 있는 음식점과 카페 등 젊은 여성들의 취향에 딱 맞는 스폿이 많아 하루를 꼬박 투자해도 아깝지 않다.

유후인

이렇게
여행하자

JR	JR 규다이혼센 유후인역 湯布院駅
버스	유후인 버스센터 湯布院バスセンター
이동 경로	하카타역 → JR 특급 유후인노모리(2시간 10분, 4,560엔) → 유후인역
	하카타 버스터미널 → 니시테쓰 고속버스(2시간 20분, 2,880엔) → 유후인 버스센터

가는 방법

유후인으로 가려면 JR 열차를 이용하는 것이 가장 편리하다. 후쿠오카의 하카타역에서 JR 특급 유후인노모리를 이용하면 2시간 10분이 걸린다. 특급 유후인노모리호는 전석 지정석이므로 승차 전에 지정석 티켓 예약은 필수다. JR 규슈레일패스가 있다면 지정석 예약은 무료이니 미리 받아두는 것이 좋다. 산큐패스 이용자라면 후쿠오카 공항이나 하카타 버스터미널에서 출발하는 고속버스 유후인호를 이용하면 2시간 20분만에 유후인 버스센터에 도착할 수 있다.

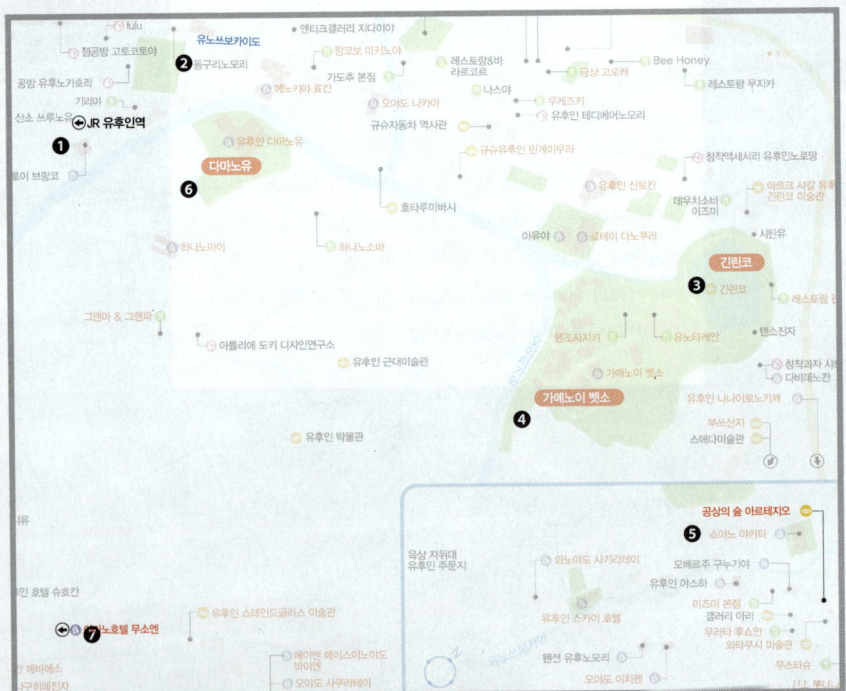

여행 방법

유후인은 마을 전체가 하나의 테마파크처럼 아기자기한 볼거리이므로 굳이 무엇을 보려고 하기보다는 있는 그대로의 분위기를 즐기면 된다. 산책을 하다가 눈에 띄는 예쁜 가게와 미술관을 둘러보거나 멋진 카페에서 차 한 잔의 여유를 만끽하는 것이 바로 유후인 여행의 참맛이다. 그리고 조금 비싸긴 하지만 온천 료칸에서 1박을 하길 권한다. 유후인 여행의 백미는 유후인역에서 긴린코로 이어지는 산책로로 에키마에도리 駅前通り, 유후미도리 由布見通り, 유노쓰보카이도 湯の坪街道를 차례로 따라가면 된다. 이 거리에 맛집과 가게 등이 모두 모여 있어 초행길이라도 별다른 어려움 없이 여행을 즐길 수 있다.

추천 코스

도보 12분

도보 10분

1 JR 유후인역
JR 열차가 정차하는 유후인의 관문

2 유노쓰보카이도
걷고 싶은 마음이 절로 드는 메인 스트리트

3 긴린코
유후인을 대표하는 작은 호수

도보 1분

도보 30분

도보 25분

6 유후인 다마노유
울창한 숲속에 숨어 있는 유후인 최고의 고급 료칸

5 공상의 숲 아르테지오
음악과 미술을 함께 즐길 수 있는 세련된 공간

4 가메노이 벳소
아름다운 정원이 있는 고급 료칸

도보 40분

7 야마노호텔 무소엔
멋진 전망을 자랑하는 노천탕이 있는 온천 료칸

tip

유후인에서 꼭 해야할 것
1. 유후다케를 바라보며 노천온천 즐기기
2. 전통 료칸에서 하룻밤 머물기
3. 남다른 개성을 자랑하는 미술관 순례하기

유후인의 독특한 교통수단

유후인의 주요 볼거리는 JR 유후인역에서 긴린코로 가는 거리에 대부분 모여 있어서 도보로 충분히 돌아볼 수 있다. 그러나 중심가를 벗어난 곳에 있는 절이나 신사, 온천 료칸 등을 모두 돌아보고 싶다면 유후인역에서 자전거를 빌려 유후인 여행에 나서는 것이 좋다. 만일 어린 자녀나 부모님을 동반한 여행이라면 자전거보다는 클래식카 스카보로나 관광마차 간코우쓰지바샤를 이용하도록 하자.

❶ 렌터사이클 レンタサイクル

유후인 여행에 가장 잘 어울리는 교통수단이 바로 자전거이다. 자전거 대여는 유후인역 구내에 있는 유후인 온천 관광안내소에서 대여하는 일반 자전거와 JR 규슈에서 대여하는 전기자전거 2종류가 있다. 일반 자전거는 기본 1시간에 250엔이며 1시간 초과할 때마다 250엔씩 추가 요금이 붙는다. 5시간 이상은 일률적으로 1,250엔. 한편 JR 규슈에서 대여해주는 전기자전거는 2시간 이내 500엔, 4시간 이내 1,000엔, 4시간 이상 1,500엔으로 다소 비싼 편이다.

오픈 09:00~17:00 **요금** 최초 1시간 250엔, 연장 1시간당 250엔 추가 **전화** 0977-84-2446(유후인 온천 관광안내소)

❷ 스카보로 スカーボロ

영국의 9인승 클래식카를 개조한 스카보로는 유후인에서만 볼 수 있는 독특한 교통수단이다. 유후인역에서 출발해 주요 관광지인 유후인 플로라하우스, 고젠인, 우나구히메진자, 유후인 민예촌을 거쳐 다시 역으로 돌아오는 코스로 도중에 자유롭게 승하차가 가능하다. 소요시간은 약 50분이며, 자주 운행하지 않으므로 미리 예약을 해야 한다.

오픈 1일 3편 운행(10:00, 13:00, 14:10) **요금** 1인 1,350엔 **전화** 0977-84-2446(유후인온천 관광안내소)

❸ 간코우쓰지바샤 観光辻馬車

유후인의 분위기와 사뭇 잘 어울리는 관광마차. 계절마다 변화하는 아름다운 전원 풍경을 즐기기에 그만이다. 정원은 10명으로 유후인역을 출발해 부쓰산지, 우나구히메진자를 거쳐 다시 역으로 돌아오는 코스이다. 단, 클래식카와 달리 일주 코스 도중에 내릴 수는 없다. 소요시간은 약 50분이며 관광지에서는 잠시 관광할 시간을 준다. 예약은 필수이며, 겨울에는 운행하지 않으므로 미리 확인해야 한다.

오픈 1일 15편 운행(09:30~16:00, 30분~1시간 간격으로 출발) **휴무** 1월 초~2월 **요금** 1인 1,600엔, 어린이 1,100엔 **전화** 0977-84-2446(유후인 온천 관광안내소)

❹ 관광택시

유후인 미나토 택시에서 유후인 관광택시를 운영하고 있다. 1시간 코스 3,560엔부터 여러 가지 다양한 코스가 있다. 비싼 요금이 다소 부담스럽게 느껴지겠지만 일행이 3~4명이라면 선택해볼 만하다.

전화 0977-84-2141(유후인 미나토 택시 湯布院みなとタクシー)

유후인의 전통 명소 `zoom in 1`

패키지여행 일정에서 거의 빠지지 않는 유후인의 전통 명소들. 젊은 사람들은 실망할 수도 있겠지만, 시간을 내서 한 번 둘러보면 왜 명소라는 이름이 붙는지 알 수 있다. 여유가 있다면 JR 유후인역에서 출발하는 관광마차 간코우쓰지바샤나 클래식카 스카보로를 이용하는 것도 좋다.

👁 JR 유후인역
JR 由布院駅

지도 p.26ⓔ **위치** 하카타역에서 JR 특급열차로 2시간 10분 **주소** 由布市湯布院町川上 **전화** 0977-84-2021

오이타 출신의 세계적인 건축가 이소자키 신 磯崎新이 설계한 기차역. 단아한 미술관 같은 분위기를 풍기는 검은색의 역사는 유후인을 방문한 여행자들이 제일 먼저 기념 촬영을 하는 명소이기도 하다. 역 구내에 유후인 온천 관광안내소가 있어서 여행에 도움이 되는 팸플릿이나 지도 등을 무료로 제공하며, 대합실은 아트 갤러리로 운영하고 있다. 또한 플랫폼에는 열차를 기다리면서 여행의 피로를 풀 수 있도록 배려한 아시유 足湯를 아시유의 이용 요금은 수건 포함 160엔이다.

👁 긴린코
金鱗湖

지도 p.27ⓛ **위치** JR 유후인역에서 도보 20분 **오픈** 09:00~23:00(시탄유) **요금** 200엔(시탄유) **전화** 0977-84-3111(마을 상공관광과)

유후인의 쇼핑 거리를 지나 동쪽으로 계속 걸어가면 언제나 아름다운 풍경을 보여주는 호수 긴린코가 나타난다. 호수의 잉어가 수면 위로 뛰어오를 때 그 비늘이 햇빛에 반사되면서 금빛으로 보인다고 해서 긴린코라는 이름이 붙었다고 한다. 둘레 약 400m의 호수 서쪽 밑바닥에서는 온천수가 솟아나고, 동쪽 밑바닥에서는 차가운 물이 솟아나와 새벽 무렵에는 언제나 수면에서 하얀 수증기가 피어올라 신비한 분위기를 풍긴다. 긴린코 옆에 자리한 공동 온천 시탄유 下ん湯는 소박한 모습의 공동 목욕탕으로 모즙나무 지붕 아래에 스기나무탕과 노천탕 등 2개의 탕이 있다. 입장료는 따로 받는 사람이 없고, 그냥 입구에 있는 돈통에 양심껏 넣으면 된다. 그 밖에 호수 위에 떠 있는 도리이가 인상적인 덴소진자 天祖神社와 5월 말에서 7월 초에 걸쳐 천연기념물인 반딧불이를 볼 수 있는 하타루바시 蛍観橋도 둘러볼 만하다.

👁 규슈 유후인 민게이무라
九州湯布院民芸村

지도 p.27ⓖ **위치** JR 유후인역에서 도보 15분 **주소** 由布市湯布院町川上1542-1 **오픈** 08:30~17:00 **요금** 650엔 **전화** 0977-85-2288

규슈 각지에 있는 전통 건물을 이축해 한자리에 모아놓은 민속촌. 막부 말기에서 메이지 시대까지의 공예품을 전시한 민게이민구칸 民芸民具館과 고대 도자기를 모아놓은 고토인 古陶院, 우편자료관 등 다양한 전시관이 있다. 전체적으로 용인민속촌과 비슷한 분위기인데, 규모는 훨씬 작아 원가 부족하다는 느낌이 들 수도 있다. 하지만 단순히 전시에 그치지 않고 다양한 체험 공방도 함께 운영하고 있으므로 일본 전통 문화에 관심이 있다면 들러볼 만하다.

🔎 고젠인

興禅院

지도 p.26Ⓜ **위치** JR 유후인역에서 도보 12분 **주소** 由布市湯
布院町川南144-1 **오픈** 24시간 **전화** 0977-84-2543

불교 선종의 일파인 조동종 曹洞宗의 선사로 1370년
에 창건했다. 한때 경내에 교회가 들어서 크리스천들
이 성지로 사용한 적이 있는데에도 막부 시절의 대대
적인 기독교 탄압으로 경내의 교회는 물론 건물도 함
께 해체되었다. 절과 교회가 공존한 특이한 역사를 가
지고 있는 한편으로는 일본의 유명한 고승 젠카이가
이곳에서 5년간 수도를 하고 득도했다는 일화가 전해
내려올 만큼 명사찰이기도 하다. 경내의 주요 볼거리
는 16나한상과 13개의 불상 그리고 젠카이 스님상 등
의 다양한 불상이다. 특히 각기 다른 표정을 지은 16나
한상이 재미있다.

🔎 부쓰산지

佛山寺

지도 p.27Ⓛ **위치** JR 유후인역에서 도보 20분 **주소** 由布市湯
布院町川上1879 **오픈** 07:00~18:00(겨울철 07:00~17:00)
전화 0977-84-2714

긴린코 남쪽에 있는 불교 임제종의 고찰로 헤이안 시
대 쇼쿠 性空 고승이 창건했다. 경내는 대나무 숲으로

둘러싸여 있어 시원한 느
낌이 들며, 드문드문 보
이는 오래된 석조 불상이
고풍스러운 분위기를 풍
긴다. 작은 절이라 큰 볼
거리를 기대하긴 어렵지
만 산몬 山門, 혼도 本堂,
구리 庫裡의 지붕이 전통

모습나무로 되어 있어 오랜 세월의 흔적을 엿볼 수 있
다. 유후다케의 산신으로 오랜 세월 동안 마을 사람들
의 사랑을 받아왔으며, 매년 7월 18일에는 산령제 山
霊祭가 열린다.

🔎 우나구히메진자

宇奈岐日女神社

지도 p.26Ⓝ **위치** JR 유후인역에서 도보 20분 **주소** 由布市湯
布院町川上2220 **오픈** 24시간 **전화** 0977-84-3200

유후인 분지 남쪽에 자리 잡은 전통 있는 신사로 유
후인의 탄생에 관한 전설이 전해 내려온다. 아주 오래
전 유후인 분지는 큰 호수였다고 한다. 그래서 사람들
은 유후다케의 가파른 산중턱에 자리를 잡고 살았는
데, 어느 날 유후다케의 아름다운 여신인 우나구히메
가 마을 사람들을 위해 호수의 물을 없애고 비옥한 토
지를 만들어주었다고 한다. 그런데 이상하게도 신사
에서 모시는 신들의 이름에 우나구히메란 이름은 들
어 있지 않다. 규모가 큰 신사가 아니라 30분 정도면
둘러볼 수 있는데, 멋진 외관을 자랑하는 산몬 神門과

태풍으로 쓰러진 수
령 600년의 신목 神
木 그루터기가 인상
적이다.

유후인에서 만나는 아트 공간 `zoom in 2`

유후인에는 그림처럼 아름다운 풍경과 조화를 이루는 작고 귀여운 갤러리가 많다. 일본 출신의 작가들뿐만 아니라 해외 거장들의 멋진 그림과 조각, 공예품을 감상할 수 있는 유후인의 아트 공간. 그중에서 유후인을 찾는 여행자들 사이에 많은 사랑을 받는 곳만 선택해서 소개한다.

👁 공상의 숲 아르테지오
空想の森アルテジオ

<u>지도</u> p.27ⓟ <u>위치</u> JR 유후인역에서 도보 45분 <u>주소</u> 由布市湯布院町川上1272-175 <u>오픈</u> 10:00~17:00 <u>요금</u> 600엔 <u>전화</u> 0977-28-8686 <u>홈피</u> www.artegio.com

울창한 숲에 둘러싸인 멋진 료칸 산소 무라타에서 운영하는 미술관. 햇살이 은은하게 들어오는 관내에는 음악을 테마로 한 작품들이 모여 있으며, 마티스나 칸딘스키 등 거장의 그림을 비해 70여 점의 작품이 전시되어 있다. 고요한 숲 속에 자리 잡은 아트 뮤지엄을 중심으로 편안하게 휴식을 취하며 대화를 나눌 수 있는 레스토랑과 바, 그리고 예쁜 선물을 사기에 좋은 작은 숍도 갖추고 있다. 산속에 자리 잡고 있어 찾아가기는 쉽지 않지만 미술에 관심이 있다면 한 번 가볼 만하다.

👁 와타쿠시 미술관
わたくし美術館

<u>지도</u> p.27ⓟ <u>위치</u> JR 유후인역에서 도보 45분 <u>주소</u> 由布市湯布院町川上1266-8 <u>오픈</u> 10:00~17:00 <u>요금</u> 300엔(중고생 200엔, 초등학생 100엔) <u>전화</u> 0977-84-2961

푸른 숲속에 숨어 있는 재미있는 미술관. 관장인 이시야마 스스무 石山 進 씨가 직접 수집한 다양한 작품들이 미술관 입구에서부터 문에 이르기까지 정원 곳곳을 장식하고 있다. 미술관이라기보다 개성 넘치는 카페 같은 분위기지만 1년에 2만 명이 넘는 관람객이 방문하는 유료 미술관이다. 정리되지 않은 창고처럼 아무렇게나 던져놓은 것 같은 오브제들이 서로 조화를 이뤄 재미있는 장면을 연출한다. 2층 규모의 미술관 내부에도 아기자기한 볼거리가 가득하다.

🔵 노먼 록웰 유후인미술관

ノーマンロックウェル湯布院美術館

지도 p.26Ⓕ **위치** JR 유후인역에서 도보 7분 **주소** 由布市湯布院町川上 2967-13 **오픈** 10:00~17:30 **요금** 600엔(외국인은 400엔) **전화** 0977-84-5455

급변하는 20세기 미국 사회를 따스한 감성으로 표현한 화가이자 일러스트레이터 노먼 록웰의 작품을 전시하는 미술관. 1, 2층으로 구성되어 있는 전시실에서는 사회의 단면을 훈훈하고도 정감 있게 그려낸 작가의 작품 약 100여 점을 만나볼 수 있다. 1층에 엽서, 컵 등 록웰과 관련된 기념품을 판매하는 숍이 있으니 관심이 있다면 선물로 구입해보는 것도 좋겠다.

🔵 마르크 샤갈 유후인 긴린코 미술관

マルク・シャガールゆふいん金鱗湖美術館

지도 p.27Ⓗ **위치** JR 유후인역에서 도보 20분 **주소** 由布市湯布院町川上1592-1 **오픈** 09:00~17:30(일요일 및 공휴일 07:00~17:30) **요금** 600엔(중·고·대학생 500엔, 초등학생 400엔) **전화** 0977-28-8500 **홈피** www.chagall-museum.com

1900년대에 활약한 러시아 태생의 대표적인 표현주의 화가 마르크 샤갈의 작품을 전시하고 있는 미술관. 샤갈은 러시아의 유대인 가정에서 태어나 프랑스로 건너가 독창적이고 상상력이 풍부한 환상적인 작품을 많이 남긴 것으로 유명하다. 주요 작품으로는 〈도시 위에서〉, 〈꿈〉, 〈바이올린을 켜는 사람〉 등이 있는데, 뛰어난 표현력을 보여주어 색채의 마술사로 칭송받기도 했다. 이곳에서는 서커스를 주제로 그린 작품 40여 점을 감상할 수 있다. 1층에는 뮤지엄 숍과 카페가 있다.

🔵 유후인 스테인드글라스 미술관

由布院ステンドグラス美術館

지도 p.27Ⓞ **위치** JR 유후인역에서 도보 15분 **주소** 由布市湯布院町川上 2461-3 **오픈** 09:00~18:00 **요금** 1,000엔 **전화** 0977-84-5575 **홈피** www.yufuin-sg-museum.jp

7개의 방에 유럽풍 스테인드글라스와 유리 미술품을 전시한 닐스하우스 ニールズハウス와 〈성모 마리아와 천사들〉이라는 대작이 걸려 있는 성 로버트 교회 聖ロバート教会의 2개 건물로 구성된 미술관. 관내의 전시품은 계절과 시간대에 따라 다양한 표정을 보여주고 있어, 언제든지 빛의 예술 속으로 흠뻑 빠져들 수 있다. 여유가 된다면 스테인드글라스 만들기 체험도 도전해보자(1시간 1,500엔~, 예약 필요).

유후인을 대표하는 맛집 zoom in 3

유후인의 온천 료칸에서 숙박을 한다면 아침과 저녁은 료칸에서 해결할 수 있지만 점심은 어떻게 하면 좋을까? 유후인역 앞 편의점에서 간단하게 도시락을 사 먹어도 되겠지만 이왕이면 유후인의 소문난 맛집에서 맛있는 식사를 즐겨보길 권한다.

🍴 유노타케안
湯の岳庵

지도 p.27ⓛ **위치** JR 유후인역에서 도보 20분 **주소** 由布市湯布院町川上2633-1 亀の井別荘内 **오픈** 11:00~22:00 **전화** 0977-84-2970 **홈피** www.kamenoi-bessou.jp/yunotake.html

긴린코 바로 옆에 자리 잡고 있어 유후인 최고의 입지를 자랑하는 초고급 료칸 가메노이 벳소에서 직영하는 일식 레스토랑이다. 하룻밤 숙박비가 1인당 3만~5만 5,000엔이나 하는 비싼 료칸이라 숙박을 하는 것은 꽤 부담스럽지만 가메노이 벳소의 음식은 이곳 유노타케안을 통해서 맛볼 수 있다. 음식도 음식이지만 분위기 하나만으로도 충분히 가볼 만한 곳이므로 식사를 하지 않더라도 구경 삼아 가보자. 코스 요리는 4,000엔 이상으로 꽤 부담스러운 가격이지만 점심시간에는 도시락 세트나 정식 메뉴를 비교적 저렴하게 맛볼 수 있다.

🍴 이나카안
田舎庵

지도 p.27ⓒ **위치** JR 유후인역에서 도보 10분 **주소** 由布市湯布院町大字川上1071-3 **오픈** 11:00~19:00 **전화** 0977-84-3266

지역 주민들뿐만 아니라 관광객들에게도 인기 만점인 우동 가게. 인기 비결은 오키나와의 천연 소금과 유후인의 맑은 물로 만든 쫄깃한 우동 면발과 다시마와 가쓰오부시로 우려낸 진한 국물 맛의 조화. 인기 메뉴는 커다란 우엉튀김이 듬뿍 담긴 우동을 맛볼 수 있는 고보텐고젠 ごぼ天御膳(1,080엔). 수타우동이라 면발이 탱글탱글하면서도 쫀득한 식감이 일품이다. 함께 나오는 우엉밥과 간단한 절임 반찬도 괜찮은 맛.

🍴 모미지
もみじ

지도 p.26Ⓐ **위치** JR 유후인역에서 도보 3분 **주소** 由布市湯布院町川上2921-3 **오픈** 11:30~14:00, 17:30~21:00 **휴무** 일요일 **전화** 0977-84-2070 **홈피** www3.coara.or.jp/~momiji14/

가이세키 요리와 튀김이 맛있는 일식 레스토랑. 온천 마을과 어울리는 아늑한 가게 분위기가 매력적이고, 유후인역과 가까워 찾아가기도 쉽다. 인기 메뉴는 점심시간에 맛볼 수 있는 모미지젠 もみじ膳(2,300엔). 부드러운 숙성 모둠회와 바삭바삭한 튀김, 제철 재료로 만든 싱그러운 요리가 함께 나오는 정찬이다. 저녁에는 깔끔한 가이세키 코스 요리가 주 메뉴. 가격은 비싼 편이지만, 온천 료칸에서 석식으로 나오는 가이세키 요리를 신청하지 않았다면 먹어볼 만하다.

🍴 하나노소바
花野そば

지도 p.27ⓖ **위치** JR 유후인역에서 도보 15분 **주소** 由布市湯布院町川上2715-4 **오픈** 11:00~매진될 때까지 **전화** 0977-84-2008

아소 고원에서 직접 재배한 신선한 재료로 만들어 향이 더욱 풍부한 소바 전문점. 매일 아침마다 손으로 직접 수타 면을 만들어 언제 가도 신선한 면발을 즐길 수 있다. 면은 일반 소바보다 조금 얇은 편이지만 쫄깃함은 그대로 살아 있다. 대표 메뉴는 뛰어난 식감과 목넘김이 좋은 유바소바(1,680엔). 양에 비해 비싼 가격은 아쉬운 부분이다.

🍴 다케오
たけお

지도 p.26ⓔ **위치** JR 유후인역에서 도보 3분 **주소** 由布市湯布院町川上2931 **오픈** 런치 11:30~14:30, 디너 17:00~20:00 **휴무** 월요일 **전화** 0977-84-5385

음식점 중간에 이로리 囲炉裏(일본의 전통 가옥에 있는 사각형의 화로)가 있어 토속적인 분위기가 물씬 풍기

는 다케오는 주말에는 한참을 기다려야 할 정도로 유후인의 명물 맛집이다. 청정 지역에서 재배한 좋은 재료만을 써서 어떤 메뉴든 안심하고 먹을 수 있는 것이 특징. 인기 메뉴는 무농약 쌀에 다진 쇠고기, 송어 등 화려한 재료가 들어간 다케오동 たけお丼(1,100엔). 주인아저씨가 자랑하는 비전 간장 소스가 식욕을 불러일으킨다. 그 밖에 토종닭 직화구이 地鳥の直火焼(700엔)와 소바 샐러드 そばサラダ(700엔)도 맛있다.

🍴 레스토랑 람푸샤
レストラン洋灯舎

지도 p.27ⓛ **위치** JR 유후인역에서 도보 20분 **주소** 由布市湯布院町川上1561 **오픈** 08:00~09:00, 11:00~14:00, 17:00~20:00 **휴무** 화요일 **전화** 0977-84-3011

모든 요리를 손으로 만드는 정통 양식 레스토랑. 긴린코 옆에 자리 잡은 펜션 도요노쿠니 豊の国에 있어 쉽게 찾아갈 수 있다. 좋은 재료만을 사용하여 모든 음식이 깔끔하고 맛있는데, 특히 오이타의 명물 쇠고기 분고규 豊後牛와 유후인 토종닭은 꼭 맛보자. 인기 메뉴는 람푸샤 세트 洋灯舎セット(1,650엔). 두 가지 메인 요리 중에서 하나를 선택할 수 있는데, 인기 요리는 명품 소고기 분고규로 만드는 햄버거 스테이크.

🍴 이즈미 소바

泉そば

지도 p.27Ⓗ **위치** JR 유후인역에서 도보 20분 **주소** 由布市湯
布院町川上 1599-1 **오픈** 11:00~15:00 **전화** 0977-85-2283

전통 수타 방식으로 만든 쫄깃한 면발이 일품인 유후
인의 명물 소바 전문점. 원래는 고시키테우치소바 이
즈미인데 이름이 조금 어려워 여행자들 사이에서는
이즈미 소바라는 이름으로 불리고 있다. 유후인 최고
의 풍경을 자랑하는 긴린코 바로 옆에 위치하고 있어,
야외 테이블에 앉으면 호수의 멋진 경관을 바라보며
소바를 먹을 수 있다. 대표 메뉴는 간장 소스에 수타
메밀면을 찍어먹는 세이로소바(せいろそば, 1,296엔).
이즈미만의 전통 방식으로 직접 만든 수타면이라 탱
탱하고 쫄깃한 감칠맛이 일품이다.

🍴 무라타 후쇼안

Murata 不生庵

지도 p.27Ⓟ **위치** JR 유후인역에서 도보 45분 **주소** 由布市湯
布院町川上1266-18 **오픈** 11:00~17:00 **전화** 0977-85-2210

유후인의 인기 온천 료칸 산소 무라타가 운영하는 소
바 전문점. 창밖으로 보이는 온천의 풍경을 감상하며
맛있는 소바를 먹을 수 있는 것이 장점이다. 대표 메
뉴는 구로부타소바 黑豚そば(1,512엔). 가격이 비싼
것이 흠이지만, 이틀 동안 숙성시킨 부드러운 돼지고
기와 쫄깃한 면발의 조화는 기대 이상이다. 짭짤하고
달콤한 쓰유에 찍어 먹는 시원한 자루소바 ざるそば
(864엔)도 인기 있다. 공상의 숲 아르테지오 바로 옆
에 있다.

🍴 유후마부시 신

由布まぶし 心

지도 p.26E **위치** JR 유후인역에서 도보 1분 **주소** 由布市湯布
院町川北5-4 2F **오픈** 11:00~16:00, 17:30~21:00 **휴무** 목요
일 **전화** 0977-84-5825

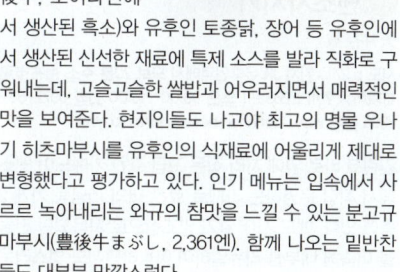

유후인 최고의 식
재료를 정성껏 조
리해 돌솥밥 위에
담아낸 명물 덮밥
전문점. 분고규(豊
後牛, 오이타현에
서 생산된 흑소)와 유후인 토종닭, 장어 등 유후인에
서 생산된 신선한 재료에 특제 소스를 발라 직화로 구
워내는데, 고슬고슬한 쌀밥과 어우러지면서 매력적인
맛을 보여준다. 현지인들도 나고야 최고의 명물 우나
기 히츠마부시를 유후인의 식재료에 어울리게 제대로
변형했다고 평가하고 있다. 인기 메뉴는 입속에서 사
르르 녹아내리는 와규의 참맛을 느낄 수 있는 분고규
마부시(豊後牛まぶし, 2,361엔). 함께 나오는 밑반찬
들도 대부분 맛깔스럽다.

유후인의 베스트 간식 zoom in 4

전통적인 온천 관광지와는 달리 여성들이 좋아하는 아기자기한 온천 마을답게 유후인에는 다양한 스위트 전문점이 곳곳에 포진해 있다. 한 번 맛보면 빠져나오기 힘든 중독성이 있는 케이크와 빵 그리고 다양한 과자 등 도쿄나 오사카의 유명 스위트 전문점과 비교해도 부족함이 없을 정도로 맛있는 가게가 있어 유후인 여행의 즐거움을 더해준다.

비−스피크
B-speak

지도 p.26⑥ **위치** JR 유후인역에서 도보 5분 **주소** 由布市湯布院町川上3040-2 **오픈** 10:00~17:00 **전화** 0977-28-2166 **홈피** www.sansou-murata.com/facilities/b-speak

유후인의 고급 료칸 산소 무라타가 직접 운영하는 케이크 전문점. 2006년에 새롭게 리뉴얼 오픈하면서 가게 분위기도 더욱 멋스러워졌고 케이크의 맛도 한층 더 업그레이드 된 느낌이다. 유후인 롤케이크의 대명사로 유명한 P 롤 P롤(1개 1,420엔, 3분의 1조각 475엔)은 농가에서 직접 공수해온 신선한 달걀과 질 좋은 밀가루로 만들어 폭신폭신하면서 달콤한 맛이 일품이다. 플레인과 초콜릿 2가지 맛 중에 선택할 수 있다.

덴조사지키
天井棧敷

지도 p.27ⓛ **위치** JR 유후인역에서 도보 20분 **주소** 由布市布院町大字川上2633-1 **오픈** 09:00~18:00 **전화** 0977-85-2866 **홈피** www.kamenoi-bessou.jp/tenjo.html

긴린코 바로 옆에 자리 잡은 고급 료칸 가메노이 벳소에서 직접 운영하는 카페로 료칸 내의 기념품 가게 2층에 있다. 에도 시대 말기 양조장으로 사용되던 건물을 이축해 내부를 리뉴얼하여 아늑하면서도 멋스러운 분위기를 완성했다. 넓은 창문 밖으로는 아름다운 정

원 풍경을 내려다볼 수 있고, 은은하게 풍기는 커피콩 볶는 냄새가 코를 간질이는 기분 좋은 공간이다. 긴린코를 산책한 후 잠시 쉬면서 커피 한 잔을 즐기고 싶을 때 찾아가보자. 덴조사지키라는 이름은 1967년 데라야마 슈지가 만든 극단의 이름에서 따왔다고 한다.

팡코보 마키노야
パン工房まきのや

지도 p.27ⓖ **위치** JR 유후인역에서 도보 13분 **주소** 由布市湯布院町川上1098-1 **오픈** 10:00~매진될 때까지 **휴무** 화요일 **전화** 0977-84-3822

아기도 안심하고 먹을 수 있는 천연 효모 빵이 인기인 빵집. 항상 7~8종류의 빵이 진열되어 있지만, 오후 늦은 시간에는 매진되는 일이 흔하므로 일찍 가는 것이 좋다. 최고의 인기 메뉴는 구루미빵 くるみパン (390엔)으로 홋카이도산 밀가루와 천연 효모를 사용하여 고소한 맛을 자랑한다. 빵이 막 구워져 나오는 오전 10시나 오후 2시에 방문하면 더욱 좋다.

🍴 비 허니

Bee Honey

지도 p.27Ⓕ **위치** JR 유후인역에서 도보 17분 **주소** 由布市湯
布院町川上1481-1 **오픈** 09:00~17:30 **전화** 0977-85-2733
휴무 http://beehoney.jp

긴린코를 향해
유후인 상점가
를 계속 걸어
가다 보면 앙
증맞은 콘셉트
의 예쁜 가게
가 보인다. 유
후인에 오면 무조건 한 번은 사먹게 되는 벌꿀 아이스
크림을 판매하는 비 허니. 사계절 내내 인기 메
뉴로 자리 잡은 하치미츠 소프트 はちみつソ
フト(320엔)는 꼭 먹어봐야 한다. 꿀, 유
자, 초콜릿. 딸기 등 토핑이 가미된 아이
스크림도 있으니 취향대로 고르면 된다.

🍴 우케즈키

受け月

지도 p.27Ⓖ **위치** JR 유후인역에서 도보 15분 **주소** 由布市
湯布院町川上1503-7 **오픈** 09:00~17:00 **휴무** 목요일 **전화**
0977-84-4677 **홈피** www.ukezuki.com

멋진 갤러리가 있는 초콜릿 & 케이크 전문점. 좋은
재료만을 고집하는 철저한 장인 정신으로 만들어낸
초콜릿과 케이크는 모두 최상급품으로 매력적인 맛
을 보여준다. 인기 초콜릿 메뉴는 파베 민트 paves
mint(1,450엔). 입에 넣자마자 스르르 녹아내리는 달콤
함과 시원한 민트 향이 어우러진 환상적인 맛이다. 인
기 케이크는 크레송 롤 クレソンロール(1,300엔). 자
연산 크레송(물냉이)과 방목하는 닭에서 얻는 유정란
으로 만든 웰빙 롤케이크로, 한 입 베어 물면 시원한
물냉이 향이 살짝 퍼지면서 입 안 가득
달콤함이 느껴진다. 카페도 운영하
고 있어 음료와 함께 세트 메뉴(850
엔~)로도 즐길 수 있다.

🍴 유후후

ゆふふ

지도 p.26Ⓔ **위치** JR 유후인역에서 도보 1분 **주소** 由布市
湯布院町川北2-1 **오픈** 10:00~18:00(일요일 및 공휴일
09:00~18:00) **전화** 0977-85-5839 **홈피** www.yufufu.com

유후후를 한마디로 표현하라면
"신선한 재료에서 우러나오는
신선한 맛"이라고 하고 싶다. 유
후인의 맑은 물과 깨끗한 토양
에서 자라난 유기농 재료만을
사용하기 때문이다. 다른 유명한
케이크 전문점보다 늦게 출발했
지만 맛으로는 거의 따라잡았다고 할 만큼 매력적인
케이크를 선보인다. 대표 메뉴는 미각을 마비시키는
달콤한 악마의 맛 유후코겐 나메라카푸링 由布高原
なめらかプリン(350엔)과 자연의 맛을 느낄 수 있는
생크림이 들어간 다마고 롤케이크 たまごロールケー
キ(1조각 350엔).

🍴 금상 고로케

金賞コロッケ

지도 p.27Ⓗ **위치** JR 유후인역에서 도보 15분 **주소** 由布市湯
布院町川上 1481-7 **오픈** 09:00~18:00(일정하지 않음) **전화**
0977-28-8888

NHK 텔레비전에서 기획한 제1회 '전국 고로케 콩쿠
르'에서 금상을 차지한 크로켓 전문점. 홋카이도산 감
자와 와규 和牛에서 지방분을 뺀 살코기만으로 만들
어 일반 크로켓보다 칼로리가 훨씬 적다고 하니 다이
어트를 걱정하는 여성들도 안심하고
먹을 수 있다. 대표 메뉴는 금상 고로
케 金賞コロッケ(1개 160엔). 참고로
유후인에서는 금상 고로케라는 간판
이 눈에 많이 띄는데, 원조는 유후인
네코야시키 뒤편에 자리 잡고 있다.

유후인의 베스트 료칸 zoom in 5

유후인을 일본 최고의 관광지로 만든 주인공은 바로 료칸이다. 자연과 더불어 즐기는 행복한 온천욕, 정갈하고 맛난 요리들이 한가득 나오는 저녁 만찬 그리고 언제나 따스함으로 맞아주는 오카미상(료칸 여주인)의 풋풋한 미소는 유후인을 다시 찾지 않을 수 없게 만든다.

※ 료칸 요금은 플랜별로 차이가 많이 나므로 사전에 반드시 확인할 것

🏠 가메노이 벳소

亀の井別荘

지도 p.27Ⓛ 위치 JR 유후인역에서 도보 20분 주소 由布市湯布院町大字川上 2633-1 요금 1박 2식 기준 1인당 3만 5,790엔~ 전화 0977-84-3166 홈피 www.kamenoi-bessou.jp

역사와 전통을 자랑하는 고품격 온천 료칸. 유후인의 상징 긴린코 바로 옆에 있어서 많은 일본 사람들이 유후인을 대표하는 료칸이라 하면 먼저 가메노이 벳소를 떠올린다고 한다. 본관에 있는 6개 객실과 떨어져 있는 15개 별채 객실은 모두 건축 양식과 인테리어가 다르며, 순수 일본식, 리조트풍 등 개성 만점인 방을 입맛대로 선택할 수 있다. 독특하며 각각 다른 풍미를 느낄 수 있는 세련된 객실, 유후인에서만 나는 천연 재료를 이용한 요리, 창문과 천장에서 빛이 들어오는 남녀 별도의 온천 등 가메노이 벳소는 차별화된 서비스를 제공하여 숙박 손님에게 특별한 추억을 선사한다.

🏠 유후인 다마노유

由布院 玉の湯

지도 p.27Ⓖ 위치 JR 유후인역에서 도보 15분 주소 由布市湯布院町川上2731-1 요금 1박 2식 기준 1인당 3만 5,790엔~ 전화 0977-84-2158 홈피 www.tamanoyu.co.jp

일본을 대표하는 숙소 베스트 100에 매년 선정되는 유후인 최고의 료칸. 3,000여 평의 잡목림 안에 전 객실이 별동으로 배치된 단층의 별장식 료칸이다. 모든 객실에는 히노키 욕탕이 딸려 있어 언제든지 자유롭게 온천을 즐길 수 있다.

각 객실은 화려한 장식보다는 원목의 자연미를 최대한 이용하면서도 기능성을 살린 인테리어를 추구하여 단순하면서도 품격이 느껴진다. 다마노유의 온천은 유후인 최고라는 이름과는 달리 특별한 볼거리가 없을지도 모른다. 하지만 직접 탕에 들어가 보면 주위를 둘러싼 녹음, 나무로 만든 욕조의 포근함, 내탕과 노천탕의 절묘한 배치 등 과연 명성에 걸맞은 곳이라는 생각이 든다.

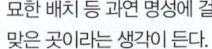

🏠 산소 무라타

山荘無量塔

지도 p.27Ⓟ **위치** JR 유후인역에서 자동차로 10분 **주소** 由布市湯布院町川上1264-2 **요금** 1박 2식 기준 1인당 4만 엔~ **전화** 0977-84-5000 **홈피** www.sansou-murata.com

메이지 시대 니가타 新潟의 옛 민가를 이축한 온천 료칸. 울창한 숲에 둘러싸인 곳에 자리 잡고 있다. 유후인에서도 손꼽히는 고급 료칸으로, 성수기에 숙박하려면 최소 5개월 전에는 미리 예약을 해야 할 정도로 인기가 높다. 예약은 팩스나 메일은 안 되고 반드시 전화로 해야 한다. 외관은 오래된 일본 전통 가옥이지만 내부 인테리어는 동서양의 문화를 적절하게 접목시킨 퓨전 스타일이다. 대부분 가구와 소파는 유럽풍 디자인으로, 격조 높은 분위기를 자아낸다. 미닫이문 끝에 펼쳐지는 독특한 공간과 소박하지만 넓고 깨끗한 객실은 편안한 휴식을 취할 수 있게 해주며, 객실에 붙어 있는 내탕은 여행의 피로를 말끔히 없애준다. 객실은 모두 8개의 별채로 이루어져 있으며, 각기 다른 개성과 독특한 분위기가 있어 어느 곳에 머무르더라도 최고의 서비스를 만끽할 수 있다. 조식과 석식 또한 최고급 요정에서 맛볼 수 있을 정도의 진기한 요리가 한 상 가득 나와 눈·코·입을 즐겁게 한다.

🏠 료테이 다노쿠라

旅亭 田乃倉

지도 p.27Ⓗ **위치** JR 유후인역에서 도보 10분 **주소** 由布市湯布院町川上1556-2 **요금** 1박 2식 기준 1인당 2만 8,080엔~ **전화** 0977-84-2251 **홈피** www.yufuin-tanokura.com

아름다운 호수 긴린코의 한쪽에 자리 잡은 고급 온천 료칸. 요금은 비싸지만, 전통을 고수하는 고즈넉한 외관, 깔끔하게 정리한 정원, 조용히 즐길 수 있는 객실 내탕 등 격조 높은 료칸의 풍모를 보면 왠지 비쌀 수밖에 없겠다는 생각이 든다. 넓은 부지에 비해 객실은 별채를 포함해서 11실밖에 없어 조용한 분위기에서 편히 쉴 수 있다. 모든 객실에는 내탕이 완비되어 있는데, 그중 1층에 있는 쇼운 祥雲·주린 珠林·호센 芳泉·메이주 明壽·유신 雄心의 다섯 객실에는 노천탕이 붙어 있어 고품격 온천욕을 즐길 수 있다. 숙박객들이 함께 이용할 수 있는 대욕탕은 남녀가 따로 들어가는 시스템으로 운영하고 있으므로 시간대를 잘 확인하고 들어가야 한다. 또한 숙박 손님에게는 자매 료칸인 유후인 산토칸 湯布院山灯館의 노천탕을 무료로 이용할 수 있는 특전을 주므로 꼭 이용하자.

🏠 오야도 니혼노아시타바

おやど二本の葦束

지도 p.26Ⓐ **위치** JR 유후인역에서 자동차로 5분 **주소** 由布市湯布院町川北918-18 **요금** 1박 2식 기준 1인당 2만 엔~ **전화** 0977-84-2664 **홈피** www.2hon-no-ashitaba.co.jp

아름다운 자연으로 둘러싸인 약 4,000평의 부지에 자리 잡고 있는 전통 온천 료칸. 유후인 중심가에서 멀리 떨어져 있어 교통은 조금 불편하지만, 주변의 삼림과 자연 친화적인 온천 등 웰빙 여행을 즐기는 사람이라면 꼭 가볼 만한 곳이다. 객실은 니가타 新潟에서 이축해 온 중후한 오모야 母屋(주실, 집에서 주가 되는 방)를 중심으로 모두 10동의 화실 별채가 있다. 온천은 50명이 한 번에 이용할 수 있을 정도로 큰 대욕탕을 포함해서 모두 가족탕으로 운영하고 있는데, 노송나무·바위 등을 이용한 노천탕과 내탕 등 각기 다른 느낌을 자랑하는 다양한 온천이 있어, 여유롭게 온천욕을 만끽할 수 있다.

🏠 산소 와라비노

山荘わらび野

<u>지도</u> p.26Ⓐ <u>위치</u> JR 유후인역에서 자동차로 5분 <u>주소</u> 由布市湯布院町川北95 <u>요금</u> 1박 2식 기준 1인당 2만 4,000엔~ <u>전화</u> 0977-85-2100 <u>홈피</u> www.warabino.net

대나무 숲과 자연림에 둘러싸여 있는 자연 친화적인 온천 료칸. 3,500평이라는 대규모 부지 안에 10동의 별채와 오모야 母屋, 갤러리, 노천탕 등 다양한 시설

이 있어 편안하게 쉴 수 있다. 객실은 전부 전통 화실로 모두 내탕이 붙어 있어 언제든지 느긋하게 온천욕을 즐길 수 있다. 객실에 따라 이와부로 岩風呂나 흙온천 土風呂 등 느낌이 다른 내탕이나 노천탕을 갖추고 있는 것이 장점. 식사는 유후인에서 나는 신선한 재료에 다양한 채소를 이용한 창작 요리가 나온다. 특히 와라비노에서 직접 생산하는 쌀로 만든 밥은 요리를 더욱 맛있게 만들어준다. 숙박료는 좀 비싸지만 조용한 휴식처를 원하는 사람들에게 추천할 만하다.

🏠 야마노호텔 무소엔

山のホテル夢想園

<u>지도</u> p.26Ⓜ <u>위치</u> JR 유후인역에서 도보 20분 <u>주소</u> 由布市湯布院町川南1251-1 <u>요금</u> 1박 2식 기준 1인당 1만 8,000엔~ <u>전화</u> 0977-84-2171 <u>홈피</u> www.musouen.co.jp

녹음이 우거진 산자락에 자리 잡고 있어 자연을 즐길 수 있는 조용한 온천 료칸. 역에서 걸어가기에는 거리가 좀 먼 데다, 비탈길을 올라가야 하는 불편함은 있지만 적당한 요금으로 사치스러운 휴식을 취하고 싶다면 선택은 단연 무소엔이다. 아름다운 풍경도 멋지지만, 무엇보다 바다처럼 넓은 남녀별 전용 노천탕에서 유후다케의 풍경을 바라보는 경험은 평생 잊지 못할 추억으로 남을 것이다. 남성 전용 노천탕은 고무소노유 御夢想の湯 1개, 여성 전용 노천탕은 고보노유 弘法の湯와 구카이노유 空海の湯 2개가 있다. 그중에서도 구카이노유는 다다미 150장 너비를 자랑하는 규슈에서 가장 큰 노천탕으로 유명하다. 무소엔은 주말 예약이 5~6개월 전부터 완료될 정도로 인기 료칸이기 때문에 가능한 한 빨리 예약을 하는 것이 좋다.

🏠 마키바노이에
旅荘 牧場の家

지도 p.26⑪ **위치** JR 유후인역에서 도보 7분 **주소** 由布市湯布院町川上2870-1 **요금** 1박 2식 기준 1인당 1만 2,750엔~ **전화** 0977-84-2138 **홈피** http://ryosoumakibanoie.wixsite.com/yufuin

일본 100경 중 하나인 유후다케를 바라볼 수 있는 대노천탕이 자랑인 온천 료칸. 객실 12개는 모두 독실 구조로 되어 있어 편안한 느낌을 준다. 온천은 남녀 각 하나씩의 대노천탕이 있는데, 다른 곳 노천탕과의 차이점이라면 자연미가 넘친다는 것이다. 유후인역에서 가까운 거리에 자리 잡고 있어 마을을 둘러보기도 편하고, 1박 2식이 제공되는 전통 료칸의 맛을 느낄 수 있는 숙소치고는 요금도 저렴한 편이다. 단, 객실마다 요금이 모두 다르므로 예약을 하기 전에 미리 확인하는 것이 좋다.

🏠 유후인 하나요시
ゆふいん花由

지도 p.26ⓐ **위치** JR 유후인역에서 자동차로 10분(무료 송영버스 운행) **주소** 由布市湯布院町大字川北913-11 **요금** 1박 2식 기준 1인당 1만 8,360엔~ **전화** 0977-85-5000 **홈피** www.hanayoshi.co.jp

유후인 분지의 서쪽 550m의 고지대에 자리 잡고 있어 멋진 마을 전경과 웅장한 유후다케의 모습을 감상할 수 있는 전망 좋은 현대식 료칸. 전체 11개의 객실 중 본관에 있는 4개의 객실을 제외한 7개의 객실에는 모두 전용 노천온천이 붙어 있어 편안하게 온천욕을 즐길 수 있다. 본관에 있는 4개의 객실에도 옥내탕이 딸려 있으며, 본관 숙박객은 언제라도 추가 요금 없이 가족탕을 대절해서 이용할 수 있다. 실내에는 주인이 직접 그린 그림과 아름답게 장식한 꽃들이 있어 포근하고 아늑한 분위기를 자아낸다.

🏠 유후노고 사이가쿠칸
柚富の郷 彩岳館

지도 p.26ⓜ **위치** JR 유후인역에서 자동차로 5분 **주소** 由布市湯布院町川上2378-1 **요금** 1박 2식 기준 1인당 1만 4,790엔~ **전화** 0977-44-5000 **홈피** www.saigakukan.co.jp

시시각각 바뀌는 유후다케의 경치를 여유롭게 감상할 수 있는 고급 료칸. 특히 눈앞에 펼쳐진 아름다운 풍경을 바라보며 온천욕을 즐길 수 있는 노천탕은 유후인 최고의 조망을 자랑한다. 게다가 순환식이 아니라 원천을 지속적으로 흘려보내는 시스템으로 관리하고 있어 언제나 맑고 깨끗한 온천을 즐길 수 있는 것도 장점이다. 수질은 기본적으로 단순천이고, 미백 효과가 높은 탄산수소염천도 있어 여성들에게 인기가 높다. 일본식 다다미방 16실, 화양실 8실 등 전체 24개의 객실이 있으며, 관내에는 미니 갤러리와 도서관, 식당 등 부대시설도 다양하게 갖추고 있다.

🏠 유후인 겟토안

ゆふいん 月燈庵

지도 p.26Ⓐ **위치** JR 유후인역에서 자동차로 7분 **주소** 由布市湯布院町川上295-2 **요금** 1박 2식 기준 1인당 2만 6,800엔~ **전화** 0977-28-8801 **홈피** www.gettouan.com

작은 개천이 졸졸 흐르는 소리와 싱그러운 새들의 노랫소리가 흥겨운 산속의 전통 온천 료칸. 푸른 자연에 둘러싸인 6,500평의 광대한 부지를 자랑하는 겟토안은 료칸 자체가 하나의 작은 공원이다. 산책하는 기분으로 시라타키가와에 있는 쓰리바시를 건너면 모든 객실에 노천온천이 붙어 있는 12동의 별채가 눈에 들어온다. 넓은 별채의 방은 개개인의 프라이버시를 최대한 보장해주는 구조로 되어 있어 편안하게 휴식을 취할 수 있다. 역에서 제법 떨어져 있어 마을 관광을 하기는 불편하지만, 조용하게 온천욕을 즐기고 싶다면 추천하고 싶다. 미리 예약을 하면 식사와 온천만 이용할 수도 있다.

🏠 쇼야노 야카타

庄屋の館

지도 p.27Ⓟ **위치** JR 유후인역에서 자동차로 5분 **주소** 由布市湯布院町川上444-3 **요금** 1박 2식 기준 1인당 2만 3,220엔~ **전화** 0977-85-3105 **홈피** www.yufuin-shoya.com

마을 중심가에서 조금 벗어난 곳에 자리 잡고 있어 교통은 다소 불편하지만 그만큼 아름다운 자연과 맑은

온천수를 즐길 수 있는 료칸. 유후다케의 산기슭 들판에 펼쳐진 부지 내에는 노천온천이 붙어 있는 별채들이 아기자기하게 몰려 있어 조용하게 온천을 즐길 수 있다. 메이지 시대 귀족들이 이용하던 영빈관을 이축한 본관에는 6개의 노천온천이 들어가 있는데, 100명이 함께 이용할 수 있는 대 노천탕을 비롯해서 10여 명이 이용하는 중노천탕까지 종류별로 다양하다. 쇼야노 야카타는 유후인의 수많은 온천중에서도 보기 드물게 코발트블루의 아름다운 색을 자랑하며, 메타케이산과 나트륨 성분이 많아 뛰어난 미백 효과를 볼 수 있다.

🏠 오야도 유후인테이

御宿 ゆふいん亭

지도 p.27Ⓒ **위치** JR 유후인역에서 도보 15분 **주소** 由布市湯布院町川上山畔1027-3 **요금** 1박 2식 기준 1인당 1만 8,900엔~ **전화** 0977-85-4296 **홈피** www.gloria-g.com/yufuintei

전통 민가풍 외관과 약 4,000평 규모의 넓은 정원을 가로지르는 시냇물이 방문객들의 마음을 편안하게 해주는 기품 있는 온천 료칸. 고풍스러운 풍경 뒤에는 총 15동의 객실이 있는데, 모두 따로 떨어져 있는 별채 형식이라 안정되고 편안한 기분으로 휴식을 취할 수 있다. 또한 객실에는 히노키(노송나무) 내탕, 또

는 거대한 바위로 만든 암반 노천탕이 붙어 있어 느긋하게 온천욕을 즐길 수 있다. 식사는 이로리(농가 등에서 마룻바닥을 사각형으로 도려내고 난방용, 취사용으로 불을 피우는 장치)가 있는 식당에서 하면 되는데, 미리 예약을 하면 개인실에서도 즐길 수 있다.

🏠 와노야도 사기리테이
和の宿 狹霧亭

지도 p.27Ⓟ **위치** JR 유후인역에서 도보 15분 **주소** 由布市湯布院町川上811-1 **요금** 1박 2식 기준 1인당 1만 9,980엔~ **전화** 0977-85-4292 **홈피** www.gloria-g.com/sagiritei

유후인 중심부에서 약간 떨어진 장소에 숨어 있는 온천 료칸. 마치 산속에 있는 절을 연상시키는 입구를 지나 료칸 부지로 들어가면 100년 전의 민가를 이용한 오모야 母屋와 운치 있는 정자, 별채 형식의 객실이 들어서 있다. 객실에는 내탕이 붙어 있어 언제든지 여유 있게 온천욕을 즐길 수 있다. 또한 객실 밖으로 한 걸음만 나가면 단정하게 꾸며놓은 정원이 있어, 식사나 온천을 하고 난 후 가벼운 마음으로 산책을 즐기기에도 좋다. 저녁 식사는 닭고기와 분고 豊後 쇠고기를 용암 플레이트에서 구운 숯불구이가 중심이 된다. 또 숙박객은 정자에서 맥주와 온센타마고(온천수로 삶은 달걀)를 맛볼 수 있다.

🏠 오야도 사쿠라테이
御宿 さくら亭

지도 p.27Ⓞ **위치** JR 유후인역에서 도보 13분 **주소** 由布市湯布院町川上宮ノ脇2172 **요금** 1박 2식 기준 1인당 1만 4,000엔~ **전화** 0977-85-2838 **홈피** www.sakuratei.info

전원 풍경이 아름답게 펼쳐진 조용한 길 옆으로는 마차가 다니고, 여유 있게 걸어가며 주변을 둘러보면 유후인의 풍부한 표정과 사계절을 피부로 느낄 수 있다. 사쿠라테이는 그런 자연 속에 있는 온천 료칸이다. 일본 가옥의 안정된 분위기를 풍기는 8동의 객실은 모두 별채로 구성되어 있어 편안하게 휴식을 취할 수 있다. 또 객실마다 노천탕이 붙어 있어 언제든지 편하게 온천욕을 즐길 수 있다. 또한 노천 가족탕의 벽에는 도자기의 명소 아리타에서 구워낸 접시가 많이 붙어 있어 전통적인 분위기가 느껴진다.

🏠 오야도 우라쿠
お宿 有楽

지도 p.26Ⓙ **위치** JR 유후인역에서 도보 8분 **주소** 由布市湯布院町川上2868-5 **요금** 1박 2식 기준 1인당 1만 6,500엔~ **전화** 0977-28-2700 **홈피** www.urak.jp

분고규, 자라 등 오이타 현과 유후인 전통의 맛을 즐길 수 있는 가이세키 요리가 자랑인 온천 료칸. 조식과 석식 모두 객실에서 편안하게 즐길 수 있으며, 3동의 별채에는 내탕과 노천탕이 딸려 있어 언제든지 온천욕을 만끽할 수 있다. 도착하면 말차와 일본 과자를 선물로 주며, 여성 숙박객에게는 5종류의 유카타 중에서 마음에 드는 것을 고를 수 있는 특권을 준다. 또한 트럼프, 장기, 바둑, 오셀로 등 다양한 놀이 도구를 무료로 대여해주므로 심심할 때 이용하면 좋다.

🏠 오야도 유후노쇼

御宿 由布乃庄

지도 p.27ⓒ 위치 JR 유후인역에서 자동차로 15분 주소 由
布市湯布院町塚原1009 요금 1박 2식 기준 1인당 1만 3,650엔
~ 전화 0977-84-5755 홈피 www.yufunoshou.com

넓고 편안한 객실과 100% 원천을 사용하는 온천, 아름
다운 숲으로 둘러싸인 자연환경으로 유명한 료칸. 객
실은 모두 8실로 아담한 규모이며, 일반 객실 4개와 별
채 형식으로 떨어져 있는 객실 4개로 구성되어 있다.
별채에는 내탕이나 노천탕이 붙어 있어 조용하게 온천
욕을 즐길 수 있다. 유후노쇼의 자랑거리는 신선한 재
료를 듬뿍 사용해서 만든 요리인데, 평일에도 식당이
혼잡할 정도로 인기가 있다. 특히 유후노쇼 세트는 오
이타 현 이외에서 찾아오는 마니아도 많다. 또한 유후
인에서는 단 1명뿐인, '일본 바텐더 협회'에서 인정한
바텐더가 만드는 120종류의 칵테일도 맛볼 수 있다.

🏠 메이엔토메이스이노야도 바이엔

名苑と名水の宿 梅園

지도 p.27ⓒ 위치 JR 유후인역에서 도보 20분 주소 由布市湯
布院町川上2106-2 요금 1박 2식 기준 1인당 1만 8,360엔~
전화 0977-28-8288 홈피 www.yufuin-baien.com

1만 평이 넘는 넓은 부지의 정원이 계절의 변화에 따
라 각기 다른 분위기를 연출하는 아름다운 온천 료칸.
매화나무, 단풍나무, 수선화와 규슈에서만 자생하는
미즈바쇼 水芭蕉(천남성과의 다년생 식물) 등 수많은
식물로 가득한 정원을 산책하며 자연의 풍요로움을
느낄 수 있다. 객실은 전통 다다미방으로 이루어진 화
실과 동서양의 문화를 적절하게 조화시킨 화양실, 프
라이버시가 완벽하게 보장되는 별채등 3가지 타입이
있어 취향대로 선택할 수 있다. 모두 넓고 깨끗하여
편안하게 휴식을 취할 수 있는데, 그중에서 노천탕이
따로 붙어 있는 별채가 특히 인기가 높다. 온천은 노
천탕 중심으로 구성되어 있는데, 모두 아름다운 대자
연의 향기를 느끼며 온천욕을 즐길 수 있다.

🏠 료칸 메바에소

旅館 めばえ荘

지도 p.26Ⓝ 위치 JR 유후인역에서 자동차로 5분 주소 由
布市湯布院町大字川南 249-1 요금 1박 2식 기준 1인당 1만
6,430엔~ 전화 0977-85-3878 홈피 www.mebaeso.com

웅대한 유후다케의 전경이 한눈에 들어오는 전망이 좋은 온천 료칸. 객실은 편안하고 넓으며, 아름다운 경관을 바라보며 휴식을 취할 수 있도록 창문을 크게 만든 것이 특징이다. 특히 노천온천이 붙어 있는 별채는 그룹이나 가족 여행객에게 큰 인기. 본관은 전형적인 일본식 목조 3층 건물로 되어 있다. 1999년에 전 객실을 리모델링하여 깨끗하고 편리해졌으며, 객실에서 바로 웅장한 유후다케를 바라볼 수 있도록 전망에 신경을 많이 썼다. 온천은 남녀 내탕과 남녀 노천탕, 대절 노천탕 등 다양한 종류가 있으며, 수질은 단순천으로 피로 회복, 신경통, 류머티즘, 불면증에 효과가 있다.

유후인 야마보시

ゆふいん 山ぼうし

지도 p.26Ⓑ **위치** 유후인 역에서 도보 10분 **주소** 由布市湯布院町川上 3051 **요금** 1박 조식 기준 1인당 7,710엔~ **전화** 0977-84-2108 **홈피** www.yamabo.jp

마을 중심부에 자리 잡은 온천 료칸으로, 역과 가까워 교통이 편리하고 마을 상가를 둘러보기에도 좋다. 객실 규모는 크지 않지만 조용하고 깨끗해서 편안하게 쉴 수 있는 것이 특징. 온천은 남녀 별도의 노천탕과 가족탕이 있으며, 부지 내에 원천이 있어 천연 온천을 즐길 수 있다. 수질은 알칼리성 단순천으로 미백 효과가 높아 여성들에게 인기가 높고 피로 해소, 신경통, 류머티즘 등에도 효과가 있다고 한다. 1박 조식 포함의 기본 스타일로 운영을 하므로, 저녁 식사

까지 료칸에서 편안하게 즐기고 싶다면 미리 예약을 해야 한다. 저녁 식사는 유후인에서 나는 제철 재료를 사용한 가이세키 요리가 나오며, 가격은 3,780엔이다.

하나노마이

はなの舞

지도 p.27Ⓖ **위치** JR 유후인역에서 도보 15분 **주소** 由布市湯布院町川上 2755-2 **요금** 1박 2식 기준 1인당 1만 6,200엔~ **전화** 0977-84-5700 **홈피** www.hananomai.net

하나노마이 はなの舞(화무)라는 이름 그대로 벚꽃과 수국, 동백꽃, 철쭉 등이 사계절 내내 온천 주위를 수 놓고 있어 언제나 꽃들의 향기로움 속에서 온천욕을 즐길 수 있는 품격 높은 료칸. 객실은 화실과 노천탕이 붙어 있는 별채가 있는데, 인기가 많은 별채는 미리 예약을 하지 않으면 숙박하기 힘들다고 한다. 온천은 대욕탕, 객실에 붙어 있는 내탕, 노천탕 등 다양하게 있으며, 유후다케가 보이는 노천탕과 창문을 떼어 내 개방적인 내탕은 24시간 내내 입욕할 수 있다. 저녁 식사로는 제철 채소를 기본으로 정성껏 만든 무침과 절임 요리를 비롯해서 고기와 해산물을 적절하게 조화시킨 가이세키 요리가 나온다. 저녁 시간에 맞추어 바로 조리를 하므로 따스한 온기를 느끼며 맛있게 식사를 할 수 있다.

🏠 에노키야 료칸

榎屋旅館

지도 p.27ⓖ **위치** JR 유후인역에서 도보 15분 **주소** 由布市湯布院町大字川上 1086-2 **요금** 1박 2식 기준 1인당 1만 4,190엔~ **전화** 0977-85-2285 **홈피** www.yufuin-enokiya.jp

반딧불이의 명소 유노쓰보가와 湯の坪川 옆에 있어 여름철이면 많은 반딧불이를 볼 수 있는 전통 일본식 료칸. 큰 대들보가 있는 높은 천장의 프런트 안쪽으로 들어가면 단순하면서도 단아한 멋이 있는 숙박동과 연결되는데, 특히 3층의 큰 유리창에서 바라보는 전망이 훌륭하다. 료칸 1층에는 음식점과 이자카야가 있어 오후 5시 이후에 상점들이 문을 닫는 유후인에서 저녁 시간을 멋지게 보낼 수 있다. 또한 근처에 유후인을 대표하는 료칸인 가메노이 벳소와 다마노유가 있어 최고급 료칸의 멋진 정원을 산책할 수도 있다. 저녁 식사는 요금에 따라 메인 메뉴가 달라지는 가이세키 요리가 나오는데, 지도리나베 地鷄鍋(토종닭 냄비 요리)와 분고규 豊後牛 샤부샤부, 지도리나베+분고규 숯불구이 중 입맛대로 한 가지를 선택하면 된다.

🏠 유후인 산스이칸

ゆふいん 山水館

지도 p.26ⓘ **위치** JR 유후인역에서 도보 5분 **주소** 由布市湯布院町川南 108-1 **요금** 1박 2식 기준 1인당 1만1,000엔~ **전화** 0977-84-2101 **홈피** www.sansuikan.co.jp

화실, 양실, 화양실 등 모두 85객실을 보유하고 있어 유후인에서 가장 큰 규모를 자랑한다. 객실 타입이 다양해 원하는 타입의 객실을 선택할 수 있고, 욕실에서는 모두 온천수를 이용하고 있어 언제든지 온천욕을 즐길 수 있다. 산스이칸의 또 다른 매력은 맛깔스러운 음식. 정통 일본식 가이세키 요리를 맛볼 수 있는 유후노사토는 숙박객이 아니라도 식사를 즐길 수 있으며, 라운지와 바도 갖추고 있다. 넓은 로비에서는 시간별로 피아노 연주를 하여, 특급 호텔 분위기를 연출한다.

🏠 유후인 플로라 하우스

ゆふいん フローラハウス

지도 p.26ⓔ **위치** JR 유후인역에서 도보 20분 **주소** 由布市湯布院町大字川南 71-1 **요금** 1박 조식 기준 1인당 6,250엔~ **전화** 0977-84-2718 **홈피** www.flora-house.jp

플로라 하우스는 사시사철 다양한 꽃과 허브가 만발하는 화원이다. 중심가에서 제법 떨어져 있지만, 그만큼 풍

요로운 자연에 둘러싸여 있어 조용한 여행을 좋아하는 사람들에게 인기가 있다. 호텔이나 료칸이 아니라 펜션에 가까운 플로라 하우스에서는 공용 미니 키친이 있어 직접 재료를 가지고 와서 요리를 만들어 먹을 수 있다. 또한 여름에는 밖에서 바비큐 파티도 즐길 수 있다.

🏠 모리노프티 호텔 기타유후

森のプチホテル 北由布

지도 p.26Ⓔ **위치** JR 유후인역에서 도보 1분 **주소** 由布市湯布院町川北 2–11 **요금** 1박 기준 1인당 5,250엔~ **전화** 0977–84–5050

2000년에 탄생한 객실 9개의 귀여운 호텔. JR 유후인역 바로 앞에 있는 소규모 숙소로 호텔이라기보다는 가족이 운영하는 민박 시설에 가깝다. 호텔 바로 옆에는 24시간 편의점인 패밀리마트가 있어서 편리하다. 또한 바로 근처에 유후인 상점가가 있어 관광이나 온천 순례는 물론 쇼핑을 하기에도 좋다. 남자들끼리 저렴하게 하룻밤 잠잘 곳을 찾는다면 추천할 만하다.

🏠 유후인 나나이로노카제

ゆふいん 七色の風

지도 p.27Ⓛ **위치** JR 유후인역에서 자동차로 8분 **주소** 由布市湯布院町川上1946–25 **요금** 1박 2식 기준 1인당 1만 3,284엔~ **전화** 0977–84–3333 **홈피** www.nanairo.ne.jp

웅대한 자연에 둘러싸인 리조트풍 온천 료칸. 객실은 모두 50실로 웬만한 호텔 규모이며, 사우나가 있는 대욕탕과 노천탕, 많은 휴식 장소 등 편안히 온천욕을 즐길 수 있도록 다양한 시설을 갖추고 있다.

전통 료칸과 같은 풍미는 다소 부족하지만 고지대에 위치해 객실에서 유후다케와 아름다운 온천 마을이 바라보이는 전망이 그 부족함을 메워준다. 료칸 부지 내에는 테니스 코트와 노래방 시설도 있어 여흥을 즐길 수 있고, 당일치기 온천을 하러 오는 사람들이 꼭 들른다는 일식 레스토랑에서 쇠고기 철판구이를 맛보는 것도 추천할 만하다. 유후인 중심가에서 멀리 떨어져 있으므로 렌터카 여행자만 이용할 것.

06

KAGOSHIMA

가고시마

가고시마는
어떤 곳일까?

남북으로 약 600km에 이르는 가고시마에는 풍요로운 자연 경관, 풍부한 용출량과 수질을 자랑하는 온천, 활발하게 화산 활동을 하고 있는 사쿠라지마 桜島를 비롯한 7개의 활화산 등 매력 넘치는 관광지가 고르게 분포되어 있다. 특히 가고시마 근교에는 모래찜질 온천으로 유명한 이부스키, 일본 최초의 국립공원으로 알려진 고원지대 기리시마, 세계자연유산으로 등록되어 있는 야쿠시마 등 다른 지역에서 보기 힘든 매력적인 명소를 다양하게 갖고 있다. 가고시마는 연평균 기온이 20도 가까이 되는 따뜻한 아열대성 기후라서 장마나 태풍이 오는 시기를 제외하면 연중 내내 여행을 즐기기에 적합한 날씨를 자랑한다.

Data

위치 규슈 가고시마현 九州 鹿児島県
면적 9,186.94km²
인구 1,625,434명(2017년 10월 1일 기준)
홈피 www.pref.kagoshima.jp

여행계획　가고시마는 미야자키와 함께 규슈 최남단에 위치하고 있어 쉽게 찾아가기 어려운 곳이었지만 하카타~가고시마주오역 구간의 신칸센이 개통되면서 후쿠오카에서 출발해도 편하고 빠르게 이동할 수 있게 되었다. 하카타역에서 JR 신칸센 사쿠라호를 타면 가고시마주오역까지 1시간 30분 만에 갈 수 있다. 요금은 10,250엔으로 비싼 편이지만 JR 규슈레일패스가 있다면 무료로 이용할 수 있다. 규슈 신칸센은 일본 열도를 누비는 다양한 신칸센 열차 중에서도 디자인이나 인테리어가 독창적이고 뛰어난 것으로 정평이 났는데, 오로지 이 열차를 탑승해보기 위해 가고시마를 찾는 여행자들이 있을 정도다. 가고시마 시내와 사쿠라지마 위주로 돌아본다면 후쿠오카를 출발해 당일치기로도 다녀올 수 있지만, 이부스키를 일정에 추가한다면 가고시마에서 적어도 1박 이상 하는 것이 좋다.

후쿠오카
벳부
나가사키
구마모토
미야자키
가고시마현
가고시마

가고시마
여행 FAQ

가고시마의 명물 음식은?

우리나라 제주도의 흑돼지만큼 유명한 것이 가고시마의 구로부타 黒豚. 일본 내에서 최고의 육질을 자랑하는 돼지고기로 명성이 자자하다. 가고시마에서 나는 영양 만점의 고구마를 먹여 키워서인지 구로부타의 육질과 맛은 유명한 요리들 사이에서도 최고로 손꼽힌다. 그리고 일본 최고의 고구마 산지답게 고구마 과자와 빵, 케이크 등 다양한 고구마 관련 스위트 역시 가고시마의 명물이다. 또 가고시마의 기비나고 キビナゴの刺身(청어과의 바닷물고기인 샛줄멸의 회)는 미식가들이 최고로 꼽는 명물로 담백한 맛으로 인기가 높다.

가고시마의 인기 특산품은?

가고시마에는 무려 100개가 넘는 술 제조공장이 있다. 그중에서도 소주 焼酎의 생산량은 일본 최고를 자랑한다. 특히, 가고시마의 특산품으로 유명한 고구마 소주 이모쇼추 芋焼酎는 가고시마를 방문하는 여행자들이라면 누구나 사고 싶어 하는 특산품으로 명성이 자자하다.

사쿠라지마를 제대로 구경하려면?

긴코만 錦江湾 위에 우뚝 솟아 있는 사쿠라지마는 가고시마의 상징으로 유명하다. 희뿌연 연기가 피어오르는 살아 있는 활화산의 웅장한 모습은 가고시마 시내 어디에서든지 볼 수 있지만, 제대로 보고 싶다면 가고시마 최고의 전망 스폿인 시로야마 城山로 가야 한다. 가고시마를 간다면 시로야마는 꼭 들러보자.

교통은 불편하지 않은지?

가고시마시는 도심을 갖고 있는 대도시이다. 따라서 시내에는 노선버스 외에도 노면전차와 정기관광버스, 시내 주요 명소를 순환하는 주유 버스 등 다양한 대중교통이 발달되어 있어 누구나 어렵지 않게 가고시마 여행을 즐길 수 있다. 특히 가고시마 시내의 주요 명소를 순환하는 주유버스인 시티뷰 버스를 이용하면 편하게 다닐 수 있다.

가고시마
축제 BEST 4

가고시마 시내와 가고시마 근교 도시에서 개최되는 축제 중 가장 볼만한 것들만 모았다. 축제기간에 여행지를 방문하면 평소에 볼 수 없는 다양한 볼거리가 있어 여행의 즐거움은 배가 된다. 주의할 점은 축제기간이 상황에 따라 바뀔 수도 있으므로 반드시 미리 확인을 해야 한다는 것.

가고시마진구 하쓰우마사이
鹿児島神宮初午祭

가고시마진구에 전해 내려오는 460년 역사를 자랑하는 전통 축제. 머리부터 발끝까지 화려한 장신구로 치장한 말 스즈카케우마 鈴かけ馬의 춤사위가 볼만하다. 원래는 가축의 안전과 다산, 풍작 등을 기원하며 병이나 재앙을 물리치는 의미가 담겨 있는 농민들의 작은 행사였는데, 지금은 수십 마리의 말과 약 2천 명의 시민들이 함께 하는 대규모 축제로 변모했다.

위치 JR 닛포혼센 하야토역에서 도보 15분 **일시** 2월~3월 중(매년 변경) **장소** 기리시마시 가고시마진구
전화 0995-45-5111(기리시마시 관광협회) **홈피** www.kagoshima-kankou.com

히노시마마쓰리
火の島祭り

사쿠라지마의 여름 풍물 축제. 1988년 국제화산회의를 기념하여 만든 행사로, 거대한 북 연주를 비롯하여 다양한 이벤트를 개최한다.
축제의 백미는 웅장한 사쿠라지마를 배경으로 쏘아 올리는 박력 넘치는 불꽃놀이.

위치 가고시마항 사쿠라지마 페리터미널에서 바로 15분 **일시** 7월 중 **장소** 사쿠라지마 다목적광장
전화 099-808-3333(가고시마시 종합안내) **홈피** www.sakurajima.gr.jp

가고시마 긴코완 서머나이트 오하나비대회
鹿児島錦江湾サマーナイト大花火大会

2000년부터 시작한 규슈 최대 규모의 불꽃놀이 축제. 세계적으로 유명한 활화산 사쿠라지마와 아름다운 긴코만을 배경으로, 밤하늘을 오색찬란한 빛으로 수놓은 불꽃의 향연은 놓칠 수 없는 볼거리이다. 대회는 보통 저녁 7시부터 시작하며, 대왕불꽃, 음악불꽃 등 다른 곳에서는 보기 힘든 독특한 불꽃을 1만 발 이상 쏘아 올린다.

위치 가고시마 시티뷰 버스 돌핀포트마에 정류장 하차 후 도보 3분. **일시** 8월 중 **장소** 가고시마항 혼코쿠 鹿児島港本港区 **전화** 099-808-3333(가고시마시 종합안내) **홈피** hanabi.kankou-kagoshima.jp

오하라마쓰리 おはら祭

1949년 일본의 행정구역 시행 60주년을 기념하여 시작한 축제로, 가고시마는 물론 남큐슈를 대표하는 가을 이벤트이다. 약 2만 명의 오도리테 踊り手(무용수)가 가고시마를 대표하는 민요에 장단을 맞추어 춤을 추며 행진하는 모습이 볼만하다.

위치 가고시마 시티뷰 버스 덴몬칸 정류장 하차 **일시** 11월 2일~3일 **장소** 가고시마시 중심가 **전화** 099-808-3333(가고시마시 종합안내) **홈피** www.kagoshima-kankou.com

가고시마
명소 BEST 5

시로야마
城山

가고시마 시내 중심부에 있는 산으로 다양한 아열대 식물이 자생하고 있는 도심 속의 휴식 공간으로 사랑받고 있다. 높이 107m의 아담한 산이지만 정상에 서면 가고시마 시내와 사쿠라지마, 긴코만이 한눈에 들어온다.

사쿠라지마
桜島

희뿌연 분연을 내뿜는 활화산으로 유명한 가고시마의 상징. 둘레 약 52km의 작은 섬이지만 웅장한 화산 봉우리들이 우뚝 솟아 있어 멋진 풍경을 보여준다.

스나무시온센
砂むし 温泉

이부스키의 명물 모래찜질 온천. 온몸이 모래 속에 파묻히면 금세 후끈후끈 달아오르며 몸속에 누적된 피로가 싹 풀린다.

이케다코
池田湖

규슈 최대 규모의 칼데라 호수로 이부스키에 있다. 무려 2m까지 자랄 수 있다는 천연기념물 무태장어가 살고 있는 호수로도 유명.

야쿠시마
屋久島

우리나라에서도 개봉한 애니메이션 〈원령공주〉의 무대로 알려진 아름다운 섬. 자연의 신비로움을 느낄 수 있는 다양한 풍경을 즐길 수 있다. 현재 유네스코 지정 세계자연유산으로 등록되어 있다.

가고시마로
가는 방법

이스타항공에서 가고시마공항까지 매일 직항편을 운항하고 있어, 편리하게 갈 수 있다. 다만, 가고시마 지역만 여행하는 여행자는 아직 많지 않고 규슈레일패스를 이용하면 비용도 많이 들지 않기 때문에 후쿠오카와 연계해서 여행하는 경우가 많다.

 ### 가고시마공항에서 시내로

가고시마공항 국내선터미널 앞에 있는 2번 버스 승강장에서 공항 리무진버스를 이용하면 가고시마주오역, 덴몬칸 등 시내의 주요 지역까지 편하게 갈 수 있다. 운행 편수는 1시간에 2, 3대 꼴로 자주 있는 편이지만, 요시노 吉野, 이시키 伊敷 등 주변 지역을 경유하는 버스도 있으므로 직행편을 이용하고 싶다면 미리 확인하는 것이 좋다.

홈피 www.koj-ab.co.jp

```
가고시마        공항 리무진버스        가고시마
공항          40분, 1,250엔           주오역
```

 ### 후쿠오카에서 가고시마로

JR

하카타~가고시마주오역 구간의 신칸센이 개통되면서 후쿠오카에서 가고시마까지는 편하고 빠르게 이동할 수 있게 되었다. 하카타역에서 JR 신칸센 사쿠라호를 타면 가고시마주오역까지 1시간 30분만에 갈 수 있다. 요금은 10,250엔이지만 JR 규슈레일패스가 있다면 무료로 이용할 수 있다. JR 규슈레일패스 전지역판 3일권 요금이 15,000엔이므로 후쿠오카와 가고시마를 한 번만 왕복해도 충분히 이득인 셈이다.

홈피 www.jrkyushu.co.jp

```
하카타역        JR 신칸센 사쿠라호        가고시마
              1시간 30분, 10,450엔        주오역
```

버스

후쿠오카에서 고속버스를 이용하면 갈아타지 않고 한 번에 가고시마까지 갈 수 있다. 니시테쓰 고속버스에서 운영하는 사쿠라지마호 高速バス桜島号를 이용하면 되는데, 하루에 20회 이상 왕복하며 소요시간은 차가 막히지 않을 때 약 4시간 30분이다. 요금은 4,000~6,000엔으로 기차를 이용하는 것보다 저렴하다. 특이한 점은 이해하기 힘든 요금 시스템. 버스 요금이 요일에 따라 달라진다는 것이다. 고속버스를 이용해서 갈 거라면 마음 편하게 산큐패스를 구입하는 것이 좋다.

홈피 www.nishitetsu.co.jp/bus/highway

```
하카타          니시테쓰 버스 사쿠라지마호      가고시마주오역
버스터미널        4시간 30분, 4,000엔~        버스정류장
```

야쿠시마로
가는 방법

가고시마에서 남쪽 방면으로 약 60km 떨어져 있는 섬 야쿠시마로 가는 방법을 알아보자. 야쿠시마는 미야자키 하야오 감독의 애니메이션 〈원령공주〉의 배경이 된 곳으로 유명하지만 국내에는 아직 잘 알려져 있지 않다. 하지만 아득한 태고의 신비를 간직한 멋진 곳이므로 여유가 된다면 꼭 도전해보자. 단, 상황에 따라 운행 시간이 바뀌는 경우가 있으니 반드시 관련 홈페이지에서 미리 확인을 하도록 한다.

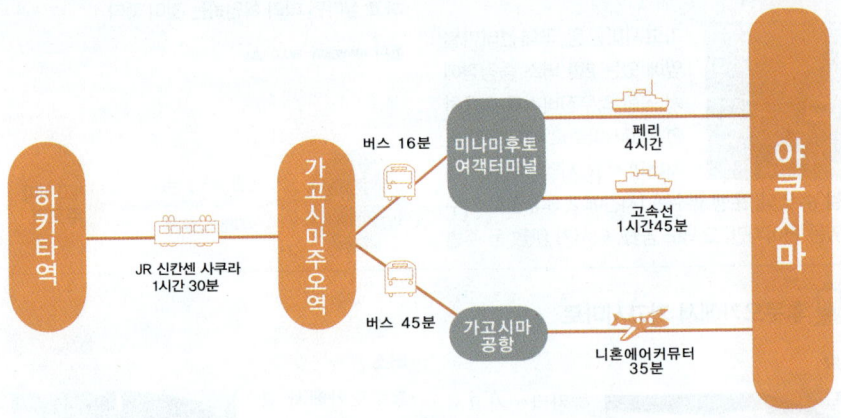

하카타역 —— JR 신칸센 사쿠라 1시간 30분 —— 가고시마주오역

가고시마주오역 —— 버스 16분 —— 미나미후토 여객터미널

미나미후토 여객터미널 —— 페리 4시간 —— 야쿠시마

미나미후토 여객터미널 —— 고속선 1시간45분 —— 야쿠시마

가고시마주오역 —— 버스 45분 —— 가고시마공항

가고시마공항 —— 니혼에어커뮤터 35분 —— 야쿠시마

✈ 비행기

가고시마에서 야쿠시마로 가는 가장 편리한 교통수단이다. 가고시마~야쿠시마 구간을 일본항공 JAL의 계열사인 니혼에어커뮤터 日本エアコミューター(JAC 항공)가 취항하고 있는데, 가고시마 공항에서 하루 3편이 출발하며 약 35분이 소요된다. 요금은 시기에 따라 달라지지만 대략 편도 기준 1만 5,600엔 정도.

요금 15,600엔(편도)
전화 0570-025-071 홈피 www.jac.co.jp

가고시마 → 야쿠시마	
09 : 10	09 : 45
11 : 45	12 : 20
16 : 35	17 : 10

야쿠시마 → 가고시마	
10 : 10	10 : 45
12 : 05	12 : 40
17 : 35	18 : 10

※ 항공사 사정에 따라 운항 시각이 달라질 수 있으니 미리 홈페이지 확인 요망

배

비행기에 비해 시간은 조금 더 걸리지만 상대적으로 요금이 저렴해서 인기 있는 교통수단이다. 가고시마항에서 야쿠시마로 가는 가장 빠른 배편은 고속선 토피로 직항편의 경우 1시간 45분 만에 야쿠시마에 도착할 수 있다. 대형 선박인 페리 야쿠시마는 자동차를 비롯한 화물을 실을 수 있어서 유리하지만 이동하는 데 약 4시간이 소요되고 하루에 한 번만 운항한다. 참고로 배편에 따라 목적지가 야쿠시마의 미야노우라항과 안보항으로 가는 배로 구분되므로 주의하도록 한다.

❶ 제트호일 토피 & 로켓

제트 추진력을 이용한 고속선으로 가고시마항에서 야쿠시마의 미야노우라항까지 1시간 45분 만에 연결한다. 하루 6편이 운항되고 있는데 이 중 직항편은 1~2편뿐이고, 나머지는 도중에 니시노우라항이나 이부스키항을 경유한다.

요금 8,400엔(편도, 시즌에 따라 변동)
전화 099-226-0128 홈피 www.tykousoku.jp

운항 시각표

편명	출발	도착	비고
가고시마 → 야쿠시마			
111	7:30	10:30	다네가시마 경유 / 미야노우라항 도착
112	7:45	9:45	이부스키 경유 / 미야노우라항 도착
114	10:20	13:05	다네가시마 경유 / 안보항 도착
115	12:00	13:50	미야노우라항 직항
117	13:20	15:10	미야노우라항 직항
118	16:00	17:30	다네가시마 경유 / 안보항 도착

편명	출발	도착	비고
야쿠시마 → 가고시마			
121	7:00	9:35	안보항 출발 / 다네가시마 경유
112	10:00	12:45	미야노우라항 출발 / 다네가시마 경유
111	10:45	12:35	미야노우라항 출발 직항
114	13:30	15:30	안보항 출발 직항
115	15:40	18:20	미야노우라항 출발 / 다네가시마 경유
117	16:00	18:05	미야노우라항 출발 / 이부스키 경유

※선박 회사 사정으로 운항 시각이 달라질 수 있으니 미리 홈페이지 확인 요망

❷ 페리 야쿠시마 2 フェリ_屋久島 2

여행객보다는 야쿠시마 도민들이 애용하는 대형 여객선으로 하루 1편이 왕복 운행되고 있다. 차량도 실을 수 있는 대형 페리 여객선으로 객실 등급에 따라 요금이 달라진다. 소요 시간은 약 4시간이다.

요금 8,900엔(왕복, 2등실 기준, 시즌에 따라 변동)
전화 099-226-0731(오리타키센 折田汽船)
홈피 http://ferryyakusima2.com

가고시마
시내교통

가고시마 시내의 대중교통수단으로는 노면전차와 버스, 택시 등이 있는데 이중 가고시마의 주요 관광지를 주유하는 가고시마 시티뷰 버스를 이용하는 것이 가장 편리하다. 가고시마 시내를 두루 돌아볼 계획이라면 버스, 노면전차, 시티뷰 버스를 모두 이용할 수 있는 1일 승차권을 구입하는 것이 유리하지만, 사쿠라지마와 덴몬칸 정도만 방문할 계획이라면 노면전차를 이용하는 것으로 충분하다.

🚌 가고시마 시티뷰 カゴシマシティビュー

가고시마 시내의 주요 관광지를 30분 간격으로 운행하는 관광버스. 가고시마의 역사를 탐방하는 시로야마·이소 코스 城山·磯コース, 항구의 매력을 느낄 수 있는 워터프런트 코스 ウォーターフロントコース, 멋진 야경을 둘러보는 야경 코스 夜景コース, 세 가지 코스로 구성되어 있다. 각 코스를 도는 데 걸리는 시간은 약 1시간이고 승차 구간에 관계없이 동일한 요금으로 이용할 수 있지만 승하차 시 계속 요금을 내야 하므로, 여러 관광지를 다 둘러보려면 시티뷰 버스와 노면전철까지 하루 동안 마음대로 탈 수 있는 1일 승차권을 구입하는 것이 좋다. 1일 승차권을 구입하면 각종 관광시설의 입장 할인 혜택도 받을 수 있다.

요금 1회 이용 190엔 균일, 1일 승차권 600엔
구입 시티뷰 버스 내, 가고시마주오역 종합관광안내소
전화 099-253-2117
홈피 www.kotsu-city-kagoshima.jp

🚌 노선버스 路線バス

가고시마 시내는 물론 가까운 근교까지 다양한 노선을 가지고 있는 노선버스는 시티뷰 버스나 노면전차가 가지 않는 곳을 연결해 주는 편리한 교통수단이다. 이용 구간에 따라 요금이 올라가는 거리병산제로 운영되고 있다.

요금 130엔~520엔 **전화** 099-257-2117
홈피 www.kotsu-city-kagoshima.jp

🚃 노면전차 路面電車

노면전차는 가고시마 시내 중심부를 연결하는 대중적인 교통 수단으로 1회 탑승 시 170엔으로 구간 내라면 어디든지 갈 수 있는 귀여운 전철이다. 1, 2계통의 두 가지 노선을 합쳐 총 연장 15km 정도지만 정겨운 시내 분위기를 느낄 수 있고 주요 관광지와도 편리하게 연결되어 있어 많은 관광객들이 이용한다.

요금 1회 이용 170엔 균일
전화 099-257-2116
홈피 www.kotsu-city-kagoshima.jp

가고시마 노면전차 노선도

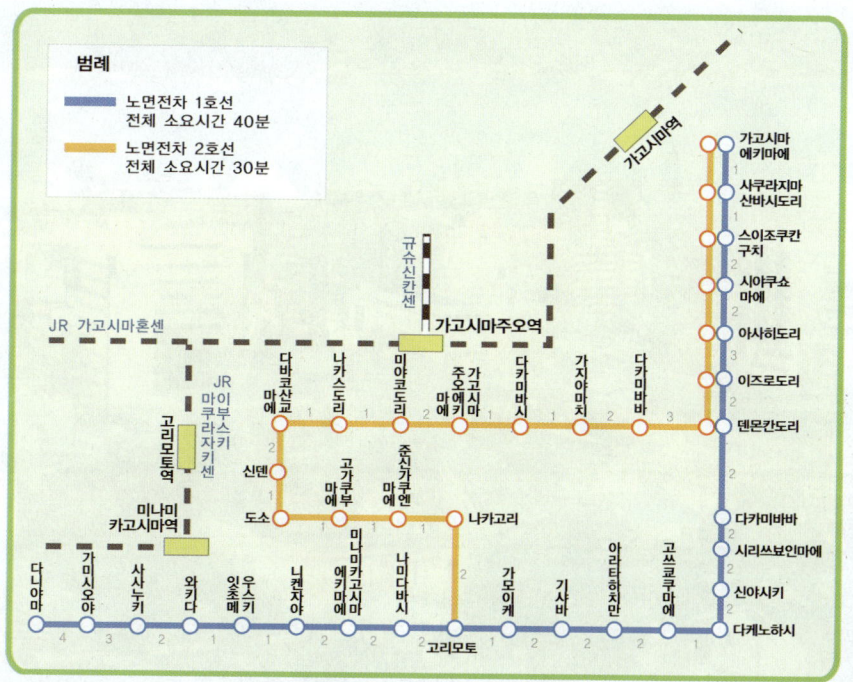

AREA 1

가고시마
鹿児島

가고시마는 규슈 남부 지역의 정치 · 경제 · 문화 · 교통의
중심지로 과거에는 사쓰마번 薩摩藩의 성시로 번성한 역
사를 갖고 있다. 가고시마 앞바다에는 지금도 하얀 수증
기를 내뿜는 활화산인 사쿠라지마 桜島가 있는데, 베수
비오 산이 있는 나폴리의 바닷가 풍경과 닮았다는 이유로
동양의 나폴리라 부르기도 한다.

가고시마
이렇게
여행하자

JR	JR 가고시마주오역 鹿児島中央駅
버스	가고시마주오역 버스정류장 鹿児島中央駅前バス停
이동 경로	하카타역 – JR 신칸센 사쿠라호(1시간 30분, 10,450엔) – 가고시마주오역

가는 방법

하카타~가고시마주오역 구간의 신칸센이 개통되면서 후쿠오카에서 가고시마까지는 편하고 빠르게 이동할 수 있게 되었다. 하카타역에서 JR 신칸센 사쿠라호를 타면 가고시마주오역까지 1시간 30분 만에 갈 수 있다. 요금은 10,450엔으로 다소 비싸지만, JR 규슈레일패스를 가지고 있으면 무료로 이용할 수 있다. 산큐패스 이용자라면 니시테쓰 고속버스에서 운영하는 사쿠라지마호를 타고가면 된다. 하루에 24번 왕복하고 소요 시간은 차가 막히지 않으면 약 4시간 30분이다.

여행 방법

가고시마 여행은 가고시마 시내와 사쿠라지마를 중심으로 일정을 계획하면 되는데, 시간 여유가 없다면 가고시마 시내를 중심으로 돌아보면 된다. JR 가고시마주오역 앞에서 출발하는 가고시마 시티뷰 버스를 이용하면 별다른 어려움 없이 주요 관광지를 모두 볼 수 있다. 사쿠라지마로 갈 때는 가고시마항 사쿠라지마 페리터미널에서 배를 타고 건너가면 된다. 사쿠라지마는 생각보다 훨씬 큰 섬이기 때문에 도보로 돌아보는 것은 무리이므로 관광버스를 이용하는 것이 좋다.

추천 코스

1 JR 가고시마주오역

규슈 신칸센의 종점이자 가고시마의 관문

시티뷰 버스 11분

2 사이고 다카모리 동상

메이지유신의 주역이자 가고시마의 영웅 사이고 다카모리

시티뷰 버스 6분

3 시로야마

가고시마 시내와 사쿠라지마가 한눈에 들어오는 뷰 포인트

시티뷰 버스 13분

6 돌핀포트

해변가에 자리 잡은 이국적인 분위기의 복합 쇼핑몰

시티뷰 버스 1분

5 이오월드 가고시마 수족관

다양한 바다 생물을 만날 수 있는 규슈 최대 규모의 수족관

시티뷰 버스 5분

4 센간엔

아름다운 일본 정원을 산책할 수 있는 명소

도보 4분

7 덴몬칸

남규슈 최대 규모의 번화가

tip

가고시마 정기관광버스

정기관광버스를 이용하면 가고시마 시내를 편하고 빠르게 둘러볼 수 있다. 요금이 다소 부담스러울 수 있지만 유료 시설 입장료가 포함되어 있으므로 오히려 경제적인 선택이 될 수 있다. JR 가고시마주오역 동쪽 출구 8번 승강장에서 하루에 2편(09:05, 13:45) 출발하고, 요금은 2,300엔이다. 약 3시간 30분 소요.

주요 코스 가고시마주오역 → 이신후루사토관 → 자비에르 코엔 → 쓰루마루 성터 → 시로야마 → 센간엔 → 이시바시 기념공원 → 덴몬칸

전화 099-257-2117 **홈피** www.kotsu-city-kagoshima.jp

가고시마 시내 주변 zoom in 1

鹿児島 市内 周辺

가고시마 시내에는 막부 말기 유신 정권의 자취가 남아 있는 역사적인 문화 유적을 중심으로 다양한 명소가 곳곳에 산재해 있다. 이 모든 곳을 둘러보려면 가고시마 시티뷰 버스를 적극 활용하는 것이 좋다. 1일 승차권을 구입하면 시티뷰 버스 외에 노면전차도 하루동안 무제한 이용할 수 있고, 덤으로 관광 시설 할인도 받을 수 있어 여러모로 경제적이다. 시간 여유가 없다면 덴몬칸 위주로 도보 산책에 나서도 좋고, 반나절 정도의 여유가 있다면 가고시마의 주요 볼거리를 두루 돌아보도록 하자.

아무 플라자 가고시마
AMU PLAZA KAGOSHIMA

지도 p.29하 **위치** JR 가고시마주오역에서 도보 1분 **주소** 鹿児島市中央町1-1 **오픈** 10:00~21:00(레스토랑 ~23:00) **전화** 099-812-7700 **홈피** www.amu-kagoshima.com

JR 규슈에서 직영하는 복합 쇼핑몰로 규슈 신칸센의 개업과 동시에 JR 가고시마주오역 바로 옆에 문을 열었다. 지하 1층, 지상 6층 규모의 건물 외벽에는 아무비전이라 부르는 대형 전광판이 있고, 6층에는 건물 높이보다 더 큰 지름을 자랑하는 대관람차 아무란(500엔)이 있다. 지하 1층에는 백화점 지하와 비슷한 분위기의 푸드 코트가 있고, 1~4층에는 패션·잡화·코즈메틱·CD·악기·서점 등 최신

고무라사키 こむらさき

60년 전통의 가고시마 명물 라멘 전문점. 맛있기로 유명한 가고시마 흑돼지로 만든 차슈와 푸짐하게 올라간 양배추의 조화가 환상적이다. 국물은 돼지사골을 우려낸 돈코쓰 베이스인데, 후쿠오카 지역의 돈코쓰 라멘처럼 맛이 강하지 않고 담백한 편이다. 메뉴는 라멘 한 가지로 흑돼지 차슈가 들어가는 라멘(보통 950엔)과 들어가지 않는 라멘(보통 900엔)으로 구분할 뿐이다. 일반적인 라멘보다는 훨씬 비싸지만, 가고시마의 명물인 만큼 한 번쯤은 가볼 만하다.

위치 아무 플라자 가고시마 B1
오픈 10:00~21:00
전화 099-812-7058
홈피 www.kagoshimakomurasaki.com

트렌드 숍이 들어서 있다. 5층에는 레스토랑가가 있고, 6층에는 10개의 스크린을 갖춘 시네마 콤플렉스가 있다. 무지루시료한 無印良品, 갭 GAP, 유니클로 등 일본 국내에서 인기 있는 브랜드점도 대거 입점해 있어 쇼핑은 즐기기엔 그만이다.

👁 이신후루사토관
維新ふるさと館

<u>지도</u> p.29하 <u>위치</u> JR 가고시마주오역에서 도보 5분. 가고시마 시티뷰 버스 이용 이신후루사토칸마에 정류장 하차 후 도보 1분 <u>주소</u> 鹿児島市加治屋町23-1 <u>오픈</u> 09:00~17:00 <u>요금</u> 300엔(초·중학생 150엔) <u>전화</u> 099-239-7700 <u>홈피</u> ishinfurusatokan.info

메이지 유신 당시의 역사와 주요 인물을 알기 쉽게 소개하는 시대 박물관이다. 막부 말기의 유신 영웅들을 빛과 소리, 최첨단 시설을 이용해 다채롭게 표현한 것이 인상적이다. 사이고 다카모리 西鄕隆盛, 오쿠보 도시미치 大久保利通 등 메이지유신의 영웅 7인의 인체 모형 로봇으로 격동의 시대를 재현한 드라마 〈유신으로 가는 길 維新への道〉이 인기 있다. 그 밖에 당시의 시대적 상황을 생생하게 느낄 수 있는 여러 가지 유품과 자료도 함께 전시하고 있다.

👁 자비에르 코엔
ザビエル公園

<u>지도</u> p.29상 <u>위치</u> 가고시마 시티뷰 버스 이용 사베에르코엔마에 정류장 하차 후 도보 3분. 노면전차 다카미바바역 하차 후 도보 5분 <u>주소</u> 鹿児島市東千石町4-1

1549년 기독교를 선교를 위해 가고시마에 온 스페인 출신의 선교사 프란시스코 사비에르 기념비가 있는 공원이다. 공원 내에 있

는 이 비석은 메이지 시대 당시 가톨릭 사비에르 교회가 태평양전쟁 당시 공습으로 내려앉은 후 화재를 면한 석벽을 이용해 만든 것이다. 공원 내에는 사비에르 기념비 외에 1999년에 제작한 사비에르·야지로·베르날드 등 3명의 동상도 함께 세워져 있다.

👁 쓰루마루 성터
鶴丸城跡

<u>지도</u> p.28Ⓗ <u>위치</u> 가고시마 시티뷰 버스 사이고도조마에 정류장 하차 후 도보 3분. 노면전차 시야쿠쇼마에역 하차 후 도보 5분. JR 가고시마 역에서 도보 10분 <u>주소</u> 鹿児島市城山町7 <u>전화</u> 099-216-1327(가고시마시 관광진흥과)

에도 시대인 1601년 당시 사쓰마번을 통치하던 18대 번주 시마즈 이에히사 島津家久가 도쿠가와 이에야스의 위협에 대항하기 위해 1604년에 완성한 성이다. 그러나 실제 전쟁의 무대로 사용된 적은 없고, 오히려 흰개미의 피해로 인해 수차례 소실되어 그때마다 다시 성을 세웠지만 1874년에 소실된 후로는 재건하지 않고 방치해 지금은 당시 성의 흔적만 일부 남아 있다. 성 주변에는 가고시마 현립도서관, 가고시마 시립미술관, 가고시마 현립박물관이 자리 잡고 있다. 그리고 성터 내부에는 메이지 100년을 기념해 만든 역사자료관인 레이메이칸 黎明館이 있어 총포의 전래, 메이지 유신, 민속 자료 등 다양한 자료를 전시하고 있다.

👁 사이고 다카모리 동상

西鄉隆盛 銅像

지도 p.29상 **위치** 가고시마 시티뷰 버스 이용 사이고도조마에 정류장 하차 후 도보 1분. 노면전차 아사히도리역 하차 후 도보 8분 **주소** 鹿児島市城山町4-36 **전화** 099-216-1327(가고시마시 관광과)

사이코 다카모리는 일본 개화기의 정치가이자 메이지 유신의 가장 중심적 인물로 도쿠가와 막부 시대를 종결시키고 천황 중심의 왕정복고를 성공시키는 데 절대적인 역할을 했다. 가고시마는 물론 일본에서 영웅 대접을 받는 인물 중 한 명으로 도쿄의 우에노 공원과 함께 이곳 가고시마에도 동상이 서 있다. 동상은 가고시마 출신의 조각가이자 도쿄 시부야의 충견 하치코상을 제작하기도 했던 안도 테루 安藤照가

8년에 걸쳐 만든 것으로 육군대장 제복을 입은 사이고 다카모리를 형상화했다. 동상의 높이는 8m에 이른다.

👁 시로야마

城山

지도 p.28ⓗ **위치** 가고시마 이용 시티뷰 버스 시로야마 정류장 하차 후 도보 5분 **전화** 099-216-1327(가고시마시 관광진흥과)

시로야마는 가고시마 시내 중심부에 있는 산으로 다양한 아열대식물이 자생하고 있는 도심 속의 휴식 공간으로 사랑받고 있다. 높이 107m의 아담한 산이지만 정상에 서면 가고시마 시내와 사쿠라지마, 긴코 만이 한눈에 들어오고, 날씨가 좋으면 기리시마와 이부스키의 가이몬다케도 볼 수 있다. 세이난 전쟁 최후의 격전지이기도 해서 당시 반군의 사령관인 사이고 다카모리가 할복자살로 생을 마감한 동굴과 묘비 등 역사적인 사적이 곳곳에 산재해 있다.

👁 센간엔

仙巖園

지도 p.29ⓒ **위치** 가고시마 시티뷰 버스 이용 센간엔마에 정류장 하차 후 도보 3분 **주소** 鹿児島市吉野町9700-1 **오픈** 08:30~17:30 **요금** 1,000엔(초·중학생 500엔) **전화** 099-247-1551 **홈피** www.senganen.jp

12세기 이후부터 가고시마 일대를 지배해온 사쓰마번의 통치자인 시마즈 島津 가문의 19대 당주인 시마즈 미쓰히사 島津光久가 1658년부터 만들기 시작해 230여 년에 걸쳐 개축을 거듭해 완성한 정원으로 이소테이엔 磯庭園이라는 별칭을 갖고 있다. 사쿠라지마와 긴코 만을 배경으로 만든 정원 내에는 일본에서 처음으로 가스 등불을 밝혔다는 쓰루도로 鶴灯籠와 류큐 왕국 琉球王国에서 헌상했다는 보가쿠로 望嶽楼, 일본에서 처음으로 조성된 근대식 공장 단지의 일부인 쇼코슈세이칸 尚古集成館 등 다양한 볼거리가 있다.

👁 이시바시 기념공원

石橋記念公園

지도 p.38ⓕ **위치** 가고시마 시티뷰 버스 이용 이시바시기넨코엔마에 정류장 하차 후 도보 1분 **주소** 鹿児島市浜町1-3 **오픈** 이시바시 기념관 09:00~17:00(7~8월 09:00~19:00) **휴무** 월요일 **전화** 099-248-6661 **홈피** www.seika-spc.co.jp/ishi

에도 시대 후기 사쓰마번의 25대 영주인 시마즈 시게히데 島津重豪의 명에 따라 고쓰키가와 甲突川 강에 놓였던 5개의 돌다리 중 3개의 돌다리를 이전 복원해 만든 공원으로 지난 2000년에 문을 열었다. 원래는

강가에 놓여 있던 다리를 이곳으로 옮겨오게 된 계기는 1993년 8월 6일 가고시마 일대에 내린 집중호우에 고쓰키가와의 5개 다리 중 다케노바시 武之橋와 신칸바시 新上橋가 유실되고 나머지 3개의 다리도 심각한 피해를 입게 되면서부터이다. 이후 홍수의 피해가 없는 이곳으로 남은 3개의 다리를 이축해 이시바시 기념공원으로 새로 단장한 후 오늘에 이르고 있다. 공원 내에는 이시바시 기념관 石橋記念館(입장 무료)이 있어 이시바시와 관련한 역사적인 자료를 전시하고 있다. 현재 공원 내에 있는 다리는 각각 니시다바시 西田橋, 고라이바시 高麗橋, 다마에바시 玉江橋라 부른다.

🔵 이오월드 가고시마 수족관

いおワールド 鹿児島水族館

지도 p.28Ⓗ **위치** 가고시마 시티뷰 버스 이용 가고시마스이조쿠칸마에 정류장 하차 후 도보 3분. 노면전차 스이조쿠칸구치역에서 도보 8분. JR 가고시마역에서 도보 10분. **주소** 鹿児島市本港新3-1 **오픈** 09:30~18:00 **휴무** 12월 첫째 월요일부터 4일간 **요금** 1,500엔(초·중학생 750엔, 4세 이상 350엔) **전화** 099-226-2233 **홈피** www.ioworld.jp

가고시마 앞바다에 사는 다양한 생물과 세계에서 수집한 희귀한 물고기와 수중 동물들을 전시하는 수족관이다. 아름다운 은색 비늘을 번뜩이며 헤엄치는 정어리 떼를 볼 수 있는 구로시오 수조가 볼만하며, 엄청난 점프와 여러 가지 기술을 선보이는 귀여운 돌고래 쇼도 인기를 끌고 있다. 그 밖에 세계에서 제일 큰 담수어 피라루쿠와 화산 활동과 관련이 있는 어종 등 다양한 해양 생물을 만날 수 있다. 이오월드의 이오는 가고시마의 사투리로 물고기를 뜻한다.

🔵 돌핀포트

ドルフィンポート

지도 p.28Ⓗ **위치** 가고시마 시티뷰 버스 이용 돌핀포트마에 정류장 하차 후 도보 1분. 노면전차 이쓰로도리역 또는 아사이도리역 하차 후 도보 5분. JR 가고시마역에서 도보 20분. **주소** 鹿児島市本港新町5-4 **오픈** 10:00~22:00(점포에 따라 다름) **전화** 099-221-5777 **홈피** www.dolphinport.jp

2005년 4월에 오픈한 복합 쇼핑몰로 가고시마항 내에 자리 잡고 있다. 남태평양 휴양지에 서 있는 방갈로를 연상하게 하는 목조 2층 건물 내에는 특산품 직매장이나 음식점 등 20여 개의 점포가 들어서 있다. 화려한 분위기는 아니지만 박력 만점의 사쿠라지마를 눈앞에서 감상하면서 여유롭게 쇼핑을 하거나 식사를 즐길 수 있어 잠시 들렀다 가기에 좋은 곳이다. 1층에는 족욕을 즐길 수 있는 아시유 足湯도 있다.

🔵 구로이와 라멘 본점

くろいわラーメン 本店

지도 p.29상 **위치** 노면전차 덴몬칸도리역에서 도보 2분 **주소** 鹿児島市東千石町9-9 **오픈** 10:30~21:00 **전화** 099-222-4808 **홈피** www.kuroiwa-ramen.com

하카타 라면을 독특하게 변형한 라멘 전문점으로 1968년에 문을 열었다. 돈코쓰(돼지 사골)와 닭고기를 절묘하게 배합한 국물은 감칠맛이 뛰어나 질리지 않고, 면은 쫄깃쫄깃해서 국물과 완벽한 조화를 이룬다. 인기 메뉴인 구로이와 라멘 くろいわラーメン(780엔)은 비전 양념에 절인 큼직한 차슈(편육)와 구운 파, 콩나물 등이 푸짐하게 들어가 보는 것만으로도 군침이 돈다. 가게에서 직접 만드는 교자 餃子(360엔)와 함께 먹으면 더 맛있다.

🍴 구로부타

黒福多

지도 p.29상 **위치** 노면전차 덴몬칸도리역에서 도보 3분 **주소** 鹿児島市千日町3-2 かまつきビル1F **오픈** 11:30~14:30, 17:30~23:00 **전화** 099-224-8729 **홈피** kurobuta.fc2web.com

가고시마산 구로부타(흑돼지)로 만든 돈가스로 유명한 음식점. 고급 대두유와 참기름으로 튀겨내 육질이 부드럽고 씹는 맛이 좋아 많은 사람들이 찾는다. 인기 메뉴는 구로부타 히레카츠 黒豚ヒレカツ (1,500엔). 가격은 비싸지만 입에서 살살 녹는 극상의 돼지고기 맛을 즐길 수 있다.

👁 덴몬칸

天文館

지도 p.29상 **위치** 가고시마 시티뷰 버스 이용 덴몬칸 정류장 하차. 노면전차 덴몬칸도리역 하차. JR 가고시마주오역에서 도보 15분. JR 가고시마역에서 도보 12분 **홈피** www.tenmonkan.com

남규슈 최대의 번화가로 덴몬칸혼도리 天文館本通り와 이즈루도리 いづろ通り, 센니치도리 千日通り를 중심으로 아케이드 상점가가 넓게 펼쳐져 있고, 백화점과 각종 쇼핑몰 등이 밀집한 가고시마의 메인 스트리트이다. 우리말로 천문관을 뜻하는 덴몬칸이라는 이름의 유래는 에도 시대 당시 사쓰마번의 25대 영주인 시마즈 시게히데 島津重豪가 이 근처에 천문 관측이나 달력을 연구하는 시설인 메이지칸 明時館을 세운 데서 유래한다.

덴몬칸의 추천 맛집

사쓰마이모노야카타 さつまいもの館

가고시마 명물 사쓰마이모 さつまいも 스위트의 대표 맛집. 따뜻한 기후와 화산재로 이루어진 토양 덕분에 일본 최고의 고구마 산지로 알려진 가고시마. 그런 만큼 이곳에는 무려 300종류나 되는 고구마 과자, 케이크, 빵 등이 모여 있다.

지도 p.29상 **위치** 노면전차 덴몬칸도리역에서 도보 5분 **주소** 鹿児島市東千石町6-28 **오픈** 10:00~19:30 **전화** 099-239-4865 **홈피** www.satsumaimonoyakata.com

가라이모 월드 唐芋ワールド

가고시마에서 생산하는 가라이모를 사용해서 만든 다양한 과자를 선보이는 고구마 전문점. 1층은 다양한 선물용 고구마 제품을 전시 판매하는 덴몬칸 페스티벌로, 2층은 고구마 스위트 전문점 미나미 카제, 3층은 가고시마 여행 정보센터 4층은 가고시마산 고구마를 소개하는 가라이모 파빌리온으로 구성되어 있어 이름 그대로 가고시마 고구마의 모

든 것을 알 수 있다. 인기 제품은 가라이모 레어케이크 러블리 唐芋レアケーキ・ラブリー(783엔~)로 입에 넣으면 사르르 녹아내리는 달콤한 고구마 케이크의 진수를 맛볼 수 있다.

지도 p.29상 **위치** 노면전차 덴몬칸도리역에서 도보 1분 **주소** 鹿児島市呉服町1-1 **오픈** 09:00~21:00 **전화** 099-239-1333

덴몬칸 무자키 天文館むじゃき

전국적으로 유명한 빙수 시로쿠마 白熊의 본가. 북극곰의 얼굴을 본떠 만든 오리지널 빙수에 바나나, 복숭아 등 여러 가지 과일을 토핑하여 시원하고 달콤한 맛을 자랑한다. 대표 메뉴는 덴몬칸 무자키의 대명사인 시로쿠마(720엔).

지도 p.29상 **위치** 노면전차 덴몬칸도리역에서 도보 3분 **주소** 鹿児島市千日町5-8 **오픈** 11:00~22:00(7・8월, 일요일 및 공휴일 10:00~22:00) **전화** 099-222-6904 **홈피** www.mujyaki.co.jp

사쿠라지마 `zoom in 2`
桜島

사쿠라지마는 대중교통이 불편한 데 비해 섬은 넓고 관광지는 서로 멀리 떨어져 있어서 도보 여행은 고려하지 않는 것이 좋다. 따라서 사쿠라지마를 제대로 둘러보고 싶다면 렌터카를 이용하거나 상대적으로 비용이 저렴한 정기 관광버스를 이용하는 것이 좋다. 일행이 3~4명 이상이라면 관광택시를 이용하는 것도 고려해볼 만하다. 만일 짧은 여정 때문에 사쿠라지마의 분위기만 대충 보고 돌아서야 한다면 사쿠라지마항 바로 앞에 있는 자전거 대여소에서 자전거를 빌리도록 하자.

👁 사쿠라지마
桜島

지도 p.30상 **위치** 가고시마항 사쿠라지마 페리터미널에서 배로 15분

세계적으로 이름난 화산인 사쿠라지마는 긴코 만 錦江湾을 사이에 두고 가고시마 시 바로 앞에 우뚝 솟아 있는 가고시마의 상징이다. 동서 약 12㎞, 남북 약 10㎞, 둘레 약 55㎞, 면적 77㎢의 반도로 오스미 大隅 반도와 연결되어 있다. 사쿠라지마라는 이름에서 알 수 있듯 원래는 섬이었지만 1914년 1월 12일에 일어난 대폭발 당시 약 100억t의 용암이 흘러나와 폭 400m의 바다를 메우면서 육지와 연결되어 반도가 되었다. 사쿠라지마는 현재 북에서 남으로 기타다케 北岳(1,117m), 나카다케 中岳(1,060m), 미나미다케 南岳(1,040m)의 세 봉우리가 연이어 서 있고 이 중 미나미다케는 지금도 한 해에 수십 차례나 폭발하는 등 활발한 화산 활동이 진행 중에 있다.

사쿠라지마 교통 안내

❶ 사쿠라지마로 가는 페리호 이용 방법

가고시마역 앞 두 번째 네거리에서 좌측으로 도보 5분 거리에 있는 사쿠라지마항 페리터미널에서 출발하는 페리를 이용하면 15분 만에 사쿠라지마항에 도착할 수 있다. 사쿠라지마로 가는 페리호는 하루 24시간 운행하는데 06:30~20:55까지는 10~15분마다, 21시 이후, 6시 이전에는 30분~1시간마다 운항하고 있다. 페리의 요금은 어른 160엔, 어린이 80엔이며 자전거나 렌터카도 배에 실을 수 있다. 자전거를 실으면 110엔의 추가 요금이 필요하고, 자동차를 싣는 경우에는 운전자 1인을 포함해 차체 길이 3m 미만은 880엔, 3~4m는 1,150엔, 4~5m는 1,600엔을 내면 된다.

사쿠라지마 페리
전화 099-293-2525 **홈피** www.city.kagoshima.lg.jp/sakurajima-ferry/

❷ 관광버스로 즐기는 사쿠라지마 여행

관광버스를 이용하면 사쿠라지마를 조금 더 편안하게 둘러볼 수 있다. 하루에 2회 운행하는데, 가고시마주오역에서 출발해서 사쿠라지마를 일주한 후 다시 가고시마주오역으로 돌아오는 코스다. 구체적인 일정 및 코스는 가고시마주오역 관광안내소에서 자세하게 안내해주니 미리 문의를 하도록 하자.

운행 매일 오전, 오후 2회
소요시간 3시간 30분
요금 2,300엔

사쿠라지마 비지터센터

桜島ビジターセンター

지도 p.30상Ⓐ **위치** 사쿠라지마항에서 도보 10분 **주소** 鹿児島市桜島横山町1722番地29 **오픈** 09:00~17:00 **요금** 무료 **전화** 099-293-2443 **홈피** www.sakurajima.gr.jp/svc/

사쿠라지마 화산 대폭발의 역사, 화산 활동의 메커니즘을 알기 쉽게 전시한 사쿠라지마 종합안내소로 누구나 무료로 이용할 수 있다. 화산 활동으로 생긴 다양한 용암석과 사쿠라지마 모형 등을 전시한 코너, 200인치 대형 하이비전으로 매력 넘치는 사쿠라지마의 풍경을 보여주는 화산 시어터 등이 있어 사쿠라지마를 여행하기 전에 한 번 들러볼 만 하다.

히노시마메구미칸

火の島めぐみ館

지도 p.30상Ⓐ **위치** 사쿠라지마항에서 도보 5분 **주소** 鹿児島市桜島横山町1722-48 **오픈** 09:00~18:00(레스토랑 09:00~17:00) **휴무** 셋째 주 월요일 **전화** 099-245-2011 **홈피** www.megumikan.jp

사쿠라지마를 일주하는 해안도로에 있는 휴게소인 미치노에키 사쿠라지마 道の駅桜島 내에 있는 잡화점

으로 사쿠라지마항에서 가까워 여행을 시작하기 전이나 끝내고 난 후 잠시 들러 구경하면 좋다. 농가에서 직접 공수해오는 다양한 지역 특산품 채소와 과일과 인근 공장에서 제조하는 유기농 잼, 과자 등을 구입할 수 있다. 만일 겨울에 간다면 사쿠라지마 명물 과일인 미니 귤(12월에서 1월 사이가 제철)을 꼭 맛보도록 하자. 관내에는 레스토랑도 있어 간단한 요기를 할 수 있는데, 가고시마 구로부타라멘 かごしま黒豚ラーメン(650엔)은 웬만한 라멘 전문점만큼 맛있다.

사케비노쇼조

叫びの肖像

지도 p.30상Ⓐ **위치** 사쿠라지마항에서 자동차로 10분 **주소** 桜島赤水採石場跡地 **전화** 099-298-5111(관광 교류 센터)

2004년 8월 21일 가고시마 출신의 중견 가수 나가부치 쓰요시 長渕剛가 사쿠라지마의 채석장 철거지에서 7만 5,000명의 관객 앞에서 올나이트 콘서트를 연후 기념으로 만든 용암 조각상. 참고로 나가부치 쓰요시는 우리나라 사람들도 많이 아는 노래 '건배 乾杯'를 부른 가수이다. 단순한 조각상들이 몇 점 있는 다소 썰렁한 곳이긴 하지만 사쿠라지마를 향해 웅장하게 외치는 모습을 형상화한 3.4m 높이의 조각상은 보는 사람들을 압도하는 무언가가 있다. 사쿠라지마항에서 멀지 않고 촬영 포인트로서도 근사하기 때문에 여유가 되면 한 번 들러볼 만하다.

🔵 유노히라 전망소
湯之平展望所

지도 p.30상Ⓐ **위치** 사쿠라지마항에서 자동차로 15분 **주소** 鹿兒島市桜島小池町 1025 **전화** 099-298-5111(관광 교류 센터)

사쿠라지마 중턱, 해발 373m의 고원에 자리 잡고 있는 유노히라 전망소는 가고시마 시내와 긴코 만이 한눈에 들어오는 사쿠라지마 최고의 전망 스폿이다. 위로는 기타다케, 나카다케, 미나미다케의 웅장한 산이 한눈에 들어오고 아래로는 용암 고원이 아름답게 펼쳐져 있어 어디를 보든 눈이 즐겁다. 유노히라 전망소는 철쭉의 명소로도 유명하여 5월 초부터 중순까지 산하를 붉게 물들이는 꽃을 구경하기 위해 전국에서 수많은 여행객들이 찾아온다.

🔵 아리무라 용암전망소
有村溶岩展望所

지도 p.30상Ⓑ **위치** 사쿠라지마항에서 자동차로 15분 **주소** 鹿兒島市有村町952 **전화** 099-298-5111(관광 교류 센터)

1946년의 대폭발로 유출된 용암 고원 한가운데에 있는 전망소로, 이곳에서는 활화산 사쿠라지마의 박력과 아

름다운 긴코만이 만들어 내는 360도 파노라마 풍경을 조망할 수 있다. 또한 전망소에서 용암 고원 사이로 뻗어 있는 길이 1km의 산책길은 화산 지역에서만 볼 수 있는 자연의 힘을 느낄 수 있다. 왠지 황량해 보이는 기암괴석들은 용암이 제멋대로 굳은 것으로, 희뿌연 분연을 내뿜는 화산과 잘 어울려 기념사진을 찍기에 좋다.

🔵 구로카미마이보쓰 도리이
黒神埋没鳥居

지도 p.30상Ⓑ **위치** 사쿠라지마항에서 자동차로 25분 **주소** 鹿兒島市黒神町 黒神神社 **전화** 099-298-5111(관광 교류 센터)

1914년 1월 12일에 일어난 사쿠라지마의 대폭발로 인해 상부 1m만 남기고 분출물에 뒤덮였다는 구로카미 진자 黒神神社의 도리이. 약 30억t에 이르는 용암과 11억t의 돌, 화산재가 분출했기 때문에 구로카미 지구 일대가 소실되고 높이 3m의 도리이도 처참한 모습으로 남게 되었다. 자연 재해의 무서움을 사람들에게 널리 알리기 위해 복구 작업을 도중에 중단하여 현장은 당시의 참담했던 모습을 그대로 보여준다. 땅에 묻혀 있는 도리이 말고는 별다른 볼거리가 없으므로 큰 기대를 하면 실망한다.

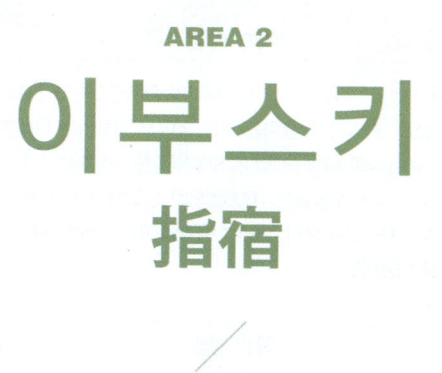

이부스키
指宿

사쓰마 반도의 최남단 가고시마 만의 입구에 자리 잡고 있는 이부스키는 연중 따뜻한 날씨를 유지하는 작고 조용한 도시다. 도시 전체가 화산대에 속해 여기저기 온천지가 많은데, 심지어 해변을 1m만 파헤쳐도 어디서나 온천수가 솟아날 정도. 이것을 이용한 것이 바로 유명한 이부스키의 모래찜질 온천이다.

이부스키
이렇게
여행하자

JR	JR 이부스키 마쿠라자키센 이부스키역 指宿枕崎線 指宿駅
버스	이부스키역 버스정류장 指宿駅前 バス停
이동 경로	가고시마주오역 → JR 쾌속 나노하나(60분, 1,000엔) → 이부스키역
	가고시마주오역 버스정류장 → 가고시마 교통버스(1시간 30분) → 이부스키역 버스정류장

가는 방법

이부스키로 가려면 일단 가고시마로 가야 한다. 가고시마의 관문인 JR 가고시마주오역에서 이부스키로 가는 열차가 1시간에 1~2대꼴로 출발한다. 열차는 모든 역에서 정차하는 보통열차와 주요 역에서만 정차하는 JR 쾌속 나노하나 なのはな로 나눌 수 있다. 보통열차를 이용하면 1시간 30분이 소요되고, 쾌속 나노하나를 이용하면 60분이 소요되며 요금은 1,000엔으로 동일하다. 열차를 이용할 때는 이왕이면 바다를 볼 수 있는 왼쪽 자리에 앉는 것이 좋다. 한편 산큐패스 이용자라면 JR 가고시마주오역 앞에서 출발하는 가고시마 교통버스를 이용하면 된다.

여행 방법

이부스키는 아주 넓은 지역에 볼거리가 흩어져 있어 도보로 갈 수 있는 곳은 한정되어 있다. 모래찜질 온천 체험을 목적으로 이부스키를 방문했다면 JR 이부스키역 도착 후 곧바로 스나무시카이칸으로 이동해 온천체험을 한 후 곧장 가고시마로 돌아가는 것이 좋다. 하지만 시간 여유가 있다면 JR 이부스키역 앞에서 10:10에 출발하는 관광버스를 이용해서 이케다 호수, 가이몬다케, 나가사키바나 등 이부스키 주변 관광지를 두루 둘러보고 모래찜질 온천체험까지 즐겨보는 것도 좋은 선택이다. 노선버스를 이용하는 것도 가능하지만 버스가 자주 없으므로 이동하는 데 따른 불편함은 감수해야 한다.

♨ 스나무시카이칸 사라쿠

砂むし会館砂楽

지도 p.31ⓑ **위치** JR 이부스키역에서 도보 20분. 이부스키역 맞은편 교통센터에서 가고시마 교통버스 이용 5분 스나무시카이칸 정류장 하차 후 도보 1분 **주소** 鹿児島県指宿市湯の浜5-25-18 **오픈** 08:30~21:00 **요금** 입욕료 1,080엔(모래찜질·유카타 포함) **전화** 0993-23-3900 **홈피** sa-raku. sakura.ne.jp

이부스키의 명물 스나무시 砂むし(모래찜질) 온천을 즐길 수 있는 대표적인 온천 시설로 이부스키 시에서 직접 운영하고 있다. 온천의 열로 따뜻하게 데운 해변에 유카타 浴衣를 걸치고 드러누우면 스나카케상 砂かけさん(모래 뿌려주는 아주머니)이 모래를 덮어준다. 온몸이 모래 속에 파묻히면 금세 후끈후끈 달아오르며 그간 쌓인 피로가 싹 풀리는 것처럼 노곤해진다. 모래찜질 온천은 원래 온천 지역의 해변에서 하는 것이 몸에 좋다고 하는데, 주변에 온천이 많은 이부스키는 그런 점에서 최고의 조건을 갖춘 셈이다. 보

스나무시 온천 입욕 순서

1 2층 접수처에서 입욕료를 지불하고 스나무시 전용 가운을 받는다.
2 가운으로 갈아입고 지정된 모래에 가서 눕는다.
3 스나카케상에게 모래를 덮어달라고 말한다.
4 10~15분 정도 지나면 땀이 비 오듯 흐른다.
5 모래찜질 후에는 샤워로 모래를 깨끗이 씻어내고 대욕탕으로 간다.

통 10~15분 정도 찜질을 하는데, 정기적으로 하면 위장병·류머티즘·비만증·미용 등에 탁월한 효과를 보인다고 한다. 모래찜질을 할 때는 머리를 보호할 타월(페이스 타월)이 필요한데, 2층 접수처에서 120엔에 살 수 있다. 그리고 목욕 타월은 200엔에 빌려준다.

🏠 이부스키 이와사키 호텔

指宿いわさきホテル

지도 p.31ⓑ **위치** JR 이부스키역에서 도보 25분. 이부스키역 맞은편 교통센터에서 가고시마 교통버스 이용 6분 이와사키호텔마에 정류장 하차 후 도보 1분 **주소** 鹿児島県指宿市十二町3805-1 **오픈** 05:30~23:00 **요금** 입욕료 1,000엔(유카타 포함) **전화** 0993-22-2131 **홈피** ibusuki.iwasakihotels. com

사쓰마 반도의 최남단 긴코완 錦江湾에 있는 초대형 리조트 호텔로 넓은 정원과 골프장, 축구장, 테니스장, 수영장 등 다양한 스포츠 시설을 완비하고 있다. 뿐만 아니라 이와사키 호텔 역시 스나무시카이칸과 마찬가지로 스리가하마 해변을 끼고 있어 해안에서 솟아나는 온천수를 이용한 모래찜질 온천을 즐길 수 있다. 모래찜질 온천을 끝낸 후에는 별관 최상층에 있는 공중온천에서 멋진 풍경을 바라보면서 몸을 씻을 수 있다. 온천의 샘질은 나트륨 염화물천으로 신경통, 벤 상처, 화상, 만성피부병 등에 효험이 있다. 이부스키역에서 이와사키 호텔로 가는 1~2시간에 1편 정도가 운행되므로 버스 시간이 맞지 않는 경우에는 그냥 걸어가거나 택시를 이용하는 것이 좋다.

♨ 헬시랜드 로텐부로

ヘルシーランド露天風呂

지도 p.31⑧ **위치** JR 이부스키역에서 가이몬에키마에 방면 가고시마 교통버스 이용 25분 헬시랜드이리구치 정류장 하차 후 도보 12분 **주소** 鹿児島県指宿市福元3340 **오픈** 09:30~19:30 **휴무** 목요일 **요금** 입욕료 510엔(어린이 260엔, 모래찜질 포함 입욕료 1,130엔) **전화** 0993-35-3577 **홈피** www.seika-spc.co.jp/healthy/

이부스키 최고의 풍경을 자랑하는 노천온천. 푸른 바다가 눈앞에 끝없이 펼쳐져 있고 조금만 고개를 돌리면 우뚝 솟은 가이몬다케가 손에 잡힐 듯 한눈에 들어온다. 하늘과 맞닿아 있는 노천탕은 바다를 향해 시원하게 트여 있어 개방감 넘치는 온천욕을 즐길 수 있다. 노천탕의 넓이는 단체 손님이 한꺼번에 들어가도 넉넉할 정도로 넓은 편이다. 교통이 불편한 점이 아쉽긴 하지만 모래찜질 온천보다 바다를 조망할 수 있는 노천탕에 흥미가 있을 때 찾아가볼 만하다. 참고로 헬시랜드 로텐부로에서 계단을 따라 해변으로 걸어 내려가면 야마카와 스나무시 온센 山川砂むし温泉이 있어 이부스키의 자랑인 모래찜질 온천을 이곳에서도 즐길 수 있다.

🍴 아지도코로 기사쿠

味処 喜作

지도 p.31⑧ **위치** JR 이부스키역에서 도보 5분 **주소** 鹿児島県指宿市湊2-1-41 **오픈** 11:00~14:00, 18:00~22:00 **휴무** 화요일 **전화** 0993-22-6179

신선함이 살아 있는 활어 요리가 일품인 이부스키의 명물 음식점. 가고시마 명물인 사쓰마아게 さつま揚げ(350엔), 돈코쓰 とんこつ(525엔) 등 향토 요리에서 계절마다 다른 종류를 선보이는 생선 요리까지 다양한 메뉴를 준비하고 있다. 특히 주인이 직접 낚시로 잡은 돔과 광어를 메인으로 하는 다이 코스 タイコース(1만 500엔, 2~4인)와 히라메 코스 ひらめコース(8,820엔, 2~4인)는 최고의 맛을 자랑한다. 단, 코스 요리는 가격이 너무 비싸므로 알뜰 여행자에게는 그림의 떡. 아쉽지만 점심시간 최고의 인기 메뉴인 가쓰 오동 鰹丼(735엔)으로 이부스키의 맛을 즐겨보자.

🍴 아오바

青葉

지도 p.31⑧ **위치** JR 이부스키역에서 도보 1분 **주소** 鹿児島県指宿市湊1-2-11 **오픈** 11:00~15:00, 17:30~22:30 **휴무** 화요일 **전화** 0993-22-3356

이부스키역 바로 앞에 위치한 흑돼지 향토요리 전문점. 다양한 일품요리가 있지만, 손님들이 가장 많이 찾는 메뉴는 이부스키 명물 온타마라동 温たまらん丼(900엔). 흑돼지 삼겹살을 비전 소스로 볶아 반숙 계란, 숙주나물, 방울토마토 등과 함께 따끈따끈한 밥 위에 올린 덮밥으로, 계 란과 흑돼지 볶음의 콜라보가 환상적이다. 이부스키에 왔다면 모래찜질과 함께 꼭 맛 봐야 할 음식이다.

👁 이케다코

池田湖

지도 p.31⑧ **위치** JR 이부스키역에서 가이몬에키마에 방면 가고시마 교통버스 이용 30분 이케다코 정류장 하차 후 도보 1분 **주소** 鹿児島県指宿市池田湖畔 **전화** 0993-22-2111(이부스키시 상공관광과)

약 5,500년 전 가이몬다케 開聞岳의 분화에 의해 생긴 것으로 추정되는 규슈 최대 규모의 칼데라 호수. 지름 약 3.5㎞, 둘레 15㎞, 수심 233m에 이르는 이케다코 주변에는 유채꽃이 많아 봄이면 그 아름다움이 절정에 이른다. 호수에는 2m 길이까지 자란다는 천연기념물 무태장어가 살고 있는데, 호수 옆 건물에 '세계 제일의 뱀장어 世界一のうなぎ'라는 대형 간판이 걸려 있다. 무태장어는 뱀장어과에 속하는 열대성 대

형 뱀장어로 몸길이가 2m 정도까지 자랄 수 있고, 육식성이며 주로 어류와 갑각류를 대량으로 포식하는 것으로 알려져 있다. 또 지난 1961년에는 이케다코에 거대한 수서 생물이 존재한다는 소문이 돌아 화제가 되기도 했는데, 영국 스코틀랜드 인버네스에 있는 네스 호에 산다는 넷시를 모방해 잇시イッシー라는 이름이 붙여졌다. 이후 1978년 9월 3일 이부스키 주민 20여 명이 잇시를 목격했다는 보도가 나오면서 다시 화제가 되기도 했다. 지금도 이케다코 호반에는 조금 우스꽝스러운 잇시 석상이 서 있는데, 이 주변은 이케다코에서 가장 인기 있는 사진 촬영 장소로 유명하다.

👁 나가사키바나

長崎鼻

지도 p.31⑧ **위치** JR 이부스키역에서 가이몬에키마에 방면 가고시마 교통버스 이용 35분 나가사키바나 정류장 하차 **오픈** 상시 **요금** 무료 **전화** 0993-22-2111(이부스키시 상공관광과)

사쓰마 반도 최남단에 위치한 아름다운 경승지로, 용궁의 코 竜宮鼻라는 별칭을 가지고 있다. 천혜의 자연환경에 둘러싸인 나가사키바나 등대에서는 야쿠시마를 비롯한 아름다운 섬과 가이몬다케의 웅장한 모습을 감상할 수 있다. 특히 해 질 무렵의 석양이 아름답기로 유명하다. 주변에는 동물 쇼로 유명한 레저파크 나가사키바나 파킹가든 長崎鼻パーキングガーデン과 우라시마타로 浦島太郎 전설이 전해 내려오는 류구진자 竜宮神社가 있다.

🔵 플라워파크 가고시마

フラワーパークかごしま

지도 p.31Ⓑ **위치** JR 이부스키역에서 가이몬에키마에 방면 가고시마 교통버스 이용 35분 플라워파크 정류장 하차 **주소** 鹿児島県指宿市山川岡児ケ水1611 **오픈** 09:00~17:00 **휴무** 12월 30~31일 **요금** 620엔(초·중학생 300엔, 초등학생 이하 무료) **전화** 0993-35-3333 **홈피** www.fp-k.org

규슈 최남단 나카가사키바나 바로 옆에 자리 잡고 있는 예쁜 꽃 공원이다. 부겐빌레아, 히비스커스 등 아열대식물을 중심으로 2,400여 종의 꽃과 나무를 관상할 수 있는 일본 최대급의 꽃 테마파크이다. 특히 하와이를 상징하는 꽃으로도 유명한 히비스커스의 종류는 일본에서 가장 많은 것으로 유명하다.

12~2월의 한겨울에도 아름다운 꽃을 볼 수 있는 등 사계절 내내 언제라도 꽃이 만발한 아름다운 정원을 즐길 수 있다. 원내는 꽃 花·바람 風·빛 光 등 3개의 테마로 구분되어 있으며, 9인승 무료 버스가 원내를 순환한다.

🔵 가이몬다케

開聞岳

지도 p.31Ⓑ **위치** JR 이부스키역에서 히가시오카와 방면 가고시마 교통버스 이용 35분 가이몬구치 정류장 하차 **오픈** 상시 **요금** 무료 **전화** 0993-22-2111(이부스키 시 상공관광과)

가고시마 현 사쓰마 반도의 남단에 우뚝 솟아 있는 표고 924m의 가이몬단케는 그 생김이 후지 산과 닮아 사쓰마의 후지 산 薩摩の富士이라는 별명을 갖고 있다. 가이몬다케 역시 약 4,000년 전부터 활발한 화산 활동을 한 원추형 화산으로 유사 이후의 분화 기록은 6세기 경부터 남아 있는데, 특히 874년과 885년의 대분화에 의해 현재의 형태가 완성된 것으로 알려진다. 산의 대부분은 점성이 적은 현무암으로 이루어져 있지만, 산 정상 부근의 용암 지역은 안산암으로 구성되어 있다. 높이가 낮은 데다 등산로가 잘 정비되어 있어 3시간 정도면 등산이 가능하다. 산 정상 부근에서는 360도 파노라마 전망을 즐길 수 있는데, 기리시마 일대의 높은 산들은 물론 오스미 반도 일대가 한눈에 들어온다. 특히 맑은 날에는 바다 멀리 떨어져 있는 야쿠시마 屋久島도 육안으로 관찰할 수 있다. 산기슭에는 순수한 일본 혈통 말인 도카라우마 トカラ馬를 방목하고 있는 자연공원과 아열대식물로 아름답게 꾸며놓은 골프장이 있다.

🚌 에비노 고원

えびの高原

전화 0995-45-6733(이와사키 버스네트워크)

가고시마 현과 가고시마 현의 경계에 있는 작은 도시 에비노의 주변을 둘러싸고 있는 고원으로, 사시사철 절경을 자랑하여 등산객이 많기로 유명하다. 에비노 고원이라는 이름은 유황산에서 뿜어져 나오는 가스 때문에 억새풀들이 에비 海老(새우) 색처럼 변한다고 해서 지어졌다고 하는데, 특히 진달래꽃이 흐드러지게 피는 봄, 고원이 붉은색으로 물드는 가을에는 수많

은 관광객들이 몰려든다. 고원 내에는 등산 코스로 좋은 가라쿠니다케 韓國岳를 비롯해서 아름다운 화구호와 온천까지 있어 일정과 입맛에 맞는 다양한 코스 조합이 가능하다.

에비노 고원까지는 노선버스가 없기 때문에 제대로 여행을 하려면 렌터카로 이동하는 것이 가장 좋다. 렌터카가 부담스럽다면 먼저 가고시마주오역에서 JR 닛포혼센(50분, 940엔)을 타고 기리시마진구역까지 이동한 후, 기리시마진구역에서 09:45에 출발하는 기리시마 · 에비노코겐 정기관광버스를 이용하면 된다.

에비노 고원의 추천 명소

에비노 에코뮤지엄센터

えびのエコミュージアムセンター

가라쿠니다케 등산과 화구호 산책의 출발지로, 에비노 고원의 아름다운 자연에 둘러싸여 있는 여행자들의 휴식 공간. 관내에는 에비노 고원의 자연을 사진, 영상, 모형, 표본 등으로 소개하는 시설이 있으며, 고원에 자생하는 동물과 식물을 컴퓨터로 검색하거나 대형 모니터를 사용해서 멋진 자연 풍경을 감상할 수 있다. 등산이나 하이킹 정보, 드라이브 도로 안내 등 다양한 정보도 얻을 수 있으므로 에비노 고원 여행을 시작하기 전에 들르면 좋다.

오픈 09:00~17:00
전화 0984-33-3002

이케메구리 자연연구로

池めぐり自然研究路

코발트블루의 호수가 아름다운 바쿠시이케 百紫池, 롯칸논미이케 六觀音御池, 후도이케 不動池로 이어지는 3개의 화구호를 둘러보는 자연 산책 코스. 에비노 에코뮤지엄센터에서 시작하는 이 코스는 고원전망대까지 이어진다. 소나무 숲을 지나면 바쿠시이케가 보이고 10분 정도 더 걸어가면 아름다운 롯칸논미이케가 나타난다. 주변에는 수령 500년의 삼나무와 다양한 거목들도 있어 신비한 분위기를 연출한다. 마지막으로 전나무, 솔송나무 등의 숲을 지나 이오우잔 硫黃山 북쪽 등산 입구 쪽을 향해 가다가 후도이케를 보고 오는 것으로 코스는 마무리된다. 일주 거리는 4.3km이고 소요시간은 1시간 30분 정도이다.

AREA 3

야쿠시마

屋久島

야쿠시마는 원시림이 울창하고 야생 동물이 많아 1993년 유네스코가 지정한 세계자연유산으로 등록된 아름다운 섬이다. 섬 내에는 수령 7,200년이 넘는 조몬스기 縄文杉 를 비롯해 수령 4,000년이 넘는 삼나무가 숲을 이루고 있어, 미야자키 하야오 감독의 애니메이션 〈원령공주 もののけ姫〉의 배경이 된 곳으로도 유명하다.

야쿠시마
이렇게
여행하자

<u>이동 경로</u> 가고시마공항 → (니혼에어커뮤터, 35분, 15,600 엔) → 야쿠시마 공항

가고시마항 → (페리, 4시간, 4,900엔) → 야쿠시마 미야노우라항

가고시마항 → (고속선, 1시간 50분, 8,400엔) → 야쿠시마 미야노우라항

가는 방법

비행기를 이용하는 경우에는 가고시마 공항에서 출발하는 니혼에어커뮤터를 이용하면 되는데, 하루 3회 운항하며 약 35분 만에 야쿠시마 공항에 도착할 수 있다. 한편 배를 이용하는 경우에는 가고시마항에서 출발하는 페리호나 고속선을 이용하면 된다.

여행 방법

야쿠시마는 울릉도보다 조금 더 큰 섬으로 섬의 대부분이 해발 1,000m 이상의 높은 산으로 이뤄져 있고 거주 인구도 많지 않아 대중교통이 취약한 편이다. 노선버스가 있긴 하지만 운행 편수가 많지 않아 상당히 불편하므로, 렌터카를 이용하는 것이 좋다. 게다가 대부분의 볼거리는 깊은 산속에 자리 잡고 있기 때문에 등산을 각오해야만 야쿠시마의 진면목을 볼 수 있다.

추천 코스

1 야쿠시마 미야노우라항

도보 5분

2 야쿠시마 환경문화촌센터

자동차 35분

5 야쿠스기랜드

자동차 15분

4 센피로노타키

자동차 35분

3 시라타니운스이쿄

야쿠시마 환경문화촌센터

屋久島環境文化村センター

지도 p.30하⑧ **위치** 야쿠시마 공항에서 자동차로 20분. 미야노우라 항구에서 도보 5분 **주소** 鹿児島県熊毛郡屋久島町宮之浦823-1 **오픈** 09:00~17:00 **휴무** 셋째 주 화요일, 12월 28일~1월 1일 **요금** 무료(전시홀, 대형 영상홀 공통 관람권 520엔) **전화** 0997-42-2900 **홈피** www.yakushima.or.jp

야쿠시마 관광을 시작하기 전에 꼭 들러야 할 곳으로, 섬의 자연과 문화, 생활에 대한 다양한 정보를 얻을 수 있다. '자연과 인간이 공생하는 지역 만들기'라는 목표를 가지고 1996년에 개관했으며, 관내에는 섬의 자연을 영상으로 소개한 와이드 스크린, 다양한 동식물과 사람들의 생활상을 바다에서 산정까지 걸쳐 소개한 전시관 등이 있다.

시라타니운스이쿄

白谷雲水峡

지도 p.30하⑧ **위치** 야쿠시마 공항에서 자동차로 40분. 미야노우라 항구에서 자동차로 30분 **주소** 鹿児島県熊毛郡上屋久町宮之浦 **요금** 500엔(삼림정비협력금) **전화** 0997-42-3508

미야노우라가와 宮之浦川의 지류인 시라타니가와 白谷川 상류에 있는 자연 휴양림으로, 원시림과 청정수

가 어우러진 아름다운 협곡이다. 해발 800m의 계곡 주변에는 약 424만 ㎡에 이르는 광대한 지역에 수백 종의 나무들과 꽃들이 자연 그대로의 상태에서 자라고 있어, 일본 최고의 자연 생태박물관으로 각광받고 있다. 또한 시라타니운스이쿄의 수려한 자연 풍경은 미야자키 하야오 감독의 애니메이션 〈원령공주 もののけ姫〉의 배경이 된 곳으로도 유명하다. 계곡 내에는 다양한 산책 코스가 있어 일정에 맞게 여행을 즐길 수 있는데, 여유가 된다면 시라타니운스이쿄 최고의 명소인 모노노케히메노모리까지 둘러보자.

시라타니운스이쿄의 추천 산책 코스

❶ 시라타니이리구치 白谷入口

시라타니운스이쿄의 출발 지점. 입구를 들어가서 오른쪽 산책로에 들어서면 거대한 삼나무인 야요이스기 弥生杉를 볼 수 있고, 그 길을 따라 계속 직진하면 히류오토시가 나온다. ⬇(도보 15분)

❷ 히류오토시 飛竜おとし

마치 용이 몸을 비틀면서 하늘로 올라가듯 호쾌한 소리를 내며 떨어지는 아름다운 폭포로 길 옆에는 벤치가 있어 잠시 쉬어가기에 좋다.
⬇(도보 5분)

❸ 니다이오스기 二代大杉

수령은 알 수 없지만 엄청난 존재감을 보여주는 거대한 야쿠스기. 높이가 무려 32m나 되고 둘레가 4.4m에 이른다. 하부에 커다란 구멍이 뚫려 있는데, 사람이 지나갈 수도 있다. ⬇ (도보 1시간 20분)

❹ 구구리스기 くぐり杉

모노노케히메노모리의 출입문으로 잘 알려진 야쿠스기. 쓰러진 삼나무 위에 새로운 삼나무가 자란 것인데, 쓰러진 나무는 이미 말라 없어지고 그 흔적이 커다란 구멍으로 남아 있다. 주변에는 희귀한 기생식물들이 많아 몽환적인 분위기를 연출한다.
⬇ (도보 5분)

❺ 시라타니고야 白谷小屋

40명 정도가 함께 이용할 수 있는 무인 산장. 꽤 낡은 시설이지만 화장실도 완비되어 있어 산책 도중에 잠시 쉬어가기에 좋은 곳이다.
⬇ (도보 15분)

❻ 모노노케히메노모리 もののけ姫の森

신비로움으로 가득한 환상적인 숲. 시라타니운스이쿄 최고의 명소라는 명성에 걸맞게 아름다운 풍경을 보여준다. 숲 속을 거닐다 보면 정말 〈원령공주〉에 나왔던 동물들이 튀어나올 것 같다.

🎦 센피로노타키
千尋の滝

지도 p.30하Ⓑ **위치** 야쿠시마 공항에서 자동차로 35분, 미야노우라 항구에서 자동차로 50분 **주소** 鹿児島県熊毛郡屋久島町原 **전화** 0997-49-4010(야쿠시마 관광협회)

못초무다케 モッチョム岳 산자락에 걸쳐 있는 거대한 화강암 지대에 있는 폭포. 오랜 세월에 걸쳐 흐르는 강물의 힘이 만들어낸 다이내믹한 V자 협곡 사이로 포말을 뿜으며 내려치는 폭포는 그야말로 장관이다. 폭포를 감싸고 있는 화강암 암반은 400m에 이르는 엄청난 크기로, 주변 자연과 함께 조화롭게 어우러져 태고의 풍정을 느낄 수 있다. 센피로노타키는 야쿠시마 섬 곳곳에 있는 200여 개의 폭포 중에서 가장 아름답다는 평가를 받는데, 미야자키 하야오 감독의 애니메이션 〈센과 치히로의 행방불명 千と千尋の神隠し〉에서 치히로 千尋라는 이름은 바로 이 폭포에서 따온 것이라 한다.

👁 야쿠스기랜드
ヤクスギランド

지도 p.30Ⓑ하 **위치** 야쿠시마 공항에서 자동차로 1시간, 미야노우라 항구에서 자동차로 1시간 15분 **주소** 鹿児島県熊毛郡屋久島町国有林内 **오픈** 09:00~17:00 **요금** 500엔(삼림정비협력금) **전화** 0997-442-3508

야쿠시마 관광센터 2층에 있는 해산물 요리 전문점. 아침마다 들어오는 고등어와 날치 등 활어를 비롯하여 계절의 진미를 사용한 요리가 늘어서 있어 야쿠시마의 맛을 느낄 수 있다. 특히 야쿠시마 향토 요리를 대표하는 재료인 날치 요리가 명물이다. 인기 메뉴는 세한고젠 瀬飯御膳(1,300엔). 해산물과 산나물을 섞어 찐 밥 위에 생선구이, 생선회 등을 올린 덮밥으로 푸짐하게 바다의 진미를 맛볼 수 있다.

해발 1,000~1,300m에 걸쳐 있는 270만㎡라는 엄청난 부지에 현대 문명의 손길이 전혀 닿지 않은 자연 그대로의 원시림이 끝없이 펼쳐진다.
자연 휴양림으로 유명하다. 30분, 50분, 1시간 20분, 2시간 30분의 4가지 산책 코스가 있어 일정에 맞게 선택을 할 수 있다. 추천 코스는 깊은 숲 속에 자생하는 유명한 야쿠스기를 비롯해 수많은 식물을 만날 수 있는 1시간 20분 코스. 특히 입구에서 6km 떨어진 거리에 있는 추정 수령 3,000년의 기겐스기 紀元杉은 무려 19종의 기생 식물이 붙어 있어 야쿠스기의 진면목을 관찰할 수 있는 명물이다. 그 밖에도 부쓰다스기 仏陀杉, 아라카와바시 荒川橋 등 각 코스마다 다양한 볼거리들이 있어 즐거운 휴양림 산책을 즐길 수 있다.

🍴 와쇼쿠노카이슈

和食の海舟

지도 p.30하⑧ **위치** 미야노우라 항구에서 자동차로 5분 **주소** 鹿児島県熊毛郡屋久島町宮之浦2367-7 **오픈** 11:30~14:00, 17:30~22:00 **휴무** 일요일 **전화** 0997-42-1160

날치회를 비롯하여 바다의 진미를 입 안 가득히 느낄 수 있는 일본 정식의 명가. 지역 주민들 사이에서 입소문이 나면서 유명해졌다. 대표 메뉴는 날치 튀김과 밥, 장국, 절임 반찬이 함께 나오는 도비우오노카라아게 정식 とびうおの唐揚げ定食(1,600엔). 도비우오노 사시미 トビウオの刺身(날치회, 800엔~)와 함께 먹으면 금상첨화.

🍴 야쿠시마 갤러리 레스토

屋久島ギャラリーレスト

지도 p.30하⑧ **위치** 미야노우라 항구에서 도보 5분 **주소** 鹿児島県熊毛郡屋久島町宮之浦799 屋久島観光センター 2F **오픈** 10:00~16:00 **전화** 0997-42-0091

👁 조몬스기

縄文杉

<u>지도</u> p.30하Ⓑ <u>위치</u> 아라카와 댐 등산로 입구까지 야쿠시마 공항에서 자동차로 1시간 10분 <u>전화</u> 0997-49-4010(야쿠시마 관광협회)

조몬스기는 높이 25.3m, 둘레 16.4m, 추정 수령 7,200년이라는 어마어마한 고목으로 야쿠시마의 상징으로 손꼽히는 야쿠스기 屋久杉를 대표하는 삼나무이다. 가히 상상하기 어려운 유구한 세월을 숲과 함께 지내오면서 신처럼 숭배를 받고 있는데, 정말 그 앞에 서면 엄청난 위압감으로 저절로 고개가 숙여질 정도이다.

하지만 조몬스기를 보려면 아라카와 댐 荒川ダム 등산로 입구에서 왕복 약 8시간이라는 등산 코스를 걸어야 하므로, 처음 오는 사람들은 찾기 힘들 수도 있다. 더군다나 도중에 길이라도 잘못 들면 헤매기 십상이니 가능하면 가이드와 함께 가는 것이 좋다.

👁 오코노타키

大川の滝

<u>지도</u> p.30하Ⓐ <u>위치</u> 미야노우라 항구에서 자동차로 1시간 20분 <u>전화</u> 0997-49-4010(야쿠시마 관광협회)

낙차가 무려 88m에 이르는 야쿠시마 최대 규모의 폭포. 엄청난 양의 물이 거대한 암석을 따라 떨어지는 모습은 정말 호쾌하다.

수량이 많을 때는 원래의 폭포보다는 규모가 작지만 오른쪽에도 폭포가 생긴다. 폭포가 떨어지는 모습을 바로 근처까지 가서 볼 수 있으며, 물보라가 상당히 많이 피어오르기 때문에 옷이 젖을 수가 있으니 주의할 것.

♨ 히라우치 가이추온센

平内海中温泉

<u>지도</u> p.30하Ⓐ <u>위치</u> 야쿠시마 공항에서 자동차로 45분, 미야노우라 항구에서 자동차로 1시간 <u>오픈</u> 24시간 <u>요금</u> 100엔(환경정비협력금) <u>전화</u> 0997-49-4010(야쿠시마 관광협회)

야쿠시마의 남부 히라우치 해안에 있는 자연 노천탕. 암석들로 이루어진 해변 곳곳에서는 약 46℃의 뜨거

운 원천이 솟아나고 있는데, 그중 몇 군데를 노천탕으로 활용하고 있다. 하얀 물보라를 일으키는 거친 파도와 푸른 하늘을 바라보며 즐기는 노천온천은 확실히 색다른 즐거움이 있다. 자연 노천탕이기 때문에 지키는 사람도 없고 남녀노소 누구나 마음대로 이용할 수 있는 반면, 탈의실도 없고 기본적으로 혼욕이므로 웬만한 배짱이 아니면 전신욕은 힘들다. 꼭 전신욕을 하고 싶다면 탈의실을 갖추고 있는 유도마리온센 湯泊温泉을 추천한다. 히라우치 가이추온센에서 자동차로 5분 정도 거리에 자리 잡고 있는 해변 노천탕으로, 남녀 온천탕이 따로 있고(가장 안쪽에 있는 노천탕은 혼욕) 족탕도 갖추고 있어 다양한 온천을 즐길 수 있다.

🍴 가에데안

楓庵

지도 p.30하Ⓑ **위치** 미야노우라 항구에서 도보 10분 **주소** 鹿児島県熊毛郡屋久島町宮之浦421-5 **오픈** 11:00~16:00 **휴무** 일요일 **전화** 0997-42-0398

조미료를 일절 쓰지 않는 수타 우동, 소바 전문점. 산에서 캐온 좋은 재료와 야쿠시마 바다에서 들여온 청정 해산물을 사용하기 때문에 부담 없는 깔끔한 맛을 자랑한다. 인기 메뉴는 야마카케소바 山かけそば(800엔)로 야쿠시

마 고등어로 낸 국물과 야쿠시마 특산품인 야쿠토로 屋久とろ가 어우러지며 독특한 풍미를 보여준다. 그밖에 우동·소바 등 기본 메뉴들의 요금이 800엔 정도로 비싸지 않아, 여행을 떠나기 전에 출출한 뱃속을 채우기에 그만이다. 참고로 야쿠시마의 특산품인 야쿠토로는 산에서 캐온 야마이모 やまいも(참마)를 재료로 만든 걸쭉한 양념 소스로 끈적끈적하면서도 독특한 단맛이 특징이다.

🍴 오쇼쿠지도코로 시오사이

お食事処 潮騒

지도 p.30하Ⓑ **위치** 미야노우라 항구에서 도보 8분 **주소** 鹿児島県熊毛郡屋久島町宮之浦305-3 **오픈** 11:30~14:00, 17:30~22:00 **휴무** 목요일 **전화** 0997-42-2721

야쿠시마 바다의 진미를 맛볼 수 있는 해산물 요리 전문점. 재료 선택에서 맛까지 신중하게 고려한 메뉴, 계절에 맞는 요리를 선보이기 때문에 언제나 신선한 맛을 즐길 수 있다. 여행객들이 선호하는 점심 메뉴는 오즈쿠리 정식 お造り定食(1,800엔)으로 생선회를 비롯한 다양한 해산물 요리를 맛볼 수 있어 한 끼 식사로 그만이다. 하지만 여유가 된다면 시오사이 최고의 명물 요리인 사바스키 サバスキ(1,600엔, 1인분, 예약 필요)를 맛보도록 하자. 참고로 사바스키는 고등어회를 스키야키풍으로 만들어 맛이 독특한 야쿠시마의 명물 요리이다. 고등어는 다른 생선보다 신선도가 쉽게 떨어지기 때문에 회로 먹기가 힘들지만 야쿠시마에서는 잡은 후 바로 목을 따고 숙성시키기 때문에 신선한 회를 맛볼 수 있다.

07

MIYAZAKI
미야자키

미야자키는
어떤 곳일까?

신들이 내려와서 정착했다는 신화의 땅, 미야자키는 규슈의 남동부에 자리 잡고 있는 열대 식물이 무성한 관광지이다. 동쪽의 푸른 바다 외에는 삼면이 산으로 둘러싸여 있어 계절풍의 영향을 적게 받고 난류의 기운 덕분에 겨울에도 따뜻한 기후를 자랑한다. 그래서 미야자키에는 태고의 신비로움을 간직하고 있는 다양한 자연 관광지가 많다. 남쪽으로는 아름다운 바다와 휴양시설이 있는 아오시마와 니치난 해안이 있고, 북쪽으로는 일본 최고의 협곡으로 유명한 다카치호가 있다.

Data

위치 규슈 미야자키현 九州 宮崎県
면적 7,735.31km²
인구 1,088,044명(2017년 10월 1일 기준)
홈피 www.pref.miyazaki.lg.jp

여행계획 한국에서 미야자키로 바로 가는 비행기를 이용하는 경우라면 상관없지만 규슈 여행 중에 미야자키를 방문하는 것은 쉽지 않은 일이다. 기차는 직행 노선이 하루에 한 편밖에 없고 시간도 많이 걸리기 때문에 하카타역에서 가고시마주오역까지 JR 신칸센 사쿠라호를 타고 이동한 다음 JR 특급 기리시마호로 갈아타고 미야자키역으로 가는 것이 일반적이다. 산큐패스 이용자는 니시테쓰덴진 버스센터에서 출발하는 고속버스 피닉스호를 이용하면 4시간 7분 만에 미야자키역 버스정류장에 도착할 수 있다. 미야자키에서는 주로 시내버스를 이용해야 하는데, 버스가 자주 있는 편이 아니기 때문에 제대로 여행을 하려면 미리 버스 시각표를 파악해서 일정을 짜야 시간을 허비하지 않는다.

후쿠오카
벳푸
미야자키현
나가사키
구마모토
미야자키
가고시마

미야자키
여행 FAQ

미야자키의 명물 음식은?

최고의 식감을 자랑하는 토종 닭 요리인 지도리 地鶏는 명실상부한 미야자키 최고의 명물 음식이다. 방목으로 키워 육질이 쫄깃하고 맛이 뛰어난 것으로 유명하다. 값싼 요리가 부담스럽다면 한 끼 식사로 안성맞춤인 향토 음식인 치킨난반 チキン南蛮을 추천한다. 닭고기에 튀김가루와 계란을 입혀 기름에 튀겨낸 후 타르타르 소스를 듬뿍 얹어 먹는 미야자키가 발상지인 명물 음식이다.

남국의 분위기를 즐길 수 있는 명소는?

미야자키 시내에서 버스나 렌터카를 이용해 남쪽 방향으로 30분 정도 달리면 나오는 호리키리토게 堀切峠는 푸른 하늘과 드넓은 태평양이 한눈에 들어오는 전망의 명소로 유명하다. 도로 옆에는 다양한 야자수가 줄지어 서 있어 남국의 정취를 만끽할 수 있다. 만약 열대식물을 제대로 보고 싶다면 아오시마 주변에 있는 미야자키현립 아오시마 아열대식물원을 방문해보자. 이외에도 산멧세 닛치난도 남국의 정취를 느끼는 데는 부족함이 없다.

미야자키는 교통이 불편하다는데?

미야자키 시내만 관광한다면 노선버스로 충분하지만, 아오시마와 니치난 해안, 다카치호 등 시내에서 멀리 떨어진 미야자키의 명소를 돌아보려면 기차나 버스 등 다양한 대중교통을 이용해야 한다. 문제는 워낙 시골이기 때문에 열차나 버스가 자주 없어서 미리 계획을 세워서 움직이지 않는다면 불필요한 시간낭비가 많아진다. 렌터카 여행자라면 상관없지만, 대중교통을 이용하는 경우에는 목적지에 도착하자마자 시각표를 다시 확인하고 그 시간에 맞춰서 관광에 나서야 한다.

미야자키 최고의 드라이브 코스는?

미야자키시에서 남쪽 해안으로 이어지는 국도 220호선과 448호선은 니치난 피닉스로드 日南フェニックスロード라는 별칭을 가진 최고의 드라이브 코스로 유명하다. 도로 주변은 열대 리조트에서나 볼 수 있는 아름다운 풍경이 끝없이 펼쳐지므로, 렌터카 여행자라면 이 길을 한 번 달려보기를 추천한다.

미야자키
축제 BEST 5

미야자키 시내와 미야자키 근교 도시에서 개최되는 축제 중 가장 볼만한 것들만 모았다. 축제기간에 여행지를 방문하면 평소에 볼 수 없는 다양한 볼거리가 있어 여행의 즐거움은 배가 된다. 주의할 점은 축제기간이 상황에 따라 바뀔 수도 있으므로 반드시 미리 확인을 해야 한다는 것.

아오시마진자 하다카마이리 靑島神社裸まいり

아오시마진자의 제례로 매년 수백 명이 참가하는 재미있는 축제이다. 지난해의 나쁜 기운을 깨끗이 씻어내고 새로운 해를 맞이한다는 의미를 가지고 있다. 남자들은 몹시 민망해 보이는 훈도시 ふんどし를, 여자들은 반바지와 윗도리를 입는데, 일시에 바다로 우르르 뛰어 들어가는 모습이 박진감 넘친다. 행사에 직접 참가하려면 1,000엔의 참가비를 내야 한다.

위치 미야자키역에서 JR 보통열차 이용 28분, 아오시마역 하차 후 도보 10분 **일시** 1월 성년의 날
장소 아오시마진자 **전화** 0985-65-1262(아오시마진자)

고도모노쿠니 플라워페스타
こどものくにフラワーフェスタ

미야자키의 봄을 화사하게 밝혀주는 꽃들의 향연. 형형색색 10만 송이의 꽃들이 만발하는 고도모노쿠니 플라워페스타는 미야자키의 인기 축제로 미야자키 시민뿐만 아니라 규슈의 다른 도시에서도 많은 사람들이 몰려와 성황을 이룬다. 메인 이벤트 장소인 고도모노쿠니 입장료는 평일 510엔, 휴일 620엔이다.

위치 미야자키역에서 JR 보통열차 이용 20분, 고도모노쿠니역에서 도보 1분
일시 3월 중~5월 초 **장소** 고도모노쿠니
전화 0985-65-1111

우도진구레이사이 鵜戸神宮例祭

천혜의 자연 풍경을 자랑하는 우도진구의 제례 행사. 아름다운 선율의 무악 舞樂으로 시작하는 행사는 은은하게 들려오는 파도소리와 절제된 미학을 보여주는 춤사위와 어우러져 몽환적인 분위기를 연출한다.

위치 미야자키역에서 미야코 버스 이용 70분, 우도진구 정류장 하차 후 도보 20분
일시 2월 1일
장소 니치난시
전화 0987-29-1001(우도진구)
홈피 www.udojingu.com

미야자키진구타이사이 宮崎神宮大祭

일본의 초대 천황인 진무 神武 천황을 모시는 미야자키진구에서 열리는 미야자키 최대 규모의 축제. 향토색 짙은 다양한 이벤트와 독특한 복장을 한 가장 행렬의 웅장한 모습을 즐길 수 있다. 축제의 하이라이트는 미스샨샨우마 ミスシャンシャン馬의 행진. 전통 신부복을 입은 예쁜 여성이 각 도시에서 뽑힌 말을 타고 행진하는 모습을 보기 위해 거리는 수많은 사람들로 북적거린다. 참고로 샨샨이라는 이름은 말의 목에 달린 방울이 울리는 소리에서 따온 것이다.

위치 미야자키역에서 JR 보통열차 이용 미야자키진구역 하차 후 도보 5분 **일시** 10월 말
장소 미야자키시 미야자키진구 **전화** 0985-22-2161(미야자키 상공회의소) **홈피** miyazakijingu.jp

다카치호노요카구라 高千穂の夜神楽

신화의 고장으로 유명한 다카치호의 전통 제례 행사. 한해의 수확을 감사하고 새로운 한해를 맞이하는 의미를 가지고 있다. 행사는 3달에 걸쳐 계속 되는데, 매일 밤 다양한 출연자가 33개의 민속춤 요카구라를 밤새도록 공연한다. 참고로, 축제 기간 동안 요카구라를 감상하지 못하는 관광객들을 위해 다카치호진자에서는 관광 요카구라를 연중무휴, 매일 밤 8시~9시에 걸쳐 보여준다. 가격은 700엔.

위치 다카치호 버스센터에서 도보 15분 **일시** 11월~2월 중 **장소** 다카치호진자 **전화** 0982-73-1213(다카치호 관광협회)

미야자키
명소 BEST 5

다카치호
高千穗

규슈 최고의 V자 협곡으로 유명한 자연이 만든 걸작. 가파른 협곡 산책로를 걷는 것만으로도 다카치호의 매력을 충분히 느낄 수 있지만, 마나이노타키 真名井の滝 폭포 아래에서 즐기는 뱃놀이 또한 두고두고 기억에 남는다.

산멧세 니치난
サンメッセ日南

니치난 해안의 멋진 전망과 다양한 엔터테인먼트 시설을 즐길 수 있는 테마파크. 실물 크기로 제작한 이스터섬의 상징 모아이 석상과 관광목장, 하와이 요리를 맛볼 수 있는 레스토랑, 멋진 풍경을 자랑하는 산책로 등 재미있는 시설이 많다.

우도진구
鵜戶神宮

태평양을 면한 해안가의 절벽에 자리 잡고 있는 유서 깊은 신사이다. 푸른 바다와 기암괴석들의 조화가 만들어내는 멋진 풍경을 즐길 수 있다. 결혼, 안산 등에 효험이 있다고 하여 젊은 부부들이 많이 찾는 신사로도 유명하다.

피닉스 시가이아 리조트
フェニックス・シーガイア・リゾート

규슈 최고의 골프 코스로 직항편이 있어 우리나라 골프 여행자도 많이 이용하고 있다. 미인 온천으로 유명한 쇼센큐 松泉宮, 멋진 타워가 있는 호텔 쉐라톤 그랜드 오션리조트 등 다양한 엔터테인먼트 시설이 있다.

아오시마
青島

미야자키역에서 JR 니치난센 보통열차를 타고 30 정도만 이동하면 신화의 무대로 유명한 아오시마에 도착하게 된다. 명색은 섬이지만 육지와 섬을 연결하는 다리가 놓여 있어 걸어서 건너갈 수 있다.

미야자키로
가는 방법

미야자키는 후쿠오카에서 가장 가기 불편한 위치에 있는 도시다. 직항편을 이용해 미야자키 공항으로 바로 가는 것이 가장 좋지만, 시간 여유가 된다면 JR 규슈레일패스를 구입해서 후쿠오카, 가고시마와 연계해서 둘러보는 것도 괜찮다.

미야자키공항에서 시내로

JR

미야자키공항은 규슈에서 유일하게 JR 철도 노선이 연결되어 있다. 미야자키공항역에서 미야자키 쿠코센 宮崎空港線을 이용하면 미야자키역으로 편리하게 이동할 수 있다.

홈피 www.jrkyushu.co.jp

미야자키 공항역 — JR 미야자키쿠코센 10분, 350엔 → 미야자키역

버스

미야자키 공항에서 시내까지는 공항버스가 수시로 운행하고 있다. 평일 기준 아침 6시 48분에 출

발하는 첫차를 시작으로 약 10~20분 간격으로 운행하고 있는데, 도중에 온천 시설인 다마유라노유 たまゆらの湯를 경유하는 경우도 있으므로 직행 노선을 타고 싶다면 미리 안내판을 보고 확인하도록 하자. 버스는 1번 승강장에서 타면 된다.

홈피 www.miyakoh.co.jp

미야자키 공항 — 공항버스 30분, 440엔 → 미야자키역 버스정류장

 후쿠오카에서 미야자키로

JR

미야자키역까지 한 번에 가는 열차는 하루에 한 편 (07:31)밖에 없고 5시간 30분이나 걸리기 때문에 하카타역에서 가고시마주오역까지 JR 신칸센 사쿠라호를 타고 이동한 다음 JR 특급 기리시마호로 갈아타고 미야자키역으로 가는 것이 좋다. 환승 시간을 생각해도 4시간 정도면 충분히 갈 수 있다. 만일 벳푸 여행을 일정에 넣었다면 하카타역에서 JR 특급 소닉 열차를 타고 벳푸역으로 이동해서 여행을 한 후 미야자키역으로 가는 방법을 이용해도 된다.

홈피 www.jrkyushu.co.jp

버스

후쿠오카에서 미야자키로 가는 고속버스 피닉스호는 니시테쓰덴진 고속버스터미널을 출발해서 하카타 버스터미널, 그리고 몇 군데 정류장을 거쳐 미야자키역에 도착한다. 소요시간은 약 4시간 40분이지만, 우리나라 고속버스처럼 직행이 아닌데다 길도 자주 막히기 때문에 실제로는 더 많이 걸린다. 시간당 1~2대 정도 운행을 하고 있으며, 버스 가격은 4,630엔이다. 산큐패스(전큐슈) 이용자라면 무료로 이용할 수 있다. 만일 산큐패스 없이 여러 명이 움직일 경우에는 4장짜리 승차권인 고속버스 회수승차권 高速バス回数乗車券(14,800엔)을 구입하면 조금 더 저렴하게 이용할 수 있다.

홈피 www.gogophoenix.com

하카타역	JR 신칸센 사쿠라호 1시간 30분, 10,450엔	가고시마 주오역
가고시마 주오역	JR 특급 기리시마호 2시간, 4,230엔	미야자키역
하카타역	JR 특급 니치린시가이아 5시간 30분, 9,400엔	미야자키역

니시테쓰덴진 고속버스터미널	니시테고속버스 피닉스호 4시간 40분, 4,630엔	미야자키역
하카타 버스터미널	니시테쓰 고속버스 피닉스호 4시간 20분, 4,630엔	미야자키역

미야자키
시내교통

미야자키 시내는 노선버스가 잘 정비되어 있어 버스를 이용해 둘러보는 데
별 문제가 없지만, 시골이다 보니 버스가격이 무척 비싼 편이라 여러 곳을 둘
러보려면 교통비가 제법 부담스럽게 느껴진다. 다행히 미야자키에는 외국인
관광객을 위한 비지트 미야자키 버스패스 VISIT MIYAZAKI BUS PASS가 있어
저렴하게 여행을 즐길 수 있다. 미야자키 시내와 주변 관광지로 이동할 때 필
요한 노선버스를 하루 동안 마음껏 탈 수 있으며, 가격은 1,500엔이다. 미야
자키역 버스센터나 관광안내소에서 판매하고 있다.

한편, 시내 외곽에 있는 명소인 아오시마나 니치난 해안을 함께 둘러보고 싶다면 철도, 버스 등
여러 교통수단을 적절히 이용하는 것이 좋다. 단, 철도나 버스가 자주 다니지 않기 때문에 미리
시각표를 확인하고 일정을 짜야 시간을 허비하지 않는다. 이것저것 생각하기 귀찮다면, 원래 드
라이브 코스로 유명한 곳인 만큼 렌터카 여행에 도전해보는 것도 추천하고 싶다.

JR

JR 규슈레일패스가 있다면 미야자키 시내 여행을 할 때
교통비를 대폭 절감할 수 있다. 아오시마, 미야자키 진
구, 미야코시티 등 미야자키의 주요 관광명소 대부분은
JR 열차를 이용해 찾아갈 수 있다. 단 니치난 해안의 산
멧세니치난이나 호리키리리토케, 우도진구 등으로 갈
때는 버스편을 이용해야 한다.

버스

미야자키 시내는 물론 시내 외곽의 관광명소까지 대부
분의 여행지는 버스를 이용해서 돌아볼 수 있다. 단, 사
람이 많지 않은 시골이다보니 버스가 자주 없으므로 늘
버스 시간을 확인하고, 버스 시간에 맞춰서 돌아다녀야
한다. 실수로 버스를 놓치게 되면 버스 정류장에서 1~2
시간을 기다려야 하는 불상사를 겪게 된다.

이득이 되는 교통패스

1일 노리호다이 승차권 1日乘り放題乘車券
미야자키 교통에서 운행하는 일반 노선버스를
하루 종일 마음껏 탈 수 있는 버스카드. 가격
은 제법 비싸지만 다카치호 등 먼 곳을 당일치
기로 여행한다면 엄청난 할인을 받을 수 있다.
단, 미야자키현 밖으로 나가는 고속버스, 특급
버스, 정기관광버스 등은 이용할 수 없으므로
주의한다.

요금 어른 1,800엔, 학생 1,500엔, 초등학생 이하
1,000엔
구입 미야자키역 버스센터, 미야코시티 버스센터,
편의점 등
전화 0985-51-5153(버스안내센터)
홈피 www.miyakoh.co.jp

AREA 1

미야자키
宮崎

신들이 내려와서 정착했다는 신화의 땅, 미야자키는 규슈의 남동부에 자리 잡고 있는 열대 식물이 무성한 관광지이다. 북쪽으로는 오이타, 구마모토 현과 접해 있으며, 서쪽은 가고시마 현의 기리시마 산지, 남쪽에는 와니쓰카 산지와 우도 산지가 있어 동쪽의 푸른 바다 외에는 삼면이 산으로 둘러싸여 있다.

미야자키

이렇게 여행하자

<u>JR</u>	JR 닛포혼센 미야자키역 宮崎駅
<u>버스</u>	미야자키역 버스정류장 宮崎駅前バス亭
<u>이동 경로</u>	하카타역 – JR 신칸센 사쿠라호(1시간 30분, 10,450엔) – 가고시마주오역 – JR 특급 기리시마호(2시간, 4,230엔) – 미야자키역
	니시테쓰 덴진 고속버스터미널 – 니시테쓰 고속버스 피닉스호(4시간 40분, 4,630엔) – 미야자키역

가는 방법

미야자키는 규슈 최남단에 자리 잡고 있기 때문에 비행기로 가지 않는 이상 이동하는데 많은 시간을 허비해야 한다. 기차는 직행 노선이 하루에 한 편밖에 없기 때문에, 가장 좋은 방법은 하카타역에서 가고시마주오역까지 JR 신칸센 사쿠라호를 타고 이동한 다음 JR 특급 기리시마호로 갈아타고 미야자키역으로 가는 것이다. 산큐패스 이용자는 니시테쓰 덴진 고속버스터미널에서 출발하는 고속버스 피닉스호를 이용하면 4시간 40분 만에 미야자키역 버스정류장에 도착할 수 있다.

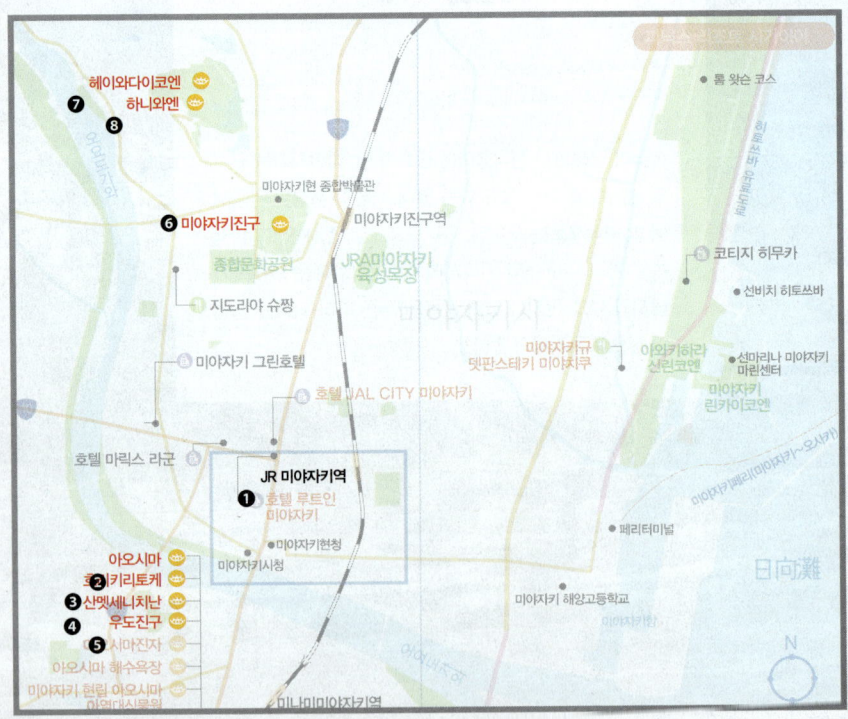

여행 방법

미야자키의 주요 볼거리는 미야자키의 관문인 JR 미야자키역을 중심으로 한 미야자키 시내와 아열대지방의 풍경을 만날 수 있는 니치난 해안 주변, 그리고 태평양 해변에 위치한 대규모 리조트 지역 시가이아 등 크게 세 지역으로 구분할 수 있다. 골프여행이 목적이 아니라면 시가이아를 제외하고 아침 일찍 아오시마와 니치난 해안을 둘러본 후 미야자키 시내로 돌아와 미야자키진구와 헤이와다이코엔 등 미야자키 시내를 돌아보는 하루 코스를 추천한다.

추천 코스

1 JR 미야자키역
미야자키 여행의 출발점

JR 보통열차 28분

2 아오시마
자연이 빚어놓은 멋진 조각을 볼 수 있는 작은 섬

노선버스 20분

3 호리키리토케
니치난 해변에서 전망이 가장 멋진 명소

노선버스 20분

6 미야자키진구
녹음으로 둘러싸인 일본 초대 천황의 신사

노선버스 40분

5 우도진구
천연동굴 속에 만든 신비로운 신사

도보 15분

4 산멧세 니치난
바다를 등지고 서 있는 7개의 모아이 석상이 있는 테마파크

도보 13분

7 헤이와다이코엔
아름다운 해안 풍경을 즐길 수 있는 평화 공원

도보 8분

8 하니와엔
독특한 토기들이 모여 있는 신비로운 숲

니치난 해안 주변 `zoom in 1`

日南海岸 周辺

미야자키의 대표적인 관광지로 손꼽히는 니치난 해안은 미야자키 시에서 시부시 志布志만에 걸쳐 있는 총길이 100㎞에 달하는 해변을 포괄하는 국립공원 지역이다. 도깨비 빨래판으로 유명한 아오시마를 비롯해 호리키리토케, 우도진구 등 수려한 경관을 자랑하는 명소가 곳곳에 산재해 있다. 특히 아오시마에서 니치난 방면으로 이어지는 해안도로 국도 220호는 규슈 최고의 드라이브 코스로, 여건이 된다면 렌터카로 돌아보는 것이 좋다.

👁 아오시마

青島

지도 p.32ⓒ **위치** JR 미야자키역에서 니치난센 보통열차 이용 28분 JR 아오시마역 하차 후 도보 10분

미야자키 시의 남동부 해안가에 있는 아오시마 해수욕장 맞은편의 작은 섬이다. 둘레 1.5㎞, 면적 44,000㎡, 높이 약 6m의 작은 섬으로 27종 이상의 아열대성 식물이 자라고 있어 일찍이 일본의 천연기념물로 지정되었다. 명색은 섬이지만 육지와 섬을 연결하는 다리가 놓여 있어 언제든지 걸어서 건너갈 수 있다. 섬 내에는 신화의 무대인 아오시마진자가 있고, 섬 주위에는 지층의 융기와 파도의 침식 작용으로 형성된 빨래판 모양의 바위인 오니노센타쿠이타 鬼の洗濯板(도깨비 빨래판)가 있다.

아오시마는 고대 일본의 신화와 전설을 기술한 책인 《고지키 古事記》에도 등장하는 전설의 무대로 신화 속의 인물인 야마사치히코 山幸彦가 용궁에서 돌아왔다는 전설이 전해 내려온다. 섬 내에 있는 작은 신사인 아오시마진자는 이 전설의 주역이었던 히코호호데미노미코토 彦火火出見命, 도요타마히메노미코토 豊玉姫命, 시오즈쓰노오카미 塩筒大神를 신으로 모시고 있다. 이 3명의 신은 결혼, 순산, 항해, 교통 안전의 신으로 알려져 있어 연중 내내 수많은 참배객이 찾고 있다. 또한 이곳에는 밀랍인형으로 히무카신화 日向神話의 12장면을 재현한 히무카신화관 日向神話館도 있어 색다른 볼거리를 제공한다.

👁 아오시마진자

青島神社

지도 p.32ⓒ **위치** JR 니치난센 아오시마역에서 도보 10분 **주소** 宮崎市青島2-13-1 **오픈** 24시간 **요금** 무료(히무카신화관 600엔) **전화** 0985-65-1262 **홈피** www9.ocn.ne.jp/~aosima

👁 아오시마 해수욕장

青島海水浴場

지도 p.32ⓒ **위치** JR 니치난센 아오시마역에서 도보 5분 **주소** 宮崎市青島2 **전화** 0985-21-1791(미야자키 시 관광과)

아오시마와 마주 보고 길게 뻗어 있는 해안선을 따라 열대식물인 피닉스가 늘어서 있어 한 폭의 그림 같은 풍경이 인상적인 멋진 해수욕장이다. 일본에서 보기 드물게 하얀 백사장을 가지고 있어 여름 시즌에는 수많은 인파가 몰려든다.

🌀 미야코 보타닉 가든 아오시마

宮交ボタニックガーデン青島

지도 p.32ⓒ **위치** JR 니치난센 아오시마역에서 도보 5분 **주소** 宮崎市青島2-12-1 **오픈** 08:30~17:00, 온실 09:00~17:00 **휴무** 연중무휴 **요금** 무료 **전화** 0985-65-1042 **홈피** mppf.or.jp/aoshima

강과 해변 등 자연 지형을 그대로 살려 조성한 170,000㎡ 규모의 광대한 유원지. 남규슈 최대 규모의 관람차를 비롯해서 급류타기, 제트코스터 등 다양한 어트랙션과 심해어 수족관까지 있어 이름 그대로 아이들의 나라라고 할 만하다. 봄에 열리는 미야자키의 인기 축제 미야자키 플라워페스타 みやざきフラワーフェスタ(3~5월)의 메인 장소로도 활용되어 언제나 많은 여행객들로 붐빈다.

380,000㎡의 광대한 부지에 미야자키의 상징인 피닉스 나무와 천연기념물로 지정된 비로야자(야자과의 상록교목으로 규슈 남부와 오키나와, 대만 등지에 분포), 여왕야자수 등 아열대식물이 무성해 마치 남태평양의 어느 나라에 온 것 같은 착각을 불러일으킨다. 그 밖에도 열대지방에서 볼 수 있는 신기한 꽃들과 다양한 종류의 식물들이 가득해 하와이나 괌 같은 리조트 분위기를 느낄 수 있다. 야자수, 양란, 식충식물 등이 모여 있는 열대식물 관상 대온실과 망고, 파파야 등이 자라는 열대과수실로 나뉘어 있다.

🌀 미야자키켄 소고운도코엔

宮崎県総合運動公園

지도 p.32ⓒ **위치** JR 미야자키역에서 보통열차 이용 운도코엔역 하차 후 도보 2분 **오픈** 06:00~22:00, 스포츠시설 09:00~17:00 **휴무** 스포츠시설 셋째 주 화요일, 연말연시 **전화** 0985-58-6543 **홈피** www.mppf.or.jp/undou

이름 그대로 야구장, 축구장 등 여러 가지 운동시설이 있는 종합 체육공원으로, 총면적 154㏊에 이르는 광대한 부지에 42만 그루의 나무를 심어두어 아름다운 녹지를 자랑한다. 해변에 인접해 있어 바다 냄새를 맡으며 산책하기 좋아 미야자키 시민들의 휴식 공간으로 사랑받고 있다. 운도코엔은 일본에서 팬이 가장 많다는 일본 프로야구 요미우리 자이언츠의 동계 캠프지로도 유명해 시즌이 되면 구경하러 오는 사람들로 북적거린다.

🌀 아오시마리조트 고도모노쿠니

青島リゾート こどものくに

지도 지도범위 밖 **위치** JR 니치난센 고도모노쿠니역에서 도보 1분 **주소** 宮崎市青島1-1-1 **오픈** 09:00~17:00(시기에 따라 다름) **휴무** 매주 화·수요일 **요금** 무료 **전화** 0985-65-1111 **홈피** www.kodomo-no-kuni.com

👁 호리키리토게
堀切峠

<u>지도</u> p.32ⓒ <u>위치</u> JR 미야자키역에서 미야코 버스 이용 40분
호리키리토게 정류장 하차 후 바로 <u>전화</u> 0985-65-2773

아오시마에서 국도 220호를 타고 4km 정도 남쪽으로 달리면 나오는 호리키리토게는 수평선 저 멀리 푸른 하늘과 웅대한 태평양이 한눈에 들어오는 니치난 최고의 조망을 자랑하는 명소이다. 전망 플로어가 있는 3층 규모의 휴게소에서 식사를 즐기거나, 미야자키 특산품을 구입할 수 있다. 아오시마에서 호리키리토게로 갈 때는 아오시마역 앞에서 니치난행 노선버스(8분, 250엔)를 이용하면 된다.

👁 산멧세 니치난
サンメッセ日南

<u>지도</u> p.32ⓒ <u>위치</u> JR 미야자키역에서 미야코 버스 이용 1시간 20분 산멧세니치난 サンメッセ日南 정류장 하차 <u>오픈</u> 09:30~17:00 <u>휴무</u> 첫째·셋째 주 수요일 <u>요금</u> 700엔(중고생 500엔, 만 4세 이상 350엔) <u>전화</u> 0987-29-1900 <u>홈피</u> www.sun-messe.co.jp

태평양을 바라보고 있는 광대한 언덕에 지형과 조망권을 최대한 살려서 만든 체험형 테마파크. 바다를 등지고 서 있는 7개의 모아이 석상은 이스터 섬 장로회의 특별 허가를 받아 실물 크기 그대로 재현한 것으로 높이가 5.5m, 무게는 18t이나 나간다고 한다. 오른쪽에서 두 번째 모아이 석상을 만지면 재물 운이 좋아진다고 하니 한 번 만져보자. 원내에는 하와이안 요리를 맛볼 수 있는 레스토랑 노아노아 ノアノア, 작은 동물들과 놀 수 있는 관광목장, 모아이 관련 상품을 파는 숍 등 다양한 시설이 있어 즐겁게 하루를 보낼 수 있다. 홈페이지를 방문하면 할인 쿠폰을 프린트할 수 있다.

👁 우도진구
鵜戸神宮

<u>지도</u> p.32ⓒ <u>위치</u> JR 미야자키역에서 미야코 버스 이용(1,480엔) 85분 우도진구 정류장 하차 후 도보 20분 <u>전화</u> 0987-29-1001 <u>홈피</u> www.udojingu.com

태평양의 푸른 바다를 바라보며 깎아지른 듯한 절벽에 세워져 있어 일본 최고의 경치를 자랑하는 신사로 미야자키진구에 있는 진무 천황의 아버지를 모시고 있다. 악운을 막아주고 어업, 항해, 결혼, 순산 등 다양한 효험이 있는 신사로 유명하다. 동굴 안에는 순산 신앙의 대상인 젖무덤 암석 오치치이와 ぉ乳岩이 있어 여기에서 흘러나오는 물로 만든 오치치아메 ぉ乳飴를 먹으면 모유가 잘 나온다는 전설이 전해 내려온다. 또 운다마 運玉를 던져 파인 곳에 들어가면 소원이 이루어진다는 영험한 거북이 모양의 돌 레이세키카메이시 靈石亀石도 유명하다. 우도진구를 보려면 많이 걸어야 하므로 여름철에는 따가운 햇볕을 막을 만한 모자나 양산을 준비하는 것이 좋다.

미야자키 시내 `zoom in 2`

宮崎 市内

미야자키 시내는 미야자키의 상징적 존재 미야자키진구를 제외하면 이렇다 할 볼거리는 없는 편이다. 따라서 시간 여유가 없다면 미야자키진구만 방문하는 걸로 미야자키 시내 여행은 마무리해도 무방하다. 하지만 시간 여유가 있다면 미야자키 시내의 맛집을 탐방하거나 헤이와다이코엔도 방문해보자.

🔘 미야자키진구

宮崎神宮

지도 p.32Ⓐ **위치** 미야자키역에서 JR 보통열차 이용 미야자키진구역 하차 후 도보 5분. 미야자키역이나 미야코시티에서 미야코 버스 이용 10분 미야자키진구 정류장 하차 후 도보 3분 **주소** 宮崎市神宮2-4-1 **오픈** 24시간 **요금** 무료 **전화** 0985-27-4004 **홈피** miyazakijingu.jp

일본의 초대 천황인 진무 천황을 모시는 신사로 유명하다. 경내에는 천연기념물로 지정된 수령 600년이 넘는 거대한 등나무가 있는데, 매년 4월경 둘레 3m가 넘는 거목이 피워내는 아름다운 꽃을 보려고 수많은 여행객이 찾아든다.

신사 내에는 신사 건물 외에 미야자키 현의 문화유산과 민속 자료 등을 전시하는 박물관과 이벤트 홀, 문화재센터 등도 함께 자리 잡고 있다. 특히 미야자키 지방의 대표적인 민가 4채를 전시하고 있는 민가원은 일본 사람들의 옛 생활상을 엿볼 수 있어 흥미롭다. 매년 10월 하순에는 활기 넘치는 가장 행렬의 웅장한 모습을 즐길 수 있는 가을 축제인 미야자키진구오마쓰리 宮崎神宮大祭가 열린다.

🔘 헤이와다이코엔

平和台公園

지도 p.32Ⓐ **위치** JR 미야자키역에서 헤이와다이 방면 미야코 버스 이용 25분 헤이와다이코엔 정류장 하차 후 도보 1분 **주소** 宮崎市下北方越ケ迫6146 **오픈** 24시간 **전화** 0985-35-3181 **홈피** h.park-miyazaki.jp

미야자키 시가지는 물론 맑은 날에는 미야자키 앞바다와 기리시마 霧島 연안까지 한눈에 들어오는 전망 좋은 공원이다. 해발 60m에 조성된 공원 중앙에는 36.4m 높이의 평화의 탑이 우뚝 서 있다. 이 탑은 일본 기원 2,600년을 기념고자 세계 각지에서 수집한 돌 1,789개를 이용해 1940년 11월 25일에 완성한 것으로 정면에는 '팔굉일우 八紘一宇'라는 글씨가 새겨져 있다. 팔굉일우는 온천하가 한집안이라는 뜻으로 일제가 침략전쟁을 합리화하기 위해 내건 구호이다. 뿐만 아니라 일반에게 공개하지 않는 탑 내부에는 천손강림 天孫降臨, 진무천황 즉위 神武天皇即位, 메이지유신 明治維新 등 당시 일본 군국주의자들 스스로 중요시했던 신화나 역사적인 장면을 새긴 부조가 있다. 일본 국내뿐만 아니라 우리나라의 여행 가이드북에도 이 탑이 평화를 기원하기 위해 만들어졌다는 식으로 잘못 소개하고 있는데, 실상은 평화를 상징하는 것이 아니라 일본 군국주의의 야욕을 상징하는 탑이라 할 수 있다.

👁 하니와엔

はにわ園

지도 p.32Ⓐ **위치** JR 미야자키역에서 헤이와다이 방면 미야코 버스 이용 25분 헤이와다이코엔 정류장 하차 후 도보 3분 **주소** 宮崎市下北方町越ケ迫6146 平和台公園内 **오픈** 08:30~17:20(하니와관) **전화** 0985-24-5027

헤이와다이코엔 내에 있는 정원으로 산책로를 따라 400여 기의 하니와토우 はにわ土偶가 자리 잡고 있다. 하니와토우는 일본 고분시대 당시에 제작된 흙인형으로 인물이나 동물, 기물 등을 흙으로 만들어 거대한 봉토분의 주변에 둘러놓은 것을 말한다. 이곳에 있는 토우는 혼부 마사 本部マサ라는 사람이 전국 각지에서 발굴한 것을 복제해 미야자키 시에 기증한 것이다. 원내에는 수정 절자옥 切子玉을 비롯해 미야자키 현 각지의 고분에서 출토된 다양한 유물을 연대순으로 전시한 하니와관도 있다.

👁 미야자키 과학기술관

宮崎科学技術館

지도 p.32Ⓐ **위치** JR 미야자키역 동쪽 출구에서 도보 3분 **오픈** 09:00~16:30 **휴무** 월요일, 12월 29일~1월 3일 **요금** 540엔(플라네타리움 공통권 750엔) **전화** 0985-23-2700 **홈피** cosmoland.miyabunkyo.com

가까운 미래를 상징하는 돔형 지붕과 실물 크기의 대형 로켓 모형(높이 40m)이 이색적인 과학박물관. 지구의 환경, 우주의 신비, 최첨단 과학기술 등 다양한 주제의 과학 원리를 직접 보고, 만지고, 즐기면서 배울 수 있는 공간이다. 360도 체험 머신이나 지름 27m의 거대한 플라네타리움도 있다.

👁 다치바나코엔

橘公園

지도 p.32Ⓐ **위치** JR 미야자키역 서쪽 출구에서 도보 15분 **오픈** 24시간 **전화** 0985-21-1814(미야자키 시 공원 녹지과)

미야자키 시내에서 가장 이국적인 풍경을 볼 수 있는 공원이다. 미야자키 시내를 가로지르는 오요도가와 大淀川를 따라 열대식물인 피닉스와 히비스커스 등이 줄지어 서 있어 주변에 있는 미야자키 그랜드 호텔, 미야자키 관광호텔 등과 어우러져 미야자키다운 남국의 분위기를 풍긴다. 미야자키역에서 도보 거리에 있으므로 기차 출발 시간에 여유가 있을 때 잠깐 다녀오기에 좋은 곳이다.

🍴 미야자키규 뎃판스테키 미야치쿠

宮崎牛 鉄板焼ステーキ ミヤチク

지도 p.32Ⓓ **위치** JR 미야자키역에서 택시로 10분 **주소** 宮崎市別府町前浜1401-255 **오픈** 11:00~14:00, 17:00~21:00 **전화** 0985-28-2914 **홈피** rest.miyachiku.jp/miyachiku

정육점과 식당을 함께 운영하는 미야치쿠의 직영점으로 최고의 육질을 자랑하는 미야자키규를 맛볼 수 있는 곳이다. 두툼하게 썰어낸 스테이크는 지방이 골고루 퍼져 있는 마블링의 진수를 보여주는데, 요리사가 손님들 앞에서 직접 철판구이를 해주기 때문에 살아 있는 신선함을 느낄 수 있다. 요리는 스테이크, 샤부샤부, 스키야키 코스로 구분되며, 모든 코스 메뉴에 샐러드 바와 음료가 포함되는 것이 특징이다.

🍴 군케이 가쿠지구라

ぐんけい 隠蔵

지도 p.32Ⓐ **위치** JR 미야자키역 서쪽 출구에서 도보 15분 **주소** 宮崎市中央通8-12 **오픈** 17:00~24:00 **전화** 0985-28-4365 **홈피** www.gunkei.jp

직영 농장에서 키운 미야자키 토종닭의 독특한 식감을 즐길 수 있는 음식점. 모든 닭을 방목하기 때문에 육질이 쫄깃하고 맛이 뛰어나다. 닭다리 구이의 진수 모모야키 もも焼(2,000엔), 미야자키의 향토 요리로 유명한 치킨난반 チキン南蛮(600엔) 등이 인기 메뉴지만, 여유가 된다면 닭 요리의 모든 것을 느낄 수 있는 5종류의 요리가 나오는 지도리 세트 메뉴 (1인 2,600엔)를 주문할 것. 미야자키에서 워낙 유명한 곳이라 가기 전에 전화 예약을 하는 것이 좋다.

🍴 오구라 본점

おぐら本店

지도 p.32Ⓐ **위치** JR 미야자키역 서쪽 출구에서 도보 8분 **주소** 宮崎市橘通東3-4-24 **오픈** 11:00~15:00, 17:00~20:30 **휴무** 화요일 **전화** 0985-22-2296

미야자키의 대표적인 향토 요리 중 하나인 치킨난반 チキン南蛮의 원조. 부드러운 육질을 위해 3개월 된 영계만을 사용하여 튀겨내는데, 대대로 전해 내려오

는 비전 소스에 담그면 맛은 한층 업그레이드된다. 마지막으로 10종류의 재료를 섞어 만든 타르타르소스를 부어 먹으면 정말 둘이 먹다 하나가 죽어도 모를 정도로 맛있다. 대표 메뉴는 치킨난반 チキン南蛮(1,010엔)이지만 비즈니스런치 ビジネスランチ(1,010엔)나 비프카레 ビーフカレー(670엔) 등 다른 식사 메뉴도 기본 이상은 하는 맛이다.

🍴 만사쿠

万作

지도 p.32Ⓐ **위치** JR 미야자키역 서쪽 출구에서 도보 12분 **주소** 宮崎市橘通西2-5-19 **오픈** 17:00~22:30 **휴무** 일요일, 공휴일 **전화** 0985-24-2823

1934년부터 영업을 시작한 전통 있는 닭 요리 전문점으로 단골 손님이 많다. 오래된 음식점이라 외관은 낡았지만 아늑하고 깨끗한 실내는 여전히 전통적인 분위기가 살아 있다. 또한 미야자키 토종닭으로 만든 여러 가지 일품요리는 자극적이지 않고 담백해서 여성 고객이 많다고 한다.

시가이아 주변 `zoom in 3`

シーガイア 周辺

시가이아는 다양한 엔터테인먼트 시설이 모여 있는 종합 리조트 지역이다. 규슈에서 제일가는 골프 코스로 손꼽히는 피닉스 컨트리클럽과 톰 왓슨 골프 코스가 있어서 골프가 목적인 여행자들에게는 꽤 인기 있는 곳이지만, 일반 여행자들은 그냥 지나쳐도 무방한 곳이다. 단, 미인 온천 쇼센큐 松泉宮은 기회가 된다면 한 번쯤 찾아가 볼만 하다.

👁 시가이아

シーガイア

지도 p.32Ⓑ **위치** JR 미야자키역에서 미야코 버스 이용 15분 쉐라톤 · 그랜드 · 오션리조트 정류장 하차 **주소** 宮崎市山崎町浜山 **전화** 0985-21-1111 **홈피** www.seagaia.co.jp

시가이아는 영어로 바다를 의미하는 'Sea'와 지구를 뜻하는 'Gaia'를 조합한 것으로 정식 명칭은 피닉스 시가이아 리조트 Phoenix Seagaia Resort이다. 태평양에 면한 해안에 펼쳐져 있는 총길이 10㎞, 총면적 700㏊에 달하는 광대한 면적에 총 16개의 시설을 갖추고 있는 국제적인 해변 컨벤션 리조트타운이다. 대표적인 시설로는 피닉스 컨트리클럽, 톰 왓슨 골프 코스, 피닉스 골프 아카데미 등의 골프시설과 밴연트리

스파, 쇼센큐 등의 스파 & 온천 시설, 볼링장, 피트니스 클럽, 테니스 클럽 등의 레크리에이션 시설, 최대 5,000명을 수용할 수 있는 서밋홀을 비롯한 컨퍼런스 시설 등이 있다. 예전에는 세계 최대 규모의 실내 워터파크인 오션돔으로 유명했지만 오션돔은 2007년 10월 1일부로 폐관했다. 시가이아 내에서 이동할 때는 20~30분 간격으로 운행되는 무료 셔틀버스를 이용하면 된다.

시가이아 내의 주요 시설

피닉스 컨트리클럽
フェニックスカントリークラブ

세계에서 톱 100위, 일본에서 톱 3에 드는 국제적인 클럽으로 1974년 이후 던롭 피닉스 토너먼트의 무대로 유명하다. 아름다운 해변과 울창한 소나무 숲 사이로 펼쳐진 27홀의 코스는 스미요시 코스, 다카치호 코스, 니치난 코스로 나뉘어 있다. 그린피는 계절에 따라 다르지만 4인 기준 2만 5,000엔 정도로 저렴한 편이다.

전화 0985-39-1301

쇼센큐 松泉宮

울창한 소나무 숲 가운데 자리 잡은 고급 온천시설이다. 하나레유 離れ湯를 중심으로 중욕탕 신게쓰 中浴場新月, 대욕탕 쓰키요미 大浴場月読 등 3개의 온천동이 있어 다양한 온천욕을 즐길 수 있다. 이 중 쓰키요미는 누구든지 입욕료만 내면 당일치기 온천이 가능하지만 중욕탕과 하나레유는 호텔 숙박객 우선 시설이므로 이용이 불가능한 경우도 있다.

오픈 06:00~23:00 **요금** 2,000엔(어린이 1,000엔)
전화 0985-21-1113

다카치호
高千穂

미야자키 현의 북서쪽에 있는 다카치호는 구마모토, 오이타 현과 인접한 산골 마을로 일본 건국과 관련이 있는 신화의 무대로 유명한 곳이다. 지금도 마을 곳곳에는 신화에 등장하는 옛 지명을 그대로 사용하고 있어 신화의 땅임을 실감케 한다. 다카치호 최고의 명소는 자연이 빚어낸 걸작인 다카치호 협곡으로 하얀 물보라를 일으키며 17m 높이의 절벽에서 떨어지는 마나이노타키 真名井の滝 폭포는 그야말로 장관이다. 화산 폭발로 만들어진 협곡을 따라 약 600m의 산책길이 있으며, 봄부터 초여름에 걸쳐 산벚나무·진달래·등나무 꽃 등이 절벽을 장식하며, 가을에는 단풍이 계곡을 물들이는 등 계절마다 다른 경관을 즐길 수 있다. 그 밖에 일본 전통 신화에 등장하는 태양의 여신을 모시는 아마노이와토진자, 신들이 내려와 전망을 즐겼다는 구니미가오카도 멋진 풍경을 자랑하는 명소이다.

가는 방법 다카치호는 규슈 산지의 거의 중앙에 자리 잡고 있어 대중교통이 무척 불편한 편이다. 예전에는 JR 노베오카역과 다카치호를 연결하는 사철인 다카치호 철도가 있어 그나마 쉽게 찾아갈 수 있었지만, 2005년 9월 규슈 지역을 강타한 초대형 태풍 나비에 의해 협곡 사이를 연결하던 철로가 대부분 유실되면서 다카치호 철도는 파산하게 되었고, 이후 다카치호로 가는 교통편은 유일하게 도로만 남게 되었다. 미야자키에서 다카치호로 갈 때는 미야자키역에서 다카치호로 가는 미야코 버스를 이용하면 된다. 소요시간은 약 2시간 40분이고, 산큐패스 전큐슈권이 있으면 무료로 탈 수 있다. 후쿠오카에서 출발한다면 하카타 버스터미널이나 니시테쓰 덴진 고속버스터미널에서 고속버스 고카세호를 이용하면 4시간 만에 다카치호 버스센터에 도착할 수 있다. 여유가 되어 렌터카를 이용하는 여행자라면 아소산과 다카치호를 연계해서 일정을 잡아도 괜찮다.

여행 방법 렌터카를 이용하는 경우가 아니라면 여행자들이 다카치호에서 볼 수 있는 명소는 다카치호 협곡과 다카치호진자 단 2곳뿐이다. 서두르지 않고 여유 있게 돌아본다 해도 이 2곳을 보는 데는 반나절이면 충분하다. 그러나 그럼에도 다카치호 여행은 하루를 꼬박 투자해야 한다. 왜냐하면 다카치호로 가는 교통편이 여의치 않기 때문이다. 대중교통을 이용하는 여행자라면 누구나 할 것 없이 다카치호를 오가는 데 반나절, 다카치호를 돌아보는 데 반나절을 허비하게 되어 하루를 꼬박 투자해야 한다. 다카치호에 도착하면 택시를 이용해서 다카치호 협곡부터 먼저 둘러본 후 도보로 다카치호진자를 거쳐 다카치호 버스센터로 다시 돌아오는 일정을 계획하는 것이 좋다. 걷는 것이 귀찮다면 돌아올 때 역시 택시를 이용해야 한다. 만일 렌터카를 이용하면 아마노이와토진자와 구니미가오카까지 일정에 추가해도 여유 있게 돌아볼 수 있다.

버스 이동 경로	다카치호 버스센터 高千穂バスセンター
	미야자키역 → 미야코 버스(2시간 40분, 2,500엔) → 다카치호 버스센터
	미야자키역 → JR 특급 니치린(1시간 6분, 3,090엔) → 노베오카역 → 미야코 버스(80분, 1,790엔) → 다카치호 버스센터
	하카타 버스터미널 → 고속버스 고카세호(4시간, 4,020엔) → 다카치호 버스센터

👁 다카치호 협곡

高千穗峽

위치 다카치호 버스센터에서 택시로 5분, 또는 도보 20분 **전화** 0982-73-1213(다카치호 관광협회)

지금으로부터 약 12만 년 전과 약 9만 년 전 두 번에 걸쳐서 분출한 아소 산의 용암이 고카세가와 五ヶ瀬川를 따라 흐르다 급격히 냉각되면서 주상절리가 되었다. 주상절리란 단면의 모양이 육각형이나 삼각형의 긴 기둥 모양을 이루는 절리를 말하는데 제주도의 정방폭포와 천지연폭포가 이에 해당한다. 이후 오랜 세월에 걸쳐 침식작용이 반복되면서 깊은 V자형 협곡이 만들어졌는데, 이것이 바로 오늘날의 다카치호 협곡이다. 높이 약 80~100에 이르는 절벽이 약 20㎞에 걸쳐 이어지는데, 이 중 약 7㎞ 거리에 산책로가 정비되어 있어 협곡 일대를 걸어서 돌아볼 수 있다. 협곡의 하류 부근에는 일본의 100대 폭포로 선정된 마나이노타키 真名井の滝이 있어 다카치호 협곡의 풍경을 한층 더 운치 있게 만들어준다. 17m 높이에

서 떨어지는 폭포의 시원한 물줄기 아래에는 보트를 빌려서 뱃놀이를 즐길 수 있는 선착장이 있다. 절벽 곳곳에 아름다운 꽃이 피어나는 3월말~5월 초의 봄이나 단풍이 아름다운 10~11월 가을에 방문하면 평생 잊기 힘든 멋진 절경을 만날 수 있다. 협곡 주변에는 찻집이나 선물가게, 음식점 등이 있어 간단한 요기도 가능하다. 다카치호 협곡은 현재 일본의 국가 명승·천연기념물로 지정되어 있다.

다카치호 협곡의 보트 대여

오픈 08:30~17:00
요금 3인승 보트 1대당 30분 기준 2,000엔
전화 0982-73-1213(다카치호 관광협회)

다카치호진자
高千穗神社

<u>위치</u> 다카치호 버스센터에서 도보 15분 <u>오픈</u> 24시간 <u>요금</u> 무료 <u>전화</u> 0982-72-2413

다카치호진자는 니니기노미코토 瓊瓊杵尊, 히코호호데미노미코토 彦火火出見尊 등 일본 건국신화와 관련한 신을 모시고 있는 유서 깊은 신사이다. 신사 주위는 온통 녹음에 둘러싸여 천혜의 자연경관을 자랑하는데, 창건 시기는 무려 1,900년 전이라고 한다. 경내에는 가마쿠라 시대에 심었다는 수령 800년 이상된 삼나무가 있다. 높이 55m, 둘레 1.8m의 거목인 이 삼나무는 다카치호진자의 상징으로 많은 사랑을 받고 있다. 가구라덴 神楽殿에서는 매일 밤 8시에서 9시까지 전통 무악 공연인 요카구라 夜神楽(신에게 제를 올릴 때 연주하는 일본 고유의 무악)가 펼쳐져 매일 밤 많은 여행객들이 공연을 보기 위해 방문한다. 참고로 다카치호 협곡과 다카치호진자는 산길을 따라 20분 정도 거리로 연결되어 있다.

아마노이와토진자
天岩戸神社

<u>위치</u> 다카치호 버스센터에서 자동차로 15분 <u>오픈</u> 24시간 (초코칸 08:30~16:30) <u>요금</u> 무료(초코칸 150엔) <u>전화</u> 0982-74-8239 <u>홈피</u> amanoiwato-jinja.jp

니니기노미코토 瓊瓊杵尊의 조모 아마테라스오카미 天照大神를 모시는 신사. 경내에는 신화에서 아마테라스오카미가 몸을 숨겼다는 동굴인 아마노이와토가 있는데, 사람들의 출입을 제한하는 신성한 지역으로 관리하고 있다. 또한 숨어 있는 아마테라스오카미를 불러내기 위해 신들이 모여 회의를 했다는 아마노야스가와라 天安河原는 절경으로 유명하여 많은 여행객들이 찾는다. 그 밖에도 신사 주변에는 신화에 관련된 장소와 전설이 많아 왠지 신비스러운 느낌이다. 유물 자료관인 초코칸 徴古館에서는 고대 다카치호의 유물 약 2,000점을 전시하고 있어 고대 유물에 관심이 있다면 잠시 들러볼 만하다.

👁 구니미가오카

国見ヶ丘

위치 다카치호 버스센터에서 자동차로 15분 **전화** 0982-73-1213(다카치호 관광협회)

일본의 건국신화가 담겨 있는 《고지키 古事記》에 등장하는 명소로 천상의 세계인 다카마노하라 高天原에 머물던 신들이 세상으로 내려와 풍년을 기원하며 주변을 조망했다는 장소가 바로 이곳이다. 실제 언덕 위 전망대에는 지상을 내려다보는 3명의 신을 형상화한 조각상이 있어 눈길을 끈다. 해발 513m의 그리 높지 않은 언덕이지만 다카치호 중심부와 아소 산이 만들어내는 뛰어난 절경을 사계절 내내 즐길 수 있는 전망의 명소이다. 구니미가오카 최대의 명물인 운해가 제일 아름다운 시기는 가을부터 초겨울 무렵(10월 초~12월 초)의 이른 아침으로 렌터카 여행자라면 한 번쯤 도전해볼 만하다.

🍴 아라라기노차야

あららぎ乃茶屋

위치 다카치호 버스센터에서 도보 18분 **주소** 宮崎県西臼杵郡高千穂町押方1245-1 **오픈** 08:30~17:00 **휴무** 연중무휴 **요금** 1,500엔~ **전화** 0982-72-2201

다카치호 협곡 조망권이 뛰어난 향토 요리 전문점. 특수하게 제작한 가마에서 4시간 이상 구웠다는 닭구이 도리노마루야키 鶏の丸焼き(3,000엔~)와 대나무에 청주를 넣고 따뜻하게 데운 갓포슈 カッポ酒(1,020엔~)가 명물이다. 이 요리들을 4인분으로 구성한 다카치호 명물 세트(9,800엔)는 여행으로 지친 심신을 달래는 데 안성맞춤이다. 신선한 산나물과 함께 나오는 니지마스 정식 にじます定食(1,050엔)도 인기 메뉴.

🏛 미치노에키 다카치호

道の駅高千穂

위치 다카치호 버스센터에서 도보 10분 **오픈** 09:30~19:00, 12~2월 09:30~18:00 **휴무** 연중무휴 **전화** 0982-72-9123

관광안내소, 물산관, 음식점 등이 모여 있는 작은 쇼핑센터로 국도변의 휴게소 역할을 겸하고 있다. 2003년 3월 29일에 개점했으며, 신토다카치호 대교 神都高千穂大橋와 다카치호 협곡을 한눈에 볼 수 있는 국도 219호 옆에 자리 잡고 있어 주변 경관이 뛰어나다. 물산관에서는 다카치호의 특산품을 구입할 수 있고, 바로 옆에 붙어 있는 관광안내소에서는 도로 정보나 여행 정보, 숙박시설 안내 등 다양한 정보를 얻을 수 있다.

ACCOM
MODATIONS
추천 숙소

규슈 추천 숙소
Best 10

1. 여기에서 소개하는 호텔의 숙박료는 어디까지나 호텔에서 제시하는 통상 요금이다. 국내의 일본 전문 여행사나 자란·라쿠텐 같은 인터넷 호텔 예약 사이트를 이용하면 훨씬 저렴하게 예약할 수 있다. 요금표만 보고 지레 겁먹지 말고 인터넷 서핑을 통해 착한 요금으로 이용하자.
2. 유후인과 구로카와의 온천 료칸 정보는 유후인 지역 정보와 구로카와 지역 정보를 참고하자.

01 위드 더 스타일 후쿠오카
With The Style Fukuoka 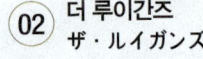 후쿠오카

지도 p.3ⓛ **위치** JR 하카타역 치쿠시 출구에서 도보 7분 **주소** 福岡市博多区博多駅南1-9-18 **요금** 더블 기준 4만 2,735엔 ~ **오픈** 체크인 16:00, 체크아웃 14:00 **전화** 092-433-3900 **홈피** www.withthestyle.com

세련된 분위기의 외관과 객실이 돋보이는 럭셔리 호텔. 숙박료가 꽤 비싼 편이지만 투숙객에게 제공하는 다양한 무료 서비스를 즐기다 보면 가격 이상의 만족을 느낄 수 있다. 모든 객실에 최고급 시몬스 침대가 있고 미니바의 음료는 물론 호텔 내 펜트하우스에서 음료와 음식을 무료로 즐길 수 있다. 또 호텔 내의 스파도 자유롭게 이용할 수 있는 등 오감을 모두 만족시켜 준다.

02 더 루이간즈
ザ・ルイガンズ 후쿠오카

지도 지도범위 밖 **위치** JR 우미노나카미치역에서 도보 5분. JR 하카타역 치쿠시 출구 앞에서 무료 셔틀버스 이용 35분 **주소** 福岡市東区西戸崎18-25 **요금** 트윈 기준 1만 7,325엔~ **오픈** 체크인 15:00, 체크아웃 12:00 **전화** 092-603-2525 **홈피** www.luigans.com

아름다운 우미노나카미치 해변공원에 자리 잡고 있는 리조트 호텔. 넓고 세련된 객실과 맛있는 식사, 멋진 풍경 등 이곳에 머무르는 것만으로 고품격 호텔 라이프를 제대로 즐길 수 있다. 7~8월 여름 시즌에는 예약이 어려울 정도로 인기가 있으므로 예약을 서두르는 것이 좋다. 단, 후쿠오카 시내에서 멀리 떨어져 있어서 시내 여행에는 적합하지 않다.

03 료테이 마쓰바야 旅亭 松葉屋

벳푸

지도 지도범위 밖 **위치** JR 벳푸역에서 자동차로 7분 **주소** 大分県別府市観海寺3 **요금** 1박 2식 기준 1인당 1만 6,000엔~ **오픈** 체크인 15:00, 체크아웃 10:00 **전화** 0977-22-4271 **홈피** http://matsubaya.cc

동서양의 조화를 느낄 수 있는 퓨전 온천 료칸. 벳푸 시내는 물론 벳푸 만의 아름다운 풍경이 한눈에 들어오는 젠 스타일의 객실은 현대적인 감각의 인테리어로 고급 호텔 이상의 세련된 분위기를 만끽할 수 있다. 료칸 특유의 가이세키 요리를 맛볼 수 있는 것은 물론 규모는 작지만 멋진 전망을 자랑하는 노천탕과 대욕탕은 온천욕을 즐기기에 부족함이 없다. 밤 10시 이후에는 대절 노천탕을 이용할 수 있어 가족과 함께 즐거운 시간을 보낼 수 있어 더욱 매력적이다. 단, 대중교통이 불편한 곳에 있어서 렌터카 여행자들에게 추천하고 싶은 곳이다.

04 가메노이 벳소 亀の井別荘

유후인

지도 p.27Ⓛ **위치** JR 유후인역에서 도보 20분 **주소** 由布市湯布院町大字川上2633-1 **요금** 1박 2식 기준 1인당 3만 5,000엔~ **오픈** 체크인 15:00, 체크아웃 11:00 **전화** 0977-84-3166 **홈피** www.kamenoi-bessou.jp

역사와 전통을 자랑하는 고품격 온천 료칸. 유후인의 상징 긴린코 바로 옆에 있어서 많은 일본 사람들이 유후인을 대표하는 료칸이라 하면 먼저 가메노이 벳소를 떠올린다고 한다. 본관에 있는 6개 객실과 떨어져 있는 15개 별채 객실은 모두 건축 양식과 인테리어가 다르며, 순수 일본식, 리조트풍 등 개성 만점인 방을 입맛대로 선택할 수 있다. 각기 다른 풍미를 느낄 수 있는 세련된 객실, 유후인에서만 나는 천연 재료를 이용한 요리, 창문과 천장에서 빛이 들어오는 남녀 별도의 온천 등 가메노이 벳소는 차별화된 서비스를 제공하여 숙박 손님에게 특별한 추억을 선사한다.

⑤ 유후인 다마노유
由布院 玉の湯
유후인

지도 p.27ⓖ 위치 JR 유후인역에서 도보 15분 주소 由布市湯布院町川上2731-1 요금 1박 2식 기준 1인당 3만 6,750엔~ 오픈 체크인 14:00, 체크아웃 12:00 전화 0977-84-2158 홈피 www.tamanoyu.co.jp

일본을 대표하는 숙소 베스트 100에 매년 선정되는 유후인 최고의 료칸. 3,000여 평의 잡목림 안에 전 객실이 별동으로 배치되어 있는 단층의 별장식 료칸이다. 모든 객실에는 히노키 욕탕이 딸려 있어 언제든지 자유롭게 온천을 즐길 수 있다. 각 객실은 화려한 장식보다는 원목의 자연미를 최대한 이용하면서도 기능성을 살린 인테리어를 추구해 심플하면서도 높은 품격을 느낄 수 있다.

⑥ 오야도 니혼노아시타바
おやど二本の葦束
유후인

지도 p.26ⓐ 위치 JR 유후인역에서 자동차로 5분 주소 由布市湯布院町川北918-18 요금 1박 2식 기준 1인당 2만 3,250엔~ 오픈 체크인 15:00, 체크아웃 11:00 전화 0977-84-2664 홈피 www.2hon-no-ashitaba.co.jp

아름다운 자연으로 둘러싸인 약 4,000평의 부지에 자리 잡고 있는 전통 온천 료칸. 유후인 중심가에서 멀리 떨어져 있어 교통은 조금 불편하지만, 주변의 삼림과 자연 친화적인 온천 등 웰빙 여행을 즐기는 사람이라면 꼭 가볼 만한 곳이다. 객실은 니가타 新潟에서 이축해 온 중후한 오모야 母屋(주실, 집에서 주가 되는 방)를 중심으로 모두 10동의 화실 별채가 있다. 온천은 50명이 한 번에 이용할 수 있을 정도로 큰 대욕탕을 포함해서 모두 가족탕으로 운영하고 있다. 노송나무와 바위 등을 이용한 노천탕과 내탕 등 각기 다른 느낌을 자랑하는 다양한 온천이 있어, 언제라도 여유 있게 온천욕을 만끽할 수 있다.

07 산가 료칸
山河旅館 구로카와

지도 p.23◎ **위치** 구로카와 온천 가제노야에서 도보 30분 **주소** 阿蘇郡南小国町大字満願寺6961-1 **요금** 1박 2식 기준 1인당 1만 5,900엔 **오픈** 체크인 15:00, 체크아웃 10:00 **전화** 0967-44-0906 **홈피** www.sanga-ryokan.com

구로카와에서 가장 안쪽에 자리 잡고 있는 산가 료칸은 인공미라곤 찾아볼 수 없을 만큼 자연과 조화를 이루고 있는 멋진 료칸이다. 일본 비탕을 지키는 회 日本秘湯을守る会의 회원 숙소로 료칸 내에는 남녀 혼탕인 모야이노유 もやいの湯와 여성 전용 노천탕인 시키노유 四季の湯가 있다. '약사의 탕'이라는 별칭처럼 산가의 온천수를 마시면 위궤양에 효험이 있다고 한다. 일상에서 벗어나 기분 전환을 하기에 가장 좋은 료칸이다.

08 야마아이노야도 야마미즈키
山あいの宿 山みず木 구로카와

지도 p.23◎ **위치** 구로카와 온천 가제노야에서 도보 30분 **주소** 阿蘇郡南小国町満願寺6392-2 **요금** 1박 2식 기준 1인당 1만 4,850엔~ **오픈** 체크인 14:00, 체크아웃 11:00 **전화** 0967-44-0336 **홈피** www.yamamizuki.com

구로카와의 중심가에서 멀리 떨어져 있는 료칸으로 강을 따라 만들어진 노천탕은 계곡 위에서 훤히 내려다보일 정도로 개방적이다. 여성 전용 노천탕인 모리노유와 기모래비노유에는 계곡을 따라 작은 산책길이 있어서 누드 차림으로 거닐 수 있도록 되어 있어 좀처럼 개방감을 맛볼 수 없는 여성들에게 인기를 끌고 있다. 21개의 객실은 모두 다다미방으로 구성되어 있으며, 이 중 8개의 객실에 온천이 딸려 있다.

⑨ 호텔 오쿠라 JR 하우스텐보스
ホテルオークラJRハウステンボス

하우스텐보스

지도 지도범위 밖 **위치** JR 하우스텐보스역에서 도보 3분 **주소** 長崎県佐世保市ハウステンボス町10 **요금** 트윈 기준 1만 9,785엔~ **오픈** 체크인 15:00, 체크아웃 11:00 **전화** 0956-58-7111 **홈피** www.jrhtb.hotelokura.co.jp

하우스텐보스 입구 바로 옆에 자리 잡고 있는 리조트 호텔로 유럽의 고성을 연상시키는 멋진 외관이 인상적이다. 하우스텐보스 방면으로 창이 나있는 파크 뷰 객실을 선택하면 아름다운 하우스텐보스의 파노라마 전경을 객실 내에서 감상할 수 있다. 호텔 내에는 천연 온천을 즐길 수 있는 대욕탕이 있는 데다 객실 설비는 하우스텐보스 내에 있는 오피셜 호텔 못지않게 화려하다. 반면 숙박료는 상대적으로 저렴해서 하우스텐보스를 방문하는 여행자들 사이에 인기를 끌고 있다.

⑩ 유미하리노오카 호텔
弓張の丘ホテル

사세보

지도 p.15상Ⓐ **위치** JR 사세보역에서 무료 셔틀버스 이용 20분 **주소** 長崎県佐世保市鵜渡越町510番地 **요금** 더블, 트윈 기준 1만 6,170엔~ **오픈** 체크인 15:00, 체크아웃 11:00 **전화** 0956-26-0800 **홈피** yumihari.club-manatee.co.jp

구주쿠시마와 사세보 시가지가 한눈에 들어오는 유미하리다케 산 정상 부근에 자리 잡고 있다. 호텔 정문에서 보면 야트막한 1층 건물로 보이지만 실제로는 4층 높이의 건물로 모든 객실에서 사세보의 멋진 야경을 즐길 수 있다. 그리스의 산토리니를 연상하게 하는 지중해풍의 멋진 건물과 아름다운 야외 풀장은 더없이 매력적이다. 이곳을 이용할 때는 이왕이면 저녁 식사가 포함되어 있는 플랜을 선택하도록 하자. 전체적인 호텔 분위기에 비해 객실은 2% 부족한 감이 있지만, 요금 대비 만족도로 보자면 규슈 최고의 호텔이라 해도 과언이 아니다.

하카타

호텔 레오팔레스 하카타
ホテルレオパレス博多

지도 p.8Ⓕ **위치** JR 하카타역 치쿠시 출구에서 도보 3분 **주소** 福岡市博多区博多駅東2-5-33 **요금** 더블 기준 1인당 6,800엔~ **오픈** 체크인 14:00, 체크아웃 11:00 **전화** 092-482-1212 **홈피** www.leopalacehotels.jp/hakata

2007년 4월에 문을 연 고품격 비즈니스호텔. 객실마다 공기청정기가 설치되어 있고 금연 플로어도 운영하고 있어 쾌적한 분위기에서 편안히 휴식을 취할 수 있다. 모든 객실에서 인터넷 무료 접속이 가능하다.

서튼 호텔 하카타 시티
サットンホテル博多シティ

지도 p.8Ⓕ **위치** JR 하카타역 하카타 출구에서 도보 8분 **주소** 福岡市博多区博多駅前3-4-8 **요금** 더블 기준 1만 8,000엔~ **오픈** 체크인 14:00, 체크아웃 12:00 **전화** 092-433-2305 **홈피** www.suttonhotel.co.jp

고급스러운 분위기의 인테리어가 돋보이는 비즈니스호텔. 일본 최고의 호텔 예약 사이트 자란의 평가도가 높은 만큼 요금 대비 만족도가 높다. 모든 객실에서 무료로 인터넷 접속이 가능하다.

리치몬드호텔 하카타에키마에
リッチモンドホテル博多駅前

지도 p.8Ⓕ **위치** JR 하카타역 치쿠시 출구에서 도보 3분 **주소** 福岡市博多区博多駅中央街6-17 **요금** 더블 기준 9,600엔~ **오픈** 체크인 14:00, 체크아웃 11:00 **전화** 092-433-0011 **홈피** www.richmondhotel.jp/hakata

요도바시카메라 바로 옆에 있는 쾌적한 분위기의 비즈니스호텔. 현대적인 감각의 인테리어로 꾸민 218개의 객실에서는 무료로 인터넷을 이용할 수 있다.

호텔 클리오코트 하카타
ホテルクリオコート博多

지도 p.8Ⓓ **위치** JR 하카타역 치쿠시 출구에서 도보 1분 **주소** 福岡市博多区博多駅中央街5-3 **요금** 더블, 트윈 기준 1인당 9,000엔~ **오픈** 체크인 14:00, 체크아웃 11:00 **전화** 092-472-1111 **홈피** www.cliocourt.co.jp

편리한 교통을 자랑하는 비즈니스호텔. 편하게 술과 음식을 즐길 수 있는 호텔 레스토랑 엔자나가야 円坐長屋가 인기이며, 무선인터넷 가능

컴포트 호텔 하카타
コンフォートホテル博多

지도 p.8Ⓓ **위치** JR 하카타역 하카타 출구에서 도보 1분 **주소** 福岡市博多区博多駅前2-1-1 **요금** 더블 기준 1인당 6,000엔 ~ **오픈** 체크인 15:00, 체크아웃 10:00 **전화** 092-431-1211 **홈피** www.choice-hotels.jp/cfhakata

세계 40개국 5,000여 개의 체인점을 보유하고 있는 인기 비즈니스호텔. 모든 숙박객에게 아침 식사가 서비스로 제공된다. 객실에서 무료로 인터넷 접속이 가능하다.

호텔 닛코 후쿠오카
ホテル日航福岡

지도 p.8Ⓓ **위치** JR 하카타역에서 하카타 출구에서 도보 5분 **주소** 福岡市博多区博多駅前2-18-25 **요금** 트윈 기준 1인당 8,100엔~ **오픈** 체크인 14:00, 체크아웃 12:00 **전화** 092-482-1117 **홈피** www.hotelnikko-fukuoka.com

JR 하카타역에서 기온마치 방면으로 도보 5분 거리에 있어 교통이 편리한 시티호텔이다. 모든 객실에서 인터넷을 무료로 이용할 수 있으며(유선 랜), 비흡연자를 위한 금연 룸을 운영한다.

호텔 선루트 하카타
ホテルサンルート博多

지도 p.8Ⓓ **위치** JR 하카타역 치쿠시 출구에서 도보 1분 **주소** 福岡市博多区博多駅中央街4-10 **요금** 더블, 트윈 기준 1인당 6,000엔~ **오픈** 15:00 체크아웃 11:00 **전화** 092-434-1311 **홈피** www.sunroute-hakata.jp

편리한 교통, 여성들을 위한 섬세한 배려가 돋보이는 비즈니스호텔. 동급 호텔보다 넓은 침대와 욕실, 쾌적한 잠자리를 보장하는 쾌면 베개를 완비하고 있다. 모든 객실에서 무료로 인터넷을 이용할 수 있다.

니시테쓰인 하카타
西鉄イン博多

지도 p.8Ⓓ **위치** JR 하카타역 하카타 출구에서 도보 약 4분 **주소** 福岡市博多区博多駅前1-17-6 **요금** 트윈 기준 1인당 7,000엔~ **오픈** 체크인 15:00, 체크아웃 10:00 **전화** 092-413-5454 **홈피** www.n-inn.jp/hotels/hakata

편리한 교통, 쾌적한 분위기를 자랑하는 비즈니스호텔. 원적외선 사우나가 있는 대욕탕에서 휴식을 취할 수 있으며, 모든 객실에서 무료로 인터넷 접속이 가능하다.

더비 하카타 ザ・ビー博多

지도 p.8Ⓕ **위치** JR 하카타역 치쿠시 출구에서 도보 5분 **주소** 福岡市博多区博多駅南1-3-9 **요금** 더블 기준 1인당 6,400엔 ~ **오픈** 체크인 15:00, 체크아웃 11:00 **전화** 092-415-3333 **홈피** www.ishinhotels.com/theb-hakata/jp/

후쿠오카 교통의 중심 JR 하카타역과 인접한 비즈니 스호텔. 여성 전용 플로어와 금연 플로어를 운영하고 있다. 모든 객실에서 무료로 인터넷 접속이 가능하다.

하얏트 리젠시 후쿠오카 ハイアット・リージェンシー・福岡

지도 지도범위 밖 **위치** JR 하카타역 치쿠시 출구에서 도보 7분 **주소** 福岡市博多区博多駅東2-14-1 **요금** 더블, 트윈 기준 1인당 9,000엔~ **오픈** 체크인 13:00, 체크아웃 12:00 **전화** 092-412-1234 **홈피** www.hyattregencyfukuoka.co.jp

스핑크스의 이미지를 살려 디자인한 멋진 외관의 고급 호텔. 42m 높이의 시원한 로비와 편안한 분위기의 객실이 매력적이다. 모든 객실에서 무료로 인터넷을 이용할 수 있다.

그랜드 하얏트 후쿠오카 グランド・ハイアット・福岡

지도 p.8Ⓒ **위치** JR 하카타역 하카타 출구에서 도보 15분 **주소** 福岡市博多区住吉1-2-82 **요금** 더블 기준 1인당 1만 1,000엔~ **오픈** 체크인 14:00, 체크아웃 12:00 **전화** 092-282-1234 **홈피** fukuoka.grand.hyatt.jp

동서양의 특색을 살린 멋스러운 인테리어가 돋보이는 고급 호텔. 자기 집처럼 편안한 분위기의 객실과 맛집 마니아들이 즐겨 찾는 레스토랑이 매력적이다. 모든 객실에서 무료로 인터넷 접속이 가능하다.

하카타 엑셀 호텔 도큐 博多エクセルホテル東急

지도 p.8Ⓒ **위치** 지하철 나카스카와바타역 1번 출구에서 도보 1분 **주소** 福岡市博多区中洲4-6-7 **요금** 더블, 트윈 기준 1인당 1만 1,000엔~ **오픈** 체크인 14:00, 체크아웃 11:00 **전화** 092-262-0109 **홈피** www.hakata-e.tokyuhotels.co.jp/ja

후쿠오카 최고의 밤거리 나카스의 중심부에 자리 잡고 있는 비즈니스호텔. 덴진, 하카타가 도보권 내에 있어 도시 여행을 즐기기에도 안성맞춤이다. 모든 객실에서 무료로 인터넷 접속이 가능하다.

리치몬드 호텔 후쿠오카 덴진
リッチモンドホテル福岡天神

지도 p.5◎ **위치** 지하철 덴진미나미역 西12–C 출구에서 도보 1분 **주소** 福岡市中央区渡辺通4–8–25 **요금** 더블 기준 8,000엔~ **오픈** 체크인 14:00, 체크아웃 11:00 **전화** 092–739–2055 **홈피** www.richmondhotel.jp/fukuoka–tenjin

후쿠오카 최고의 번화가 덴진에 자리 잡고 있는 고급 비즈니스호텔. 쇼핑, 레저 시설을 만끽할 수 있는 곳이라 여성 손님이 많다. 레이디스룸과 여성 전용 세탁기를 갖추고 있다. 모든 객실에서 무료로 인터넷 접속이 가능하다.

솔라리아 니시테쓰 호텔
ソラリア西鉄ホテル

지도 p.4ⓙ **위치** 지하철 덴진역 5번 출구에서 도보 1분 **주소** 福岡市中央区天神2–2–43 **요금** 더블 기준 1인당 5,000엔~ **오픈** 체크인 12:00, 체크아웃 12:00 **전화** 092–752–5555 **홈피** www.solaria–h.jp

쇼핑 시설이 밀집되어 있는 덴진 번화가의 고급 호텔. 니시테쓰후쿠오카역, 버스센터와 연결되어 있는 편리한 교통, 현대적인 감각의 인테리어로 인기가 높다. 모든 객실에서 무료로 인터넷 접속이 가능하다.

5TH 호텔

지도 p.5ⓛ **위치** 지하철 덴진미나미역 6번 출구에서 도보 8분 **주소** 福岡市中央区春吉3–4–6(East), 3–14–36(West) **요금** 이코노미 더블 기준 8,400엔~(스탠다드 타임존) **오픈** 체크인 15:00, 체크아웃 11:00(스탠다드 타임존) **전화** 092–731–2222(East), 092–724–3333(West) **홈피** www.5thhotel.jp

최신 감각의 인테리어가 돋보이는 프리스타일 호텔. 러브호텔을 새롭게 리뉴얼해 고품격 호텔로 거듭났다. 격조 높은 분위기의 East 동과 자유로운 분위기의 West 동으로 나뉘어 있고, 각 객실은 디자인 호텔 못지않게 호화롭다. 요금 대비 만족도는 발군이다.

호텔 몬트레 라수르 후쿠오카
ホテルモントレ ラ・スール福岡

지도 p.4ⓔ **위치** 지하철 덴진역 西–1 출구에서 도보 2분 **주소** 福岡市中央区大名2–8–27 **요금** 더블 기준 1인당 1만 엔~ **오픈** 체크인 15:00, 체크아웃 11:00 **전화** 092–726–7111 **홈피** www.hotelmonterey.co.jp/lasoeur_fukuoka

여성들에게 큰 인기를 얻고 있는 고급 호텔. 그윽한 분위기의 앤티크 가구들, 시몬스의 쾌적한 침대, 스태프의 품격 높은 서비스 등 최고의 호텔 라이프를 만끽할 수 있다. 모든 객실에서 무료로 인터넷 접속이 가능하다

JR 규슈호텔 고쿠라
JR九州ホテル小倉

지도 p.10상 위치 JR 고쿠라역 북쪽 출구에서 도보 2분 주소 福岡県北九州市小倉北区浅野1-3-6 요금 싱글 1인당 6,300엔~ 오픈 체크인 15:00, 체크아웃 10:00 전화 093-522-8800 홈피 www.jrk-hotels.co.jp/kokura

기타큐슈 여행의 중심 JR 고쿠라역 바로 옆에 있는 비즈니스호텔. 블랙 & 화이트의 현대적인 인테리어와 쾌적한 객실이 자랑이다. 단, 싱글룸 위주라 단체 여행에는 맞지 않는다. 모든 객실에서 무료로 인터넷 접속이 가능하다.

리가로열호텔 고쿠라
リーガロイヤルホテル小倉

지도 p.10상 위치 JR 고쿠라역 북쪽 출구에서 도보 1분 주소 福岡県北九州市小倉北区浅野2-14-2 요금 트윈 기준 1인당 6,500엔~ 오픈 체크인 15:00, 체크아웃 10:00 전화 093-531-1121 홈피 www.rihga.co.jp/kokura

멋진 전망, 화려한 인테리어를 자랑하는 고급 호텔. 교통이 편리하고 7개의 레스토랑, 바, 헬스클럽 등 다양한 시설을 완비하고 있어 즐거운 호텔 생활을 만끽할 수 있다. 모든 객실에서 무료로 인터넷 접속이 가능하다.

스테이션 호텔 고쿠라
ステーションホテル小倉

지도 p.10상 위치 JR 고쿠라역과 직결 주소 福岡県北九州市小倉北区浅野1-1-1 요금 트윈 기준 1인당 4,800엔~ 오픈 체크인 13:00, 체크아웃 11:00 전화 093-541-7111 홈피 www.station-hotel.com

JR 고쿠라역 위에 자리 잡고 있는 비즈니스호텔. 역내에 호텔 출입구가 있어 편리하게 이용할 수 있다. 객실 또한 넓고 쾌적하며, 인터넷도 무료로 접속(유선랜)할 수 있다.

모지코 호텔
門司港ホテル

지도 p.10하 위치 JR 모지코역에서 도보 2분 주소 北九州市門司区港町9-11 요금 트윈 기준 1인당 5,000엔~ 오픈 체크인 15:00, 체크아웃 11:00 전화 093-321-1111 홈피 www.mojiko-hotel.com

JR 모지코역에서 도보 2분 거리에 있는 비즈니스호텔로 이탈리아를 대표하는 건축가 알도 로시의 작품이다. 역과 가까워 모지코와 시모노세키 관광 거점으로 이용하면 좋다. 모든 객실에서 무료로 인터넷 접속이 가능하다.

치산그랜드 나가사키
チサングランド長崎

지도 p.11ⓖ **위치** JR 나가사키역 남쪽 출구에서 도보 6분 **주소** 長崎県長崎市五島町5-35 **요금** 더블 기준 1인당 3,600엔~ **오픈** 체크인 15:00, 체크아웃 11:00 **전화** 095-826-1211 **홈피** www.solarehotels.com/chisun/grand-nagasaki

나가사키역에서 도보 6분 거리의 좋은 입지 조건을 갖춘 관광 비즈니스호텔. 2008년 7월에 오픈하여 쾌적한 환경을 자랑하며, 다양하고 편리한 시설이 많아 즐겁게 호텔 생활을 만끽할 수 있다. 모든 객실에서 무료로 인터넷 접속이 가능하다.

리치몬드호텔 나가사키 시안바시
リッチモンドホテル長崎思案橋

지도 p.11ⓛ **위치** 노면전차 시안바시역에서 도보 3분 **주소** 長崎県長崎市本石灰町6-38 **요금** 더블 기준 1인당 4,000엔~ **오픈** 체크인 14:00, 체크아웃 11:00 **전화** 095-832-2525 **홈피** www.richmondhotel.jp/nagasaki

현대적인 감각의 인테리어가 매력적인 고급 비즈니스 호텔. 나가사키 관광의 중심지인 시안바시에 있어 편하게 여행을 즐길 수 있다. 모든 객실에서 무료로 인터넷 접속이 가능하다.

베스트웨스턴 프리미어호텔 나가사키
ベストウェスタンプレミアホテル長崎

지도 p.11ⓕ **위치** JR 나가사키역 북쪽출구에서 도보 8분 **주소** 長崎県長崎市宝町2-26 **요금** 더블 기준 1인당 6,500엔~ **오픈** 체크인 14:00, 체크아웃 11:00 **전화** 095-821-1111 **홈피** www.bestwestern.co.jp/nagasaki

나가사키 여행의 거점 JR 나가사키역과 인접한 고급 호텔. 화사하고 쾌적한 인테리어가 돋보이는 객실이 매력적이다. 호텔 최상층 레스토랑에서 맛보는 조식 서비스 또한 일품. 모든 객실에서 무료로 인터넷 접속이 가능하다.

호텔 몬트레 나가사키
ホテルモントレ長崎

지도 p.11ⓚ **위치** 노면전차 오우라카이간도리역에서 도보 2분 **주소** 長崎県長崎市大浦町1-22 **요금** 기준 1인당 1만 3,750엔~ **오픈** 체크인 15:00, 체크아웃 11:00 **전화** 095-827-7111 **홈피** www.hotelmonterey.co.jp/nagasaki

인기 명소 오우라텐슈도, 글로버엔과 인접한 포르투갈 양식의 고급 호텔로 일본 전역에 체인을 갖고 있는 몬트레 계열의 호텔이다. 싱글룸과 트윈룸이 주를 이루며 유럽풍의 우아한 인테리어로 유명하다. 모든 객실에서 무료로 인터넷 접속이 가능하다.

호텔 뉴 나가사키
ホテルニュー長崎

지도 p.11ⓖ **위치** JR 나가사키역 남쪽 출구에서 도보 1분 **주소** 長崎県長崎市大黒町14-5 **요금** 트윈 기준 1인당 7,500엔~ **오픈** 체크인 14:00, 체크아웃 11:00 **전화** 095-826-8000 **홈피** www.newnaga.com

JR 나가사키역 바로 옆에 있는 고급 비즈니스호텔. 넓고 화사한 객실은 조망이 뛰어나 커플에게 특히 인기가 높다. 모든 객실에서 무료로 인터넷 접속이 가능하다.

나가사키호텔 이호칸
長崎ホテル異邦館

지도 p.11ⓖ **위치** JR 나가사키역 남쪽 출구에서 도보 3분 **주소** 長崎県長崎市筑後町2-1 요금 트윈 기준 1인당 5,000엔~ **오픈** 체크인 15:00, 체크아웃 10:00 **전화** 095-822-8800 **홈피** www.ihokan.com

벽돌로 지은 멋진 외관이 돋보이는 전통 호텔. 넓고 편안한 화실과 양실, 대욕탕 시설까지 완비하여 편하게 휴식을 취할 수 있다. 저녁 식사로 싯포쿠 요리를 맛볼 수 있는 패키지도 있으니 호텔 홈페이지를 잘 확인해보자.

호텔 쿠오레 나가사키에키마에
ホテルクオーレ長崎駅前

지도 p.11ⓖ **위치** JR 나가사키역 남쪽 출구에서 도보 1분 **주소** 長崎県長崎市大黒町7-3 **요금** 더블 기준 1인당 4,300엔~ **오픈** 체크인 15:00, 체크아웃 10:00 **전화** 095-818-9000 **홈피** www.hotel-cuore.com

2005년 2월에 오픈한 비즈니스호텔. 24시간 환기 시스템 설치로 쾌적한 환경을 자랑하며, 아침에는 조식 바이킹이 서비스로 제공된다. 모든 객실에서 무료로 인터넷 접속이 가능하다.

이나사야마 간코 호텔
稲佐山観光ホテル

지도 p.11ⓔ **위치** JR 나가사키역에서 이나사야마행 버스(5번 계통) 이용 이나사야마 관광호텔마에 정류장에서 하차 **주소** 長崎市曙町40-23 **요금** 트윈 기준 1인당 8,400엔~ **오픈** 체크인 16:00, 체크아웃 10:00 **전화** 095-861-4151 **홈피** www.inasayama.co.jp

1,000만 달러 야경으로 유명한 나가사키 야경을 만끽할 수 있는 고품격 호텔. 단, 객실에서 야경을 즐기고 싶다면 예약을 할 때 반드시 오션뷰 룸을 확인해야 한다.

아파호텔 나가사키에키미나미
アパホテル 長崎駅南

지도 p.11ⓖ **위치** JR 나가사키역 남쪽 출구에서 도보 7분 **주소** 長崎県長崎市元船町9-2 **요금** 트윈 기준 1인당 7,500엔~ **오픈** 체크인 15:00, 체크아웃 11:00 **전화** 095-828-3111 **홈피** www.apahotel.com/hotel/kyusyu/05_nagasaki-ekiminami

나가사키 베이에어리어의 멋진 야경을 만끽할 수 있는 비즈니스호텔. 노면전차로 시내 중심가까지 쉽게 갈 수 있어 편하게 여행을 즐길 수 있다. 모든 객실에서 무료로 인터넷 접속이 가능하다.

컴포트 호텔 나가사키
コンフォートホテル長崎

지도 p.11ⓚ **위치** JR 나가사키역 남쪽 출구에서 도보 10분 **주소** 長崎県長崎市樺島町8-17 **요금** 더블 기준 1인당 4,500엔~ **오픈** 체크인 15:00, 체크아웃 10:00 **전화** 095-827-1111 **홈피** www.choice-hotels.jp/nagasaki

쾌적한 분위기의 비즈니스호텔. 아름다운 항구의 풍경을 즐길 수 있는 데지마워프, 쇼핑 명소 하마노마치 등 인기 명소가 주변에 있어 편리하다. 조식 무료 서비스로 오니기리와 빵, 음료수 등 다양한 음식을 제공한다. 모든 객실에서 무료로 인터넷 접속(유선 랜)이 가능하다.

하우스텐보스

호텔 유럽
ホテルヨーロッパ

위치 JR 하우스텐보스역에서 도보 20분. 하우스텐보스 내 **주소** 長崎県佐世保市ハウステンボス町7-7 **요금** 트윈 기준 1인당 15,000엔~ **오픈** 체크인 15:00, 체크아웃 11:00 **전화** 0570-064-300 **홈피** www.huistenbosch.co.jp/hotels/he

네덜란드 암스테르담에 있는 100년 전통의 유럽 호텔을 한층 업그레이드해서 재현한 고급 호텔. 고품격 인테리어, 운하를 바라보는 우아한 레스토랑 등 명실상부 하우스텐보스의 최고 숙소이다. 숙박객은 하우스텐보스 입구에서 무료 셔틀버스 이용 가능.

호텔 암스테르담
ホテルアムステルダム

위치 JR 하우스텐보스역에서 도보 20분. 하우스텐보스 내 **주소** 長崎県佐世保市ハウステンボス町7-7 **요금** 트윈 기준 1인당 13,000엔~ **오픈** 체크인 15:00, 체크아웃 11:00 **전화** 0570-064-300 **홈피** www.huistenbosch.co.jp/hotels/am

18세기 네덜란드의 왕궁을 모티브로 만든 호텔로 하우스텐보스의 오피셜 호텔 중에서 가장 멋진 전망을 자랑한다. 고급스럽고 우아한 실내 인테리어와 돔 타입의 화려한 로비는 규슈 최고의 특급 호텔로 손색이 없다. 숙박객은 하우스텐보스 입구에서 무료 셔틀버스 이용 가능.

사세보

사이카이바시 코라손호텔
西海橋コラソンホテル

지도 지도범위 밖 **위치** JR 하우스텐보스역에서 자동차로 15분. 하우스텐보스에서 무료 송영버스 운행 **주소** 長崎県佐世保市針尾東町2523-1 **요금** 더블, 트윈 기준 1인당 3,750엔~ **오픈** 체크인 15:00, 체크아웃 11:00 **전화** 0956-58-7001 **홈피** www.corazonhotel.jp

아름다운 풍경을 자랑하는 리조트호텔. 지중해의 리조트를 연상시키는 멋진 외관, 현지에서 직접 들여오는 신선한 재료로 만드는 맛있는 음식. 개방감 넘치는 노천탕 등 특급 리조트호텔과 비교해도 손색이 없는 시설을 갖추고 있다.

치산그랜드 사세보
チサングランド 佐世保

지도 p.15상Ⓐ **위치** JR 사세보역에서 도보 15분 **주소** 長崎県佐世保市湊町5-24 **요금** 더블 기준 1인당 4,350엔~ **오픈** 체크인 13:00, 체크아웃 11:00 **전화** 0956-24-0200 **홈피** www.solarehotels.com/chisun/grand-sasebo

넓고 쾌적한 객실을 자랑하는 고급 비즈니스호텔. 역에서는 조금 떨어져 있지만 시내 중심가에 자리 잡고 있어 사세보 시내 산책에는 유리하다. 호텔 트리니티 사세보의 예약이 여의치 않을 때 이용할 만하다. 객실 설비는 꽤 좋은 편이다. 무료로 인터넷 접속(유선 랜) 가능.

시마바라

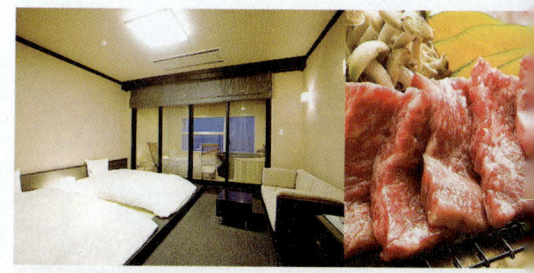

호텔 시사이드 시마바라
ホテルシーサイド島原

지도 p.15 **위치** 시마바라 철도 시마바라가이코역에서 도보 10분 **주소** 長崎県島原市新湊1-38-1 **요금** 트윈 기준 1인당 11,000엔~ **오픈** 체크인 15:00, 체크아웃 10:00 **전화** 0957-64-2000 **홈피** www.seaside-shimabara.com

2012년 12월 12일 기존의 시마바라 관광호텔 고와키엔이 호텔 시사이드 시마바라로 새롭게 리뉴얼 오픈했다. 규슈 최고의 고농도 탄산천을 자랑하는 온천탕과 아름다운 전망을 볼 수 있는 광장이 매력적이다. 인터넷 접속 무료.

호텔 난푸로
ホテル南風楼

지도 p.15하 **위치** 시마바라 철도 혼샤마에역에서 도보 5분 **주소** 長崎県島原市弁天町2-7331-1 **요금** 트윈 기준 1인당 8,000엔~ **오픈** 체크인 15:00, 체크아웃 10:00 **전화** 0957-62-5111 **홈피** www.nampuro.com

멋진 해변 풍경을 자랑하는 온천 호텔. 시마바라에서 가장 깨끗하다는 평가를 받는 노천탕, 아름다운 전망을 보여주는 일본 정원 등 매력적인 요소가 많아 여행객들에게 인기가 높다. 교통편이 애매해서 개별 여행자보다는 패키지여행객들이 주로 이용한다.

운젠 미야자키료칸 雲仙宮崎旅館

<u>지도</u> p.16 <u>위치</u> 시마테쓰 운젠 버스센터에서 도보 7분. JR 이사하야역에서 무료 송영버스 이용(1일 1편 예약제) <u>주소</u> 長崎県雲仙市小浜町雲仙320 <u>요금</u> 1박 2식 기준 1인당 1만 5,750엔~ <u>오픈</u> 체크인 13:00, 체크아웃 11:00 <u>전화</u> 0957-73-3331 <u>홈피</u> www.miyazaki-ryokan.co.jp

희뿌연 연기를 내뿜는 운젠 지옥, 아름다운 일본 정원에 둘러싸여 있는 고급 온천 료칸. 기품 있는 시설, 좋은 수질의 온천, 정성 어린 서비스 등 운젠 최고의 료칸이라는 명성에 걸맞은 시설을 갖추고 있다.

규슈호텔 九州ホテル

<u>지도</u> p.16 <u>위치</u> 시마테쓰 운젠 버스터미널에서 도보 5분 <u>주소</u> 長崎県雲仙市小浜町雲仙320 <u>요금</u> 1박 2식 기준 1인당 1만 500엔~ <u>오픈</u> 체크인 15:00, 체크아웃 11:00 <u>전화</u> 0957-73-3234 <u>홈피</u> www.kyushuhtl.co.jp

운젠 최고의 명소인 운젠 지옥 옆에 위치한 온천 관광호텔. 현대적인 분위기의 쾌적한 객실과 운젠 최대 규모의 노천탕이 자랑거리. 개성 넘치는 레스토랑에서 맛볼 수 있는 맛있는 요리 또한 인기가 높다.

후키야 富貴屋

<u>지도</u> p.16 <u>위치</u> 시마테쓰 운젠 버스터미널에서 도보 1분 <u>주소</u> 長崎県雲仙市小浜町雲仙320 <u>요금</u> 1박 2식 기준 1만 2,750엔~ <u>오픈</u> 체크인 15:00, 체크아웃 10:00 <u>전화</u> 0957-73-3211 <u>홈피</u> www.unzen-fukiya.com

운젠 지옥 바로 앞에 위치한 온천 료칸. 로비, 온천탕, 레스토랑 등 관내 모든 시설에서 운젠 지옥의 웅장한 위용을 볼 수 있다는 점이 매력적이다. 운젠의 산해진미를 맛볼 수 있는 저녁 식사도 자랑거리.

유모토호텔 湯元ホテル

<u>지도</u> p.16 <u>위치</u> 시마테쓰 운젠 버스터미널에서 도보 3분 <u>주소</u> 長崎県雲仙市小浜町雲仙316 <u>요금</u> 1박 2식 기준 1인당 8,300엔~ <u>오픈</u> 체크인 15:00, 체크아웃 10:00 <u>전화</u> 0957-73-3255 <u>홈피</u> www.yumotohotel.jp

300년의 역사를 자랑하는 전통 있는 온천 료칸. 시대의 흐름에 맞추어 시설은 현대적으로 변했지만 좋은 온천수와 정성 어린 서비스는 예전 그대로이다. 저렴한 숙박료도 매력적.

리치몬드호텔 구마모토신시가이
リッチモンドホテル熊本新市街

지도 p.18Ⓕ **위치** 노면전차 가라시마초역에서 도보 3분 **주소** 熊本県熊本市新市街6-16 **요금** 더블 기준 1인당 5,500엔~ **오픈** 체크인 14:00, 체크아웃 11:00 **전화** 096-312-3511 **홈피** www.richmondhotel.jp/kumamoto

2008년 4월 구마모토에서 가장 번화한 거리인 구마모토 선로드에 오픈한 비즈니스호텔. 구마모토 성까지 도보로 이동할 수 있는 편리한 위치와 쾌적한 환경으로 인기를 끌고 있다. 모든 객실에서 무료로 인터넷 접속이 가능하다.

컴포트호텔 구마모토신시가이
コンフォートホテル熊本新市街

지도 p.18Ⓕ **위치** 노면전차 가라시마초역에서 도보 1분 **주소** 熊本県熊本市新市街2-10 **요금** 더블 기준 1인당 5,500엔~ **오픈** 체크인 15:00, 체크아웃 10:00 **전화** 096-211-8411 **홈피** www.choice-hotels.jp/cfkuma

번화가에 자리 잡고 있어 편리하게 여행을 즐길 수 있는 비즈니스호텔. 무료 조식 서비스, 커피 서비스 등 만족도가 높은 서비스를 실시하고 있어 인기가 높다. 모든 객실에 유·무선 랜이 깔려 있어 무료로 인터넷 접속이 가능하다.

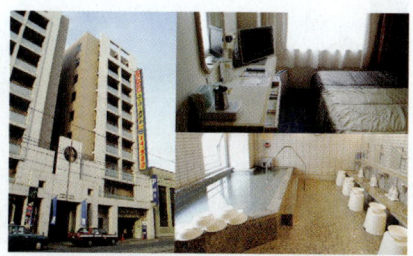

슈퍼호텔 로하스 구마모토 천연온천
スーパーホテル Lohas 熊本天然温泉

지도 p.18Ⓔ **위치** 구마모토 교통센터에서 도보 8분. 노면전차 가와라마치역에서 도보 2분 **주소** 熊本県熊本市魚屋町1-30-1 **요금** 더블 기준 1인당 3,150엔~ **오픈** 체크인 15:00, 체크아웃 10:00 **전화** 096-351-9000 **홈피** www.superhotel.co.jp

구마모토역과 구마모토 교통센터를 도보로 이동할 수 있는 편리한 위치의 비즈니스호텔. 객실이 무척 좁긴 하지만 저렴한 숙박료와 여행의 피로를 풀 수 있는 대욕탕이 장점이다. 무료 인터넷 가능.

호텔뉴오타니 구마모토
ホテルニューオータニ熊本

지도 p.18Ⓘ **위치** JR 구마모토역에서 도보 1분 **주소** 熊本市春日1-13-1 **요금** 더블 기준 1인당 8,700엔~ **오픈** 체크인 14:00, 체크아웃 12:00 **전화** 096-326-1111 **홈피** www.newotani.co.jp/kumamoto

고품격 호텔 라이프를 지향하는 특급 호텔. 구마모토역에서 도보 1분 거리의 편리한 교통, 깔끔하고 쾌적한 객실 인테리어, 맛있는 레스토랑 등 매력적인 요소가 많다. 모든 객실에서 무료로 인터넷 접속이 가능하다.

아소 팜 빌리지
阿蘇ファームヴィレッジ

<u>지도</u> p.20ⓙ <u>위치</u> JR 아카미즈역에서 자동차로 7분 <u>주소</u> 阿蘇
郡南阿蘇村河陽5579-3 <u>요금</u> 1박 2식 기준 1인당 7,000엔~
<u>오픈</u> 체크인 16:00, 체크아웃 10:00 <u>전화</u> 0967-67-2323 <u>홈</u>
<u>피</u> www.asofarmland.co.jp

대자연을 품 안 가득 안고 있는 숲 속의 집으로 유명
한 호텔이다. 아소 산이 보이는 작은 언덕에 늘어 서
있는 450동의 돔형 펜션은 마치 동화 나라에 나오는
예쁜 집을 연상케 한다. 아소팜랜드의 다양한 리조트
시설에서 재미있는 시간을 보낼 수도 있고, 아소건강
화산온천에서 온천을 즐길 수도 있어 자녀를 동반한
가족 여행자들에게 많은 사랑을 받고 있다.

오베르주 드 아소보
Auberge de asobo

<u>지도</u> p.20Ⓕ <u>위치</u> JR 아소역에서 자동차로 5분 <u>주소</u> 熊本県
阿蘇市乙姫2138-4 <u>요금</u> 1박 2식 기준 1인당 1만 8,500엔~
<u>오픈</u> 체크인 15:00, 체크아웃 11:00 <u>전화</u> 0967-32-4333 <u>홈</u>
<u>피</u> www.aso-november.com

오베르주는 프랑스어로 훌륭한 요리가 있는 숙소를
뜻한다. 아소 시내에서 조금 벗어난 한적한 숲 속에
자리 잡고 있어 맑은 공기와 맛있는 프랑스 코스 요리
를 즐길 수 있다. 대중교통은 없으므로 택시를 이용해
야 한다. 대중교통에 구애받지 않는 렌터카 여행자들
에게는 강추하고 싶은 숙소이다.

아소 빌라파크호텔 阿蘇ビラパークホテル

<u>지도</u> p.21Ⓖ <u>위치</u> JR 아소역에서 도보 15분 <u>주소</u> 熊本県阿蘇
市黒川1230 <u>요금</u> 1박 2식 기준 1인당 8,025엔~ <u>오픈</u> 체크
인 15:00, 체크아웃 10:00 <u>전화</u> 0967-34-0811 <u>홈피</u> http://
asovilla.jp

아소의 대자연 속에 자리 잡고 있는 온천 리조트호텔.
1년 내내 이용할 수 있는 실내 온천 풀장, 식물원, 산책
로 등 레저 시설이 충실하게 완비되어 있다. 일식, 중
식, 양식 등을 제공하는 전문 레스토랑도 인기.

아소 플라자호텔 阿蘇プラザホテル

<u>지도</u> p.21Ⓒ <u>위치</u> JR 아소역에서 자동차로 10분 <u>주소</u> 熊本
県阿蘇市内牧1287 <u>요금</u> 1박 2식 기준 1인당 8,500엔~ <u>오픈</u> 체
크인 15:00, 체크아웃 10:00 <u>전화</u> 0967-32-0711 <u>홈피</u> www.
asoplaza.co.jp

옥상 노천탕에서 바라보는 웅장한 풍경이 멋진 온천
리조트호텔. 넓고 쾌적한 전통 객실, 아소의 명물 음식
을 맛볼 수 있는 가이세키 요리, 개방감 만점인 온천
탕 등 매력적인 시설을 갖추고 있다.

벳푸호텔 시웨이브
別府 ホテル SEAWAVE

지도 p.25상ⓐ **위치** JR 벳푸역에서 도보 1분 **주소** 大分県別府市駅前町12-8 **요금** 트윈 기준 1인당 4,200엔~ **오픈** 체크인 15:00, 체크아웃 11:00 **전화** 0977-27-1311 **홈피** www.beppuonsen.com

벳푸 교통의 중심 JR 벳푸역 바로 앞에 위치한 비즈니스호텔. 호텔 내에 온천은 없지만 입지가 좋아 주요 명소로의 이동이 편리하다.

시오사이노야도 세이카이
潮騒の宿 晴海

지도 p.24ⓓ **위치** JR 벳푸역에서 자동차로 15분 **주소** 大分県別府市上人ヶ浜町6-24 **요금** 1박 2식 기준 1인당 1만 5,375엔~ **오픈** 체크인 15:00, 체크아웃 10:00 **전화** 0977-66-3680 **홈피** www.seikai.co.jp

전통 료칸과 현대식 호텔의 장점을 접목시킨 온천 관광호텔. 아름다운 바다를 바라보며 즐기는 온천욕, 신선한 해산물 코스 요리, 넓고 쾌적한 전통 객실 등 온천 여행을 충분히 즐길 수 있는 시설과 서비스를 갖추고 있다.

스기노이호텔 杉乃井ホテル

지도 p.24ⓒ **위치** 벳푸역에서 자동차로 10분, 무료 셔틀버스로 15분 **주소** 大分県別府市観海寺1 **요금** 1박 2식 기준 1인당 9,800엔~ **오픈** 체크인 14:00, 체크아웃 11:00 **전화** 0977-78-8888 **홈피** www.suginoi-hotel.com

벳푸 만과 벳푸 시내를 한눈에 바라볼 수 있는 고지대에 위치한 온천 호텔. 남녀 노천탕 2개, 남녀 내탕 6개 그리고 사우나시설까지 완비되어 있어 다양한 온천을 즐길 수 있다. 그 밖에 일식, 양식, 뷔페, 스시 등 맛있는 음식을 맛볼 수 있는 레스토랑도 충실하다.

벳푸 가메노이 호텔
別府 亀の井ホテル

지도 p.25상ⓐ **위치** JR 벳푸역에서 도보 5분 **주소** 大分県別府市中央町5-17 **요금** 더블 기준 1인당 5,100엔~ **오픈** 체크인 15:00, 체크아웃 11:00 **전화** 0977-22-3301 **홈피** www.kamenoi.com

벳푸역에서 도보로 이동할 수 있는 좋은 입지의 비즈니스호텔. 사우나 시설과 온천 대욕탕이 있어 저렴한 요금으로 온천과 숙박을 동시에 해결할 수 있다는 점이 매력적이다. 객실에서 무료로 인터넷 접속이 가능.

젯케이노야도 사쿠라테이
絶景の宿 さくら亭

지도 p.24Ⓐ **위치** JR 벳푸역에서 자동차로 15분 **주소** 大分県 別府市大字鉄輪上1063-1 **요금** 1박 2식 기준 1인당 1만 500엔 ~ **오픈** 체크인 15:00, 체크아웃 12:00 **전화** 0977-27-6747 **홈 피** www.gloria-g.com/sakuratei

간나와온센 鉄輪温泉 지역의 고지대에 자리 잡고 있 는 온천료칸. 이름처럼 벳푸 시내의 절경을 노천탕과 객실에서 볼 수 있다는 점이 매력적이다. 온천욕을 즐 긴 후 2층 라운지에서 무료로 즐길 수 있는 커피 서비 스도 각별하다.

오니야마 호텔
おにやまホテル

지도 p.25하Ⓐ **위치** JR 벳푸역에서 자동차로 15분 **주소** 別 府市鉄輪335-1 **요금** 1박 2식 기준 1인당 7,350엔~ **오픈** 체 크인 15:00, 체크아웃 10:00 **전화** 0977-66-1121 **홈피** www. oniyama-hotel.co.jp

벳푸 지역의 하나인 오니야마 지옥의 원천을 이용하 는 온천 료칸. 피부에 좋은 염화나트륨 온천과 벳푸의 명물 요리를 맛볼 수 있는 식사, 깔끔하고 쾌적한 객 실 등 멋진 서비스를 누릴 수 있다.

유와이노야도 다케노이
ゆわいの宿 竹乃井

지도 p.25상Ⓑ **위치** JR 벳푸역에서 도보 8분 **주소** 大分県 別府市北浜3-10-26 **요금** 1박 2식 기준 1인당 9,800엔~ **오 픈** 체크인 15:00, 체크아웃 10:00 **전화** 0977-23-3261 **홈피** www.takenoi.jp

양질의 온천과 맛있는 창작 요리로 유명한 온천 료칸. 전통 온천의 고풍스러운 멋과 현대적인 시설의 세련 된 분위기가 어우러진 객실과 온천이 매력적이다. 객 실에서 무료로 인터넷을 할 수 있는 것도 큰 장점.

벳푸호텔 세이후
別府ホテル清風

지도 p.25상Ⓑ **위치** JR 벳푸역에서 도보 10분 **주소** 別府市北 浜2-12-21 **요금** 1박 2식 기준 1인당 1만 1,550엔~ **오픈** 체크 인 15:00, 체크아웃 10:00 **전화** 0977-24-3939 **홈피** http:// beppu-seifu.jp

시내 번화가에 자리 잡고 있어 교통이 편리한 온천 료 칸. 전통 온천의 풍미는 다소 떨어지지만 온천을 하면 서 멋진 전망을 즐길 수 있는 점은 매력적이다. 신선 한 해산물과 벳푸의 명물 요리를 맛볼 수 있는 가이세 키 요리도 인기.

쉐라톤 그랜드 오션리조트
シェラトン・グランデ・オーシャンリゾート

지도 p.32ⓑ **위치** JR 미야자키역에서 시가이아 シーガイア 방면 미야자키교통버스 이용 25분 호텔 오션돔 정류장 하차 **주소** 宮崎県宮崎市山崎町浜山 **요금** 더블 기준 1인당 8,500엔~ **오픈** 체크인 14:00, 체크아웃 11:00 **전화** 0985-21-1113 **홈피** www.seagaia.co.jp

미야자키 최고의 휴양 시설인 피닉스 시가이아 리조트에 위치한 고급 리조트호텔. 객실에서 바라보는 바다의 멋진 풍경이 압권이다. 단, 인터넷 사용 시 1일 1,575엔의 요금을 내는 점이 아쉽다.

리치몬드호텔 미야자키에키마에
リッチモンドホテル宮崎駅前

지도 p.32ⓐ **위치** JR 미야자키역 동쪽 출구에서 도보 2분 **주소** 宮崎県宮崎市宮崎駅東2-2-3 **요금** 더블기준 1인당 4,100엔~ **오픈** 체크인 14:00, 체크아웃 11:00 **전화** 0985-60-0055 **홈피** www.richmondhotel.jp/miyazaki

넓고 쾌적한 객실이 매력적인 비즈니스호텔. 교통의 중심 JR 미야자키역과 가까워 편리하게 여행을 즐길 수 있다. 모든 객실에서 무료로 인터넷 접속이 가능하다.

호텔 JAL 시티 미야자키
ホテルJALシティ宮崎

지도 p.32ⓒ **위치** JR 미야자키역 서쪽 출구에서 도보 10분 **주소** 宮崎県宮崎市橘通西4-2-30 **요금** 더블 기준 1인당 7,000엔~ **오픈** 체크인 14:00, 체크아웃 11:00 **전화** 0985-25-2580 **홈피** www.miyazaki-jalcity.co.jp

JR 미야자키역 주변에 위치한 고급 비즈니스호텔. 첨단 가습공기 정화 시스템이 완비된 쾌적하고 세련된 객실이 장점이다. 모든 객실에서 무료로 인터넷 접속이 가능하다.

호텔루트인 미야자키
ホテルルートイン宮崎

지도 p.32ⓒ **위치** JR 미야자키역 서쪽 출구에서 도보 10분 **주소** 宮崎県宮崎市橘通西4-1-27 **요금** 더블, 트윈 기준 1인당 4,500엔~ **오픈** 체크인 15:00, 체크아웃 10:00 **전화** 0985-61-1488 **홈피** www.route-inn.co.jp

편리하고 쾌적한 비즈니스호텔 체인으로 유명한 루트인의 미야자키점. 최상층에 여행의 피로를 풀 수 있는 대욕탕이 있어 인기이다. 모든 객실에서 무료로 인터넷 접속이 가능하다.

가고시마의
추천 호텔

호텔 타이세이 아넥스
ホテル タイセイアネックス

<u>지도</u> p.29하 <u>위치</u> JR 가고시마주오역 동쪽 출구에서 도보 3분 <u>주소</u> 鹿児島市中央町4-32 요금 더블, 트윈 기준 1인당 4,500엔~ <u>오픈</u> 체크인 15:00, 체크아웃 11:00 <u>전화</u> 099-257-1111 <u>홈피</u> www.hotel-taisei-annex.jp

편리한 교통, 편안한 휴식 공간을 제공하는 비즈니스 호텔. 남성 전용 히노키아로마 사우나와 여성 전용 암반욕이 자랑거리이다. 모든 객실에서 무료로 인터넷 접속이 가능하다.

리치몬드호텔 가고시마 긴세이초
リッチモンドホテル鹿児島金生町

<u>지도</u> p.29상 <u>위치</u> 노면전차 아사히도리역에서 도보 1분 <u>주소</u> 鹿児島県鹿児島市金生町5-3 요금 더블 기준 1인당 3,250엔~ <u>오픈</u> 체크인 14:00, 체크아웃 11:00 <u>전화</u> 099-219-6655 <u>홈피</u> www.richmondhotel.jp/kagoshima

2013년 7월 리뉴얼 오픈한 덴몬칸 인근의 비즈니스호텔. 다른 리치몬드 계열의 호텔처럼 세련된 인테리어와 섬세한 서비스로 인기가 높다. 모든 객실에서 무료로 인터넷 접속이 가능하다.

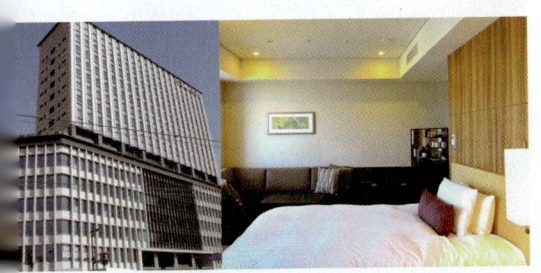

솔라리아 니시테쓰호텔 가고시마
ソラリア西鉄ホテル鹿児島

<u>지도</u> p.29하 <u>위치</u> JR 가고시마주오역 동쪽 출구에서 도보 2분 <u>주소</u> 鹿児島市中央町11 요금 트윈 기준 1인당 5,000엔~ <u>오픈</u> 체크인 15:00, 체크아웃 11:00 <u>전화</u> 099-210-5555 <u>홈피</u> www.solaria-hotels.jp/kagoshima

가고시마 교통의 중심 JR 가고시마주오역 바로 앞에 있는 비즈니스호텔. 호텔 건물 1층에 고속버스 정류장이 있어 근교로 이동할 때도 편리하다. 모든 객실에서 무료로 인터넷 접속이 가능하다.

선데이즈인 가고시마
サンデイズイン鹿児島

<u>지도</u> p.29상 <u>위치</u> 노면전차 덴몬칸도리역에서 도보 3분 <u>주소</u> 鹿児島県鹿児島市山之口町9-8 요금 트윈 기준 1인당 3,700엔~ <u>오픈</u> 체크인 15:00, 체크아웃 10:00 <u>전화</u> 099-227-5151 <u>홈피</u> www.sundaysinn.com

덴몬칸에 위치한 고품격 비즈니스호텔. 모더니즘에 기초한 깔끔한 인테리어와 편의시설로 여성들에게 인기가 높다. 모든 객실에서 무료로 인터넷 접속이 가능하다.

치산 인 가고시마
チサンイン鹿児島

<u>지도</u> p.29상 <u>주소</u> 鹿児島県鹿児島市呉服町1-3 <u>요금</u> 더블, 트윈 기준 1인당 3,100엔~ <u>오픈</u> 체크인 15:00, 체크아웃 10:00 <u>전화</u> 099-227-5611 <u>홈피</u> www.solarehotels.com/hotel/chisun

2008년 4월에 덴몬칸 중심지에 문을 연 산뜻한 분위기의 비즈니스호텔. 객실에 2단으로 벙커침대를 설치하여 아이를 동반한 가족 여행자에게 인기가 높다. 모든 객실에서 무료로 인터넷 접속이 가능하다.

호텔 어빅 가고시마
ホテルアービック鹿児島

<u>지도</u> p.29하 <u>위치</u> JR 가고시마주오역 서쪽 출구에서 도보 1분 <u>주소</u> 鹿児島県鹿児島市武1-3-1 <u>요금</u> 더블, 트윈 기준 1인당 5,000엔~ <u>오픈</u> 체크인 15:00, 체크아웃 10:00 <u>전화</u> 099-214-3588 <u>홈피</u> www.urbic.jp

가고시마주오역 바로 옆에 위치한 비즈니스호텔. 쾌적한 휴식을 위해 다양한 시설이 완비되어 있어 여행자들에게 인기가 높다. 모든 객실에서 무료로 인터넷 접속이 가능하다.

호텔 에어리어원 가고시마
ホテルエリアワン鹿児島

<u>지도</u> p.29상 <u>위치</u> 노면전차 다카미바바역에서 도보 1분 <u>주소</u> 鹿児島県鹿児島市西千石町11-17 <u>요금</u> 더블 기준 1인당 3,000엔~ <u>오픈</u> 체크인 15:00, 체크아웃 10:00 <u>전화</u> 099-223-4111 <u>홈피</u> www.hotel-areaone.com/kagoshima

2008년 8월 리뉴얼 작업으로 쾌적함이 배가된 비즈니스호텔. 번화가인 덴몬칸이 도보권이라 밤늦게까지 여행을 즐길 수 있는 점이 매력적이다. 모든 객실에서 무료로 인터넷 접속이 가능하다.

호텔 렉스턴 가고시마
ホテル・レクストン鹿児島

<u>지도</u> p.29상 <u>위치</u> 노면전차 다카미바바역에서 도보 3분 <u>주소</u> 鹿児島県鹿児島市山之口町4-20 <u>요금</u> 더블 기준 1인당 3,500엔~ <u>오픈</u> 체크인 14:00, 체크아웃 10:00 <u>전화</u> 099-222-0505 <u>홈피</u> www.nisikawa.net/lexton

일본 최고의 호텔 예약 사이트 자란의 고객 평점 4.7의 인기 비즈니스호텔. 맛있는 조식 서비스, 여행의 피로를 풀어주는 여성 전용 암반욕과 남성 전용 대욕탕이 인기이다. 모든 객실에서 무료로 인터넷 접속이 가능하다.

PREPA
RATION
여행 준비

일본 기초정보

국명

일본 日本
일본어로 닛폰 にっぽん 혹은 니혼 にほん이라 부르는 일본은 '해의 중심이 되는 나라' '해가 떠오르는 나라'라는 뜻을 담고 있다. 'Japan'이라는 영문 표기는 중국 당나라시대, 닛폰의 중국식 표기인 '짓폰'이라는 발음을 마르코 폴로가 그의 여행기에서 '지팡구'라고 소개한 데서 유래되었다.

국기

일장기 日章旗
일본 국기의 정식 명칭은 일장기 日章旗지만, 일본 사람들은 대부분 히노마루 日の丸라 부른다. 일본의 국기 및 국가에 대한 법률 규정에 의하면 기의 형태는 세로와 가로의 비율이 2:3, 원은 지름이 세로의 3/5이고 중심은 기의 한가운데, 바탕색은 백색, 원은 홍색으로 규정되어 있다.

언어

일본어 日本語
일본의 공용어는 일본어로 사용 인구 면에서 보면 세계 9위이다. 그러나 대외적인 교류가 적으며 국제적 세력도 크지 않아 일본 내에서만 사용된다. 일본어의 계통은 언어학적으로 아직 확정되지 않았으나 음운 구조나 문법 구조에 다소 어휘적 유사성이 있어 한국어, 알타이어와 친족 관계가 있는 것으로 여겨진다. 문자는 한자, 가타카나, 히라가나, 로마자, 아라비아 숫자 등 각각 체계를 가지는 문자를 병행해서 쓰고 있으며, 한자도 음독과 훈독이 있어 같은 한자가 2가지 이상의 음으로 읽힌다.

면적 및 지형

37만 7930km²
일본이 섬나라라고 해서 아주 작은 나라라고 얕보는 경우가 많은데 사실은 그렇지 않다. 일본의 국토 면적은 37만 7930km²로 유럽 대륙에 있는 나라 중 국토 면적이 일본보다 넓은 나라는 5개국밖에 없을 정도이다. 참고로 한국의 국토 면적은 9만 9720km²로 일본의 1/4에 불과하다.

인구 및 인구밀도

1억 2645만 명, 340명/km²
일본의 총인구는 2017년 기준 1억 2645만 명으로 세계 10위의 인구 대국이다. 2017년 현재 우리나라의 추계 인구는 5177만 8544명으로, 일본이 우리나라보다 약 2.5배나 인구가 많다. 그러나 인구밀도는 우리나라가 501명/km²로 일본보다 월등히 높다.

원호

헤이세이 平成
일본 사람에게 생년월일을 물어보면 서기(西紀)로 대답하는 경우는 거의 없다. 대부분 원호(元號)를 사용해 쇼와 昭和 몇 년생, 헤이세이 平成 몇 년생이라고 대답한다. 1989년 1월 7일 쇼와 일왕이 사망한 후 1월 8일부터 새로운 원호인 헤이세이가 발표되어 지금까지 사용되고 있다.
쇼와는 그 숫자에 1925를 더하면 서기를 알 수 있고 헤이세이는 1988을 더하면 서기를 알 수 있다. 반대로, 올해가 일본원호로 몇 년인지 계산하고 싶을 때는 서기에서 1988을 빼면 된다. 예를 들어 2018년은 2018-1988=30이니까 헤이세이 30년이 된다.

인종

일본인

현재의 일본인이 어떻게 형성되었는가에 대해서는 명확하지 않다. 우선 토착민이던 야마토 大和 민족이 중심이 되어 일본 열도 각지에 산재해 있던 여러 인적 집단을 차례차례 복속하고 동화해 온 것으로 추측된다. 남방계 원주민 류큐 琉球 민족과 북방계 원주민 아이누 アイヌ 민족도 근대에 오키나와와 훗카이도가 일본 영토에 편입되면서 일본 민족에 포함되었다.

경제규모

GDP 4조 8844억 달러(세계 3위)
GNI 3만 8550달러(세계 25위)

2017년 기준 일본의 GDP(국내총생산)는 4조 8844억 달러로 미국과 중국에 이어서 세계 3위를 차지하고 있다. 한국은 1조 5297억 달러로 11위다.

한편 GNI(국민총소득)는 일본이 3만 8550달러로 세계 25위를, 우리나라는 2만 9730달러로 28위를 기록하고 있다. 국내총생산으로 보면 일본이 우리나라의 3배, 국민총소득으로 보면 일본이 우리나라의 1.3배 정도 되는 셈이다.

통화

엔 円

현재 일본의 통화단위인 엔은 1871년 6월 27일에 제정된 신화조례로 정해진 것이다. 기호로는 ¥으로 표시하며, JPY 혹은 Yen으로 표기하는 경우도 있다. 현재 일본에서 발행·유통되고 있는 통화는 동전 6종류, 지폐 4종류이다. 우리나라의 경우와 똑같지만 다른 점이 있다면 딱 하나 2000엔짜리 지폐가 있다는 것이다.

기후

온난다습

온대 지방에 속하는 일본은 일본에서 한반도와 중국, 동남아시아를 거쳐 인도까지 뻗치는 계절풍 지대의 동북단에 자리 잡고 있으며 대체로 온화한 편이다. 사계절이 분명하고 남북의 위도 차가 22°나 되며 아시아 대륙과는 태평양에서 불어오는 기단이 부딪히는 곳이므로 기후 조건이 매우 다양하다. 대륙 기단의 영향으로 연간 온도 차가 크지만 이는 해양의 영향으로 완화되어 습도가 높고 강수량이 많은 현상이 나타난다.

종교

신도, 불교

일본에서 가장 넓고 깊게 자리 잡고 있는 종교는 토착 신앙인 신도(神道)와 외래 종교인 불교(佛敎)이다. 역사적으로 신도라고 불리는 애니미즘적 신앙과 외래 사상인 불교가 융화되어 이를 폭넓게 받아들였지만, 신도와 불교가 반용합한 종교 조직의 형태를 취해 신도가 애니미즘적인 측면이나 혼례의식을, 불교가 이론적 측면이나 장례식을 담당하는 등 분업을 하며 공존해온 측면이 강하다. 하지만 일본 사람들은 생활 관습으로서 신도와 불교를 받아들일 뿐 종교로 여기지 않는다.

공휴일

연간 15일 + 대체휴일

일본의 공식적인 공휴일은 현재 모두 15개다. 일본의 공휴일이 세계 다른 나라와 가장 큰 차이를 보이는 점은 바로 공휴일이 일요일에 해당하는 경우, 그다음 날이 휴일이 되는 대체휴일제도를 법적으로 보장하고 있다는 점이다. 또 공휴일과 공휴일 사이에 평일이 껴있는 날 역시 국민의 휴일이라는 이름으로 공휴일이 되는 특이한 제도를 갖고 있다.

전기

100V 50 · 60Hz

일본의 전압은 100V이고, 전기의 주파수는 도쿄를 포함한 동일본은 50Hz, 오사카·교토·나고야 등을 포함한 서일본은 60Hz다. 전기 제품을 휴대할 경우 프리볼트 제품을 준비하거나 숙소에 변압기가 있는지 확인해 두자. 콘센트는 11자 모양의 평평한 2핀을 사용하므로 한국에서 변환 플러그를 몇 개 준비해 가는 것이 좋다.

여행 계획 세우기

자유여행은 패키지여행과 달리 전체 일정을 여행자 스스로 계획하고 책임져야 한다. 코스 선택, 일정, 예산 등을 스스로 해결해야 하는 만큼 두려움과 걱정이 앞서겠지만, 준비만 철저히 하면 홀로 떠나도 아무런 문제 없이 여행을 즐길 수 있다. 여행을 떠나기로 마음먹었다면 적어도 2개월 전부터 여행지, 일정 등 기본적인 사항을 계획하는 것이 좋다.

후쿠오카를 중심으로 주변 도시를 방문하자

규슈는 도쿄나 오사카와 달리 후쿠오카만을 목적으로 여행을 하는 경우는 드물다. 대부분 여행자들은 나가사키, 하우스텐보스, 유후인 등 북큐슈 지역의 주요 명소를 둘러볼 목적으로 규슈 여행을 계획한다. 여행 기간이 길다면 규슈 지역의 주요 명소를 모두 돌아보는 것이 좋겠지만, 4~5일 이내의 일정이라면 무리하게 일주를 시도하기보다는 본인이 가장 가고 싶은 여행지를 중심으로 한두 곳 정도 추가해서 계획을 세우는 것이 좋다.

두 번째 여행이라면 시야를 넓혀보자

규슈로 여행을 떠난다고 하면 대개 후쿠오카를 기본으로 두고 나가사키, 유후인, 벳푸 중심으로 여행 계획을 세우는 것이 일반적이다. 규슈 방문이 두 번째라면 남들이 다 다녀온 유명 관광지보다, 일본 사람들에게 인기 좋은 미야자키나 가고시마 등에 관심을 가져보자.

남들보다 저렴한 비용으로 여행을 떠나자

여행 경비는 여행자의 스타일이나 여행 시기에 따라 탄력적이다. 여행 경비에서 가장 큰 부분을 차지하는 항공 요금과 숙박비 역시 본인의 선택에 따라 천차만별로 액수가 달라진다. 같은 상품을 선택하더라도 여행을 떠나기 전에 얼마나 빨리, 얼마나 많이 발품을 파느냐에 따라 얼마든지 저렴하게 이용할 수 있으니 꼼꼼히 비교해 보고 예약하는 것은 필수.

다양한 교통 패스를 적극적으로 활용하자

일본의 비싼 교통비를 극복하고 마음껏 돌아다니려면 다양한 교통 패스를 적극적으로 활용하는 것이 좋다. 규슈에서는 철도를 마음껏 이용할 수 있는 JR 규슈레일패스, 버스를 무제한 탈 수 있는 산큐패스가 대표적인 교통 패스이다. 이외에도 각 도시 별로 다양한 교통 패스가 있으니 여행 계획을 세울 때 목적에 맞는 패스를 찾아내는 것이 대단히 중요하다.

정보 수집은 최대한 많이 하자

5일간 여행을 떠난다고 가정했을 때 주어진 시간은 5일로 동일하지만, 얼마나 꼼꼼히 준비했느냐에 따라 여행의 효율성은 완전히 달라진다. 미리 구입한 가이드북을 읽어보는 것은 기본이고, 다른 사람의 여행기나 정보를 가능한 한 많이 접하자. 특히 인터넷이 발달한 요즘은 인터넷 여행 동호회뿐만 아니라 번역 서비스를 통해 일본어 사이트에서 직접 정보를 얻을 수도 있다.

여권 만들기

여권은 주민등록증처럼 정부에서 발행하는 신분증명서로, 외국에서 자신의 신분을 증명해 주는 유일한 수단이다. 해외여행의 가장 기본 준비물인 여권 발급에 대해 알아보자.

여권 발급 신청 및 수령

여권의 종류에 따라 필요한 서류를 구비한 후 본인이 직접 가까운 구청이나 시청의 여권과로 가 신청하면 된다. 여권 발급 신청서는 각 여권과에 비치되어 있으며, 외교통상부 홈페이지에서 양식을 내려받아 미리 작성해 갈 수도 있다. 여권이 발급되기까지 보통 3~4일 정도 소요되고, 성수기에는 일주일 이상 걸리기도 한다. 수령할 때는 반드시 신분증을 지참할 것.
외교통상부 여권 안내 www.passport.go.kr

여권 발급에 필요한 준비물
- 여권 발급 신청서(여권과에 비치)
- 여권용 사진 1장
- 신분증
- 여권 발급 수수료(10년 복수 여권 5만 3000원, 1년 단수 여권 2만 원)

미성년자 여권 발급 준비물
- 여권 발급 신청서
- 부모 중 1인의 인감이 찍혀 있는 여권 발급 동의서
- 여권 발급 동의서를 작성한 부모 중 1인의 인감증명서
- 여권용 사진 1장
- 부모와 함께 등재된 주민등록등본이나 호적등본
- 여권 발급 수수료(나이에 따라 1만 5000~4만 5000원)

여권 유효기간

대부분의 국가에서는 여권 유효기간이 최소 6개월 이상 남아 있지 않으면 입국을 거절당할 수 있지만, 일본은 여권 유효기간 이내의 여행이라면 문제가 되지 않는다. 하지만, 여권 유효기간의 만료일이 다가온다면 여권을 재발급받는 것이 좋다. 다만, 기존의 유효기간 연장제도는 폐지되었기 때문에 신규 여권을 신청할 때와 똑같은 과정을 거쳐야 한다. 발급 수수료도 신규 여권 발급 수수료와 같다.
참고로, 여권 유효기간은 충분하지만, 수록정보 변경, 분실, 훼손, 사증란 부족 등으로 새로운 여권을 발급받을 경우에는 '남은 유효기간 부여 여권'을 발급받으면 된다. 발급 수수료는 2만 5000원으로 신규 여권을 발급받을 때보다는 저렴하다.

알뜰여권
48쪽이던 여권의 면수를 반으로 줄이고 수수료도 3000원 할인한 여권. 무비자 협정국이 늘어나며 비자를 붙이는 일이 줄어든 요즘, 웬만큼 해외여행이나 출장이 잦은 사람이 아니라면 이용할 만하다.

일본의 비자
한국과 일본의 무비자 협정에 의해, 일본에 방문한 목적이 관광이라면 비자 없이 90일간 체류 가능하다.
주한 일본 대사관 www.kr.emb-japan.go.jp

여행 중 여권을 분실했다면?
여행 중 여권을 분실할 경우 영사관에 가서 여행용 임시 증명서를 발급받아야 한다. 혹시 모를 사태에 대비해 여권 복사본과 사진 2장을 예비로 준비해 가는 것이 좋다. 한꺼번에 잃어버리는 일이 없도록 꼭 여권과 따로 보관하자.
주후쿠오카 대한민국 영사관 overseas.mofa.go.kr/jp-fukuoka-ko/index.do

예산 짜기

규슈 여행을 떠나기에 앞서 미리 여행에 필요한 총 경비를 예상해보자. 자유여행을 떠난다고 가정할 경우 기본적으로 항공 요금과 숙박비, 교통비, 식비, 관광지 입장료가 필요하다. 이외에 현지에서 기념품이나 마음에 드는 물건을 구입할 경우 소요되는 쇼핑 비용과 군것질 등에 필요한 잡다한 지출을 감안해서 산출하면 된다. 미처 생각하지 못했던 곳에 지출해야 할 경우를 대비해서 총 여행 경비의 10% 정도는 비상금으로 따로 준비하는 것이 좋다.

항공 요금 10만~40만원

항공 요금은 항공사에 따라, 시즌과 유효 기간에 따라, 또 예약 조건에 따라 요금이 천차만별이다. 저가항공의 취항에 따라 저렴한 항공권도 많이 찾아볼 수 있는데, 성수기ㆍ비수기 등 시즌에 따라 차이가 크고 비행 시각이 너무 이르거나 늦고 탑승구가 먼 것이 단점이다. 항공 요금을 계산할 때 세금ㆍ유류할증료 등을 빼놓지 않도록 주의하자.

시간은 많은데 돈이 부족하다면 배를 타고 가는 것도 고려해볼 만하다. 부산에서 출발하는 고속선을 이용하면 항공 요금보다 저렴한 비용으로 갈 수 있다.

공항 ↔ 시내 왕복 교통비 520엔

규슈의 관문인 후쿠오카 국제공항은 후쿠오카 시내에 있어 공항과 시내 중심가를 오가는 데 드는 교통비는 여느 도시와 비교해 아주 저렴하다. 후쿠오카 국제공항에서 후쿠오카 시내 중심가인 JR 하카타역이나 덴진까지 지하철이 연결되며 요금은 260엔이다. 산큐패스를 이용하는 경우에는 시내 중심까지 버스를 무

료로 이용할 수 있다.

숙박비 1박 2500~2만엔

숙소의 종류별로 장단점이 뚜렷하므로 충분히 고민한 후 선택하자. 여행 시기와 위치에 따라 달라지지만 2인 1실 기준으로 호텔은 7500~1만엔, 비즈니스 호텔은 3500~6500엔, 민박이나 게스트하우스는 2500~3000엔 정도 필요하다.

교통비 1일 700엔~

일본의 물가 중에서도 교통비는 특히 비싼 편이다. 규슈의 경우 도쿄나 오사카와 비교해 상대적으로 저렴한 편이긴 하지만 그래도 부담스럽긴 마찬가지이다. 요금이 이렇게 비싸다보니 지하철이나 버스를 타기가 겁나 소극적으로 여행을 하는 경우가 많은데, 비싼 교통비 때문에 지레 겁먹을 필요 없이 교통패스를 적극 활용하도록 하자. 후쿠오카, 나가사키, 구마모토, 벳푸, 가고시마 등 규슈의 주요 도시에서는 다양한 조건의 1일 승차권을 저렴한 가격으로 구입할 수 있다.

식비 1일 2000~5000엔

여행 스타일에 따라 가장 많은 차이가 나는 것이 바로 식비이다. 평소 질보다 양을 선호하는 여행자라면 한 끼 식비로 500엔이면 충분하다. 그러나 여행 출발 전부터 맛집 정보를 찾아 밤새 인터넷을 뒤지는 미식가라면 한 끼에 1만엔 이상 들 수 있다. 우동이나 소바·라면과 같은 면류는 300~1000엔 정도면 다양한 메뉴를 골라 먹을 수 있고, 요시노야나 마쓰야 등의 일본식 패스트푸드점의 메뉴는 280~700엔 정도면 꽤 푸짐하게 한 끼 식사를 해결할 수 있다. 고급스러운 백화점이나 호텔에 있는 고급 레스토랑 가에서도

1500~3000엔이면 맛있는 식사를 즐길 수 있다. 따라서 하루에 최소한의 경비로 먹을거리를 해결한다면 군것질 및 음료수 포함 2000엔 정도면 가능하고, 식도락을 즐길 생각이라면 5000엔 정도를 예상하면 된다.

입장료 1일 500~2000엔

시내의 번화가를 돌아다니는 데는 별다른 입장료가 필요 없지만, 절이나 박물관, 미술관 등을 방문하려면 입장할 때마다 300~1000엔 정도의 입장료가 필요하다. 나가사키의 하우스텐보스나 벳푸 주변의 아프리칸사파리처럼 입장료가 비싼 곳을 방문할 생각이라면 여행 경비에서 큰 비중을 차지하는 만큼 꼼꼼히 챙기는 것이 좋다.

비상금은 전체 여행 경비의 10% 정도

여행을 하다 보면 생각지도 못했던 자잘한 지출이 생기기 마련이다. 쇼핑할 마음이 없었지만 마음에 드는 아이템을 발견해 충동구매할 수도 있고, 여름철 더운 날씨에 1시간이 멀다 하고 자판기에서 음료수를 뽑아 먹을 수도 있다. 혹은 생각지도 않게 일이 꼬여서 택시를 타는 일이 생길 수도 있다. 이런 경우를 대비해서 전체 여행 경비의 10% 정도를 비상금으로 가지고 가는 것이 좋다.

PREPARATION
항공권 예약하기

여행 출발일이 정해졌다면 가능한 한 빨리 항공권을 예약하는 것이 좋다. 항공권 예약이 선행되어야 출국일과 귀국일이 확실하게 결정되고, 이에 맞춰서 숙소 예약이 가능하기 때문이다. 여행을 가기로 마음먹었다면 항공권 예약이라는 첫 단추를 제대로 꿰는 것이 무엇보다 중요하다는 것을 명심하도록 하자.

항공권을 싸게 구입하는 방법 및 주의 사항

항공 요금은 항공사에 따라 시즌과 유효 기간에 따라, 또 예약 조건에 따라 똑같이 후쿠오카를 가는 비행기라 해도 요금이 천차만별이다. 일반적으로 성수기·비수기 시즌에 따라 가장 큰 차이가 나지만, 같은 시기라도 제약 조건이 많을수록 가격이 저렴하다.

대체로 항공사를 통해 구입하는 티켓은 비싸고 여행사를 통해 구입하는 티켓이 저렴하다. 오프라인 여행사보다 온라인 여행사가 저렴하며, 저가항공사의 경우 항공사 홈페이지에서만 구입 가능한 경우도 있으니 두루두루 알아보는 노력이 필요하다.

또한 항공 요금을 계산할 때 놓치기 쉬운 것이 항공권 가격 외에 추가로 지불해야 하는 텍스(공항 이용료·유류할증료 등)이다. 후쿠오카 왕복 항공권의 가격에 추가되는 텍스는 항공사마다 조금씩 차이가 있지만 대략 5만원 전후이다.

여행 성수기를 피하자
흔히 여행업계에서 말하는 성수기는 많은 사람들이 시간을 낼 수 있는 기간, 즉 여름 방학·겨울 방학·설 연휴·추석 연휴 등이다. 이 중에서도 직장인들의 휴가가 집중되는 7월 15일~8월 10일 사이는 그야말로 최고 성수기이다. 이때는 워낙 많은 여행객이 몰리기 때문에 파격적인 할인 항공권은 기대하기 어렵다. 그러나 성수기에 여행을 떠날 수밖에 없는 형편이라면 미리 여행 일정을 잡고 여행사의 조기 예약 할인 상품을 이용해서 할인받는 것이 좋다.

성수기라면 조기 예약 할인을 노리자
어느 정도 규모가 있는 여행사라면 성수기를 대비해서 항공사로부터 미리 좌석을 확보한 다음, 일부 좌석은 패키지 상품을 구성하고 다른 좌석은 자유여행을 선호하는 여행자를 위해 호텔팩 상품을 구성해서 판매한다. 이때 미리 확보한 좌석이 남지 않도록 조기 예약 할인 제도를 도입하는 경우가 많다. 단 반드시 숙소를 함께 예약해야 한다거나, 출발일과 귀국일 변경 불가·환불 불가 등의 조건이 따르는 경우가 많으므로 예약하기 전에 꼼꼼하게 확인하는 것이 좋다.

가격 비교를 열심히 하자
원하는 날짜의 항공편을 선택했다면 시중에서 판매하는 할인 항공권의 가격을 조사해봐야 한다. 일반적으로 항공권 전문 여행사나 일본 전문 여행사가 항공권을 저렴하게 파는 경우가 많으나, 할인 항공권은 정가가 없는 데다 여행사 간의 출혈 경쟁도 치열하기 때문에 어느 곳이 가장 싸다고 단정하기는 어렵다. 항공권 전문 가격 비교 서비스를 시행하는 곳도 있으나 비교할 수 있는 여행사·항공사가 한정되어 있으니 최대한 많이 비교하는 것이 좋다.

04 원하는 항공권을 찾았다면 빠르게 예약하자

최저가 항공권을 찾는다고 예약을 차일피일 미루면 항공권을 아예 구하지 못하는 경우가 생긴다. 특히 일본으로 가는 항공 노선은 업무상 출장을 떠나는 비즈니스맨과 여행객으로 인해 일 년 내내 붐비는 만큼 서둘러야 한다. 어느 정도 저렴한 항공권을 찾았다고 생각하면 놓치지 말고 예약하자.

05 할인 항공권의 단점도 알아두자

가격이 싼 데는 다 이유가 있는 법이다. 대개 항공권의 유효 기간이 짧거나, 예약 변경이 불가능하다거나, 예약 변경은 가능하지만 수수료가 엄청나게 비싸다거나, 아예 환불이 불가능하다는 등 여러 가지 조건과 제약이 따른다. 그 모든 조건을 받아들일 수 있을 때에만 할인 항공권의 싼 가격이 의미 있는 것이다. 예약 조건을 자세히 알아보지 않고 덜컥 예약했다가 나중에 예약 변경이나 취소 문제로 골치 아픈 경우가 벌어질 수도 있으니 주의하자.

06 할인 항공권을 구입했다면 무조건 공항에 일찍 나가자

어느 항공사 할 것 없이 약간의 오버 부킹을 받는 경우가 많다. 그런데 가끔은 예약했던 손님들이 한 명도 취소하지 않고 공항에 나타나는 경우가 있다. 이렇게 예약이 초과된 상황이 발생하면 항공사는 노멀 항공권을 소지한 승객에게 우선권을 주고, 할인 항공권을 소지한 여행자 중 소소한 부분을 문제 삼아 임의로 취소해버리는 불상사가 생기는 경우가 있다. 따라서 여러 가지 제약이 따르는 할인 항공권을 구입했다면 출국할 때나 귀국할 때 되도록 일찍 공항에 도착해서 탑승 수속을 마치는 것이 좋다.

07 항공권을 받자마자 이름과 날짜를 확인하자

할인 항공권은 일단 발권한 후에는 출국일과 귀국일을 변경하는 것은 물론이고 항공권에 기재되어 있는 영문 이름을 변경하는 것도 쉽지 않다. 항공권에 기재되어 있는 영문 이름은 반드시 여권에 기재된 영문 이름과 같아야 하고, 만약 다른 경우 항공기 탑승이 거부될 수 있다. 이런 실수를 미연에 방지하고 싶다면 항공권 예약을 하기 전에 반드시 여권의 영문 이름을 확인하고 여행사 직원에게 구두로 불러주기보다는 메일이나 팩스로 보내는 것이 좋다. 티켓이 나오면 그 자리에서 반드시 이름과 날짜를 확인하고, 틀린 내용이 있을 경우 그 자리에서 바로 정정해달라고 요구해야 한다. 별것 아닌 것 같지만 이 문제 때문에 여행사와 고객 간에 분쟁이 생기는 경우가 부지기수다.

항공권 예약 시 미리 알아둬야 할 개인 정보
영문 이름(여권에 기재된 이름과 동일)
여권 번호 · 유효 기간

후쿠오카 취항 항공사
대한항공 kr.koreanair.com
아시아나항공 www.flyasiana.com
일본항공 www.kr.jal.com
전일본공수 www.ana.co.jp/wws/kr/k
제주항공 www.jejuair.net
진에어 www.jinair.com
이스타항공 www.eastarjet.com
티웨이항공 www.twayair.com
에어부산 www.airbusan.com

숙소 예약하기

일본의 숙소는 종류가 다양해 선택의 폭이 무척 넓은 편이다. 전통 여관에서부터 호텔, 비즈니스호텔, 리조트 호텔, 캡슐호텔, 민박, 게스트 하우스 등 다양한 숙박업소가 여행자들을 맞이한다. 숙소의 종류에 따라, 혹은 같은 숙소라 해도 등급에 따라 숙박 요금이 천차만별이므로 본인의 예산에 맞춰 원하는 숙소를 선택한 후 예약하면 된다.

숙소의 종류

호텔 ホテル

대도시의 번화가에 있는 대형 호텔. 각종 부대시설을 완비해 숙박 외에도 다양한 기능을 갖추고 있는 것이 특징이다. 객실 타입은 2인용인 트윈룸과 더블룸이 주를 이루고 방도 비교적 넓은 편이며, 호텔에 따라서는 트리플룸이나 다다미가 깔린 화실(和室)을 갖춘 곳도 있다.

숙박 요금 2인 1실 기준 1만 5000~2만엔
예약 방법 국내 여행사, 호텔 홈페이지, 일본의 숙소 예약 사이트 이용

비즈니스호텔 ビジネスホテル

주로 비즈니스 목적의 출장자를 대상으로 하는 소규모의 저가 호텔을 의미한다. 싱글룸과 트윈룸이 주를 이루며 우리 기준으로 보면 악 소리가 날 정도로 객실

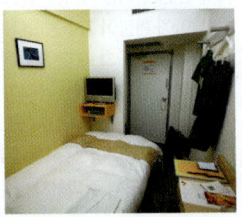

사이즈가 좁은 곳이 대부분이다. 그래도 객실 내에 필요한 가전은 다 갖춰져 있어 가격을 따지는 실속파라면 추천할 만하다.

숙박 요금 2인 1실 기준 7000~1만 1000엔
예약 방법 국내 여행사, 호텔 홈페이지, 일본의 숙소 예약 사이트 이용

리조트호텔 リゾートホテル

도시의 중심가에서 벗어나 강변이나 바닷가, 온천마을 등에 있는 대형 숙박 시설로 여러모로 호텔과 닮은 꼴이지만, 실외 수영장이나 프라이빗 비치, 골프장 등 좀 더 다양한 부대시설을 갖추고 있다. 온천 마을에 있는 리조트호텔은 여관의 서비스를 그대로 차용해 1박 2식을 기본 제공하는 등 그 지역의 특성에 맞게 다양한 서비스를 제공한다.

숙박 요금 2인 1실 기준 1만 5000~3만엔

예약 방법 국내 여행사, 호텔 홈페이지, 일본의 숙소 예약 사이트 이용

 04

캡슐호텔 カプセルホテル

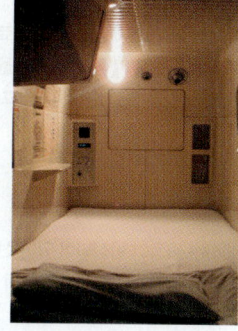

캡슐 호텔은 관을 연상시킬 만큼 작은 공간으로 이루어진 숙박 시설로 24시간 영업한다. 대부분 사우나를 겸해서 영업하고 있고 자그마한 배낭을 넣을 수 있는 로커도 무료로 제공된다. 대부분 남성 전용이며, 간혹 여성 전용 캡슐호텔도 있지만 비싼 편이다.

숙박 요금 1인 1실 기준 2500~3500엔

예약 방법 대부분 예약이 되지 않으므로 현지에서 바로 체크인

 05

료칸 旅館

전통적인 일본식 여관. 각 객실은 디자인이 심플하며 넓고 바닥에는 다다미가 깔려있다. 1박 2식이 기본 제공되며 저녁 식사는 대부분 일본식 풀코스 가이세키요리 会席料理가, 아침 식사는 간소하게 나온다. 저녁식사가 끝나면 기모노를 입은 나카이상(여종업원)이 방에 침구를 깔아준다. 목욕탕은 때로는 남탕, 여탕으로 구분되어 있으며, 온천 휴양지에 있는 여관은 노천탕을 비롯해 온천탕을 갖추고 있다.

숙박 요금 2인 1실 기준 1만 3000~5만엔

예약 방법 국내 여행사, 료칸 홈페이지, 일본의 숙소 예약 사이트 이용

 06

게스트하우스 Guest House

게스트하우스는 여행자가 매우 저렴한 가격으로 머물 수 있는 곳으로, 세계 각국의 여행자와 함께 어울릴 수 있는 숙소이다. 간소하며 깨끗한 공동 침대, 편의 시설, 주방 등을 제공하며 시설에 따라 문화 교류 활동, 파티를 주최하는 경우도 많다.

숙박 요금 도미토리 기준 1인당 2800~4000엔

예약 방법 게스트하우스 홈페이지, 게스트하우스 전문 예약 사이트 이용

 07

민박 民宿

후쿠오카 같은 대도시에는 한인 민박 업소가 많다. 주로 방이 3~4개 딸린 집을 세 내어 방 1개당 3~4명씩 사용하는 도미토리 스타일로 쾌적한 서비스나 깔끔한 분위기를 기대하기는 어렵다. 그러나 집주인부터 손님들까지 모두 한국 사람들이라 의사소통에 문제가 전혀 없다는 점이나 이곳에서 함께 여행을 다닐 친구를 사귀거나 정보를 교환할 수 있다는 점에서 매력적이다.

숙박 요금 도미토리 기준 1인당 2500~3000엔

예약 방법 국내 여행사, 해당 민박의 홈페이지

면세점 쇼핑하기

해외여행을 떠날 때 또 하나의 즐거움이 있다면 바로 면세점 쇼핑이다. 면세점 쇼핑은 오로지 해외로 나가는 여행자들만 누릴 수 있는 특권이니 기회가 온 이상 적극적으로 활용하는 것이 좋다. 항공권을 발권한 상태라면 출국일 한 달 전부터 시내 면세점이나 인터넷 면세점을 통해 미리 쇼핑을 즐길 수 있다. 참고로 한국 입국 시에 국내 면세점 이용은 불가능하다는 점을 염두할 것.

면세점의 종류

시내 면세점

시내 면세점을 이용하면 직접 방문해서 물건을 보고 구입할 수 있다는 장점이 있다. 때로는 세일이나 구매 금액별 상품권 이벤트 같은 혜택도 있다. 먼저 VIP 카드를 발급받은 후 쇼핑하면 더욱 저렴하다.

인터넷 면세점

시내 면세점에서 직접 운영하는 온라인 면세점으로, 요즘은 스마트폰으로도 이용 가능해 더욱 편리하다. 각종 할인 쿠폰 · 적립금 제도로 시내 면세점보다 더욱 알뜰하게 쇼핑 가능하다.

공항 면세점

공항 면세점은 별도로 시간을 내지 않아도 출국 직전에 쇼핑을 즐길 수 있어 편리하다. 단, 상품 구색이 시내 면세점에 비해 적고 할인 등의 혜택이 적다.

기내 면세점

항공사에서 제공하는 서비스로 출국하는 비행기 기내에서 책자를 보고 주문하면 돌아오는 항공기 안에서 쇼핑한 물건을 받을 수 있어 편리하다. 하지만 판매하는 물품이 한정되어 있어 선택의 폭이 좁고, 인기 상품은 빨리 매진된다는 단점이 있다.

국내 면세점
동화면세점 www.dutyfree24.com
롯데면세점 www.lottedfs.com
신라면세점 www.shilladfs.com
신세계면세점 www.ssgdfs.com
갤러리아 면세점 www.galleria-dfs.com
두타 면세점 www.dootadutyfree.com
SM 면세점 www.smdutyfree.com

면세점 쇼핑 시 준비물

- 여권
- 항공권 혹은 정확한 출국 정보(출국 일시, 출국 공항, 출국 편명)

면세점 구매 한도

출국 시 내국인의 국내 면세품 구입 한도는 1인당 3000달러로 제한되어 있지만 입국 시 면세 범위는 600달러까지만 적용된다. 즉, 600달러를 초과하는 물품에 대해서는 자진 신고하고 세금을 내야 한다. 만약 신고하지 않았다가 적발된 경우, 세금 외에 가산세가 추가되며 경우에 따라 처벌 받을 수 있다.

환전하기

엔화로 환전할 때는 '현찰 살 때(현찰 매도율)' 부분에 기재된 금액을 보면 된다. 환율은 주식시장의 주가처럼 한시도 쉬지 않고 변동되기 때문에 언제 환전을 하는 것이 이득인지 가늠할 수 없지만, 노력하기에 따라서 환율 우대를 받는다거나, 수수료를 할인받는 형태로 조금이나마 유리하게 환전할 수 있다. 특히 공항에 있는 은행 영업소보다 시내에 있는 은행에서 환전하는 것이 더 유리하다.

시중 은행은 고객의 거래 실적에 따라 환율을 우대해준다. 따라서 주거래 은행에 가서 주거래 고객임을 밝히고 환전 수수료 우대를 받는 것이 가장 편리하다. 거래 실적에 따라 20~40% 정도의 환전 수수료를 아낄 수 있다.

인터넷 검색을 통해 환율 우대 쿠폰을 찾아보는 방법도 있다. 시중 은행 홈페이지나 여행사 홈페이지, 면세점 홈페이지 등을 통해 환율 우대 쿠폰을 발행하는 경우가 있는데 이런 쿠폰을 활용하면 조금이나마 이득을 볼 수 있다.

시중 은행의 홈페이지를 방문해 인터넷 환전을 신청하는 것도 방법이다. 사이버 환전 서비스를 신청하면 원하는 지점에서 외환을 바로 찾을 수 있다. 만약 공항에서 수령하고 싶다면 해당 은행의 공항 지점이 있는지 미리 확인해보는 것이 좋다.

서울이나 부산 같은 대도시 중심가에는 사설 환전소가 있다. 이런 사설 환전소를 이용하면 은행보다 조금 더 유리한 조건으로 환전할 수 있다. 사설 환전소는 충분히 정보를 검색한 후 방문할 것.

여행자 수표가 필요할까?

현금 분실의 위험 때문에 여행자 수표를 선호하는 여행자들이 있는데, 일본을 여행할 때는 굳이 여행자 수표를 가져갈 필요는 없다. 일본은 소매치기나 강도를 만날 일이 거의 없다고 해도 과언이 아닐 정도로 치안이 잘 되어 있는데다, 엔화에는 1만엔짜리 지폐가 있어서 1백만원 정도 환전한다고 해도 보관하기 용이하다. 따라서 일본 여행을 갈 때는 현금을 위주로 준비하고 필요하다면 신용카드를 가지고 가는 것이 좋다.

짐 꾸리기

여행 복장의 기본 원칙은 평소에 입던 편안한 옷, 평소에 신어서 오래 걸어도 발이 아프지 않은 편안한 신발, 가볍고 통풍이 잘되며 땀 흡수가 잘되는 옷을 준비하는 것이다. 오사카의 기후는 우리나라와 비슷한 편이므로 특별히 주의해야 할 점은 없다. 단, 짐을 꾸릴 때 반드시 명심해야 할 것은 꼭 필요한 물건 외에는 챙겨 가지 말고, 최대한 짐을 줄이라는 것이다.

여행 가방 선택하기

여행 가방을 선택할 때는 먼저 여행 스타일을 고려해야 한다. 여행 출발 전에 예약한 숙소가 한 곳뿐이라서, 공항을 오갈 때 외에는 가방을 들고 이동해야 할 일이 없다면 트렁크 가방(슈트 케이스)을 가지고 가는 것도 나쁘지 않다. 하지만 숙소 이동이 빈번하다면 여행용 배낭을 준비하는 것이 좋다. 그리고 짐을 많이 넣기 위해 큰 배낭을 가져간다 하더라도, 현지에서 여행을 다닐 때 카메라나 생수병, 가이드북 등을 넣고 다닐 수 있는 작은 보조 가방을 함께 챙겨 가는 것이 좋다.

여행 가방 무게에 주의

비행기를 이용할 때 수하물로 부칠 수 있는 짐의 무게는 일반적으로 이코노미 클래스 20kg, 비즈니스 클래스 30kg으로 제한되어 있다. 이를 초과할 경우 1kg 단위로 요금을 지불해야 한다.

여행 가방 꾸리기

먼저 부피가 큰 옷가지를 넣은 뒤 가방의 남는 모서리에 속옷이나 양말, 신발 등을 적절히 배치해 넣는다. 세면도구와 속옷류, 신발 등은 뒤섞이지 않도록 입구를 봉할 수 있는 봉지에 따로 싸서 가방 가장자리의 빈 부분에 넣는 것이 좋다. 자주 꺼내야 하는 여권과 지갑, 카메라 등은 여행 가방과는 별도로 보조 가방에 보관하는 것이 좋다.

수하물 요금에 주의

피치항공 등의 저가항공사는 기본 위탁 수하물 서비스를 제공하지 않는 경우가 있다. 기내 반입용 수하물만 있다면 상관없겠지만, 짐이 많거나 액체류가 많아 짐을 부쳐야 하는 경우 항공권을 구입할 때 꼼꼼히 알아보고 선택하도록 하자. 만일 선택하지 않고 공항에서 현장 결제를 하는 경우 1kg 단위로 환산해 매우 큰 금액을 지불해야 할 수도 있다.

국제선 객실 내 액체류 반입

물·음료·식품·화장품 등의 액체를 기내 객실로 반입할 경우에는 100ml 이하의 개별 용기에 담아 1L 내의 투명 비닐 지퍼백에 넣어야 한다. 위탁 수하물을 부치지 않는 경우에는 이 점을 충분히 고려해 짐을 싸자.

여행 준비물	
반드시 챙겨 가야 할 기본 물품	여권, 항공권, 여행 경비, 증명서, 호텔 바우처, 필기도구, 옷가지, 세면도구, 상비약, 11자 플러그
그 밖에 가져 가면 좋은 물품	선글라스, 시계, 모자, 자외선 차단제, 면도기, 카메라, 노트북, 비닐봉지, 반짇고리

전화 · 인터넷 · 우편

여행지에서 한국으로 연락을 취할 때 전화나 인터넷은 큰 역할을 한다. 그뿐 아니라 인터넷을 사용할 수 있으면 현지에서 길을 찾거나 여행 정보를 검색할 때도 매우 편리하다. 스마트폰 사용자라면, 사용하는 휴대폰의 해외 로밍 서비스를 이용해 더욱 편안한 여행을 즐길 것을 추천한다.

전화

일본에서 전화를 걸 때는 공중전화나 호텔의 전화를 사용하게 된다. 일본에서도 스마트폰을 포함한 휴대전화가 보급되면서 공중전화 수가 급격히 줄었다. 공중전화를 찾기 쉬운 곳은 공항이나 역, 버스 터미널, 호텔 등이다. 공중전화 기계는 크게 10·100엔짜리 동전, 구형 전화카드를 이용하는 기계와 신형 전화카드를 사용할 수 있는 기계로 나뉜다. 일본 국내에서 전화를 걸 경우, 우리나라와 같이 지역 번호와 전화번호를 이어 누르면 된다. 호텔 객실에서 전화를 걸면 통화료에 수수료가 부과되므로 주의하도록 한다.

휴대전화 로밍

일본은 통신망이 잘 갖춰져 있어 자동 로밍이 간단하다. 최신 기기는 설정 자체도 자동으로 되기 때문에 일본에 도착해서 휴대폰을 켜면 자동으로 로밍된다. 오래된 기기는 이러한 자동 로밍 기능이 없으므로 로밍용 기기를 임대해야 한다. 통신사 별로 3G 데이터나 와이파이 Wi-fi를 무제한으로 사용할 수 있는 요금제를 구비하고 있으니 출발 전 확인해 볼 것.
SK텔레콤 www.skroaming.com
KT roaming.olleh.com
LG U+ www.uplus.co.kr

인터넷

일본은 세계 굴지의 인터넷 선진국이다. 그러나 카페나 패스트푸드점에서도 비밀번호를 입력해야 사용할 수 있는 등 우리나라처럼 쉽게 와이파이를 즐길 수 없다고 보면 된다. 휴대폰의 데이터 로밍 서비스를 이용하지 않는다면, 호텔에서 모든 인터넷 사용을 마치는 것이 좋다. 호텔에 따라 인터넷 접속은 무료 또는 유료인데, 와이파이나 LAN 케이블을 갖추고 있으니 숙소를 예약하기 전에 인터넷 환경을 체크해 두자. 로비에 투숙객이 자유롭게 사용할 수 있는 컴퓨터를 비치한 호텔도 있다.

우편

여행지에서 보내는 엽서 한 장은, 받는 사람에게 큰 설렘과 기쁨을 줄 수 있다. 때로는 자기 자신에게 기념품 삼아 보내보는 것도 괜찮다. 일본에서 세계 어디로 엽서를 보내든 요금은 같은데, 항공편은 70엔, 배편은 60엔이다. 단, 정해진 크기를 초과하면 편지와 똑같은 가격으로 계산되니 주의할 것. 항공편은 주로 3~6일, 배편은 한 달 정도 걸린다.
간혹 여행지에서 구입한 기념품을 우편으로 한국에 보내는 경우가 있는데, 관세를 내게 되는 경우가 있으니 주의하자.

여행 회화

01 꼭 알아둘 단어

여행할 때 가장 많이 쓰는 말은 길을 물을 때, 쇼핑할 때, 주문할 때 필요한 단어일 것이다. 일본어는 우리말과 어순이 같아서 질문할 때 쓰는 간단한 문장은 아래에 나와 있는 3~4개의 단어만으로도 충분히 만들 수 있다. 뜻만 통하면 되므로 발음이 유창하지 않아도 상관없다. 자신감을 갖고 당당하게 대응하자. 상대는 외국인임을 알고 있으니 이해해 줄 것이다.

すみません (스미마셍)

일본에서 가장 많이 쓰는 말은 아마도 '스미마셍'일 것이다. 미안하거나 고마울 때, 양해를 구할 때, 부탁할 때 등등 이런저런 상황에서 쓰이기 때문에 잘 모를 때는 대충 '스미마셍'이라고 얼버무리면 해결이 될 정도다.

특히 여행할 때 무척 유용하다. 음식점에서 주문할 때, 쇼핑할 때, 길을 물어볼 때 주의를 환기시키는 목적으로 쓰는데, 뜻이 워낙 다양해서 상황에 따라 다르게 번역된다. 간단하게 부탁할 때는 '저, 여기요' '잠깐만요' '실례합니다'라는 뜻으로, 잘못했을 때는 '죄송합니다'라는 뜻으로 이해하면 된다.

● 죄송합니다만, 지금 몇 시인가요?
すみません, いまなんじですか?
스미마셍, 이마 난지 데스까?

● 저, 여기요, 이거 주세요.
すみません, これください。
스미마셍, 고레 구다사이.

どうも (도우모)

보통 감사의 표현이나 사과의 말을 할 때 앞에 붙여 그 뜻을 강조하는 말인데, 그냥 간단하게 '고맙다'는 뜻으로 쓰는 경우가 많다. 간단하지만 하대하는 말이 아니기 때문에, 나이를 불문하고 어디서나 편하게 쓸 수 있다.

● 정말 미안합니다.
どうもすみません。
도우모 스미마셍.

● 고맙습니다.
どうも。
도우모.

※ '여행 회화'에서 소개한 일본어 발음은 최대한 원어에 가깝게 표기해 외래어 표기규정과는 다를 수 있습니다.

ください (구다사이)

'주세요'라는 뜻으로, 물건 살 때나 음식을 주문할 때 이용한다. 앞에 동사를 덧붙여 쓰면 다양하게 응용할 수 있다.

- 이거 주세요.
  これください。
  고레 구다사이.

- 라면 주세요.
  ラーメンください。
  라멘 구다사이.

あれ (아레:저것), これ (고레:이것), それ (소레:그것), どれ (도레:어떤 것)

사물을 지칭하는 사물 지시대명사는 국적을 불문하고 많이 쓰이는 단어이다. 쇼핑할 때나 음식을 주문할 때, 굳이 이름을 알려고 노력하지 않아도 된다. 눈에 보이는 물건을 손으로 가리키고 위에 열거한 지시대명사를 적당하게 섞어 쓰면 간단하게 해결된다.

- 저, 이거 얼마예요?
  すみません、これいくらですか?
  스미마셍, 고레 이꾸라데스까?

- 저, 여기요, 저거 주세요.
  すみません、あれください。
  스미마셍, 아레 구다사이.

あそこ (아소꼬:저기), ここ (고꼬:여기), そこ (소꼬:거기), どこ (도꼬:어디)

장소를 나타내는 지시대명사는 길을 물을 때 무척 유용하다. 물론 찾아가야 할 지명을 일본어로 정확하게 알고 있다면 더욱 쉽게 물어볼 수 있겠지만, 몰라도 큰 상관은 없다. 종이에 미리 써두고 손가락으로 가리키며 "고꼬니 이끼따이데스(ここに行きたいです:여기에 가고 싶어요)"라고 얘기하면 그만이다. 지도가 있으면 상대방이 더욱 쉽게 길을 가르쳐줄 것이다.

- 죄송합니다만, 여기는 어떻게 가나요?
  すみません、ここはどうやって行きますか?
  스미마셍, 고꼬와 도우얏떼 이끼마스까?

- 죄송합니다만, 여기가 어디인가요?
  すみません、ここはどこですか?
  스미마셍, 고꼬와 도꼬데스까?

いくら (이꾸라)

'얼마'라는 뜻. 쇼핑할 때, 밥 먹을 때, 박물관이나 미술관의 입장료가 궁금할 때 등등 광범위하게 사용하는 단어이다.

- 얼마예요?
  いくらですか?
  고노 쿠쯔와 이꾸라데스까?

- (택시에서) 간사이공항까지 얼마인가요?
  関西空港までいくらですか?
  칸사이쿠꼬마데 이꾸라데스까?

02 인사말과 기본 대화

대부분의 일본 사람들은 여행자를 도와주는 데 인색함이 없지만, 모든 사람들이 친절하게 가르쳐주는 것은 아니다. 천천히 다가가서 공손하게 "스미마셍"을 외친 뒤 단어를 조합하여 물어보자.

인사		
안녕하세요. (아침)	おはようございます。	오하요우 고자이마스.
안녕하세요. (낮, 혹은 일반적으로)	こんにちは。	곤니찌와.
안녕하세요. (밤)	こんばんは。	곤방와.
어서 오세요.	いらっしゃいませ。	이랏샤이마세
안녕히 가(계)세요.	さようなら。	사요나라.
처음 뵙겠습니다.	はじめまして。	하지메마시떼.
잘 부탁드립니다	よろしくおねがいします。	요로시꾸 오네가이시마스.

감사의 말		
고마워.	ありがとう。	아리가또우.
고맙습니다.	どうも。	도우모
감사합니다.	ありがとうございます。	아리가또우 고자이마스.
대단히 감사합니다.	どうもありがとうございます。	도우모 아리가또우 고자이마스.
신세를 졌습니다.	おせわになりました。	오세와니 나리마시따.
천만에요.	どういたしまして。	도우이따시마시떼.

부탁의 말		
실례합니다.	すみません。	스미마셍.
부탁합니다.	おねがいします。	오네가이시마스.
잠깐 기다려주세요.	ちょっと待ってください。	촛또 맛떼 구다사이.
잠시 기다려주십시오.	しょうしょうお待ちください。	쇼오쇼오 오마찌 구다사이.
한 번 더 말해주세요.	もう一度いってください。	모우 이찌도 잇떼 구다사이.
천천히 말해 주세요.	ゆっくりはなしてください。	윳꾸리 하나시떼 구다사이.
조심하세요.	氣をつけてください。	키오 쯔께떼 구다사이.
여기에 써주세요.	ここに書いてください。	고꼬니 카이떼 구다사이.

질문		
이것은 무엇입니까?	これは何ですか?	고레와 난데스까?
이것은 일본어로 뭐라고 합니까?	これはにほんごで何といいますか?	고레와 니혼고데 난또 이이마스까?
화장실은 어디입니까?	トイレはどこですか?	토이레와 도꼬데스까?
언제 갑니까?	いつ行きますか?	이쯔 이끼마스까?
지금 몇시입니까?	いまなんじですか?	이마 난지데스까?
얼마나 걸립니까?	どのくらいかかりますか?	도노구라이 카까리마스까?
어떻게 가면 됩니까?	どういけばいいですか?	도우이께바이이데스까?
나이가 어떻게 되세요?	おいくつですか?	오이쿠쯔데스까?
얼마인가요?	いくらですか?	이꾸라데스까?
무슨 뜻입니까?	なんの意味ですか?	난노 이미데스까?
왜 그렇습니까?	なぜですか?	나제데스까?

대답		
네.	はい	하이.
그렇습니다.	そうです。	소우데스.
그렇지 않습니다.	そうではありません。	소우데와 아리마셍.
알겠습니다.	わかりました。	와까리마시따.
모르겠습니다.	わかりません。	와까리마셍.
안 됩니다.	だめです	다메데스.
아니오.	いいえ	이이에.
실례합니다/죄송합니다. (양해)	すみません。	스미마셍.
죄송합니다. (사과)	ごめんなさい。	고멘나사이.
잘 부탁드립니다.	よろしくおねがいします。	요로시꾸 오네가이시마스.

03 공항에서 일본어로 말하기

일본에 도착해 입국심사대 앞에 서면 불안하고 초조해지기 마련이다. 물론 비행기에서 나눠주는 입국신고서를 잘 작성하면 대부분 그냥 통과되므로 그렇게 걱정할 필요는 없다. 질문을 하더라도 두세 마디 정도이므로 일본어를 못한다고 기죽지 말고 당당하게 대답하자.

상황 1 입국 심사를 받을 때

심사원 일본어 할 줄 아세요?
日本語ができますか?
니혼고가 데끼마스까?

여행자 네, 조금 할 줄 알아요.
ええ.すこしできます。
에에. 스꼬시 데끼마스.

심사원 일본은 처음인가요?
日本ははじめてですか?
니혼와 하지메떼데스까?

여행자 네, 처음입니다.
はい.はじめてです。
하이. 하지메떼데스.

심사원 어디에 묵으세요?
どこに泊ります?
도꼬니 토마리마스?

여행자 ○○호텔입니다.
○○ホテルです。
○○호테루데스.

심사원 여행 목적은 무엇인가요?
旅行の目的はなんですか?
료꼬우노 모꾸떼끼와 난데스까?

여행자 관광입니다.
観光です。
칸코우데스.

심사원 체류 기간은 어느 정도인가요?
滞留期間はどのくらいですか?
타이류키칸와 도노구라이데스까?

여행자 2박 3일입니다.
二泊三日です。
니하쿠밋까데스.

필수 단어		
일본 **日本** 니혼	일본어 **日本語** 니혼고	가능하다 **できる** 데끼루
조금 **すこし** 스꼬시	처음 **はじめて** 하지메떼	알다 **わかる** 와까루
묵다 **泊る** 토마루	호텔 **ホテル** 호테루	신고서 **申告書** 신꼬꾸쇼
쓰다 **書く** 카꾸	여행 **旅行** 료꼬우	목적 **目的** 모꾸떼끼
관광 **観光** 칸코우	쇼핑 **ショッピング** 쇼핑구	체류 **滞留** 타이류

직원　무슨 일 있으세요?
どうにかされましたか？
도니까 사레마시따까?

여행자　제 짐이 없어졌어요.
私の荷物が見つかりません。
와따시노 니모쯔가 미쯔카리마셍.

직원　그렇습니까. 짐을 찾으면 연락드리겠습니다.
そうですか。荷物が見つかったら連絡致します。
소우데스까. 니모쯔가 미쯔깟따라 렌라쿠 이따시마스.

여행자　부탁합니다. 이것은 제 연락처입니다.
お願いします。これは私の連絡先です。
오네가이시마스. 고레와 와따시노 렌라쿠사키데스.

상황 3　　**길을 물을 때**

여행자　난바역은 어떻게 가면 되나요?
なんば駅はどうやって行きますか？
난바에키와 도얏테 이끼마스까?

직원　리무진버스나 난카이 전철을 타세요.
リムジンバスか南海電車に乗ってください。
리무진바스까 난카이덴샤니 놋테구다사이.

여행자　리무진 버스는 어디서 타나요?
リムジンバスの乗り場はどこですか？
리무진바스노 노리바와 도꼬데스까?

직원　1층에 있습니다. 이 에스컬레이터를 타고 내려가 주세요.
一階にあります。このエスカレータから下へさがってください。
잇카이니 아리마스. 고노 에스카레타카라 시따에 사갓테구다사이.

여행자　네, 감사합니다.
はい、ありがとうございます。
하이, 아리가또우 고자이마스.

04 대중음식점에서 일본어로 말하기

일본 대중음식점은 대부분 가게 앞에 완성된 요리 모형을 전시해두기 때문에 먹고 싶은 요리를 손쉽게 선택할 수 있다. 가격이 함께 붙어 있어 예산을 정하기도 쉽다. 메뉴판에도 대부분 사진이 붙어 있기 때문에 밖에서 본 요리를 쉽게 알아볼 수 있다.

메뉴판에 나온 요리 이름을 읽을 수 있다면 바로 얘기하면 되고, 못 읽어도 상관없다. 직원이 주문을 받으러 올 때 손가락으로 콕 찍고 "고레 구다사이 これ ください(이거 주세요)"라고 말하면 된다.

상황 1   음식점에 들어설 때

종업원 안녕하세요, 몇 분이신가요?
いらっしゃいませ, 何名様ですか?
이랏샤이마세, 난메이사마데스까?

여행자 두 명입니다.
二人です。
후타리데스.

종업원 이쪽으로 오세요.
こちらへどうぞ。
고찌라에 도우조.

한 명 一人 히토리	두 명 二人 후타리	세 명 三人 산닌	네 명 四人 요닌	다섯 명 五人 고닌

상황 2   주문할 때

종업원 주문하시겠습니까?
ご注文宜しいでしょうか？
고주몬 요로시이데쇼까?

여행자 네, 돈까스 정식이랑 미소라멘 주세요.
ええ、トンカツ定食とみそラーメンください。
에에, 돈까쯔테이쇼꾸또 미소라멘 구다사이.

종업원 더 없으신가요?
以上で宜しいですか？
이죠우데 요로시이데스까?

여행자 네, 일단 그것만 주세요.
はい、とりあえずそれで…。
하이, 토리아에즈 소레데….

종업원 네, 알겠습니다.
はい、かしこまりました。
하이, 카시꼬마리마시따.

상황 3   주문한 음식을 받을 때

종업원   오래 기다리셨습니다.
お待ちしました。
오마찌 시마시따.

여행자   감사합니다.
どうも。
도우모.

종업원   주문하신 음식이 모두 나왔나요?
以上でお揃いですか?
이죠우데 오소로이데스까?

여행자   미소라멘이 아직 안 나왔어요.
みそラーメンがまだ来てません。
미소라멘가 마다 키떼마셍.

종업원   지금 확인해보겠습니다.
すぐ確認してみます。
스구 카쿠닝시떼 미마스.

여행자   부탁합니다.
お願いします。
오네가이시마스.

상황 4   계산할 때

여행자   잘 먹었습니다.
ごちそうさまでした。
고찌소우 사마데시따.

종업원   네, 감사합니다.
はい、ありがとうございます。
하이, 아리가또 고자이마스.

여행자   계산서 부탁드려요.
お勘定おねがいします。
오칸죠 오네가이시마스.

종업원   1552엔입니다.
1552円でございます。
센고햐꾸고주니엔데 고자이마스.

여행자   카드로 계산할 수 있나요?
クレジットでいいですか?
크레짓또데 이이데스까?

종업원   네, 물론입니다.
はい、もちんです。
하이, 모찌론데스.

필수 단어		
몇 분 **何人様** 난닌사마	메뉴 **メニュー** 메뉴	테이블 **テーブル** 테부루
주문 **注文** 주몬	돈까스 정식 **トンカツ定食** 돈까쯔테이쇼꾸	간장라면 **醤油ラーメン** 쇼유라멘
다른 **他に** 호까니	물 **お水** 오미즈	맛있다 **おいしい** 오이시이
카드 **カード** 카도	일단 **とりあえず** 토리아에즈	잘 먹었습니다 **ごちそうさま** 고찌소우사마
계산서 **お勘定** 오칸죠	물론 **もちろん** 모찌론	알겠습니다 **かしこまりました** 카시꼬마리마시따

05 호텔에서 일본어로 말하기

호텔에 도착하면 먼저 접수처로 가서 예약되어 있는지 확인하고 숙박부에 주소, 이름, 여권 번호 등을 적은 뒤 열쇠를 받으면 된다. 만일 예약이 확인되지 않을 때는 여행사에서 받은 예약확인증(바우처)을 보여주면 된다. 일본 호텔은 웬만하면 영어가 가능하고 한국어가 통하는 곳도 있으므로 일본어를 못하더라도 크게 걱정할 필요 없다.

상황 1	체크인할 때

직원 안녕하세요. 어서오세요.
こんにちは。いらっしゃいませ。
곤니찌와. 이랏샤이마세.

여행자 안녕하세요. 예약을 했는데요.
こんにちは。予約しましたが。
곤니찌와. 요야꾸시마시따가.

직원 예약번호와 이름을 알려주십시오.
予約番戶とお名前を教えてください。
요야꾸반고또 오나마에오 오시에떼구다사이.

여행자 여기 적혀있습니다.
ここに書いてあります。
고꼬니 카이떼 아리마스.

직원 이 숙박부에 이름과 주소, 여권 번호를 적어주십시오.
この宿泊カードにお名前や住所、パスポートナンバーをご記入ください。
고노 슈꾸하꾸카도니 오나마에야 주쇼, 파스포토 남바오 고끼뉴 구다사이.

여행자 네.
はい、
하이.

직원 지불은 어떻게 하시겠습니까?
お支拂いはどのようになさいますか?
오시하라이와 도노요우니 나사이마스까?

여행자 현금으로 하겠습니다.
現金で支拂います。
겡킹데 시하라이마스.

규슈 맵

KYUSHU MAP

후쿠오카

N
500m

A

B

E

F

우미노나카미치

우미나카라인

마리노아시티 후쿠오카

스카이드림 후쿠오카

마리노아시티
후쿠오카

시사이드 모모치 해변공원

마리존

후쿠오카 타워

세계의 건축가 거리

후쿠오카시 박물관

야후돔

호크스타운

호크스타운몰

니시

L

J

도진마치역

오호리코엔

지하철 구코센

JR 치쿠히센

지하철 구코센

메이노하마역

니시진역

롯폰

무로미역

후지사키역

지하철 나나쿠마센

베후역

M

N

부산

부산·하카타 국제여객항로

가이즈카역

JR 가고시마본선
지하철 하코자키선

하코자키
큐다이마에역

하코자키역

고쿠라역

하코자키미야마에역

하코자키구

마이다시
큐다이뵤인마에역

요시즈카역

하카타항
국제여객터미널

히가시코엔

도카에비스진자

후쿠오카공항

베이사이드 플레이스 하카타

하카타 포트타워
미나토온센 나미하노유

치요켄초구치역

하카타 유후인·
다케오온센 만요노유

후쿠오카현립미술관
스자키코엔

가와바타

고후쿠마치역

덴진유노하나
나가하마
야타이

만다라케
오야후코도리
하카타 리버레인
먼다라게
나나쓰도리

나카스
카와바타역

기온역

지하철 공항선

가하마야
토즈

덴진역

니카스

구시다진자

하야트 리젠시
후쿠오카

히가시히에역

지코엔역

쇼와도리

메이지도리

덴진

덴진주오코엔

커낼시티
하카타

JR 하카타역

요도바시
하카타

아카사카역

덴진미나미역

위드 더 스타일
후쿠오카

마이즈루코엔

다이묘

니시테쓰
후쿠오카역

스미요시진자

후쿠오카 성터
쿠오카시미술관

고쿠타이도리

하카타 다루마
博多 だるま

와타나베도리역

야쿠인역

야쿠인
오도리역

사쿠라자카역

후쿠오카 시 동식물원
미나미코엔
니시전망대 西展望台

니시테쓰히라오역

아사히맥주
하카타공장

다카미야역

다케시타역

덴진·다이묘

하카타 리버레인
博多リバレイン

기온역

나카스가와바타역

나카스

우에가와바타 상점가
上川端商店街

아이피 호텔
후쿠오카

gate's

이치란
나카스가와바타점

메이지도리

니시테쓰인
후쿠오카

로손

하카타 엑셀호텔 도큐

로손

하카타 잇푸도 타오 후쿠오카

요시다
よし田

지하철 구코센

3   15   14 16

준쿠도 서점 후쿠오카점
ジュンク堂書店 福岡店

아크로스 후쿠오카
アクロス福岡

훼미리마트

훼미리마트

이치란 덴진점 一蘭 天神店

라라텐치 덴진 본점

애니메이트 후쿠오카 덴진점
アニメイト 福岡天神

베스트 덴키 후쿠오카 본점
ベスト電器 福岡本店

구 후쿠오카현
공회당 귀빈관

메론북스 후쿠오카점

훼미리마트

로손

덴진주오코엔
天神中央公園

후쿠오카
오리엔탈 호텔

후쿠오카 플로럴 인
니시나카스

후쿠오카 시청

하카타역

도요코인
니시나카스

고쿠타이도로

다이마루 후쿠오카 덴진점
大丸 福岡天神店

호텔 이루·파라쓰오

덴진미나미역

호린

5TH 호텔

2   3 4 5
6

야마초
やまちょう

1

스시도코로 이즈미다
いずみ田

코트호텔
후쿠오카 덴진

하루요시

후쿠오카
아르티 인 호텔

카메라 덴진 1호관
クカメラ

덴진 로프트
天神 LOFT

리치몬드 호텔
후쿠오카 덴진

N

100m

와타나베도리역

하카타 다루마
博多 だるま

베이에어리어

N

500m

A

마리노아시티 후쿠오카

마린타운
가이힌코엔

빔스 BEAMS 마리노아시티 후쿠오카
マリノアシティ福岡

굿데이
메이노하마점 베스트덴키

다이에
쇼파즈몰 마리나타운

메이노하마 ●
초등학교

메이지도리

세븐일레븐

JR 치쿠히센
지하철 구코센

니시 구청 ● 메이노하마역

메이노하마 ●
시티 홀

메이노하마
주오코엔

5
3
1 2
무로미역

우미노나카미치

우미나카라인

시사이드 모모치 해변공원

마리존
マリゾン

야후오크 돔

KFC

후쿠오카 타워
福岡タワー

고메다커피 후쿠오카모모치점
コメダ珈琲 福岡ももち店

세계의 건축가 거리
世界の建築家通り

한국총영사관

세븐일레븐

시사이드 모모치 ●
아쿠아 코트

후쿠오카 시 박물관
福岡市博物館

니시코엔

로손

로손

3   4
1   5 6
2

도진마치역

모모치주오코엔

로손

니시진 초등학교 ●

세이난 대학교 ●

메이지도리

슈유칸 고등학교 ●

돈키호테

로손

3 4
1   5 6

니시진에루몰 프라리바

2 니시진역

와라 구청

지하철 구코센

마쓰야

베리아   2   3
1   4

후지사키역

모스버거

다이에

베스트덴키
New니시진점

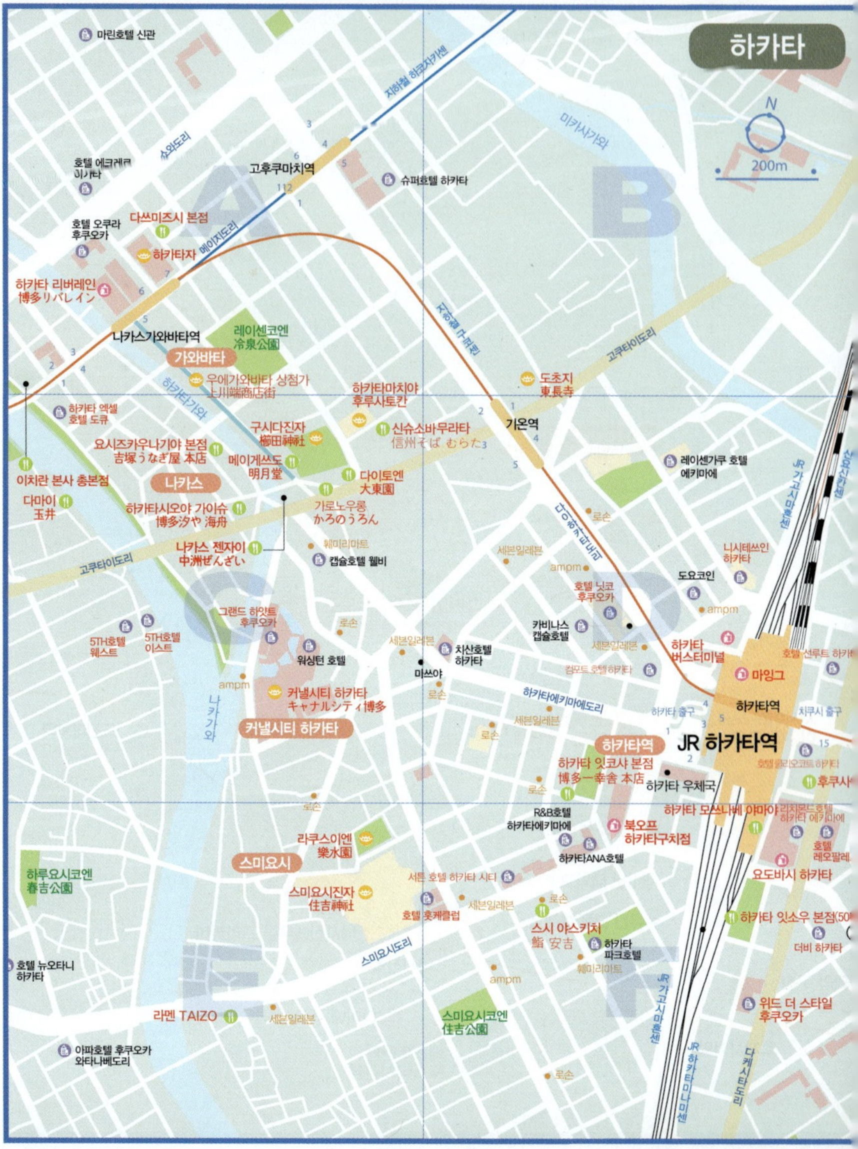
하카타
N
200m
마린호텔 신관
지하철 하코자키센
스와도리
호텔 에크레르 하카타
고후쿠마치역
슈퍼호텔 하카타
미카사가와
호텔 오쿠라 후쿠오카
다쓰미즈시 본점
메이지도리
하카타자
하카타 리버레인
博多リバレイン
나카스가와바타역
레이센코엔
冷泉公園
가와바타
우에가와바타 상점가
上川端商店街
하카타가와
지하철 쿠코센
고쿠타이도리
도초지
東長寺
하카타마치야
후루사토칸
기온역
하카타 엑셀 호텔 도큐
구시다진자
櫛田神社
신슈소바무라타
信州そば むらた
요시즈카우나기야 본점
吉塚うなぎ屋 本店
메이게쓰도
明月堂
레이센가쿠 호텔 에키마에
이치란 본사 총본점
나카스
다이토엔
大東園
다마이
玉井
하카타시오야 가이슈
博多汐や 海舟
가로노우롱
かろのうろん
패미리마트
로손
세븐일레븐
니시테쓰인 하카타
도요코인
고쿠타이도리
나카스 젠자이
中洲ぜんざい
캡슐호텔 웰비
ampm
호텔 닛코 후쿠오카
그랜드 하얏트 후쿠오카
카비나스 캡슐호텔
5TH호텔 웨스트
5TH호텔 이스트
워싱턴 호텔
세븐일레븐
치산호텔 하카타
하카타 버스터미널
마잉그
호텔 선루트 하카타
컴포트호텔하카타
미쓰야
커낼시티 하카타
キャナルシティ博多
나카가와
하카타에키마에도리
하카타 출구
하카타역
치쿠시 출구
커낼시티 하카타
하카타역
JR 하카타역
하카타 잇코샤 본점
博多一幸舎 本店
하카타 우체국
호텔클리오코트 하카타
후쿠사
R&B호텔 하카타에키마에
하카타 모쓰나베 야마야
리치몬드호텔 하카타 에키마에
라쿠스이엔
樂水園
북오프 하카타구치점
스미요시
하카타ANA호텔
호텔 레오팔레스
하루요시코엔
春吉公園
서튼 호텔 하카타 시티
요도바시 하카타
스미요시진자
住吉神社
호텔 홋케클럽
하카타 잇소우 본점
스시 야스키치
鮨 安吉
하카타 파크호텔
더비 하카타
호텔 뉴오타니 하카타
스미요시도리
JR 가고시마혼센
라멘 TAIZO
스미요시코엔
住吉公園
위드 더 스타일 후쿠오카
아파호텔 후쿠오카 와타나베도리
JR 하카타미나미센
다케시타도리

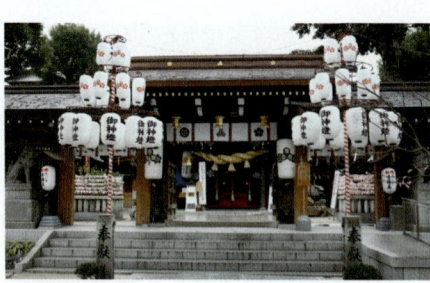

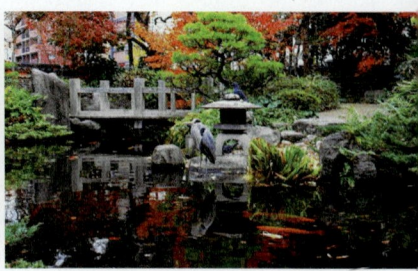

다자이후

- 후타바 로진홈
- 게스트하우스 다자이후
- 규슈정보대학원
- 규슈온센무라
- 규슈국립박물관 입구
- 규슈온센무라 쓰쿠시노유 九州温泉村 都久志の湯
- 야스유키진자 安行神社
- 오이시차야 お石茶屋
- 세븐일레븐
- 다자이후텐만구
- 다자이후 유원지
- 스시에이 寿し栄
- 다자이후텐만구 太宰府天満宮
- 립 다자이후 초등학교
- 치쿠시안 筑紫庵
- 사카도야 酒殿屋
- 규슈국립박물관 입구
- 천엔공방
- 로손
- 오모테산도
- 야스타케 やす武
- 가사노야 かさの家
- 니시테쓰 다자이후역
- 고묘젠지 光明禪寺
- 레스토랑 그린하우스
- 규슈국립박물관 九州國立博物館
- 규슈국립박물관
- 규슈역사자료관
- 니시테쓰 고조역
- 치쿠시여학원
- 다자이후 컨트리클럽

200m

N

야나가와

- 미하시라진자 三柱神社
- 원조 모토요시야 元祖本吉屋
- 니시테쓰텐진오무타센
- 가와쿠다리 승선장
- 니시테쓰 야나가와역
- 야나가와 가와쿠다리
- 기타하라 하쿠슈 기념관 北原白秋 記念館
- 오하나 御花
- 원조 모토요시야 元祖本吉屋
- 와카마쓰야 若松屋
- 롯큐 六騎
- 후쿠류 福柳

N

300m

9

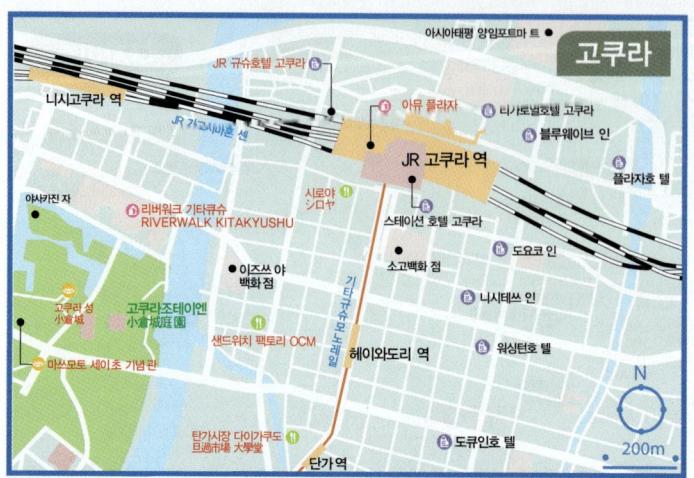

고쿠라

아시아태평 양임포트마 트 ●

JR 규슈호텔 고쿠라 🅱

니시고쿠라 역

JR 가고시마혼 센

아유 플라자

티가로벨호텔 고쿠라 ●

블루웨이브 인 🅱

JR 고쿠라 역

플라자호 텔

야사키진 자

시로야
시로야

스테이션 호텔 고쿠라

리버워크 기타큐슈
RIVERWALK KITAKYUSHU

이즈쓰 야
백화점

소고백화 점

도요코 인 🅱

니시테쓰 인 🅱

고쿠라 성
小倉城

고쿠라조테이엔
小倉城庭園

기타큐슈모노레일

샌드위치 팩토리 OCM 🍴

헤이와도리 역

워싱턴호 텔 🅱

마쓰모토 세이초 기념관

탄가시장 다이가쿠도 🍴
丹過市場 大學堂

도큐인호 텔 🅱

단가역

N

200m

모지코

↑ 간몬터널

모지코 레트로 전망실 🍴

모지코

국제우호기념도서관

미나토하우스

모지코

간몬기선

블루윙 모지

구 모지세관

모지코 호텔 🅱

오이마쓰코엔
老松公園

돌체

고가네무시 🍴

구 오사카쇼센

히노아타루바쇼 🍴

구 모지미쓰이쿠라부

가이쿄플라자

카페 레스토랑
비어 프루츠 🍴

로손

가이쿄 드라마십 🍴

JR 모지코역

N

규슈철도기념관 🍴

200m

하이퍼몰
나가

이나사야마 코엔

이나사야마역

이나사야마 전망대

이나사야마

나가사키 스카이호텔

루크 플라자호텔

미쓰비스
나가사키

우라카미사코마에

오바시

평화기념상

헤이와코엔

헤이와코엔

우라카미텐슈도

미쓰야마마치

원폭낙하중심지비

원폭낙하
중심지표석

나가사키 원폭자료관

히가구치마치

다이가쿠보인마에

신노진자

JR 우라카미역

이나사야마온센
후쿠노유

우라카미에키마에

모리마치

C

D

젠자마치

나
가
사
키
하
이
패
스

후지진자

후치진자역

로프웨이

다카라마치

다테야마
코엔

베스트웨스턴 프리미어
호텔 나가사키

야치요마치

야마 간코호텔

블루스카이호텔

일본 26성인 순교지

스와진자

스와진자

시티리조트호텔 iOS

JR 나가사키역

나가사키호텔 이호칸

나가사키
역사문화박물관

나가사키
코엔

스와진자마에 신다이쿠마치

신나카가와마치

나가사키에키마에

아뮤 플라자 나가사키

호텔 쿠오레
나가사키에키마에

사쿠라마치

나가사키호텔 세이후

호텔 뉴 나가사키

데라마치

젠린지
요미도리

가메이마
사쿠야토

미쓰비시 전기

고토마치

고카이도마에

쇼오켄

와카미야
이나리진자

치산그랜드 나가사키

니기와이바시

메가네바시

고후쿠지

가자가시라코엔 전망대

아파호텔
나가사키에키미나미

오하토

히후미테이

가자가시라코엔

김포트 호텔 나가사키

분에이도

고로케

하마노마치 아케이드

사카모토 로마 동상
'료마가 간다' 문학비

데지마와프

데지마

니시하마노마치
아케이드마에

롯소 본점

간코도리

라치몬드호텔
나가사키 시안바시

비시중공업
사키 조선소

데지마

니시하마노마치
쓰키마치

시안바시

소죠쿠지

미즈베노모리
코엔

가이라쿠엔

JAL CITY
나가사키 호텔

요정 아오야기

시민보인마에

신와로

쇼카쿠지시타

신치주카가이

세이코

시안바시

오란다자카

옛 영국영사관

도진야시키

우메조노미가와리덴만구

호텔 몬트레 나가사키

오우라카이간도리

히가시야마테 12번관

히가시야마테

옛 홍콩상하이은행
나가사키지점 기념관

오우라텐슈도시타

고시보

나가사키 젠닛쿠 호텔(2F 파베)

히가시야마테
서양주택군

오우라텐슈도

이샤바시

글로버엔

글로버 스카이로드

미나미야마테

미나미야마테 레스트하우스

톤 도크

N

400m

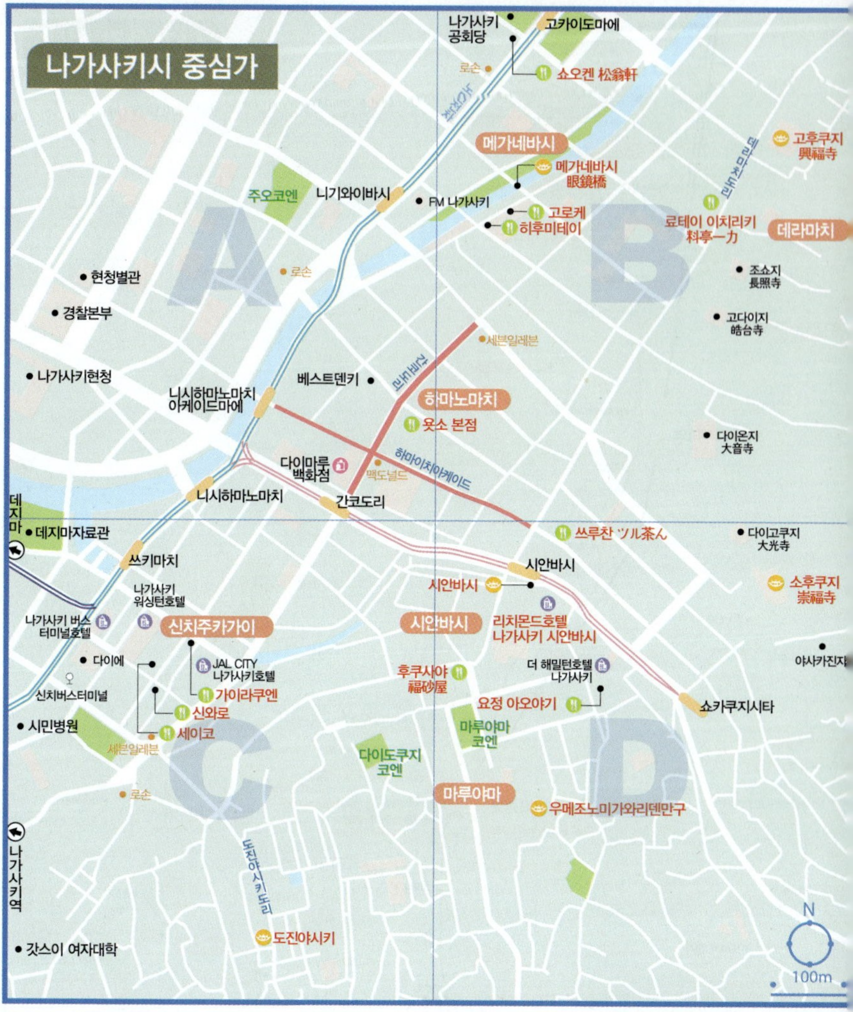
나가사키시 중심가
나가사키 공회당
고카이도마에
로손
쇼오켄 松翁軒
메가네바시
메가네바시 眼鏡橋
고후쿠지 興福寺
데라마치도리
주오코엔
니기와이바시
FM 나가사키
고로케
히후미테이
료테이 이치리키 料亭一力
데라마치
A
B
현청별관
로손
조쇼지 長照寺
경찰본부
고다이지 皓台寺
세븐일레븐
나가사키현청
간코도리
베스트덴키
니시하마노마치 아케이드마에
하마노마치
욧소 본점
다이온지 大音寺
다이마루 백화점
맥도널드
하마이치아케이드
데지마
니시하마노마치
간코도리
데지마자료관
쓰루찬 ツル茶ん
다이고쿠지 大光寺
쓰키마치
시안바시
시안바시
소후쿠지 崇福寺
나가사키 워싱턴호텔
나가사키 버스 터미널호텔
신치주카가이
시안바시
리치몬드호텔 나가사키 시안바시
다이에
JAL CITY 나가사키호텔
더 해밀턴호텔 나가사키
야사카진자
신치버스터미널
가이라쿠엔
후쿠사야 福砂屋
신와로
요정 아오야기
쇼카쿠지시타
시민병원
세이코
마루야마 코엔
세븐일레븐
다이도쿠지 코엔
C
D
로손
마루야마
우메조노미가와리덴만구
나가사키역
도진야시키도리
도진야시키
갓스이 여자대학
N
100m

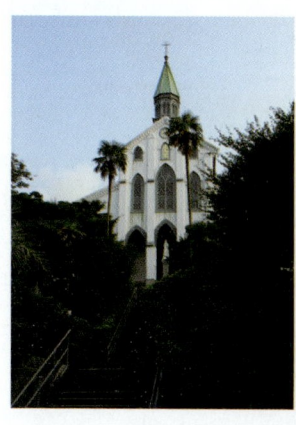

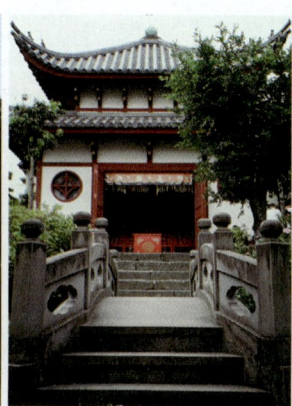

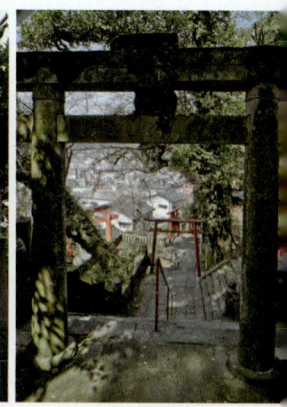

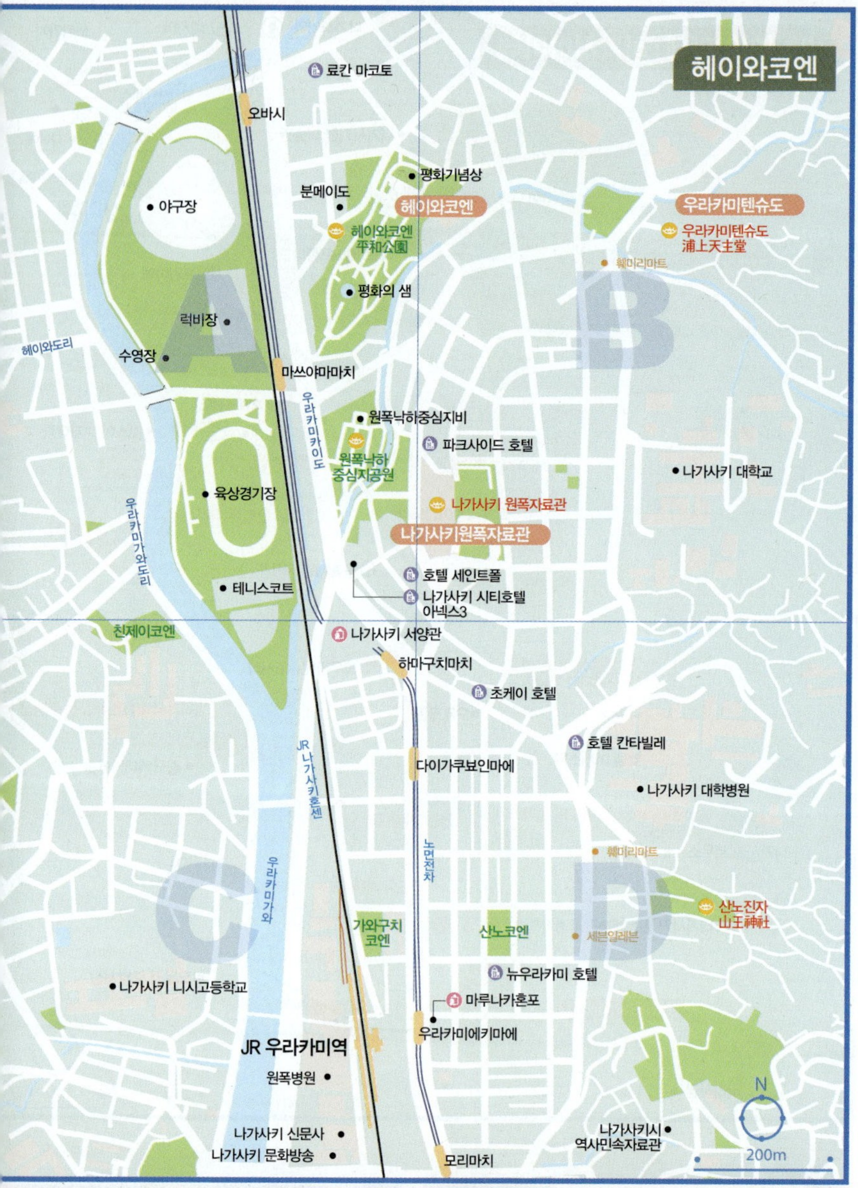
헤이와코엔
료칸 마코토
오바시
평화기념상
분메이도
야구장
헤이와코엔
헤이와코엔
平和公園
우라카미텐슈도
우라카미텐슈도
浦上天主堂
훼미리마트
평화의 샘
럭비장
헤이와도리
수영장
마쓰야마마치
우라카미카이도
원폭낙하중심지비
파크사이드 호텔
원폭낙하
중심지공원
나가사키 대학교
육상경기장
우라카미가와도리
나가사키 원폭자료관
나가사키원폭자료관
호텔 세인트폴
나가사키 시티호텔
아넥스3
테니스코트
친제이코엔
나가사키 서양관
하마구치마치
초케이 호텔
호텔 칸타빌레
JR 나가사키혼센
다이가쿠뵤인마에
나가사키 대학병원
노면전차
훼미리마트
우라카미가와
산노진자
山王神社
가와구치
코엔
산노코엔
세븐일레븐
뉴우라카미 호텔
나가사키 니시고등학교
마루나카혼포
우라카미에키마에
JR 우라카미역
원폭병원
N
나가사키 신문사
나가사키시
역사민속자료관
나가사키 문화방송
모리마치
200m
A
B
C
D

平和公園

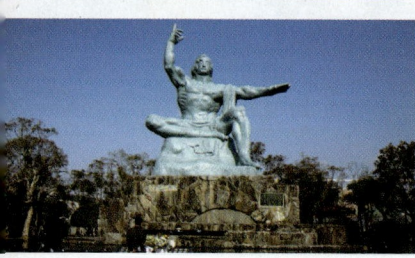

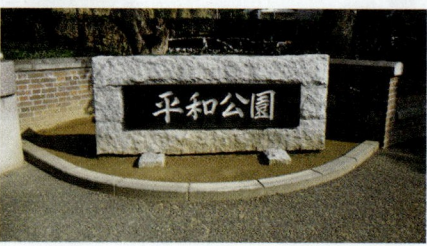

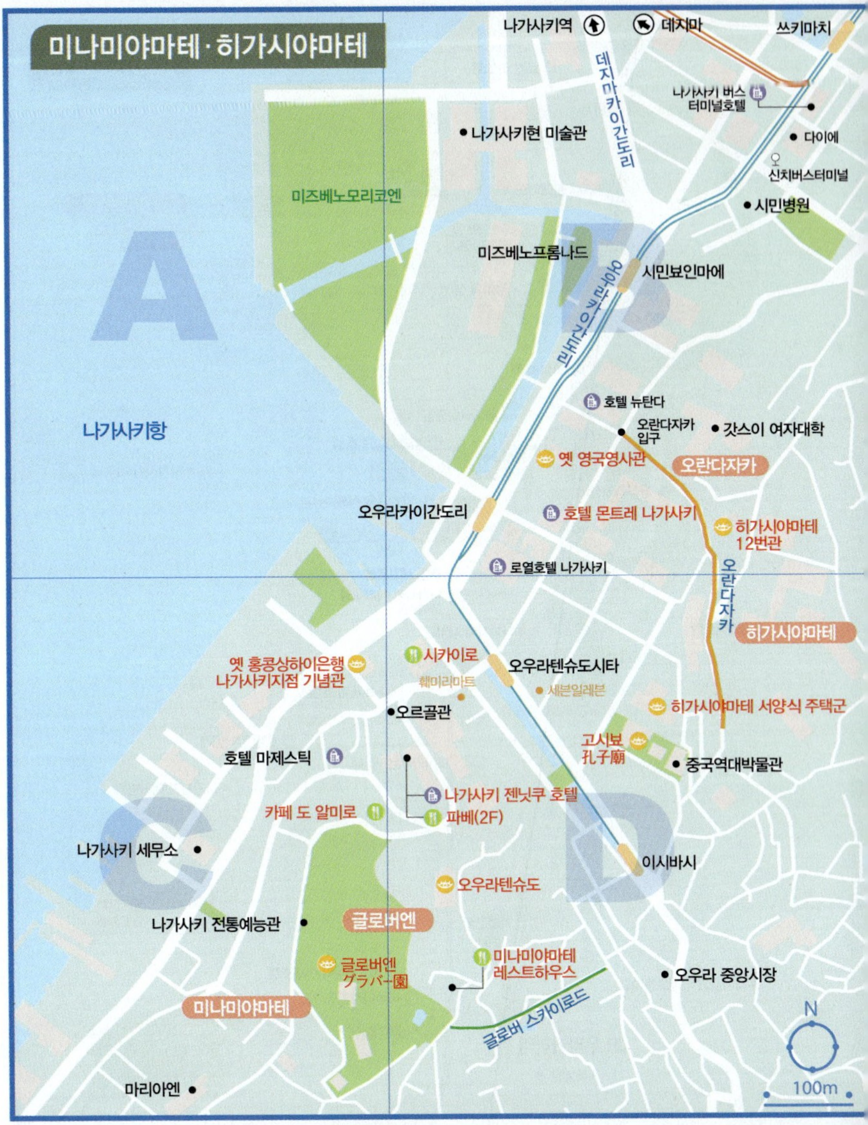
미나미야마테·히가시야마테
나가사키역
데지마
쓰키마치
나가사키 버스 터미널호텔
데지마카이간도리
나가사키현 미술관
다이에
신치버스터미널
미즈베노모리코엔
시민병원
미즈베노프롬나드
시민뵤인마에
오우라카이간도리
A
B
C
D
호텔 뉴탄다
나가사키항
오란다자카 입구
갓스이 여자대학
옛 영국영사관
오란다자카
오우라카이간도리
호텔 몬트레 나가사키
히가시야마테 12번관
로열호텔 나가사키
오란다자카
히가시야마테
시카이로
오우라텐슈도시타
옛 홍콩상하이은행 나가사키지점 기념관
훼미리마트
세븐일레븐
히가시야마테 서양식 주택군
오르골관
고시뵤 孔子廟
호텔 마제스틱
중국역대박물관
나가사키 젠닛쿠 호텔
카페 도 알미로
파베(2F)
나가사키 세무소
이시바시
오우라텐슈도
나가사키 전통예능관
글로버엔
미나미야마테 레스트하우스
글로버엔 グラバー園
오우라 중앙시장
미나미야마테
글로버 스카이로드
N
마리아엔
100m

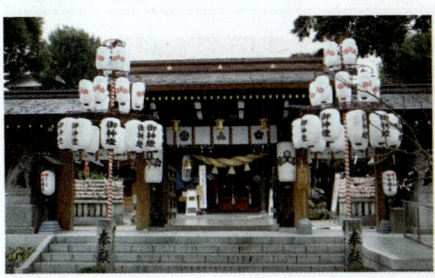

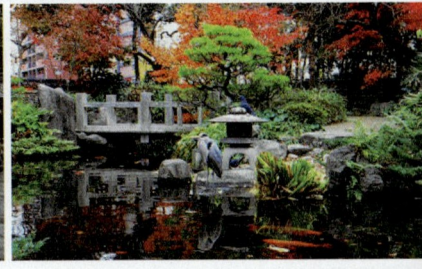

시세보 시내

- 유미하리노오카 호텔
- 사이카이 펄 시 리조트
- 구주쿠시마 유람선 펄 퀸
- 미사 롯소
  ミサロッソ
- 사세보 파레스 호텔
- 치산그랜드 사세보
- 해상자위대 사세보 자료관
- 나카사세보역
- 사루쿠시티 403
- 사세보주오역
- 사세보코엔
- 히카리 ヒカリ(1F)
- 로그킷 사세보 LOG KIT(2F)
- 센트럴 호텔
- 레스토랑 몬
- 빅맨 ビッグマン
- 와・이카이세키 엔
- 미우라마치 교회
- 사세보 교통센터
- 워싱턴 호텔
- JR 사세보역
- 에키마치 잇초메
- 사세보 아사이치
- 사세보 시사이드파크

200m

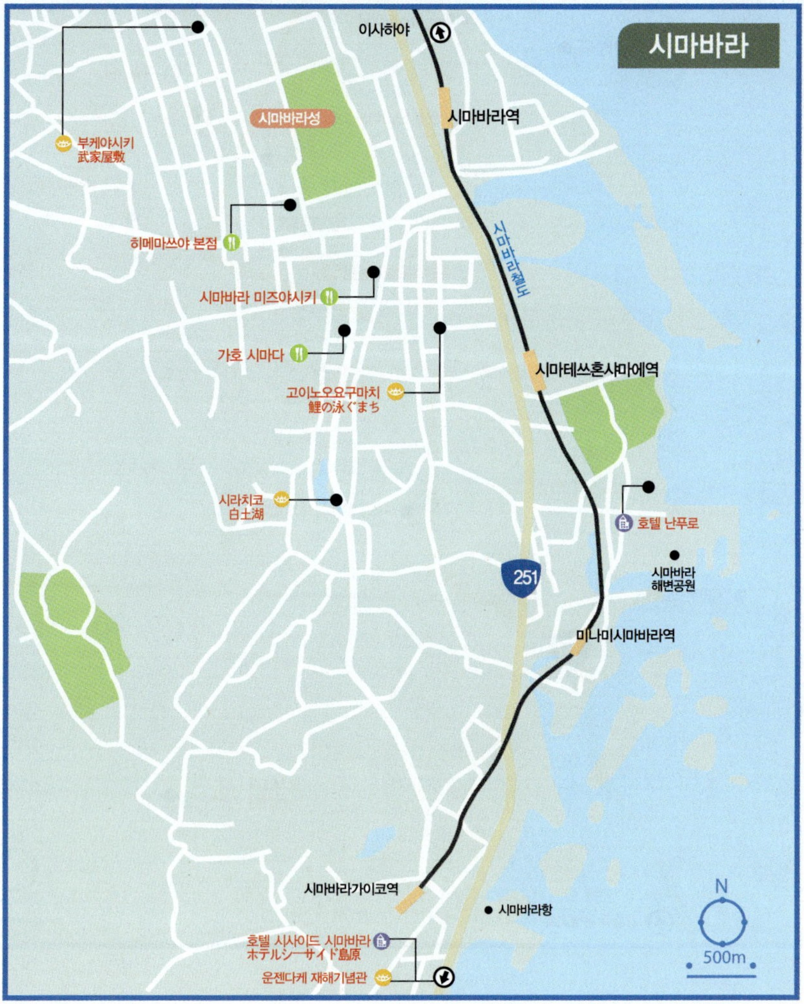

시마바라

- 이사하야
- 시마바라성
- 시마바라역
- 부케야시키
  武家屋敷
- 히메마쓰야 본점
- 시마바라 미즈야시키
- 가호 시마다
- 고이노오요구마치
  鯉の泳ぐまち
- 시마바라철도
- 시마테쓰혼샤에역
- 시라치코
  白土湖
- 호텔 난푸로
- 시마바라
  해변공원
- 251
- 미나미시마바라역
- 시마바라가이코역
- 시마바라항
- 호텔 시사이드 시마바라
  ホテルシーサイド島原
- 운젠다케 재해기념관

N
500m

15

운젠

오시도리노이케

호텔 도요칸

시마바라가도

겐에이 버스터미널

유노사토 공동욕장

유모토호텔

운젠로프웨이 · 묘켄다케 전망소

온센진자

후키야

운젠 지옥

운젠 스카이호텔

운젠 지옥

시마테쓰 버스터미널

겐세이누마

규슈호텔

운젠 오야마노조호칸

운젠 미야자키료칸

운젠관광협회

운젠 비로도미술관

운젠관광호텔

민게이차야 리키

시라쿠모노이케

57

고지고쿠 온센칸

N

200m

가톨릭 운젠교회

구로카마마치

가미쿠마모토역

기미쿠마모토네키마에

겐리쓰타이이쿠칸마에

혼묘지구라구치

나쓰메소세키
우치쓰보이큐쿄

스기도모

후지사키구마에

옛 호소카와교부테이

다니야마마치

구마모토 성

구마모토 성

우루산마치

구마모토조 · 시야쿠쇼미에

도리초스지

스이도초

구마모토
교통센터

하나바타초

시내 중심가

구혼지코사텐

바니쿠료리 무쓰고로

라멘 야카구미

신마치

센바바시

니시카라시마초

가라시마초

선로드

바니쿠 다이닝 우마사쿠라(2F)

게이토쿠코마에

고후쿠마치

리치몬드호텔 구마모토신시가이

가와라마치

가쓰레쓰테이
신시가이 본점

컴포트호텔 구마모토신시가이

미소텐구

고쓰쿄초

슈퍼호텔 로하스 구마모토 천연온천
スーパーホテル Lohas 熊本天然温泉

기온바시

호텔뉴오타니 구마모토

JR 구마모토역

구마모토에키마에

JR 구마모토역

구마모토 스테이션 호텔

JR 규슈호텔 구마모토

니혼기구치

미나미쿠마모토역

다사키바시

우마료리센몬텐 텐고쿠

헤이세이역

아소 🅟

3

57

구마모토

도카이가쿠엔마에역

57

스이젠지역

스이젠지
운도코엔

스이젠지코엔

신스이젠지에키마에

신스이젠지역

고쿠부

스이젠지코엔
水前寺公園

스이젠지코엔

시리쓰타이이쿠칸마에

구마모토시덴 2호선

쇼코코코마에

구와미즈바시

한초비바

겐군코마에

도쇼쿠부쓰엔마에

겐군코반마에

겐군마치

구마모토시동물원

N
600m

아소 스카이라인
밀크로드
● 스카이라인 전망대

우치노

이치노카와역
오베르주 드 아소
Auberge de

아카미즈역 ● 아소GC

57

● 아소 사루마와시 극장

296

● 구마모토GC

아소팜랜드
아소팜빌리지
아소화산온천

아소 구사센리 승마클럽
구사센리 草千里
에보시다케 鳥

오즈마치

오즈가메노이호텔

57 ● 아소오즈GC

미나미아소철도 다카모리센

● 아소도쿠GC

구마모토
방면

히고오즈역

세타역

다테노역

슬리프인 구마모토공항

오즈 온천
이와토노사토

325

히고CC ● 아소그린비루CC

초요역

가세역

아소시모다조후레아이온센역

미나미아소미즈노우마레루사토하쿠스이코겐역

● 구마모토공항

N

2Km

20

미나미오구니마치 방면
유후인 방면
이케야마스이겐 池山水源

다이칸보
엘 파티오 목장
아소 플라자 호텔
야마나미리조트 호텔

오부야마무라

아소시

야마나미하이웨이

57

212
40
아소진자

JR 아소역
미야지역
JR 호히혼센
나미노역
다키미즈역

아소에키마에 버스센터
이코이노무라역
아소 빌라파크호텔
아소유스호스텔

분고다케다 방면

고메즈카 米塚

265

기지마다케 杵島岳
센스이쿄 로프웨이
아소 화산박물관
다카다케 高岳
네코다케 根子岳
1433

아소파노라마라인
나카다케 中岳
아소산시나역
가코니시역
아소산 로프웨이

아소산

호텔아소다카모리구라부

아소다카모리GC

아소구주국립공원

다카모리온센칸

나카마쓰역
시라카와스이겐 白川水源
아소시라카와역
다카모리역
미하라시다이역

시라카와

다카모리마치

265

야마토초

325

다카치호협곡 방면

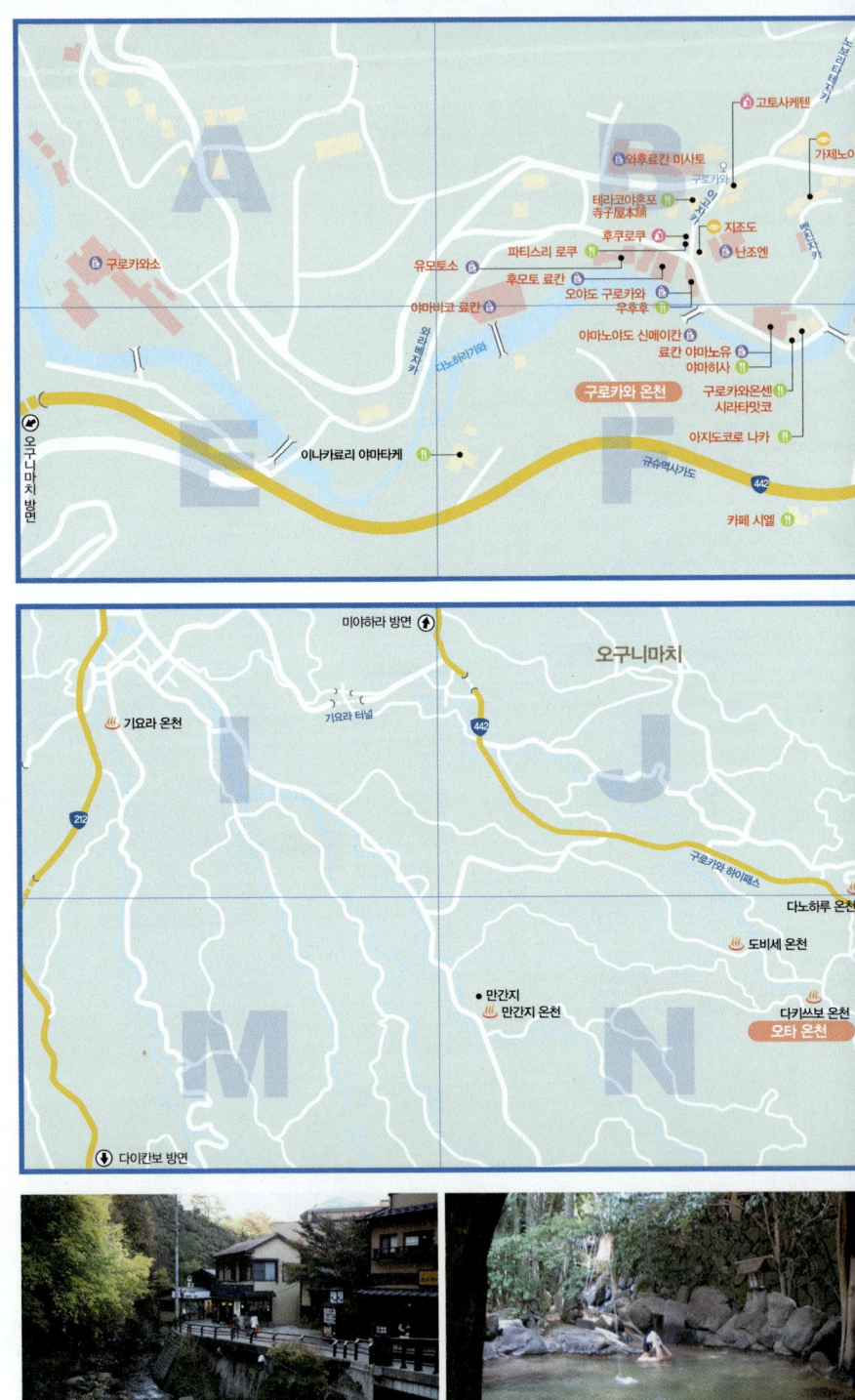

고토사케텐

가제노요

와후료칸 미사토

구로카와

테라코야혼포
寺子屋本鋪

구로카와소

지조도

후쿠로쿠

난조엔

파티스리 로쿠

유모토소

후모토 료칸

야마비코 료칸

오야도 구로카와
우후후

야마노야도 신메이칸

료칸 야마노유
야마하사

구로카와 온천

구로카와온센
시라타맛코

아지도코로 나카

이나카료리 야마타케

규슈횡단도

442

카페 시엘

미야하라 방면

오구니마치

기요라 온천

기요라 터널

442

212

구로카와 하이패스

다노하루 온천

도비세 온천

만간지

다키쓰보 온천

만간지 온천

오타 온천

오구니마치 방면

다이칸보 방면

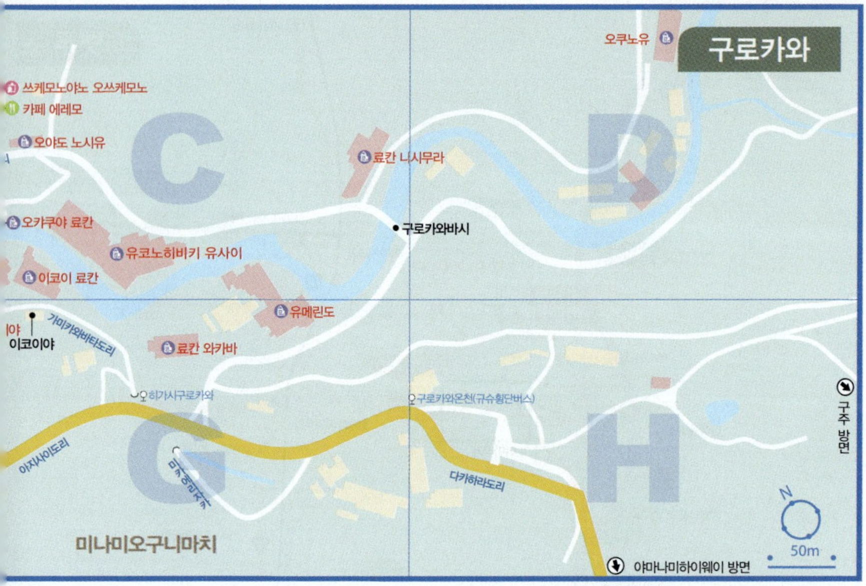
구로카와
오쿠노유
쓰케모노야노 오쓰케모노
카페 에레모
오야도 노시유
료칸 니시무라
오카쿠야 료칸
구로카와바시
유코노히비키 유사이
이코이 료칸
유메린도
가미카와바타도리
이코이야
료칸 와카바
히가시구로카와
구로카와온천(규슈횡단버스)
아지사이도리
다카하라도리
미나미오구니마치
구주 방면
야마나미하이웨이 방면
N
50m

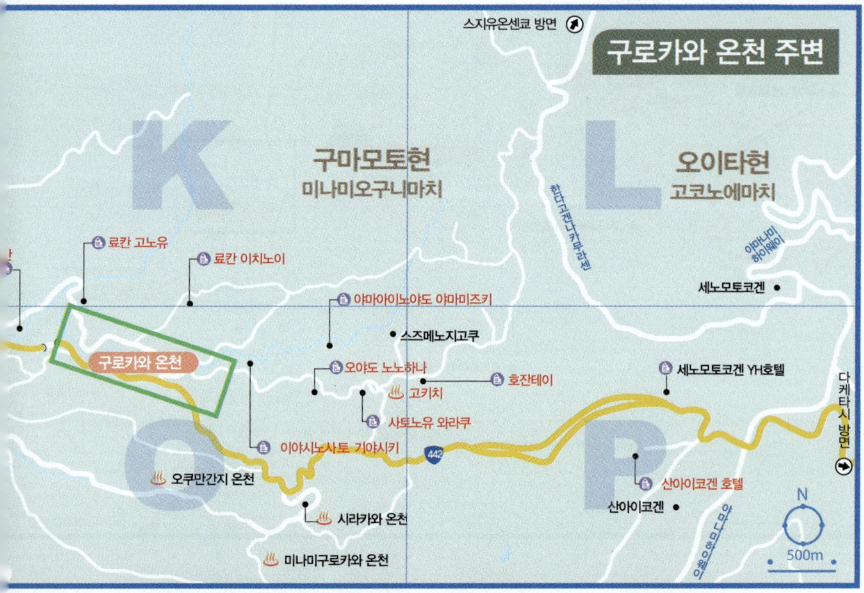
스지유온센쿄 방면
구로카와 온천 주변
구마모토현
미나미오구니마치
오이타현
고코노에마치
한다고겐나카무라센
야마나미하이웨이
료칸 고노유
료칸 이치노이
야마아이노야도 야마미즈키
세노모토코겐
스즈메노지고쿠
구로카와 온천
오야도 노노하나
호잔테이
세노모토코겐 YH호텔
고키치
사토노유 와라쿠
이야시노사토 기야시키
442
오쿠만간지 온천
산아이코겐 호텔
산아이코겐
시라카와 온천
미나미구로카와 온천
다케타시 방면
N
500m

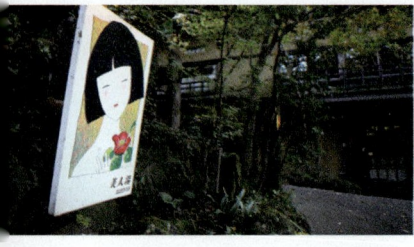

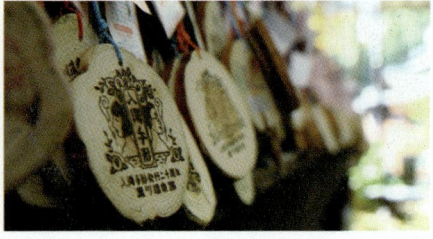

히지 방면

가메가와 온센

10

벳푸만

B

리쓰메이칸
아시아태평양대학

주몬지전망대
十文字展望台

지노이케지고쿠

가메가와역

시바세키 온센

시바세키 온센

다쓰마키 지고쿠

A

유노사토
묘반온센

젯케이노야도 사쿠라테이

간나와 온센

시오사이노야도 세이카이

우미지고쿠

가마도 지고쿠

오니이시보즈지고쿠

야마지고쿠

시라이케지고쿠

벳푸가이힌스나유

유야에비스

벳푸다이가쿠역

규슈횡단도로입구

벳푸국제GC

규슈오단도로

JR 닛포혼센

벳푸국제관광항

10

육상자위대
벳푸주둔지

C

벳푸IC

D

쓰루미다케 鶴見岳
1375

벳푸 로프웨이

스기노이호텔

비콘플라자

호리타 온센

사쿠라유 桜湯

사보시나노야

간카이지 온센

벳푸코엔

야마나미 하이웨이

간카이지 온센

JR 벳푸역

벳푸코엔

이치노이데카이칸

멧부온센

유후인 방면

후나바루야마 船原山
688

시다카코

유토피아 하마와키

E

히가시벳푸

하마와키 온센

F

오지카야마 小鹿山
726

다카사키야마
자연동물원

가구라메코

우미타마고

N

1km

오이타 IC 방면

벳푸역 주변

JR 벳푸역

동쪽 출구
서쪽 출구
분고차야
豊後茶屋
벳푸관광협회

벳푸타워

호텔 유희
도요쓰네 본점

유와이노야도 다케노이

호텔 고라쿠

벳푸호텔 세이후

하나비시 호텔

가이몬지코엔

도키와
벳푸점

기타하마
버스센터

에키마에도리

에키마에고토 온센
벳푸호텔 시웨이브

벳푸역전시장

기타하마코엔

10

그릴 미쓰바

가메노이호텔

타타미제

다케가와라 온센
카페 다케야

다케가와라 온센

나카무라병원

시립도서관

가톨릭 벳푸교회

도모나가 광야

N

100m

마쓰바라 온센

간나와 온천

유케무리노사토 아즈마야

간나와온센
히가시구치
정류장

우미지고쿠

야마지고쿠

가마도지고쿠

오니야마지고쿠

긴류지고쿠

네쓰노유

간나와무시유

스지유온센

아샤히야 료칸

온센가쿠

지고쿠메구리

간나와
정류장

가메노이버스

치리요오지

오니이시보즈
지고쿠

우미지코구마에
정류장

시라이케지고쿠

오니야마 호텔

오이타현
농림수산
연구센터

간나와구치
정류장

호텔오이시

간나와 온천
입구

호텔 산스이칸

규슈횡단도로

효탄온센

후게쓰 HAMMOND

간나와우체국

N

100m

유야 유메타마데바코

국도10호 방면

오야도 니혼노아시타바
산소 와라비노
유후인 시키호텔
유후인 하나토시
유후인 겟토안

나가하라멘

료칸 다쓰미

유후인온센
호타루노유

호텔 빅베어
유후인 야마보시

유후미도리

비-스피크
B-speak

유후노모리

유후인역전 버스센터
유후마부시 신
비즈니스호텔 고토부키

잼공방 고토

렌탈자전거
모리노포테 호텔 기타유후

공방 유후노키호리

유후인 아트홀
유후인온천관광안내소
아시유
JR 유후인역

에키마에도리
유후후
ゆふふ

오토마루 온센칸
산소 쓰루노유

기리야

유후인역

모미지

아소유후고전
버스정류소

회원제 호텔
유후인 쿠라부

펜션 시로이 브랑코

다케오

국민숙사
유후산소

유후인
플로라 하우스

료칸 조노유
노먼 록웰 유후인미술관
ノーマンロックウェル湯布院美術館

유후인복지센터

료칸 유리

유후인 고토부키 하나노쇼

유후인관광조합사무소

료소유후인 야마다야

료칸 다마야
유후인 맥주관

오야도 우라쿠

유후인 산스이칸

오야도 노기쿠

마키바노이에

료칸 미카도야

유후인 건강온천관

고젠인

료칸 스이게쓰소

아시유

이요토미 료칸

하나유

산소 다나카

유후인 호텔 슈호칸

야마노호텔 무소엔
유후인고 사이가쿠칸

료칸 메바에소
우나구히메진자

J's kitchen

벳푸 방면

육상 자위대 유후인 주둔지

우하단 미니맵

오야도 유후인소

100m

N

이 쇼센

오야도 유후인테이

벳소 곤자쿠안

이니카안

유후인 호테이야

유노쓰보카이도

유후인 야스라기
유노쓰보요코초

갤러리 마호로바

유후인 오르골노모리

유후인 가라스노모리

메노이 버스터미널

이누야시키

하나무라

네코야시키

유노쓰보카이도

앤티크갤러리 지다이야

동구리노모리

팡코보 마키노야

레스토랑&바
라르코르

Bee Honey

금상 고로케

에노키야 료칸

가도추 본점

레스토랑 무지카

나스야

우케즈키

오야도 나카야

유후인 테디베어노모리

규슈자동차 역사관

유후인 다마노유

창작액세서리 유후인노로망

다마노유

규슈 유후인 민게이무라

마르크 샤갈 유후인
긴린코 미술관

유후인 산토칸

이즈미소바

호타루미바시

긴린코

하나노마이

긴린코

레스토랑 람푸샤

하나소바

아유야

로테이 다노쿠라

시탄유

아틀리에 도키 디자인연구소

유후인 근대미술관

덴조사지키

유노타케안

텐소진자

가메노이 벳소

창작과자 샤토브리앙

다비데노칸

유후인 나나이로노카제

부쓰산지

유후인 박물관

스에다미술관

공상의 숲 아르테지오

쇼야노 야카타

오베르주 구누기야

육상 자위대
유후인 주둔지

와노야도 사기리테이

유후인 야스하

갤러리 아리

유후인 스테인드글라스 미술관

유후인 스카이 호텔

무라타 후쇼안

와타쿠시 미술관

메이엔토메이스이노야도
바이엔

펜션 유후노모리

무스타슈

오야도 사쿠라테이

오야도 이치젠

산소 무라타

유노쓰보가와

100m

N

산소 무라타

가고시마

N
300m

• 가고시마여자고등학교

♨ 가고시마 온천 건강플라자

3

쓰루마루 성터

시로야마
전망대

가고시마 시립미술관
가고시마 현립박물관

사이고다카모리 동상

10

가고시마
JR 가고시마역
🦀 아사바차 가든

가고시마에키마에
사쿠라지마산바시도리
스이조쿠칸구치
시야쿠소마에

아사히도리

페리터미널
🐟 이오월드 가고시마 수족관

사쿠라지마
페리터미널

🐬 돌핀포트

덴몬칸
덴몬칸도리
이즈로도리

다카미바바
가지야마치

다카미바시

고부사가와

시덴 2호선

가고시마주오
에키마에
나플리도리

JR 가고시마주오역

교켄 코엔

가고시마주오

미야코도리

나카스도리

시리쓰뵤인마에

사이고다카모리
탄생지

고쓰키바시
신야시키

🚏 TSUTAYA

다케노히사

시덴 1호선

225

28

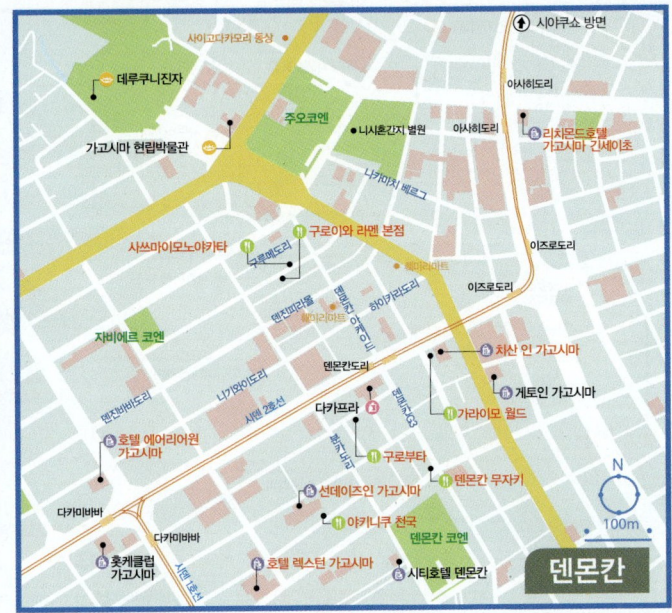

데루쿠니진자

주오코엔

사이고다카오리 동상

가고시마 현립박물관

니시혼간지 별원

아사히도리

아사히도리

리치몬드호텔
가고시마 긴세이초

나카마치 베루크

이즈로도리

구로이와 라멘 본점

사쓰마이모노야키타

구로몬요코

이즈로도리

벡키리마트

자비에르 코엔

멘친파라콜
벡키리마트

덴몬칸 하이쿠라도리

차산 인 가고시마

니가와진도리

덴몬칸도리

게토인 가고시마

덴테비바도리

다카프라

가라이모 월드

호텔 에어리어원
가고시마

구로부타

다카미바바

선데이즈인 가고시마

덴몬칸 무자키

다카미바바

야키니쿠 천국

덴몬칸 코엔

N

홋케클럽
가고시마

호텔 렉스턴 가고시마

시티호텔 덴몬칸

100m

덴몬칸

센간엔
센간엔

니시다 코엔

가고시마역 방면

오쿠보 도시미치 동상

가지야마치

호텔 유니온

호텔 타이세이

호텔 타이세이
아넥스

덴몬칸 방면

중앙우체국

다카미바시

가고시마 도큐인

스테이션호텔
뉴가고시마

JR규슈호텔
가고시마

아뮤플라자
가고시마

서쪽 출구

이신후루사토관

다이에

가고시마 가스토프

호텔 어빅 가고시마

동쪽 출구

솔라리아 니시테쓰호텔 가고시마

JR 규슈신칸센

질의 사쓰마의 군상

나포리도리

JR 가고시마주오역

가고시마주오
에키마에

가고시마주오역
종합관광안내소

사이고난슈 택지터

프레스타 가고시마

역전 새벽시장

고켄 코엔

N

JR 이부스키마쿠라자키센

100m

가고시마 주오역 주변

이부스키역 방면

미야코도리

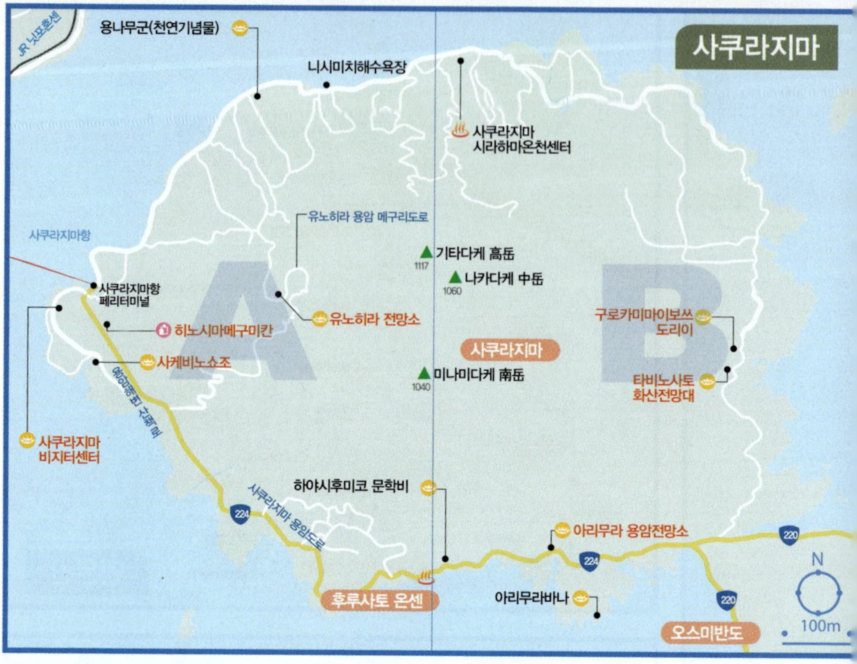

사쿠라지마

JR 닛포본선

용나무군(천연기념물)

니시미치해수욕장

사쿠라지마
시라하마온천센터

유노히라 용암 메구리도로

사쿠라지마항

기타다케 高岳
1117
나카다케 中岳
1060

구로카미마이보쓰
도리이

사쿠라지마항
페리터미널

히노시마메구미칸

유노히라 전망소

사쿠라지마

사케비노쇼조

미나미다케 南岳
1040

타비노사토
화산전망대

사쿠라지마
비지터센터

하야시후미코 문학비

아리무라 용암전망소

224

224

후루사토 온센

아리무라바나

220

220

오스미반도

N

100m

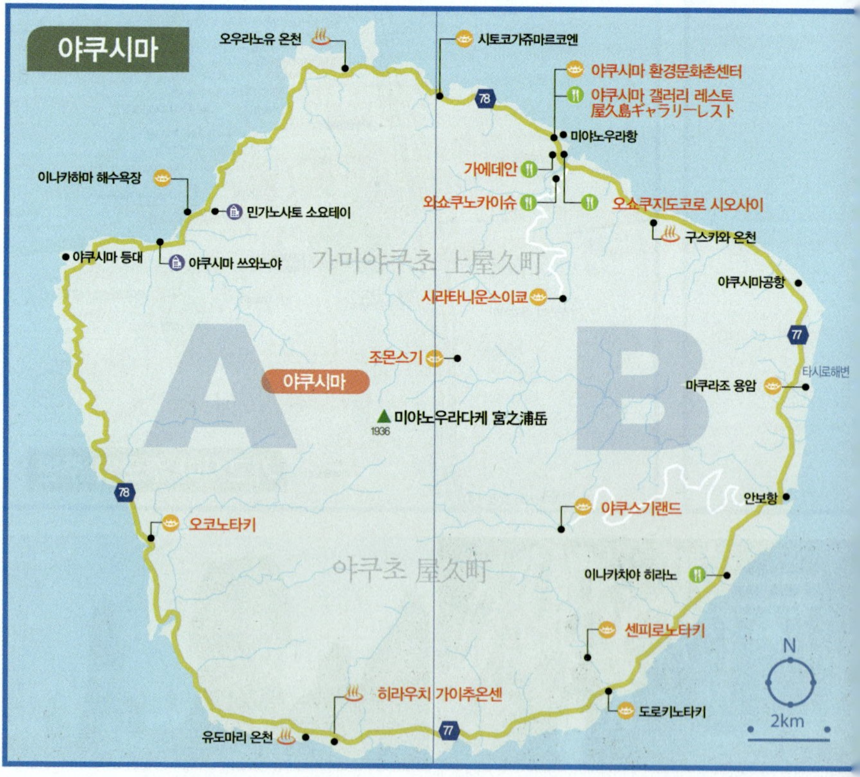

야쿠시마

오우라노유 온천

시토코가쥬마르코엔

야쿠시마 환경문화촌센터

야쿠시마 갤러리 레스토
屋久島ギャラリーレスト

78

미야노우라항

이나카하마 해수욕장

가에데안

민가노사토 소요테이

와쇼쿠노카이슈

오쇼쿠지도코로 시오사이

야쿠시마 등대

야쿠시마 쓰와노야

구스카와 온천

야쿠시마공항

가미야쿠초 上屋久町

시라타니운스이쿄

77

타시로8번지

조몬스기

마쿠라조 용암

야쿠시마

미야노우라다케 宮之浦岳
1936

안보항

78

야쿠스기랜드

오코노타키

이나카차야 히라노

야쿠초 屋久町

센피로노타키

히라우치 가이추온센

도로키노타키

유도마리 온천

77

N

2km

이부스키

멘도코로 고마키안

경찰서

이부스키 고코루노유
指宿こころの湯

시체육관

니가쓰덴역

이부스키 시청

이부스키 하쿠스이칸
指宿白水館

226

JR 이부스키미쿠라자키센

우체국

이부스키항

가고시마 방면

야쿠시마 방면

이부스키 비지타센터

아오바

사쓰마아지

JR 이부스키역

아지도코로 기사쿠

아시유

우미나카
아시유

지유칸 COCCO
하시무래

반반

료칸 긴조

스나무시카이칸 사라쿠

이부스키 카이조호텔

이부스키
이와사키 호텔

헬시랜드 로텐부로

플라워파크 가고시마

이케다코 池田湖

나가사키바나 長崎鼻

가이몬다케 開聞岳

이와사키
미술관

269

이부스키
로얄호텔

N

500m

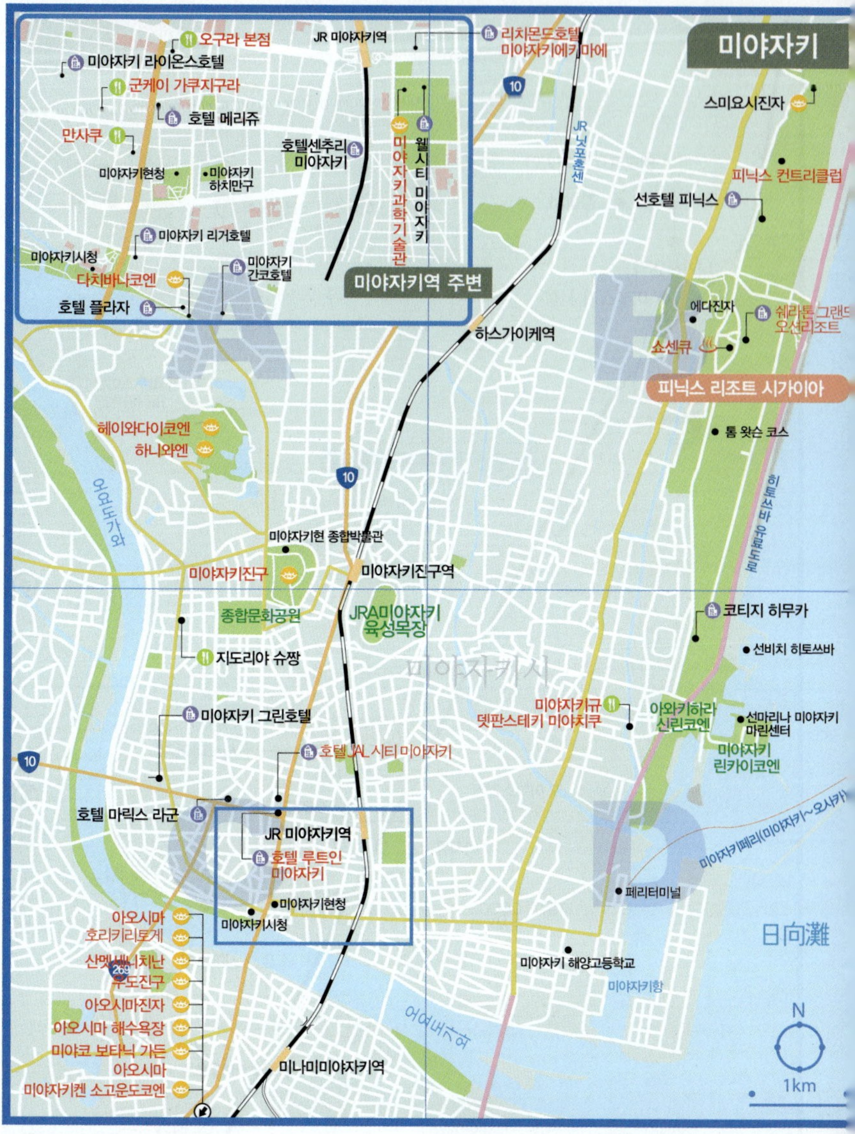
미야자키
미야자키역 주변
오구라 본점
미야자키 라이온스호텔
군케이 가쿠지구라
호텔 메리쥬
만사쿠
미야자키현청
미야자키 하치만구
미야자키 리거호텔
미야자키시청
다치바나코엔
미야자키 간코호텔
호텔 플라자
JR 미야자키역
호텔센추리 미야자키
미야자키과학기술관
웰시티 미야자키
리치몬드호텔 미야자키에키마에
JR 닛포혼센
스미요시진자
피닉스 컨트리클럽
선호텔 피닉스
하스가이케역
에다진자
쉐라톤 그랜드 오션리조트
쇼센쿄
피닉스 리조트 시가이아
톰 왓슨 코스
히토쓰바 유료도로
헤이와다이코엔
하니와엔
오요도가와
미야자키현 종합박물관
미야자키진구
미야자키진구역
종합문화공원
JRA미야자키 육성목장
지도리야 슈짱
미야자키시
코티지 히무카
선비치 히토쓰바
미야자키규
뎃판스테키 미야치쿠
아와키하라 신린코엔
선마리나 미야자키 마린센터
미야자키 린카이코엔
미야자키 그린호텔
호텔 JAL 시티 미야자키
호텔 마릭스 라군
JR 미야자키역
호텔 루트인 미야자키
미야자키현청
미야자키시청
미야자키페리(미야자키~오사카)
페리터미널
日向灘
미야자키 해양고등학교
미야자키항
아오시마
호리키리토게
산멧세니치난
우도진구
아오시마진자
아오시마 해수욕장
미야코 보타닉 가든 아오시마
미야자키켄 소고운도코엔
오요도가와
미나미미야자키역
N
1km

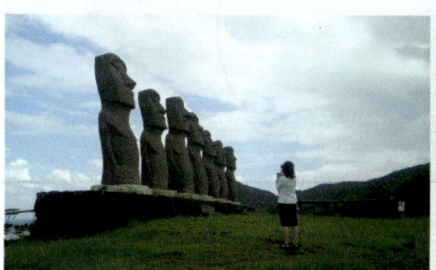

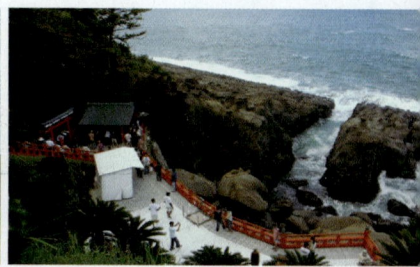

TRAVEL JAPANESE
여행 일본어

먹방 미션에 도전하라!

미리 보는
일본어 메뉴판

일본 여행 최고의 즐거움이자 성공하고 싶은 미션은 역시 제대로 먹는 것!
본격 일본어 공부에 앞서 눈으로 먼저 보고 일본어 메뉴판을 익혀보자.
일본 먹방 여행의 품격이 달라질 것이다.

명실공히 일본의 대표 음식으로 꼽히는 스시. 다양한 종류를 알아두는 만큼 맛있게 즐길 수 있다.

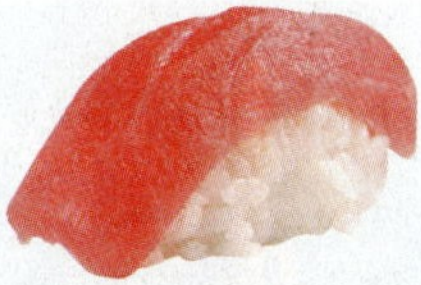

참치
マグロ 마구로

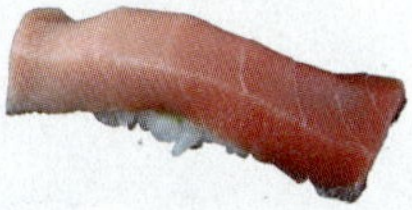

참치 중뱃살
中トロ 츄-토로

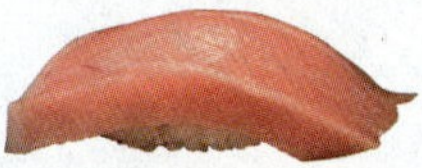

참치 대뱃살
大トロ 오-토로

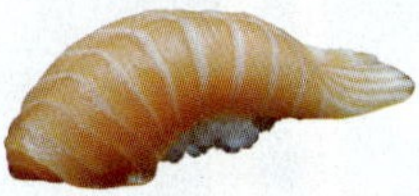

연어
サーモン 사-몬

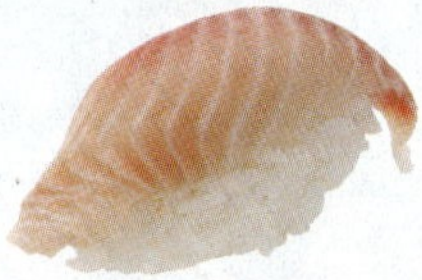

농어
スズキ 스즈키

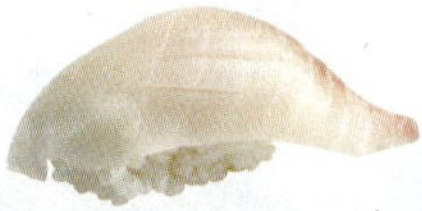

도미
鯛 타이

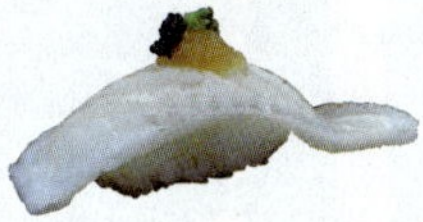

광어
ヒラメ 히라메

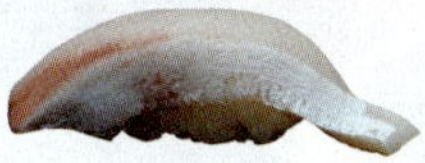

방어
ブリ 부리

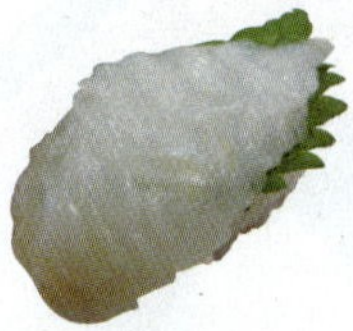

가자미
カレイ 카레이

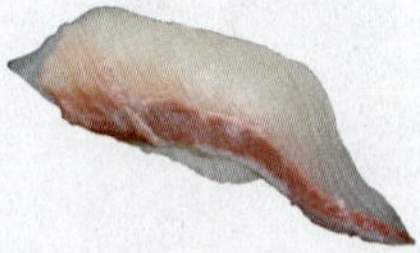

잿방어
かんぱち 칸파치

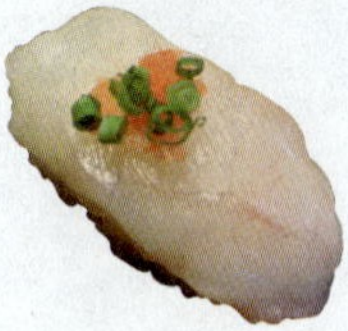

복어
ふぐ 후구

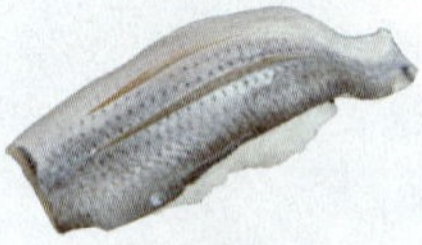

전어
コノシロ 코노시로

고등어
さば 사바

정어리
イワシ 이와시

장어
ウナギ 우나기

가리비
ほたて 호타테

키조개
タイラギ 타이라기

조개
貝 카이

전복
アワビ 아와비

새우
エビ 에비

단새우
甘エビ 아마에비

문어
たこ 타코

오징어
イカ 이카

달걀말이
たまご 타마고

군함말이
軍艦巻 군칸마키

김초밥
のりまき 노리마키

유부초밥
いなり 이나리

일본인이 좋아하는 3대 음식 중 하나인 라멘. 육수 재료나 먹는 방식에 따라 다양한 종류로 나뉜다.

시오라멘 塩ラーメン
소금으로 맛을 낸 깔끔한 라멘

쇼유라멘 醤油ラーメン
간장으로 맛을 낸 대중적인 라멘

미소라멘 味噌ラーメン
된장으로 맛을 낸 구수한 라멘

돈코츠라멘 とんこつラーメン
돼지 뼈 육수로 향이 진한 라멘

츠케멘 つけ麺
면을 양념에 적셔 먹는 라멘

탄탄멘 坦々麺
매운 국물의 중국식 라멘

히야시멘 冷やし麺
다양한 토핑과
소스를 뿌려 먹는 냉라멘

■ 라멘 토핑

돼지고기 叉焼 차-슈-
달걀 玉子 타마고
면 추가 替え玉 카에다마
파 ネギ 네기

숙주 もやし 모야시
죽순 メンマ 멤마
마늘 ニンニク 닌니쿠
김 のり 노리

목이버섯 きくらげ 키쿠라게
양배추 キャベツ 캬베츠
시금치 菠薐草 호-렌소-
양파 玉ねぎ 타마네기

돈부리
丼

돈부리는 육류, 튀김, 생선회 등의 요리를 밥 위에 얹어 먹는 일본식 덮밥. 주재료의 뒤에 '동 丼'을 붙이면 해당 돈부리 요리를 지칭하는 명사가 된다.

카츠동 カツ丼
돈까스 덮밥

규동 牛丼
소고기 덮밥

부타동 豚丼
돼지고기 덮밥

오야코동 親子丼
닭고기와 달걀 덮밥

텐동 天丼
튀김 덮밥

에비텐동 海老天丼
새우튀김 덮밥

이쿠라동 いくら丼
연어알 덮밥

우나동 鰻丼
장어 덮밥

우니동 ウニ丼
성게 덮밥

규토로동 牛トロ丼
소고기 육회 덮밥

카이센동 海鮮丼
해산물 덮밥

마구로동 マグロ丼
참치회 덮밥

오동통한 면발, 개운한 국물이 매력인 우동은 다양한 종류 때문에 더욱 여행자의 입맛을 당긴다.

카케우동
かけうどん
기본 우동

키츠네우동
きつねうどん
유부 우동

미소니코미우동
味噌煮込みうどん
된장 우동

텐푸라우동
天ぷらうどん
튀김 우동

니쿠우동
肉うどん
고기 우동

타누키우동
たぬきうどん
튀김 부스러기 우동

자루우동
ざるうどん
츠유에 찍어 먹는 우동

야끼우동
焼うどん
볶음 우동

붓가케우동
ぶっかけうどん
비빔 우동

■ 주문

이름	일본어	발음
단품 메뉴	単品メニュー	탄핀 메뉴-
세트 메뉴	セットメニュー	셋또 메뉴-
점심 메뉴	お昼メニュー	오히루 메뉴-
저녁 메뉴	夕食メニュー	유-쇼쿠 메뉴-
디저트	デザート	데자-토
리필	お代わり	오카와리
날마다 바뀌는 메뉴	日変り	히가와리
기간 한정	期間限定	키캉겐테-
물수건	おしぼり	오시보리
앞접시	取り皿	토리자라

■ 소스 · 조미료

이름	일본어	발음
간장	醤油	쇼-유
고추냉이	わさび	와사비
된장	味噌	미소
마요네즈소스	ソースマヨ	소-스마요
설탕	砂糖	사토-
소금	塩	시오
소스	ソース	소-스
참기름	ごま油	고마아부라
초간장	ポンズ	폰즈
파+마요네즈	ネギマヨ	네기마요
파+초간장	ネギポン	네기폰

■ 채소

이름	일본어	발음
감자	ジャガイモ	쟈가이모
고구마	サツマイモ	사츠마이모
마늘	ニンニク	닌니쿠
목이버섯	きくらげ	키쿠라게
숙주	もやし	모야시
아스파라거스	アスパラガス	아스파라가스
양파	玉ねぎ	타마네기
죽순	メンマ	멤마
파	ネギ	네기
표고버섯	しいたけ	시이타케
호박	カボチャ	카보챠

■ 음료 · 주류

이름	일본어	발음
일본술	日本酒	니혼슈
칵테일	カクテル	카쿠테루
맥주	ビール	비-루
소주	焼酎	쇼-추-
물	お水	오미즈
냉수	お冷	오히야
콜라	コーラ	코-라
주스	ジュース	쥬-스

■ 육류

이름	일본어	발음
닭고기	鶏肉	토리니쿠
돼지고기	豚肉	부타니쿠
소고기	牛肉	규-니쿠
고기완자	ミートボール	미-토보-루
달걀	玉子	타마고
메추리알	ウズラの卵	우즈라노타마고
베이컨	ベーコン	베-콘
소시지	ソーセージ	소-세-지

■ 해산물

이름	일본어	발음
가리비	ほたて	호타테
문어	タコ	타코
새우	えび	에비
오징어	いか	이카
김	のり	노리

■ 기타

이름	일본어	발음
김치	キムチ	기무치
떡	餅	모치
치즈	チーズ	치-즈
곤약	こんにゃく	콘냐쿠
믹스	ミックス	믹쿠스

1

왕초보 일본어

왕초보 일본어 패턴

PLUS 왕초보 일본어 표현

왕초보 일본어 패턴

여긴 제 자리입니다.
ここは私の席です。
코코와 와타시노 세키**데스**

(방문 목적은) 여행입니다.
(訪問の目的は)旅行です。
(호-몬노 모쿠테키와) 료코-**데스**

~입니다.
~です

두 명입니다.
二人です。
후타리**데스**

2박입니다.
2泊です。
니하쿠**데스**

이건 무엇인가요?
これは何ですか?
코레와 난**데스카**

이건 ○○행 버스인가요?
これは ○○行き バスですか?
코레와 ○○유키 바스**데스카**

이건 ~인가요?
これは~ですか?

이건 무료인가요?
これは無料ですか?
코레와 무료-**데스까**

이건 세일 중인가요?
これはセール中ですか?
코레와 세-루츄-**데스까**

방 청소 부탁드려요.
部屋の掃除お願いします。
헤야노 소-지 오네가이시마스

일행과 같이 부탁드려요.
連れと一緒にお願いします。
츠레토 잇쑈니 오네가이시마스

~부탁드려요.
お願いします

냅킨 좀 부탁드려요.
ティッシュをお願いします。
팃슈오 오네가이시마스

한 장 더 부탁드려요.
もう一枚お願いします。
모- 이치마이 오네가이시마스

메뉴판 주세요.
メニューください。
메뉴- **쿠다사이**

이거 하나 주세요.
これ一つください。
코레히토츠 **쿠다사이**

~주세요.
~ください

영수증 주세요.
領収書ください。
료-슈-쇼 **쿠다사이**

감기약 주세요.
風邪薬ください。
카제구스리 **쿠다사이**

요금은 얼마인가요?
料金はいくらですか?
료-킹와 **이쿠라데스까**

구매 한도 금액은 얼마인가요?
購入限度額はいくらですか?
코-뉴-겐도가쿠와 **이쿠라데스까**

~는 얼마인가요?
~はいくらですか?

수수료는 얼마인가요?
手数料はいくらですか?
테스-료-와 **이쿠라데스까**

입장료는 얼마인가요?
入場料はいくらですか?
뉴-죠-료-와 **이쿠라데스까**

제 자리는 어디인가요?
私の席はどこですか?
와타시노세키와 **도코데스까**

지금 여기가 어디예요?
今ここはどこですか?
이마 코코와 **도코데스까**

~는 어디인가요?
~はどこですか?

탑승구는 어디인가요?
搭乗口はどこですか?
토-죠-구치와 **도코데스까**

여기서 가까운 전철역은 어디인가요?
ここから近い電車駅はどこですか?
코코카라 치카이 덴샤에키와 **도코데스까**

더 저렴한 것 있나요?
もっと安いものがありますか?
몯또 야스이모노가 **아리마스까**

다른 사이즈가 있나요?
他のサイズがありますか?
호카노 사이즈가 **아리마스까**

~가 있나요?
~がありますか

근처에 편의점이 있나요?
近くにコンビニがありますか?
치카쿠니 콤비니가 **아리마스까**

남은 자리가 있나요?
余った席がありますか?
아맏따 세키가 **아리마스까**

얼마부터 면세가 되나요?
いくらから免税できますか?
이쿠라카라 멘제-**데키마스까**

사진 촬영 할 수 있나요?
写真撮影できますか?
샤신사츠에-**데키마스까**

~할 수 있나요?
(~が)できますか

카드로 계산할 수 있나요?
カードで払うことができますか?
카-도데 하라우코토가 **데키마스까**

다른 것으로 교환할 수 있나요?
他のものに交換できますか?
호카노 모노니 코-칸**데키마스까**

이건 기내에 반입할 수 없어요.
これは機内に持ち込めません。
코레와 키나이니 모치코메**마셍**

제 수하물을 찾을 수 없어요.
私の手荷物を見つけられません。
와타시노 테니모츠오 미츠케라레**마셍**

~할 수 없어요.
~(でき)ません

만 엔권은 사용할 수 없어요.
一万円札は使用できません。
이치망엔사츠와 시요-**데키마셍**

일본어를 할 줄 몰라요.
日本語ができません。
니홍고가 **데키마셍**

방문 목적이 무엇입니까?
訪問の目的は何ですか?
호-몬노 모쿠테키**와 난데스까**

와이파이 비밀번호는 무엇인가요?
Wi-Fiのパスワードは何ですか?
와이화이노파스와-도**와 난데스까**

~는 무엇인가요?
~は何ですか

오늘의 특선메뉴는 무엇인가요?
今日の特選メニューは何ですか?
쿄-노 톡셈메뉴**와 난데스까**

가장 인기 있는 공연은 무엇인가요?
一番人気のある公演は何ですか?
이치방닝끼노아루 코-엥**와 난데스까**

PLUS 왕초보 일본어 표현

여기	ここ	코코
저기	あそこ	아소코
이것	これ	코레
저것	あれ	아레
네	はい	하이
아니요	いいえ	이-에
알겠습니다	わかりました。	와카리마시따
모르겠습니다	わかりません。	와카리마셍
실례합니다	すみません。	스미마셍
감사합니다	ありがとうございます。	아리가토-고자이마스
고맙습니다	どうも。	도-모
천만에요	どういたしまして。	도-이타시마시테
잘 부탁드립니다	よろしくおねがいします。	요로시쿠 오네가이시마스
아침 인사	おはようございます。	오하요-고자이마스
낮 인사(일반 인사)	こんにちは。	콘니치와
밤 인사	こんばんは。	콤방와
어서 오세요	いらっしゃいませ。	이랏샤이마세
안녕히 가(계)세요	さようなら。	사요-나라

2

공항에서

탑승
수속하기

일본 항공사를 이용하거나 일본에서 탑승 수속을 하기 위해 필요한 표현들. 수속 전 항공사의 수하물 규정을 숙지하여 기내에 반입할 짐과 위탁할 수하물의 양을 적절히 분배하는 센스가 필요하다.

🔊 여행 단어

여권	パスポート 파스포-토	(전자)항공권	(電子)航空券 (덴시)코-쿠-켕
탑승권	搭乗券 토-죠-켕	일행과 같이	連れと一緒に 츠레토 잇쑈니
창가 좌석	窓側の席 마도가와노 세키	수하물	手荷物 테니모츠
한 개·두 개	一つ·二つ 히토츠·후타츠	반입 금지	持ち込み禁止 모치코미 킨시
추가 요금	追加料金 츠이카 료-킹	규정 무게 초과	規定重量超過 키테-쥬-료-쵸-카

🎤 여행 회화

❶ 항공권은 어디서 발급하나요?
航空券はどこで発給しますか?
코-쿠-켕와 도코데 학껜시마스까

❷ 일행과 같이 부탁드립니다.
連れと一緒にお願いします。
츠레토 잇쑈니 오네가이시마스

❸ 가방을 여기에 올려주세요.
カバンをここに載せてください。
카방오 코코니 노세테 쿠다사이

❹ 수하물 초과 비용은 얼마인가요?
超過手荷物料金はいくらですか?
쵸-카 테니모츠 료-킹와 이쿠라데스까

❺ 이 가방은 기내에 반입이 가능한가요?
このカバンは機内に持ち込めますか?
코노 카방와 키나이니 모치코메마스까

❻ 가방은 몇 개까지 부칠 수 있나요?
カバンはいくつまで預けられますか?
카방와 이쿠츠마데 아즈케라레마스까

보안
검색받기

보안 검색을 받을 땐 겉옷과 모자 등을 벗어 물품 바구니에 담아야 한다. 주머니에 있던 소지품도 모두 꺼내서 올려놓자. 간혹 경보음이 울리거나 재검색을 받게 되어도 당황하지 말고 요청에 따르자.

🔊 여행 단어

벗다	脱ぐ 누구	물품 바구니	検査用カゴ 켄사요-카고
액체류	液体類 에키타이루이	모자	帽子 보-시
안경	眼鏡 메가네	점퍼 · 외투	ジャンパー · コート 잠빠- · 코-토
휴대폰	携帯電話 케-타이 뎅와	소지품	持ち物 모치모노
주머니	ポケット 포켇또	임산부	妊産婦 닌삼뿌

🎤 여행 회화

❶ 무슨 문제가 있나요?
何か問題がありますか?
나니카 몬다이가 아리마스까

❷ 이것도 벗을까요?
これも脱ぎますか?
코레모 누기마스까

❸ 주머니에 아무것도 없어요.
ポケットに何もないです。
포켇또니 나니모 나이데스

❹ 이건 기내에 반입할 수 없어요.
これは機内に持ち込めません。
코레와 키나이니 모치코메마셍

❺ 이제 가도 되나요?
もう行ってもいいですか?
모- 읻떼모 이-데스까

❻ 저는 임산부예요.
私は妊婦です。
와타시와 님뿌데스

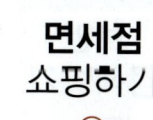

면세점 쇼핑하기

공항에서 면세품을 구매할 때 구매자의 여권이 필요하므로 꼭 휴대하고 있어야 한다. 상품별로 구매 한도 관련 규정이 다르므로 사전에 알아보거나 현장에서 직원에게 물어보자.

◀》 여행 단어

가장 인기 있는	一番人気のある 이치방 닝끼노 아루	이것 · 저것	これ · あれ 코레 · 아레
신상품	新商品 신쇼-힝	화장품	化粧品 케쇼-힝
세일 상품	セール商品 세-루 쇼-힝	더 저렴한	もっと安い 못또 야스이
계산	計算 케-상	면세	免税 멘제-
세금	税金 제-킹	구매 한도	購入限度 코-뉴- 겐도

🎤 여행 회화

❶ 가장 인기 있는 게 뭐예요?

一番人気のあるものは何ですか?
이치방 닝끼노 아루 모노와 난데스까

❷ 이걸로 할게요.

これにします。
코레니 시마스

❸ 더 저렴한 것 있나요?

もっと安いものはありますか?
못또 야스이 모노와 아리마스까

❹ 선물 포장되나요?

プレゼント用に包装できますか?
프레젠또요-니 호-소- 데키마스까

❺ 이건 기내 반입이 가능한가요?

これは機内に持ち込めますか?
코레와 키나이니 모치코메마스까

❻ 구매 한도 금액은 얼마인가요?

購入限度額はいくらですか?
코-뉴- 겐도가쿠와 이쿠라데스까

비행기
탑승하기

공항이 익숙하지 않거나 탑승 시간이 임박했다면 길을 헤매지 말고 물어보자. 일본까지 가는 비행기의 소요 시간은 2시간 이내로 길지 않아 특별한 기내 서비스가 필요한 경우는 드물다.

🔊 여행 단어

내 자리	私の席 와타시노 세키	좌석번호	座席番号 자세키 방고―
화장실	トイレ 토이레	사용 중	使用中 시요―츄―
비어 있음	空いている 아이테 이루	물 · 담요	水·毛布 미즈 · 모―후
가방	かばん 카방	탑승구	搭乗口 토―죠―구치
탑승권	搭乗券 토―죠―켄	좌석벨트	シートベルト 시―토 베루토

🎤 여행 회화

❶ ○○탑승구는 어디인가요?
○○搭乗口はどこですか?
○○토―죠―구치와 도코데스까

❷ 제 자리는 어디인가요?
私の席はどこですか?
와타시노 세키와 도코데스까

❸ 여긴 제 자리예요.
ここは私の席です。
코코와 와타시노 세키데스

❹ 선반에 가방을 넣어주세요.
荷物入れにかばんを入れてください。
니모츠이레니 카방오 이레테 쿠다사이

❺ 자리를 바꿔 주시겠어요?
席を変えてもらえますか?
세키오 카에테 모라에마스까

❻ 물(담요)을 주세요.
水(毛布)をください。
미즈(모―후)오 쿠다사이

21

입국
심사받기

일본으로 가는 첫 관문, 바로 입국 심사다. 묵게 될 숙소명과 전화번호를 가장 중요하게 생각하므로 입국신고서에 정확히 기입하고, 작성한 입국신고서와 여권을 함께 제출하자.

🔊 여행 단어

입국 심사	入国審査 뉴-코쿠 신사	입국신고서	入国申告書 뉴-코쿠 신꼬쿠쇼
방문 목적	訪問目的 호-몽 모쿠테키	여행	旅行 료코-
비즈니스	ビジネス 비지네스	여권	パスポート 파스포-토
왕복 항공권	往復航空券 오-후쿠 코-쿠-켕	하루·이틀·사흘	一泊·二泊·三泊 입빠쿠·니하쿠·삼바쿠
숙소	宿舎 슈쿠샤	전화번호	電話番号 뎅와 방고-

🎤 여행 회화

❶ 방문 목적이 무엇입니까?
訪問の目的は何ですか？
호-몬노 모쿠테키와 난데스까

❷ 여행(비즈니스)입니다.
旅行(ビジネス)です。
료코-(비지네스)데스

❸ 어디에서 묵을 예정입니까?
どこで泊まる予定ですか？
도코데 토마루 요테-데스까

❹ ○○에 묵을 예정이에요.
○○に泊まる予定です。
○○니 토마루 요테-데스

❺ 얼마나 머물 예정인가요?
どのくらい泊まる予定ですか？
도노쿠라이 토마루 요테-데스까

❻ 한국어가 가능한 분은 있나요?
韓国語のできる方はいますか？
캉코쿠고노 데키루 카타와 이마스까

수하물 찾기

입국 심사 후 수하물 안내판에서 항공편의 컨베이어 벨트 번호를 확인하고 수하물을 찾으면 된다.
보안 검색으로 시간이 늦어졌거나 수하물이 파손 또는 분실된 경우 공항 직원에게 문의하자.

◀» 여행 단어

기내 수하물	機内持ち込み荷物 키나이 모치코미 니모츠	위탁 수하물	預け荷物 아즈케 니모츠
수하물 찾는 곳	手荷物受取所 테니모츠 우케토리쇼	수하물 영수증	手荷物引換証 테니모츠 히키카에쇼-
분실	紛失 훈시츠	파손	破損 하손
이름표	名札 나후다	전화번호	電話番号 뎅와 방고-
분실물 센터	お忘れ物預り所 오와스레모노 아즈카리쇼	수하물 카트	手荷物カート 테니모츠 카-토

🎤 여행 회화

❶ 수하물은 어디서 찾나요?

手荷物はどこで受け取りますか?
테니모츠와 도코데 우케토리마스까

❷ 제 수하물을 못 찾겠어요.

私の手荷物が見つからないんです。
와타시노 테니모츠가 미츠카라나인데스

❸ 여기 수하물 영수증이요.

ここに手荷物引換証があります。
코코니 테니모츠 히키카에쇼-가 아리마스

❹ 제 수하물이 파손됐어요.

私の手荷物が破損しました。
와타시노 테니모츠가 하손 시마시따

❺ 짐을 분실했어요.

手荷物を紛失しました。
테니모츠오 훈시츠 시마시따

❻ 찾으면 여기로 연락주세요.

見つけたらここに連絡ください。
미츠케타라 코코니 렌라쿠 쿠다사이

세관
신고하기

휴대품 신고서를 별도로 작성해야 한다. 신고하지 않은 고가의 물품이 있는지, 100만 엔을 초과하는 현금이 있는지 등을 확인하여 기입하고, 역시 숙소명과 전화번호를 명기해야 한다.

🔊 여행 단어

현금	現金 겡낑	휴대품	携帯品 케-타이힝
신고서	申告書 싱꼬쿠쇼	가방	かばん 카방
과세 대상	課税対象 카제- 타이쇼-	세금	税金 제-킹
세관	税関 제-캉	면세 한도	免税限度 멘제- 겐도
벌금	罰金 박낑	반입 금지	持ち込み禁止 모치코미 킹시

🎤 여행 회화

1 이것도 신고해야 하나요?
これも申告対象ですか?
코레모 싱꼬쿠 타이쇼-데스까

2 가방을 좀 봐도 되겠습니까?
かばんを確認してもいいですか?
카방오 카쿠닌시테모 이-데스까

3 이건 과세 대상입니다.
これは課税対象です。
코레와 카제- 타이쇼-데스

4 신고할 물건은 없어요.
申告するものはありません。
신코쿠스루 모노와 아리마셍

5 벌금을 물어야 하나요?
罰金を払わなければならないですか?
박낑오 하라와나케레바 나라나이데스까

6 면세 한도를 알려주세요.
免税限度を教えてください。
멘제-겐도오 오시에테 쿠다사이

환전
하기

한국에서 미처 환전하지 못했다면 일본 공항에 도착해 환전소를 찾아보자. 공항에서도 환전하지 못했거나 여행 경비가 부족하다면 여행지 곳곳의 환전소를 이용하면 된다.

🔊 여행 단어

환전 · 환전소	両替 · 両替所 료-가에 · 료-가에쇼		지폐	お札 오사츠
소액권 지폐	小額紙幣 쇼-가쿠 시헤-		잔돈	小銭 코제니
동전	コイン 코잉		환율	為替レート 카와세 레-토
수수료	手数料 테스-료-		은행	銀行 깅꼬-
영수증	レシート 레시-토		엔화	円 엥

🎤 여행 회화

❶ 환전소는 어디에 있나요?
両替所はどこにありますか?
료-가에쇼와 도코니 아리마스까

❷ 엔화로 환전하고 싶어요.
円に両替したいです。
엔니 료-가에 시타이데스

❸ 오늘 환율은 얼마인가요?
今日の為替レートはいくらですか?
쿄-노 카와세 레-토와 이쿠라데스까

❹ 천 엔권으로 주세요.
1000円札でお願いします。
셍엔사츠데 오네가이시마스

❺ 잔돈으로 바꿔주세요.
小銭に両替してください。
코제니니 료-카에시테 쿠다사이

❻ 영수증 주세요.
レシートお願いします。
레시-토 오네가이시마스

3

교통수단

승차권 구매하기

여행 일정에 알맞은 교통패스는 비싼 교통비를 효과적으로 줄여준다. 교통패스마다 각각의 장단점이 있으므로 꼼꼼히 알아보고 가장 적합한 것을 구입할 것.

🔊 여행 단어

교통패스	交通パス 코-츠-파스	승차권·티켓	乗車券·チケット 죠-샤켕·치켙또
1일 승차권	1日乗車券 이치니치 죠-샤켕	매표소	きっぷ売り場 킵뿌 우리바
편도 요금	片道料金 카타미치 료-킹	왕복 요금	往復料金 오-후쿠 료-킹
유효기간	有効期間 유-코-키캉	급행·쾌속·특급	急行·快速·特急 큐-코-·카이소쿠·톡큐-
시간표	時刻表 지코쿠효-	프리패스	フリーパス 후리-파스

🎙 여행 회화

❶ 매표소가 어디에 있나요?
きっぷ売り場はどこにありますか?
킵뿌 우리바와 도코니 아리마스까

❷ 1일 승차권 하나 주세요.
1日乗車券一つください。
이치니치 죠-샤켕 히토츠 쿠다사이

❸ 성인 왕복 승차권 두 장 주세요.
大人往復乗車券二枚ください。
오토나 오-후쿠 죠-샤켄 니마이 쿠다사이

❹ 프리패스를 구매하고 싶어요.
フリーパスを購入したいです。
후리-파스오 코-뉴- 시타이데스

❺ 언제 출발(도착) 하나요?
いつ出発(到着)しますか?
이츠 슙빠츠(토-챠쿠) 시마스까

❻ 어디서 타면 되나요?
どこで乗ればいいですか?
도코데 노레바 이-데스까

버스
이용하기

고속버스와 달리 노선버스는 구간에 따라 요금이 달라지는 버스와 균일 요금을 지불하는 버스가 있다. 구간 요금이 있는 버스를 탈 때는 정리권을 뽑은 후 내릴 때 요금과 함께 내야 한다.

🔊 여행 단어

고속버스	高速バス 코-소쿠 바스	승차권 (판매기)	乗車券(販売機) 죠-샤켕(함바이키)
매표소	きっぷ売り場 킵뿌 우리바	노선버스	路線バス 로셍바스
정리권	整理券 세-리켕	요금함	運賃箱 운침바코
동전 교환기	コイン交換機 코잉 코-캉끼	거스름돈	お釣り 오츠리
다음 정류장	次の停留所 츠기노 테-류-죠	다음 버스	次のバス 츠기노 바스

🎤 여행 회화

❶ 이 버스가 ○○에 가나요?
このバスが○○に行きますか?
코노 바스가 ○○니 이키마스까

❷ 여기서 얼마나 걸려요?
ここからどのくらいかかりますか?
코코카라 도노쿠라이 카카리마스까

❸ 이번 정류장에서 내리면 되나요?
今回の停留所で降りればいいですか?
콩까이노 테-류-죠데 오리레바 이-데스까

❹ 여기서(다음 역에서) 내리세요.
ここ(次の停留所)で降りてください。
코코(츠기노 테-류-죠)데 오리테 쿠다사이

❺ 내릴 정류장을 지나쳤어요.
降りる停留所を乗り越しました。
오리루 테-류-죠오 노리코시마시따

❻ 다음 버스는 언제 오나요?
次のバスはいつ来ますか?
츠기노 바스와 이츠 키마스까

전철·지하철 이용하기

거미줄처럼 얽혀있는 일본 도심의 전철과 지하철은 탑승 및 환승 방법이 헷갈리기 십상. 목적지로 가는 가장 빠른 열차가 무엇이지 파악하고 열차를 탑승하는 승강장 위치만 알면 반은 성공이다.

◀》 여행 단어

특급·급행·쾌속	特急·急行·快速 톡뀨—·큐—코—·카이소쿠	전철·지하철	電車·地下鉄 덴샤·치카테츠
역	駅 에키	승강장	乗り場 노리바
환승	乗り換え 노리카에	노선도	路線図 로센즈
티켓 판매기	チケット販売機 치켇또 함바이키	출발시간	出発時間 슙빠츠 지캉
도착시간	到着時間 토—챠쿠 지캉	직행·각 역 정차	直行·各駅停車 쵹꼬—·카쿠에키 테—샤

🎤 여행 회화

❶ 가까운 전철역이 어디에 있나요?

近い電車駅はどこにありますか?
치카이 덴샤에키와 도코니 아리마스까

❷ 특급 열차 승차권 한 장 주세요.

特急列車の乗車券一枚ください。
톡뀨—렛쌰노 죠—샤켄 이치마이 쿠다사이

❸ 몇 번 승강장에서 타야 하나요?

何番乗り場で乗りますか?
남방 노리바데 노리마스까

❹ ○○으로 환승은 어디서 하나요?

○○への乗換はどこでしますか?
○○에노 노리카에와 도코데 시마스까

❺ 이 열차는 ○○역에 정차하나요?

この列車は○○駅に停まりますか?
코노 렛쌰와○○에키니 토마리마스까

❻ ○○역까지 몇 정거장 남았나요?

○○駅まであと何駅ですか?
○○에키마데 아토 낭에키데스까

택시
이용하기

일본 택시는 요금이 비싸서 혼자 이용하면 부담스럽지만, 필요에 따라 매우 유용한 교통수단이다.
일본 택시는 문을 자동으로 여닫는 시스템이므로 타고 내릴 때 문을 직접 열지 말고 기다리자.

🔊 여행 단어

이 주소	この住所 코노 쥬－쇼	택시 (승강장)	タクシー(乗り場) 탁시－(노리바)
기본 요금	初乗り運賃 하츠노리운칭	할증	割り増し 와리마시
택시 미터기	タクシーメーター 탁시－메－타－	트렁크	トランク 토랑쿠
빨리	はやく 하야쿠	잔돈 · 거스름돈	小銭·おつり 코제니 · 오츠리
빈차	空車 쿠－샤	탑승 중	賃走 친소－

🎤 여행 회화

❶ 어디로 가시나요?
どこへ行きますか?
도코에 이키마스까

❷ 이 주소로 가주세요.
この住所までお願いします。
코노 쥬－쇼마데 오네가이시마스

❸ 여기서 내릴게요.
ここで降ります。
코코데 오리마스

❹ 트렁크 열어주세요.
トランクを開けてください。
토랑쿠오 아케테 쿠다사이

❺ 서둘러 가주세요.
急いで行ってください。
이소이데 잍떼 쿠다사이

❻ 요금은 얼마인가요?
料金はいくらですか?
료－킹와 이쿠라데스까

도보로
길 찾기

구글맵이 있다면 일본 어디든 도보로 찾아가기 어렵지 않다. 무선 인터넷을 원활하게 사용하려면 포켓 와이파이나 유심칩을 꼭 준비하자.

🔊 여행 단어

여기	ここ 코코	길	道 미치
가깝다 · 멀다	近い · 遠い 치카이 · 토−이	걷다	歩く 아루쿠
왼쪽 · 오른쪽	左 · 右 히다리 · 미기	이쪽 · 저쪽	こっち · あっち 콧찌 · 앗찌
블록	ブロック 부록꾸	직진	直進 쵹씬
반대편 · 건너편	反対側 · 向う側 한타이가와 · 무코−가와	관광안내소	観光案内所 캉꼬−안나이죠

🎤 여행 회화

❶ 말씀 좀 묻겠습니다.

すみません、ちょっとお伺いしますが。
스미마셍, 춋또 오우카가이시마스가

❷ ○○까지 어떻게 가나요?

○○までどう行きますか?
○○마데 도오 이키마스까

❸ 여기가 어디예요?

ここはどこですか?
코코와 도코데스까

❹ 거기까지 걸어갈 수 있나요?

そこまで歩いて行けますか?
소코마데 아루이테 이케마스까

❺ 걸어서 10분 정도 걸려요.

歩いて10分ほどかかります。
아루이테 쥼뿡호도 카카리마스

❻ 다시 한 번 말해주세요.

もう一度言ってください。
모−이치도 잇떼 쿠다사이

교통편 놓쳤을 때

교통편을 놓쳤다면 규정에 따라 수수료를 지급하거나 별도의 수수료 없이 다음 교통편으로 재발권할 수 있다. 단, 규정에 따라 재발권이 불가능한 경우도 있으니 우선 티켓 판매처에 문의하자.

◀» 여행 단어

비행기	飛行機 히코-키	열차	列車 렛샤
버스	バス 바스	시간표	時刻表 지코쿠효-
변경 · 환불	変更·払い戻し 헹코- · 하라이 모도시	대기자(명단)	キャンセル待ち(リスト) 캰세루 마치 (리스토)
수수료	手数料 테스-료-	항공사	航空会社 코-쿠-가이샤
여행사	旅行会社 료코-가이샤	연락처	連絡先 렌락사키

🎤 여행 회화

❶ ○○를 놓쳤어요.
○○に乗り遅れました。
○○니 노리오쿠레마시따

❷ 다음 ○○를 탈 수 있나요?
次の○○に乗れますか?
츠기노 ○○니 노레마스까

❸ 다음 ○○는 출발이 언제죠?
次の○○はいつ出発しますか?
츠기○○와 이츠 슙빠츠시마스까

❹ 환급(변경) 가능한가요?
払い戻し(変更)可能ですか?
하라이모도시(헹코-) 카노-데스까

❺ 수수료가 얼마죠?
手数料はいくらですか?
테스-료-와 이쿠라데스까

❻ 가능한 빨리 출발하고 싶어요.
できるだけ早く出発したいです。
데키루다케 하야쿠 슙빠츠시타이데스

4

숙소에서

숙소 체크인하기

숙소 체크아웃하기

부대시설 이용하기

숙소 서비스 요청하기

객실 비품 요청하기

불편사항 말하기

숙소
체크인하기

혹시 모를 상황에 대비해 숙소 예약 바우처를 꼭 출력해가자. 일본 숙소의 체크인 시간은 보통 오후 3~4시 정도이지만 숙소에 따라 다르므로 미리 체크할 것.

🔊 여행 단어

예약	予約 요야쿠	체크인	チェックイン 첵꾸잉
층	階 카이	몇 박 · 1박 · 2박	何泊·一泊·二泊 남빠쿠 · 입빠쿠 · 니하쿠
숙박 요금	宿泊料金 슈쿠하쿠 료-킹	지불	支払 시하라이
객실 번호	部屋番号 헤야 방고-	객실 열쇠	ルームキー 루-무키-
침대	ベッド 벳도	와이파이 비밀번호	Wi-Fiのパスワード 와이화이노 파스와-도

🎤 여행 회화

❶ 체크인하고 싶어요.

チェックインお願いします。
첵꾸잉 오네가이시마스

❷ ○○이름으로 예약했어요.

○○の名前で予約しています。
○○노 나마에데 요야쿠시테이마스

❸ 호텔 바우처를 보여드릴게요.

ホテルバウチャーをお見せします。
호테루 바우챠-오 오미세시마스

❹ 객실 요금은 이미 지불했어요.

客室料金はもう払いました。
캬쿠시츠료-킹와 모- 하라이마시따

❺ 와이파이 비밀번호를 알려주세요.

Wi-Fiのパスワードを教えてください。
와이화이노 파스와-도오 오시에테 쿠다사이

❻ 객실은 몇 층인가요?

部屋は何階でしょうか?
헤야와 낭가이데쇼-까

숙소
체크아웃하기

일본 숙소의 체크아웃 시간은 보통 오전 10~11시다. 체크아웃 시간에 맞춰 퇴실하는 것이 예의지만 사정상 늦은 체크아웃을 해야 한다면 미리 문의하자.

🔊 여행 단어

체크아웃	チェックアウト 쳌꾸 아우토	퇴실	退室 타이시츠
보관하다	預かる 아즈카루	분실하다	紛失する 훈시츠스루
객실 열쇠	ルームキー 루−무키−	소지품	持ち物 모치모노
숙박 요금	宿泊料金 슈쿠하쿠 료−킹	추가 요금	追加料金 츠이카 료−킹
사용료	使用料 시요−료−	영수증	領収証 료−슈−쇼−

🎤 여행 회화

❶ 체크아웃 할게요.
チェックアウトお願いします。
쳌꾸 아우토 오네가이시마스

❷ 체크아웃은 몇 시죠?
チェックアウトは何時ですか?
쳌꾸 아우토와 난지데스까

❸ 체크아웃 시간 연장이 가능한가요?
チェックアウトの延長はできますか?
쳌꾸 아우토노 엔쵸−와 데키마스까

❹ 방에 소지품을 두고 왔어요.
部屋に忘れ物をしてしまいました。
헤야니 와스레모노오 시테시마이마시따

❺ 짐 좀 보관해줄 수 있나요?
荷物を預かってもらえますか?
니모츠오 아즈칻떼 모라에마스까

❻ 택시를 불러주세요.
タクシーを呼んでください。
탁시−오 욘데 쿠다사이

부대시설 이용하기

레스토랑, 온천, 목욕탕, 세탁실 등의 부대시설을 자유롭게 이용하기 위한 표현들. 숙소 서비스 차원에서 무료로 제공하기도 하고, 때에 따라 추가 요금을 받을 수도 있으니 미리 확인하자.

🔊 여행 단어

조식	朝食 쵸-쇼쿠	흡연실	喫煙室 키츠엔시츠
목욕탕	大浴場 다이요쿠죠-	온천	温泉 온셍
세탁실	洗濯室 센탁시츠	바	バー 바-
자판기	自販機 지항키	이용 방법	利用方法 리요-호-호-
개점(시간)	開店(時間) 카이텡(지캉)	폐점(시간)	閉店(時間) 헤-텡(지캉)

🎤 여행 회화

❶ 조식은 어디서 먹을 수 있죠?
朝食はどこで食べられますか?
쵸-쇼쿠와 도코데 타베라레마스까

❷ 조식시간은 몇 시부터인가요?
朝食の時間は何時からですか?
쵸-쇼쿠노지캉와 난지카라데스까

❸ 온천은 어디에 있나요?
温泉はどこにありますか?
온셍와 도코니 아리마스까

❹ 목욕탕은 몇 시부터 이용할 수 있나요?
大浴場は何時から利用できますか?
다이요쿠죠-와 난지카라 리요-데키마스까

❺ 근처에 편의점이 있나요?
近くにコンビニがありますか?
치카쿠니 콤비니가 아리마스까

❻ 흡연실은 몇 층인가요?
喫煙室は何階でしょうか?
키츠엔시츠와 낭가이데쇼-까

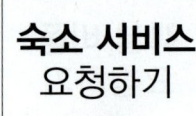

숙소 서비스 요청하기

필요한 서비스가 있다면 직접 프런트에 말해보자. 콜택시, 모닝콜을 부탁하거나 귀중품을 위탁하는 등 다양한 서비스를 요청할 수 있다.

◀» 여행 단어

공항	空港 쿠-코-	셔틀버스	無料送迎バス 무료- 소-게- 바스
택시	タクシー 탁시-	리무진버스	リムジンバス 리무진바스
룸 서비스	ルームサービス 루-무 사-비스	짐	荷物 니모츠
귀중품	貴重品 키쵸-힝	모닝콜	モーニングコール 모-닝구 코-루
방 청소	部屋の掃除 헤야노 소-지	와이파이 비밀번호	Wi-Fiのパスワード 와이화이노 파스와-도

🎤 여행 회화

❶ 택시 좀 불러 줄 수 있나요?
タクシーを呼んでもらえますか?
탁시-오 욘데 모라에마스까

❷ 셔틀버스 운행하나요?
無料送迎バス運行していますか?
무료-소-게-바스 운꼬-시테이마스까

❸ 룸 서비스 부탁드려요.
ルームサービスお願いします。
루-무 사-비스 오네가이시마스

❹ 모닝콜 부탁드려요.
モーニングコールをお願いします。
모-닝구 코-루오 오네가이시마스

❺ 방 청소를 부탁드려요.
部屋の掃除をお願いします。
헤야노 소-지오 오네가이시마스

❻ 와이파이 비밀번호를 알려주세요.
Wi-Fiのパスワードを教えてください。
와이화이노 파스와-도오 오시에테 쿠다사이

객실 비품
요청하기

샴푸와 수건 등 기본적인 비품은 대부분 숙소에서 무료 제공한다. 생수와 전기 포트 역시 대체로 별도의 추가 요금 없이 사용할 수 있지만, 더 필요한 것이 있다면 이렇게 요청하자.

◀» 여행 단어

무료	無料 무료-	필요하다	必要だ 히츠요-다
수건	タオル 타오루	비누	石鹼 셋껭
화장지	トイレットペーパー 토이렏또 페-파-	칫솔	歯ブラシ 하부라시
샴푸	シャンプー 샴뿌-	바디 샴푸	ボディーソープ 보디- 소-프
헤어드라이어	ヘアドライヤー 헤아도라이야-	침대 시트	ベッドのシーツ 벳도노 시-츠

🎤 여행 회화

❶ 객실 비품(어메니티)은 무료인가요?
アメニティは無料ですか?
아메니티와 무료-데스까

❷ 수건이 더 필요해요.
タオルがもっと必要です。
타오루가 몯또 히츠요-데스

❸ 칫솔이 없어요.
歯ブラシがありません。
하부라시가 아리마셍

❹ 헤어드라이어가 고장 났어요.
ヘアドライヤーが壊れました。
헤아도라이야-가 코와레마시따

❺ 슬리퍼 하나 더 주세요.
スリッパもう一つください。
스립빠 모오 히토츠 쿠다사이

❻ 침대 시트를 교체해주세요.
ベッドのシーツを変えてください。
벳도노 시-츠오 카에테 쿠다사이

불편사항
말하기

불편한 상황을 구체적으로 설명하기 어렵다면 호텔 직원에게 객실 방문을 부탁하자. 상황을 직접 보여주면 생각보다 쉽게 해결할 수 있다.

◀》 여행 단어

문제	問題 몬다이	고장 나다	壊れる 코와레루
시끄럽다	うるさい 우루사이	방을 바꾸다	部屋を変える 헤야오 카에루
난방 · 냉방	暖房 · 冷房 단보- · 레-보-	덥다 · 춥다	暑い · 寒い 아츠이 · 사무이
인터넷	インターネット 인타-넽또	청소	掃除 소-지
변기	便器 벵끼	온수	お湯 오유

🎤 여행 회화

❶ 온수가 안 나와요.
お湯が出ません。
오유가 데마셍

❷ 너무 시끄러워요.
とてもうるさいです。
토테모 우루사이데스

❸ 금연실로 예약했는데요.
禁煙室に予約しました。
킹엔시츠니 요야쿠 시마시따

❹ 방을 바꾸고 싶어요.
部屋を変えてもらいたいです。
헤야오 카에테 모라이타이데스

❺ 그건 처음부터 고장 나 있었어요.
それはすでに壊れていました。
소레와 스데니 코와레테 이마시따

❻ 방에 와서 확인해주세요.
部屋に来て確認してください。
헤야니 키테 카쿠닌시테 쿠다사이

5

식당에서

자리
안내받기

식당에 들어가면 가장 먼저 몇 명인지 물어보니 대답을 준비하자. 이름난 맛집이라면 대기시간을 피하기 어려운데 줄을 설지, 대기자 명단에 이름을 쓸지 미리 확인하면 헛수고를 막을 수 있다.

🔊 여행 단어

예약	予約 요야쿠	몇 명	何人·何名様 난닌 · 난메–사마
카운터석	カウンター席 카운타–세키	한 사람 · 두 사람	一人·二人 히토리 · 후타리
세 사람 · 네 사람	三人·四人 산닝 · 요닝	아침 식사	朝食 쵸–쇼쿠
점심 식사	昼食·ランチ 츄–쇼쿠 · 란치	저녁 식사	夕食·ディナー 유–쇼쿠 · 디나–
창가 자리	窓際席 마도기와세키	흡연석 · 금연석	喫煙席·禁煙席 키츠엔세키 · 킹엔세키

🎤 여행 회화

❶ 몇 명이신가요?
何人ですか?·何名様ですか?
난닝데스까 · 난메–사마데스까

❷ 한 명(두 명)입니다
一人(二人)です。
히토리(후타리)데스

❸ 대기 명단에 이름을 쓸까요?
順番待ちリストに名前を書きましょうか?
쥼방마치 리스토니 나마에오 카키마쇼–까

❹ 미리 주문해도 될까요?
先に注文してよろしいでしょうか?
사키니 츄–몬시테 요로시–데쇼–까

❺ 얼마나 기다려야 하나요?
どのくらい待つのですか?
도노쿠라이 마츠노데스까

❻ 금연석으로 안내해주세요.
禁煙席に案内してください。
킹엔세키니 안나이시테 쿠다사이

메뉴
주문하기

사진 메뉴판이 있다면 손가락으로 메뉴를 가리키며 "코레 これ"라고 말해도 되지만, 일본어 메뉴판을 알아보기 힘들다면 직원에게 추천을 받는 것도 좋다.

🔊 여행 단어

메뉴	メニュー 메뉴-	이것 · 저것	これ·あれ 코레 · 아레
한 개 · 두 개	一つ·二つ 히토츠 · 후타츠	추천	お勧め 오스스메
가장 인기 있는	一番人気のある 이치방 닝끼노 아루	정식	定食 테-쇼쿠
세트 메뉴	セットメニュー 셋또 메뉴-	무한리필	食べ放題 타베호-다이
오늘의 특선 메뉴	今日の特選メニュー 쿄-노 톡셈메뉴-	테이크아웃	テークアウト·持ち帰り 테-쿠 아우토 · 모치카에리

🎤 여행 회화

❶ (한국어)메뉴판 주세요.

(韓国語の)メニューください。
(캉코쿠고노)메뉴- 쿠다사이

❷ 이걸로 주세요.

これにします。
코레니 시마스

❸ 이거 하나랑 이거 두 개 주세요.

これ一つとこれ二つください
코레 히토츠토 코레 후타츠 쿠다사이

❹ 테이크아웃하고 싶어요.

テークアウトしたいです。
테-쿠아우토 시타이데스

❺ 추천 메뉴는 무엇인가요?

お勧めのメニューはなんでしょうか?
오스스메노 메뉴-와 난데쇼-까

❻ 조금 있다가 주문할게요.

少し後で注文します。
스코시 아토데 츄-몬시마스

식당 서비스 요청하기

접시, 냅킨 등이 더 필요하거나 남은 음식을 포장하고 싶을 때는 직원에게 요청해보자. 단, 사진을 찍는 것에 민감하게 반응할 수 있으므로 사진을 찍고 싶다면 미리 양해를 구하는 편이 좋다.

◀» 여행 단어

사진	写真 샤싱	포크	フォーク 훠-쿠
숟가락	スプーン 스푸-웅	젓가락	箸 하시
접시	皿 사라	냅킨	ティッシュ 팃쓔
물수건	おしぼり 오시보리	물컵	コップ 콥뿌
소스	ソース 소-스	하나 더	もう一つ 모- 히토츠

🎤 여행 회화

❶ 젓가락 하나 더 주세요.

箸もう一つください。
하시 모- 히토츠 쿠다사이

❷ 냅킨 좀 부탁합니다.

ティッシュをお願いします。
팃쓔오 오네가이시마스

❸ 접시를 바꿔주세요.

皿を替えてください。
사라오 카에테 쿠다사이

❹ 이것 좀 더 주세요.

これもっとください。
코레 못또 쿠다사이

❺ 사진 좀 찍어도 될까요?

ちょっと写真撮ってもいいですか?
춛또 샤싱 톨떼모 이-데스까

❻ 남은 거 포장해주세요.

残ったの包んでください。
노콛따노 츠츤데 쿠다사이

음식 불만
제기하기

음식에 대한 호불호가 아니라 위생 상태에 관한 문제라면 직원에게 알릴 필요가 있다. 주문하지 않은 요리가 나오거나, 주문한 요리가 나오지 않을 때에도 불만사항을 말할 수 있다.

🔊 여행 단어

머리카락	髪の毛 카미노케	이물질	異物 이부츠
더럽다	汚い 키타나이	상하다	傷む 이타무
신선하지 않다	新鮮ではない 신센데와 나이	덜 익은	熟していない 주쿠시테 이나이
너무 익은	熟し過ぎた 쥬쿠시스기따	달다 · 맵다	あまい · 辛い 아마이 · 카라이
짜다 · 싱겁다	塩辛い · あじきない 시오카라이 · 아지키나이	미지근하다	ぬるい 누루이

🎤 여행 회화

❶ 이거 못 먹겠어요.
これ食べられません。
코레 타베라레마셍

❷ 음식에서 머리카락이 나왔어요.
料理から髪の毛が出ました。
료-리카라 카미노케가 데마시따

❸ 이거 상한 것 같아요.
これは腐ったみたいです。
코레와 쿠삿따 미타이데스

❹ 너무 매워(짜)요.
とても辛(塩辛)すぎます。
토테모 카라(시오카라)스기마스

❺ 주문한 메뉴가 아니에요.
注文したメニューじゃありません。
츄-몬시타 메뉴-쟈 아리마셍

❻ 아직도 음식이 안 나왔어요.
まだ料理が出てこないんですが。
마다 료-리가 데테 코나인데스가

음식값
계산하기

일부 식당은 부가세를 제외한 가격만 메뉴에 표기한다. 혹은 신용카드 결제가 불가능한 식당도 있으니, 결제 전에 이런 점을 미리 확인하는 센스가 필요하다.

🔊 여행 단어

계산서	会計書 카이케-쇼		계산 · 지불하다	会計·支払う 카이케- · 시하라우
착오 · 틀림	まちがい 마치가이		현금	現金 겡킹
신용카드	クレジットカード 쿠레짓또카-도		영수증	レシート·領収証 레시-토 · 료-슈-쇼-
주문하지 않은	注文していない 츄-몬시테 이나이		거스름돈	おつり 오츠리
따로	別々に 베츠베츠니		세금 포함 · 별도	税込·税別 제-코미 · 제-베츠

🎤 여행 회화

❶ 계산할게요.

お勘定お願いします。
오칸죠- 오네가이시마스

❷ 같이(따로) 계산해주세요.

会計は一緒(別々)にしてください。
카이케-와 잇쑈(베츠베츠)니 시테 쿠다사이

❸ 여기 카드 사용할 수 있나요?

ここはカード使えますか?
코코와 카-도 츠카에마스까

❹ 영수증 주세요.

レシートお願いします。
레시-토 오네가이시마스

❺ 부가세는 별도인가요?

消費税は別ですか?
쇼-히제-와 베츠데스까

❻ 잔돈(거스름돈)을 잘못 주신 것 같아요.

おつりを間違えたようです。
오츠리오 마치가에타 요-데스

식권 자판기 사용하기

일본 식당에선 식권 자판기를 사용하는 경우가 많다. 미리 엔화를 준비하거나 혹은 직원에게 잔돈 교환을 요청하자. 한국어가 지원되지 않는 식권 자판기라면 사용법을 문의하는 편이 좋겠다.

🔊 여행 단어

식권 자판기	食券自動販売機 쇼껭 지도- 함바이키	사용 방법	使い方·使用方法 츠카이카타 · 시요-호-호-
지폐	紙幣 시헤-	동전	コイン 코잉
잔돈	小銭 코제니	5천 엔권	5千円札 고셍엔사츠
천 엔권	千円札 셍엔사츠	곱빼기	大盛 오-모리
물	お水 오미즈	물수건	おしぼり 오시보리

🎤 여행 회화

❶ 사용법을 알려주세요.
使い方を教えてください。
츠카이카타오 오시에테 쿠다사이

❷ 5천 엔권은 사용할 수 없습니다.
5千円札は使えません。
고셍엔사츠와 츠카에마셍

❸ 천 엔권이 없어요.
千円札がありません。
셍엔사츠가 아리마셍

❹ 잔돈으로 바꿔주세요.
小銭に換えてください。
코제니니 카에테 쿠다사이

❺ 식권은 직원에게 전달해주세요.
食券を職員に渡してください。
쇼껭오 쇼쿠인니 와다시테 쿠다사이

❻ 물은 셀프입니다.
お水はセルフサービスです。
오미즈와 세루후 사-비스데스

커피
주문하기

메뉴 이름 뒤에 요청의 의미를 지닌 일본어 '쿠다사이ください'를 붙여 주문하면 간단하다. 뜨거운 음료를 "핫"이라고 말하면 못 알아듣는 경우가 많으니 "홋또"라고 발음하여 주문하자.

🔊 여행 단어

아메리카노	アメリカーノ 아메리카―노	카페라테	カフェラテ 카훼라테
핫 · 아이스	ホット·アイス 홋또 · 아이스	작은 사이즈	小さいサイズ 치―사이 사이즈
큰 사이즈	大きいサイズ 오―키― 사이즈	진하다	濃い 코이
연하다	薄い 우스이	샷 추가	ショットの追加 숃또노 츠이카
시럽	シロップ 시롭뿌	휘핑크림	ホイップクリーム 호입뿌 쿠리―무

🎙 여행 회화

❶ 카페라테 작은 사이즈 한 잔이요.
カフェラテ小さいサイズ一杯ください。
카훼라테 치―사이 사이즈 입빠이 쿠다사이

❷ 휘핑크림은 빼주세요.
ホイップクリームは抜いてください。
호입뿌 쿠리―무와 누이테 쿠다사이

❸ 샷 추가해주세요.
ショットを追加してください。
숃또오 츠이카시테 쿠다사이

❹ 커피를 연하게 해주세요.
コーヒーを薄くしてください。
코―히―오 우스쿠시테 쿠다사이

❺ 얼음은 빼주세요.
氷は抜いてください。
코―리와 누이테 쿠다사이

❻ 뜨거운 것(차가운 것)으로 주세요.
ホット(アイス)でお願いします。
홋또(아이스)데 오네가이시마스

주류
주문하기

아래 단어와 문장은 일반 식당에서는 물론 일본 술집 '이자카야 居酒屋'에서도 유용하다. 일본엔 기본 안주를 제공하고 자릿세를 받는 '오토-시 お通し' 문화가 있으므로 예산을 짤 때 염두에 두자.

🔊 여행 단어

추천하다	お勧め料理 오스스메 료-리	앞 접시	取り皿 토리자라
맥주	ビール 비-루	생맥주	なまビール 나마비-루
와인	ワイン 와잉	칵테일	カクテル 카쿠테루
소주	焼酎 쇼-츄-	오토-시	お通し 오토-시
술안주	おつまみ 오츠마미	한 병·한 잔	一本·一杯 입뽕·입빠이

🎙 여행 회화

❶ 한 병 더 주세요.

もう一本ください。
모- 입뽕 쿠다사이

❷ 우선 생맥주 한 잔 주세요.

とりあえず生ビール一杯ください。
토리아에즈 나마비-루 입빠이 쿠다사이

❸ 추천 안주는 무엇인가요?

お勧めのおつまみは何でしょうか?
오스스메노 오츠마미와 난데쇼-까

❹ 물수건이랑 얼음물 좀 주세요.

おしぼりとお冷やください。
오시보리토 오히야 쿠다사이

❺ 앞 접시 부탁드립니다.

取り皿お願いします。
토리자라 오네가이시마스

❻ 영업시간은 몇 시까지인가요?

営業時間は何時までですか?
에-교-지캉와 난지마데 데스까

6

관광할 때

관광지 정보 얻기

사진 촬영 부탁하기

공연 표 구입하기

관광 명소 관람하기

관광지
정보 얻기

현장에서 얻은 생생한 정보는 여행을 역동적으로 만든다. 현지인이 직접 추천하는 맛집과 핫플레이스만큼 정확하고 핫한 정보는 없다. 인기 여행지를 직접 찾아가는 재미를 느껴보자.

🔊 여행 단어

추천하다	推薦する 스이센스루	가는 길	行く道 이쿠 미치
가까운	近い 치카이	인기 있는	人気のある 닝끼노 아루
유명한	有名な 유–메–나	안내소	案内所 안나이죠
위치	位置 이치	여기	ここ 코코
안내 책자	パンフレット 팡후렌또	무료 · 유료	無料·有料 무료–·유–료–

🎤 여행 회화

❶ 인기 관광지를 추천해주세요.
人気のある観光地を推薦してください。
닝끼노아루 캉코–치오 스이센시테 쿠다사이

❷ 산책하기 좋은 곳이 있나요?
お散歩にいい所がありますか?
오삼뽀니 이– 토코로가 아리마스까

❸ 인기 있는 식당을 알려주세요.
人気のある食堂を教えてください。
닝끼노 아루 쇼쿠도–오 오시에테 쿠다사이

❹ 여기가 어디인가요?
ここはどこですか?
코코와 도코데스까

❺ 걸어가면 얼마나 걸리죠?
歩いてどのくらいかかりますか?
아루이테 도노쿠라이 카카리마스까

❻ 어떻게 가면 될까요?
どうやって行けばいいですか。
도– 얕떼 이케바 이이데스까

사진 촬영
부탁하기

'셀카봉'과 삼각대에만 의지하자니 인생샷 찍기엔 뭔가 부족한 느낌. 지나칠 수 없는 절경이라면 사진 촬영을 부탁하는 것도 좋겠다.

◀» 여행 단어

사진 찍다	写真を撮る 샤싱오 토루	누르다	押す 오스
셔터	シャッター 샫따−	한 장 더	もう一枚 모− 이치마이
사진 · 촬영	写真 · 撮影 샤싱 · 샤츠에−	가까이 · 멀리	近く · 遠く 치카쿠 · 토−쿠
배경	背景 하이케−	카메라	カメラ 카메라
촬영 금지	撮影禁止 샤츠에−킨시	같이	一緒に 잇쑈니

🎤 여행 회화

❶ 사진 좀 찍어줄 수 있나요?

ちょっと写真を撮ってもらえますか?
춋또 샤싱오 톧떼 모라에마스까

❷ 이 셔터를 누르면 됩니다.

このシャッターを押せばいいです。
코노 샫따−오 오세바 이이데스

❸ 같이 사진 찍을 수 있을까요?

一緒に写真撮っていただけますか?
잇쑈니 샤싱 톧떼 이타다케마스까

❹ 여기서 사진 찍어도 되나요?

ここで写真を撮ってもいいですか?
코코데 샤싱오 톧떼모 이이데스까

❺ 배경이 나오게 찍어주세요.

背景が出るように撮ってください。
하이케−가 데루요−니 톧떼 쿠다사이

❻ 한 장 더 부탁드려요.

もう一枚お願いします。
모− 이치마이 오네가이시마스

우리나라에서 보기 힘든 공연이 현지에서 열린다면 치열한 예매 경쟁도 감수할 만하다. 입장료가 얼마인지, 남은 좌석은 있는지 물어야 할 때 유용한 필수 표현들.

🔊 여행 단어

공연	公演 코-엥	라이브 공연	ライブ公演 라이부 코-엥
티켓	チケット 치켇또	가장 인기 있는	一番人気の(ある) 이치방 닝끼노(아루)
가장 유명한	最も有名な 몯또모 유-메-나	좌석	座席 자세키
스탠딩석	スタンディング席 스탄딩구 세키	라인업	ラインアップ 라인 압뿌
시작 시간	開始時間 카이시 지캉	매진	売り切れ 우리키레

🎤 여행 회화

❶ 가장 인기 있는 공연이 뭐예요?

一番人気のある公演は何ですか?
이치방 닝끼노 아루 코-엥와 난데스까

❷ 입장료는 얼마인가요?

入場料はいくらですか?
뉴-죠-료-와 이쿠라데스까

❸ 4시 공연 자리 있나요?

4時公演の席ありますか?
요지 코-엥노 세키 아리마스까

❹ 5시 공연 티켓 두 장 주세요.

5時公演のチケット二枚ください。
고지 코-엥노 치켇또 니마이 쿠다사이

❺ 스탠딩석으로 주세요.

スタンディング席でおねがいします。
스탄딩구 세키데 오네가이시마스

❻ 짐을 맡길 수 있나요?

荷物を預かってもらえますか?
니모츠오 아즈칻떼 모라에마스까

관광 명소
관람하기

여행지를 대표하는 명소는 저마다 다르지만, 자주 쓰는 표현은 크게 다르지 않다. 한국어 오디오 가이드가 있다면 관광 명소를 더욱 깊고 풍부하게 이해할 수 있으므로 놓치지 말자.

◀» 여행 단어

박물관	博物館 하쿠부츠칸		미술관	美術館 비쥬츠칸
신사	神社 진쟈		매표소	チケット売り場 치켓또우리바
입구 · 출구	入り口·出口 이리구치 · 데구치		화장실	トイレ 토이레
기념품 숍	ギフトショップ 기후토 숍뿌		오디오 가이드	音声ガイド 온세ー 가이도
한국어 가이드	韓国語ガイド 캉꼬쿠고 가이도		대여	レンタル 렌따루

🎤 여행 회화

❶ 매표소는 어디인가요?

チケット売り場はどこですか?
치켄또 우리바와 도코데스까

❷ 입구(출구)가 어디인가요?

入り口(出口)はどこですか?
이리구치(데구치)와 도코데스까

❸ 입장료는 얼마인가요?

入場料はいくらですか?
뉴ー죠ー료ー와 이쿠라데스까

❹ 화장실은 어디에 있어요?

トイレはどこにありますか。
토이레와 도코니 아리마스까

❺ 팸플릿을 보고 싶어요.

パンフレットが見たいです。
팡후렌또가 미타이데스

❻ 한국어 해설을 듣고 싶어요.

韓国語の解説が聞きたいです。
캉꼬쿠고노 카이세츠가 키키타이데스

7
쇼핑할 때

제품 문의하기

착용 요청하기

가격 흥정하기

제품 계산하기

포장 요청하기

교환 · 환불하기

제품
문의하기

한국에서 보기 어려운 브랜드와 제품은 여행자의 쇼핑 욕구를 높인다. 매장에 들어가 원하는 제품을 찾기 어렵거나, 제품을 고르는 데 점원의 도움이 필요하다면 다음과 같이 말해보자.

◀» 여행 단어

가장 인기 있는	最も人気の(ある) 몯또모 닝끼노(아루)	지역 특산품	地域特産品 치이키 톡상힝
세일	セール 세-루	신품 · 중고	新品·中古 심삥 · 츄-코
이것 · 저것	これ·あれ 코레 · 아레	재고	在庫 자이코
가격	値段 네당	세금 포함 · 별도	税込·税別 제-코미 · 제-베츠
남성용 · 여성용	男性用·女性用 단세-요- · 죠세-요-	할인	割引 와리비키

🎤 여행 회화

❶ 가장 인기 있는 제품이 뭐죠?

最も人気のある製品は何ですか?
몯또모 닝끼노 아루 세-힝와 난데스까

❷ 이거 얼마예요?

これはいくらですか?
코레와 이쿠라데스까

❸ 이거 세일 중인가요?

これはセール中ですか?
코레와 세-루츄-데스까

❹ 이 쿠폰으로 할인받을 수 있나요?

このクーポンで割引できますか?
코노 쿠-폰데 와리비키 데키마스까

❺ 추천 상품이 있나요?

お勧め商品はありますか?
오스스메 쇼-힝와 아리마스까

❻ 재고가 있나요?

在庫ありますか?
자이코 아리마스까

착용 요청하기

치수 표기법이 다른 외국에서는 특히 입어보고 신어본 후에 구매하는 것이 최선이다. 한국에 돌아와 후회하지 않으려면 구매 전에 착용해보자.

🔊 여행 단어

착용해보다	試着してみる 시챠쿠 시테 미루	사이즈	サイズ 사이즈
더 큰 것	もっと大きいもの 못또 오-키- 모노	더 작은 것	もっと小さいもの 못또 치-사이 모노
너무 큰	大きすぎる 오-키스기루	너무 작은	小さすぎる 치-사스기루
더 저렴한	もっと安い 못또 야스이	다른 색상	他の色 호카노 이로
피팅룸	試着室 시챠쿠시츠	탈의실	脱衣室 다츠이시츠

🎤 여행 회화

❶ 이거 입어 봐도 돼요?
これ試着してみてもいいですか?
코레 시챠쿠시테 미테모 이-데스까

❷ 사이즈가 어떻게 되나요?
サイズはどうなりますか?
사이즈와 도- 나리마스까

❸ 피팅룸은 어디죠?
試着室はどこですか?
시챠쿠시츠와 도코데스까

❹ 더 저렴한 걸로 주세요.
もっと安いのをください。
못또 야스이 노오 쿠다사이

❺ 다른 색상도 있나요?
他の色もありますか。
호카노 이로모 아리마스까

❻ 더 큰 것은 없나요?
もっと大きいのはないですか?
못또 오-키- 노와 나이데스까

가격
흥정하기

대도시 쇼핑몰이나 백화점 등 정찰제로 상품을 판매하는 곳에서 무리하게 할인과 흥정을 요구하지는 말자. 단, 정감 있는 재래시장에서는 여행자의 애교가 통할 수도 있다.

🔊 여행 단어

가격	価格 카카쿠		할인	割引 와리비키
쿠폰	クーポン 쿠-퐁		비싸다	高い 타카이
저렴하다	安い 야스이		손해	損害 송가이
현금	現金 겡낑		덤	おまけ 오마케
신용카드	クレジットカード 쿠레짇또 카-도		서비스	サービス 사-비스

🎤 여행 회화

❶ 할인받을 수 있나요?
割引適用されてますか?
와리비키 테키요-사레테 마스까

❷ 현금이면 깎아주나요?
現金なら負けてくれますか?
겡낀나라 마케테 쿠레마스까

❸ 너무 비싸요.
とても高いです。
토테모 타카이데스

❹ 좀 더 싸게 해주세요.
もっと安くしてください。
몯또 야스쿠 시테 쿠다사이

❺ 돈이 이것밖에 없어요.
お金がこれしかありません。
오카네가 코레시카 아리마셍

❻ 100엔 깎아주시면 살게요.
100円負けてくだされば買います。
햐쿠엥 마케테 쿠다사레바 카이마스

제품
계산하기

현금은 미리 환전해서 준비하고, 카드는 소지한 카드가 해외에서 사용 가능한지 미리 확인해두자.
아래 단어와 문장을 활용하면 영수증을 요구하거나 여럿이 나눠서 계산하는 일도 문제없다.

◀》 여행 단어

계산하다	計算する 케-산스루	현금	現金 겡낑
신용카드	クレジットカード 쿠레짇또 카-도	영수증	レシート·領収証 레시-토 · 료-슈-쇼-
면세	免税 멘제-	할부	分割払い 붕까츠바라이
일시불	一括払い 익까츠바라이	엔·원	円·ウォン 엥·원
비닐 봉투	レジ袋 레지부쿠로	전부	全部 젬부

🎤 여행 회화

❶ 얼마부터 면세가 되나요?

いくらから免税できますか?
이쿠라카라 멘제- 데키마스까

❷ 신용카드로 결제 가능한가요?

クレジットカードで払えますか?
쿠레짇또 카-도데 하라에마스까

❸ 세금은 포함된 건가요?

税込ですか?
제-코미데스까

❹ 나눠서 계산할게요.

会計は別々にしてください。
카이케-와 베츠베츠니 시테 쿠다사이

❺ 영수증 주세요.

レシートお願いします。
레시-토 오네가이시마스

❻ 계산이 잘못된 것 같아요.

会計が間違ったようです。
카이케-가 마치갇따 요-데스

포장 요청하기

보기 좋은 떡이 먹기도 좋다. 같은 선물이라도 봉투에 담긴 것과 예쁜 포장지로 말끔히 포장된 건 하늘과 땅 차이다. 추가 요금이 발생하더라도 애정을 더하고 싶다면 선물 포장을 주문해보자.

◀» 여행 단어

포장	包装 호-소-	선물 포장	プレゼント包装 푸레젠또 호-소
포장 코너	ラッピングコーナー 랍삥구 코-나-	쇼핑백	ショッピングバッグ 숍삥구 박구
포장지	包装紙 호-소-시	비닐봉지	レジ袋 레지부쿠로
진공 포장	真空パック 싱꾸- 팍꾸	뽁뽁이	ぷちぷち 푸치푸치
따로따로	別々に 베츠베츠니	예쁘게	きれいに 키레-니

🎤 여행 회화

❶ 선물용으로 포장해주세요.

プレゼント用に包装してください。
푸레젠또요-니 호-소-시테 쿠다사이

❷ 포장비는 얼마인가요?

ラッピング代はいくらですか?
랍삥구 다이와 이쿠라데스까

❸ 쇼핑백에 담아주세요.

ショッピングバッグに入れてください。
숍삥구 박구니 이레테 쿠다사이

❹ 따로따로 포장해주세요.

別々に包装してください。
베츠베츠니 호-소-시테 쿠다사이

❺ 다른 포장지는 없나요?

他の包装紙はないですか?
호카노 호-소-시와 나이데스까

❻ 예쁘게 포장해주세요.

きれいに包装してください。
키레-니 호-소-시테 쿠다사이

교환·환불 하기

물품을 잘못 구매했거나 물품에 하자가 있는 경우 교환·환불을 요청할 수 있다. 단, 계산했던 신용카드와 영수증 지참 등 교환·환불 규정에 따른 요건을 갖춘 후에 정중히 요청하자.

◀» 여행 단어

교환하다	交換する 코-칸스루	환불하다	払い戻す 하라이모도스
지불하다	支払う 시하라우	반품하다	返品する 헴삔스루
환불 불가	払い戻し不可 하라이모도시 후카	흠집	キズ 키즈
새것	新しいもの 아타라시- 모노	문제	問題 몬다이
불량품	不良品 후료-힝	고장나다	壊れる 코와레루

🎤 여행 회화

❶ 다른 것으로 교환할 수 있나요?

他のものに交換できますか?
호카노 모노니 코-칸 데키마스까

❷ 새것으로 바꾸고 싶어요.

新しいものに換えたいです。
아타라시- 모노니 카에타이데스

❸ 이 제품에 문제가 있어요.

この製品に問題があるようです。
코노 세-힌니 몬다이가 아루요-데스

❹ 전혀 사용하지 않았습니다.

全然使っていません。
젠젠 츠칻떼 이마셍

❺ 환불해주세요.

返金してください。
헹낀시테 쿠다사이

❻ 현금(신용카드)으로 계산했어요.

現金(カード)で払いました。
겡낀(카-도)데 하라이마시따

8

위급상황

분실 · 도난 신고하기

부상 · 아플 때

분실·도난 신고하기

만약 중요한 물품을 잃어버렸다면 반드시 도난·분실 신고를 할 것. 여행자 보험 시 보상받는 필수 조건이 신고서 작성임을 명심하자. 여권 사본을 준비하는 것도 만약을 대비하는 좋은 방법이다.

🔊 여행 단어

경찰서 · 파출소	警察署·交番 케-사츠쇼 · 코-방	가장 가까운	一番近い 이치방 치카이
도난 신고서	盗難届け 토-난 토도케	도난	盗難 토-난
잃어버리다	落とす 오토스	지갑	財布 사이후
휴대폰	携帯電話 케-타이 뎅와	가방	かばん 카방
여권	パスポート 파스포-토	대사관 · 영사관	大使館·領事館 타이시캉 · 료-지캉

🎤 여행 회화

❶ 가장 가까운 경찰서가 어디인가요?
一番近い警察署がどこですか?
이치방 치카이 케-사츠쇼와 도코데스까

❷ 도난 신고를 하고 싶어요.
盗難届けを出したいんですが。
토-난 토도케오 다시타인데스가

❸ 휴대폰을 분실했어요.
携帯電話を落としました。
케-타이 뎅와오 오토시마시따

❹ 지갑을 도난당했어요.
財布を盗まれました。
사이후오 누스마레마시따

❺ 여권을 재발급받고 싶어요.
パスポートを再発行したいんです。
파스포-토오 사이학꼬- 시타인데스

❻ 대사관에 전화를 연결해주세요.
大使館に電話を繋いでください。
타이시칸니 뎅와오 츠나이데 쿠다사이

부상·아플 때

고대하던 여행도 몸이 아프면 즐거울 리 없다. 견디기 힘든 통증이 있다면 약국이나 병원을 찾아 증상을 설명하고 적절한 처방을 받는 것이 좋다.

◀» 여행 단어

병원	病院 뵤-잉	약국	薬屋 쿠스리야
아프다	痛い 이타이	어지럼증	めまい 메마이
설사	下痢 게리	멀미약	酔い止め 요이도메
해열제	解熱剤 게네츠자이	진통제	痛み止め 이타미도메
소화제	消化剤 쇼-카자이	여행자 보험	旅行者保険 료코-샤 호켕

🎙 여행 회화

❶ 가장 가까운 병원은 어디에 있나요?

一番近い病院はどこにありますか?
이치방 치카이 뵤-잉와 도코니 아리마스까

❷ 여기가 아파요.

ここが痛いです。
코코가 이타이데스

❸ 열이 있어요.

熱があります。
네츠가 아리마스

❹ 어제 아침부터 아팠어요.

昨日の朝から痛かったんです。
키노-노 아사카라 이타칻딴데스

❺ 감기약 주세요.

風邪薬ください。
카제구스리 쿠다사이

❻ 진통제를 살 수 있을까요?

痛み止めありますか?
이타미도메 아리마스까

히라가나
[ひらがな]

	あ a	い i	う u	え e	お o			
k	か ka	き ki	く ku	け ke	こ ko	きゃ kya	きゅ kyu	きょ kyo
s	さ sa	し shi	す su	せ se	そ so	しゃ sha	しゅ shu	しょ sho
t	た ta	ち chi	つ tsu	て te	と to	ちゃ cha	ちゅ chu	ちょ cho
n	な na	に ni	ぬ nu	ね ne	の no	にゃ nya	にゅ nyu	にょ nyo
h	は ha	ひ hi	ふ fu	へ he	ほ ho	ひゃ hya	ひゅ hyu	ひょ hyo
m	ま ma	み mi	む mu	め me	も mo	みゃ mya	みゅ myu	みょ myo
y	や ya		ゆ yu		よ yo			
r	ら ra	り ri	る ru	れ re	ろ ro	りゃ rya	りゅ ryu	りょ ryo
w	わ wa	ゐ wi		ゑ we	を wo			
			ん n					
g	が ga	ぎ gi	ぐ gu	げ ge	ご go	ぎゃ gya	ぎゅ gyu	ぎょ gyo
z	ざ za	じ ji	ず zu	ぜ ze	ぞ zo	じゃ ja	じゅ ju	じょ jo
d	だ da	ぢ ji	づ zu	で de	ど do	ぢゃ ja	ぢゅ ju	ぢょ jo
b	ば ba	び bi	ぶ bu	べ be	ぼ bo	びゃ bya	びゅ byu	びょ byo
p	ぱ pa	ぴ pi	ぷ pu	ぺ pe	ぽ po	ぴゃ pya	ぴゅ pyu	ぴょ pyo

가타카나

[カタカナ]

	ア a	イ i	ウ u	エ e	オ o
k	カ ka	キ ki	ク ku	ケ ke	コ ko
s	サ sa	シ shi	ス su	セ se	ソ so
t	タ ta	チ chi	ツ tsu	テ te	ト to
n	ナ na	ニ ni	ヌ nu	ネ ne	ノ no
h	ハ ha	ヒ hi	フ fu	ヘ he	ホ ho
m	マ ma	ミ mi	ム mu	メ me	モ mo
y	ヤ ya		ユ yu		ヨ yo
r	ラ ra	リ ri	ル ru	レ re	ロ ro
w	ワ wa	ヰ wi		ヱ we	ヲ wo
			ン n		

キャ kya	キュ kyu	キョ kyo
シャ sha	シュ shu	ショ sho
チャ cha	チュ chu	チョ cho
ニャ nya	ニュ nyu	ニョ nyo
ヒャ hya	ヒュ hyu	ヒョ hyo
ミャ mya	ミュ myu	ミョ myo
リャ rya	リュ ryu	リョ ryo

g	ガ ga	ギ gi	グ gu	ゲ ge	ゴ go
z	ザ za	ジ ji	ズ zu	ゼ ze	ゾ zo
d	ダ da	ヂ ji	ヅ zu	デ de	ド do
b	バ ba	ビ bi	ブ bu	ベ be	ボ bo
p	パ pa	ピ pi	プ pu	ペ pe	ポ po

ギャ gya	ギュ gyu	ギョ gyo
ジャ ja	ジュ ju	ジョ jo
ヂャ ja	ヂュ ju	ヂョ jo
ビャ bya	ビュ byu	ビョ byo
ピャ pya	ピュ pyu	ピョ pyo

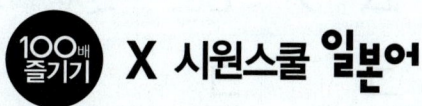

예약 확인이 되지 않을 때

직원   죄송합니다만, 예약되어 있지 않은데요.
　　　 申し譯ありませんが譯予約されていません。
　　　 모우시와께 아리마셍가, 요야꾸 사레떼 이마셍.

여행자 다시 한번 확인해주세요.
　　　 もう一度確認してください。
　　　 모우이찌도 카꾸닌시떼 구다사이.

상황 3   **방에 문제가 있을 때**

여행자 죄송하지만, 금연실로 예약했는데요.
　　　 すみません。禁煙室で予約しましたが。
　　　 스미마셍, 킹엔시쯔데 요야꾸시마시따가.

직원   죄송합니다. 방을 바꿔드리겠습니다.
　　　 申し訳ございません。すぐお部屋かわります。
　　　 모시와께 고자이마셍, 스구 오헤야 카와리마스.

상황 4   **청소를 부탁할 때**

여행자 방을 청소해주세요.　　　　　　　　　　직원   알겠습니다. 곧 가겠습니다.
　　　 お部屋の掃除をお願いします。　　　　　　**かしこまりました。すぐ参ります。**
　　　 오헤야노 소지오 오네가이시마스.　　　　　　 카시코마리마시따, 스구 마리리마스.

필수 단어		
서울 **ソウル** 소우루	예약 **予約** 요야꾸	확인 **確認** 카꾸닌
이름 **名前** 나마에	예약 번호 **予約番號** 요야꾸반고	숙박부 **宿泊カード** 슈꾸하꾸카도
주소 **住所** 주쇼	지불 **支拂い** 시하라이	현금 **現金** 겐낑
신용카드 **クレジットカード** 크레짓또 카도	여행사 **旅行會社** 료꼬가이샤	다시 한번 **もう一度** 모우이찌도
예약확인증 **予約確認書** 요야꾸카꾸닌쇼	여권 번호 **パスポートナンバー** 파스포토 남바	바우처(예약확인증) **バウチァ** 바우차

찾아보기

규슈 100배 즐기기

개정 4판 1쇄 2018년 1월 22일
개정 4판 2쇄 2018년 10월 5일

발행인 양원석
본부장 김순미
편집장 고현진
디자인 rhk디자인팀 이재원, 이경민, 강소정
해외저작권 황지현
제작 문태일
영업마케팅 최창규, 김용환, 정주호, 양정길, 이은혜, 신우섭, 유가형
　　　　　　조아라, 김유정, 김양석, 임도진, 우정아, 정문희

펴낸 곳 (주)알에이치코리아
주소 서울시 금천구 가산디지털2로 53 한라시그마밸리 20층
편집 문의 02-6443-8891 **구입 문의** 02-6443-8838
홈페이지 http://rhk.co.kr
등록 2004년 1월 15일 제2-3726호

ISBN 978-89-255-6289-6(13980)

 # 驚安の殿堂

일본 최대의 디스카운트 스토어!

명품에서부터 일용생활용품까지 뭐든지 있다!
일본에서 화제인! 쇼핑하려면 당연 돈키호테!

화장품

잡화

식품

의약품

※의약품을 판매하지 않는 매장도 있습니다.
판매여부에 대해서는 매장 직원에게 문의해주세요.

Don Quijote

Tax free Shop 免税店

Japan.
Tax-free
Shop

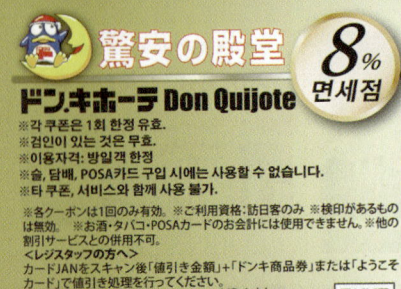

돈키호테 모바일 할인쿠폰 다운받기 > www.travelmap.co.kr/coupon